# 金属表面处理剂配方与制备手册

李东光　主编

化学工业出版社

·北京·

本书精选了574种金属表面处理剂制备实例，详细介绍了产品的原料配比、制备方法、用途和特性等内容，包括金属清洗剂、除锈防锈剂、电镀液、化学镀液、切削液、抛光剂等绿色环保型产品，实用性强。

本书可供从事金属表面处理剂生产、研发、应用等领域的人员使用，也可供大中专院校师生参考。

**图书在版编目（CIP）数据**

金属表面处理剂配方与制备手册/李东光主编．—北京：化学工业出版社，2020.1(2022.9重印)

ISBN 978-7-122-35886-8

Ⅰ.①金…　Ⅱ.①李…　Ⅲ.①金属表面处理-处理剂-配方-手册②金属表面处理-处理剂-制备-手册　Ⅳ.①TG178-62

中国版本图书馆CIP数据核字（2019）第298795号

责任编辑：张　艳　刘　军　　文字编辑：陈　雨
责任校对：张雨彤　　装帧设计：王晓宇

出版发行：化学工业出版社（北京市东城区青年湖南街13号　邮政编码100011）
印　　装：涿州市般润文化传播有限公司
710mm×1000mm　1/16　印张30　字数687千字　　2022年9月北京第1版第2次印刷

购书咨询：010-64518888　　售后服务：010-64518899
网　　址：http://www.cip.com.cn
凡购买本书，如有缺损质量问题，本社销售中心负责调换。

**定　　价：148.00元**

# 前言

金属在加工、运输、存放等过程中，表面往往带有氧化皮、铁锈制模残留的型砂、焊渣、尘土以及油和其他污物。要涂层能牢固地附着在金属表面上，在涂装前就必须对金属表面进行清理，否则，不仅影响涂层与金属的结合力和抗腐蚀性能，而且还会使基体金属在即使有涂层防护下也会继续腐蚀，使涂层剥落，影响金属的力学性能和使用寿命。因此基体前处理质量对此后涂层制备和金属的使用有很大的影响。金属的表面处理是获得质量优良的防护层、延长产品使用寿命的重要保证和措施。常见的金属表面处理技术有以下几种。

（1）酸洗钝化处理：是指将金属零件浸入酸洗钝化液中，直至工件表面变成均匀一致的银白色，即完成工艺，不仅操作简单，而且成本低廉，酸洗钝化液可以反复循环使用。

（2）电解抛光处理：电解抛光又称电化学抛光，是指将工件放在通电的溶液中，以提高金属工件表面的平整性、并使之产生光泽的加工过程。几乎所有金属皆可电解抛光，如不锈钢、碳钢、钛、铝合金、铜合金、镍合金等，但以不锈钢之应用最广。在正负极的电流、电解抛光液的共同作用下来改善金属表面的微观几何形状、降低金属表面粗糙度，从而达到工件表面光亮平整的目的。

（3）除油除锈处理：对于工件表面的油污、锈渍等污垢一般在做钝化处理前或电解抛光处理前就需要清洗干净。根据不同的工件加工状况，可选用中性除油剂、不锈钢清洗剂等。

（4）化学抛光处理：不需要设备，只需将金属零件浸入到化学抛光液中至表面光亮如新即可完成工艺。如铜材化学抛光、铝材化学抛光等。

（5）电镀处理：这是传统选用最多的工艺，如镀铬、镀镍、镀金、镀银等，但电镀是不环保的。

（6）化学处理：包括发黑处理、磷化处理。

另外，金属表面处理技术还包括金属的表面改性，也称表面优化，就是借助离子束、激光、等离子体等新技术手段，改变材料表面及近表面的组分、结构与性质，从而获得用传统的冶金和表面处理技术无法得到的新薄层材料，或者使传统材料具有更好的性能。现代先进的表面改性技术主要有物理气相沉积（简称 PVD）、化学气相沉积（简称 CVD）、等离子体化学气相沉积（简称 PCVD)、离子注入和离子束沉积。

金属表面处理剂是对金属表面进行各种处理的化学药剂的总称。金属表面处理剂的种类有很多种，一般是指对材质表面进行处理之后达到所需要效果的处理剂，根据不同的材质有不同的分类。

为了满足市场的需求，我们在化学工业出版社的组织下编写了这本《金属表面处理剂配方与制备手册》，书中收集了 574 种金属表面处理剂制备实例，详细介绍了产品特性、应用、配方、原料和制备方法，旨在为金属表面处理工业的发展尽点微薄之力。

本书的配方以质量份表示，在配方中有注明以体积份表示的情况下，需注意质量份与体积份的对应关系。例如质量份以 g 为单位时，对应的体积份是 mL；质量份以 kg 为单位时，对应的体积份是 L，以此类推。

本书由李东光主编，参加编写的还有翟怀凤、李桂芝、吴宪民、吴慧芳、蒋永波、邢胜利、李嘉等。由于编者水平有限，疏漏和不妥之处在所难免，请读者使用过程中发现问题予以指正。主编 E-mail 地址为 ldguang@163．com。

**主编**

**2019 年 10 月**

# 目录

## 5 切削液 /182



## 6 切削油 /225

## 8　抛光剂　/ 287



## 9　磷化液　/ 326

## 11　发黑剂　/ 387



## 12　金属表面处理剂　/ 399

# 1 金属清洗剂

## 配方 1 硅片清洗剂

**原料配比**

| 原料 | 配比(质量份) | 原料 | 配比(质量份) |
| --- | --- | --- | --- |
| 椰子油烷基醇酰胺磷酸酯 | 4～6 | 硼酸钠 | 1～2 |
| 辛烷基苯酚聚氧乙烯醚 | 3～5 | 氢氧化钾 | 1～2 |
| 焦磷酸钾 $K_4P_2O_7$ | 3～5 | 水 | 加至 100 |

**制备方法**

(1) 将硼酸钠和焦磷酸钾混合溶于 60～80℃的水中；

(2) 将氢氧化钾溶于水中；

(3) 分别将椰子油烷基醇酰胺磷酸酯、辛烷基苯酚聚氧乙烯醚溶于水中，再将两溶液混合均匀；

(4) 将以上三种溶液混合均匀，即成硅片清洗剂。

**原料介绍** 本品用少量的钾盐代替钠盐来增加溶解度，并运用两种表面活性剂复配，极大地提高了清洗性能。本品不含有机溶剂，无刺激性气味，工作液的 pH 值为 9～11，具有清洗效率高、使用周期长、对硅片无腐蚀性等特点。

**产品应用** 本品主要应用于硅片清洗。

**产品特性** 本品方法简单、易于生产，可有效降低生产成本，且生成的清洗剂原液可长期保存、运输。实际应用时，只需以洁净的水稀释即可。

## 高效硅片清洗剂

**原料配比**

| 原料 | 配比(质量份) | 原料 | 配比(质量份) |
| --- | --- | --- | --- |
| 硼酸钠 | 1～2 | 椰子油烷基醇酰胺磷酸酯 | 4～6 |
| 焦磷酸钾 | 3～5 | 辛烷基苯酚聚氧乙烯醚(TX-10) | 3～5 |
| 氢氧化钾 | 1～2 | 水 | 加至 100 |

**制备方法**

(1) 将硼酸钠和焦磷酸钾混合溶于 60～80℃的水中；

(2) 将氢氧化钾溶于常温水中；

(3) 分别将椰子油烷基醇酰胺磷酸酯、辛烷基苯酚聚氧乙烯醚溶于水中，再将两溶液均匀混合；

(4) 将以上三种溶液均匀混合，即成硅片清洗剂。

**产品应用** 本品主要应用于硅片清洗。

**产品特性** 本品方法简单、易于生产，可有效降低生产成本，且生成的清洗剂原液可长期保存、运输。实际应用时，只需以洁净的水稀释即可。本品不含任何有机溶剂，无任何刺激性气味，工作液的pH值为9～11，具有清洗效率高、使用周期长、对硅片无腐蚀性等特点。

## 配方 2 化学除锈清洗剂

**原料配比**

| 原料 | 配比(质量份) | | | |
|---|---|---|---|---|
| | 1# | 2# | 3# | 4# |
| 磷酸 | 3 | 4 | 4.5 | 4 |
| 草酸 | 9 | 8 | 7 | 6 |
| 三乙醇胺 | 0.6 | 1 | 0.3 | 0.5 |
| 六亚甲基四胺 | 0.5 | 0.8 | 0.3 | 0.6 |
| 硫脲 | 0.3 | 0.8 | 0.5 | 0.3 |
| 十二烷基苯磺酸钠 | 0.05 | 0.08 | 0.1 | 0.06 |
| 乙二胺四乙酸 | 0.8 | 1.5 | 1 | 0.5 |
| 磷酸二氢锌 | 0.2 | 0.5 | 0.3 | 0.2 |
| 水 | 加至100 | 加至100 | 加至100 | 加至100 |

**制备方法** 先将十二烷基苯磺酸钠用少量的水溶解，然后将草酸、乙二胺四乙酸、三乙醇胺、磷酸、六亚甲基四胺、硫脲与30～45℃左右适量温热的水或脱盐水混合，搅拌溶解后，再与十二烷基苯磺酸钠溶液混合，最后向混合液中加入所述质量比例的磷酸二氢锌或氧化锌，从而制得化学除锈清洗剂。可优选磷酸二氢锌或氧化锌在对过滤器浸泡20min后加入。

**原料介绍** 本品含有除锈剂、渗透剂、缓蚀剂、配位剂、钝化剂多种功能的化学组分，使清洗剂具有较快的除锈作用，并且在溶解、清除过滤器内部杂质的同时不引起过滤器本体钢材的过度腐蚀，不产生对人体和环境有害的气体。清洗剂中草酸和磷酸是溶解铁化合物的主要组分，使堵塞过滤器的铁化合物变为可溶的磷酸二氢铁、草酸亚铁、草酸铁配位离子；从而起到除锈、除铁的作用；磷酸还可以使溶液保持一定的酸性，提高草酸铁的溶解度，并在清洗时间过长时与磷酸二氢锌或氧化锌在过滤器表面发生成膜反应，保护被清洗的设备；添加乙二胺四乙酸作配位剂，使其在酸性介质下与$Fe^{2+}$、$Fe^{3+}$配合，增大铁离子的浓度、提高除锈剂的利用效率；三乙醇胺作为活化剂，可加速铁锈的溶解、防止大颗粒固体的沉淀；硫脲、六亚甲基四胺复配作为缓蚀剂，用于防止清洗剂对过滤器本体材质的腐蚀；十二烷基苯磺酸钠通过润湿和渗透作用提高清洗速度；磷酸二氢锌或氧化锌与磷酸协同作用，当清洗时间过长时，在钢材表面生成磷酸锌铁，起到保护过滤器本体材质的作用。多种缓蚀剂、配位剂、保护剂协同作用，克服了传统钢铁除锈剂在除锈时腐蚀钢材、污染环境、损害操作人员健康的不足。

**产品应用** 本品主要用作除锈清洗剂。

在使用本品进行清洗的过程中，首先将化学除锈清洗剂倒入清洗槽内，然后将经过机械处理或水蒸气反吹除尘后的过滤器滤芯放入清洗槽内浸泡刷洗约10～40min。

**产品特性** 本品用草酸和磷酸替代盐酸和硫酸，各组分毒性小，并含有多种缓蚀剂，在清洗过程中可以保护过滤器的本体材质，防止过滤器表面的粗化及孔蚀。

本品对环境无污染，对金属基体不产生过腐蚀、无酸雾溢出，不影响操作人员的健康。

## 配方 3 环保低泡脱脂粉

**原料配比**

| 原料 | 配比(质量份) | | | | |
|---|---|---|---|---|---|
| | 1# | 2# | 3# | 4# | 5# |
| 氢氧化钠 | 30 | 25 | 35 | 30 | 32 |
| 五水偏硅酸钠 | 20 | 10 | 15 | 20 | 15 |
| 碳酸钠 | 15 | 5 | 11 | 7 | 10 |
| 硫酸钠 | 15 | 20 | 15 | 19 | 15 |
| 烷醇酰胺 | 3 | 6 | 3.2 | 3.5 | 3.5 |
| 乙二胺四乙酸二钠 | 2 | 1 | 3 | 1.5 | 1.5 |
| 脂肪醇聚氧乙烯醚 | 5 | 3.2 | 6 | 5 | 5 |
| 柠檬酸钠 | 10 | 8 | 11 | 12 | 10 |

**制备方法** 在转速为 50～60r/min 的持续搅拌作用下，将氢氧化钠、碳酸钠、柠檬酸钠、硫酸钠、乙二胺四乙酸二钠和五水偏硅酸钠加入搅拌釜中，充分搅拌均匀，然后提高转速为 80～100r/min，依次慢慢加入加热溶解后的脂肪醇聚氧乙烯醚和烷醇酰胺，充分搅拌均匀。

**产品应用** 本品主要用于钢铁材料表面清洗。使用时按 30～50g/L 浓度配制成脱脂液，加热至 50～70℃，将钢铁材料浸泡 2～5min，再喷淋 0.2～0.5min，即可清洗干净。产品用量比常规用量减少 3%～5%，尤其适合工业化自动生产线的需要。

**产品特性** 本品采用柠檬酸钠、硫酸钠替代目前使用的三聚磷酸钠等磷酸盐，不会造成环境污染，提高了排放标准，符合国家无磷排放要求。本品在组分、配比中进行了合理的调整与优化，使脱脂效率比现有产品提高 10%，其配制方法操作简单、工艺规范，能保证产品质量稳定。

## 配方 4 长寿命低泡清洗防锈二合一金属清洗剂

**原料配比**

| 原料 | | 配比(质量份) | |
|---|---|---|---|
| | | 1# | 2# |
| 富马酸-乙醇胺 | | 10 | 8 |
| 磺化妥尔油-乙醇胺 | | 12 | 10 |
| 渗透剂 JFC | | 6 | 5 |
| 三乙醇胺 | | 11 | 15 |
| 二甲基硅油 | | 5 | 7 |
| 防锈成膜剂 | 十二烯基丁二酸二甲酯和石油磺酸钙(1∶1) | 1 | 2 |
| pH 缓冲剂 | 硼砂∶邻苯二甲酸氢钾∶磷酸钠＝1∶0.6∶1 | 2 | 2 |
| 长效抗腐败剂 | 富马酸二苄酯和富马酸二乙酯(1∶1) | 2 | 3 |
| 水 | | 51 | 48 |

**制备方法**

(1) 配制防锈成膜剂：十二烯基丁二酸二甲酯和石油磺酸钙（1∶1）。

(2) 配制 pH 缓冲剂：硼砂∶邻苯二甲酸氢钾∶磷酸钠＝1∶0.6∶1。

(3) 配制长效抗腐败剂：富马酸二苄酯和富马酸二乙酯（1∶1）。

（4）将水加热至80℃，投入原料，搅拌混匀；出现不匀、浑浊状况，可加入2%的石油磺酸钠，调整其透明度至透明均匀状。

**产品应用** 本品主要用于汽车、航空航天等机械制造行业的机加工的不锈钢、铸铁、铝合金等材质，机加工的清洗包括机械高压喷洗、手工清洗和工序间防锈工艺。

**产品特性**

（1）本产品解决了机械加工业中出现的清洗性能好，但泡沫多，防锈性能好但清洗效果差的矛盾，同时解决了金属清洗剂使用寿命短的难题。该产品使用寿命长，可一个月以上不用更换工作液。本产品全部采用安全无毒原料配制，产品对操作者安全，环保。

（2）去污力强、抗硬水，使用时不受温度和pH限制，能迅速清除金属表面的污垢。

（3）对金属不腐蚀且缓蚀防锈作用好，能保证清洗后的金属表面清洁光亮。

（4）产品水溶性强，泡沫低且消泡快，便于高压喷射清洗。

（5）使用时间长，不含有毒物质，安全无害，对环境无污染。

## 配方5 环保金属清洗剂

**原料配比**

| 原料 | 配比(质量份) | | | |
|---|---|---|---|---|
| | 1# | 2# | 3# | 4# |
| 烷基多糖苷 | 20 | 15 | 15 | 10 |
| 有机羧酸盐 | 2 | 2 | — | — |
| 多元酸胺盐 | — | — | 2 | 4 |
| 椰油酰胺基丙基甜菜碱-30 | — | 15 | — | 10 |
| 椰油酰胺基丙基甜菜碱-35 | — | — | 15 | — |
| 脂肪醇聚氧乙烯醚 | — | — | — | 10 |
| 碳酸钠 | 20 | 25 | 25 | 10 |
| 硅酸钠 | — | — | — | 10 |
| 偏硅酸钠 | — | 5 | 5 | — |
| 添加剂 | 5 | 8 | 10 | 15 |
| 水 | 加至100 | 加至100 | 加至100 | 加至100 |

**制备方法** 将表面活性剂、水性防锈剂、助洗剂、水等加入容器中，搅拌30min即可。

**原料介绍**

所述的表面活性剂为包括烷基糖苷（APG）、椰油酰胺基丙基甜菜碱-30、椰油酰胺基丙基甜菜碱-35、月桂酰胺基丙基甜菜碱-30、月桂酰胺基丙基甜菜碱-35、脂肪醇聚氧乙烯醚、葡萄糖酰胺（APA）中的一种或几种组合。

所述的水性防锈剂为包括有机羧酸盐、磺酰胺基酸类、多元酸胺盐中的一种或几种组合。

所述的助洗剂为包括硅酸钠、偏硅酸钠、碳酸钠中的一种或几种组合。

**产品应用** 本品主要用于清洗各种金属零部件表面矿物油和氧化物杂质。

清洗方法：清洗时采用RHBX-Ⅱ型硬表面摆洗机，金属试片用HT200铸铁。将金属试片挂人工油污110～120mg，静浸在浓度为3%的清洗液中5min，摆洗

5min，取出置于70℃烘箱中恒温干燥40min。清洗后的金属表面无油污残留，清洗后48h内金属部件表面仍无发乌以及锈蚀现象。

**产品特性**

(1) 采用的醇醚表面活性剂不含苯环，能显著降低水的表面张力，使工件表面容易润湿、渗透力强；多碳醇表面活性剂最大的特点在于它的乳化作用，两者复配后能更有效地改变油污和工件之间的界面状况，使油污乳化、分散、卷离、增溶，形成水包油型的微粒而被清洗掉。

(2) 本品配方科学合理、pH温和，清洗过程中泡沫少、清洗能力强、连续性好、速度快、使用寿命长。随着清洗次数增加，清洗液pH值降低（由一开始的8～9降到7左右），这使得在清洗过程中可通过测定pH值来检测溶液的浓度，根据pH值控制加料时间。本金属清洗剂对各种金属零部件表面矿物油、氧化物杂质等具有高效清洗功效。

(3) 本清洗剂不含ODS类物质、磷酸盐、亚硝酸盐，可在自然界生物降解为无害物质。

## 配方6 环保型多功能金属清洗剂

**原料配比**

| 原料 | 配比(质量份) | | 原料 | 配比(质量份) | |
|---|---|---|---|---|---|
| | 1# | 2# | | 1# | 2# |
| 平平加 | 0.5 | 1.5 | 三羟乙基胺 | 6 | 6 |
| 6501 | 2 | 5 | $C_8$～$C_9$ 烷基酚聚氧乙烯醚 | 10 | 11 |
| 油酸三乙醇胺 | 2 | 3 | $C_{12}$ 脂肪醇聚氧乙烯醚 | 16 | 16 |
| 亚硝酸钠 | 2 | 5 | 聚醚 | 8.5 | 8.5 |
| 三乙醇胺 | 3 | 5 | 水 | 65 | 68 |

**制备方法** 将各组分溶于水，混合均匀即可。

**产品应用** 本品特别适用于轴承、拖拉机、汽车、建筑工程机械、航空机械、纺织机械、化工机械等金属制件的清洗。

**产品特性** 本品因其极强的渗透性和优良的除油性，使用时添加量少、清洗成本低、清洗能力强、速度快、易漂洗、可重复使用、无污染，具有防锈、工件表面质量好、工件表面处理工艺简便和处理成本较低等特点和功效。配制工艺简单，使用简便，具有低泡、高效、对金属表面无腐蚀、稳定性好，可提高钢板光洁度，缓冲pH值、减少铁粉量、增强清洁度。

## 配方7 环保型高浓缩低泡防锈金属清洗剂

**原料配比**

表1 金属清洗剂

| 原料 | 配比(质量份) | | 原料 | 配比(质量份) | |
|---|---|---|---|---|---|
| | 1# | 2# | | 1# | 2# |
| 乙二胺四乙酸 | 0.5 | 0.2 | $C_{12}$ 脂肪醇聚氧乙烯(9)醚 | 7.5 | 6 |
| 三羟乙基胺 | 5 | 5 | 聚醚 | 10 | 8 |
| $C_8$～$C_9$ 烷基酚聚氧乙烯(9)醚 | 10 | 10 | 十八烯酸 | 9 | 6 |
| $C_{12}$ 脂肪醇聚氧乙烯(7)醚 | 10 | 8 | 水 | 加至100 | 加至100 |

表 2 聚醚

| 原料 | 配比(质量份) | | 原料 | 配比(质量份) | |
|---|---|---|---|---|---|
| | 1# | 2# | | 1# | 2# |
| 丙二醇聚氧丙烯聚氧乙烯嵌段聚醚 44(L44) | 15 | 18 | 丙二醇聚氧丙烯聚氧乙烯嵌段聚醚 62(L62) | 15 | 10 |
| 丙二醇聚氧丙烯聚氧乙烯嵌段聚醚 64(L64) | 23 | 20 | 石油磺酸钠 | 8 | 10 |
| | | | 三羟乙基胺 | 8 | 5 |
| 丙二醇聚氧丙烯聚氧乙烯嵌段聚醚 75(CL75) | 10 | 13 | 苯并三唑 | 3 | 5 |
| | | | 水 | 加至 100 | 加至 100 |

**制备方法** 将各组分溶于水，混合均匀即可。

**产品应用** 本品主要应用于金属清洗。

**产品特性**

(1) 产品溶水性强，泡沫低且消泡快，便于高压喷射清洗。

(2) 去污力强、抗硬水，使用时不受温度限制，能迅速清除金属表面的污垢。

(3) 对金属不腐蚀且缓蚀防锈作用好，能保证清洗后的金属表面清洁光亮。

(4) 防腐效果好、使用时间长，不含有毒物质，安全无害，对环境无污染。

## 配方 8 建筑机械“黄袍”清洗液

**原料配比**

| 原料 | 配比(质量份) | | 原料 | 配比(质量份) | |
|---|---|---|---|---|---|
| | 1# | 2# | | 1# | 2# |
| 油酸 | 4 | 8 | 碳酸钠 | 3 | 2 |
| 三聚磷酸钠 | 8 | 6 | 水 | 加至 100 | 加至 100 |
| 蓖麻油 | 1 | 3 | | | |

**制备方法** 将各组分溶于水，混合均匀即可。

**产品应用** 本品主要应用于搅拌机等建筑机械。

**产品特性** 本品清洗性能好，特别适用于搅拌机等建筑机械。

## 配方 9 低成本金属清洗剂

**原料配比**

| 原料 | 配比(质量份) | 原料 | 配比(质量份) |
|---|---|---|---|
| 碳酸钠 | 65 | 阴离子表面活性剂 | 2 |
| 葡萄糖酸 | 30 | 非离子表面活性剂 | 2 |
| 植物油混合物 | 1 | | |

**制备方法** 将植物油混合物、阴离子表面活性剂、非离子表面活性剂与葡萄糖酸乳化后，喷淋到用 20 目网筛子筛选新煅烧好的碳酸钠上，直接制粉。将制好的粉堆放 3～5d，便可得到黄色的成品粉末状清洗剂。

**原料介绍** 植物油混合物为豆油与菜油的混合物；阴离子表面活性剂采用 1∶1 质量比的十二烷基苯磺酸钠与烷基聚氧乙烯醚硫酸钠的混合物，非离子表面活性剂采用质量比为 1∶1 的脂肪醇聚氧乙烯醚与壬基酚聚氯乙烯醚的混合物。

**产品应用** 本产品用于金属表面的清洗处理，能有效地去除金属表面的油污、锈蚀等污物。

**产品特性** 组分中的葡萄糖酸液可利用制内酯与制药厂排放的废液，可大大降低成本。本产品不燃、无毒、无磷、可生物降解，生产环境安全无污染。将金属浸泡在清洗剂溶液中，可防金属锈蚀，并可软化锈斑。手工操作不伤皮肤，手上也不留异味。

## 配方 10 金属清洗剂

**原料配比**

| 原料 | 配比(质量份) | | |
|---|---|---|---|
| | 1# | 2# | 3# |
| 油酸 | 5 | 8 | 4 |
| 氢氧化钠 | 0.85 | 0.5 | 1.1 |
| 壬基酚聚氧乙烯醚(TX-10) | 15 | — | — |
| 脂肪醇聚氧乙烯醚(AEO-9) | — | 12 | 10 |
| 聚醚 61 | 0.6 | 0.9 | 0.5 |
| 亚硝酸钠 | 0.1 | 0.5 | 0.3 |
| 钼酸钠 | 0.2 | 0.8 | 0.5 |
| 苯并三氮唑 | 0.1 | 0.15 | 0.08 |
| 磷酸三钠 | 2 | 2.5 | 2 |
| 三乙醇胺 | 2.2 | 3 | 2 |
| 去离子水 | 加至 100 | 加至 100 | 加至 100 |

**制备方法**

(1) 在反应锅中，加入去离子水和氢氧化钠，加热溶解均匀；

(2) 搅拌下加入油酸，保持温度在 80℃左右 1h，使油酸中和完全；

(3) 停止加热，加入表面活性剂壬基酚聚氧乙烯醚（TX-10）、脂肪醇聚氧乙烯醚（AE09）和聚醚 61，溶解分散均匀；

(4) 加入磷酸三钠、亚硝酸钠、钼酸钠，溶解分散均匀；

(5) 加入三乙醇胺和苯并三氮唑，搅拌分散均匀；

(6) 制得金属清洗剂，罐装。

**产品应用** 本品主要应用于金属清洗。

**产品特性** 本品泡沫低，可轻松地去除金属加工过程中的润滑油脂等难去除的污垢，同时金属材料清洗后暴露在空气中，能保持 15～20d 不生锈，对铁材、铜材、铝材、复合金属材料都有效，成本相对较低。

## 配方 11 金属表面清洗剂

**原料配比**

| 原料 | 配比(质量份) | 原料 | 配比(质量份) |
|---|---|---|---|
| OP-10 | 3 | PPG | 7 |
| AEO-9 | 7 | 乙醇 | 5 |
| AES | 5 | 乙二醇丁酯 | 5 |
| TEA | 5 | 香精和水 | 50 |

**制备方法** 将各组分按配比混合制成。

**产品应用** 本品用于清洗不锈钢、低碳钢、铝及铝合金、铜及铜合金、高铁合金和镍合金等表面的润滑油、压力油、金属加工液、研磨液等污垢。

**产品特性** 本品脱脂去污范围广，可与油污分离，清洗效果好。具有清洗能力强、速度快、可重复使用、无污染的特点，还具有防锈能力。

## 配方 12　金属表面油污清洗剂

**原料配比**

| 原料 | 配比(质量份) | | | | |
|---|---|---|---|---|---|
| | 1# | 2# | 3# | 4# | 5# |
| 氢氧化钠 | 10 | 12 | 14 | 16 | 18 |
| 碳酸钠 | 35 | 31.4 | 29 | 20 | 20 |
| 三聚磷酸钠 | 20.1 | 17 | 19 | 24 | 15 |
| 焦磷酸钠 | 12 | 11 | 10 | 9 | 8 |
| 偏硅酸钠 | 20 | 23 | 20 | 20 | 30 |
| 苯甲酸钠 | 0 | 3 | 5 | 8.3 | 5.8 |
| 平平加 | 0.8 | 0.9 | 1 | 0.8 | 1.2 |
| OP-10 | 1.2 | 0.9 | 1 | 0.9 | 0.8 |
| 月桂酸二乙醇酰胺 | 0.9 | 0.8 | 1 | 1 | 1.2 |

**制备方法**　按配方将原料混合，搅拌均匀，即可制成金属表面油污清洗剂。

**产品应用**　本品用于清洗金属表面油污。

**产品特性**

(1) 产品除油能力强，对金属表面油污清洗快速、高效，尤其对重油污特别有效，重油污清洗率在90%以上。

(2) 产品中的任何一种成分对金属均没有腐蚀作用，因此对清洗对象没有任何损伤，对金属表面无腐蚀，防锈性达到0级，而且可以在清洗物表面形成保护膜，防止其再次氧化。

(3) 产品具有低泡性能，泡沫少，便于清洗，可减少污水排放量。

(4) 产品性能稳定，性价比优于国内同类产品，价格相当于国外同类产品的40%。

(5) 产品的生产方法简单，容易操作。

## 配方 13　金属表面清洗除垢剂

**原料配比**

| 原料 | 配比(质量份) |
|---|---|
| 氨基磺酸 | 50 |
| 柠檬酸 | 25 |
| 草酸 | 25 |

**制备方法**　将各组分混合均匀即可。

**产品应用**　本品可应用于中央空调循环水系统、工业冷却循环水系统，以及船舶、淡水器、复水器等水冷设备的除垢、除锈处理。

**产品特性**　本产品是一种效果好、速度快、运输使用方便、安全的清洗剂。

## 配方 14　金属表面除垢防垢剂

**原料配比**

除垢剂

| 原料 | 配比(质量份) | 原料 | 配比(质量份) |
|---|---|---|---|
| 碳酸钠 | 10～12 | 聚丙烯酸 | 1～6 |
| 液态氢氧化钠 | 10～12 | 辛基磺酸钠 | 1～8 |
| 磷酸三钠 | 10～14 | 橡椀栲胶 | 16～4 |
| 腐殖酸钠 | 1～7 | 芒硝 | 50～26 |
| 过氧化氢 | 1～8 | | |

**制备方法** 将碳酸钠、芒硝充分混合后依次加入磷酸三钠、腐殖酸钠，制得一次结块混合物，并将其粉碎至80目以上；再将其粉末与液态氢氧化钠搅拌，并在搅拌时加入过氧化氢，制得二次块状混合物，分筛粉碎次块状混合物至80目；再将聚丙烯酸与二次块状混合物的粉碎料混合堆制，密封5～8h；最后将上述混合料与辛基磺酸钠、橡椀栲胶粉均匀搅拌，制得除垢剂。

防垢剂

| 原料 | 配比(质量份) | 原料 | 配比(质量份) |
| --- | --- | --- | --- |
| 磷酸三钠 | 8～12 | 聚丙烯酸 | 4～9 |
| 液态氢氧化钠 | 8～12 | 辛基磺酸钠 | 6～12 |
| 腐殖酸钠 | 3～8 | 白矾 | 4～8 |
| 过氧化氢 | 3～8 | 芒硝 | 64～31 |

**制备方法** 用芒硝、磷酸三钠、腐殖酸钠、辛基磺酸钠、聚丙烯酸、过氧化氢、白矾、液态氢氧化钠依次混合搅拌，得块状混合物后，粉碎过筛80目，堆封5～8h后得防垢剂。

**产品应用** 本产品适用于容器壁上水垢的清除及防止水垢的生成。

**产品特性** 本产品清除金属表面水垢速度快、效果好，省人力物力，可除去各种水垢，特别是硅质水垢，防垢时可取代软水系统，省力省时。

## 配方 15 金属防锈清洗剂

**原料配比**

| 原料 | 配比(质量份) | | |
| --- | --- | --- | --- |
| | 1# | 2# | 3# |
| 苯甲酸 | 20 | 15 | 18 |
| 磷酸三乙醇胺 | 10 | 15 | 12 |
| 钼酸钠 | 8 | 5 | 3 |
| 磷酸钠 | 3 | 5 | 6 |
| 杀菌剂 | 0.2 | 0.1 | 0.2 |
| 还原剂 | 6 | 3 | 6 |
| 吐温-80 | 4 | 1 | 8 |
| 硅酸钠 | 5 | 3 | 8 |
| 三聚磷酸钠 | 10 | 4 | 10 |
| 碳酸钠 | 加至100 | 加至100 | 加至100 |

**制备方法** 将苯甲酸和还原剂混合加热至78℃，反应30min左右，再冷却至常温，得到缓蚀剂；将缓蚀剂和表面活性剂混合后，采用喷淋的方法与其他助剂搅拌均匀。

**原料介绍** 本金属防锈清洗剂由缓蚀剂、表面活性剂、助洗剂及杀菌剂组成，缓蚀剂由苯甲酸与还原剂反应制成，还原剂是乙醇、三乙醇胺、三乙醇酯的混合物；表面活性剂采用磷酸三乙醇胺和吐温-80，助洗剂为钠盐，包括钼酸钠、硅酸钠、碳酸钠、磷酸钠和三聚磷酸钠。

**产品应用** 本品用作金属清洗剂，且具有防锈作用。

**产品特性** 本金属防锈清洗剂为固体粉末状，其特点是生产工艺简单，包装运输和使用都很方便，对人体无毒无害，防锈效果明显。

## 配方 16 金属快速除油除锈清洗剂

**原料配比**

1#

| 原料 | 配比(质量份) | 原料 | 配比(质量份) |
| --- | --- | --- | --- |
| 除锈剂 | 35 | 烷基酚聚氧乙烯醚 | 2 |
| 磷酸三钠 | 7.5 | 二甲基硅酯 | 0.5 |
| 氨基磺酸 | 5 | 水 | 加至 1000 |

**制备方法** 称取固体除锈剂、磷酸三钠、氨基磺酸、烷基酚聚氧乙烯醚、二甲基硅酯加入容器中，加入总水量的 50%，加热至 50℃，搅拌溶解，然后加入余下的水，混合均匀即可。

2#

| 原料 | 配比(质量份) | 原料 | 配比(质量份) |
| --- | --- | --- | --- |
| 氢氧化钠 | 60 | 烷基酚聚氧乙烯醚 | 4 |
| 葡萄糖酸钠 | 15 | 二甲基硅酯 | 1 |
| 三聚磷酸钠 | 10 | 水 | 加至 1000 |
| 硫酸钠 | 10 | | |

**制备方法** 将氢氧化钠、葡萄糖酸钠、三聚磷酸钠、硫酸钠、烷基酚聚氧乙烯醚、二甲基硅酯按比例称取，溶于水中，混合均匀即可。

3#

| 原料 | 配比(质量份) | 原料 | 配比(质量份) |
| --- | --- | --- | --- |
| 硫酸钠 | 140 | 烷基酚聚氧乙烯醚 | 20 |
| 磷酸三钠 | 30 | 二甲基硅酯 | 6 |
| 硫酸氢钠 | 4 | 水 | 加至 1000 |

**制备方法** 将各组分溶于 50% 的水中，加热至 50℃，搅拌溶解，然后加入余下的水，混合均匀即可。

**原料介绍**

本品中，固体除锈剂、氢氧化钠、硫酸钠、氯化钠、氢氧化钾或硫酸钾可作为主清洗剂；可选用氨基磺酸、硫酸钠、碳酸钠、磷酸钠或硝酸钠作为助洗剂。螯合剂可选用葡萄糖酸钠、三聚磷酸钠或柠檬酸；非离子表面活性剂可选用脂肪醇聚氧乙烯醚、脂肪酸聚氯乙烯醚、脂肪酸聚氧烯酯、烷基酚聚氧乙烯醚，其中最佳为烷基酚聚氧乙烯醚。消泡剂可选用二甲基聚硅氧烷、聚硅氧烷、硅酯、磷酸三丁酯、二甲基硅氧烷与白炭黑复合成的硅酯。

选用不同的主清洗剂可组成酸性、碱性、中性固体粉状清洗剂，以适应对不同金属表面的除油、除锈、除垢要求。

**产品应用** 本品主要用于金属表面的除油、除锈、除垢。1#产品为酸性清洗剂，适用于金属表面的清洗；2#产品为碱性清洗剂，用于铝及铝合金件的清洗；3#产品为中性清洗剂，用于锌和锌合金及精密钢铁件的清洗。

使用时将上述的固体粉末状清洗剂配制成浓度为 3%～20% 的水溶液，置于处理槽中，将需清洗的钢件放入清洗槽中，并与清洗槽阴极连接；然后对清洗槽通电，调整电流密度 3～15A/dm$^2$（1#、2#产品），5～20A/dm$^2$（3#产品），产生激烈的电解反应；在电解反应的同时，开动超声波发生器，使槽中的换能器发射超声波作用于钢件，并按钢件清洗时间的要求调整超声波的发射强度为 0.3～1W/cm$^2$（1＃产品）；0.3～0.6W/cm$^2$（2＃产品）；0.5～1W/cm$^2$（3＃产品）。

此时可以在环境温度至60℃的范围内，对钢件清洗 30s～2min，钢件表面的油、锈、垢等污垢即可清洗干净，取出用水冲洗，干燥或钝化进行后处理。

采用本品进行清洗时，可根据污垢的轻重情况，选择工艺条件，污垢较轻时选其下限，较重时选其上限。在污垢状况相同时，上限工艺条件清洗速度快，下限较慢，一般清洗时间在 30s～5min。

**产品特性** 本品集化学清洗、电解清洗、超声波清洗于一体，可以快速地同时除去金属表面的油脂、锈蚀物和水垢，并可根据金属基体的不同选用酸性、碱性、中性的清洗剂。如钢铁可采用酸性和碱性清洗液，铝及铝合金可采用碱性清洗液，锌和锌合金及精密钢铁工件可选用中性清洗液，这样可最大限度地保证基体金属不受损伤，使用时不产生酸烟，减少废水排放。本清洗剂为固体粉末状，因而包装、运输方便；采用本品对钢件的油脂、锈蚀物和水垢清洗比常规单独的除油、除锈、除垢的方法工序减少，提高清洗效率 3～10 倍，同时可提高钢件表面清洗质量，有利于钢件的后处理。本品的清洗方法简便、使用安全、无污染、有利于环境保护。

## 配方 17 金属器械清洗剂

**原料配比**

| 原料 | 配比(质量份) | | |
|---|---|---|---|
| | 1＃ | 2＃ | 3＃ |
| 焦磷酸盐 | 1.05 | 5.51 | 5.6 |
| 乙二胺四乙酸钠 | 3.0 | 8.0 | 6.5 |
| 对甲苯磺酸钠 | 7.0 | 0.55 | 2.3 |
| 尿素 | 0.5 | 2.32 | 0.6 |
| 脂肪醇聚氧乙烯醚盐 | 5.0 | 1.64 | 7.5 |
| 脂肪醇聚氧乙烯醚琥珀酸酯磺酸盐 | 1.0 | 8.4 | 5.0 |
| 脂肪醇聚氧乙烯醚磺酸盐 | 3.0 | 0.5 | 1.0 |
| 脂肪醇聚氧乙烯醚 | 1.0 | 1.65 | 6.35 |
| 脂肪酸二乙醇胺盐 | 1.0 | 6.35 | 2.5 |
| 壬基酚聚氧乙烯醚 | 3.0 | 10.15 | 6.5 |
| 辛基酚聚氧乙烯醚 | 0.2 | 3.55 | 2.0 |
| 二乙二醇单乙醚 | 0.7 | 1.05 | 4.5 |
| 苯并三氮唑 | 0.1 | 5.2 | 3.0 |
| 正丁醇 | 5.4 | 6.5 | 0.5 |
| 消泡剂 | 6.0 | 0.1 | 0.8 |
| 氢氧化钾 | 1.0 | 0.5 | 0.01 |
| 水 | 加至 100 | 加至 100 | 加至 100 |

**制备方法** 在反应器内加入适量水，依次加入焦磷酸盐、乙二胺四乙酸钠、对甲苯磺酸钠、尿素、脂肪醇聚氧乙烯醚盐、脂肪醇聚氧乙烯醚琥珀酸酯磺酸盐，在微热下搅拌成均匀溶液；然后依次加入脂肪醇聚氧乙烯醚磺酸盐、脂肪醇聚氧乙烯醚、脂肪酸二乙醇胺盐、壬基酚聚氧乙烯醚、辛基酚聚氧乙烯醚、二乙二醇单乙醚、苯并三氮唑、正丁醇。每加一种物料搅拌 0.5h。将消泡剂与适量水混合后加入釜内搅拌 1h，用10％氢氧化钾溶液调溶液 pH 值为 10±1，补加入余量水，放出物料，精细过滤，即得产品。

**原料介绍** 本品以具有强力洗涤脱脂作用的表面活性剂为主要成分，选用的活性剂有非离子型、阴离子型、两性型等，主要有脂肪醇聚氧乙烯醚盐、脂肪醇聚氧乙烯醚琥珀酸酯磺酸盐、脂肪醇聚氧乙烯醚磺酸盐、脂肪醇聚氧乙烯醚、脂肪酸二乙醇胺盐、壬基酚聚氧乙烯醚、辛基酚聚氧乙烯醚。考虑金属器材表面的特殊性，在配方设计时添加了缓蚀剂、渗透剂、螯合剂和便于漂洗的水溶助长剂以及抗再沉积剂等。各组分的比例对洗涤效果有显著影响。

**产品应用** 该产品在使用时，控制温度在室温至120℃之间，其中最佳温度为50～80℃。

**产品特性** 本品为弱碱性，对人体无毒无害，不腐蚀金属，经简单处理即可达标排放，易生化降解。

## 配方 18 金属表面清洗除垢剂

**原料配比**

| 原料 | 配比(质量份) | 原料 | 配比(质量份) |
| --- | --- | --- | --- |
| 碳酸钠 | 15 | 碳酸钠(晶体) | 7.8 |
| 三聚磷酸钠 | 40 | 五水硅酸钠 | 7 |
| 磷酸酯 | 2 | 去垢剂混合物 | 6 |
| 六水合三聚磷酸钠 | 10 | 粉状三聚磷酸钠 | 10 |
| 壬基酚乙氧基化合物 | 2 | | |

**制备方法** 将碳酸钠和三聚磷酸钠先混合；再缓慢地加入磷酸酯，边加边搅拌，直到溶解均匀为止；然后加入六水合三聚物、壬基酚乙氧基化合物，并边加边搅拌，得混合物；将混合物干燥；添加粉状三聚磷酸钠、五水硅酸钠和去垢剂混合物，边加边搅拌；最后加入粉状三聚磷酸钠。

**产品应用** 本品主要应用于金属表面的清洗。

**产品特性** 本品除垢剂在使用过程中无毒无味，清洗效果好。

## 配方 19 金属表面水基清洗剂

**原料配比**

| 原料 | 配比(质量份) | | |
| --- | --- | --- | --- |
| | 1# | 2# | 3# |
| 焦磷酸钠 | 3 | — | 5 |
| 焦磷酸钾 | — | 0.5 | — |
| 三乙醇胺 | 5 | — | — |
| 四羟基乙二胺 | — | 12 | — |
| 乙二胺 | — | — | 12 |
| 聚氧乙烯脂肪醇醚 | 10 | — | 15 |
| 聚氧乙烯脂肪酚醚 | — | 5 | — |
| 正己烷 | 6 | — | — |
| 正癸烷 | — | 1 | — |
| 硅烷 | — | — | 10 |
| 聚脲 | 2 | 5 | 7 |
| 乙二醇丁酯 | 5 | 3 | 6 |
| 去离子水 | 69 | 73.5 | 45 |

**制备方法** 将各组分依次溶于去离子水中，加热至50℃，搅拌至完全溶解，即为成品。

**原料介绍**

本品中的有机碱是多羟多胺，如三乙醇胺、四羟基乙二胺、六羟基丙基丙二胺、乙二胺或四甲基氢氧化铵；

本品中的表面活性剂是聚氧乙烯系非离子表面活性剂、高分子及元素有机系非离子表面活性剂中的一种或多种；

其中，聚氧乙烯系非离子表面活性剂是聚氧乙烯烷基酚、聚氧乙烯脂肪醇；高分子及元素有机系非离子表面活性剂是环氧丙烷均聚物、元素有机系聚醚或聚氧乙烯无规共聚物；

本品中的增溶剂是正癸烷、正己烷或硅烷；

本品中的消泡剂是聚脲。

本品的工作原理：清洗剂可以完全溶解于水，在超声作用下能够有效去除残留在金属表面上的油污、加工碎屑、粉尘颗粒等污染物，且在超声水洗过程中能够将残留在金属表面上的清洗剂和其他杂质去除，然后通过喷淋和烘干，使金属表面洁净，射灯下通过放大镜观察，表面无明显油污、加工碎屑、粉尘颗粒等污染物。

本金属表面水基清洗剂中含有增溶剂，它的结构与残留在金属表面上的油污等有机污染物结构相近，根据溶胀的原理，可以提高油污等有机物的溶解度，并能够彻底去除金属表面的有机污染物及指纹等；清洗剂中含有的非离子表面活性剂能够降低溶液的表面张力，并且具有很强的渗透能力，能够渗透到金属表面和粉尘颗粒之间，将粉尘颗粒托起，使其脱离，达到去除的目的。本品可以实现优先吸附，并在金属表面形成保护层，可防止各种污染物的二次吸附；清洗剂中的消泡剂除了具有减少泡沫的功能外，还具有较强的吸附能力，可以吸附液体里的油污、颗粒等污染物。

**产品应用** 本品主要应用于金属表面清洗。

金属器件的表面清洗方法：

第一步，取清洗剂，加入10～20倍去离子水，放入第一槽内，加热到60～80℃，将需清洗的金属器件放入第一槽，进行超声，超声频率控制在18～80kHz，超声时间控制在3～7min；

第二步，用去离子水超声，将去离子水放入第二槽，加热到40～50℃，将需清洗的金属器件从第一槽中取出，放入第二槽，进行超声，超声频率控制在18～80kHz，超声时间控制在1～3min；

第三步，用去离子水超声，将去离子水放入第三槽，无需加热，将需清洗的金属器件从第二槽中取出，放入第三槽，进行超声，超声频率控制在18～80kHz，超声时间控制在1～3min；

第四步，喷淋，用常温的去离子水喷淋，时间为1～3min；

第五步，采用热风或红外进行烘干，时间为3～5min。

经过上述步骤清洗的金属表面，在射灯下经过放大镜检测，表面洁净，无明显的油污、锈迹、粉尘颗粒等污染物。

**产品特性**

(1) 清洗剂中选用增溶剂，能够提高对油污等有机污染物的溶解度，根据溶胀原理，可溶解金属表面的有机污染物；

(2) 清洗剂中加入了表面活性剂，能够降低清洗剂的表面张力，增强清洗剂的渗透性，提高对金属表面的清洗效果；

(3) 清洗剂中的表面活性剂能够增强质量传递，保证清洗的均匀性，降低对精密金属表面的损伤；

(4) 清洗剂中合理配比增溶剂、表面活性剂和消泡剂，能够很好地降低清洗剂的表面张力，同时具有水溶性好、渗透力强、无污染等优点；

(5) 清洗剂中选用的化学试剂，不污染环境，不易燃烧，不属于 ODS 类物质，清洗后的废液便于处理排放，能够满足环保"三废"排放要求；

(6) 制备工艺简单，操作方便，使用安全可靠。

## 配方 20 金属材料表面清洗剂

**原料配比**

| 原料 | 配比(质量份) | 原料 | 配比(质量份) |
| --- | --- | --- | --- |
| 过氧磷酸钠 | 3 | 正己烷 | 6 |
| 聚合度为 20 的聚氧乙烯脂肪醇醚 | 10 | 聚脲 | 2 |
| 三乙胺 | 5 | 去离子水 | 加至 100 |

**制备方法** 在去离子水中分别加入正己烷、聚氧乙烯脂肪醇醚、过氧磷酸钠、聚脲及三乙胺，然后加热至 40℃，搅拌至完全溶解，即可得到成品。

**产品应用** 本品主要应用于金属材料表面清洗。

步骤（1）：取清洗剂，加入 10～20 倍去离子水放入第一槽内，加热到 60～80℃，将需清洗的金属材料放入第一槽，进行超声，超声频率控制在 18～80kHz，超声时间控制在 3～7min；

步骤（2）：用去离子水超声，将去离子水放入第二槽，加热到 40～50℃，将金属材料从第一槽中取出，放入第二槽，进行超声，超声频率控制在 18～80kHz，超声时间控制在 1～3min；

步骤（3）：用去离子水超声，将去离子水放入第三槽，无需加热，将金属材料从第二槽中取出，放入第三槽，进行超声，超声频率控制在 18～80kHz，超声时间控制在 1～3min；

步骤（4）：喷淋，用常温的去离子水喷淋，时间为 1～3min；

步骤（5）：烘干可以采用热风或红外进行，时间为 3～5min。

经过上述步骤清洗的金属材料，经过放大镜检测，表面洁净，无明显的油污、粉尘颗粒等污染物，一次通过率达到 80%，优于正常水平。

**产品特性**

(1) 清洗剂中选用增溶剂，能够提高对油污等有机污染物的溶解度，根据溶胀原理，可溶解金属材料表面的有机污染物；

(2) 清洗剂中加入了表面活性剂，能够降低清洗剂的表面张力，增强清洗剂的渗透性，提高对金属材料表面的清洗效果；

(3) 清洗剂中的表面活性剂能够增强质量传递，保证清洗的均匀性，降低对金属材料表面的损伤；

(4) 清洗剂中合理配比增溶剂、表面活性剂和消泡剂，能够很好地降低清洗剂的表面张力，同时具有水溶性好、渗透力强、无污染等优点；

(5) 清洗剂中选用的化学试剂，不污染环境，不易燃烧，不属于ODS类物质，清洗后的废液便于处理排放，能够满足环保“三废”排放要求；

(6) 该清洗剂呈碱性，不腐蚀金属设备；

(7) 制备工艺简单，操作方便，使用安全可靠。

## 配方 21 金属防腐清洗液

**原料配比**

| 原料 | 配比(质量份) | | | | | | | |
|---|---|---|---|---|---|---|---|---|
| | 1# | 2# | 3# | 4# | 5# | 6# | 7# | 8# |
| 柠檬酸 | 2 | — | — | 1 | — | — | — | 0.5 |
| 多氨基多醚基四亚甲基膦酸 | — | 0.5 | — | — | — | — | — | — |
| 甲基磺酸 | — | — | 0.2 | — | — | — | — | — |
| 甘氨酸 | — | — | — | — | 0.1 | — | — | — |
| 丁烷膦酰基-1,2,4-三羧酸 | — | — | — | — | — | 0.1 | — | — |
| 环已基-二胺-4,亚甲基膦酸 | — | — | — | — | — | — | 0.2 | 0.02 |
| 聚丙烯酸 | 10mg/kg | — | 5000 mg/kg | — | 100 mg/kg | — | — | — |
| 水 | 加至100 | 加至100 | 加至100 | 加至100 | 加至100 | 加至100 | 加至100 | 加至100 |

| 原料 | 配比(质量份) | | | | | | | |
|---|---|---|---|---|---|---|---|---|
| | 9# | 10# | 11# | 12# | 13# | 14# | 15# | 16# |
| 柠檬酸 | 0.8 | — | — | — | — | — | — | — |
| 丁烷膦酰基-1,2,4-三羧酸 | 0.05 | 0.5 | — | — | — | — | — | — |
| 苯基膦酸 | — | — | 1 | — | — | — | — | — |
| 酒石酸 | — | — | 0.05 | — | — | — | — | — |
| 二甲基磺酸 | — | — | — | 1 | — | — | — | — |
| 琥珀酸 | — | — | — | 5 | — | — | — | — |
| 丁基磺酸内酯 | — | — | — | — | 1 | — | — | — |
| 甲硫氨酸 | — | — | — | — | 0.05 | — | — | — |
| 羟脯氨酸 | — | — | — | — | — | 5 | — | — |
| 天门冬氨酸 | — | — | — | — | — | — | 1 | — |
| 环已基-二胺-4,亚甲基膦酸 | — | — | — | — | — | — | — | 0.1 |
| 2-丙烯酰胺基-2-甲基丙磺酸 | — | 10mg/kg | — | — | — | — | — | — |
| 聚丙烯酸 | — | — | — | — | — | 5000 mg/kg | 10 mg/kg | 500 mg/kg |
| 水 | 加至100 | 加至100 | 加至100 | 加至100 | 加至100 | 加至100 | 加至100 | 加至100 |

**制备方法** 将各组分溶于水，混合均匀即可。

**原料介绍**

本品中的有机羧酸为柠檬酸、草酸、酒石酸、琥珀酸或马来酸中的一种或多种的组合。

本品中的有机膦酸包括烷基膦酸、苯基膦酸、1-羟基乙烯基-1,1-二膦酸、亚甲基磷酸、乙烯基-二胺-4-亚甲基磷酸、环丁烷基三胺-5-亚甲基膦酸或多氨基多醚基四亚甲基膦酸中的一种或多种的组合。

本品中的有机磺酸包括甲基磺酸、乙基磺酸、二甲基磺酸或丁基磺酸内酯中的一种或多种的组合。

本品中的含氮氨基酸和它的形成盐包括甘氨酸、丙氨酸、亮氨酸、异亮氨酸、缬氨酸、胱氨酸、半胱氨酸、甲硫氨酸、苏氨酸、丝氨酸、苯丙氨酸、酪氨酸、色氨酸、脯氨酸、羟脯氨酸，谷氨酸、天门冬氨酸、赖氨酸或精氨酸中的一种或多种的组合。

本品中的聚合物金属防腐抑制剂为聚丙烯酸类化合物、丙烯酸类化合物与苯乙烯的共聚化合物、丙烯酸类化合物与顺丁烯二酸酯的共聚化合物、丙烯酸类化合物与丙烯酸酯类的共聚化合物、膦酰基羧酸共聚物、丙烯酸-丙烯酸酯-磺酸盐三元共聚物或者丙烯酸-丙烯酸酯-膦酸-磺酸盐四元共聚物。

本品中的聚合物金属防腐抑制剂分子量范围在2000～3000000。

本品中的聚丙烯酸类化合物较佳地为聚丙烯酸，分子量范围较佳地为5000～30000。

本品中的含氮杂环化合物为苯并三唑、吡唑和/或咪唑。

本品中的载体为醇类和/或水。

本品主要用于金属衬底的清洗，如铜、铝、钽、氮化钽、钛、氮化钛、银或金。

本品可用于下列工艺：抛光、刻蚀（去强光阻后）、沉积以及其他保护步骤中。由于将化学添加剂用于清洗液中，降低了对后续工艺的干扰，大大降低金属材料的表面点蚀，降低表面腐蚀程度，从而降低了缺陷，提高了清洗效率和产品良率，增加了收益率。

**产品应用** 本品主要应用于金属清洗。

本品用于化学机械抛光液，抛光铜金属的工艺为：

(1) 抛光盘的转速为50～70r/min、抛光头转速为70～90r/min、抛光液流速为200～300mL/min、抛光时间为1～2min；

(2) 在抛光盘的转速为25r/min、抛光头转速为25r/min，使用本清洗液，清洗液流速为300mL/min，抛光时间为0.5～1min；

(3) 用清洗液及聚乙烯醇（PVA）辊刷对晶片表面进行刷洗2min，辊刷转速为300r/min，清洗头转速为280r/min，清洗液流量为300mL/min；

(4) 用去离子水及PVA辊刷刷洗2min，辊刷转速为300r/min，清洗头转速为280r/min，去离子水流量为300mL/min。

**产品特性**

(1) 本品能够大大降低金属材料的腐蚀程度，从而使缺陷明显下降；

(2) 大大改善了金属表面的平坦度质量。

## 配方 22 金属铝材料清洗剂

**原料配比**

| 原料 | 配比(质量份) | | | | | |
|---|---|---|---|---|---|---|
| | 1# | 2# | 3# | 4# | 5# | 6# |
| 三聚磷酸钠 | 10 | — | — | 7 | — | — |
| 磷酸钠 | — | 6 | — | — | 9 | — |
| 二磷酸钠 | — | — | 6 | — | — | 9 |
| 硅酸钠 | 3 | — | 5 | — | — | — |
| 硅酸钾 | — | 10 | — | — | — | 4 |
| 无水硅酸钠 | — | — | — | 6 | 3 | — |
| 聚合度为20的脂肪醇聚氧乙烯醚 | 5 | 5 | — | 6 | 5 | — |
| 聚合度为40的脂肪醇聚氧乙烯醚 | — | — | 5 | — | — | 8 |
| 氢氧化钾 | 2 | — | — | 4 | — | — |
| 氢氧化钠 | — | — | 3 | — | — | 3 |
| 氨水 | — | 3 | — | — | 3 | — |
| 去离子水 | 加至100 | 加至100 | 加至100 | 加至100 | 加至100 | 加至100 |

**制备方法** 在室温下依次将磷酸盐、表面活性剂、硅酸盐、pH调节剂加入到去离子水中，搅拌混合均匀，制成清洗剂成品。

**原料介绍**

所述磷酸盐是磷酸钾、磷酸钠、二磷酸钾、二磷酸钠、三聚磷酸钠或三聚磷酸钾；

所述硅酸盐是硅酸钠、无水硅酸钠或硅酸钾；

所述表面活性剂是非离子型表面活性剂，该非离子型表面活性剂是脂肪醇聚氧乙烯醚或烷基醇酰胺；

所述脂肪醇聚氧乙烯醚是聚合度为20的脂肪醇聚氧乙烯醚、聚合度为25的脂肪醇聚氧乙烯醚或者聚合度为40的脂肪醇聚氧乙烯醚；所述烷基醇酰胺是月桂酰单乙醇胺；

所述pH调节剂是氢氧化钠、氢氧化钾、多羟多胺和胺中的一种或几种组合；

所述多羟多胺为三乙醇胺、四羟基乙二胺或六羟基丙基丙二胺；所述胺为乙二胺、四甲基氢氧化铵或氨水。

**产品应用** 本品主要应用于金属铝材料清洗。

**产品特性** 本品配方科学合理、生产工艺简单，不需要特殊设备，仅需要将上述原料在常温下进行混合即可。本品清洗能力强、清洗时间短、节省人力和工时，可提高工作效率，并具有除锈和防锈功效。本品呈碱性，对设备的腐蚀性较低，使用安全可靠，并利于降低设备成本；本品为水溶性液体，清洗后的废液便于处理排放，符合环保要求。

## 配方 23 金属铜材料清洗剂

**原料配比**

| 原料 | 配比(质量份) | | | | | |
|---|---|---|---|---|---|---|
| | 1# | 2# | 3# | 4# | 5# | 6# |
| 三聚磷酸钠 | 10 | — | — | 7 | — | — |
| 磷酸钠 | — | 6 | — | — | 9 | — |
| 二磷酸钠 | — | — | 6 | — | — | 9 |
| 聚合度为20的脂肪醇聚氧乙烯醚 | 5 | 5 | — | 6 | 5 | — |
| 聚合度为40的脂肪醇聚氧乙烯醚 | — | — | 5 | — | — | 8 |
| 氢氧化钾 | 2 | — | — | 4 | — | — |
| 氢氧化钠 | — | — | 3 | — | — | 3 |
| 氨水 | — | 3 | — | — | 3 | — |
| 去离子水 | 加至100 | 加至100 | 加至100 | 加至100 | 加至100 | 加至100 |

**制备方法** 在室温下依次将磷酸盐、表面活性剂、pH调节剂加入去离子水中，搅拌混合均匀，制成清洗剂成品。

**原料介绍** 所述磷酸盐是磷酸钾、磷酸钠、二磷酸钾、二磷酸钠、三聚磷酸钠或三聚磷酸钾；

所述表面活性剂是非离子型表面活性剂，该非离子型表面活性剂是脂肪醇聚氧乙烯醚或烷基醇酰胺；

所述脂肪醇聚氧乙烯醚是聚合度为20的脂肪醇聚氧乙烯醚、聚合度为25的脂肪醇聚氧乙烯醚或者聚合度为40的脂肪醇聚氧乙烯醚；所述烷基醇酰胺是月桂酰单乙醇胺；

所述pH调节剂是氢氧化钠、氢氧化钾、多羟多胺和胺中的一种或其组合；

所述多羟多胺为三乙醇胺、四羟基乙二胺或六羟基丙基丙二胺；

所述胺为乙二胺、四甲基氢氧化铵或氨水。

**产品应用** 本品主要应用于金属铜材料清洗。

**产品特性** 本品清洗能力强、清洗时间短，可提高工作效率，并具有除锈和防锈功效；本品呈碱性，对设备的腐蚀性较低，使用安全可靠，并利于降低设备成本；本品为水溶性液体，清洗后的废液便于处理排放，符合环保要求。

## 配方 24 冷轧硅钢板用清洗剂

**原料配比**

| 原料 | 配比(质量份) | | | | |
|---|---|---|---|---|---|
| | 1# | 2# | 3# | 4# | 5# |
| 氢氧化钠 | 20 | 30 | 25 | 25 | 30 |
| 硅酸钠 | 60 | 50 | 55 | 52 | 60 |
| 三聚磷酸钠 | 11 | 12 | 10 | 15 | 13.2 |
| 烷基酚聚氧乙烯醚 | 2.8 | 6 | 5 | 4 | 4.8 |
| 脂肪醇聚氧乙烯醚 | 6 | 1.9 | 4.7 | 3.8 | 5.76 |
| 磷酸三丁酯 | 0.2 | 0.1 | 0.3 | 0.2 | 0.24 |

**制备方法** 将上述原料混合均匀，密封包装，即为成品。

**原料介绍**

本清洗剂中加入氢氧化钠，是因为硅钢轧制油由少量的动植物油（或合成脂）和大量的矿物油组成，氢氧化钠能和黏附在钢板上的动植物油发生皂化反应，生成肥皂和甘油而很好地溶解在清洗剂中，从而使硅钢板上的动植物油除去。氢氧化钠含量低于20%时，皂化反应不能充分进行，达不到要求的除油效果，大于30%时，溶液的pH值太高，容易对硅钢板造成腐蚀。

硅酸钠具有良好的乳化作用，利用硅酸钠能有效地除去硅钢板表面的矿物油。硅酸钠含量低于50%时，乳化效果差，高于60%时，容易在钢板表面形成一层难于洗去的$SiO_2$膜，使硅钢板的清洗质量下降。

三聚磷酸钠能和硬水中的$Ca^{2+}$、$Mg^{2+}$发生配位作用，并能结合溶解在清洗剂中的其他金属离子，同时能将黏附在钢板表面的$SiO_2$膜洗去，以提高清洗效果。三聚磷酸钠含量低于10%时效果差，高于15%时清洗效果增加不明显。

本清洗剂中选用的烷基酚聚氧乙烯醚和脂肪醇聚氧乙烯醚的HLB值为13～15，用量均为1%～6%。它们都是表面活性剂，能降低清洗剂的表面张力，增加清洗剂的表面活性和清洗效果，两种表面活性剂的联合使用可大大提高清洗剂的脱脂效果。表面活性剂加入量高于6%时溶液泡沫太多，低于1%时清洗效果差。

本清洗剂中还需加入微量的磷酸三丁酯，用量为0.1%～0.3%就能有效地消除清洗过程产生的泡沫。

**产品应用** 本清洗剂专用于清洗冷轧硅钢板，采用浸渍脱脂或喷淋脱脂方式均可，也适用于其他钢材的化学清洗。

本清洗剂工作时浓度采用2.5%～4%为宜，工作时溶液温度在45～65℃就能通过浸渍或喷淋有效地除去硅钢板表面的油污，洗净率可达98%以上。本清洗剂工作时液体温度低于其他清洗剂的工作温度，这在生产的过程中易于组织实施，且可大大节省能耗。

**产品特性** 本清洗剂使用时安全无毒，性能稳定，使用中不会在设备或管道中产生结垢，可提高设备和管道的使用寿命。本清洗剂润湿性能和乳化性能好，载油污能力强，使用寿命长。

## 配方 25 冷轧钢板专用清洗剂

**原料配比**

| 原料 | 配比(质量份) | | 原料 | 配比(质量份) | |
|---|---|---|---|---|---|
| | 1# | 2# | | 1# | 2# |
| 非离子表面活性剂 | 8 | 8 | 乙二胺四亚甲基膦酸钠 | — | 2.5 |
| 异丙苯磺酸钠 | 10 | — | 溶剂 | 5 | 8 |
| 丁基萘磺酸钠 | — | 12 | 氢氧化钠 | 30 | 40 |
| 羟基亚乙基二膦酸钠 | 1 | — | 水 | 加至 100 | 加至 100 |

**制备方法** 将各组分溶于水，混合均匀即可。

**原料介绍**

本品中碱性化物为碱金属化合物，如：氢氧化钠、氢氧化钾、乙醇胺、二乙醇胺、三乙醇胺等。

本品中非离子表面活性剂为烷基酚聚氧乙烯醚、烷基醇聚氧乙烯醚、烷基聚氧乙烯聚氧丙烯醚，亲水性与疏水性比即 HLB 值为 2～14，优选为 4～7。

本品中螯合剂为以下一种或多种：有机多元膦酸型有氨基亚烷基多膦酸或其盐、碱金属乙烷-1-羟基二膦酸或其盐，次氨基三亚甲基膦酸或其盐类。这类化合物中，常用的有二乙烯三胺五亚甲基膦酸、乙二胺四亚甲基膦酸钠、已二胺四亚甲基膦酸钠、氨基三亚甲基膦酸盐及羟基亚乙基二膦酸盐等。

本品中特效增溶剂为以下一种或多种：烷基磺酸类，如烷基苯磺酸盐、烷基萘磺酸盐；短碳链醇，如乙醇、异丙醇；还有两性表面活性剂咪唑啉、甜菜碱等。

本品中溶剂是用来进一步增加产品的去污性，主要有乙二醇醚、二乙二醇醚。

**产品应用** 本品主要应用于清洗连续退火前冷轧钢板。

**产品特性** 本品由于选择了非离子表面活性剂，使其对冷轧钢板表面的冷轧油、防锈油及碳粒和铁粉具有极其有效的去除和分散作用；本品选择了能将去污效果好、泡沫极低的表面活性剂增溶到高电解质溶液里的增溶剂，具有泡沫低、去污力强的优点。

## 配方 26 铝材表面酸性清洗剂

**原料配比**

| 原料 | | 配比(质量份) | | | |
|---|---|---|---|---|---|
| | | 1# | 2# | 3# | 4# |
| 混合酸 | 硫酸 | 1～20 | — | — | — |
| | 氢氟酸 | 1～15 | 1～20 | 1～20 | 1～20 |
| | 硝酸 | — | 1～20 | 1～20 | 1～20 |
| 缓蚀助剂 | 柠檬酸 | 0.5～5 | — | 0.5～5 | — |
| | 酒石酸 | 0.5～5 | 0.5～5 | 0.5～5 | 0.5～5 |
| | 羟基乙酸 | — | 0.5～5 | — | 0.5～5 |
| 非离子表面活性剂 | | 0.1～10 | 0.1～10 | 0.1～10 | 0.1～10 |
| 阴离子表面活性剂 | | 0.1～10 | 0.1～10 | 0.1～10 | 0.1～10 |
| 含氧溶剂 | | 0.1～15 | 0.1～15 | 0.1～15 | 0.1～15 |
| 增稠剂 | | 0.5～5 | 0.5～5 | 0.5～5 | 0.5～5 |
| 水 | | 加至 100 | 加至 100 | 加至 100 | 加至 100 |

**制备方法** 将各组分加入水中，搅拌溶解为透明液体，并控制pH值<2.0即可。

**原料介绍**

本品中非离子型表面活性剂是辛基酚聚氧乙烯醚（9）、壬基酚聚氧乙烯醚（9）、月桂醇聚氧乙烯醚（9）、壬基酚聚氧乙烯醚（6）及月桂醇聚氧乙烯醚（6）中的至少一种与异辛醇聚氧乙烯醚的混合物。

本品中阴离子型表面活性剂是月桂基硫酸钠。

本品中含氧溶剂是乙二醇、1,2-丙二醇、异丙醇、*N*-甲基吡咯烷酮、乙二醇苯醚、乙二醇甲醚、乙二醇乙醚、乙二醇丁醚、二乙二醇甲醚、二乙二醇乙醚、二乙二醇丁醚、二乙二醇苯醚中的至少一种。

本品中缓蚀助剂是柠檬酸、酒石酸、羟基乙酸的复合物。

本品中增稠剂是甲基纤维素衍生物。

**产品应用** 本品主要用于清除铝材表面氧化皮和油性积炭混合层。

**产品特性** 本品各原料配制后虽呈强酸性（pH值<2.0），但清洗时可将其用水稀释到浓度为25%，使用时不会对操作人员的安全构成威胁。各原料相互配伍作用，可在常温下将铝材表面较厚的氧化皮和油性积炭混合层快速清除，无需加热，节省能源；处理后铝材表面平整、光洁，材料失重率极低，使铝材表面保持银白本色，不影响后续焊接和喷涂工艺。

## 配方 27 铝材表层的电子部件防腐蚀清洗剂

**原料配比**

| 原料 | 配比(质量份) | | | | | |
|---|---|---|---|---|---|---|
| | 1# | 2# | 3# | 4# | 5# | 6# |
| 乙二醇乙醚 | 10 | 6 | — | 7 | — | — |
| 乙二醇丁醚 | — | — | — | — | 9 | — |
| 硅酸钠 | 3 | — | 5 | — | — | — |
| 硅酸钾 | — | 10 | — | — | — | 4 |
| 钨酸钠 | — | 1 | — | 1 | 1 | 2 |
| 无水硅酸钠 | — | — | — | 6 | 3 | — |
| 聚合度为20的脂肪醇聚氧乙烯醚 | 5 | 5 | — | — | 6 | — |
| 聚合度为15的脂肪醇聚氧乙烯醚 | — | — | 6 | — | — | — |
| 聚合度为40的脂肪醇聚氧乙烯醚 | — | — | 5 | — | — | 6 |
| 聚合度为25的脂肪醇聚氧乙烯醚 | — | — | — | 6 | — | — |
| 聚合度为35的脂肪醇聚氧乙烯醚 | — | — | — | — | — | 9 |
| 氢氧化钾 | 2 | 3 | — | 4 | 3 | — |
| 氢氧化钠 | — | — | 3 | — | — | 3 |
| 苯并三氮唑钠 | 1 | — | 1 | — | — | — |
| 去离子水 | 加至100 | 加至100 | 加至100 | 加至100 | 加至100 | 加至100 |

**制备方法** 在室温下依次将硅酸盐、表面活性剂、渗透剂、缓蚀剂、pH调节剂加入去离子水中，搅拌混合均匀，即成清洗剂。

**原料介绍**

所述硅酸盐为硅酸钠、无水硅酸钠、硅酸钾。

所述渗透剂是脂肪醇聚氧乙烯醚（JFC）或者乙二醇醚类化合物；该乙二醇醚类化合物是乙二醇乙醚和乙二醇丁醚中的一种或它们的组合。

所述表面活性剂是非离子型表面活性剂脂肪醇聚氧乙烯醚或烷基醇酰胺，如月桂酰单乙醇胺。渗透剂和非离子型表面活性剂可使用脂肪醇聚氧乙烯醚，其聚合度为15、20、25、35、40。

所述pH调节剂是无机碱、有机碱或者其组合。其中，无机碱是氢氧化钠或氢氧化钾；有机碱是多羟多胺和胺中的一种或几种的组合，多羟多胺为三乙醇胺、四羟基乙二胺或六羟基丙基丙二胺，胺为乙二胺、四甲基氢氧化铵。

所述缓蚀剂为苯并三氮唑钠、钨酸钠。

**产品应用** 本品主要应用于铝材表层的清洗。

清洗方法：清洗时采用28kHz的超声波清洗设备，将表层为铝的电子部件放置在超声波清洗设备中，加入由清洗剂和10～20倍体积的去离子水混合的液体，控制清洗温度为40～55℃，清洗5～6min取出。清洗后，采用光学显微镜放大100倍的方法检测，部件表面无油污残留，表面光亮，清洗后24h内部件表面仍无发乌以及锈斑现象。

**产品特性** 本品配方科学合理、生产工艺简单，不需要特殊设备；清洗能力强，清洗时间短，节省人力和工时，可提高工作效率，且具有除锈和防锈功效。本品呈碱性，对设备的腐蚀性较低，使用安全可靠，利于降低设备成本；本品为水溶性液体，清洗后的废液便于处理排放，满足环境保护要求。

## 配方28 铝合金常温喷淋清洗剂

**原料配比**

| 原料 | 配比(质量份) | | 原料 | 配比(质量份) | |
|---|---|---|---|---|---|
| | 1# | 2# | | 1# | 2# |
| 乙二胺四乙酸二钠 | 5 | 4 | 增溶剂RQ-130E | 10 | 4 |
| 五水偏硅酸钠 | 1 | 1 | 表面活性剂RQ-129B | 7 | 6 |
| 葡萄糖酸钠 | 6 | 7 | 水 | 64 | 71 |
| 异构醇醚 | 7 | 7 | | | |

**制备方法**

(1) 将反应量水加入反应釜中，在25～40℃之间加入反应量的五水偏硅酸钠、葡萄糖酸钠、乙二胺四乙酸二钠，搅拌，保持反应20min。

(2) 在反应釜中再加入异构醇醚和表面活性剂RQ-129B（脂肪醇聚氧乙烯醚），搅拌至完全溶解后再加入增溶剂RQ-130E（二丙二醇甲醚），持续搅拌30min，直至溶液清澈透明。反应过程中保持反应釜温度35～40℃。

(3) 反应完成后自然冷却至室温，静置25～35min后即成为铝合金常温喷淋清洗剂。

**产品应用** 本品主要应用于铝合金工件清洗。

**产品特性**

(1) 本品是弱碱性常温清洗剂，所用原料来源广泛，获取容易，使用量少，适用于大规模的工艺生产。

(2) 本品使用方便，效果明显，所选用原料在复配后也能保持很低的泡沫，复配后原料的各种性能都得到增强和提高。其中，乙二胺四乙酸二钠能够提供稳定的pH值，五水偏硅酸钠起到保护铝合金防腐蚀的作用，葡萄糖酸钠和异构醇醚具有分散油污作用和保护金属不被腐蚀，增溶剂和表面活性剂可协同溶解油污和调解本配方其他原料，增加常温清洗能力和降低常温泡沫。通过以上的作用机理，使清洗剂达到最佳的状态。

（3）本品使用简单，可用于高压喷淋，使用量低，不腐蚀金属。

（4）本品常温就可使用，不用加热，节约能源；使用本品处理后对铝合金零部件不腐蚀，表面无白斑残留，并且能增加零部件光亮。使用周期长，使用浓度低，安全、环保、节约工时，提高工作效率。

## 配方 29 镁合金表面处理清洗液

**原料配比**

| 原料 | 配比(质量份) | | | | |
|---|---|---|---|---|---|
| | 1# | 2# | 3# | 4# | 5# |
| 硝酸 | 45 | 50 | 60 | 70 | 80 |
| 氢氟酸 | 55 | 50 | 40 | 30 | 20 |
| 水 | 100 | 100 | 100 | 100 | 100 |

**制备方法** 在水中依次加入硝酸、氢氟酸，搅拌均匀即可。

**原料介绍**

所述硝酸的浓度为5%～25%。

所述氢氟酸的浓度为5%～15%。

**产品应用** 本品主要应用于镁合金表面处理。

用本品对镁合金铸件进行表面处理的方法：先将用电化学方法去毛刺处理后的镁合金铸件在常温下置于清洗液中处理4～30s；再将镁合金铸件放入去离子水中清洗4～10s；接着放入碱溶液中处理4～30s；最后再用去离子水清洗4～10s；烘干。

**产品特性** 本品不但成本低廉，而且清洗工艺简单，尤其是清洗效果好，能有效地清洗掉电化学去毛刺处理后，在铸件上留下的腐蚀黑点。

## 配方 30 镁合金表面化学清洗液

**原料配比**

表1 磷酸-硫酸酸洗溶液

| 原料 | 配比(质量份) | |
|---|---|---|
| | 1# | 2# |
| 磷酸 | 55 | 30 |
| 硫酸 | 25 | 10 |
| 水 | 加至100 | 加至100 |

表2 碱性清洗剂

| 原料 | 配比(质量份) | |
|---|---|---|
| | 1# | 2# |
| 氢氧化钠 | 50 | 10 |
| 磷酸三钠 | 6 | 10 |
| 水 | 加至1L | 加至1L |

**制备方法** 将各组分混合均匀即可。

**原料介绍** 对镁合金零件进行化学清洗时，本酸性清洗液，例如对AZ91D镁合金压铸件，有着良好的化学抛光作用，可在室温下使用，或者通过加温，例如在

50℃时，则效果更好，可以清洗掉镁合金压铸件（也可用于其他锻、铸件）表面的氧化、腐蚀产物、旧的化学转化膜、金属铝的表面偏析、脱模剂、吹砂以及喷丸带来的污染等；然后在本碱性清洗液中浸泡处理，可除去在酸性清洗液中的不溶性物质，还会同时中和金属表面上的酸，有利于防止金属表面的腐蚀。

**产品应用** 本品主要应用于镁合金表面化学清洗。

本品的使用方法：将表面除去油污的镁合金压铸件放进磷酸-硫酸酸洗溶液槽中进行浸泡，工作温度15～80℃，浸洗时间10～60s，取出零件后（可立即在一个空槽上方抖动零件1～2次，滴落回收酸洗液），再立即进行一次水洗、二次水洗，洗净零件表面；再放进碱性清洗（中和处理）溶液槽中进行浸泡，工作温度25～90℃，浸洗时间60～300s，再进行一次水洗、二次水洗，洗净零件表面完毕。

**产品特性**

（1）使用本品进行清洗的工艺，可以作为镁合金表面化学或电化学防护处理工艺（例如铬酸盐钝化或氟化处理、磷酸盐等化学转化膜处理、阳极氧化、化学镀和电镀等工艺）中的一种预处理工序，为后续工序提供一个银白、光亮、新鲜、清洁的均匀金属表面。本品主要用于镁合金AZ91D等合金压铸件零件，也可用于镁合金的其他锻、铸件。

（2）AZ91D等耐蚀性高的镁合金压铸件进行处理后，迅速进行干燥处理，表面银白、光亮。在一定环境条件下，或可直接应用或涂清漆后应用。

（3）可以有效地除去零件压铸成型脱模剂，用于压铸件回收料在重新熔炼前的清洗，消除压铸脱模剂对熔炼镁合金的污染。

（4）对于有严格尺寸公差要求的零件，应注意这种磷-硫酸溶液对镁合金的去除作用，要严格控制酸洗时间。如果尺寸要求严格，公差小，则需要在机械加工之前进行酸洗工序。

（5）该工艺方法使用的溶液不含铬酸（或$Cr^{6+}$）、氢氟酸（或氟的酸式盐）。在化学清洗中除了产生氢气之外，不产生其他有害气体。产生的漂洗废水及废液处理简单方便，不造成二次污染，便于“三废”治理。

（6）使用该工艺，清洗镁合金表面，质量好、效率高、溶液稳定、便于操作，适合在工业生产中应用。

## 配方31 清洗防锈剂

**原料配比**

| 原料 | 配比(质量份) | | 原料 | 配比(质量份) | |
|---|---|---|---|---|---|
| | 1# | 2# | | 1# | 2# |
| 50%乙二胺四乙酸溶液 | 1.5 | — | 70%合成硼酸酯溶液 | 5 | 7.4 |
| 65%乙二胺四乙酸溶液 | — | 1.2 | 30%聚丙烯酸溶液 | 7 | 8 |
| 三乙醇胺 | 3.5 | 3.8 | 90%三嗪类杀菌剂溶液 | 1 | 2 |
| 一乙醇胺 | 1 | 0.6 | 水 | 81 | 77 |

**制备方法**

（1）按配比将配方规定量50%的水加入反应釜A内，升温至35～45℃，然后按配比分别加入乙二胺四乙酸溶液、三乙醇胺溶液、一乙醇胺溶液进行反应，并在40～42℃温度范围内保温3～5h，即得到水基防锈液；

（2）在反应釜B内加入余下50%的水，然后按配比加入聚丙烯酸溶液，并充分混合搅拌，且在搅拌下按配比加入合成硼酸酯溶液进行反应，反应时间为30～45min，反应期间温度保持在10～40℃，得到反应液；

（3）将反应釜A中的水基防锈液加入反应釜B的反应液中，提高反应釜B的温度至40～42℃，保温并搅拌0.5～1h；

（4）向反应釜B中按配比加入三嗪类杀菌剂溶液，搅拌20～40min后，即成成品。

**产品应用** 本品特别适用于钢材、铝材的清洗防锈。

**产品特性** 本品呈弱碱性，所用原料来源广泛，获取容易，使用量少，对防锈油、乳化油、切削液、压制油、润滑油、变压器油等加工用油具有较强的洗净力。

## 配方32 水基金属零件清洗剂

**原料配比**

| 原料 | 配比(质量份) | | 原料 | 配比(质量份) | |
|---|---|---|---|---|---|
| | 1# | 2# | | 1# | 2# |
| 脂肪醇聚氧乙醚磷酸酯 | 5 | 6 | 乙二醇单丁基醚 | 6 | 6 |
| 脂肪醇聚氧乙烯硫酸酯 | 3 | 4 | 偏硅酸钠 | 4 | 4 |
| 脂肪醇聚氧乙烯醚 | 16 | 14 | 乙二胺四乙酸 | 0.15 | 0.15 |
| 椰子油酰二乙醇胺 | 7 | 6 | 固体粉剂有机硅消泡剂 | 0.3 | 0.3 |
| 琥珀酸酯磺酸钠 | 3 | 4 | 去离子水 | 50.55 | 50.55 |
| 乙醇胺 | 5 | 5 | | | |

**制备方法** 将各原料在40～60℃下加热溶解，依次加入各组分，使其全部溶解，即可得到均匀透明的浅黄色液体，能与水以任意比例混合。

**原料介绍**

所述的脂肪醇聚氧乙烯醚磷酸酯的聚氧乙烯平均数为5～7，脂肪醇的碳数为12～14。

所述的脂肪醇聚氧乙烯醚硫酸酯的聚氧乙烯平均数为2～4，脂肪醇的碳数为12～14。

所述的脂肪醇聚氧乙烯醚，聚氧乙烯平均数为10～15，脂肪醇的碳数为16～18。

所述的椰子油酰二乙醇胺，亦可选用月桂酰二乙醇胺或烷基醇酰胺磷酸酯等烷基醇酰胺。

所述的渗透剂琥珀酸酯磺酸钠，具有高效快速的渗透能力。

所述的乙醇胺，也可以是一烷基醇胺、二烷基醇胺或三烷基醇胺，烷基可以是乙基、丙基或丁基。

所述的乙二醇单丁基醚，也可以是一烷基醚或二烷基醚，烷基是乙基、丙基或丁基。

所述的配位剂乙二胺四乙酸（EDTA），也可以是EDTA钠盐或柠檬酸钠等有机螯和剂。

所述消泡剂是乳化型有机硅消泡剂，或者是固体粉剂有机硅消泡剂。

**产品应用** 本品主要应用于金属零件清洗。

本品用于清洗半导体或精密金属零件表面上的油脂、灰尘、积炭等污染物的方法：使用本清洗剂，用超声波清洗机清洗，然后用去离子水冲洗，热风或真空干燥即可。当用本清洗剂清洗显像管等各种精密金属零件时，可用5%～10%的清洗剂与去离子水配制成清洗液，在40～60℃时浸泡或超声清洗，然后用去离子水冲洗干净，真空或热风干燥即可。

**产品特性** 本品去污能力强，可有效去除矿物油、植物油、动物油及其混合油，清洗效果达到ODS清洗效果，能够有效地去除金属零件表面的多种冲压油和润滑油，对金属表面无腐蚀，无损伤，能够替代三氯乙烷等ODS物质进行脱脂，不含ODS物质，无毒无腐蚀性，对臭氧层无破坏作用，生物降解性好，使用后可以直接排放，使用方便，对环境无污染，对人体无危害。本品乳化、分散能力强，抗污垢、再沉积能力好，不产生二次污染，使用范围广，对高温、高压冲压出的零件有极佳的清洗效果，清洗后金属零件表面光亮度好。该产品是水剂，安全性高，不燃不爆，无不愉快气味。

## 配方 33 水基金属清洗剂

**原料配比**

| 原料 | 配比(质量份) | 原料 | 配比(质量份) |
| --- | --- | --- | --- |
| 碳酸钠 | 7 | 元明粉 | 10 |
| 硅酸钠 | 5 | 平平加-9 | 10 |
| 乌洛托品 | 40 | 烷基苯磺酸钠 | 5 |
| 三聚磷酸钠 | 22 | 水 | 加至100 |
| 羧甲基纤维素 | 1 | | |

**制备方法** 在搅拌器中先后加入碳酸钠、硅酸钠、乌洛托品、三聚磷酸钠、羧甲基纤维素、元明粉，搅拌均匀后，再加入平平加-9、烷基苯磺酸钠，充分搅拌均匀后即可。

**原料介绍** 平平加-9、烷基苯磺酸盐主要起表面活性作用。乌洛托品起缓蚀作用。碳酸钠、硅酸钠、三聚磷酸钠起助洗作用，并提高防锈性、抗硬水性和调节pH值，以利于除油。

**产品应用** 本水基金属清洗剂适用范围广，广泛用于黑色和有色金属的除油清洗。除油工艺简单，使用时在常温状态下用水配制为浓度1%～3%的溶液即可。本品对金属有一定防锈能力，给清洗工序带来方便。

**产品特性** 该清洗剂除油工艺简单、节约能源、适用性广、无环境污染，对金属基体腐蚀极微弱，具有较强的防锈能力，易漂洗、除油效果好、成本低、操作方便、无毒害。

## 配方 34 水溶性金属清洗剂

**原料配比**

| 原料 | 配比(质量份) | | |
| --- | --- | --- | --- |
| | 1# | 2# | 3# |
| 一元醇 | 5～8 | 6～10 | 7～9 |
| 碳酸钠 | 1～1.3 | 1.2～1.5 | 1.1～1.4 |
| 二丙二醇单甲醚 | 10～25 | 15～30 | 18～26 |
| 乙二醇单丁醚 | 30～40 | 35～50 | 36～45 |
| 吗啡啉 | 0.5～4 | 2～5 | 1.5～4 |
| 水 | 5～16 | 8～20 | 10～15 |

**制备方法**

（1）在水中加入碳酸钠，在室温下使用搅拌机均匀搅拌，直至碳酸钠完全溶解；

（2）在步骤（1）获得的溶液中加入乙二醇单丁醚，使用搅拌机以50r/min的速度进行搅拌，搅拌3min后，放入乙醇和二丙二醇单甲醚，继续搅拌10min；

（3）在步骤（2）获得的混合溶液中加入吗啡啉，使用搅拌机搅拌至混合溶液的pH值为9为止，即获得本品。

**原料介绍** 本品中的一元醇优选为乙醇，也可采用其他一元醇产品或烷醇胺类产品来替代乙醇；另外，本品中使用的二丙二醇单甲醚和乙二醇单丁醚属于脂肪醇中优选的两种，也可采用脂肪醇中的其他产品来替代。

**产品应用** 本品主要应用于金属表面清洗。

**产品特性**

（1）本品采用烷醇胺类、一元醇或脂肪醇类的物质作为原料，不含有对环境有害的化合物，如二氯甲烷，氯化合物，卤素溶剂，芳香烃等，是环保的清洗剂，对工作人员的人身健康无害。

（2）工艺简单，制作方法简单快捷，清洗金属表面效果好。

（3）本品具有一定的防锈功能。

## 配方 35 水溶性金属防锈清洗剂

**原料配比**

| 原料 | 配比(质量份) | | |
|---|---|---|---|
| | 1# | 2# | 3# |
| 平平加 | 4 | 6 | 8 |
| 聚乙二醇 | 2 | 3 | 6 |
| 油酸 | 2 | 4 | 6 |
| 三乙醇胺 | 6 | 10 | 15 |
| 亚硝酸钠 | 2 | 3 | 3 |
| 苯并三氮唑 | 0.5 | 0.5 | 1.2 |
| 硅酮消泡剂 | 0.5 | 0.5 | 1.2 |

**制备方法** 将各组分混合均匀即可。

**产品应用** 本品用于金属防锈、清洗。

**产品特性**

（1）脱脂去污能力强，对有色金属无不良影响。

（2）防锈能力强。

（3）抗泡沫性强，高压下不会产生溢出现象。

## 配方 36 水溶性金属清洗液

**原料配比**

| 原料 | 配比(质量份) | 原料 | 配比(质量份) |
|---|---|---|---|
| 十二烷基磺酸钠 | 4～5 | 三乙醇胺 | 4.5～6 |
| OP-10 | 4～5 | 聚乙二醇 | 3～4 |
| 五氯酚钠 | 0.04～0.05 | 乙醇 | 7～8.5 |
| 苯甲酸钠 | 0.02～0.03 | 磷酸 | 0.8～1.0 |
| 亚硝酸钠 | 0.02～0.03 | 水 | 加至100 |

**制备方法** 将各种组分充分搅拌均匀成混合物即可。

**产品应用** 本品可用于各种钢材、铸铁制件的清洗。

**产品特性** 本产品不仅能清除金属表面的灰尘、油污、油漆和黏合剂，而且能提高金属制件的防锈能力。该清洗剂具有使用安全、价格便宜等优点。

## 配方 37 太阳能硅片清洗剂

**原料配比**

| 原料 | 配比(质量份) | | | |
|---|---|---|---|---|
| | 1# | 2# | 3# | 4# |
| 氢氧化钠 | 0.2 | 0.8 | 1 | 5 |
| 无水碳酸钠 | 1 | 2.5 | 3.5 | 5 |
| 偏硅酸钠 | 0.5 | 1.5 | 2 | 4 |
| 乙二胺四乙酸二钠 | 0.1 | 0.5 | 1.5 | 0.1 |
| 十二烷基苯磺酸钠 | 0.1 | 0.4 | 1.5 | 4 |
| 琥珀酸二辛酯磺酸钠 | — | 0.4 | 2 | — |
| 聚乙二醇 | — | 0.2 | 1.5 | — |
| 吐温-80 | 0.1 | 0.5 | 2 | 0.1 |
| OP-10 | 0.5 | 0.8 | 1.5 | 4 |
| 三乙醇胺 | 1 | 3 | 3 | 5 |
| 无水乙醇 | 2 | 3 | — | — |
| 正丁醇 | — | 1.2 | 5 | — |
| 异丙醇 | — | 0.8 | — | 5 |
| 去离子水 | 加至100 | 加至100 | 加至100 | 加至100 |

**制备方法**

(1) 将氢氧化钠溶于去离子水中，随后将无水碳酸钠及偏硅酸钠溶于上述溶液中，搅拌均匀，制成碱性混合溶液；

(2) 将乙二胺四乙酸二钠加入上述混合溶液中，搅拌均匀，制成溶液A；

(3) 将表面活性剂十二烷基苯磺酸钠、琥珀酸二辛酯磺酸钠、聚乙二醇、吐温-80、OP-10溶于去离子水中，搅拌均匀，制成溶液B；

(4) 将三乙醇胺溶于无水乙醇或正丁醇或异丙醇或其组合物中混合均匀，制成溶液C；

(5) 将溶液B溶于溶液C中混合均匀，再将混合溶液加入溶液A中，最后用去离子水定量到所需百分含量。

上述各步骤均在常温、常压下进行。

所有的配制过程须按顺序进行，且边加料边搅拌。

**产品应用** 本品主要应用于光伏太阳能硅片表面清洗。

清洗方法：

(1) 常温下将硅片在盛有循环去离子水的水槽中预清洗4～10min，清洗两遍。

(2) 将2%～5%的清洗剂加入5～20倍的去离子水中，搅拌均匀后，将清洗槽加温至40～70℃后，但不要超过70℃，开启超声波清洗5～10min。

(3) 将硅片再放入盛有循环去离子水的水槽中常温漂洗4～10min，漂洗两遍。

(4) 将硅片快速风干处理，以备后用。

**产品特性** 本品对污垢有很强的反应、分散或溶解、清除能力，可较彻底地除去污垢，清洗污垢的速度快，溶垢彻底。清洗所用原料便宜易得，并立足于国产化；

清洗成本低，不造成过多的资源消耗；清洗剂对环境无毒或低毒，绿色环保，不易燃易爆，使用安全。

## 配方 38 铜管外表面清洗剂

**原料配比**

| 原料 | 配比(质量份) | | | | | | | | | | | |
|---|---|---|---|---|---|---|---|---|---|---|---|---|
| | 1# | 2# | 3# | 4# | 5# | 6# | 7# | 8# | 9# | 10# | 11# | 12# |
| $C_8$～$C_{12}$ 的饱和直链烷烃 | 50 | 90 | 75 | 70 | 60 | 55 | 75 | 80 | 70 | 75 | 65 | 60 |
| 丙酮 | 3 | 9.8 | — | — | 5 | 8 | — | — | — | — | — | — |
| 三氯乙烯 | 26.5 | — | — | 20 | 15 | 16.5 | — | — | 24.8 | 16.8 | 19.5 | 19.5 |
| 四氯乙烯 | 20 | — | 9.9 | — | 19.5 | 20 | 9.7 | 5.5 | — | — | — | — |
| 二氯甲烷 | — | — | 15 | 9.9 | — | — | 15 | 14 | 5 | 8 | 15 | 20 |
| 苯并三氮唑 | 0.5 | 0.2 | 0.1 | 0.1 | 0.5 | 0.5 | 0.3 | 0.5 | 0.2 | 0.2 | 0.5 | 0.5 |

**制备方法** 将各组分加入密闭容器中，在10～30℃下反应1h即可。

**产品应用** 本品主要用于铜管生产过程中的铜管外表面清洗。

**产品特性**

(1) 去污能力强，可迅速彻底清除铜管表面的油污、粉尘、铜屑等杂质。

(2) 挥发速度适中，既能满足缠绕的要求，又能防止因清洗剂挥发太快造成的浪费；清洗剂可挥发彻底，不留残迹，确保从清洗完至退火前的时间内能够彻底挥发，避免退火时给铜管外表和设备带来损害。

(3) 对各种金属、纤维、橡胶和塑料均安全，无腐蚀性；对铜管有一定的抗氧化作用。

(4) 本品配方合理，配伍性好，同时清洗后的废液便于处理排放，符合环保要求，对设备的腐蚀性低，使用安全。

## 配方 39 铜及铜合金型材表面清洗剂

**原料配比**

| 原料 | 配比(质量份) | | | |
|---|---|---|---|---|
| | 1# | 2# | 3# | 4# |
| 乙醇 | 5 | 3 | — | — |
| 正丙醇 | — | — | 3.0 | 5.0 |
| 二乙醇胺 | — | — | — | 1.0 |
| 三乙醇胺 | 0.67 | 1.0 | 1.0 | — |
| 脂肪醇聚氧乙烯醚 | 1.0 | 0.67 | 1.0 | 0.67 |
| 水 | 加至100 | 加至100 | 加至100 | 加至100 |

**制备方法** 将各原料混合溶于水中，搅拌均匀。

**原料介绍** 本清洗剂包括羟基醇类、醇胺类、碱和水，还加入了脂肪醇聚氧乙烯醚也可以是其他聚氧乙烷缩合物型的非离子表面活性剂，例如，脂肪胺聚氧乙烯醚、烷基苯酚聚氧乙烷缩合物OP、聚氧乙烯山梨醇酐单棕榈酸酯、吐温-40或脂肪醇聚氧乙烯醚硅烷及它们的各种混合物或衍生物等，以脂肪醇聚氧乙烯醚为最佳。

本品中的表面活性剂具有还原作用，它还能与铜或铜合金型材里面的还原铜配合起阻氧化作用，而且还具有有效的消泡作用。因此使用本品，可获得光亮或无氧化皮膜的铜或铜合金型材表面，消除了清洗过的型材表面存在的干涉色现象，使得清洗剂中因含还原物质羟基醇而在浓度特低时仍具有高还原作用。另外因其表面活性剂还具有有效的消泡作用，也使得清洗剂中醇胺含量波动范围变宽。所以本清洗剂使用方便，容易操作和控制，更重要的是使用本清洗剂可大大提高清洗效率和质量，而且使得清洗过的铜或铜合金表面质量稳定。

所述羟基醇类，也可以为其他低分子量脂肪族醇为2～3元羟基醇，如乙醇、丙醇、异丙醇；醇胺类为二乙醇胺、三乙醇胺；表面活性剂为高级脂肪族胺、高级脂肪醇醚等及其衍生物，高级脂肪族胺与N结合的不少于一个脂肪链，其含C数为8～22个，它应具有好的溶解性及表面吸着力，其高级脂肪族醇最佳为脂肪醇聚氧乙醚，能有效防止清洗剂中溶解氧，使铜或铜合金型材再氧化变色。

**产品应用** 清洗剂在清洗时pH值应在7以上，最佳控制在8～14。用碱金属氢氧化物来调节pH，以防止还原剂本身氧化为羧酸，降低热反应还原效力。使用时，将清洗剂用NaOH调pH值为9，将$\phi$8mm铜或铜合金杆在大气中加热600～800℃，经过清洗取出后表面光亮洁净，无干涉杂色，光亮保存期3d左右。

**产品特性** 本清洗剂热反应速度快，容易控制和操作，不但适合于静态清洗，而且更适合于连铸连轧的铜或铜合金型材生产的在线清洗。

## 配方 40 无磷常温脱脂粉

**原料配比**

| 原料 | 配比(质量份) | | | | |
|---|---|---|---|---|---|
| | 1# | 2# | 3# | 4# | 5# |
| 氢氧化钠 | 30 | 25 | 35 | 32 | 28 |
| 五水偏硅酸钠 | 15 | 20 | 18 | 16 | 25 |
| 碳酸钠 | 25 | 25 | 20 | 22 | 26 |
| 烷醇酰胺 | 3 | 3 | 2.8 | 2.2 | 1.5 |
| 乙二胺四乙酸二钠 | 2 | 1.5 | 1.2 | 1.8 | 2.5 |
| 柠檬酸钠 | 15 | 24 | 18.5 | 16 | 10 |
| 脱臭煤油 | 2.5 | 1 | 2 | 2.8 | 3 |
| 脂肪醇聚氧乙烯醚 | 5 | 2.5 | 3 | 4 | 4.5 |

**制备方法**

(1) 在转速为60～80r/min搅拌条件下将氢氧化钠、柠檬酸钠、五水偏硅酸钠、碳酸钠、乙二胺四乙酸二钠、烷醇酰胺分别加入搅拌釜中，在常温常压下搅拌均匀；

(2) 在另一个容器中将脂肪醇聚氧乙烯醚加热60～70℃融化成液体，慢慢加入搅拌釜中，搅拌均匀；

(3) 用无水乙醇将脱臭煤油按质量比1∶1比例稀释装入喷壶，慢慢喷洒到搅拌釜中，充分搅拌均匀。

**产品应用** 本品主要应用于钢铁材料表面清洗。使用时，配制成3%～5%的水溶液，在20～40℃的常温下，将钢铁材料浸泡3～10min，再喷淋1～3min即可。

**产品特性** 本品的脱脂粉不采用含磷原料，选用稳定性能、配合效果、生物降解、分散能力、助洗效果均较好的柠檬酸钠替代葡萄糖酸钠，用烷醇酰胺替代平平加，使脱脂防锈能力得以加强，使用脂肪醇聚氧乙烯醚替代十二烷基硫酸钠，形成低泡，易冲洗。本品脱脂效果好，也可用于刷洗、超声波和滚筒清洗。废水中不含磷化合物，易生物降解，避免环境污染。

## 配方 41 有机溶剂乳化清洗剂

**原料配比**

| 原料 | 配比(质量份) | 原料 | 配比(质量份) |
|---|---|---|---|
| 二乙二醇 | 40 | 猪油 | 3 |
| 乙二胺四乙酸 | 12 | 正癸烷 | 加至 100 |

**制备方法** 在室温条件下依次将上述质量份的二乙二醇、乙二胺四乙酸、猪油加入正癸烷中，搅拌至均匀的溶液即可。

**产品应用** 本品主要应用于金属清洗。

清洗方法：

(1) 将清洗剂放入第一槽内，加热到 30～50℃，将需清洗的金属材料放入第一槽，进行超声，超声频率控制在 18～80kHz，超声时间控制在 5～7min；

(2) 用去离子水超声，将去离子水放入第二槽，加热到 30～60℃，将金属材料从第一槽中取出，放入第二槽，进行超声，超声频率控制在 18～80kHz，超声时间控制在 5～7min；

(3) 用去离子水超声，将去离子水放入第三槽，无需加热，将金属材料从第二槽中取出，放入三槽，进行超声，超声频率控制在 18～80kHz，超声时间控制在 1～3min；

(4) 喷淋，用常温的去离子水喷淋，时间为 1～3min；

(5) 烘干，时间为 3～5min，烘干方式可以采用热风或红外进行。

经过上述步骤清洗后的表面，经过放大镜检测，表面洁净，无明显的油脂残留、指纹等污染物，一次通过率达到 85%，优于正常水平。

**产品特性** 本品配方科学合理，生产工艺简单，不需要特殊设备；其清洗能力强，节省人力和工时，提高工作效率并且使用安全可靠，利于降低设备成本。

## 配方 42 有色金属除锈清洗剂 (1)

**原料配比**

| 原料 | 配比(质量份) | | | | | |
|---|---|---|---|---|---|---|
| | 1# | 2# | 3# | 4# | 5# | 6# |
| 三聚磷酸钠 | 10 | — | — | 7 | 9 | — |
| 磷酸钠 | — | 6 | — | — | — | — |
| 二磷酸钠 | — | — | 6 | — | — | — |
| 偏磷酸钠 | — | — | — | — | — | 9 |
| 聚合度为 20 的脂肪醇聚氧乙烯醚(O-20) | 5 | — | — | — | — | — |
| 聚合度为 10 的脂肪醇聚氧乙烯醚(O-10) | — | 5 | — | — | — | — |
| 聚合度为 40 的脂肪醇聚氧乙烯醚(O-40) | — | — | 5 | — | — | — |
| 壬基酚聚氧乙烯醚(OP-10) | — | — | — | 6 | — | — |
| 壬基酚聚氧乙烯醚(OP-20) | — | — | — | — | 5 | — |
| 聚乙二醇(PEG600) | — | — | — | — | — | 5 |
| 氢氧化钾 | 2 | — | — | 4 | — | — |
| 氢氧化钠 | — | — | 3 | — | — | 3 |
| 氨水 | — | 3 | — | — | — | — |
| 乙醇胺 | — | — | — | 1 | — | — |
| 碳酸钠 | — | — | — | — | 3 | — |
| 去离子水 | 加至 100 | 加至 100 | 加至 100 | 加至 100 | 加至 100 | 加至 100 |

**制备方法** 在室温下依次将磷酸盐、表面活性剂、pH 调节剂加入去离子水中，

搅拌混合均匀，成为清洗剂成品。

**原料介绍** 所述磷酸盐是磷酸钾、磷酸钠、二磷酸钾、二磷酸钠、三聚磷酸钠、三聚磷酸钾、偏磷酸钾、偏磷酸钠、多聚磷酸钠或多聚磷酸钾。

所述表面活性剂是非离子型表面活性剂，如脂肪醇聚氧乙烯醚、壬基酚聚氧乙烯醚、脂肪酸聚氧乙烯酯或聚乙二醇；脂肪醇聚氧乙烯醚是聚合度为 9 的脂肪醇聚氧乙烯醚（O-9）、聚合度为 10 的脂肪醇聚氧乙烯醚（O-10）、聚合度为 20 的脂肪醇聚氧乙烯醚（O-20）或聚合度为 40 的脂肪醇聚氧乙烯醚（O-40）；壬基酚聚氧乙烯醚为聚合度为 4 的壬基酚聚氧乙烯醚（OP-4）、聚合度为 10 的壬基酚聚氧乙烯醚（OP-10）、聚合度为 20 的壬基酚聚氧乙烯醚（OP-20）；脂肪酸聚氧乙烯酯是逐级释放型脂肪酸聚氧乙烯酯（SG）、聚合度为 10 的脂肪酸聚氧乙烯酯（SE-10）或者聚合度为 15 的脂肪酸聚氧乙烯酯（AE-15）；聚乙二醇是羟基数为 600 的聚乙二醇（PEG600）、羟基数为 800 的聚乙二醇（PEG800）或羟基数为 1000 的聚乙二醇（PEG1000）。

所述 pH 调节剂是有机碱和无机碱中的一种或其组合；所述无机碱是氢氧化钠、氢氧化钾、碳酸钠、碳酸钾、碳酸氢钠、碳酸氢钾或氨水；所述有机碱是多羟多胺或胺，多羟多胺是四羟基乙二胺、六羟基丙基丙二胺、*N*-羟甲基-四羟基苯二胺或二烷基羟基乙二胺，胺是乙醇胺、二乙醇胺或三乙醇胺。

**产品应用** 本品主要应用于有色金属清洗。

清洗方法：清洗采用 28kHz 的超声波清洗设备，将金属制品放置在清洗设备中，加入清洗剂和 15～20 倍体积去离子水的混合液，控制清洗温度为 65～70℃，清洗 5～6min，取出，干燥，用肉眼在日光灯下观察，金属制品表面无锈迹残留，表面光亮，清洗后 24h 内表面仍无发乌现象。

**产品特性** 本品配方科学合理，生产工艺简单，不需要特殊设备，仅需要将上述原料在室温下进行混合即可；清洗能力强，清洗时间短，节省人力和工时，提高工作效率，且具有除锈和防锈功效；本品呈碱性，对设备的腐蚀性较低，使用安全可靠，并利于降低设备成本；本品为水溶性液体，不含有对人体有害的物质，清洗后的废液便于处理排放，符合环保要求。

## 配方 43 有色金属除锈清洗剂（2）

**原料配比**

| 原料 | | 配比(质量份) | | | | | |
|---|---|---|---|---|---|---|---|
| | | 1# | 2# | 3# | 4# | 5# | 6# |
| 酸盐 | 三聚磷酸钠 | 10 | — | — | 7 | 9 | — |
| | 磷酸钠 | — | 6 | — | — | — | — |
| | 二磷酸钠 | — | — | 6 | — | — | — |
| | 偏磷酸钠 | — | — | — | — | — | 9 |
| 表面活性剂 | 聚合度为 20 的脂肪醇聚氧乙烯醚(O-20) | 5 | — | — | — | — | — |
| | 聚合度为 10 的脂肪醇聚氧乙烯醚(O-10) | — | 5 | — | — | — | — |
| | 聚合度为 40 的脂肪醇聚氧乙烯醚(O-40) | — | — | 5 | — | — | — |
| | 壬基酚聚氧乙烯醚(OP-10) | — | — | — | 6 | — | — |
| | 壬基酚聚氧乙烯醚(OP-20) | — | — | — | — | 5 | — |
| | 聚乙二醇(PEG600) | — | — | — | — | — | 5 |

续表

| 原料 | | 配比(质量份) | | | | | |
|---|---|---|---|---|---|---|---|
| | | 1# | 2# | 3# | 4# | 5# | 6# |
| pH 调节剂 | 氢氧化钾 | 2 | — | — | 4 | — | — |
| | 氢氧化钠 | — | — | 3 | — | — | 3 |
| | 氨水 | — | 3 | — | — | — | — |
| | 乙醇胺 | — | — | — | 1 | — | — |
| | 碳酸钠 | — | — | — | — | 3 | — |
| 去离子水 | | 加至 100 | 加至 100 | 加至 100 | 加至 100 | 加至 100 | 加至 100 |

**制备方法** 按照质量比例称取磷酸盐、表面活性剂、pH 调节剂及去离子水，室温下依次将磷酸盐、表面活性剂、pH 调节剂加入去离子水中，搅拌混合均匀，即为清洗剂成品。

**产品应用** 本品是一种水基型的有色金属除锈清洗剂。

使用本产品清洗铜制品：清洗采用 28kHz 的超声波清洗设备，将铜制品放置在清洗设备中，加入清洗剂和 15 倍体积的去离子水混合液，控制清洗温度为 65℃，清洗 5min，取出，干燥，用肉眼在日光灯下检测，铜制品表面无锈斑残留，表面光亮，清洗后 24h 内表面仍无发乌现象。

使用本产品清洗钛合金制品：清洗采用 28kHz 的超声波清洗设备，将钛合金制品放置在清洗设备中，加入清洗剂和 20 倍体积的去离子水混合液，控制清洗温度为 70℃，清洗 6min，取出，干燥，用肉眼在日光灯下观察，钛合金制品表面无锈迹残留，表面光亮，清洗后 24h 内表面仍无发乌现象。

**产品特性**

(1) 本产品配方科学合理，生产工艺简单，不需要特殊设备，仅需要将上述原料在室温下进行混合即可；其清洗能力强，清洗时间短，节省人力和工时，提高了工作效率，且具有除锈和防锈功效。本品呈碱性，对设备的腐蚀性较低，使用安全可靠，并利于降低设备成本；而且本品为水溶性液体，不含有对人体有害的物质，清洗后的废液便于处理排放，符合环境保护要求。

(2) 本产品为碱性，对有色金属无腐蚀性；含有磷酸盐，能够有效地去除有色金属表面的污渍和锈斑，提高清洗效果；加入的表面活性剂对有色金属表面的油污有较强的分散与渗透能力，使经过清洗后的有色金属材料及其零部件能在表面形成致密的保护膜，从而保证清洗后具有防锈功能。

(3) 本产品对有色金属具有高效清洗的功效，使有色金属表面的锈斑清洗彻底，并能够防止有色金属表面再次形成锈斑，还能缩短清洗时间，提高工作效率；其设备的腐蚀性低，可有效降低生产成本，使用安全可靠。

## 配方 44 铸铁柴油机主机缸体常温清洗剂

**原料配比**

| 原料 | 配比(质量份) | | |
|---|---|---|---|
| | 1# | 2# | 3# |
| 三聚磷酸钠 | 2 | 8 | 3 |
| 六偏磷酸钠 | 2 | 8 | 3 |
| 五水偏硅酸钠 | 2 | 10 | 4 |
| 重碱 | 1 | 4 | 2 |

续表

| 原料 | 配比(质量份) | | |
|---|---|---|---|
| | 1# | 2# | 3# |
| QYL-23 | 8 | 12 | 10 |
| AEO | 3 | 6 | 4 |
| JFC(脂肪醇聚氧乙烯醚) | 0.1 | 1.2 | 0.6 |
| 聚乙二醇 | 4 | 6 | 5 |
| 磺化蓖麻油 | 3 | 5 | 4 |
| 拉开粉 | 0.2 | 2 | 0.8 |
| 消泡剂 | 3 | 5 | 5 |
| 水 | 加至100 | 加至100 | 加至100 |

**制备方法** 先将计量的水加入专用反应釜中，加热到40～50℃，开动搅拌器，按350～450r/min的速度进行搅拌，并依次加入计量的三聚磷酸钠，六偏磷酸钠，五水偏硅酸钠、重碱、拉开粉，边搅拌边降温到30℃以下时，再依次加入计量的QYL-23、AEO、JFC、聚乙二醇、磺化蓖麻油，充分搅拌1h，使反应釜中的溶液是米黄色均匀透明的水溶性液体，即可抽样检查并放料包装。

**产品应用** 本品主要用于铸铁柴油机主机缸体的清洗。

清洗工艺参数如下：使用浓度为5%，清洗温度为常温，清洗压力为0.2～0.6MPa，清洗时间为2min。

**产品特性** 本品可在常温下进行作业，无需加温设备，使设备简化，节约能源；同时具有防锈功能，无需在下道工序中单独进行防锈处理，工艺简单，成本低。本品使用时好操作，易控制。

## 配方45 酸性水基金属清洗剂

**原料配比**

| 原料 | 配比(质量份) | 原料 | 配比(质量份) |
|---|---|---|---|
| 羟基乙酸 | 6 | 烷基磷酸酯 | 0.2 |
| 硫酸钠 | 3 | 水 | 加至100 |

**制备方法** 将各组分溶于水中，混合均匀。

**原料介绍**

本酸性水基金属清洗剂含有羧酸、酯类表面活性清洗剂及无机盐类。所述羧酸是$C_2$～$C_7$的、至少含有一个羧基和一个$\alpha$-羟基的醇酸，所述酯类表面活性剂是烷基磷酸酯，所述无机盐类是硫酸盐。

至少含有一个羧基和一个$\alpha$-羟基的醇酸和羟基乙酸、乙烯基乙醇酸、酒石酸、乳酸、柠檬酸、半乳糖酸、葡萄糖酸等，因为对金属离子有螯合作用，常常使溶解热大为增加，这是产品具有良好洗涤能力的一个重要原因。但是，为了获得更好的洗涤效果，还必须掺入某些表面活性材料以及无机盐类。因为焊接区域的清洗不仅要去除残留的钎剂余渣，还要能除去金属表面因受热而生成的氧化物等，这就要求清洗剂既能使欲洗去的物质松化并从基体上脱落，还要能较快速地将它们溶解；另外，还不应让基体材料受到较明显的影响。在酸性水溶液中的无机盐类如硫酸盐就有松化钎剂残渣的作用；而烷基磷酸酯（如6503）因其在盐类电解质水溶液中有很高的溶解度，特别适宜于热处理后的除盐清洗等操作，同时它们对黑色金属表现出缓蚀性能。

**产品应用** 欲洗涤钢合金或银合金钎料的焊接构件时，可将构件除油、冷水漂洗后，置入本酸性水基洗涤剂中浸泡 2～5min，洗涤剂适宜工作温度 50～80℃，然后取出构件，在清水中漂洗，吹（哄）干，再用薄膜置换型防锈油脱水防锈即可。若是洗涤铝合金焊接件（气焊），则清洗液只需加温至 40～60℃，构件浸泡时间亦相应缩短，随后以清水漂洗，吹干并按需防锈。当洗涤对象是不锈钢钎焊件时，本清洗剂的工作温度应高于 80℃，构件浸泡时间也应延至 15min 以上，有时还需用铜丝刷等辅助工具以除净表面氧化物，最后以洁净冷水漂洗、吹（烘）干。

**产品特性** 本酸性水基金属清洗剂具有通用性好、洗涤质量高、配制成本低及不会造成公害等特点。

## 配方 46 酸性清洗剂

**原料配比**

| 原料 | 配比(质量份) | | 原料 | 配比(质量份) | |
|---|---|---|---|---|---|
| | 1# | 2# | | 1# | 2# |
| 磷酸 | 3 | 3 | 甲乙酮 | 3 | — |
| 辛基酚聚氧乙烯醚 | 2 | 2 | 丁酮 | — | 3 |
| 无水柠檬酸 | 4 | 4 | 水 | 88 | 88 |

**制备方法** 按上述质量配比称取原料后，将水加热到 30～60℃，在搅拌状态下加入无水柠檬酸和酮类，溶解后加入辛基酚聚氧乙烯醚和磷酸，充分溶解后，冷却，经 110～130 目网过滤，即得成品。

**原料介绍**

所述甲乙酮（MEK）也可采用过氧化甲乙酮或接枝共聚物的甲乙酮替代。

所述丁酮也可采用 3-卤代丁酮化合物、4-(甲基亚硝氨基)-1-(3-吡啶基)-1-酮、二苯基氮杂环丁酮、萘丁酮、1-邻羟基苯基西酮、1-对羟基苯基丁酮、甲基异丁酮、2-丁酮、甲苯-丁酮、1-(4-氯苯氧基)-1-(咪唑基)3,3-二甲基丁酮或顺-1-苯基-3-(1-乙氧乙基)-4-苯基氮杂环丁酮替代。

**产品应用** 本品广泛用于不锈钢和其他有色金属、镀件、陶瓷等的清洗，能使其清洗后光亮如新。

**产品特性** 本酸性清洗剂使用方便，环保安全，制备工艺简单。

## 配方 47 重油污清洗剂

**原料配比**

| 原料 | 配比(质量份) | | | | | |
|---|---|---|---|---|---|---|
| | 1# | 2# | 3# | 4# | 5# | 6# |
| 固态抑蚀剂 | 2 | 2.3 | 2.6 | 3.0 | 3.4 | 3.6 |
| 磷酸钠(工业纯) | 1.5 | 1.9 | 2.3 | 2.7 | 3.1 | 3.5 |
| 碳酸钠(工业纯) | 1 | 1.3 | 1.5 | 1.3 | 2.1 | 2.5 |
| 椰子油脂肪酸二乙醇酰胺 | 0.3 | 0.3 | 0.4 | 0.5 | 0.55 | 0.6 |
| 水 | 加至 100 | 加至 100 | 加至 100 | 加至 100 | 加至 100 | 加至 100 |

**制备方法** 将各组分在常温下混合而成。

**原料介绍** 合成洗涤剂中必须含有一定量的表面活性剂和洗涤助剂，这些助剂除具有去油污能力外，还应具有跟表面活性剂的协同作用，以便使合成洗涤剂具有增效作用，这样才能有助于提高合成洗涤剂的去油能力、洗涤能力等综合性能。本品是将可降低水表面张力且既可脱脂又可除矿物油的椰子油脂肪酸二乙醇酰胺非离子型表面活性剂（俗名尼纳尔）及具有抑蚀作用的抑蚀剂，与碱金属碳酸盐和碱金属磷酸盐按规定量混合而成。所述的抑蚀剂是由氢氧化钠（工业纯）与硅酸钠（模数为 2.5～3.0）混合而成的，它既具有强碱性，又具有抑制腐蚀作用。

**产品应用** 本品适用于清洗铝及其合金材料和锌材料，还可用于清洗地面、塑料及玻璃制品以及各种机器、设备，如汽车、发动机、车床等上面的油污。

以沾有重油污的铝质板翅式热交换器的零件铝合金复合板和铝合金翅片为例，将复合板和翅片分别浸入清洗液中，常温（18℃）下进行清洗，浸泡 3～5min，被清洗的复合板和翅片表面便呈现出原有的光亮银白光泽，并可满足复合板表面层的厚度及翅片厚度不变的要求。当把已清洗干净的物体从清洗液里取出时，其表面不再沾油污，即无二次污染，这样可大大提高钎焊缝的质量及换热器的体膨胀强度，从而保证了铝质板翅式热交换器的质量。若把浸泡时间延长 1h、8h、24h、7d 时，被清洗的铝合金复合板和铝合金翅片仍呈现出与其浸泡 3～5min 时完全相同的状况。因此本品不仅除油污能力强，清洗时间短，而且不产生腐蚀作用。

**产品特性** 由于本品中除含有碱金属磷酸盐、碱金属碳酸盐及水外，还含有抑蚀剂及非离子型表面活性剂椰子油脂肪酸二乙醇酰胺，且配比合理，所以在常温下使用本清洗剂清洗铝及其合金材料和锌材料时，没有腐蚀性。若把已清洗干净的这些材料从清洗液里取出时，不会沾油污，即不发生二次污染现象，并且去油污能力强、洗涤时间短，洗涤效果好，无气泡，不变黑，不反应，清洗干净之后的材料表面呈现出金属原有的光泽。既省工又省时。所用的原材料易购，价格便宜，成本低。

## 配方 48 黑色金属粉末油污清洗剂

**原料配比**

| 原料 | 配比(质量份) | | |
|---|---|---|---|
| | 1# | 2# | 3# |
| 碳酸钠 | 8 | 10 | 3 |
| 硅酸钠 | 3 | 1 | 5 |
| 净洗剂 TX-10 | 2 | 1 | 0.3 |
| 正丁醇 | 0.3 | 2 | 1 |
| 水 | 100 | 95 | 90 |

**制备方法** 将各组分按比例混合，搅拌均匀即可。

**产品应用** 本品用于清洗黑色金属粉末表面油污。

**产品特性** 本品可洗净纳米级粉末表面的油污，检测铁粉的洁净率达 96%，清洗效果好。

## 配方 49 轴承专用清洗剂

**原料配比**

| 原料 | 配比(质量份) | | 原料 | 配比(质量份) | |
|---|---|---|---|---|---|
| | 1# | 2# | | 1# | 2# |
| 十二烷基苯磺酸钠 | 10 | — | 苯并三氮唑 | 0.5 | 0.5 |
| 烷基醚磷酸酯三乙醇胺盐 | — | 8 | 甲基硅氧烷 | 3.0 | 3.0 |
| 壬基酚聚氧乙烯醚 | 5 | 2 | 乙二胺四乙酸钠 | 1 | 1 |
| 乌洛托品 | 2 | 2 | 去离子水 | 78.5 | 80.5 |

**制备方法** 首先将去离子水加入搅拌釜中，然后将表面活性剂、缓蚀剂、消泡剂、螯合剂、消泡剂依次加入搅拌釜中，边加料边搅拌，待全部加完后，再搅拌5min，充分混合均匀后，即成成品。

**产品应用** 本品用于轴承清洗。

**产品特性** 本品为一种水基型清洗剂，具有清洗洁净、防锈、低泡、防火、环保等特点和功效。

## 配方 50 抗乳化型水基金属清洗剂

**原料配比**

| 原料 | | 配比(质量份) | | |
|---|---|---|---|---|
| | | 1# | 2# | 3# |
| 螯合剂 | 次氮基三乙酸钠 | 2 | — | — |
| | 柠檬酸钠 | — | 2 | — |
| | 乙二胺四乙酸四钠 | — | — | 2 |
| 防锈剂 | 苯甲酸钠 | 4 | — | — |
| | 亚硝酸钠 | — | 4 | — |
| | 碳原子数为10的长碳链羧酸胺 | — | — | 4 |
| 无机助洗剂 | 碳酸钠 | — | — | 6 |
| | 磷酸三钠 | 6 | — | — |
| | 偏硅酸钠 | — | 6 | — |
| 非离子表面活性剂 | 环氧丙烷的加成数为4的脂肪胺聚氧丙烯醚 | 4 | — | — |
| | 环氧乙烷的加成数为7的烷基酚聚醚 | — | 6 | — |
| | 环氧乙烷的加成数为9的脂肪醇聚氧乙烯醚硫酸铵 | — | — | 5 |
| 两性离子表面活性剂 | 烷基部分的碳原子数为8的烷基二甲氨基乙酸甜菜碱 | 7 | — | — |
| | 月桂酰胺丙基甜菜碱 | — | 6 | — |
| | 椰油酰胺丙基甜菜碱 | — | — | 5 |
| 水 | | 加至100 | 加至100 | 加至100 |

**制备方法** 将螯合剂、防锈剂、无机助洗剂依次加入适量的水中，溶解均匀后，缓慢加入非离子表面活性剂、两性离子表面活性剂，边加入边搅拌，最后加入剩余量的水，至上述两组分完全溶解均匀即可。

**产品应用** 本品主要用作清洗金属的抗乳化型水基金属清洗剂。

**产品特性**

(1) 本清洗剂的清洗机理为：非离子表面活性剂具有较低的表面张力，可以迅速地渗入油污和被洗工件的接触面，将油污从被清洗物表面剥离，从而达到去除油污的目的；当油污剥离在清洗剂中时，两性离子表面活性剂可将细小的油粒迅速地连接，以组成较大的油粒而漂浮在清洗剂表面（即油污不会稳定地分散在清洗剂中形成乳液，而是迅速地从清洗剂中分离），从而使得本清洗剂具有抗乳化的性能；螯合剂分子中含有的一些原子（如氮原子和氧原子）可与水中的钙、镁等金属离子形成带配位键的其他螯合物，能够防止钙、镁的磷酸盐、碳酸盐、硅酸盐在金属表面的沉积，从而提高清洗能力；防锈剂含有的一些基团（如极性羧酸基团）可优先在金属表面吸附，形成保护膜，从而使得本清洗剂有短期的防锈效果；无机助洗剂具有显著的分散作用，能把较大的污垢分散成接近胶体粒子大小的颗粒，同时，无机助洗剂还有利于硬水的软化，它对水中的钙、镁等金属离子具有一定的螯合作用，能和钙、镁离子螯合，使得钙、镁离子成为不溶解于水的钙盐和镁盐而得以除去，从而提高清洗能力。

（2）本清洗剂的组方合理、经济，具有清洗能力较高的优点。

（3）采用本清洗剂去污后，还可减少废液排放对环境的污染。

## 配方 51 可重复使用的金属设备清洗剂

**原料配比**

| 原料 | 配比(质量份) | | |
|---|---|---|---|
| | 1# | 2# | 3# |
| 脂肪酸甲酯乙氧化物 FMEE | 7.4 | 6.2～8.4 | 6.2～8.4 |
| 天冬氨酸 | 6.7 | 5.2～8.7 | 5.2～87 |
| 脂肪醇聚氧乙烯醚 | 6.5 | 5.5～7.5 | 5.5～7.5 |
| 羟甲基纤维素钠 | 3.5 | 2.8～4.5 | 2.8～4.5 |
| 脂肪醇二乙醇酰胺 | 4.7 | 4.2～5.3 | 4.2～5.3 |
| 焦磷酸钠 | 4.9 | 4.5～5.6 | 4.5～5.6 |
| 阻燃剂羟基聚磷酸酯 | 1.7 | 1.3 | 2.5 |
| 消泡剂聚氧丙基聚氧乙基甘油醚 | 2.5 | 1.8～4.5 | 1.8～4.5 |

**制备方法** 将各组分原料混合均匀即可。

**产品应用** 本品主要应用于轴承、拖拉机、汽车、建筑工程机械、航空机械、纺织机械、化工机械等金属设备或制件的清洗。

**产品特性** 本产品具有优良的清洗效果，可重复使用、无污染、具有防锈能力。

## 配方 52 零排放金属表面防腐清洗剂

**原料配比**

| 原料 | 配比(质量份) | | |
|---|---|---|---|
| | 1# | 2# | 3# |
| OP-10 | 15 | 15 | 15 |
| 乌洛托品 | 25 | 25 | 25 |
| 聚乙二醇 | 18 | 18 | 18 |
| 冰乙酸 | 252 | 252 | 252 |
| 氯化钠 | 45 | 45 | 45 |
| 水 | 645 | 645 | 645 |
| 氯化铵 | — | 15～57 | — |
| 尿素 | — | 11～37 | — |
| 缓蚀剂三乙醇胺 | — | — | 5～11 |
| 配位剂 EDTA 二钠 | — | — | 3～23 |
| 磷酸盐 | — | — | 8～24 |
| 甜菜碱 | — | — | 7～25 |

**制备方法** 将各组分混合均匀即可。

**产品应用** 本品主要用于大至飞机、火车，小至自行车、雨伞、水龙头各种制品及零部件中多种金属的清洗。

**产品特性** 本产品摒弃毒害物、根除“三废”污染源。本品是近中性、无毒害、无腐蚀、安全、可循环使用的金属表面除锈、除垢、磷化、钝化、抗氧化防腐清洗剂，并具有缓蚀、配合、活化，或润滑、耐蚀、防锈、钝化、防腐的多功能复合性。

## 配方 53 零排放金属非金属表面防腐清洗剂

**原料配比**

| 原料 | | 配比(质量份) | |
|---|---|---|---|
| | | 1# | 2# |
| 非离子表面活性剂 | 烷基酚聚氧乙烯醚 | 15 | 15 |
| | 聚乙二醇 | 18 | 18 |
| 两性离子表面活性剂 | 十二烷基二甲基甜菜碱 | — | 25 |
| | 六亚甲基四胺 | 25 | 25 |
| 配位剂 | 冰乙酸 | 252 | 252 |
| 螯合剂 | 三乙醇胺 | — | 11 |
| | 乙二胺四乙酸二钠 | — | 23 |
| 助剂 | 尿素 | 37 | — |
| | 磷酸氢二钠 | — | 24 |
| | 氯化铵 | 57 | — |
| | 氯化钠 | 45 | 45 |
| 水 | | 551 | 562 |

**制备方法** 将非离子表面活性剂、两性离子表面活性剂、助剂分别用40～50℃水溶解，依次加入，搅拌均匀，冷却至室温，再依次加入配位剂、螯合剂、助剂，溶解，搅拌均匀，生产出浓缩型透明的防腐清洗剂，静置后装桶、贴商标标签、出厂。

**产品应用** 本品是一种零排放金属非金属表面除油、除锈、除垢、磷化、钝化、抗氧化、防腐清洗剂。

使用方法：根据垢的不同成分和量，取适量的浓缩液，加4～19倍水稀释成工作液，用物理方法通透地划破垢层三条以上划痕，再放入工作液，常温浸泡被处理件，除垢≥3d，再进行水洗，然后进入下一工序。

再生循环操作规程：失效的工作液及清洗水，按1～5g/L加入活性炭，搅拌均匀，静置吸附沉降≥11h，待处理产物沉淀完全后，用过滤机滤出沉淀（处理产物分别是纯净的油、相关金属离子的碱、相关金属离子的盐等，再生资源另行应用：创建循环共生的产业链），净化的较稀工作液加原浓缩液循环再利用，净化的清洗水仍用于原清洗工序，从而达到节约资源、保护环境的目的。

**产品特性** 本品是一种零排放、可循环应用于金属和非金属的表面除油（仅此项可用于非金属）、除锈、除垢、磷化、钝化、抗氧化、防腐的多功能清洗剂。本品是用于工业生产的浓缩型水基工艺材料，具有多种金属、非金属的广泛适用性及同步多功能的复合性，是近中性、无毒害、无腐蚀、不过蚀、无渗氢、安全、环保的多功能清洗剂。

## 配方 54 铝金属清洗剂

**原料配比**

| 原料 | 配比(质量份) | | 原料 | 配比(质量份) | |
|---|---|---|---|---|---|
| | 1# | 2# | | 1# | 2# |
| 三聚磷酸钠 | 25 | 35 | 碳酸氢钠 | 20 | 30 |
| 脂肪酸聚氧乙烯醚 | 8 | 3 | 葡萄糖酸钠 | 5 | 3 |
| 壬基酚聚氧乙烯醚 | 10 | 15 | 乙二胺四乙酸四钠 | 0.5 | 1 |
| 椰油酰胺丙基甜菜碱 | 3 | 1 | 五水硅酸钠 | 15 | 10 |

**制备方法** 将上述原料加入混合罐中，搅拌混合均匀，即可制得本产品铝金属清洗剂。

**产品应用** 本品是一种铝金属清洗剂。

**产品特性** 本产品对铝金属常温清洗效果较好。

## 配方 55 绿色环保型金属表面清洗剂

**原料配比**

| 原料 | 配比(质量份) | | 原料 | 配比(质量份) | |
|---|---|---|---|---|---|
| | 1# | 2# | | 1# | 2# |
| 三聚磷酸钠 | 2.2 | 4 | SMD-40 溶剂油 | 8 | 14 |
| 二丙酣醇甲醚烷醇酰胺 | 3.8 | 5.6 | 过氧化氢 | 6 | 8 |
| 组合助洗剂 | 1.2 | 3 | 表面活性剂 | 3 | 5 |
| 防冻剂 | 2 | 4.5 | 烷基酚聚氧乙烯醚 | 7 | 11 |
| 生物酶 | 3 | 5 | 亚硝酸钠 | 6 | 13 |
| 香精 | 2 | 3 | 乙二胺四乙酸四钠 | 4 | 5 |
| 椰子油 | 3 | 7 | 甲苯磺酸 | 8 | 12 |

**制备方法** 将各组分原料混合均匀即可。

**产品应用** 本品是一种绿色环保型金属表面清洗剂。

**产品特性** 本产品提高了清洗和防锈的性能，有效清除异味，同时对环境污染较小，绿色环保。

## 配方 56 耐高压低泡防锈清洗剂

**原料配比**

| 原料 | | 配比(质量份) | | |
|---|---|---|---|---|
| | | 1# | 2# | 3# |
| 偏硅酸钠 | | 8 | 5 | 3 |
| 磷酸钠 | | 6 | 3 | 8 |
| 硫脲 | | 6 | 10 | 2 |
| 苯甲酸钠 | | 7 | 5 | 10 |
| 低泡表面活性剂 | OP-10 | 3 | — | — |
| | Ha-11 | — | 8 | — |
| | Ha-13 | — | — | 6 |
| 水 | | 加至 100 | 加至 100 | 加至 100 |

**制备方法** 将各组分原料混合均匀即可。

**产品应用** 本品主要用作清洗汽车、工程机械、农用机械的金属部件的清洗剂。

使用上述清洗剂清洗金属工件的方法，包括以下步骤：

(1) 将所述清洗剂用水稀释至体积分数为 5%～6%，获得清洗液；

(2) 在 pH 值为 10～11 的条件下，用所述清洗液清洗金属工件。清洗温度为常温。清洗时间为 1～2min。

**产品特性**

(1) 本产品组分中，偏硅酸钠与磷酸钠起乳化除油作用，同时有一定的防锈作用；硫脲与苯甲酸钠作为复合防锈剂，主要起防锈作用；低泡表面活性剂有防泡和消泡的作用，同时还具有乳化油脂和防锈的作用。

(2) 本产品无色或乳白色，有淡淡清香；能防锈 24h 以上，防锈性能强；在常温条件下只需 1～2min 的清洗时间即可达到去除油脂和灰垢的目的，清洗快速；使用时，只需添加体积分数为 5%～6%的清洗剂，即可达到清洗和防锈的效果，清洗成本低，适合大规模使用；同时，由于在清洗剂中加入了低泡表面活性剂，使得本清洗剂在 1MPa 以上的高压下，产生的泡沫少，可以在高压清洗设备中使用。本产品适用于汽车、工程机械、农用机械的金属部件的清洗，尤其对液压油的脱油效果以及对精加工易生锈材料的防锈效果最佳。

## 配方 57　普通金属制品用脱脂清洗剂

**原料配比**

| 原料 | | 配比(质量份) | | |
|---|---|---|---|---|
| | | 1# | 2# | 3# |
| 混合碱溶液 | 碳酸氢钠和氢氧化钠按照 4：1 配制而成的，质量浓度为 55%的去离子水溶液 | 30 | — | — |
| | 碳酸氢钠和氢氧化钠按照 3.5：0.8 配制而成的，质量浓度为 45%的去离子水溶液 | — | 26 | — |
| | 碳酸氢钠和氢氧化钠按照 3：0.7 配制而成的，质量浓度为 42%的去离子水溶液 | — | — | 12 |
| 次氯酸钠 | | 5 | 4 | 2 |
| 表面活性剂溶液 | NP 系列、脂肪酸甲酯乙氧基化物(FMEE)、异构十三碳醇乙氧基化合物或 RF 系列表面活性剂中的四种的混合物按照 10.7：0.3：0.6 配制而成的质量分数为 8%的去离子水溶液 | 3 | — | — |
| | NP 系列、脂肪酸甲酯乙氧基化物(FMEE)、异构十三碳醇乙氧基化合物按照 1：0.9：0.8 配制而成的质量分数为 8%的去离子水溶液 | — | 3.5 | — |
| | NP 系列、脂肪酸甲酯乙氧基化物(FMEE)、异构十三碳醇乙氧基化合物按照 1：0.9：0.8 配制而成的质量分数为 8%的去离子水溶液 | — | — | 2 |
| 螯合助剂 | 乙二胺四乙酸(EDTA) | 0.1 | 0.1 | — |
| | 三乙醇胺 | — | — | 0.1 |
| 抗菌剂 | 磷酸二氢铵 | 3 | — | — |
| | 碳酸钙 | — | 2.5 | 1 |

**制备方法**　将各组分原料混合均匀即可。

**产品应用**　本品是一种普通金属制品用脱脂清洗剂。

**产品特性**　本产品较为温和，适用于普通金属制品大件的表面处理，成本较低、原材料来源广泛，适宜推广应用。

## 配方 58　汽车表面金属用清洗剂

**原料配比**

| 原料 | 配比(质量份) | | | | | | | |
|---|---|---|---|---|---|---|---|---|
| | 1# | 2# | 3# | 4# | 5# | 6# | 7# | 8# |
| 妥尔油 | 30 | 50 | 34 | 45 | 36 | 42 | 38 | 39 |
| 蜂蜡 | 30 | 50 | 35 | 43 | 38 | 41 | 39 | 40 |
| 次氮基三乙酸 | 65 | 85 | 68 | 80 | 72 | 78 | 74 | 75 |
| 偏硅酸钠 | 4 | 12 | 5 | 11 | 6 | 10 | 7 | 8 |
| 二辛基磺化丁二酸钠 | 20 | 40 | 25 | 35 | 27 | 32 | 29 | 30 |
| 壬二酸 | 5 | 15 | 7 | 13 | 8 | 12 | 9 | 10 |
| 三乙醇胺 | 5 | 15 | 8 | 13 | 9 | 12 | 10 | 11 |
| 脂肪醇聚氧乙烯醚 | 15 | 30 | 18 | 25 | 19 | 23 | 20 | 21 |
| 乙二醇 | 10 | 20 | 12 | 18 | 14 | 17 | 15 | 16 |
| 硅藻土 | 20 | 35 | 23 | 32 | 25 | 30 | 26 | 28 |
| 去离子水 | 650 | 760 | 680 | 740 | 695 | 725 | 708 | 710 |

**制备方法**

(1) 将妥尔油、蜂蜡、次氮基三乙酸、偏硅酸钠和二辛基磺化丁二酸钠加热搅拌，控制温度为70～90℃，得到油相的混合物A；

(2) 在去离子水中加入壬二酸、三乙醇胺、脂肪醇聚氧乙烯醚和硅藻土，加热搅拌，控制温度为70～90℃，得到水相的混合物B；

(3) 将混合物A和混合物B混合后，在转速为1200～1400r/min、温度为80～90℃下搅拌40～60min，最后加入乙二醇，搅拌均匀，即得成品。

**产品应用** 本品是一种汽车表面金属用清洗剂。

**产品特性** 本产品能够去除汽车表面的各种污渍，还具有低泡、护车、节水、上光的功能，并且清洗过后不留下水渍。

## 配方59 强力去垢金属表面清洗剂

**原料配比**

| 原料 | | 配比(质量份) |
|---|---|---|
| 十二烷基硫酸钠 | | 4 |
| N-酰基谷氨酸钠 | | 3 |
| 伊利石粉 | | 5 |
| 沸石粉 | | 1.5 |
| 方解石粉 | | 3 |
| 氢氧化铝 | | 0.8 |
| 三乙醇胺 | | 4 |
| 月桂酸钠 | | 0.15 |
| 柠檬酸钠 | | 3 |
| 柠檬酸钙 | | 1.5 |
| 肌醇六磷酸酯 | | 0.4 |
| 卵磷脂 | | 0.15 |
| 葡萄糖酸钙 | | 0.15 |
| 助剂 | | 4 |
| 水 | | 45 |
| 助剂 | 葡萄皮渣 | 18 |
| | 草酸 | 3 |
| | 柠檬酸 | 3 |
| | 三聚磷酸钠 | 1.5 |
| | 丙二醇 | 4 |
| | 壬基酚聚氧乙烯醚 | 1.5 |
| | 石英粉 | 1.5 |
| | 水 | 25 |

**制备方法**

(1) 将伊利石粉、沸石粉、方解石粉和氢氧化铝与三乙醇胺混合后，研磨1～2h，再加入N-酰基谷氨酸钠和1/4～1/3量的水，先超声分散10～15min，再在转速8000～10000r/min下高速匀浆15～30min，得A组分；

(2) 将十二烷基硫酸钠和月桂酸钠加入余量的水中，转速800～1000r/min下搅拌5～10min，再加入卵磷脂和肌醇六磷酸酯，60～80℃下、同样转速搅拌20～30min. 得B组分；

(3) 将A组分、B组分和其余原料混合后，在转速为800～1000r/min下搅拌15～30min，分装后即得。

**原料介绍**

助剂的制备方法：将葡萄皮渣与1/3～1/2量的水混合后，搅拌均匀，超声处理0.5～1h，再加入草酸、柠檬酸、三聚磷酸钠和丙二醇，在转速为200～400r/min、60～80℃下处理12～24h，过滤后将滤渣与余量的水混合，加入壬基酚聚氧乙烯醚和石英粉，在转速为1000～1200r/min、60～80℃下处理6～8h，再次过滤，并将两次得到的滤液合并，将pH调至中性，即得。

**产品应用** 本品主要用于不同金属材料表面和金属工件的去垢处理。

**产品特性** 通过配方与工艺的改进，使产品具有强力去垢的功效，能有效去除金属表面的水垢和高温氧化皮，使金属表面光亮；清洗时间短，清洗温度低，适用于不同金属材料表面和金属工件的去垢处理。本清洗剂污垢清洗率≥98%。

## 配方60 热喷涂用金属表面除油除锈清洗剂

**原料配比**

| 原料 | | 配比(质量份) | | |
|---|---|---|---|---|
| | | 1# | 2# | 3# |
| A组分 | 柠檬酸 | 5 | 8 | 10 |
| | 烷基酚聚氧乙烯醚 | 11 | 12 | 14 |
| | 乙二胺 | 5 | 11 | 14 |
| | 乌洛托品 | 3 | 5 | 7 |
| | 二氯甲烷 | 5 | 8 | 10 |
| | 乙烯基双硬脂酰胺 | 15 | 17 | 20 |
| | 磷酸三钠 | 5 | 7 | 8 |
| | 硫磷双辛伯烷基锌盐 | 3 | 5 | 7 |
| | 氨基磺酸 | 12 | 14 | 15 |
| | 亚硫酸氢钠 | 4 | 5 | 6 |
| | 消泡剂 | 3 | 4 | 5 |
| | 水 | 85 | 86 | 90 |
| B组分 | 硫酸钠 | 20 | 22 | 25 |
| | 三羟乙基胺 | 3 | 5 | 7 |
| | 三聚磷酸钠 | 2 | 4 | 5 |
| | 聚氧乙烯脂肪醇醚 | 14 | 16 | 18 |
| | 二甲基硅脂 | 3 | 5 | 6 |
| | 水 | 60 | 68 | 75 |
| A∶B(体积比) | | 3∶2 | 3∶2 | 3∶2 |

**制备方法**

(1) 称取聚二甲基硅氧烷和高碳醇脂肪酸酯复合物，按质量份混合的比例为2∶7，进行充分混合，制成A组分中的消泡剂。

(2) 将步骤(1)得到的消泡剂及A组分中的柠檬酸、烷基酚聚氧乙烯醚、乙二胺、二氯甲烷、硫磷双辛伯烷基锌盐、乌洛托品、氨基磺酸分别投入到装有水的分散缸中，开启搅拌器缓慢搅拌，搅拌速度为250～290r/min，搅拌30～35min后，目测其均匀透明后，再将A组分中的乙烯基双硬脂酰胺、磷酸三钠在搅拌状态下缓慢加入，调节转速为320～360 r/min，搅拌时间为30～35min，控制分散缸温度≤40℃，最后加入A组分中的抗氧剂亚硫酸氢钠，同样边加入边搅拌，调节转速为300～350 r/min，搅拌时间20～30min，经过滤即可得到表面清洗剂的A组分。

(3) 用B组分中的水与硫酸钠、三羟乙基胺、三聚磷酸钠、聚氧乙烯脂肪醇醚、二甲基硅脂混合搅拌，调节转速为 200～260 r/min，搅拌时间 30～45min，控制温度小于 30℃，经过滤后得到表面清洗剂的 B 组分。

(4) 将步骤 (2) 制备得到的表面清洗剂的 A 组分与步骤 (3) 得到的表面清洗剂的 B 组分按质量比称量混合均匀，混合温度为 15～25℃，混合时间为 4～7h，转速为 220～380r/min，即可得到热喷涂用金属表面除油除锈清洗剂。

**产品应用** 本品主要用于自动清洗机清洗作业，是一种热喷涂用金属表面除油除锈清洗剂。

**产品特性** 本产品能对金属工件外表面上因加工形成的炭粉、铁屑、油污等污垢进行彻底清洗，清洗后的金属外表面不会整体或局部出现腐蚀现象。由于原材料均为中性，因而本品性能温和，不含铬酸盐、亚硝酸盐，无气味，对环境无污染，对人体无伤害；同时本品低泡易漂洗，适用于自动清洗机清洗作业。

## 配方 61 热喷涂用金属表面水基低泡清洗剂

**原料配比**

| 原料 | | 配比(质量份) | | |
|---|---|---|---|---|
| | | 1# | 2# | 3# |
| A 组分 | 乙二胺四乙酸 | 4 | 4 | 8 |
| | 聚醚 | 11 | 16 | 18 |
| | 三羟基乙基胺 | 10 | 13 | 15 |
| | 十八烯酸 | 1 | 2 | 4 |
| | 二氯甲烷 | 5 | 8 | 10 |
| | 乙烯基双硬脂酰胺 | 10 | 15 | 17 |
| | 烷基苯磺酸钙 | 5 | 6 | 8 |
| | 硫磷双辛伯烷基锌盐 | 2 | 3 | 4 |
| | 苯并三唑 | 12 | 13 | 15 |
| | 亚硫酸氢钠 | 4 | 5 | 6 |
| | 消泡剂(聚二甲基硅氧烷与高碳醇脂肪酸酯复合物按质量份比例为 1∶4 混合) | 6 | 7 | 8 |
| | 水 | 75 | 78 | 90 |
| B 组分 | 碳酸钠 | 14 | 15 | 16 |
| | 丁二醇 | 3 | 6 | 8 |
| | 葡萄糖酸钠 | 5 | 6 | 7 |
| | 三乙胺尿素 | 6 | 7 | 8 |
| | 聚氧乙烯脂肪醇醚 | 17 | 18 | 19 |
| | 烷醇酰胺 | 3 | 5 | 6 |
| | 水 | 40 | 50 | 55 |
| A∶B(体积比) | | 4∶1 | 4∶1 | 4∶1 |

**制备方法**

(1) 称取聚二甲基硅氧烷和高碳醇脂肪酸酯复合物，按质量份混合的比例为 1∶4，进行充分混合，制成 A 组分中的消泡剂；

(2) 将步骤 (1) 得到的消泡剂及 A 组分中的乙二胺四乙酸、聚醚、三羟基乙基胺、二氯甲烷、硫磷双辛伯烷基锌盐、十八烯酸、苯并三唑分别投入到装有水的分散缸中，开启搅拌器缓慢搅拌，搅拌速度为 350～400r/min，搅拌 25～30min 后，目测其均匀透明后，再将 A 组分中的乙烯基双硬脂酰胺、烷基苯磺酸钙在搅拌状态下缓慢加入，调节转速为 250～350r/min，搅拌时间为 30～35min，控制分散缸温度≤35℃，最后加入A组分中的抗氧剂亚硫酸氢钠，同样边加入边搅拌，调节转速为200～300r/min，搅拌时间30～45min，经过滤即可得到表面清洗剂的A组分。

(3) 将B组分中的水与碳酸钠、丁二醇、三乙胺尿素、葡萄糖酸钠、聚氧乙烯脂肪醇醚、烷醇酰胺混合搅拌，调节转速为280～360r/min，搅拌时间55～60min，控制温度小于30℃，经过滤后得到表面清洗剂的B组分。

(4) 将步骤(2)制备得到的表面清洗剂的A组分与步骤(3)得到的表面清洗剂的B组分按质量比称量混合均匀，混合温度为28～35℃，混合时间为6～8h，转速为320～350r/min，即可得到热喷涂用金属表面水基低泡清洗剂。

**产品应用** 本品主要用于自动清洗机清洗作业。

**产品特性** 本产品能对金属工件外表面上因加工形成的炭粉、铁屑、油污等污垢进行彻底清洗，清洗后的金属外表面不会整体或局部出现腐蚀现象。由于原材料均为中性，因而本品性能温和，不含铬酸盐、亚硝酸盐，无气味，对环境无污染，对人体无伤害；同时本产品低泡易漂洗，适用于自动清洗机清洗作业。

## 配方 62 水基反应型多功能金属清洗剂

**原料配比**

<table>
<tr><th colspan="2" rowspan="2">原料</th><th colspan="2">配比(质量份)</th></tr>
<tr><th>1#</th><th>2#</th></tr>
<tr><td rowspan="3">表面活性剂</td><td>聚醚 L64</td><td>4</td><td>8</td></tr>
<tr><td>OP-10(烷基酚聚氧乙烯醚)</td><td>4</td><td>7</td></tr>
<tr><td>FMEE(脂肪酸甲酯与环氧乙烷的缩合物)</td><td>2</td><td>3</td></tr>
<tr><td rowspan="3">溶剂</td><td>聚乙二醇</td><td>5</td><td>8</td></tr>
<tr><td>异丙醇</td><td>2</td><td>5</td></tr>
<tr><td>二乙二醇丁醚</td><td>2</td><td>5</td></tr>
<tr><td colspan="2">植物油酸</td><td>1.5</td><td>4</td></tr>
<tr><td colspan="2">三乙醇胺</td><td>12</td><td>18</td></tr>
<tr><td rowspan="3">缓蚀功能的钠盐</td><td>葡萄糖酸钠</td><td>2</td><td>5</td></tr>
<tr><td>钼酸钠</td><td>2</td><td>5</td></tr>
<tr><td>苯甲酸钠</td><td>2</td><td>5</td></tr>
<tr><td rowspan="2">缓蚀剂</td><td>硼酸酯</td><td>5</td><td>8</td></tr>
<tr><td>苯并三氮唑</td><td>2</td><td>5</td></tr>
<tr><td colspan="2">聚苹果酸</td><td>3</td><td>6</td></tr>
<tr><td colspan="2">消泡剂 575</td><td>0.02</td><td>0.05</td></tr>
<tr><td colspan="2">防腐剂 1227</td><td>0.2</td><td>1.2</td></tr>
<tr><td colspan="2">去离子水</td><td>30</td><td>60</td></tr>
</table>

**制备方法**

(1) 在装有回流冷凝器、搅拌器、温度计和加料漏斗的反应瓶中加入去离子水30～60份，升温至60～70℃，加入L64 4～8份，OP-10 4～7份，FMEE 2～3份，升温至70～80℃，搅拌8～12min；

(2) 加入聚乙二醇5～8份，异丙醇2～5份，二乙二醇丁醚2～5份，升温至80～90℃，搅拌10～20min；

(3) 在80～90℃并搅拌条件下，加入植物油酸1.5～4份，保持80～90℃反应25～35min；

(4) 在80～90℃并搅拌条件下，加入三乙醇胺12～18份，保持80～90℃反应25～35min；

(5) 在80～90℃并搅拌条件下，加入葡萄糖酸钠2～5份，钼酸钠2～5份，苯甲酸钠2～5份，保持80～90℃，反应25～35min；

(6) 反应瓶内降温至40～50℃，加入硼酸酯5～8份，聚苹果酸3～6份，苯并三氮唑2～5份，消泡剂575 0.02～0.05份，防腐剂1227 0.2～1.2份，保持40～50℃，充分搅拌40～50min后，用滤网过滤出料，即为本清洗剂成品。

**产品特性**

(1) 本清洗剂由多种表面活性剂、溶剂和助剂等多种化学原料组成，通过有机合成反应制成，外观为棕黄色透明液体，pH值为8，常温洗油率大于99.8%。不仅具有优异的清洗和防锈防腐性能，而且使用范围广，可清洗各种型号的铸铁、碳钢、铜、铝、锌等合金材料，适合超声波机器清洗、喷淋机器清洗和手工浸泡刷洗等多种清洗方式。

(2) 本清洗剂在常温下去油污速度极快，低温洗涤效果极好，具有溶剂型和水基型清洗剂的双重优势，工作液使用浓度仅为2%～3%，清洗成本极低，经济效益显著。

(3) 本清洗剂具有极高的物理稳定性和抗硬水性，对金属表面无腐蚀，长时间使用无异味，不变质，使用寿命比普通清洗剂长4～6倍，使用本清洗剂清洗的工件自然干燥后表面的防锈时间达到45d以上，防锈期比普通清洗剂长4～6倍，而且清洗后的工件保持原有的金属色泽，光亮如新。

(4) 本清洗剂无毒，无害，无污染，对人体无伤害，并且清洗成本极低，对环境无污染，具有极好的经济效益和社会效益。具有极优异的清洗、防锈功能，特别对厚硬积炭、顽固污渍清洗彻底，对各种型号铸铁、碳钢、铜、铝、锌等金属不腐蚀。

## 配方63 水基反应型铝材专用金属清洗剂

**原料配比**

| 原料 | | 配比(质量份) | |
|---|---|---|---|
| | | 1# | 2# |
| 表面活性剂 | L64 | 4 | 8 |
| | APG0810 | 4 | 7 |
| | FMEE | 2 | 3 |
| 溶剂 | D60 | 5 | 8 |
| | 异丙醇 | 2 | 5 |
| | 二乙二醇丁醚 | 2 | 5 |
| 植物油酸 | | 1.5 | 4 |
| 三乙醇胺 | | 12 | 18 |
| 有机硅氧烷 | MS455 | 2 | 5 |
| | MS525 | 2 | 5 |
| | MS550 | 2 | 5 |
| 缓蚀剂 | 硼酸酯 | 5 | 8 |
| | 硅酸钠 | 2 | 5 |
| 磷酸烷基酯 | | 3 | 6 |
| 消泡剂 | | 0.02 | 0.05 |
| 防腐剂 | | 0.2 | 1.2 |
| 去离子水 | | 30 | 60 |

**制备方法**

（1）在装有回流冷凝器、搅拌器、温度计和加料漏斗的反应瓶中加入去离子水30～60份，升温至60～70℃，加入L64：4～8份，APG0810：4～7份，FMEE：2～3份，升温至70～80℃，搅拌8～12min；

（2）加入D60：5～8份，异丙醇2～5份，二乙二醇丁醚2～5份，升温至80～90℃，搅拌10～20min；

（3）在80～90℃并搅拌条件下，加入植物油酸1.5～4份，保持80～90℃，反应25～35min；

（4）在80～90℃并搅拌条件下，加入三乙醇胺12～18份，保持80～90℃，反应25～35min；

（5）在80～90℃并搅拌条件下，加入MS455：2～5份，MS525：2～5份，MS550：2～5份，保持80～90℃，反应25～35min；

（6）反应瓶内降温至40～50℃，加入硼酸酯5～8份，磷酸烷基酯3～6份，硅酸钠2～5份，消泡剂575 0.02～0.05份，防腐剂1227 0.2～1.2份，保持40～50℃，充分搅拌40～50min后，用滤网过滤出料，即为本清洗剂成品。

**产品应用** 本品是一种水基反应型铝材专用金属清洗剂。

本清洗剂外观为棕色透明液体，使用时加入2%～3%本清洗剂，加入97%～98%的水（水质不限），常温清洗即可达到预期效果，本清洗剂加水后为透明液体。

**产品特性**

（1）本清洗剂由多种表面活性剂、溶剂和助剂等多种化学原料组成，通过有机合成反应制成，外观为棕黄色透明液体，pH值为7，洗油率大于99.8%。不仅具有优异的清洗和防锈防腐性能，而且使用范围广，可清洗各种型号的铝及铝合金材料，适合超声波机器清洗、喷淋机器清洗和手工浸泡刷洗等多种清洗方式。

（2）本清洗剂在高温下对铝制品不腐蚀，去油污速度极快，洗涤效果极好，具有溶剂型和水基型清洗剂的双重优势，工作液使用浓度仅为2%～3%，清洗成本低。

（3）本清洗剂具有极高的物理稳定性和抗硬水性，无毒、无害、无污染、对人体无伤害，对铝表面无腐蚀，长时间使用无异味，不变质，使用寿命比普通清洗剂长4～6倍，使用本清洗剂清洗的工件自然干燥后表面的防锈时间达到60d以上，防锈期比普通清洗剂长6～7倍，而且清洗后的工件保持原有的金属色泽，光亮如新。

（4）本清洗剂效果良好，其清洗能力、防锈性、耐腐蚀性、消泡性、稳定性、漂洗性均优于国家标准，并且清洗成本极低，对环境无污染，对人体无伤害。

## 配方 64 水基防锈型金属零部件清洗剂

**原料配比**

| 原料 | | 配比(质量份) | | |
|---|---|---|---|---|
| | | 1# | 2# | 3# |
| 水 | | 80 | 79.7 | 75.6 |
| 碱性成分 | 无水偏硅酸钠 | 0.6 | 0.4 | — |
| | 碳酸钠 | — | — | 3 |
| | 氢氧化钠 | 0.2 | 0.4 | — |
| 配位剂乙二胺四乙酸 | | 0.2 | 0.5 | 0.4 |

续表

| 原料 | | 配比(质量份) | | |
|---|---|---|---|---|
| | | 1# | 2# | 3# |
| 防锈剂 | 癸二酸 | 8 | 10 | 7.5 |
| 表面活性剂 | 三乙醇胺 | 5 | 2 | 5 |
| | 二乙二醇单丁醚 | 5 | 4.5 | 6 |
| 稳定剂 | 无水乙醇 | 1 | 2.5 | 2.5 |

**制备方法** 将所述各成分称重，并按所述顺序放入反应釜中，每加入一种原料分别搅拌 20min 即可。

**产品应用** 本品是一种金属加工工件及零部件表面清洗的清洗剂。

使用方法：

(1) 可采用浸洗、超声波及喷淋等清洗方法对加工工件进行清洗。

(2) 可根据实际情况（油污轻重）确定具体稀释倍数。

(3) 涂装前的脱脂处理：稀释数倍喷洗或用刷子刷洗，也可用清洗槽浸泡。脱脂后应充分用水冲洗。

(4) 清洗时将稀释液加热至 60℃左右脱脂，效果更佳。

本产品的外观为无色透明液体，参考使用温度为 60℃，参考用量 0.1～0.2kg/m$^2$，稀释倍数 6～20 倍，净洗率≥95%，保存期 2 年，保质期 1 年。

注意事项：

(1) 避免结冰，本品储存在低温或冰点以下时，可能会析出或变稠，但对产品性能没有影响，使用前可加热至室温，并充分搅拌。

(2) 本品长期存放可能因光照而褪色，但不影响使用效果。

(3) 本品属碱性，使用时请戴橡胶手套。

**产品特性**

(1) 本产品具有经济、高效的清洗效果，属浓缩型产品，可低浓度稀释使用。本产品采用的三乙醇胺既是表面活性剂，又是防锈剂，具有双重功效。本产品所选用的各成分经有效组合，紧密配合，产生了极好的协同增强作用，具有良好的脱脂、除油、防锈效果，且平均清洗成本低。本产品防锈时间约为 48h（标准值为 24h），完全能满足工序间防锈的要求。

(2) 清洗效果好：脱脂除油效果好。如使用衡阳天雁增压器分厂的同一批机械零部件清洗效果作对比，汽油清洗的机械零部件的洁净度为 98.3%～98.5%，而用本产品稀释 20 倍使用，洁净度为 99.5%～99.7%。

(3) 低泡：在清洗效果好的情况下具有低泡特点，免去了高泡带来的漂洗不便。

(4) 兼容性优良：对净洗物件材料无腐蚀。

(5) 安全：本品不燃，运输、储存、清洗操作均安全方便。清洗过程中泡沫低，可满足浸洗、超声波及喷淋清洗要求；易漂洗，更适合精密清洗；适用于进口及同产清洗机，是理想的配套产品。

(6) 本产品可有效地清洗加工工件的各表面，清洗过程简单、时间短、成本低，达到了高效清洗的效果。

(7) 本产品解决了汽油或煤油清洗剂或普通的水基清洗剂的不足，又保留了两种类型清洗剂的优点，既油脱脂能力强，又具有短期防锈功能。使用安全，可进行喷淋清洗，完全能满足现代机械工业金属零部件清洗要求，又没有火灾危险。本产品的清洗废液能完全生物降解，符合环保要求，是一种可替代传统汽油、煤油清洗机械零部件的节能环保、廉价高效、清洗效果好的水基防锈型除油脱脂清洗剂。

## 配方 65 水基高效金属表面清洗剂

**原料配比**

| 原料 | | 配比(质量份) | | | | | |
|---|---|---|---|---|---|---|---|
| | | 1# | 2# | 3# | 4# | 5# | 6# |
| 油酸聚氧乙烯聚氧丙烯胺醚酯型表面活性剂 | 油酸 | 30 | 30 | 32 | 33 | 34 | 35 |
| | 聚氧乙烯聚氧丙烯胺醚 | 230 | 240 | 240 | 250 | 260 | 270 |
| | 对甲苯磺酸 | 2.3 | 2.4 | 2.4 | 2.5 | 2.5 | 3.6 |
| 油酸聚氧乙烯聚氧丙烯胺醚酯 | | 6 | 6 | 5 | 4 | 4 | 4 |
| 6053 | | 2 | 4 | 5 | 2 | 2 | 2 |
| JFC | | 1 | 1 | 2 | 2 | 1 | 1 |
| 十二烷基磺酸 | | 4 | 6 | 4 | 7 | 8 | 5 |
| 尿素 | | 1 | 1 | 2 | 3 | 2 | 3 |
| 硅酸钠 | | 1 | 1 | 1.5 | 2 | 3 | 1.5 |
| 柠檬酸钠 | | 1 | 1 | 1 | 2 | 2.5 | 0.5 |
| 异丙醇 | | 1 | 0.5 | 1.5 | 3 | 5 | 2 |
| 聚醚 L61 | | 0.1 | 0.1 | 0.1 | 0.2 | 0.5 | 0.1 |
| 水 | | 82.9 | 79.4 | 77.9 | 74.8 | 72 | 80.9 |

**制备方法**

(1) 油酸聚氧乙烯聚氧丙烯胺醚酯的制备：按照质量份将油酸 30～35 份与聚氧乙烯聚氧丙烯胺醚 230～270 份、对甲苯磺酸 2.3～3.6 份在干燥、无水的反应器内混合，并搅拌加热到 100～130℃，保温 3.5～4h，降至室温得到油酸聚氧乙烯聚氧丙烯胺醚酯型表面活性剂；

(2) 水基高效金属表面清洗液的配制：将 3～6 份油酸聚氧乙烯聚氧丙烯胺醚酯与 2～5 份 6053，1～3 份 JFC、4～8 份十二烷基磺酸、1～3 份尿素、0.5～3 份硅酸钠、0.5～2.5 份柠檬酸钠、0.5～5 份异丙醇、0.1～0.5 份聚醚 L61 和 64～86.9 份水混合搅拌均匀，然后用片碱调节混合液 pH 值为 10，得到水基高效金属表面清洗剂。

**产品应用** 本品主要用于各种金属材料及制件加工前后的表面清洗、除锈、去污等处理，同时具有污染小、不含磷、对设备腐蚀性低等特点。

**产品特性**

(1) 本产品通过油酸与聚氧乙烯聚氧丙烯胺醚的酯化反应制备得到了油酸聚氧乙烯聚氧丙烯胺醚型非离子表面活性剂，再用其作为主要原料与 6053、JFC、十二烷基磺酸、尿素、硅酸钠、柠檬酸钠、片碱、异丙醇、聚醚 L61 和水复配得到一种水基高效金属表面清洗剂。

(2) 本产品涉及的油酸聚氧乙烯聚氧丙烯胺醚酯是一种非离子型表面活性剂，具有优异的脱脂、洗涤和缓蚀、防锈功能。金属表面清洗剂具有除锈、清除表面油污和防锈的功能，清洗后能够在金属表面形成一层保护膜，防止金属表面清洗后在后续加工前的二次锈蚀。

## 配方 66 水基金属表面清洗剂

**原料配比**

| 原料 | 配比(质量份) | | |
|---|---|---|---|
| | 1# | 2# | 3# |
| 表面活性剂二壬基酚聚氧乙烯醚 | 54 | 55 | 56 |
| 无机碱草酸钠 | 3 | 4 | 4 |
| 助洗剂 EDTA 二钠 | 5 | 4 | 5 |
| 缓蚀剂十六烷胺 | 0.5 | 0.8 | 1.0 |
| 链状聚乙二醇 | 8 | 6.5 | 5 |
| 乙二醇 | 15 | 13 | 10 |
| 去离子水 | 加至 100 | 加至 100 | 加至 100 |

**制备方法** 按所述配方进行配料，先将乙二醇和去离子水均匀混合，然后室温下将无机碱加入乙二醇和去离子水的混合液中，无机碱完全溶解后，室温下依次加入表面活性剂、助洗剂、缓蚀剂、链状聚乙二醇，搅拌均匀，即得到所述的水基金属表面清洗剂。

**产品应用** 本品主要用作水基金属表面清洗剂。

本产品在使用时需用水稀释 10～20 倍，然后将要清洗的金属零部件浸入洗液中，室温浸泡 30～60min，然后清洗，清洗后再水洗一次，最后烘干即可。

**产品特性** 本产品不含磷，也不含 APEO 类表面活性剂，采用环保型的表面活性剂，绿色、环保无害，在低温、常温下具有较强的去污能力，是一种很好的水基金属表面清洗剂。

## 配方 67 水基金属零件清洗剂

**原料配比**

| 原料 | | 配比(质量份) | | | | | |
|---|---|---|---|---|---|---|---|
| | | 1# | 2# | 3# | 4# | 5# | 6# |
| 脂肪醇聚氧乙烯醚磷酸酯 | | 5 | 5 | 5 | 6 | 6 | 6 |
| 脂肪醇聚氧乙烯硫酸酯 | | 3 | 3 | 3 | 4 | 4 | 4 |
| 脂肪醇聚氧乙烯醚 | | 16 | 16 | 16 | 14 | 14 | 14 |
| 烷基醇酰胺 | 椰子油酰二乙醇胺 | 7 | — | 7 | — | 6 | 6 |
| | 烷基醇酰胺磷酸酯 | — | 7 | — | — | — | — |
| | 月桂酰二乙醇胺 | — | — | — | 6 | — | — |
| 琥珀酸酯磺酸钠 | | 3 | 3 | 3 | 4 | 4 | 4 |
| 烷基醇胺 | 乙醇胺 | 5 | — | 5 | 5 | — | 5 |
| | 三乙醇胺 | — | 5 | — | — | 5 | — |
| 乙二醇烷基醚 | 乙二醇单丁基醚 | 6 | 6 | — | 6 | 6 | — |
| | 乙二醇乙基醚 | — | — | — | — | — | 6 |
| | 乙二醇乙基醚 | — | — | 6 | — | — | — |
| 偏硅酸钠 | | 4 | 4 | 4 | 4 | 4 | 4 |
| 配位剂 | 乙二胺四乙酸 | 0.15 | 0.15 | — | 0.15 | 0.15 | — |
| | 乙二胺四乙酸二钠 | — | — | — | — | — | 0.15 |
| | 柠檬酸钠 | — | — | 0.15 | — | — | — |
| 消泡剂 | 固体粉剂有机硅消泡剂 | 0.3 | 0.3 | 0.3 | — | — | — |
| | 乳化型有机硅消泡剂 | — | — | — | 0.3 | 0.3 | 0.3 |
| 去离子水 | | 50.55 | 50.55 | 50.55 | 50.55 | 50.55 | 50.55 |

**制备方法** 将上述原料在 40～60℃温度下加热溶解，依次加入上述各组分，使

其全部溶解，即可得到均匀透明的浅黄色液体，能与水以任意比例混合，且无毒、无腐蚀性、不污染环境。

**产品应用** 本品主要用于清洗金属零件。

清洗半导体或精密金属零件表面上的油脂、灰尘、积炭等污染物的方法：使用本清洗剂，用超声波清洗机清洗，然后用去离子水冲洗，热风或真空干燥即可。

当用该清洗剂清洗显像管等各种精密金属零件时，可用5%～10%的本清洗剂与去离子水配制成清洗液，在40～60℃时浸泡或超声清洗，然后用去离子水冲洗干净，真空或热风干燥即可。

**产品特性**

(1) 所述原料中，脂肪醇聚氧乙烯醚磷酸酯、脂肪醇聚氧乙烯醚硫酸酯和脂肪醇聚氧乙烯醚均为无色至浅黄色透明液体，烷基醇酰胺为红棕色透明液体，渗透剂琥珀酸酯磺酸钠为无色透明液体，这些表面活性剂完全溶于水，不燃、不爆、易生物降解，是清洗剂的主要成分。烷基醇胺、偏硅酸钠均为化学纯试剂。本产品使用的配位剂为有机螯合剂，如乙二胺四乙酸（EDTA）及其钠盐、柠檬酸钠，为白色颗粒或粉末，除了可以螯合 $Ca^{2+}$、$Mg^{2+}$ 外，还可以螯合 $Fe^{3+}$、$Cu^{2+}$ 等许多其他金属离子，从而防止表面活性剂的消耗，同时还克服了使用磷酸盐类无机助剂引起的恶化水质的过肥现象，对环境不产生污染。所述的乙二醇烷基醚均为无色透明液体，对矿物油、油脂等污垢有较强的溶解能力，也可以调节清洗剂的黏度。如清洗剂中泡沫太多，往往给漂洗带来困难，费时费力又浪费大量的水，因此加入消泡剂抑制泡沫的产生，使得被清洗部件易于冲洗。

(2) 本清洗剂可以代替ODS清洗剂，有如下优点：去污能力强，可有效去除矿物油、植物油、动物油及其混合油，清洗效果达到ODS清洗效果，能够有效地去除金属零件表面的多种冲压油和润滑油，对金属表面无腐蚀，无损伤，能够替代三氯乙烷等ODS物质进行脱脂，不含ODS物质，无毒无腐蚀性，对臭氧层无破坏作用，生物降解性好，使用完可以直接排放，使用方便，对环境无污染，对全球变暖无影响，对人体无危害，达到国际先进水平。本品乳化、分散能力强，抗污垢、再沉积能力好，不产生二次污染，使用范围广，对高温高压冲压出的零件有极佳的清洗效果，清洗后金属零件表面光亮度好。该产品是水剂，安全性高，不燃不爆，无不愉快气味。

(3) 应用于显像管等各种精密金属零件的清洗时，能够有效地去除金属零件表面的多种冲压油和润滑油，对金属表面无腐蚀，无损伤，与使用三氯乙烷、CFC-113等ODS物质的清洗效果相当。

## 配方 68 水基高效节能金属清洗剂

**原料配比**

| 原料 | 配比(质量份) | | | |
|---|---|---|---|---|
| | 1# | 2# | 3# | 4# |
| 工业盐酸 | 220 | 190 | 200 | 108.8 |
| 磷酸 | 8.5 | 1.7 | 3.4 | 5.1 |
| 草酸 | 5 | 1 | 2 | 3 |
| 十二烷基硫酸钠 SDS | 2 | 1.5 | 1.5 | 1.8 |
| 平平加 O-15 | 1.6 | 0.6 | 1.2 | 1.5 |
| 脂肪醇聚氧乙烯醚 AEO-9 | 2.3 | 2 | 2.1 | 2.2 |
| 水 | 加至1L | 加至1L | 加至1L | 加至1L |

**制备方法**

(1) 根据槽体大小和所要处理的工件多少在处理槽中注入清水；

(2) 在水中投放工业盐酸、磷酸、草酸或酒石酸，使工业盐酸浓度达到108～220g/L，并控制磷酸浓度为1.7～8.5g/L，可以有效避免清洗处理后金属表面色泽灰暗、挂灰的现象。添加一定量的草酸或酒石酸，控制其浓度为1～5g/L，能够配合工业盐酸，有效地加快对金属工件的酸洗速度，提高酸洗除锈的效率。

**原料介绍**

本产品与金属表面的锈迹、氧化膜发生反应时，会在清洗剂中生成$Fe^{2+}$和$Fe^{3+}$，随着反应的进行，清洗剂中的$Fe^{2+}$和$Fe^{3+}$不断增多，严重影响了酸性清洗剂的除锈速度。由于本产品包含适量的有机酸，与清洗剂中的$Fe^{2+}$和$Fe^{3+}$生成一种有机酸铁阴离子配合物，此配合物易溶于水，有效地控制了水基金属清洗剂中$Fe^{2+}$和$Fe^{3+}$的浓度，加快了酸洗除锈速度，延长了本产品水基金属清洗剂的使用寿命。

工业盐酸、磷酸、草酸或酒石酸配制成本产品水基金属清洗剂的基础溶液。

按上述配方，在基础溶液中加入非离子表面活性剂平平加O-15，使之浓度控制在0.6～1.6g/L，加入非离子表面活性剂脂肪醇聚氧乙烯醚AEO-9，使之浓度控制在2～2.3g/L，加入脂肪醇聚氧乙烯醚硫酸钠AES 1～2.2g/L或者十二烷基硫酸钠SDS 1.5～2g/L，其中AES和SDS两种阴离子表面活性剂择其一添加，优选SDS进行添加。

本产品中的平平加O-15、脂肪醇聚氧乙烯醚AEO-9、脂肪醇聚氧乙烯醚硫酸钠AES或十二烷基硫酸钠SDS择其一添加，三种表面活性剂协同效应下，在酸性清洗剂中实现金属表面的浸润与渗透、分散及乳化脱脂除油的作用。一方面能够分散，扩散金属表面油污，使油污乳化，与金属表面相脱离；另一方面可以浸渍、渗透到金属分子里，活化金属表面基体，使酸性清洗剂能够更深入地钻到锈迹、氧化层中，与之发生反应，有效除锈。由于三种表面活性剂性能互补，相互配合，拥有很好的协同效应，大大提高了本产品水基金属清洗剂洗净、乳化、脱脂除油的能力。同时本产品易溶于水，残留液易清洗。

本产品中的阴离子表面活性剂AES或SDS，在平平加O-15和AEO-9的配合下，能够在处理金属工件时在清洗剂表面产生大量的泡沫，覆盖在从清洗剂挥发出来的酸雾上，有效地抑制了清洗金属工件过程中酸雾的挥发，延长设备的使用寿命、改善工人的工作环境。

**产品应用** 本品是一种高效节能环保的水基金属清洗剂，主要用于碳钢前处理表面清洗。

把待处理的金属工件投放到装满清洗剂的处理槽中，浸泡处理15～20min后，捞出观察金属工件表面无油污和锈迹，随后把金属工件放入清水槽清洗3min左右后，捞出并投放到50g/L的稀盐酸溶液中浸渍20～25s左右，活化金属表面基体，捞出后观察金属工件，色泽光亮，无油污，无锈迹，金属工件表面成活化状态，金属表面前处理结束。

**产品特性**

(1) 按本产品由于正确选择酸性试剂和适当的浓度，因而不用添加任何酸洗缓蚀剂，而不会对金属工件基体产生过量腐蚀。

（2）本产品充分发挥各组分添加剂的性能优势，形成协同效应。

## 配方 69 水基金属油污清洗剂

**原料配比**

| 原料 | 配比(质量份) | | |
|---|---|---|---|
| | 1# | 2# | 3# |
| 油酸 | 4.3 | 2.7 | 5.3 |
| 聚丙烯酸盐 | 4.8 | 4.2 | 5.6 |
| 烷醇酰胺 | 6.6 | 5.2 | 7.6 |
| 氨基三亚甲基磷酸 | 6.6 | 5.4 | 7.6 |
| 去离子水 | 4.6 | 3.5 | 5.6 |
| 聚乙烯亚胺 | 4.5 | 3.2 | 5.6 |
| 聚乙二醇辛基苯基醚 | 6.3 | 5.6 | 7.3 |

**制备方法** 将各组分原料混合均匀即可。

**产品应用** 本品是一种水基金属油污清洗剂。

**产品特性** 本产品能显著降低水的表面张力，使工件表面容易润湿，渗透力强；能有效地改变油污和工件之间的界面状况，使油污乳化、分散、卷离、增溶，形成水包油型的微粒而被清洗掉；配方科学合理，pH 温和，清洗过程中泡沫少，清洗能力强、连续性好、速度快、使用寿命长，随着清洗次数增加，清洗液 pH 降低；不含磷酸盐或亚硝酸盐，可直接在自然界完全生物降解为无害物质。

## 配方 70 水基快速去油金属清洗剂

**原料配比**

| 原料 | 配比(质量份) | | |
|---|---|---|---|
| | 1# | 2# | 3# |
| 去离子水 | 75 | 75 | 75 |
| 羟丙基甲基纤维素 | 1.2 | 2 | 1 |
| 异丙醇 | 6.7 | 7 | 6 |
| 钼酸钠 | 5.6 | 6 | 5 |
| 三嗪类多羧酸化合物 | 2.3 | 3 | 2 |
| 二乙二醇丁醚 | 3.4 | 4 | 3 |
| 苯甲酸钠 | 2.3 | 3 | 2 |
| 消泡剂 | 1.2 | 2 | 1 |
| 月桂醇 | 2.3 | 3 | 2 |
| 葡萄糖酸钠 | 1.2 | 2 | 1 |
| 硬脂酸聚氧乙烯酯 | 6.8 | 8 | 6 |
| 聚苹果酸 | 8.9 | 9 | 8 |
| 月桂二酸 | 3.4 | 4 | 3 |
| 脂肪醇聚氧乙烯醚 | 5.6 | 6 | 5 |
| 苯并三氮唑 | 6.7 | 7 | 6 |
| 异构十三醇聚氧乙烯醚 | 2.3 | 3 | 2 |
| 防腐剂 | 1.2 | 2 | 1 |
| 三乙醇胺 | 8.9 | 9 | 8 |
| 植物油酸 | 2.3 | 3 | 2 |
| 硼酸酯 | 2.3 | 3 | 2 |

**制备方法** 将各组分原料混合均匀即可。

**产品应用** 本品是一种水基金属清洗剂。

**产品特性** 本产品在常温下去油污速度极快，低温洗涤效果极好，具有溶剂型和水基型清洗剂的双重优势。

## 配方 71 水基有色金属清洗剂

**原料配比**

| 原料 | 配比(质量份) | 原料 | 配比(质量份) |
|---|---|---|---|
| 碳酸钠 | 7 | 羧甲基纤维素 | 1 |
| 硅酸钠 | 5 | 元明粉 | 10 |
| 乌洛托品 | 4 | 平平加-9 | 10 |
| 三聚磷酸钠 | 22 | 烷基苯磺酸钠 | 5 |

**制备方法** 将各组分原料混合均匀即可。

**产品应用** 本品主要用于黑色、有色金属的除油清洗。

**产品特性** 该清洗剂除油工艺简单、节约能源、适用性广、无环境污染，对金属基体腐蚀极微弱，具有较强的防锈能力，易漂洗，能减轻劳动强度。本产品适用范围广，广泛用于黑色和有色金属的除油清洗。除油工艺简单，使用该清洗剂在常温状态下用水配制质量分数为1%～3%即可。对金属有一定防锈能力，给清洗工序带来方便。本产品除油效果好、成本低、操作方便、无毒害。

## 配方 72 水基防锈金属清洗剂

**原料配比**

| 原料 | 配比(质量份) | | | | |
|---|---|---|---|---|---|
| | 1# | 2# | 3# | 4# | 5# |
| 表面活性剂 | 15 | 5 | — | — | 6 |
| 支链烷基苯磺酸钠 | — | — | 3 | 4 | — |
| 脂肪醇聚氧乙烯醚硫酸钠 | — | — | 4 | — | — |
| 脂肪醇聚氧乙烯醚 | — | — | 4 | — | — |
| 非离子型氟碳表面活性剂 | — | — | 2 | 6 | — |
| 亲水醇 | 20 | 30 | — | — | 20.6 |
| 二甘醇 | — | — | 13 | — | — |
| 乙二醇 | — | — | 8 | — | — |
| 聚乙二醇 20000 | — | — | — | 23.6 | — |
| 速溶改性二硅酸钠 | 4 | 2 | 3.3 | 3.4 | 3 |
| 碳酸钠 | 5 | 3 | 4.6 | 4.2 | 4.3 |
| 碳酸氢钠 | 1 | 3 | 2.2 | 2.1 | 2.2 |
| 油酸三乙醇胺 | 15 | 10 | 11.6 | 12.6 | 13 |
| 十二碳二元酸三乙醇胺 | 5 | 15 | 13 | 10 | 12.6 |
| 巯基苯并噻唑钠 | 15 | 5 | 14 | 10.5 | 14 |
| 葡萄糖酸钠 | 3 | 6 | 4.7 | 5 | 5.3 |
| 水 | 150 | 100 | 133 | 128 | 122 |
| 薄荷香精 | — | — | 1 | — | — |
| 柠檬香精 | — | — | 1.5 | — | — |
| 薰衣草香精 | — | — | — | 2 | — |

**制备方法** 将各组分原料混合均匀即可。

**产品应用** 本品是一种水基防锈金属清洗剂。

**产品特性** 本产品通过选择合适的成分，优化成分的含量，得到了去污力强，防锈性好的水基金属清洗剂；加入的表面活性剂、油酸三乙醇胺、十二碳二元酸三乙醇胺、巯基苯并噻唑钠四者按适当的比例复配后，降低了界面张力，增强了对油污的渗透、乳化和分散性，提高了清洗剂的去污力和防锈性；配合添加的碳酸钠和碳酸氢钠，能与污垢发生皂化反应，分散到溶液中，调节清洗剂的效果，并增加了清洗剂的稳定性，降低了成本；加入的亲水醇作为增溶剂可以调节体系的活性剂浊点，使其在清洗工艺的温度范围，提高清洗剂的清洗效果；添加的速溶改性二硅酸钠，pH 缓冲作用强，能维持清洗剂所需的碱度，溶解度高，对钙、镁离子的结合交换能力好，与表面活性剂、缓蚀剂和其他助剂配伍后能乳化油污沉积物，分散悬浮污垢粒子，抵抗污垢沉积，增强了清洗剂的清洗效果和防锈效果；各种原料按所述比例配伍后得到的清洗剂去污力强、防锈效果好、对环境友好，清洗后油污不易再次沉积。

## 配方 73　水基强力金属清洗剂

**原料配比**

| 原料 | | 配比(质量份) | | | | | | |
|---|---|---|---|---|---|---|---|---|
| | | 1# | 2# | 3# | 4# | 5# | 6# | 7# |
| 十二烷基苯磺酸钠 | | 2 | 4 | 3 | 9 | 10 | 6 | 6 |
| 脂肪醇聚氧乙烯醚 | AEO-3 | 1 | — | — | 4 | — | 4 | 4 |
| | AEO-7 | — | 3 | — | — | — | — | — |
| | AEO-9 | — | — | 5 | — | 6 | — | — |
| 烷基酚聚氧乙烯醚 | NPEO | 3 | — | — | 5 | — | 5 | 5 |
| | OPEO | — | 5 | — | — | — | — | — |
| | DPEO | — | — | 6 | — | 7 | — | — |
| 油酸三乙醇胺 | | 2 | 3 | 4 | 3 | 6 | 4 | 4 |
| 三乙醇胺 | | 3 | 4 | 6 | 7 | 8 | 5 | 5 |
| 3-甲基-3-甲氧基-1-丁醇 | | 1 | 2 | 4 | 4 | 5 | 3 | 3 |
| 聚磷酸盐 | 焦磷酸钠 | 2 | — | — | — | — | 4 | 4 |
| | 三聚磷酸钠 | — | 36 | — | 5 | — | — | — |
| | 四聚磷酸钠 | — | — | 3 | — | 6 | — | — |
| 硅酸盐 | 硅酸钠 | 1 | — | 2 | — | 7 | 4 | 4 |
| | 偏硅酸钠 | — | 2 | — | 2 | — | — | — |
| 丙三醇 | | 3 | 4 | 8 | 8 | 9 | 7 | 7 |
| 伯烷基硫酸钠 | 十二烷基硫酸钠 | 2 | 3 | 4 | 3 | 5 | 3 | 3 |
| 异辛基磷酸酯 | | 1 | 2 | 5 | 5 | 6 | 4 | 4 |
| 苯并三氮唑 | | 3 | 5 | 6 | 7 | 8 | 6 | 6 |
| 聚乙二醇 | | 4 | 7 | 7 | 5 | 9 | 7 | 7 |
| 甲基丙烯酸二甲氨基乙酯 | | 3 | 5 | 6 | 6 | 7 | 4 | — |
| 2-羟基-3-磺酸基丙基淀粉醚 | | 2 | 3 | 5 | 5 | 8 | 6 | 6 |
| 去离子水 | | 5 | 12 | 17 | 17 | 20 | 15 | 15 |

**制备方法**

(1) 将十二烷基苯磺酸钠、脂肪醇聚氧乙烯醚、烷基酚聚氧乙烯醚和油酸三乙醇胺加入至丙三醇中，升温至 60～80℃，搅拌均匀；冷却后，得到混合物Ⅰ；升温过程采用程序升温，每 0.5h 升温 10℃。

(2) 在混合物Ⅰ中加入三乙醇胺、3-甲基-3-甲氧基-1-丁醇、聚磷酸盐和硅酸盐，在搅拌下于 60～80℃保持 2～4h，冷却后，得到混合物Ⅱ。

(3) 在混合物Ⅱ中加入伯烷基硫酸钠、异辛基磷酸酯、苯并三氮唑和聚乙二醇，在搅拌下于 60～80℃保持 1～3h，冷却后，得到混合物Ⅲ；保温过程的真空度为

－0.08～－0.1MPa。

(4) 在混合物Ⅲ中加入甲基丙烯酸二甲氨基乙酯、2-羟基-3-磺酸基丙基淀粉醚和去离子水，升温至50～70℃，搅拌均匀，冷却后，得到清洗剂。

**产品应用** 本品是一种水基金属清洗剂。

**产品特性**

(1) 多聚磷酸盐作为多价螯合剂，所形成的螯合物不会从水溶液中沉淀出来，与十二烷基苯磺酸钠等表面活性剂具有明显的协同作用，二者复配不仅比单用其中一种的清洗效果有大幅提高，还具有缓冲、分散、促进乳化等作用。硅酸盐在水中会发生水解，生成的硅酸不溶于水，而以胶束结构悬浮在槽液中，此种溶剂化的胶束对固体污垢的粒子具有悬浮和分散能力，对油污有乳化作用，有利于防止污垢在工件的表面再沉积。

(2) 脂肪醇聚氧乙烯醚、烷基酚聚氧乙烯醚、伯烷基硫酸钠三种表面活性剂协同作用，促进清洗剂与金属表面的浸润、渗透、分散、洗净及乳化脱脂除油的效果。一方面能够分散，扩散金属表面油污，使油污乳化，与金属表面相脱离；另一方面可以浸渍、渗透到金属分子里，活化金属表面基体，使清洗剂能够更深入地钻到锈迹、氧化层中，与之发生反应，有效除锈。由于三种表面活性剂性能互补，相互配合，拥有很好协同效应，大大提高了清洗剂洗净、乳化、脱脂除油的能力。同时本产品易溶于水，残留液易清洗。

(3) 本产品具有极强的清洗性能和较长的缓蚀周期，无残留，不造成变色，不产生腐蚀斑点等，且环保低泡，不含磷、亚硝酸钠等物质，其废液处理容易，不会对环境造成污染。

(4) 本产品中的甲基丙烯酸二甲氨基乙酯不仅促进了表面活性剂在金属表面形成紧密吸附膜，还增强了清洗剂的润湿溶解和清洗力，使得本产品具有良好的清洗性能和防锈功能。

## 配方 74 水基金属脱脂清洗剂

**原料配比**

| 原料 | 配比(质量份) | 原料 | 配比(质量份) |
|---|---|---|---|
| 复合表面活性剂 | 25 | 抗硬水剂 | 0.2 |
| 助洗剂 | 8 | 消泡剂 | 0.1 |
| 缓蚀剂 | 3 | 水 | 加至100 |

**制备方法** 将各组分原料混合均匀即可。

**原料介绍**

所述复合表面活性剂为LAS（烷基苯磺酸钠）、AEO-9（脂肪醇聚氧乙烯醚）和TX-10（烷基酚聚氧乙烯醚）以质量比1∶2∶1进行复配的混合物，所述缓蚀剂为苯并三氮唑（BTA）和苯并咪唑（BIA）以质量比1∶1进行复配的混合物。

所述助洗剂为4A沸石、偏硅酸钠和碳酸钠以质量比1∶1∶1进行复配的混合物。

所述抗硬水剂为EDTA二钠和柠檬酸中的一种或两种。

所述消泡剂为聚醚改性有机硅消泡剂。

表面活性剂分为离子型表面活性剂和非离子型表面活性剂，选择清洗性能好的表面活性剂十分重要。因此所选的表面活性剂要有很好的去除金属表面油污的作用和增强对金属表面污垢的润湿、渗透、增溶、乳化等作用。

所述LAS（烷基苯磺酸钠）是一类应用非常广泛的阴离子表面活性剂，外观为白色或微黄色粉末，具有去污、湿润、发泡、乳化、分散、增溶等性能，生物降解性好，在较宽的pH值范围内稳定。

所述AEO-9（脂肪醇聚氧乙烯醚）属非离子表面活性剂，外观为白色膏状，具有良好的乳化、去污和分散能力，抗硬水性能良好，并具有独特的抗污垢、再沉积的作用，常与阴离子表面活性剂复配，具有协同作用。

所述TX-10（烷基酚聚氧乙烯醚）属非离子表面活性剂，对金属表面的污垢具有良好的润湿、去污、乳化、分散的能力，抗硬水性能良好，在较宽的温度范围内稳定，可与各种表面活性剂复配。

所述助洗剂采用的4A沸石又称4A分子筛，白色固体颗粒，呈网络状结构，是一种无毒、无臭、无味且流动性较好的白色粉末，具有较强的钙离子交换能力，对环境无污染，是替代三聚磷酸钠理想的无磷洗涤助剂。

所述偏硅酸钠是一种无毒、无味、无公害的白色粉末或结晶颗粒，易溶于水，不溶于醇和酸，水溶液呈碱性，具有去垢、乳化、分散、湿润作用，渗透性好，对pH值有缓冲能力，对金属提供防腐蚀保护，因此被广泛地应用于各类清洗行业。

所述碳酸钠常温下为白色粉末或颗粒，易溶于水，不溶于乙醇，水溶液呈强碱性，pH为11.6。广泛应用于金属清洗剂中，对金属表面的油污有良好的乳化、去除作用。

所述缓蚀剂选用苯并三氮唑（BTA）和苯并咪唑（BIA），苯并三氮唑（BTA）为白色斜方或单斜结晶，有较好的化学稳定性，溶于热水、乙醇、酸溶液；苯并咪唑（BIA）为白色斜方或单斜结晶，有较好的化学稳定性，溶于热水、乙醇、酸溶液；苯并三氮唑（BTA）和苯并咪唑（BIA）相结合，能够降低毒性，还能够迅速地在金属表面形成一层致密的保护膜，有效地抑制金属表面的腐蚀，还能增加清洗性能。

所述抗硬水剂EDTA二钠为白色无臭、无味、无色结晶粉末，在水中几乎能与所有的金属离子形成稳定的螯合物，降低水的硬度，防止钙、镁离子在水中形成皂，提高清洗效果。

所述消泡剂采用聚醚改性有机硅消泡剂，当体系中有表面活性剂存在时，就很容易产生泡沫，泡沫的存在增加了金属表面与空气的接触机会，生锈是在所难免的，所以在配方中应当加入消泡剂，减少气泡的产生和降低金属表面的氧化作用；而这里采用的聚醚改性有机硅消泡剂是一种新型高效消泡剂，它具有表面张力低、消泡迅速、抑泡时间长、成本低、用量少、应用面广等特点。

**产品应用** 本品是一种水基金属脱脂清洗剂。

**产品特性**

(1) 本产品采用多种表面活性剂复配和无机助洗剂作为基本组分，生成一种高效低泡型金属清洗剂，去污能力强，对金属无腐蚀，清洗后具有一定的防锈能力，不含磷和亚硝酸盐等有害物质，实现了金属零件清洗的高效和环保。

(2) 该清洗剂具有清洗质量好、效率高的特点，经清洗后的零件表面洁净，并具有一定的防锈效果，通过环境检测安全无毒，不危害操作者身体健康，是一款绿色环保的高科技产品。

## 配方 75 水基金属重油污清洗剂

**原料配比**

| 原料 | 配比(质量份) | | | | | |
|---|---|---|---|---|---|---|
| | 1# | 2# | 3# | 4# | 5# | 6# |
| 乙二胺四乙酸四钠 | 0.2 | 0.5 | 0.8 | 1.0 | 1.8 | 2.0 |
| 偏硅酸钠 | 0.6 | 0.8 | 1.0 | 1.2 | 1.5 | 1.6 |
| 碳酸钠 | 0.6 | 0.4 | 0.5 | 0.4 | 0.3 | 0.3 |
| 脂肪醇聚氧乙烯(9)醚 | 6.0 | 8.0 | 10.0 | 12.0 | 12.0 | 14.0 |
| 脂肪醇聚氧乙烯醚硫酸钠 | 4.0 | 3.0 | 2.0 | 3.0 | 5.0 | 6.0 |
| 椰子油乙二醇酰胺 | 4.0 | 4.0 | 5.0 | 6.0 | 5.0 | 4.0 |
| 三乙醇胺 | 2.0 | 3.0 | 5.0 | 3.5 | 4.5 | 6.5 |
| 水 | 加至 100 | 加至 100 | 加至 100 | 加至 100 | 加至 100 | 加至 100 |

**制备方法** 首先按配方比例计量一定量的水，先加入计量的乙二胺四乙酸四钠，然后按上述质量份依次加入偏硅酸钠、碳酸钠、三乙醇胺，搅拌均匀，再将脂肪醇聚氧乙烯（9）醚、脂肪醇聚氧乙烯醚硫酸钠、椰子油乙二醇酰胺混合，搅拌均匀，再加入上述溶液中，继续搅拌均匀透明，即得本品。

**产品应用** 本品主要用于各种机械加工零件的精密清洗、大型机械设备表面的清洗，特别是重油污的工业管道内外壁的清洗。

**产品特性**

(1) 本品是针对工厂生产设施和工业管道中重油污的清洗，在分析工厂各种油污组成的基础上设计的环保型配方，除具有较好的清洗效果之外，还同时具有对金属表面的缓蚀作用。本品原料不含有机溶剂，采用高效、可生物降解型表面活性剂，其生物降解性都在90%以上，减少了对人体和环境的危害。

(2) 适用范围广：本品特别适用于工业生产中流水线精密清洗。

(3) 安全性：清洗剂中不含强碱，pH 值在9～11，不含有机溶剂，对皮肤无刺激，对环境无污染。

(4) 环保性：本品中的表面活性剂的生物降解性都在90%以上，助剂中不含磷酸盐，清洗废液不会产生过磷化现象。

(5) 稳定性：具有较强的抗硬水性，对酸、碱、盐及硬水稳定性好。有较高的浊点，高、低温性能好。

(6) 防锈性：对金属本体无腐蚀，并有一定的防锈性能。

(7) 节能性：本品选材上尽量减少了对一次性能源石油的依赖，同时可以大量代替石油提炼物汽油、煤油等有机溶剂对金属零部件和金属管道的清洗，具有很强的节约能源的特点。

(8) 本品大大提高了清洗质量，在金属零部件清洗、换热器清洗、工艺系统管路清洗、大型机械设备表面清洗等作业中取得了显著的效果。

## 配方 76 水基绿色金属清洗剂

**原料配比**

| 原料 | | 配比(质量份) | | |
|---|---|---|---|---|
| | | 1# | 2# | 3# |
| 油酸聚乙二醇酯 | 动物油酸 | 15 | 25 | 20 |
| | 聚乙二醇 | 20 | 35 | 27 |
| | 对甲苯磺酸 | 1.5 | 2.5 | 2 |
| 亚硫酸化壳聚糖 | 壳聚糖 | 30 | 50 | 40 |
| | 顺丁烯二酸酐 | 18 | 30 | 24 |
| | 焦亚硫酸钠 | 16 | 28 | 22 |
| | 去离子水 | 135 | 60 | 183 |
| 油酸聚乙二醇酯 | | 10 | 15 | 12.5 |
| 亚硫酸化壳聚糖溶液 | | 20 | 30 | 25 |
| 柠檬酸 | | 2 | 4 | 3 |
| 10%稀盐酸 | | 8 | 12 | 8～12 |
| 六亚甲基四胺 | | 0.3 | 0.8 | 0.6 |
| 异丙醇 | | 2 | 5 | 3 |
| 聚醚型消泡剂 | | 0.3 | 0.8 | 0.6 |
| 去离子水 | | 95 | 175 | 135 |

**制备方法**

(1) 油酸聚乙二醇酯的制备：按照质量份将15～25份动物油酸与20～35份聚乙二醇、1.5～2.5份对甲苯磺酸在干燥、无水的反应器内混合，并搅拌加热到110～120℃，保温3.5～4h，得到油酸聚乙二醇酯。

(2) 亚硫酸化壳聚糖的制备：按照质量份将30～50份壳聚糖和18～30份顺丁烯二酸酐在干燥、无水的反应器内加热到70～80℃，搅拌混合30～50min，然后升温到90～95℃，保温2～3h，降至40～50℃室温后，在搅拌下慢慢加入60～180份去离子水，搅拌均匀后在30～40min内缓慢加入16～28份焦亚硫酸钠与35～50份去离子水形成的溶液，然后在40～50℃保温反应1.5～2h，降温到25～30℃，所得产物为亚硫酸化壳聚糖溶液。

(3) 水基绿色金属表面清洗剂的配制：将10～15份油酸聚乙二醇酯、20～30份亚硫酸化壳聚糖溶液与2～4份柠檬酸、8～12份质量分数为10%的稀盐酸、0.3～0.8份六亚甲基四胺、2～5份异丙醇、0.3～0.8份聚醚型消泡剂和95～175份去离子水混合搅拌均匀，得到水基绿色金属表面清洗剂。

**原料介绍**

所述动物油酸的外观为淡黄色透亮油状液体，酸值为190～202mgKOH/g，皂化值为195～205mgKOH/g，碘值为80～100 g $I^2$/100g，凝固点小于4℃，水分含量小于0.5%。

所述聚乙二醇单甲醚的平均分子量为600～800。

所述壳聚糖的脱乙酰度大于85%，黏度为250～350mPa·s，可溶于水。

**产品应用** 本品主要应用于各种金属材料及制件加工前后的表面清洗、去污、除锈、防锈等处理。

**产品特性** 本产品与传统水基金属清洗剂相比，独特之处在于制备了具有洗涤、脱脂、防锈功能的油酸聚乙二醇酯和亚硫酸化壳聚糖，以此为主要组分，与其他成分复配，制备了一种水基绿色金属清洗剂，具有清洗效率高、清洗速度快以及兼具清污、除锈、防锈等功能；本产品中的油酸聚乙二醇酯和亚硫酸化壳聚糖具有很好的乳化油脂、润湿的能力，使用后容易降解和处理，对环境污染小。油酸聚乙二醇酯的分子结构中长链疏水性烃基容易附着在金属表面，起到隔离水分，防止二次生锈的作用。

## 配方 77 水基型金属清洗剂

**原料配比**

| 原料 | | 配比(质量份) | | |
|---|---|---|---|---|
| | | 1# | 2# | 3# |
| 阴离子表面活性剂 | 十二烷基苯磺酸钠 | 1.8 | — | 1.8 |
| | 烷基烷氧基醚脂肪酸钾 | — | 1.5 | — |
| 非离子表面活性剂Ⅰ | SIMULSOL OX1309L | 8.5 | 2.5 | 1.0 |
| 非离子表面活性剂Ⅱ | RHODOCLEAN MSC | 1.5 | — | — |
| | 脂肪醇 EO-PO 嵌段共聚物 | — | 5.5 | — |
| | 乙二胺 EO-PO 嵌段共聚物型表面活性剂 | — | — | 7.8 |
| 非离子表面活性剂Ⅲ | Rhodafac H66 | 2.5 | 2.0 | 2.5 |
| 缓蚀剂 | 钼酸钠 | 4. | 4.5 | 4.5 |
| | PE1198LA | 0.25 | 0.25 | 0.375 |
| 助剂 | 乙二胺四乙酸二钠 | 2.0 | 1.75 | 2.125 |
| 有机碱 | 三乙醇胺 | 28.75 | 27.5 | 30.25 |
| 消泡剂 | C740 水性消泡剂 | 0.82 | 0.52 | 0.56 |
| 去离子水 | | 加至 100 | 加至 100 | 加至 100 |

**制备方法** 按配比称取原料，首先加入阴离子表面活性剂、非离子表面活性剂Ⅰ、非离子表面活性剂Ⅱ和非离子表面活性剂Ⅲ，然后加入缓蚀剂、助剂、有机碱和水，最后加入消泡剂，室温搅拌至溶液呈澄清，得所述水基型金属清洗剂。

**产品应用** 本品是一种水基型金属清洗剂。

**产品特性**

(1) 低泡型表面活性剂通常由于疏水基的引入而具有相对较低的浊点，本产品选用浊点较高的异构 $C_{13}$ 醇聚氧乙烯醚 $EO_9$ 作为非离子表面活性剂，相对于其他非离子表面活性剂，具有较高的浊点（如巴斯夫的 L64、L31）和较宽的温度适用范围，可通过选择较高的清洗温度来提高目标物件的清洗效果。

(2) 本产品通过选择具有较高乳化性能的表面活性剂异构 $C_{13}$ 醇聚氧乙烯醚 $EO_9$ 来解决油污清洗的问题，利用其仲醇的支链结构使其具有优异的乳化能力，从而提高清洗效果，并通过非离子表面活性剂Ⅲ的增溶作用，增加了表面活性剂在水基型清洗剂体系中的溶解度，同时非离子表面活性剂Ⅲ含有磷酸酯结构，可对金属铝起到一定的保护作用。

(3) 通过选用具有多重功效的有机碱代替无机碱，使配方产品易于漂洗，并可避免清洗剂对特定金属产生一定的腐蚀性。

(4) 通过氧化型缓蚀剂与吸附型缓蚀剂的复配，提高所得水基型金属清洗剂的缓蚀效果，并降低原料成本。

(5) 本产品实现了亚硝酸盐、硅酸盐和消耗臭氧层等物质的零添加，以有机膦代替无机磷，安全环保。此外，以良好清洗效果为前提，该清洗剂对大部分铝件（包括航空用铝）及部分钢铁类金属（如 HT 300 或 45 号碳钢等）具有较好的缓蚀防锈效果。

(6) 本产品对油污的清洗效果良好，清洗后的油污浮于溶液上方，易于分离，循环使用效果理想。

(7) 本产品具有较好的清洗效果，且防腐防锈效果优良，低泡、易漂洗，稳定性高。

(8) 本产品清洗效果理想，泡沫较低，消泡迅速，缓蚀防锈效果良好，pH温和，选用的环保型表面活性剂 SIMULSOL OX1309L 取代了 APEO 类表面活性剂，有机膦缓蚀剂取代了无机磷缓蚀剂，并选用较强乳化效果的表面活性剂 SIMULSOL OX1309L 替代新型醇醚溶剂（丙二醇甲醚，乙二醇丁醚），获得了较高的清洗效果。

## 配方 78 水溶型金属防锈清洗剂

**原料配比**

| 原料 | 配比(质量份) | | |
|---|---|---|---|
| | 1# | 2# | 3# |
| 平平加 | 4 | 6 | 8 |
| 聚乙二醇 | 2 | 3 | 6 |
| 油酸 | 2 | 4 | 6 |
| 三乙醇胺 | 6 | 10 | 15 |
| 亚硝酸钠 | 2 | 3 | 3 |
| 苯三唑 | 0.5 | 0.5 | 1.2 |
| 聚硅氧烷消泡剂 | 0.5 | 0.5 | 1.2 |

**制备方法** 将各组分原料混合均匀即可。

**产品应用** 本品是一种水溶型金属防锈清洗剂。

本产品在使用时可采用超声波清洗、喷淋清洗、浸泡清洗，清洗液可以重复使用，待去污能力下降时，可以添加新的原清洗液继续使用。

**产品特性**

(1) 不含三氯乙烷、四氯化碳等有害物质，不会破坏高空中的臭氧层，污染环境。

(2) 脱脂去污能力强，对有色金属无不良影响。

(3) 防锈能力强。

(4) 抗泡沫性强，高压下不会产生溢出现象。

## 配方 79 水溶性金属清洗剂

**原料配比**

| 原料 | 配比(质量份) | | 原料 | 配比(质量份) | |
|---|---|---|---|---|---|
| | 1# | 2# | | 1# | 2# |
| 水 | 15 | 12 | 乙醇 | 10 | 7 |
| 碳酸钠 | 1.5 | 1.2 | 二丙二醇单甲醚 | 25 | 20 |
| 乙二醇单丁醚 | 45 | 40 | 吗啡啉 | 5 | 3 |

**制备方法**

(1) 将 0.5～5 份的碳酸钠放入 5～20 份水中，室温下搅拌均匀，直至碳酸钠完全溶解。

(2) 将步骤 (1) 获得的混合溶液中加入 30～50 份的乙二醇单丁醚，使用搅拌机以 50～60r/min 的速度进行搅拌，搅拌 3～5min 后，加入 5～10 份的一元醇和 10～30 份的二丙二醇单甲醚，继续搅拌 10～15min。

(3) 将步骤 (2) 获得的混合溶液中加入 0.5～5 份的吗啡啉，使用搅拌机搅拌至混合溶液 pH 值为 9～11 为止。

**原料介绍**

本产品中的一元醇优选为乙醇，也可采用其他一元醇产品或烷醇胺类产品来替代；另外，本产品中使用的二丙二醇单甲醚和乙二醇单丁醚属于脂肪醇中优选的两种，也可采用脂肪醇中的其他产品来替代。

**产品应用** 本品是一种清洗金属表面污染物的水溶性清洗剂。

**产品特性**

(1) 工艺简单，制作方法简单快捷，清洗金属表面效果好。

(2) 本产品具有一定的防锈功能。

(3) 本产品改进传统配方，采用了烷醇胺类、一元醇或脂肪醇类的物质作为原料，不含有对环境有害的化合物，如二氯甲烷、氯化合物、卤素溶剂、芳香烃等，环保，不损害工作人员的健康。另外，工艺简单，清洗金属表面所需时间短且清洗效果好。

## 配方 80 酸性金属清洗剂

**原料配比**

| 原料 | 配比(质量份) | | |
|---|---|---|---|
| | 1# | 2# | 3# |
| 盐酸 | 40 | 40 | 40 |
| 乌洛托品 | 5 | 10 | 8 |
| 葡萄糖酸钠 | 3 | 5 | 4 |
| 草酸 | 1 | 3 | 2 |
| 十二烷基苯磺酸钠 | 2 | 3 | 3 |
| 十八胺聚氧乙烯醚(AC1830) | 1～3 | 1～3 | 1～3 |
| JFC | 1 | 3 | 2 |
| 水 | 加至 100 | 加至 100 | 加至 100 |

**制备方法**

(1) 在反应釜中加入部分水；

(2) 将固体料 (乌洛托品、葡萄糖酸钠、草酸、十二烷基苯磺酸钠等) 投入，开机充分搅拌溶解；

(3) 待固体料充分溶解后，投入盐酸，再搅拌；

(4) 最后投入配方中剩余成分，充分搅拌溶解，静置 1h 后，完全溶解后，即为成品。

**产品应用** 本品主要用于清洗金属表面锈渍、油污，是一种酸性金属清洗剂。

**产品特性** 本产品为酸性，对金属型材及设备本身无腐蚀作用，而且在酸性条件下，配方中的表面活性剂使油性物质更易与其他物质分离，酸性物质与表面活性剂协同作用，可有效去除金属型材及设备的锈渍、水垢及油污。本产品配方简单，可有效降低污染程度，且清洗周期长，降低了生产成本。

## 配方 81 酸性水基金属清洗剂

**原料配比**

| 原料 | 配比(质量份) | 原料 | 配比(质量份) |
|---|---|---|---|
| $C_3$～$C_7$ 的醇酸 | 2～10 | 硫酸盐 | 1～5 |
| 烷基磷酸酯 | 0.1～0.4 | 水 | 加至 100 |

**制备方法** 将各组分原料混合均匀即可。

**产品应用** 本品主要用于硬钎焊件及铝合金气焊件的清洗。

欲洗涤使用铜合金或银合金钎料的焊接构件时，可将构件除油、冷水漂洗后，置入本产品中浸泡 2～5min，清洗剂适宜工作温度为 50～80℃；然后取出构件，在清水中漂洗，吹（哄）干，再用薄膜置换型防锈油脱水防锈即可。若是洗涤铝合金焊接件（气焊），则本产品只需加温至 40～60℃，构件浸泡时间亦相应缩短，随后以清水漂洗，吹干并按需防锈。当洗涤对象是不锈钢钎焊件时，本产品工作温度应高于 80℃，构件入槽时间也应延至 15min 以上，有时还需动用铜丝刷等辅助工具以除净表面氧化物，最后以洁净冷水漂洗、吹（烘）干。

**产品特性** 本产品具有通用性好，洗涤质量高、配制成本低及不会造成公害等优点。

## 配方 82 稳定型金属零件清洗剂

**原料配比**

| 原料 | 配比(质量份) | | 原料 | 配比(质量份) | |
|---|---|---|---|---|---|
| | 1# | 2# | | 1# | 2# |
| 马来酸二异丁酯 | 22 | 34 | 环己酮 | 8 | 16 |
| 过氧化氢 | 2 | 6 | 脂肪醇聚氧乙烯醚 | 3 | 5 |
| 硅藻土 | 3 | 4 | N-甲基吡咯烷酮 | 3 | 6 |
| 棕榈油脂肪酸甲酯磺酸钠 | 4 | 7 | 精氨酸 | 1 | 4 |
| 表面活性剂 | 3 | 4 | 羧甲基纤维素钠 | 5 | 7 |
| 脂肪酸聚氧乙烯醚 | 10 | 24 | 茶多酚 | 2 | 4 |
| 聚醚 | 3 | 6 | 苦地丁 | 3 | 5 |

**制备方法** 将各组分原料混合均匀即可。

**产品应用** 本品是一种稳定型金属零件清洗剂。

**产品特性** 本产品具有较好的清洗效果，泡沫低，不易生锈，可有效提高工作效率。

## 配方 83 稳定性高的金属清洗剂

**原料配比**

| 原料 | 配比(质量份) | | |
|---|---|---|---|
| | 1# | 2# | 3# |
| 椰油脂肪酸 | 3.8 | 3.2 | 4.2 |
| 邻甲酚 | 5.1 | 4.3 | 7.1 |
| 赖氨酸 | 7.5 | 6.4 | 9.5 |
| 固体粉剂有机硅消泡剂 | 2.4 | 1.5 | 3.4 |
| 磺化琥珀酸 2-乙基己酯盐 | 8.9 | 8.5 | 9.8 |
| 伯醇聚氧乙烯醚 | 1.9 | 1.5 | 2.9 |
| 吸附剂沸石粉 | 4.8 | 2.5 | 6.8 |

**制备方法** 将各组分原料混合均匀即可。

**产品应用** 本品主要用于钢铁、不锈钢、合金钢制品组件及材料的工序间防锈，以及各种金属设备的清洗防锈工序。

**产品特性** 本产品防锈效果好，无污染，具有低泡、高效、对金属表面无腐蚀、稳定性好、无污染的优点，清洗率在90%以上。

## 配方 84 无磷除锈水基金属清洗剂

**原料配比**

| 原料 | 配比(质量份) | | | | |
|---|---|---|---|---|---|
| | 1# | 2# | 3# | 4# | 5# |
| 脂肪醇聚氧乙烯醚 | 8 | 2 | 10 | 9 | 11 |
| 月桂酸二乙醇酰胺 | 4 | 8 | 6 | 5 | 7 |
| 淀粉糖苷表面活性剂 | 6 | 8 | 7 | 6.5 | 7.5 |
| 聚氧乙烯醚硫酸盐 | 2 | 3 | 2.5 | 2.2 | 2.8 |
| 磺化琥珀酸二仲辛酯钠盐 | 1 | 3 | 2 | 1.5 | 2.5 |
| 苯甲酸钠 | 1 | 2 | 1.5 | 1.2 | 1.8 |
| 水玻璃 | 0.1 | 0.2 | 0.15 | 0.08 | 0.18 |
| 尿素 | 1 | 2 | 1.5 | 1.2 | 1.8 |
| 去离子水 | 加至1L | 加至1L | 加至1L | 加至1L | 加至1L |

**制备方法** 将各组分原料混合均匀即可。

**产品应用** 本品主要用于黑色、有色金属的除油清洗。

**产品特性** 本产品由各种活性成分复配而成，具有低泡、高效，对金属表面无腐蚀、稳定性好、无污染的优点。该清洗剂通过多种表面活性剂协同作用，通过润湿、渗透、乳化、分散、增溶等作用来实现较好的除油效果，操作方便。

## 配方 85 无磷金属表面脱脂剂

**原料配比**

| 原料 | 配比(质量份) | | |
|---|---|---|---|
| | 1# | 2# | 3# |
| 氢氧化钠 | 15 | 18 | 20 |
| 碳酸钠 | 5 | 8 | 10 |
| 柠檬酸钠 | 2 | 3 | 4 |
| 异丙醇胺 | 1 | 2 | 3 |
| 九水硅酸钠 | 1 | 2 | 3 |
| 乙二胺四乙酸二钠 | 1 | 2 | 3 |
| 1,2-丙二醇-1-单丁醚 | 1 | 1 | 2 |
| 嵌段聚醚类非离子表面活性剂 | 1 | 1 | 3 |
| 水 | 73 | 67 | 52 |

**制备方法**

(1) 先把计量的水加入容器中，启动搅拌机；

(2) 依次将计量的氢氧化钠、碳酸钠、柠檬酸钠、异丙醇胺、九水硅酸钠和乙二胺四乙酸二钠投入到容器中，充分搅拌，使各成分溶解；

(3) 将计量的1,2-丙二醇-1-单丁醚、嵌段聚醚类非离子表面活性剂投入到容器中，充分搅拌，静置陈化不小于1h后，包装入桶即可。

**原料介绍** 所述的嵌段聚醚类非离子表面活性剂由芜湖罗瑞克纳米科技有限公

司生产。

**产品应用** 本品是一种工业用无磷金属表面脱脂剂。

工作现场使用时本品的质量分数为5%。本产品用于冷轧钢板和热镀锌板等金属工件的脱脂处理，处理温度为25～45℃，处理方式为浸泡或喷淋，处理时间为1～3min。处理后的工件表面挂水均匀，水膜连续，清洗效果好。本产品对油脂的渗透和乳化力极强，脱脂率达到98%。

**产品特性**

（1）本产品选择氢氧化钠和碳酸钠作为皂化剂；柠檬酸钠、九水硅酸钠和乙二胺四乙酸二钠代替传统的磷酸盐，充当螯合剂；嵌段聚醚类非离子表面活性剂作为乳化剂，其结构为亲水-疏水链接，乳化力强，浊点低；异丙醇胺和1,2-丙二醇-1-单丁醚作为助剂。本产品通过优化设计，选择互相匹配的功能强的皂化剂、螯合剂、乳化剂及助剂，保证它们在对金属工件表面处理时，能够最大限度地发挥其功能，达到彻底脱脂的目的。

（2）本产品使用温度低、低泡，排放的废水中磷的含量符合《污水综合排放标准》（GB 8978—2017）的规定，有利于节约能源和保护环境。

（3）本产品具有脱脂效率高，清洗效果好、生产工艺简单、使用温度低、低泡，具有节约能源、减少污染和保护环境等一系列优越性。

（4）将本产品用于冷轧钢板和热镀锌板等金属工件的脱脂处理，处理后的工件经后道工序（纳米皮膜处理以及静电粉末喷涂涂装）处理后，根据国家标准对其进行测试，中性盐雾试验达到400h，耐冲击能力达到50cm/kg，涂层附着力划格实验为Ⅰ级。

## 配方 86 无磷强力金属清洗剂

**原料配比**

| 原料 | 配比(质量份) | | |
|---|---|---|---|
| | 1# | 2# | 3# |
| 阴离子表面活性剂 | 31 | 32 | 33 |
| 非离子表面活性剂 | 28 | 27 | 26 |
| 无机碱 | 3 | 3 | 4 |
| 助洗剂 | 4 | 3 | 3 |
| 缓蚀剂 | 0.5 | 0.8 | 1.0 |
| 链状聚乙二醇 | 8 | 5 | 6 |
| 乙醇 | 10 | 15 | 13 |
| 去离子水 | 加至100 | 加至100 | 加至100 |

**制备方法** 按所述配方进行配料，先将乙醇和去离子水均匀混合，然后室温下将无机碱加入乙醇和去离子水的混合液中，无机碱完全溶解后，室温下依次加入阴离子表面活性剂、非离子表面活性剂、助洗剂、缓蚀剂、链状聚乙二醇，搅拌均匀，即得到所述的无磷强力金属清洗剂。

**原料介绍**

所述的链状聚乙二醇无毒、无刺激性，具有良好的水溶性，并与许多有机物组分有良好的相容性，它们具有优良的润滑性、保湿性、分散性，加入清洗剂中使得清洗剂混合更加均匀。

所述阴离子表面活性剂为醇醚羧酸盐，该类表面活性剂虽然属于阴离子表面活性剂，但是实际上兼具阴离子和非离子表面活性剂的特点。该类表面活性剂具有优良的增溶性能、去污性、润湿性、乳化性、分散性和钙皂分散力、耐酸碱、耐高温、耐硬水等性能，可以在广泛的pH值条件下使用，并且易生物降解、无毒、使用安全。

所述非离子表面活性剂为：松香基咪唑啉聚醚，是一种环保型的可生物降解的表面活性剂，具有优良的润湿性、去污性。

所述助洗剂为聚天冬氨酸钠。

所述无机碱为草酸钠。草酸钠碱性较为温和，对皮肤的刺激性小。

所述缓蚀剂为十六烷胺。加入缓蚀剂可以有效地保护金属材料，防止或减缓金属材料腐蚀。

**产品应用** 本品是一种无磷金属清洗剂。在使用时需用水稀释10～20倍，然后将要清洗的金属零部件浸入到洗液中，室温浸泡30～60min，然后清洗，清洗后再水洗一次，最后烘干即可。

**产品特性**

(1) 本产品不含磷，也不含APEO类表面活性剂，采用环保型的表面活性剂，绿色、环保、无害，在低温、常温下具有较强的去污能力，是一种很好的无磷金属清洗剂。

(2) 本产品用环保型的表面活性剂取代以往的APEO类表面活性剂，使用的助洗剂也是无磷助剂，具有环保、无污染，并且清洗能力强的特性。

## 配方 87 无磷防锈金属清洗剂

**原料配比**

| 原料 | 配比(质量份) | | 原料 | 配比(质量份) | |
|---|---|---|---|---|---|
| | 1# | 2# | | 1# | 2# |
| 碳酸钠 | 25 | 30 | 平平加 | 3 | 2 |
| 葡萄糖酸 | 8 | 10 | 苯并三氮唑 | 2 | 3 |
| 十二烷基苯磺酸 | 7 | 6 | 氢氧化钠 | 3 | 4 |
| 苯甲酸钠 | 1.5 | 0.5 | 水 | 加至100 | 加至100 |

**制备方法** 将各组分依次加入反应容器中，搅拌混合均匀即可。

**产品应用** 本品主要用于工业上清洗黑色金属和有色金属。

**产品特性** 本产品不含磷、环保、清洗时间短、清洗效果好，对零部件无腐蚀，还具有防锈功能，成本低廉。

## 配方 88 无磷金属清洗剂

**原料配比**

| 原料 | | 配比(质量份) | | | | |
|---|---|---|---|---|---|---|
| | | 1# | 2# | 3# | 4# | 5# |
| 阴离子表面活性剂Ⅱ | 单乙醇胺 | 2 | 3 | 2 | 2.5 | 2 |
| | 二乙醇胺 | 2 | 3 | 3 | 2.5 | 3 |
| | 椰子油酸 | 1 | 1 | 1 | 1 | 1 |
| | 去离子水 | 0.1 | 0.3 | 0.2 | 0.1 | 0.2 |
| 阴离子表面活性剂Ⅱ | | 5 | 9 | 12 | 15 | 15 |
| 阴离子表面活性剂Ⅰ | 十八烯酸钾皂 | 20 | — | — | 30 | 30 |
| | 太古油 | — | 23 | 26 | — | — |

续表

| 原料 | | 配比(质量份) | | | | |
|---|---|---|---|---|---|---|
| | | 1# | 2# | 3# | 4# | 5# |
| 非离子表面活性剂 | 椰子油酸二乙醇酰胺 | 25 | — | — | — | — |
| | $C_{14}$ 脂肪醇聚氧乙烯醚(AEO-7) | — | 29 | — | — | — |
| | $C_{14}$ 脂肪醇聚氧乙烯醚 (AEO-9) | — | — | — | 35 | — |
| | $C_{14}$ 脂肪醇聚氧乙烯醚(AEO-6、AEO-7和AEO-8按质量比1:1:3混合) | — | — | — | — | 35 |
| | AEO-3 | — | — | 13 | — | — |
| | AEO-5 | — | — | 13 | — | — |
| 碱性物质 | 氢氧化钠 | — | 2.5 | — | — | 2 |
| | 氢氧化钾 | 1 | — | — | 5 | 3 |
| | 碳酸钾 | — | — | 4 | — | — |
| | 碳酸钠 | — | — | — | 8 | — |
| 无磷助剂 | EDTA | 2 | — | — | — | — |
| | 聚天冬氨酸钠 | — | 4 | — | — | — |
| | 聚环氧琥珀酸钠 | — | — | 5 | — | 3 |
| | 马来酸-丙烯酸共聚物 | — | — | — | — | 5 |
| 去离子水 | | 35 | 40 | 42 | 45 | 45 |

**制备方法** 将20～30质量份阴离子表面活性剂Ⅰ、5～15质量份阴离子表面活性剂Ⅱ和10～35质量份非离子表面活性剂混匀，得到A液；将2～8质量份无磷助剂、1～8质量份碱性物质和35～45质量份水混匀，得到B液；将A液与B液混匀，于40～120℃搅拌，得到所述无磷金属清洗剂。所述搅拌优选搅拌速度为40～100r/min，搅拌时间为6～20h。

**产品应用** 本品是一种无磷金属清洗剂。

将制备得到的无磷金属清洗剂用去离子水稀释至质量分数为3%的溶液，对金属加工试件进行清洗，清洗温度为65～85℃，清洗时间为3min，测得所制备的无磷金属清洗剂的清洗能力＞98%，漂洗性良好，无可见残留物。

**产品特性** 本产品具有清洗度高、防锈性强、低泡、低温清洗性能，可同时清洗有色金属和黑色金属，工艺简单、制备成本低、用途广泛，在原料配方中不含磷酸盐和亚硝酸盐，也不含难生物降解表面活性剂和烷基酚聚氧乙烯醚，无毒无害，无人体皮肤过敏和眼刺激反应，对生态环境无污染。

## 配方 89 无磷水基金属清洗剂 (1)

**原料配比**

| 原料 | 配比(质量份) | | |
|---|---|---|---|
| | 1# | 2# | 3# |
| 异构十醇聚氧乙烯醚 | 1 | 2 | 1.2 |
| 1,3-丁二醇 | 5 | 5 | 5 |
| 月桂二酸 | 9 | 9 | 9 |
| 石油磺酸钡 | 8 | 8 | 8 |
| 水 | 60 | 60 | 60 |
| 改性硅氧烷类消泡剂 | 1 | 1 | 1 |
| 钾盐 | 27 | 27 | 27 |
| 脂肪醇聚氧乙烯醚 | 10 | 10 | 10 |
| 对叔丁基苯甲酸 | 1 | 1 | 1 |
| 三嗪类多羧酸化合物 | 2 | 2 | 2 |

续表

| 原料 | 配比(质量份) | | |
|---|---|---|---|
| | 1# | 2# | 3# |
| 苯甲醇脂肪醇聚氧乙烯醚 | 8 | 8 | 8 |
| 异构十一醇聚氧乙烯醚 | 14 | 14 | 14 |
| 乙二醇丁醚 | 4 | 4 | 4 |
| 正己烷 | 3 | 3 | 3 |
| 乙二醇 | 2 | 2 | 2 |
| 丙三醇 | 1 | 1 | 1 |
| 烷基聚合物或嵌段聚醚 | 11 | 11 | 11 |
| 蓖麻油聚氧乙烯醚 | 5 | 5 | 5 |
| 琥珀酸衍生物 | 8 | 8 | 8 |
| 硼酸 | 3 | 3 | 3 |
| 石油磺酸钠 | 4 | 4 | 4 |
| 咪唑啉 | 5 | 5 | 5 |
| 甲基苯三唑 | 2 | 2 | 2 |
| 聚氧乙烯醚 | 5 | 5 | 5 |
| 脂肪醇烷氧化合物 | 4 | 4 | 4 |
| 苯三唑 | 3 | 3 | 3 |
| 醚羧酸类有机螯合剂 | 12 | 12 | 12 |
| 醚羧酸 | 6 | 6 | 6 |
| 二异丙醇胺 | 9 | 9 | 9 |
| 硬脂酸钙 | 1 | 1 | 1 |

**制备方法** 将各组分原料混合均匀即可。

**产品应用** 本品主要用于黑色金属和有色金属加工业。

**产品特性** 本产品具有优异的清洗能力、防锈期长、低泡性，使用寿命长。

## 配方 90 无磷水基金属清洗剂 (2)

**原料配比**

| 原料 | | 配比(质量份) | | | | | | |
|---|---|---|---|---|---|---|---|---|
| | | 1# | 2# | 3# | 4# | 5# | 6# | 7# |
| 助洗剂 | 碳酸钠 | 6 | 4 | 4 | 3 | 3 | 2 | — |
| | 硅酸钠 | — | 4 | 2 | 4 | — | — | 2 |
| | 硼酸钠 | — | — | — | — | 4 | 4 | 4 |
| 表面活性剂 | 脂肪醇聚氧乙烯醚 | 10 | 15 | — | — | — | — | — |
| | 苯甲醇脂肪醇聚氧乙烯醚 | — | — | 20 | 15 | — | — | — |
| | 聚氧乙烯醚 | — | — | — | — | 12 | 14 | — |
| | 异构十一醇聚氧乙烯醚 | — | — | — | — | — | — | 10 |
| 螯合剂 | EDTA 四钠 | 4 | 4 | 2 | 4 | 4 | 3 | 2 |
| 乳化剂 | 醚羧酸 | 5 | 6 | 4 | — | — | — | — |
| | 一乙醇胺 | 5 | 6 | 5 | — | — | — | — |
| | 脂肪醇聚氧乙烯醚 | — | — | — | 6 | 6 | 5 | 7 |
| | 三乙醇胺 | — | — | — | 6 | 6 | 5 | 7 |
| 防锈剂 | 石油磺酸钠 | 10 | 10 | — | — | 8 | — | — |
| | 对叔丁基苯甲酸 | — | — | 10 | 10 | — | 8 | — |
| | 硼酸 | — | — | — | — | — | — | 8 |
| 铜合金缓蚀剂 | 苯三唑 | 1 | 1.5 | 2 | — | — | — | — |
| | 咪唑啉 | — | — | — | 1.5 | 2 | — | — |
| | 甲基苯三唑 | — | — | — | — | — | 2 | 2 |
| 渗透剂 | 嵌段聚醚 | 4 | 3 | — | 3 | 3 | 2 | 2 |
| | 聚氧乙烯醚 | — | — | 4 | — | — | — | — |

续表

| 原料 | | 配比(质量份) | | | | | | |
|---|---|---|---|---|---|---|---|---|
| | | 1# | 2# | 3# | 4# | 5# | 6# | 7# |
| 增溶剂 | 丙三醇 | 1 | 2 | — | — | — | — | — |
| | 乙二醇 | — | — | 3 | — | — | — | 3 |
| | 乙二醇丁醚 | — | — | — | 2 | 4 | 3 | — |
| 消泡剂 | 改性硅氧烷 | 0.1 | 0.2 | 0.4 | 0.2 | 0.2 | 0.5 | 0.3 |
| 水 | | 加至100 | 加至100 | 加至100 | 加至100 | 加至100 | 加至100 | 加至100 |

**制备方法** 按上述各药剂配比，先加入水，在搅拌下依次按配方前后顺序加入药剂，搅拌均匀后加入消泡剂，搅拌均匀即可。

**产品应用** 本品主要用于黑色金属和有色金属加工业。

**产品特性** 本产品具有优异的清洗能力、防锈期长、低泡、使用寿命长，无挥发、无刺激、不含亚硝酸盐等有毒有害物质，不损害健康，不污染环境。

## 配方 91 显像管金属部件用水系去油清洗剂

**原料配比**

| 原料 | | 配比(质量份) | | | | | |
|---|---|---|---|---|---|---|---|
| | | 1# | 2# | 3# | 4# | 5# | 6# |
| 双异戊二烯类化合物 | 精制松节油 | — | — | — | 5 | — | — |
| | 精制柠檬油烯 | 10 | 35 | 4 | — | — | 5 |
| | 精制二戊烯 | — | — | — | — | 10 | — |
| 沸程为100～200℃的汽油 | 沸程100～120℃的汽油 | — | — | — | 5 | — | — |
| | 汽油(沸程:170～200℃) | — | — | — | — | — | 5 |
| 表面活性剂 | 十二烷基聚氧乙烯醚 | 2.5 | — | — | — | — | — |
| | 烷基聚氧乙烯醚 | — | 15 | 10 | — | — | 5 |
| | 烷基酚聚氧乙烯醚 | — | 15 | — | 5 | 7.5 | — |
| | 脂肪醇聚氧乙烯醚 | — | — | — | 5 | — | — |
| | 脂肪酸聚氧乙烯酯 | — | — | — | — | — | 5 |
| | 十二烷基磺酸钠 | 2.5 | — | — | — | — | — |
| | 十二烷基苯磺酸钠 | 1 | — | — | — | 2.5 | — |
| | 季铵型阳离子表面活性剂 | — | — | — | — | — | 2.5 |
| | 十二烷基二甲基叔胺 | — | — | 0.5 | — | — | — |
| 硬脂酸 | | — | 5 | — | — | — | — |
| 胺类化合物 | 十二伯胺 | 1 | — | — | — | — | — |
| | 乙醇胺 | — | 3 | — | — | — | — |
| | 苯甲酸钠 | 1 | — | — | — | — | — |
| | 十二烷基伯胺 | — | 1 | — | 0.5 | — | — |
| | 三乙醇胺 | 1 | — | — | 0.5 | — | — |
| | 二乙醇胺 | — | — | — | — | 1 | — |
| | 乙醇胺 | — | — | — | — | 0.5 | — |
| | 二丁基乙醇胺 | — | — | — | — | — | 0.5 |
| 脂肪酸钾或钠盐 | EDTA四钠 | — | — | 0.2 | — | — | — |
| | 苯甲酸钠 | — | — | — | — | 1 | — |
| | 烷基苯并咪唑、苯并三氮唑复盐 | 1 | — | — | — | — | — |
| | 蓖麻油酸钾 | — | — | 0.3 | 1 | — | — |
| 无机碱或盐 | 氢氧化钠 | — | — | — | 0.5 | 0.25 | — |
| | 亚硝酸钠 | — | — | — | — | 0.25 | 1 |
| | 硬脂酸钠 | — | — | — | — | — | 1 |
| | RBZ-TNZ | — | — | — | — | 1 | 1 |
| 去离子水 | | 75 | 25 | 80 | 80 | 75 | 75 |

**制备方法** 乳液的配制在加热和不加热条件下均可进行。如果在加热情况下进行，温度控制在60～80℃，采用100r/min搅拌即可；如在常温下配制，则必需使用500r/min以上的高速搅拌器，使其充分分散，以保证乳液稳定性，甚至使其胶体化。

**原料介绍**

所述的双异戊二烯类化合物可以是从天然产物中提取出来的，如柠檬烯（β体）等，也可以是天然产物提取或加工过程中获得的松节油、二戊烯、橙花油烯、柠檬油烯、香叶烯等，还可以是人工合成的二戊烯类化合物。由天然产物中提取的二戊烯类化合物必须经过脱杂质、去色素等化学处理与蒸馏，以便获得纯度大于98%的二戊烯类化合物，它们的沸程一般要在170～180℃之间。

为了降低成本，增加除矿物油的效果，可以加入0.5%～10%的汽油，这种汽油的沸程在150～200℃之间。

为了使这些油溶性化合物分散在水中形成乳液或胶体溶液，并降低燃烧与爆炸的可能性，需要加入表面活性剂。所用表面活性剂可以是以下一种或几种：非离子表面活性剂，如碳链为$C_{10}$～$C_{18}$的脂肪醇聚氧乙烯醚，或烷基酚聚氧乙烯醚，也可以是阴离子表面活性剂，如十二烷基磺酸钠和烷基苯磺酸钠等，还可以是阳离子表面活性剂，如由十二烷基二甲基叔胺与环氧乙烷（当量数10～20）加成后形成的季铵盐等。

为了增强乳化与防锈效果，可以添加至少一种胺类化合物，可以是伯胺化合物如正辛胺、正癸胺、月桂胺、十八胺、乙醇胺等，也可以是仲胺化合物如二丁胺、二辛胺、二癸胺、二月桂胺、二乙醇胺、环烷基乙醇胺等，还可以是叔胺化合物如三乙醇胺、甲基二乙醇胺、乙基二乙醇胺、丁基二乙醇胺、二甲基乙醇胺、二乙基乙醇胺、二丁基乙醇胺、二辛基乙醇胺、三乙胺、三丁胺、三辛胺、二甲基十二烷基叔胺、二乙基正辛胺、*N*,*N*-二烷基苄胺、二羟乙基环己胺，以及由以上叔胺与环氧乙烷加成所形成的季铵化合物。

为了增强其防锈缓蚀能力，还可以加入至少一种脂肪酸钾、钠盐，如正癸酸钠（钾）、月桂酸钠（钾）、硬脂酸钠（钾）、软脂酸钠（钾）、蓖麻油酸钠（钾）、油酸钠（钾）、苯甲酸钠（钾）、羟基苯甲酸钠（钾）、烷基苯甲酸钠（钾），用量以达到防锈缓蚀目的而以不致导致乳液破乳为准。

某些情况下也可以加入至少一种无机碱和盐类调整去油清洗剂的pH值，增强其防锈缓蚀能力，可以选用的有：氢氧化钾、氢氧化钠、硅酸钠、碳酸钠、硼酸钠、亚硝酸钠、磷酸钠、亚磷酸钠以及它们的钾盐，用量应限制到不使乳液破乳，而且在低温下不结晶析出。

配制水系清洗剂最好用去离子水，由于显像管金属部件要求洁净度很高，配制时应在干净环境中进行，配制后要净化过滤。

**产品应用** 本品主要用作显像管内有关金属部件除油的去油清洗剂。

清洗剂最终pH值根据清洗金属部件不同，应在6～12之间，对低碳钢和合金钢应在9～12之间。

使用时将本清洗剂用去离子水稀释5～10倍，加热到60～90℃，采取超声波或喷洒清洗法清洗。如果使用喷洒清洗，喷洒压力在0.2MPa左右，清洗时间1～5min，清洗完毕后，将被洗件转入第一水洗槽、第二水洗槽、第三水洗槽漂洗，水洗温度20～50℃之间，然后进行热风吹干，热风温度40～60℃，最后进行高温烘烤干燥，温度为100～150℃。

**产品特性** 本产品有较强的去油能力，可在加热的条件下短时间进行自动化清洗，使工件残油量降至最低限度，保证在较高温度下的清洗-水洗-水洗-水洗-低温干燥-高温干燥这一工艺过程中对低碳钢及各种类型合金钢都不发生锈蚀现象。本去油清洗剂无毒、不易燃易爆，不使用氯氟烃，也无污染环境问题，有助于解决破坏大气臭氧层的大课题，克服以往各类清洗剂的缺点和不足。

## 配方 92 用于涂装生产线的金属清洗剂

**原料配比**

<table>
<tr><th colspan="2" rowspan="2">原料</th><th colspan="3">配比(质量份)</th></tr>
<tr><th>1#</th><th>2#</th><th>3#</th></tr>
<tr><td colspan="2">三乙醇胺</td><td>11</td><td>12.5</td><td>14</td></tr>
<tr><td colspan="2">新癸酸</td><td>2.5</td><td>3</td><td>4</td></tr>
<tr><td colspan="2">十二烷基多苷</td><td>8</td><td>9</td><td>7</td></tr>
<tr><td colspan="2">异构十一醇聚氧乙烯醚</td><td>11</td><td>12</td><td>14</td></tr>
<tr><td colspan="2">环氧乙烷和环氧丙烷的嵌段聚醚</td><td>15</td><td>12.5</td><td>12</td></tr>
<tr><td colspan="2">蓖麻油二乙醇酰胺基非离子表面活性剂</td><td>25</td><td>22</td><td>20</td></tr>
<tr><td colspan="2">苯并三氮唑</td><td>0.2</td><td>0.2</td><td>0.2</td></tr>
<tr><td colspan="2">水(工业水)</td><td>补至100</td><td>补至100</td><td>补至100</td></tr>
<tr><td rowspan="5">蓖麻油二乙醇酰胺基非离子表面活性剂</td><td>蓖麻油</td><td>85</td><td>85</td><td>85</td></tr>
<tr><td>顺丁烯二酸酐</td><td>22</td><td>22</td><td>22</td></tr>
<tr><td>催化剂磷酸</td><td>1.2</td><td>1.2</td><td>1.2</td></tr>
<tr><td>二乙醇胺</td><td>250</td><td>250</td><td>250</td></tr>
<tr><td>水</td><td>300</td><td>300</td><td>300</td></tr>
</table>

**制备方法**

(1) 制备蓖麻油二乙醇酰胺基非离子表面活性剂：在80～90g蓖麻油中，加入顺丁烯二酸酐20～25g和催化剂磷酸1.2～1.5g，一起加热到150～180℃，并在此温度下保温至少5h后，停止加热，减压至真空度0.1个大气压，抽真空30min，然后加入二乙醇胺250～300g，再加热到160～190℃，并在此温度下保温至少4h，自然冷却到室温，加入水300～350g，搅拌至透明即可，保存备用。

(2) 按下述配方准备各组分：以质量分数计，各组分的用量分别为：三乙醇胺10～14，新癸酸2～4，十二烷基多苷6～12，异构十一醇聚氧乙烯醚10～15，环氧乙烷和环氧丙烷的嵌段聚醚10～15，步骤(1)制备的蓖麻油二乙醇酰胺基非离子表面活性剂20～25. 苯丙三氮唑0.1～0.2，余量为水，备用。

(3) 用步骤(2)准备的各组分，在反应釜内，先加入三乙醇胺，加热到至少80℃，搅拌下加入新癸酸，温度控制在80～85℃，反应至少1h，停止加热，冷却至40℃以下后，在搅拌下依次加入水、蓖麻油二乙醇酰胺基非离了表面活性剂、十二烷基多苷、苯并三氮唑，搅拌溶解完全后，加入环氧乙烷和环氧丙烷的嵌段聚醚、异构十一醇聚氧乙烯醚，再搅拌至物料完全溶解透明，冷却至室温，包装，即得到用于涂装生产线的金属清洗剂。

**产品应用** 本品主要用作涂装生产线的金属清洗剂。

本产品特别适用于涂装生产线金属制件涂装前的清洗，对工作液残留和低泡有苛刻要求的场合，如精密金属电子产品以及金属高压喷洗（喷射压力1.2～

1.8MPa)，也可使用；适用的金属包括：黑色金属、铝及铝合金、铜及铜合金。本品既可用机械高压喷洗，也可用浸洗、常压喷洗、刷洗、超声波洗。金属清洗剂的使用温度为20～70℃，60℃效果最佳；使用浓度：钢铁和有色金属为10～20g/L，铸铁为15～30g/L，水质硬度每增加一个德国度，使用浓度需增加1.0g/L。

**产品特性**

（1）本产品由于选择了适宜的组分与配比，不仅确保各个组分能充分发挥自身的优点，而且组分间还具有协同作用。

（2）优异的清洗性能。借助十二烷基多苷、异构十一醇聚氧乙烯醚、蓖麻油二乙醇酰胺基非离子表面活性剂这三种表面活性剂的组合，利用它们的润湿、渗透、乳化、分散、增溶等性质，使得金属清洗剂获得了优异的清洗性能和适当的乳化油污能力。其中蓖麻油二乙醇酰胺基非离子表面活性剂与十二烷基多苷均具有非常好的渗透能力，再与适当比例的异构十一醇聚氧乙烯醚混合后，进一步增强了金属清洗剂的湿润、分散的能力，在同等的清洗条件下，其清洗率可以与国外产品相当并略微有所提高。在清洗的过程中，本产品通过强大的渗透能力，可直接渗透到金属表面，从而大大降低了油污在金属表面的附着力，然后再通过机械作用（压力喷射）把油污从金属表面剥落，分散到清洗工作液中，完成清洗。同时，自制的蓖麻油二乙醇酰胺基非离子表面活性剂比普遍使用的油醇酰胺类阴离子表面活性剂具备更好的抗硬水性和渗透性，又不容易乳化杂油。因此，本产品既具有优异的渗透性，使油污会很容易分散到工作液中，油污在工作液中又不易被乳化，在使用过程中大部分油污会慢慢地浮于工作液表面，然后通过撇油装置使油污进入撇油槽。这样有效地减小了油污的二次污染，不仅延长了工作液的使用寿命，同时也保证了后道涂装工艺的涂装质量。

（3）低泡性。通过各个低泡表面活性剂和抑泡剂的有效组合，使得在使用过程中能有效地抑制泡沫产生，并且长期有效。引入的环氧乙烷和环氧丙烷的嵌段聚醚不仅具有非常好的抑泡性和较好的消泡性，而且对清洗能力有辅助作用，其残留对后续加工无影响。加入的异构十一醇聚氧乙烯醚本身具有很好的渗透性和清洗性，不仅泡沫很低，而且大大提高了环氧乙烷和环氧丙烷的嵌段聚醚在原液中的溶解度，起到了增溶剂的作用。因而既实现了低泡，又避免使用有机硅作为消泡剂易产生硅斑残留，影响后续涂装质量的问题。

（4）不腐蚀有色金属，且对橡胶的溶胀影响非常小。因为涂装生产线处理的工件多为组合件，经常会涉及到多种不同金属工件的组合，甚至有时候还会涉及到塑料件、橡胶件。将三乙醇胺、新癸酸、蓖麻油二乙醇酰胺基非离子表面活性剂、十二烷基多苷、苯并三氮唑组合后，对金属铝和金属铜可起到防腐作用。其中自制的蓖麻油二乙醇酰胺基非离子表面活性剂本身对有色金属铝及铝合金有较好的防腐蚀作用，适量十二烷基多苷与蓖麻油二乙醇酰胺基非离子表面活性剂混合在一起使用时，又提高了蓖麻油二乙醇酰胺基非离子表面活性剂对有色金属铝及铝合金的防腐蚀性能。在本金属清洗剂的配方体系中，新癸酸较常用的癸二酸具有更好的防锈性，对有色金属有一定保护作用，并且其残留对后续涂装工艺影响更小。添加的苯并三氮唑提高了对铜及铜合金的防腐蚀作用。本产品对橡胶和塑料件的溶胀影响很小。

（5）环保。不含硫、磷、氯、亚硝酸盐、杀菌剂，所用蓖麻油二乙醇酰胺基非离子表面活性剂、十二烷基多苷均属于生物可降解的绿色环保的表面活性剂，一方面减少了对人体的伤害，另一方面大大减轻了处理废液的环保压力。

（6）本产品使用效果优异，清洗性能好，对涂装的质量没有影响，并满足环保要求。

## 配方 93 用于制备生物转化膜金属板前处理的清洗剂

**原料配比**

| 原料 | 配比(质量份) | | | | |
|---|---|---|---|---|---|
| | 1# | 2# | 3# | 4# | 5# |
| 生物有机酸 | 0.02 | 2.4 | 2.7 | 3.7 | 3 |
| 维生素 B | 0.5 | 0.3 | 0.8 | 0.7 | 0.6 |
| 食用碳酸氢钠 | 4.5 | 3.5 | 4.8 | 4.6 | 4 |
| 酒石酸 | 8 | 8.9 | 5.2 | 3 | 8.5 |
| 表面活性剂 | 1.98 | 1.4 | 1.5 | 2 | 1 |
| 水 | 85 | 83.5 | 85 | 86 | 82.9 |

**制备方法** 将各组分原料混合均匀即可。

**原料介绍** 所述的表面活性剂为辛基酚聚氧乙烯醚和十二烷基磺酸钠的混合物，前者占清洗剂总质量的0.01%～0.05%，后者占清洗剂总质量的1%～2%。

**产品应用** 本品是一种用于制备生物转化膜金属板前处理的清洗剂。

使用本产品对金属板进行清洗，即将金属板表面处理、除油、除锈工艺合并在同一个工序内完成。清洗的过程是将黏附在金属板基质表面的油垢、污垢经清洗剂润湿、渗透，并与金属板基质剥离分散，经一道中温水和一道常温水漂洗，使金属板基质表面被清洁干净。清洗剂对黏附在金属基质表面的油垢、污垢润湿、渗透，清洗剂中的生物介质与表面活性剂使金属基质表面的油垢、污垢与金属基质脱离分散，同时可借助一定机械动力加强清洗效果，以防油垢、污垢再次沉积。

**产品特性**

本产品使用常用的碱制品、缓蚀剂、乳化剂、分散剂等产品，采用有机物质对金属板进行清洗，本产品增强了清洗剂的清洗效果和降解度，而且环保无危害。

## 配方 94 重垢低泡型金属清洗剂

**原料配比**

| 原料 | 配比(质量份) | 原料 | 配比(质量份) |
|---|---|---|---|
| 聚乙二醇辛基苯基醚 | 5 | 氨基苯磺胺 | 3 |
| 磷酸酯盐 | 4 | 丁二醇 | 5 |
| 无水硅酸钠 | 32 | 水 | 加至 100 |
| 二丙甘醇甲醚烷醇酰胺 | 5 | | |

**制备方法** 将各组分混合并搅拌均匀，使用时，按清洗污垢的程度，用水稀释至所需浓度即可。

**产品应用** 本品主要用于清洗金属。将清洗剂用水稀释至30%的水溶液，使用后，测得其清洗率为95%，pH 值为 9.0～9.3，防锈性能为0级（表面无锈，无明显变化）。

**产品特性** 本品对清洗金属、表面重垢有明显作用，具有低泡、高效、对金属表面无腐蚀、稳定性好、安全环保、对人体无直接伤害的优点。

## 配方 95 重垢低泡型金属清洗剂

**原料配比**

| 原料 | 配比(质量份) | 原料 | 配比(质量份) |
|---|---|---|---|
| 聚乙二醇辛基苯基醚 | 5 | 氨基苯磺酰胺 | 3 |
| 磷酸酯盐 | 4 | 丁二醇 | 5 |
| 无水硅酸钠 | 32 | 水 | 加至100 |
| 二丙酣醇甲醚烷醇酰胺 | 5 | | |

**制备方法** 将各组分原料混合，并搅拌均匀即可。

**产品应用** 本品主要是一种重垢低泡型金属清洗剂。

使用时，根据待清洗污垢的程度，用水稀释至所需浓度即可。

**产品特性** 将清洗剂用水稀释至30%的水溶液，使用后清洗率可达到95%，pH值9～9.3，防锈性能为0级（表面无锈，无明显表化）。本产品对清洗金属表面重垢有明显作用，具有低泡、高效、对金属表面无腐蚀、稳定性好、安全环保、对人体无直接伤害的优点。

# 2 除锈剂

## 配方 1 不锈钢除锈膏

**原料配比**

| 原料 | 配比(质量份) | | | |
|---|---|---|---|---|
| | 1# | 2# | 3# | 4# |
| 硅酸钠 | 5 | 15 | 5 | 7 |
| 乌洛托品 | 1 | 0.1 | 0.5 | — |
| 硫脲 | — | — | — | 0.2 |
| 水 | 50 | 58.9 | 46.5 | 44.5 |
| 聚丙烯酸壳聚糖 | 3 | 1 | 3 | 3 |
| 盐酸 | 20 | 10 | 20 | 20 |
| 硝酸 | 10 | 10 | 20 | 20 |
| 磷酸 | 10 | 5 | 5 | 5 |

**制备方法**

(1) 将硅酸钠和金属缓蚀剂分别加入水中，搅拌使其充分溶解；或者是将硅酸钠加入水中，硅酸钠在水中溶解时，同时添加金属缓蚀剂，使其溶解。

(2) 将聚丙烯酸壳聚糖放入盐酸中充分溶胀。

(3) 将步骤 (2) 制备的溶液倒入步骤 (1) 制备的溶液中，充分搅拌均匀，然后在搅拌下依次加入硝酸和磷酸，静置 15～25min，即得除锈膏。

**原料介绍**

所述金属缓蚀剂为乌洛托品或硫脲。

所述聚丙烯壳聚糖是一种吸湿保温高分子材料，通过壳聚糖和丙烯酸聚合交联得到。

**产品应用** 本品主要应用于不锈钢表面氧化层的去除，特别是不锈钢氩弧焊接后形成的氧化物的去除。

**产品特性**

(1) 使用时用棉签或玻璃棒蘸取适量膏体涂于锈层附近，轻度锈 2min 内即可除去，稍厚（毫米数量级）锈层几分钟即可除去。

(2) 使用时无需加热，对不锈钢基体无腐蚀。

(3) 使用过程中不会产生烟雾，不污染空气和环境。

(4) 产品储存不离浆（即不会出现固液分离的现象），－5℃时仍不凝固，储存时间 2 年仍可使用。

## 配方 2 除锈防护液

**原料配比**

| 原料 | 配比(质量份) | | |
|---|---|---|---|
| | 1# | 2# | 3# |
| 柠檬酸 | 100 | 1 | 200 |
| 磷酸 | 100 | 200 | 1 |
| 酒石酸 | 100 | — | 200 |
| 硼酸 | 100 | 80 | 1 |
| 碳酸氢钙 | 80 | 1 | 150 |
| 十八烷醇聚氧乙烯醚 | 60 | — | — |
| 聚氧乙烯辛烷基酚醚 | — | 100 | — |
| 油酸酰胺丙烯二甲胺 | — | 20 | — |
| 邻二甲苯硫脲 | — | — | 1 |
| 咪唑啉 | — | — | 5 |
| 水 | 14460 | 9600 | 29442 |

**制备方法** 将各组分溶于水，混合均匀即可。

**产品应用** 本品主要应用于金属的除锈。

(1) 除油工序，采用常规工序对钢铁构件进行除油；

(2) 除锈工序，在20～45℃下，将该除锈防护液和工序（1）处理后的钢铁构件的表面接触10～50min，进行除锈、清除氧化皮；

(3) 清洗工序，使用0.3MPa压力的常温水对工序（2）处理后的钢铁构件进行清洗；

(4) 烫洗工序，使用60～90℃的热水对工序（3）处理后的钢铁构件烫洗1～2min；

(5) 防护工序，在20～45℃下，将该除锈防护液和工序（4）处理后的钢铁构件接触15～30min，进行表面防护；

(6) 干燥工序，用常规方法使钢铁构件表面干燥。

**产品特性** 本除锈防护液，能够把钢板上的锈和热轧板上的氧化皮彻底清除干净，并且用本除锈防护液处理钢铁部件后，在部件表面形成一层大约8μm厚的网状结构的防护膜，经盐雾箱试验达240h不锈，在室内存放2年以上不锈；对钢铁进行防护后再喷漆或喷塑，漆膜与网状结构的防护膜网孔填充啮合，具有极强的附着力，经盐雾箱试验1000h以上不起泡、不生锈、不脱落，在露天可达10年以上不锈。本除锈防护液水溶性、多效能，在对钢铁部件处理的整个工艺中，不产生有害气体，不排放有害废渣，对人体无毒无害，对大气、土壤、水体、设备等无腐蚀、无污染公害。

## 配方 3 除锈剂

**原料配比**

| 原料 | 配比(质量份) | | |
|---|---|---|---|
| | 1# | 2# | 3# |
| 盐酸 | 40 | 75 | 60 |
| 六亚甲基四胺 | 2 | 7 | 4 |
| 十二(或十六)烷基苯磺酸钠 | 2 | 4 | 3 |
| 十二(或十六)烷基硫酸钠 | 0.3 | 1 | 0.7 |
| 尿素 | 0.02 | — | — |
| 三乙醇胺 | — | 0.2 | — |

**制备方法** 将各组分混合均匀即可。

**原料介绍**

本品在接触到钢材后，就沿着锈层和杂质层的裂痕渗透到钢材表面上，使锈层和杂质层溶解、剥落。本品中的多种原料吸附在钢材表面、锈层和杂质层上，在固/液界面上形成扩散双电层，由于锈层和钢材表面所带的电荷相同，从而发生互斥作用，而使锈层、杂质和氧化皮从钢材表面脱落。

配制原理：盐酸可以清洗钢材表面；六亚甲基四胺对盐酸起到缓蚀的作用，并消除绝大部分酸雾及气味；十二（或十六）烷基苯磺酸钠可以活化酸分子，提高酸洗效果，增加酸洗速度；十二（或十六）烷基硫酸钠中的脂肪醇成分会在除锈剂表面形成一层薄膜，从而彻底覆盖住盐酸的酸雾和气味。此外，本除锈剂在需要循环使用时，为了进一步提高除锈速度，消除气味，可加入由十二烷基硫酸钠、十二烷基磺酸钠、柠檬酸、盐酸配制而成的活化剂，其中十二烷基磺酸钠能激活除锈剂中的剩余盐酸成分，十二烷基硫酸钠具有活化作用，并可消除盐酸带来的气味，柠檬酸可中和铁离子，盐酸可增加酸的能量。

**产品应用** 本品主要用作除锈剂。

**产品特性**

(1) 除锈清洗效果好，没有黑膜产生，使钢材呈现本来面目。

(2) 产品的质量高，不侵蚀钢材。在除锈、清洗过程中，不产生“氢脆”及“过蚀”，既保护了钢材的力学性能及加工性能，又降低了“钢耗”。

(3) 节省劳动强度、降低成本。本品与盐酸、硫酸除锈相比，可提高使用效率1～4倍；与手工除锈相比，可提高4～20倍使用效率；与喷砂、喷丸比，成本可降低至1/5以下。

(4) 本品没有刺鼻气味及酸雾，对人体无害，不会伤害皮肤。

(5) 本品可在常温下使用，不需要加热，使用方便。

## 配方 4 除油除锈防锈剂

**原料配比**

| 原料 | 配比(质量份) | 原料 | 配比(质量份) |
|---|---|---|---|
| 氢氧化钠 | 6 | 环氧乙烷 | 12(体积份) |
| 铝粉 | 13 | 水 | 300 |
| 六亚甲基四胺 | 13 | 磷酸(质量分数为85%) | 650(体积份) |
| 聚氧乙烯脂肪醇醚 | 6 | | |

**制备方法** 分别称取氢氧化钠、铝粉、六亚甲基四胺、聚氧乙烯脂肪醇醚、环氧乙烷，放入预先清洗洁净的搪瓷容器中，加入水，此时发生强烈放热反应，反应温度达95℃±5℃，放置在室温下自然冷却至35℃，再徐徐加入磷酸（质量分数为85%），测定pH值=1.5，配制成的溶液为淡黄色略带香味的液体。

**产品应用** 本品用于金属表面处理。将配制的原液（相对密度1.40），按原液：水=1：2比例配成水基溶液，对金属制品、工件进行浸洗，可加热使用，也可在室温使用。当溶液加热到50～80℃时，在10～15min内可处理干净。处理小工件时，可将工件悬挂（离酸洗槽底100mm）于溶液中，工件顶端应低于液面500mm，进行浸洗；处理大型工件时，采用喷液机循环进行喷洗；对于电镀金属部件，采用此溶液处理后，使用90℃以上热水冲洗，即可电镀或涂漆，每1mL此溶液可处理金属表面积25～30cm²。经过处理后的金属表面放置在通风干燥处可防锈1个月以上，再进行涂漆、喷漆时，不需除油酸洗处理，只要用清水冲洗去灰污，即可涂漆、喷漆。

**产品特性** 本品化学性能稳定，使用周期长，消耗慢，溶液可不断添加，连续使用，除锈、酸洗、钝化、磷化同步进行。使用本品对金属部件处理后，金属表面平整光滑，对有色金属与黑色金属均能实现除油防锈一步完成，增强电镀镀层结合力和油漆涂膜结合力，提高了涂装质量。

## 配方5 防蚀除锈剂

**原料配比**

| 原料 | 配比(质量份) | | | | | | |
|---|---|---|---|---|---|---|---|
| | 1# | 2# | 3# | 4# | 5# | 6# | 7# |
| 氨基磺酸 | 60 | 57 | 60 | 55 | 56 | 62 | 60 |
| 氟化氢铵 | 2 | 3 | 2.5 | 1.5 | 1.2 | 1 | — |
| 磷酸 | 30 | 30 | 25 | 35 | 35 | 27 | 25 |
| 乙二胺四乙酸二钠 | 0.5 | 1.5 | 0.8 | 1 | 0.8 | 0.6 | 0.8 |
| 次磷酸钙 | 0.05 | 0.1 | 0.35 | 0.45 | 0.5 | 0.3 | 0.3 |
| 六亚甲基四胺 | 1 | 1.05 | 1.2 | 1.5 | 1.4 | 1.8 | 2 |
| 硫酸铜 | 0.2 | 0.15 | 0.15 | 0.2 | — | 0.1 | — |
| 十二烷基苯磺酸钠 | 6 | 7 | 10 | 5 | 5 | 7.2 | 11.4 |
| 椰油酰单乙醇胺 | 0.25 | 0.2 | — | 0.35 | 0.1 | — | 0.3 |
| 异噻唑啉酮 | — | — | — | — | — | — | 0.2 |
| 水 | 2000 | 1667 | 1430 | 1250 | 1330 | 1430 | 1430 |

**制备方法** 将原料加水，搅拌均匀即可。

**产品应用** 本品主要用于设备、管道的除锈。使用方法如下：

(1) 将要处理的管道设备在常温下用本品5%～8%的溶液进行喷淋或浸泡，时间20～30min，即可完成管道设备的脱脂、除锈和磷化。

(2) 小工件可以直接浸泡在本品5%～8%的溶液中，20～30min后取出用清水冲洗干净即可。

**产品特性** 本品防蚀除锈强度高，生物降解能力强，既能有效处理垢结物，又不损伤设备本身，还能在设备表面形成致密的磷化膜，防止锈垢的生成。本品对人体无害，脱脂、除锈、磷化一步完成，使脱脂、除锈、磷化三效合一，大大简化了清洗工艺，缩短了工时，提高了生产效率，且对环境无污染，成本低。

## 配方6 钢铁超低温多功能除锈磷化防锈液

**原料配比**

| 原料 | 配比(质量份) | 原料 | 配比(质量份) |
|---|---|---|---|
| 磷酸 | 8 | 烷基磺酸钠 | 3 |
| 柠檬酸 | 1.5 | 聚氧乙烯烷基苯 | 0.2 |
| 磷酸锌 | 2 | XD-3 | 1.5 |
| 磷酸二氢锌 | 2 | OP-10 | 1 |
| 氯化镁 | 3 | 水 | 加至100 |
| 柠檬酸钠 | 1 | | |

**制备方法** 将原料按配比的顺序逐一加到少量的水中，搅拌使其溶解，每加一种搅拌均匀后再加下一种，依此类推。为了搅拌方便，随着加入的组分的增加，逐渐加大水量，最后加入OP-10乳化液后，将全部水加入，搅拌均匀后即得本品。

**产品应用** 本品主要用作钢铁超低温多功能除锈磷化防锈液。

**产品特性**

(1) 本品功能全面、价格低廉、工艺简化、无污染排放、性能优异。

(2) 由于在低温可以工作，冬季也不必加温，蒸发损失少，既环保又节能。

## 配方7 钢铁除锈防锈剂

**原料配比**

**1. 除锈膏**

| 原料 | 配比(质量份) | 原料 | 配比(质量份) |
|---|---|---|---|
| 盐酸(30%) | 27.3 | 烷基酚聚氧乙烯醚 | 0.04 |
| $C_6H_{12}N_4$ | 0.04 | 水 | 11.3 |
| 苯胺 | 0.008 | 膨润土 | 62.5 |
| $SnCl_3$ | 0.0003 | | |

**2. 防锈液**

| 原料 | 配比(质量份) | 原料 | 配比(质量份) |
|---|---|---|---|
| 亚硝酸钠 | 20 | 苯甲酸钠 | 0.4 |
| $(CNH_2)_2CO$ | 15 | 去离子水 | 加至100 |
| $C_6H_{12}N_4$ | 0.04 | 氢氧化钠溶液 | 适量(调pH值至12以上) |
| 三乙醇胺 | 1.4 | | |

**制备方法** 将各组分混合均匀制成膏状或液体产品。

**产品应用** 使用时，将白色稠厚的除锈膏涂覆在锈钢铁表面，厚度约为2～3mm，经一定时间后检查，如锈未除尽，将除锈膏翻动，如锈层特厚（如旧船板等），除锈膏经翻动后已变为豆灰色，可将除锈膏刮去，重新涂覆新的除锈膏。除锈膏与锈层初接触时变为黄色，待翻动后变回白色时，说明锈已除尽，钢材呈钢灰色，这时可将除锈膏刮去下次再用。刮净除锈膏后立即用预先以10：1稀释的防锈液进行清洗，待钢材表面不留除锈膏残渣，立即将防锈液在钢材表面来回刷两遍，即可保持7～10d不二次生锈。

**产品特性** 本品适应面广，解决了不能在池槽中浸泡或喷淋的大型固定的如桥梁、输变电铁塔、船舰、汽车、栏杆等钢结构件的表面彻底除锈防锈的问题，与用砂纸、钢丝刷等落后的手工除锈工艺相比，大大提高了除锈质量，减轻了劳动强度，避免铁锈粉尘对操作工人健康的损害与污染空气，降低生产成本，提高经济效益。

## 配方8 钢铁低温快速除锈磷化防锈液

**原料配比**

| 原料 | 配比(质量份) | 原料 | 配比(质量份) |
|---|---|---|---|
| 磷酸 | 2 | 硫脲 | 0.1 |
| 硝酸 | 1 | 十二烷基磺酸钠 | 0.05 |
| 氧化锌 | 1 | 水 | 加至100 |
| 氯化镁 | 1 | | |

**制备方法** 将磷酸和硝酸依次加入水中搅拌均匀后，再将氧化锌用水调成糊状

后，缓缓加入上述混合酸液中，边加边搅拌，使其充分反应，生成磷酸二氢锌和硝酸锌溶液，然后依次加入氯化镁、硫脲、十二烷基磺酸钠，边加边搅拌，使其溶解，混合均匀，最后加足水量，搅拌均匀，静置数小时即可使用。

**产品应用** 本品主要用作钢铁低温快速除锈磷化防锈液。

**产品特性**

(1) 本品组方和工艺简单，功能齐全，性价比高。

(2) 本品可在12～35℃低温条件下使用，只需0.5～3min即可快速成膜，膜为赭石色，膜厚1～3μm，膜重1～6g/m²，室内存放一年不生锈，耐盐雾性优异。

(3) 本品成膜速度快，防锈性能好。

## 配方 9 高效除锈防锈剂

**原料配比**

| 原料 | 配比(质量份) | | 原料 | 配比(质量份) | |
|---|---|---|---|---|---|
| | 1# | 2# | | 1# | 2# |
| 磷酸(85%) | 60 | 40 | 柠檬酸 | 0.1 | 1 |
| 氢氧化铝 | 2.5 | 2 | 乙醇 | 0.5 | 2.5 |
| 明胶 | 0.01 | 0.01 | 邻二甲苯硫脲 | 0.01 | 0.05 |
| 明矾 | 0.1 | 0.1 | 辛基酚聚氧乙烯醚 | 0.01 | 0.01 |
| 磷酸锌 | 6.5 | 1.0 | 水 | 加至100 | 加至100 |

**制备方法** 配制时，将磷酸和氢氧化铝混合均匀，适当加热，至溶液澄清，趁热加入邻二甲苯硫脲，搅拌至溶解，得Ⅰ号液，将明胶、明矾、适量的水混合，加热溶解，得Ⅱ号液；将Ⅰ号液和Ⅱ号液混合并依次加入磷酸锌、柠檬酸、乙醇、辛基酚聚氧乙烯醚和水，搅拌至全部溶解，配制成的除锈防锈剂略带棕色，pH值约为1～2，相对密度约1.2～1.4，1#适用于涂刷或喷涂处理金属构件，2#适用于浸泡处理金属构件。

**产品应用** 本品用于金属构件涂装前的预处理。

**产品特性** 本品化学性能稳定，适用于涂刷或浸泡处理金属构件，除锈速度快、质量高，并能自干成膜。该膜坚韧致密，与金属基体附着力强，可作底漆使用。经处理的金属构件有较好的中远期防锈效果，并能与涂层、镀层有良好的附着。本品成本低，配制简单安全，无“三废”污染。

## 配方 10 高效多功能金属除油除锈液

**原料配比**

| 原料 | 配比(质量份) | | |
|---|---|---|---|
| | 1# | 2# | 3# |
| 磷酸 | 25 | 38 | 15 |
| 硅酸钠 | 4 | 2 | 6 |
| 十二烷基苯磺酸钠 | 2 | 2 | 4 |
| 六亚甲基四胺 | 1 | 1 | 2 |
| 三乙醇胺 | 3 | 2 | 6 |
| 柠檬酸 | 4 | 3 | 7 |
| 工业盐 | 3 | 3 | 6 |
| OP-10乳化剂 | 4 | 3 | 7 |
| 水 | 加至100 | 加至100 | 加至100 |

**制备方法** 将原料分别按配方量盛装在耐酸容器中，再将原料分别溶于水中，制成

半成品的水溶液原料，水的用量以能够化开原料为准，各原料与水的溶化温度为：

(1) 磷酸在常温下用清水溶化，搅拌均匀，制成磷酸水溶液，待配；

(2) 硅酸钠用25～35℃温水溶化，搅拌均匀，制成硅酸钠水溶液，待配；

(3) 十二烷基苯磺酸钠用80～90℃热水溶化，搅拌均匀，制成十二烷基苯磺酸钠水溶液，待配；

(4) 六亚甲基四胺用25～35℃温水溶化，搅拌均匀，制成六亚甲基四胺水溶液，待配；

(5) 三乙醇胺用45～55℃温水溶化，制成水溶液，搅拌均匀，制成水溶液，待配；

(6) 柠檬酸用25～35℃温水溶化，制成水溶液，搅拌均匀，制成水溶液，待配；

(7) 工业盐用25～35℃温水溶化，制成水溶液，搅拌均匀，制成水溶液，待配；

(8) OP-10乳化剂用80～90℃热水溶化，搅拌均匀，制成水溶液，待配；

将上述制成水溶液的半成品待配原料，按照后一项与前一项混合配制的次序，依次混合，并按配比加足水量，配制成除油除锈液成品，然后盛装在塑料桶中待用。

**产品应用** 本品主要用作高效多功能金属除油除锈液。

使用方法：建一个能够加温的池子，池内盛放有除油除锈工作液，将金属工件浸泡在40～50℃的除油除锈工作液中，8～20min，油污和锈斑可自动脱落，除净油污、锈斑的工件，干燥后即可进行后工序的喷涂或刷漆工作。

**产品特性**

(1) 能够有效地彻底清除金属表面附着的各种油污、锈斑以及发蓝层、氧化皮，而且清洗后的金属表面能形成一种保护膜，保护金属在一定期间不再生锈氧化。

(2) 简化了处理工艺，缩短了处理时间，除净油、锈需8～30min，比盐酸清洗时间短、速度快，而且处理后的金属表面具有一定的缓蚀性能，在室外能保持3～5d或在室内能保持一个月左右不再产生二次氧化锈蚀。同时还具有磷化功能，可当底漆使用，能为金属工件的再加工提供干净稳定的附着面。

(3) 对钢铁基体不产生过腐蚀和氢脆，工件表面呈钢灰色。由于本品是由各种不同性能的高分子合成原料所产生的协同效应，因此，不产生酸雾和有害气体，而且使用过的溶液废水经回收、沉淀、过滤后可重复使用。

(4) 本品不含任何强酸、强碱和有机溶剂，无毒、无腐蚀、对环境无污染；对人体无任何刺激、无损害；而且稳定性好，不变质、无挥发、不燃不爆，使用安全可靠。

## 配方 11 环保除锈剂

**原料配比**

| 原料 | 配比(质量份) | | 原料 | 配比(质量份) | |
|---|---|---|---|---|---|
| | 1# | 2# | | 1# | 2# |
| 有机酸 | 18 | 25 | 水 | 60 | 70 |
| 糊精 | 0.8 | 1.5 | 甘油 | 8 | 12 |
| 钼酸钠 | 3 | 7 | 添加剂SI-1 | 0.06 | 0.08 |
| 磷酸 | 1.1 | 1.3 | | | |

**制备方法**

(1) 将有机酸、糊精、钼酸钠、磷酸和水放入搅拌机内，室温下匀速搅拌 30min。

(2) 在获得的混合溶液中加入甘油，室温下匀速搅拌 10min，搅拌机的转速为 25r/min。

(3) 在将获得的混合溶液中加入添加剂 SI-1，室温下匀速搅拌 30min，搅拌机的转速为 25r/min，即得到环保除锈剂。

**原料介绍** 所述有机酸为柠檬酸、酒石酸、苹果酸、绿原酸、草酸、苯甲酸、水杨酸、咖啡酸中的任意一种。

所述甘油是从可降解材料中提炼出的，如植物甘油。

所述添加剂 SI-1 为制酸剂，其主要成分为碘化钠，其主要作用是在酸性环境中，使混合溶液产品转换为具有防锈性质的环保防锈剂。

**产品应用** 本品主要用作除锈剂。

**产品特性**

(1) 改进传统原料配比，以可食用的有机酸作为原料，减少了使用强酸配制的除锈剂的烦琐操作过程和易造成污染等不好的影响；甘油加强了金属表面的附着性能。

(2) 工艺先进，制备方法简单、快捷、高效。

(3) 解决了目前除锈剂具有污染环境的弊端。另外，本品除了除锈功能外，还具有防锈功能。

## 配方 12 环保型金属除锈防锈喷涂液

**原料配比**

表 1 高分子活性剂

| 原料 | 配比(质量份) | | |
|---|---|---|---|
| | 1# | 2# | 3# |
| 磷酸三钠 | 60 | 73 | 80 |
| 三乙醇胺 | 5 | 4 | 3 |
| DX 渗透剂 | 20 | 3 | 14 |
| 十二烷基苯磺酸钠 | 10 | 20 | 3 |

表 2 环保型金属除锈防锈喷涂液

| 原料 | 配比(质量份) | | |
|---|---|---|---|
| | 1# | 2# | 3# |
| 磷酸 | 10 | 22 | 35 |
| 三聚磷酸钠 | 5 | 10 | 15 |
| 硅酸钠 | 1 | 3 | 5 |
| 高分子活性剂 | 5 | 7 | 10 |
| 苯甲酸钠 | 2 | 5 | 7 |
| 尿素 | 2 | 5 | 8 |
| 水 | 加至 100 | 加至 100 | 加至 100 |

**制备方法** 将各组分混合均匀即可。

**原料介绍** 本品选用上述原料进行组合，可使各原料功效产生协同作用，可在金属表面形成一层封闭薄膜，防止外界水分、氧气侵入，避免形成新的锈蚀。各原料反应形成的成膜物质在渗入锈层内部后，通过物理黏结和化学转化，形成一个坚韧致密的黑色保护膜，从而使原来有害的锈层转变为有利的保护层。另外，本品中的一些成分可均匀分布在无锈金属表面，并与之反应，形成一个对水、氧等侵蚀因素不敏感的钝化层。因此，本品能够一次性快速有效地进行除油、除锈，而且通过封闭薄膜、锈层转化保护层及钝化层三道防线的叠加效应，使防锈功能大大增强，可以完全取代防锈底漆。

**产品应用** 本品用作金属除锈防锈喷涂液。

使用方法：本品使用时，可以薄层喷涂或刷涂在待处理的设备或器具表面，以不流为原则，然后让其自然干燥。随着喷涂液与金属表面的反应，实现了对污物、锈蚀物、氧化皮的溶解、逆转，形成高抗蚀性的牢固的保护层，最后形成光亮的黑色磷化膜，待涂层变黑和完全干燥后，可在其表面刷或喷两道面漆，以增强表面的亮度和美观。

**产品特性**

(1) 可以对金属表面的尘垢、油污和锈层进行彻底有效的清除，并自然形成附着牢固的保护层，无需再涂覆防锈底漆。

(2) 使用方法简便，喷涂、刷涂、浸泡均可达到良好的除锈、防锈效果，适用于大、中、小型各类器械、器皿的全部或部分金属表面的清洗、防护处理。

(3) 该除锈防锈液不含任何强酸、强碱和有机溶剂，无毒、无腐蚀、性能稳定、不燃不爆、使用安全可靠，而且没有烟雾和气味挥发，也不存在废液排放，对环境和人员无任何损害。

## 配方 13 金属表面除锈剂

**原料配比**

| 原料 | 配比(质量份) | 原料 | 配比(质量份) |
|---|---|---|---|
| 磷酸 | 50～90 | 磷酸二氢钾 | 0.5～10 |
| 乙氧壬基酚 | 3～10 | 磷酸二氢钠 | 3～10 |
| 异丙醇 | 0.5～10 | 水 | 适量 |
| 三氧化铂 | 3～10 | | |

**制备方法** 按配比将原料混合并搅拌均匀，再与适量的水混合，以喷洒、刷或辊涂等方式涂覆在金属表面。

**产品应用** 本品用于处理金属表面锈蚀。

**产品特性** 本品在清除金属表面的氧化层的同时，会与金属反应，改变金属表面的物质结构，生成一种不溶解水的绝缘结晶体保护层，从而从根本上防止锈蚀的产生，并能加强涂料的附着力。

## 配方 14 金属表面化锈防锈液

**原料配比**

| 原料 | 配比(质量份) | | |
|---|---|---|---|
| | 1# | 2# | 3# |
| 磷酸 | 80～160 | 110～150 | 136 |
| 重铬酸钾 | 1～5 | 2～4 | 3.2 |
| 硝酸钾 | 0.5～4 | 1～3 | 2 |
| 氧化锌 | 1～6 | 2～4 | 2.6 |

续表

| 原料 | 配比(质量份) | | |
|---|---|---|---|
| | 1# | 2# | 3# |
| 磷酸三钠 | 1～8 | 3～5 | 4 |
| 钼酸钠 | 0.01～1 | 0.05～1 | 0.07 |
| 羧甲基纤维素 | 1～8 | 2～5 | 4 |
| 水 | 200～300 | 220～280 | 250 |

**制备方法** 取水和磷酸混合，再加入重铬酸钾、硝酸钾、氧化锌、磷酸三钠、钼酸钠、羧甲基纤维素，搅拌混合均匀。

**原料介绍** 本品是以磷酸为主要原料，并在其中加入配料配制成水溶液，铁锈等可被游离的磷酸和酸式盐清除掉。在使用过程中可直接刷涂或喷于锈蚀或薄层氧化皮黑色金属表面，将金属的氧化层转变成磷酸盐和铬酸盐，附着在金属表面，形成一种优良的防腐保护层，同时也发生磷化和钝化反应。因此，本品可对金属表面锈蚀同时进行化锈、磷化、钝化处理，从而达到化锈防锈的目的。

**产品应用** 本品用于金属表面的化锈防锈，对黑金属刷漆前进行表面预处理，针对表面轻锈或浮锈及二次锈、水锈，在常温状态下可直接将本品刷涂或喷于锈蚀或薄层氧化皮的黑金属表面；针对热轧钢表面氧化皮及锈蚀，较厚的氧化皮及锈蚀较严重的要先用钢丝擦刷去灰后再刷涂本液体；针对返修产品或旧产品大修时，可先除掉生锈表面旧漆及锈蚀去灰后再刷涂本品。本品能将黑金属表面的氧化层和无锈表面均能变成含磷酸盐和铬酸盐和化学保护膜，附着在金属表面形成优良的防腐保护层，也可作涂漆打底。

在施工过程中不需要中间或最后清洗，减少了许多工序，对接受处理的物体不受尺寸大小和形状限制，如对大型厂房和桥梁的金属结构均适用；也可进行局部化锈和磷化，特别是对于那些不适于喷砂或酸洗的产品，或一般常用工艺无法解体的大型设备可使用本品进行化锈防锈处理。本品还可广泛应用于各种机械设备、车辆、家庭门窗铁栏护窗等除锈除漆，或涂漆前的化锈磷化，作涂漆打底。

**产品特性** 本品施工操作简便，工序简单，省工、省料、省设备，可大大减轻施工人员的劳动强度，并提高油漆层的防锈质量。

## 配方 15 金属除锈防锈液

**原料配比**

| 原料 | 配比(质量份) | 原料 | 配比(质量份) |
|---|---|---|---|
| 磷酸(85%) | 40 | 磷酸锌 | 2 |
| 氢氧化铝 | 4 | 柠檬酸 | 5 |
| 邻二甲苯硫脲 | 0.5 | 乙醇(无水) | 2.5 |
| 明胶 | 0.02 | 辛基苯酚聚氧乙烯醚 | 0.05 |
| 明矾 | 0.5 | 水 | 40.43 |
| 水 | 5 | | |

**制备方法** 用磷酸与氢氧化铝混合搅拌均匀，加热至溶液完全澄清，趁热加入邻二甲苯硫脲，搅拌至完全溶解，制得A液。用明胶、明矾与5%的水混合搅拌均匀，加热使明胶和明矾完全溶于水，制得B液。把A液和B液混合，并在搅拌下依

次加入磷酸锌、柠檬酸、乙醇（无水）、辛基苯酚聚氧乙烯醚、40.43%的水至完全溶解即得成品。

**产品应用** 本品用于金属表面处理。

**产品特性** 本产品具有除锈、去污、磷化、钝化、表调、上底漆等多种功能，可以常温下实现上述过程，除锈时间短（大约15min），防锈时间长（约1年），对金属无腐蚀，无有毒有害物，对环境无污染。本产品制造工艺简单，成本低廉。

## 配方 16 金属除油除锈除垢剂

**原料配比**

| 原料 | | 配比(质量份) | | |
|---|---|---|---|---|
| | | 1# | 2# | 3# |
| 清洗剂 | 固体除锈剂 | 70 | — | — |
| | 氢氧化钠 | — | 60 | — |
| | 磷酸三钠 | 15 | — | 15 |
| | 葡萄糖酸钠 | — | 15 | — |
| | 三聚磷酸钠 | — | 10 | — |
| | 硫酸氢钠 | — | — | 2 |
| | 氨基磺酸 | 10 | — | — |
| | 硫酸钠 | — | 10 | 70 |
| | 烷基酚聚氧乙烯醚 | 4 | 4 | 10 |
| | 二甲基硅酯 | 1 | 1 | 3 |
| 清洗液 | 水 | 5 | 90 | 80 |
| | 清洗剂 | 95 | 10 | 20 |

**制备方法**

(1) 清洗液的配制：按比例称取原料配制清洗剂，再按清洗剂与水按比例配制成清洗液。

(2) 将需清洗的钢件放入清洗槽中，并与清洗槽阴极连接；然后对清洗槽通电，调整电流密度为3～15A/dm²，产生激烈的电解反应。

(3) 在电解反应的同时，开动超声波发生器，使槽中的换能器发射超声波作用于钢件，并按钢件清洗时间的要求调整超声波的发射强度为0.3～1W/cm²。

(4) 此时可以在环境温度至60℃的范围内，对钢件清洗30s～2min，钢件表面的油、锈、垢等污垢即可清洗干净，取出用水冲洗、干燥或钝化进行后处理。

**原料介绍**

固体除锈剂、氢氧化钠、硫酸钠、氯化钠、氢氧化钾、硫酸钾可作为主清洗剂。

氨基磺酸、硫酸钠、碳酸钠、磷酸钠、硝酸钠可作为助洗剂。

葡萄糖酸钠或三聚磷酸钠或柠檬酸为螯合剂。

烷基酚聚氧乙烯醚为非离子表面活性剂，也可选用脂肪醇聚氧乙烯醚或脂肪酸聚氧乙烯醚或脂肪酸聚氧烯酯或烷基酚聚氧乙烯醚。

消泡剂为二甲基硅氧烷与白炭黑复合成的硅酯，也可选用二甲基聚硅氧烷或聚硅氧烷或硅酯或磷酸三丁酯。

**产品应用** 本品可清洗不同金属表面。

**产品特性** 本品能快速地同时除去油脂、锈蚀物和水垢。本品为固体粉末状，包装、运输方便；清洗方法简单，使用安全，无污染，有利于环境的保护。

## 配方 17 金属除油除锈防锈液

**原料配比**

| 原料 | 配比(质量份) | | |
|---|---|---|---|
| | 1# | 2# | 3# |
| 聚氧乙烯烷基醚 | 1 | 4 | 6 |
| 十二烷基磺酸钠 | 1 | 5 | 8 |
| 1,3-二丁基硫脲 | 0.5 | 6 | 10 |
| 六亚甲基四胺 | 0.5 | 3 | 5 |
| 磷酸二氢锌 | 1 | 6 | 10 |
| 磷酸 | 10 | 25 | 40 |
| 丁基萘磺酸钠 | — | 3 | 5 |
| 丁二酸酯磺酸钠 | — | 3 | 5 |
| 三乙醇胺 | — | 5 | 8 |
| 碳酸氢钠 | — | 3 | 5 |
| 酒石酸 | — | 7 | 10 |
| 1,3-二乙基硫脲 | — | 5 | 10 |
| 水 | 20 | 50 | 75 |

**制备方法** 按比例称取原料，固体原料用水溶解成溶液，液体用水稀释，然后将原料分别投入到反应釜中，搅拌 15～30min，经 120 目纱网过滤，即制成成品。水温 25～75℃。

**产品应用** 本品用于金属材料及其制品的表面预处理的除油除锈。

**产品特性**

(1) 本品不含强酸、强碱，不会对金属材料造成过度腐蚀及氢脆，原料无毒无害，无易燃、易爆的危险；

(2) 可循环使用，不污染环境和水源；

(3) 在常温下，金属表面处理时间 5～25min 即可，如果加温到 45～60℃，处理效果更好；

(4) 在加工过程中可替代车间底漆，经过处理的金属材料，在室内保温三个月以上不生锈；

(5) 通常需要多个工序的工作，只需一个工序即可完成，降低了劳动强度，提高了工作效率。

## 配方 18 零件内腔的除锈液

**原料配比**

| 原料 | 配比(质量份) | | |
|---|---|---|---|
| | 1# | 2# | 3# |
| 磷酸 | 10 | 20 | 15 |
| 柠檬酸 | 2 | 5 | 4 |
| 聚醚 2010 | 0.1 | 0.3 | 0.2 |
| 乌洛托品 | 3 | 5 | 4 |
| 工业酒精 | 0.5 | 1 | 0.75 |
| 水 | 68 | 84 | 78 |
| 对硝基苯酚指示剂 | 10mg/kg | 10mg/kg | 10mg/kg |

**制备方法** 将各组分溶于水，混合均匀即可。

**产品应用** 本品主要应用于变速箱壳体、中桥或后桥壳体、转向机壳体以及汽车轮毂内腔以及涉及运动部件之间的配合的零件的除锈。

**产品特性** 本品对这些锈蚀后的零件进行除锈处理，不会影响零件的尺寸、表面状态以及内腔的清洁度等技术参数。

## 配方 19 水基除油去锈防锈液

**原料配比**

| 原料 | 配比(质量份) | 原料 | 配比(质量份) |
|---|---|---|---|
| 磷酸钠 | 1 | 甲醛 | 0.50(体积) |
| 柠檬酸 | 5 | 85%浓度的磷酸 | 0.50(体积) |
| 601 洗涤剂 | 1(体积) | 水 | 200 |

**制备方法** 分别称取磷酸钠、柠檬酸，放入一个盛有 4000 份水的容器内，搅匀后加入 601 洗涤剂、甲醛，再边搅边缓慢加入磷酸，测定 pH 值=6，加水 16000 份，混匀后即可，所得溶液无色、透明、略带水果香味。

本品主要利用碱性盐和洗涤剂除油，柠檬酸和磷酸除锈，甲醛作缓蚀剂。

**产品应用** 本品用于金属表面处理。

**产品特性** 该溶液中无过量锌、铬、锰、铅等有害离子，化学性能稳定，使用周期长，使用时溶液可不断添加，无废液排出，不影响金属材料性能，具有良好的防锈效果。

## 配方 20 酸式除锈剂

**原料配比**

| 原料 | 配比(质量份) | | | |
|---|---|---|---|---|
| | 1# | 2# | 3# | 4# |
| 磷酸钠 | 3 | — | — | — |
| 磷酸钾 | — | 3 | — | 8 |
| 磷酸二钠 | — | — | 10 | — |
| 乙二醇乙醚 | 10 | — | — | — |
| 乙二醇丁醚 | — | 6 | — | — |
| 聚合度为 20 的脂肪醇聚氧乙烯醚 | 5 | 5 | 5 | 10 |
| 聚合度为 35 的脂肪醇聚氧乙烯醚 | — | — | — | 8 |
| 月桂酰单乙醇胺 | — | — | 5 | — |
| 硫酸 | — | — | 1 | — |
| 盐酸 | 2 | 3 | — | — |
| 乙酸 | — | — | — | 6 |
| 去离子水 | 80 | 83 | 79 | 68 |

**制备方法** 在室温条件下依次将磷酸盐、渗透剂、表面活性剂、pH 调节剂加入去离子水中，搅拌至均匀的水溶液即可制成除锈剂成品，pH 值为 3～4，相对密度为 1.0～1.1。

**原料介绍** 所述的磷酸盐选自磷酸二钠、磷酸钠或磷酸钾；所述的渗透剂选自脂肪醇聚氧乙烯醚或者乙二醇醚类化合物；所述的表面活性剂是非离子型表面活性剂，选自脂肪醇聚氧乙烯醚或烷基醇酰胺；所述的 pH 调节剂选自无机酸、有机酸或者其混合物，无机酸为硫酸或盐酸，有机酸为甲酸、乙酸或丁酸。

**产品应用** 本品主要用作除锈剂。

使用方法：清洗机械设备采用28kHz的超声滤清洗设备，将机械设备放置在超声波清洗设备中，加入除锈剂和20倍体积的去离子水混合的液体，控制清洗温度为40℃，清洗6min，取出。清洗后，采用光学显微镜放大100倍的方法检测，机械设备表面无油污残留，表面光亮，清洗后24h内机械设备表面仍无发乌以及锈斑现象。

**产品特性**

(1) 本品原料配比科学合理，生产工艺简单，不需要特殊设备。

(2) 清洗能力强，清洗时间短，节省人力和工时，提高工作效率，且具有除锈和防锈功效。

(3) 本品呈酸性，对设备的腐蚀性较低，使用安全可靠，有利于降低设备成本。

(4) 本品中含有的表面活性剂能够使机械设备经过清洗后会在表面形成致密的保护膜，从而保证了清洗后的零件具有防锈的功能，渗透剂还可提高清洗作用。

## 配方 21 用于板材除锈的中性除锈剂

**原料配比**

| 原料 | 配比(质量份) | | |
|---|---|---|---|
| | 1# | 2# | 3# |
| OP-10 | 5mL | 2mL | 2mL |
| 硅酸钠 | 0.5 | 3 | 3 |
| 硫脲 | 1 | 3 | 3 |
| 酒石酸 | 15 | 5 | 10 |
| 氨基磺酸 | 0.5 | 0.2 | 0.8 |
| 柠檬酸 | 5 | 3 | 5 |
| 水 | 加至1L | 加至1L | 加至1L |

**制备方法** 将各组分溶于水，混合均匀即可。

**产品应用** 本品主要应用于板材除锈。

处理工艺：利用中性除锈剂在室温条件、超声波25～40kHz、pH值为5～7的条件下，将板材浸泡处理2～10min进行除锈处理，从中性除锈剂溶液中取出板材，并对板材进行清洗，清洗方式包括浸泡水洗或/和喷淋水洗。处理之后将板材进行高温烘烤，烘烤温度为100～130℃。

**产品特性** 本品成本低廉，常温状态下即可使用，不易产生酸雾，对人体及环境均友好，而且对板材表面锌层不产生破坏，操作简单。

## 配方 22 用于清洗中央空调主机的除垢除锈剂

**原料配比**

| 原料 | | 配比(质量份) | | | |
|---|---|---|---|---|---|
| | | 1# | 2# | 3# | 4# |
| 氨基磺酸 | | 85 | 80 | 85 | 75 |
| 多元膦酸类螯合剂 | 羟基亚乙基二膦酸 | 7 | — | — | — |
| | 氨基三亚甲基膦酸 | — | 10 | — | 10 |
| | 乙二胺四亚甲基膦酸 | — | — | 10 | — |
| 氟化物硅垢溶解促进剂 | 氟化氢铵 | 7 | 8 | — | — |
| | 氟化钠 | — | — | 4 | 10 |
| 非离子表面活性剂脂肪醇聚醚渗透剂 | 壬基酚聚氧乙烯醚 | 1 | — | — | — |
| | 脂肪醇聚氧乙烯醚 | — | 2 | — | — |
| | 硅氧烷聚醚 | — | — | 1 | — |
| | 烷基聚氧乙烯醚 | — | — | — | 5 |

**制备方法** 将各组分混合均匀即可。

**原料介绍**

所述多元膦酸类螯合剂可选择羟基亚乙基二膦酸、氨基三亚甲基膦酸、乙二胺四亚甲基膦酸中的任意一种。

所述氟化物硅垢溶解促进剂可选择氟化钠、氟化氢铵的任意一种。

所述非离子表面活性剂脂肪醇聚醚渗透剂可选择壬基酚聚氧乙烯醚、脂肪醇聚氧乙烯醚、硅氧烷聚醚、烷基聚氧乙烯醚中的任意一种。

本品包括固体混合物和液体缓蚀剂，所述缓蚀剂是由乌洛托品、苯胺、甲基苯并三氮唑按质量比2∶2∶1混合制备而成。该缓蚀剂在所述固体混合物与水混合配成酸洗液时按水量的0.3%添加到酸洗液中。

**产品应用** 本品主要应用于中央空调主机冷凝器、吸收器、蒸发器、换热器铜管清除水垢、锈垢，也可用于其他铜质换热设备的除垢、除锈清洗。

本品的使用方法：

(1) 用少量水将本品的固体混合物溶解后投入配液箱中混匀；或直接将本品的固体混合物投入配液箱中搅拌溶解，同时按比例添加缓蚀剂，用循环清洗泵注满被清洗设备，按确定的清洗工艺清洗。可采用强制循环法、浸泡法。

(2) 配比浓度：视水垢厚薄程度，每100L水投加本品的固体混合物3～10kg，投加缓蚀剂0.3kg。

(3) 清洗时间：一般为2～8h，最长不超过12h。要缩短除垢时间可适当增加温度，但不能超过60℃。

(4) 除垢结束后，可用中和剂中和，并用清水漂洗30min。

**产品特性**

(1) 能溶解碳酸盐、硅酸盐、硫酸盐以及铁氧化物等各种水垢、锈垢。除垢剂中的固体有机酸酸度强，能快速与碳酸盐水垢反应。利用高效渗透剂先对被清洗固体表面润湿，使酸洗液能渗透到垢层内部，在垢层基底上反应，以剥离、去除污垢，加快除垢速度。复配的螯合剂对成垢性阳离子钙、镁以及铁等金属离子有较强的螯合能力，对这些金属的难溶盐垢类如硫酸钙、硅酸镁等进行螯合、软化、分散，并将之清除，可以有效地解决无机酸对非碳酸盐水垢的清洗难题。本品对碳酸盐水垢的除垢率可达100%，对硅酸盐水垢、铁氧化物的除垢率可达70%以上，对硫酸盐水垢的除垢率可达40%以上。

(2) 对金属腐蚀率极低。本品由于复配了高效缓蚀剂，且有机多元膦酸类螯合剂对金属有缓蚀作用，因此，对紫铜、黄铜等中央空调主机常用材料以及碳钢材料有较强的缓蚀性能，其腐蚀率较一般无机酸类除垢剂低几倍，甚至几十倍，大大低于化学清洗质量标准。同时缓蚀剂还可以有效地抑制碳钢的析氢能力以及$Fe^{3+}$的加速腐蚀能力，在除垢过程中可以有效地保护设备，保证设备的安全，因此本品尤其适用于中央空调主机这类铜管管壁极薄的设备。

(3) 除垢时，不会与无机酸除垢剂一样产生酸雾及有害气体，对环境以及操作人员的危害大大降低。

(4) 相对一般有机酸除垢剂，常温时即有较快的除垢速度，在温度不大于60℃时清洗，能进一步加快除垢速度。

(5) 相对目前较接近的其他类具有更好的除垢效果。

## 配方 23 增亮除锈剂

**原料配比**

| 原料 | 配比(质量份) | | |
|---|---|---|---|
| | 1# | 2# | 3# |
| 盐酸 | 30 | 50 | 40 |
| 六亚甲基四胺 | 5 | 1 | 3 |
| 十二烷基硫酸钠 | 2 | 8 | 5 |
| 平平加 OS-15 | 10 | 5 | 7 |
| 水 | 加至 100 | 加至 100 | 加至 100 |

**制备方法** 将各组分溶于水，混合均匀即可。

**原料介绍** 六亚甲基四胺为缓蚀剂，能有效地阻止盐酸与金属基体表面的反应，从而使除锈后工件表面更加光亮，不产生过腐蚀和氢脆现象。十二烷基硫酸钠作为抑雾剂，在液体表面产生一层致密的泡沫层，阻止了氯化氢气体的逸出，使得产品无异味、无污染、便于操作。平平加 OS-15 是一种非离子型表面活性剂，它能够去除表面油污，同时能加快氢离子与氧化铁的反应速度。

**产品应用** 本品主要应用于钢铁表面的锈蚀，无污染，对金属基体不产生过腐蚀，无酸雾溢出，不影响操作人员的身体健康。

**产品特性** 本品是通过浸泡短时间内给钢铁除锈，并增加亮度，在溶液中浸泡无沸腾和刺激性气体逸出，无污染，对金属基体不产生腐蚀和氢脆，除锈成本低廉。在钢铁基体同等锈蚀，面积相等的情况下，其除锈使用的剂量是同类产品的 50%，在常温下能快速除锈、且除锈后比原先更光亮，恢复钢铁基体表面本来的光泽。除锈时间视腐蚀程度不同，一般在 1～5min 内。

# 3 电镀液

## 3.1 电镀金液

### 配方 1 无氰电镀金的镀液

**原料配比**

| 原料 | 配比(质量份) | | |
|---|---|---|---|
| | 1# | 2# | 3# |
| 配位剂 | 40～150 | 50～120 | 100 |
| 金离子 | 4～15 | 5～10 | 10 |
| 碳酸钾 | 60～120 | 70～110 | 80 |
| 焦磷酸钾 | 30～70 | 35～60 | 40 |
| 复配添加剂 | 1～10(mL) | 2～8(mL) | 3(mL) |
| 水 | 加至1L | 加至1L | 加至1L |

**制备方法** 将各组分溶于水，搅拌均匀即可。

**原料介绍**

所述配位剂为5,5-二甲基乙内酰脲、3-羟甲基-5,5-二甲基乙内酰脲或1,3-二氯-5,5-二甲基乙内酰脲；

所述复配添加剂为稀土盐、有机物和表面活性剂的混合物，稀土盐为硝酸铈或硝酸镧，有机物为丁炔二醇或糖精，表面活性剂为乳化剂OP-21或土耳其红油。

**产品应用** 本品主要应用于无氰镀金。

采用无氰电镀金的镀液电镀金的方法如下：用氢氧化钠调节无氰电镀金的镀液的pH值为8～11，然后采用恒电流方式，在电流密度为1～5A/$dm^2$、阴极与阳极的距离为5～20cm、温度为30～60℃的条件下施镀1～30min，即得金镀层。

所述阴极为铜或镍电极；所述阳极为金、铂或钛基氧化物电极。

**产品特性** 本品中不含有剧毒物质，且镀液稳定性很好，镀液在使用（包括施镀和补充成分）30d内，未发生浑浊、变色等现象。同时10mL镀液在连续施镀通过电量0.15Ah后，仍能得到表面状态优良的镀层。

### 配方 2 无氰电镀金液

**原料配比**

| 原料 | 配比(质量份) | | |
|---|---|---|---|
| | 1# | 2# | 3# |
| 三氯化金 | 12 | 20 | 10 |
| 主配位剂亚硫酸钠 | 70 | — | 50 |
| 主配位剂亚硫酸钾 | — | 130 | — |

续表

| 原料 | 配比(质量份) | | |
|---|---|---|---|
| | 1# | 2# | 3# |
| 辅助配位剂 EDTA | 70 | — | 50 |
| 辅助配位剂柠檬酸钠 | — | 80 | — |
| 氯化钠 | 60 | — | 50 |
| 氯化钾 | — | 80 | — |
| 水 | 加至 1L | 加至 1L | 加至 1L |

**制备方法** 将各组分溶于水，搅拌均匀即可。

**产品应用** 本品主要应用于无氰镀金。

使用本无氰电镀金液进行电镀时，阴极为铜丝，阳极为金丝，在温度为 35℃、pH 值为 9、电流密度为 0.2A/$dm^2$ 下电镀金 180s。

**产品特性** 本品具有极好的经济效益和社会效益。

## 配方 3 无氰镀金电镀液

**原料配比**

| 原料 | 配比(质量份) | | | | | | | | | |
|---|---|---|---|---|---|---|---|---|---|---|
| | 1# | 2# | 3# | 4# | 5# | 6# | 7# | 8# | 9# | 10# |
| 氯金酸钠 | 10.9 | — | — | 10.9 | 10.9 | 10.9 | 10.9 | 10.9 | 10.9 | 10.9 |
| 亚硫酸金钠 | — | 12.8 | 12.8 | — | — | — | — | — | — | — |
| 腺嘌呤 | 24.3 | 24.3 | 24.3 | — | — | — | — | — | — | — |
| 鸟嘌呤 | — | — | — | 27.2 | — | — | — | — | — | — |
| 黄嘌呤 | — | — | — | — | 27.4 | — | — | — | — | — |
| 次黄嘌呤 | — | — | — | — | — | 24.5 | 24.5 | 24.5 | 24.5 | — |
| 6-巯基嘌呤 | — | — | — | — | — | — | — | — | — | 27.4 |
| $KNO_3$ | 10.1 | 8.5 | 10.1 | 10.1 | 10.1 | 10.1 | — | 10.1 | 10.1 | 10.1 |
| KOH | 56.1 | 40 | 56.1 | 56.1 | 56.1 | 56.1 | 67.3 | 56.1 | 56.1 | 67.3 |
| 硝酸铅 | 0.3 | — | — | 0.5 | — | — | — | — | — | — |
| L-半胱氨酸 | — | 0.2 | — | — | — | — | — | — | — | — |
| 2-硫代巴比妥酸 | — | — | — | — | 0.5 | 1 | 1 | — | — | — |
| 硒氰化钾 | — | — | 0.12 | — | — | — | — | — | — | — |
| 蛋氨酸 | — | — | — | — | — | — | — | 1.5 | — | — |
| 硫酸铜 | — | — | — | — | — | — | — | — | 0.2 | — |
| 酒石酸锑钾 | — | — | — | — | — | — | — | — | — | 1 |
| 水 | 加至 1L | 加至 1L | 加至 1L | 加至 1L | 加至 1L | 加至 1L | 加至 1L | 加至 1L | 加至 1L | 加至 1L |

**制备方法** 先将配位剂、支持电解质硝酸钾、镀金添加剂和电镀液 pH 调节剂混合均匀，最后在搅拌条件下将混合液加入金的无机盐溶液中，制成无氰镀金电镀液。

**原料介绍**

所述金的无机盐为氯金酸盐或者亚硫酸金盐。

所述配位剂为鸟嘌呤、腺嘌呤、次黄嘌呤、黄嘌呤、6-巯基嘌呤及其衍生物中的一种或几种。

所述 pH 调节剂为 KOH、NaOH、氨水、硝酸和盐酸中的一种或几种。

所述镀金添加剂体系为蛋氨酸、L-半胱氨酸、2-硫代巴比妥酸、硫酸铜、硝酸铅、硒氰化钾、酒石酸锑钾中的一种或者几种。

**产品应用** 本品主要应用于无氰镀金。

电镀方法：在电镀过程中，先将镀液温度维持在 20～60℃，然后将处理好的金属基底置于电路组成部分的阴极上，将阴极连同附属基底置于电镀液中，并通以电流，所通的电流大小与时间要根据实际要求而定。

**产品特性** 本品不含有毒性强的氰化物或者其他毒性强的有害物质，因此不会污染环境及面临废液处理困难等问题。本品化学稳定性很好，而且在电镀过程中不需要除氧，操作简单，镀金层的晶粒细致、光亮且结合力好，能满足装饰性电镀和功能性电镀等领域的应用。

## 配方 4 无氰仿金电镀液

**原料配比**

| 原料 | 配比(质量份) | | |
|---|---|---|---|
| | 1# | 2# | 3# |
| 碳酸铜 | 25 | 20 | — |
| 硫酸铜 | — | — | 15 |
| 硫酸锌 | — | — | 10 |
| 氯化锌 | 15 | 15 | — |
| 锡酸钠 | 10 | 10 | — |
| 锡酸钾 | — | — | 10 |
| 酒石酸钠 | 20 | 50 | — |
| 酒石酸钾 | — | — | 40 |
| 1-羟基亚乙基-1,1-二膦酸 | 120 | — | — |
| 1-羟基亚丁基-1,1-二膦酸 | — | 110 | — |
| 1-羟基亚丙基-1,1-二膦酸钾(或钠或铵盐) | — | — | 130 |
| 碳酸钾 | 50 | 40 | 60 |
| 氟化钾 | 0.01 | 0.2 | — |
| 氟化铵 | — | — | 1 |
| 十二烷基醇聚氧乙烯醚 | 0.5 | 0.5 | — |
| 十二烷基醇聚氧乙烯聚氧丙烯醚 | — | 0.5 | — |
| 八烷基醇聚氧乙烯醚 | — | — | 0.5 |
| 硫酸镍 | 0.2 | — | — |
| 乙酸铅 | — | 0.1 | — |
| 氯化铟 | — | — | 0.5 |
| 水 | 加至1L | 加至1L | 加至1L |

**制备方法** 将各组分溶于水，混合均匀即可。

**原料介绍**

本品中铜盐是硫酸铜或碳酸铜，锌盐是氯化锌或硫酸锌，锡盐是锡酸钠或锡酸钾，酒石酸盐是酒石酸钾或酒石酸钠或酒石酸钾钠。

本品中低泡表面活性剂是烷基醇聚氧乙烯醚或烷基醇聚氧乙烯聚氧丙烯醚。

本品中无机调色剂可以是镍、钴、铟、银、铅等的无机盐，其中铅、铟、镍的无机盐较好。

本品中铜粉抑制剂是氟化钾、氟化钠或氟化铵，主要用于防止阳极和阴极电解时产生一价铜而形成铜粉。

**产品应用** 本品主要用作无氰仿金电镀液。

**产品特性**

(1) 用有机膦酸（或盐）和酒石酸盐代替剧毒氰化物配制的电镀液，使电镀过程不再有剧毒的氰化氢气体析出和氰化物废水排出，明显地改善了工作条件和对环境的污染。

(2) 镀液十分稳定，在长期生产过程中无沉淀物析出，也无铜粉析出，可保证稳定地获得 18～22K 的各种仿金镀层，仿金镀层的组成为：铜 72%～80%；Zn 12%～20%；Sn 6%～10%。

(3) 镀液具有很好的分散能力和深镀能力，既适于复杂零件的电镀，也适于作为镀真金的中间镀层，以节约黄金的用量。

## 配方 5 无氰仿金镀液

**原料配比**

| 原料 | 配比(质量份) | | | |
|---|---|---|---|---|
| | 1# | 2# | 3# | 4# |
| 硫酸铜 | 50 | 30 | 35 | 45 |
| 硫酸锌 | 13 | 15 | 12 | 18 |
| 硫酸亚锡 | 7 | 6 | 5 | 8 |
| 硫酸 | 5mL | 4mL | 3mL | 5mL |
| 焦磷酸钾 | 270 | 250 | 260 | 280 |
| 乙二胺 | 55mL | 50mL | 60mL | 45mL |
| 柠檬酸钾 | 18 | 18 | 18 | 18 |
| 氨三乙酸 | 25 | 20 | 22 | 25 |
| 氢氧化钾 | 15 | 15 | 20 | 20 |
| 水 | 加至 1L | 加至 1L | 加至 1L | 加至 1L |

**制备方法**

(1) 将焦磷酸钾溶解于去离子水中，去离子水的温度不超过 40℃；

(2) 将硫酸铜、硫酸锌和硫酸亚锡分别用去离子水溶解；

(3) 将焦磷酸钾溶液在搅拌下分别加入硫酸铜、硫酸锌和硫酸亚锡溶液中，分别形成稳定的配合物溶液，在溶解硫酸亚锡时，必须将硫酸亚锡先添加到硫酸中，否则发生水解反应；

(4) 在搅拌下，将硫酸铜、硫酸锌和硫酸亚锡三种配合物溶液倒入镀槽内；

(5) 将氨三乙酸用少量去离子水调成糊状，然后在搅拌下慢慢加入氢氧化钾溶液直至生成透明溶液，同时将柠檬酸钾用去离子水溶解；

(6) 在搅拌下，将乙二胺、柠檬酸钾和氨三乙酸溶液分别加入镀槽，与其他配合物溶液混合均匀；

(7) 调整镀液 pH 值至 8～10，低电流密度下电解 6～8h 后进行电镀。

**产品应用** 本品主要应用于无氰仿金电镀。

使用方法：阴极电流密度为 1～3A/dm$^2$；电流密度较低时，铜析出量较多，仿金镀层外观色泽为红色。电流密度较高时，锌、锡析出量增大，金黄色变淡，外观色泽发白，也会出现边缘烧焦。电流密度适中时，外观色泽为金黄色。电镀时间为 60～90s，电镀时间延长，仿金镀层外观色泽由金黄色向浅黄色至红色变化。

在基体表面进行预镀光亮镍处理后才能进行仿金电镀，仿金电镀时采用机械搅拌或阴极移动，以保证电镀液分散均匀并消除浓差极化。搅拌速度为 100r/min 或阴极移动速度为 1～2m/min。

**产品特性**

(1) 电镀液为无氰镀液，废水、废液处理容易，环境污染小，对身体没有危害。

(2) 镀液配方简单，易于控制，工艺参数范围宽，外观色泽好，镀液稳定，均镀和覆盖力强，使用寿命长，批次生产稳定性高。

(3) 仿金镀层结晶细致，孔隙率低，与预镀的光亮镍结合牢固，无起皮、脱落及剥离现象。

(4) 通过添加乙二胺和柠檬酸钾两种辅助配位剂，镀液的深镀能力提高到80%以上，电流效率提高到82%以上，镀态下溶液的电导率低于0.0465Ω/m。镀层外观色泽明显改善。

(5) 仿金镀层经钝化后，防变色能力强。在配制的5g/L氯化钠+6mL/L氨水+7mL/L冰醋酸的溶液中，浸泡3h仍不变色。

(6) 可以代替现有的氰化物仿金电镀工艺，作用首饰、钟表及工艺品等装饰性物品表面仿9K、18K和24K金使用。

## 配方6 无氰型镀金电镀液

**原料配比**

| 原料 | 配比(质量份) | | | | | |
|---|---|---|---|---|---|---|
| | 1# | 2# | 3# | 4# | 5# | 6# |
| 亚硫酸金钠 | 12.8 | — | — | — | — | — |
| 氯金酸钠 | — | 10.9 | 10.9 | 10.9 | 10.9 | 10.9 |
| 巴比妥 | 33 | 37.1 | 37.1 | 37.1 | 37.1 | 37.1 |
| ATMP | 30 | 30 | 30 | 30 | 30 | — |
| HEDP | — | — | — | — | — | 10.3 |
| $NaNO_3$ | 8.5 | — | — | — | — | — |
| $KNO_3$ | — | 10.1 | 10.1 | 10.1 | 10.1 | 10.1 |
| NaOH | 24 | 44.9 | — | — | — | — |
| KOH | — | — | 44.9 | 44.9 | 44.9 | 44.9 |
| 酒石酸锑钾 | 0.12 | — | — | — | — | — |
| 硫代硫酸钠 | — | 1.58 | — | — | — | — |
| 聚乙烯亚胺 | — | — | 0.3 | — | — | 0.3 |
| 硫酸镍 | — | — | — | 15.5 | — | — |
| 硫酸钴 | — | — | — | — | 15.5 | — |
| 水 | 加至1L | 加至1L | 加至1L | 加至1L | 加至1L | 加至1L |

**制备方法** 先溶解主络合剂，然后在搅拌的情况下将主络合剂加入金的无机盐溶液中，然后加入所需的碱、支持电解质和有机多膦酸，搅拌均匀后再加入其余所有原料，混合均匀，即为成品。

**原料介绍**

所述金的无机盐为氯金酸盐或者亚硫酸金盐。

所述主配位剂为巴比妥或其盐，辅助配位剂为羟基亚乙基二膦酸（HEDP）、氨基三亚甲基膦酸（ATMP）中的一种。

所述支持电解质为$KNO_3$、$NaNO_3$、KOH中的一种或几种。

所述pH调节剂为KOH、NaOH、氨水、硝酸、硫酸和盐酸中的一种或几种。

**产品应用** 本品主要用作无氰型镀金电镀液。

本品操作条件为：pH范围为10～14，电流密度0.05～0.4A/dm$^2$，温度20～50℃。将处理好的金属基底置于电路组成部分的阴极上，将阴极连同附属基底置于电镀液中，并通以电流，所通的电流大小与时间要根据实际要求而定。

**产品特性** 本品不含有毒性强的氰化物或者其他毒性强的有害物质，因此不会面临污染环境及废液处理困难等问题。本品化学稳定性好，配制简单，镀液成本低廉，而且在电镀过程中不需要除氧，所得镀金层的晶粒细致、光亮且结合力好，能满足装饰性电镀和功能性电镀等多领域的应用。

# 3.2 电镀银液

## 配方 1 非水镀银电镀液

**原料配比**

| 原料 | 配比(质量份) | | |
|---|---|---|---|
| | 1# | 2# | 3# |
| AgCl | 22 | — | — |
| TU | 70 | — | — |
| DMF | 适量 | 适量 | — |
| 半胱氨酸 | 0.5 | — | — |
| $AgNO_3$ | — | 22 | 17 |
| KSCN | — | 130 | 100 |
| 二甲基亚砜 | — | — | 适量 |

**制备方法** 将各原料溶解在有机溶剂中，混合均匀，制成非水镀银电镀液，溶液温度为0～80℃。

**原料介绍**

银离子来源物包括氯化银、硝酸银、硫酸银、氧化银、甲基磺酸银、乙酸银、酒石酸银等银的无机盐以及有机盐中的一种或几种。

配位剂为硫脲和硫氰酸盐中的一种或两种，其中硫氰酸盐为硫氰酸钠、硫氰酸钾或硫氰酸铵中的一种。

有机溶剂包括 $N,N'$-二甲基甲酰胺（DMF)、二甲基亚砜、吡啶、苯胺、喹啉、甲酰胺、乙酰胺、液氨、氯仿、四氯化碳、醇类有机溶剂、醚类有机溶剂或酮类有机溶剂中的一种。

**产品应用** 本品主要应用于装饰性电镀、功能性电镀等领域，特别是在电子芯片微沟道电镀与纳米材料制备方面有更好的应用。

非水镀银电镀液的电镀步骤为：将经过预处理的金属基底置于电路组成部分的阴极上，将阴极连同附属基体浸入电镀液中，通以电流，所通电流大小和通电时间根据实际要求确定。

**产品特性** 采用有机溶液作为镀液的溶剂，配制成非水电镀液，与传统的有氰镀银工艺相比，采用非水体系电镀，具有以下显著的特点：电位窗口比水体系更宽，且电镀过程中不会发生析氢、析氧；可以获得比水体系中粒径更小的银粒子簇；该非水镀银电镀液毒性极低，其镀液稳定性好；镀层中银粒子簇更小，在控制条件下，平均粒子半径在100nm以内；镀层细致光亮且结合力良好。

## 配方 2 环保型无氰银电镀液

**原料配比**

| 原料 | 配比(质量份) | | | |
|---|---|---|---|---|
| | 1# | 2# | 3# | 4# |
| $AgNO_3$ | 0.15mol | 0.15mol | — | 0.1mol |
| $AgSO_3CH_3$ | — | — | 0.1mol | — |

续表

| 原料 | 配比(质量份) | | | |
|---|---|---|---|---|
| | 1# | 2# | 3# | 4# |
| β-丙氨酸 | 0.6mol | — | — | — |
| 胱氨酸 | — | 0.5mol | — | — |
| 谷氨酸 | — | — | — | 0.5mol |
| 氨二乙酸 | — | — | 0.5mol | — |
| 尿嘧啶 | 0.1mol | — | — | — |
| 异烟酸 | — | 0.1mol | — | — |
| 尿酸 | — | — | — | 0.1mol |
| 5,5-二甲基乙内酰脲 | — | — | 0.1mol | — |
| 聚乙烯亚胺 | 0.002 | 0.05 | 0.95 | — |
| 聚乙二醇 | — | — | — | 0.01 |
| 苯并三氮唑 | — | 0.05 | — | — |
| 10mg/kg Sb | — | — | 0.05 | — |
| 2,2-联吡啶 | — | — | — | 2 |
| 去离子水 | 加至1L | 加至1L | 加至1L | 加至1L |

**制备方法** 将各组分溶于去离子水中，搅拌均匀即配得电镀液。

**产品应用** 本品主要应用于无氰电镀。

**产品特性**

(1) 采用氨基酸类化合物及其衍生物作为配位剂与银离子形成配位化合物，完全取代了氰化物，消除了电镀过程中氰化物对人体和环境的危害，实现了清洁电镀；

(2) 镀液中银离子与铜、铜合金等活泼性金属基底的置换速率非常慢，镀件无需预镀银或浸银，可实施一步型镀银工艺，简化了镀银工艺流程，降低了生成成本；

(3) 该无氰银电镀液的原料成本低、来源广泛，镀层结合可靠，镀液稳定性能高，能很好地满足电镀工业需求。

## 配方 3 双脉冲电镀银溶液

**原料配比**

| 原料 | 配比(质量份) | | |
|---|---|---|---|
| | 1# | 2# | 3# |
| 硝酸钾 | 60 | 80 | 100 |
| 氯化银 | 70 | 75 | 80 |
| 氰化钾(KCN总) | 180 | 180 | 190 |
| 氰化钾(KCN游离) | 110 | 120 | 120 |
| 水 | 加至1L | 加至1L | 加至1L |

**制备方法** 将各组分溶于水，搅拌均匀即可。

**产品应用** 本品主要用作双脉冲电镀银溶液。

**产品特性**

(1) 双脉冲电镀银溶液不添加有机添加剂，容易维护；

(2) 增加了氰化钾含量，并加入一定量的硝酸钾，提高镀银溶液的导电性；

(3) 提高了银离子浓度，保证了脉冲瞬间有足够的银离子在阴极表面沉积，也有利于提高银镀层的沉积速度；

(4) 各成分之间的含量控制允许有较大的变化范围，尤其是游离氰的含量变化，无需严格控制；

(5) 银镀层晶粒细化，渗氢量和杂质吸附少，银镀层光洁度高、内应力低、显微硬度高、耐磨性较好和耐变色时间长。

## 配方 4 镀银液

**原料配比**

| 原料 | 配比(质量份) | | | | |
|---|---|---|---|---|---|
| | 1# | 2# | 3# | 4# | 5# |
| $AgNO_3$ | 17 | 17 | 17 | 17 | 17 |
| 腺嘌呤 | — | — | 108 | — | — |
| 尿酸 | 134 | — | — | — | — |
| 鸟嘌呤 | — | 129 | — | — | — |
| 黄嘌呤 | — | — | — | 124 | — |
| 次黄嘌呤 | — | — | — | — | 110 |
| $KNO_3$ | 20 | 20 | 20 | 20 | 20 |
| KOH | 168 | 139 | 153 | 129 | 168 |
| 环氧胺缩聚物 | — | — | — | 2 | 2 |
| 聚乙烯亚胺 | 1 | 1.5 | 1 | — | — |
| KSeCN | 2mg | 2mg | — | — | 2mg |
| KSCN | — | — | 5mg | — | — |
| 水 | 加至 1L | 加至 1L | 加至 1L | 加至 1L | 加至 1L |

**制备方法** 将原料溶于去离子水中，混合均匀即制成镀银镀液。

**原料介绍**

本品中含有银的无机盐优选硝酸银、有机盐优选甲基磺酸银。

本品中嘌呤配位剂为嘌呤类化合物及其衍生物或相应的异构体。配位剂嘌呤类化合物及其衍生物为尿酸、腺嘌呤、鸟嘌呤、黄嘌呤、次黄嘌呤及相应的嘌呤衍生物中的一种或几种。

本品中支持电解质为 $KNO_3$、$KNO_2$、KOH、KF 及相应的钠盐中的一种或几种。

本品中 $OH^-$ 浓度范围为 0.01～10mol/L，镀液本品中采用 KOH、NaOH、氨水、$HNO_3$、$HNO_2$ 和 HF 中的一种或几种。

本品中电镀添加剂体系为聚乙烯亚胺、环氧胺缩聚物，硒氰化物或硫氰化物中的一种或几种。其中，聚乙烯亚胺平均分子量为 100～1000000，浓度为 50～1000mg/L；环氧胺缩聚物平均分子量为 100～1000000，浓度为 50～10000mg/L；硒氰化物为 KSeCN 或 NaSeCN，浓度为 0.01～500mg/L；所述的硫氰化物为 KSCN 或 NaSCN，浓度为 0.1～2000mg/L。

**产品应用** 本品主要应用于镀银。

电镀步骤：先将碱在水中溶解，再将配位剂溶解其中，然后在溶液搅动的条件下缓慢加入银离子来源物和电镀添加剂，最后加入所需的支持电解质。在电镀过程中，将镀液维持在 10～60℃。将经过预处理的金属基底置于电路组成部分的阴极上，将阴极连同附属基体浸入电镀液中，通以电流，所通电流大小和通电时间根据实际要求确定。

**产品特性** 本品采用嘌呤类化合物及其衍生物作为配位剂与银离子形成配位化合物，镀液非常稳定。该镀银镀液稳定性好；同时，镀液中银离子与铜、镍、铝、铁、铬、钛等单金属及合金基底的置换速率非常慢，镀件无需预镀银或浸银，镀层结合力良好且光亮，可满足装饰性电镀和功能性电镀等多领域的应用。

## 配方 5 无氰镀银电镀液

**原料配比**

| 原料 | 配比(质量份) | | |
|---|---|---|---|
| | 1# | 2# | 3# |
| 硝酸银 | 40 | 43 | 45 |
| 硫代硫酸钠 | 200 | 230 | 250 |
| 焦亚硫酸钾 | 40 | 43 | 45 |
| 乙酸铵 | 20 | 25 | 30 |
| 硫代氨基脲 | 0.6 | 0.7 | 0.8 |
| 水 | 加至1L | 加至1L | 加至1L |

**制备方法** 先将硫代硫酸钠溶于300mL的去离子水中，搅拌使其全部溶解；再将硝酸银和焦亚硫酸钾分别用250mL的去离子水溶解，并在搅拌下将焦亚硫酸钾溶液倒入硝酸银溶液中，生成焦亚硫酸银浑浊液后，立即将溶液缓慢地加入硫代硫酸钠溶液中，使银离子与硫代硫酸钠络合，生成微黄色澄清液；然后将乙酸铵加入溶液中，配制好的溶液静置后，再加入硫代氨基脲，使其全部溶解，最后用去离子水定容至1L。

**产品应用** 本品主要应用于无氰镀银。

本品的无氰镀银方法主要包括以下步骤：

(1) 镀银前的预处理：首先用金相砂纸对基体进行打磨抛光，然后用丙酮除油，最后用浓度为36%的盐酸溶液进行活化处理。

(2) 直流电沉积镀银：将预处理后的镀件进行直流电沉积镀银，镀银时的电流密度为0.1A/$dm^2$，温度为15℃；阴阳极面积比为0.7：2，阳极采用99.99%的纯银板；电镀液使用本品所配制的镀液。

(3) 钝化处理：首先在55～65g/L的三氧化二铬和15～20g/L的氯化钠混合溶液中浸渍8～10s，取出洗净，此时表面显示铬酸盐的黄色；然后在200～210g/L的硫代硫酸钠溶液中浸渍3～5s，取出洗净；接着在100～110g/L的氢氧化钠溶液中浸渍5～8s，取出洗净；最后在36～38g/L的浓盐酸中浸渍10～15s，取出洗净，即得光亮的不易变色的银层。

**产品特性**

(1) 通过直流电沉积方法使无氰镀银得以实现，镀液毒性极低或无毒，更大程度地降低了对环境和操作人员的危害，镀液稳定性及分散性优良；

(2) 银镀膜可以达到纳米级，并且与基体结合良好，表面平整、致密，光亮度好，抗变色能力强；

(3) 本方法镀银之前无需镀镍，工艺简单，操作方便，成本低廉，可以满足生产领域的需要。

## 配方 6 无氰镀银镀液

**原料配比**

表1 无氰镀银光亮剂

| 原料 | 配比(质量份) | | |
|---|---|---|---|
| | 1# | 2# | 3# |
| 十二烷基二苯磺酸钠 | 12 | 14 | 16 |

续表

| 原料 | 配比(质量份) | | |
|---|---|---|---|
| | 1# | 2# | 3# |
| β-萘酚聚氧乙烯醚 | 20 | 22 | 26 |
| HEDTA | 1 | 1.2 | 1.5 |
| 磷酸二氢钾 | 1 | 1.6 | 2 |
| 尿素 | 8 | 12 | 13 |
| PEG800 | 12 | — | — |
| PEG1200 | — | 15 | — |
| PEG2000 | — | — | 15 |
| 糠硫基吡嗪 | 60 | — | — |
| 苄基甲基硫醚 | — | 65 | 62 |
| 半胱氨酸 | 9 | — | — |
| 色氨酸 | — | 8 | — |
| 氨基乙酸 | — | — | 8 |
| 水 | 加至1L | 加至1L | 加至1L |

**表2 镀液**

| 原料 | 配比(质量份) | 原料 | 配比(质量份) |
|---|---|---|---|
| 硝酸银 | 56 | 硼酸 | 43 |
| 硫代硫酸钾 | 238 | 硫酸 | 3.7 |
| 焦亚硫酸钾 | 76 | 无氰镀银光亮剂 | 6(mL) |
| 硫酸钾 | 10 | 水 | 加至1L |

**制备方法**

(1) 无氰镀银光亮剂的制备：在带搅拌的容器中，先加入总水量的2/3，将称量好的十二烷基二苯磺酸钠、β-萘酚聚氧乙烯醚、PEG加入水中，搅拌至完全溶解，升温至40℃，再加入称量好的HEDTA，搅拌至完全溶解。将含硫杂环化合物、含氮羧酸、尿素和磷酸二氢钾加入上述搅拌均匀的溶液中，继续搅拌至完全溶解，定容并搅拌2h，得无氰镀银光亮剂。

(2) 镀液的制备：将各组分溶于水，搅拌均匀即可。

**原料介绍**

所述十二烷基二苯磺酸钠作为润湿剂和去雾剂，在镀液中起助溶和润湿作用，使镀层呈现镜面光亮的外观，同时降低表面张力，减少镀层针孔的产生。

所述β-萘酚聚氧乙烯醚是非离子表面活性剂，它的EO数在4～20个之间，可以提升添加剂的浊点，增加镀液的分散能力，同时作为初级光亮剂，提高深镀能力和镀层的韧性。

所述HEDTA作为螯合剂，在镀液中作为次级配位剂，起到稳定镀液的作用。

所述磷酸二氢钾在镀液中作为辅助光亮剂使用，同时在镀液中起到稳定添加剂pH值的作用。

所述尿素在镀液中起光亮的作用。

所述聚乙二醇在添加剂中作为载体，起到增加添加剂中光亮剂的溶解性的作用，同时可以增加阴极极化作用。此无氰镀银光亮剂中聚乙二醇的分子量范围在400～8000左右，优选PEG800、PEG1200、PEG2000和PEG4000。

所述含硫杂环化合物在添加剂中起光亮作用。在本品中，含硫杂环化合物为2-巯基苯丙噻唑、2-巯基苯并咪唑、8-巯基喹啉、1,4-二取代酰胺基硫脲、糠巯基吡嗪、2-甲硫基吡嗪、2-巯基吡嗪、吡嗪乙硫醇、2-巯甲基吡嗪、4-甲基噻唑、2-乙酰基噻唑、2-异丁基噻唑、2-甲氧基噻唑、2-甲硫基噻唑、2-乙氧基噻唑、2-甲基四氢呋喃-3-硫醇、2,5-二甲基-3-巯基呋喃、2-乙酰基噻吩、四氢噻吩-3-酮、苄基甲基硫醚、苄硫醇、糠基硫醇、2-噻吩硫醇中的一种或两种以任意比例混合，此含硫杂环化合物优选糠巯基吡嗪、8-巯基喹啉、2-乙酰基噻唑、吡嗪乙硫醇、苄基甲基硫醚、苄硫醇中的一种或两种以任意比例混合。

所述含氮羧酸是一种氨基酸，在镀液中作配位剂。可以选择氨基乙酸，氨三乙酸，半胱氨酸、亮氨酸、丙氨酸、苯丙氨酸、色氨酸、天冬氨酸、谷氨酸、组氨酸等中的一种。

**产品应用** 本品主要应用于无氰镀银。

无氰镀银镀液在工艺中的应用步骤：

赫尔槽打片：

(1) 将标准 267mL 赫尔槽清洗干净，加入 99%纯银板阳极；

(2) 准确量取 250mL 配制好的无氰镀银镀液，加入准备好的赫尔槽中。

(3) 标准黄铜哈氏片除油后用砂纸打磨冲洗干净后放入阴极进行电镀，温度为 10～42℃，pH 值为 4.2～4.8（用硫酸调节），鼓泡，电流密度为 0.5～1A/$dm^2$，电镀时间为 1min、5min 或 10min。

工厂应用：本品可使用不锈钢板或 99%纯银板作为阳极，温度为 10～42℃，pH 值为 4.2～4.8（硫酸调节），机械搅拌，搅拌次数为 50～100 次/min，阴极电流为 1～2A/$dm^2$，电镀时间 10～60s，在使用过程中按照 50～120mL/KAH 补充光亮剂。

**产品特性** 本品不含氰化物，镀层镜面光亮，能达到氰化镀银同等效果，经过本无氰镀银镀液电镀后的镀层不易变色，脆性小，附着力好，能满足不同应用方面对镀层的需求。

## 配方 7 无氰高速镀银电镀液

**原料配比**

| 原料 | 配比(质量份) | | | | | | | | | | | | | | |
|---|---|---|---|---|---|---|---|---|---|---|---|---|---|---|---|
| | 1# | 2# | 3# | 4# | 5# | 6# | 7# | 8# | 9# | 10# | 11# | 12# | 13# | 14# | 15# |
| 硝酸银 | 50 | 50 | 60 | 50 | 40 | 60 | 50 | 45 | 55 | 47 | 52 | 49 | 50 | 46 | 54 |
| 硫代硫酸钠 | 120 | 240 | 280 | 240 | 180 | 300 | 150 | 200 | 105 | 145 | 250 | 220 | 240 | 260 | 230 |
| 焦亚硫酸钠 | 55 | 60 | 72 | 55 | 40 | 85 | 60 | 70 | 50 | 60 | 55 | 45 | 58 | 52 | 65 |
| 硫酸钠 | 15 | 20 | 20 | 15 | 8 | 22 | 14 | 15 | 16 | 10 | 12 | 20 | 18 | 11 | 17 |
| 硼酸 | 20 | 30 | 36 | 20 | 15 | 38 | 20 | 22 | 18 | 24 | 30 | 35 | 25 | 19 | 21 |
| 亚硒酸钠 | 1.5 | 1.5 | 2 | 1.5 | — | 2.5 | 0.5 | 2 | 0.8 | 1 | 1.2 | 1.4 | 1.6 | 1.8 | 2.2 |
| 水 | 加至1L | 加至1L | 加至1L | 加至1L | 加至1L | 加至1L | 加至1L | 加至1L | 加至1L | 加至1L | 加至1L | 加至1L | 加至1L | 加至1L | 加至1L |

**制备方法** 将各组分溶于水，混合均匀即可。

**原料介绍** 所述亚硒酸钠为光亮剂。

下面，就本品的无氰高速镀银电镀液的操作条件进行说明：

无氰高速镀银电镀液的 pH 值应控制在 4～5 范围内，当 pH 小于 4 时，银盐有可能在镀液中沉淀，同时析出效果减小；而当 pH 大于 5 时，则难以得到析出物的良好外观。此外，可用硼酸调整 pH 值。

无氰高速镀银电镀液的温度应控制在 15～35℃范围内，当温度低于 15℃时，析出物外观变差；而当温度高于 35℃时，则镀液变得不稳定。

无氰高速镀银电镀液的电流密度应控制在 $1\sim5A/dm^2$，当电流密度小于 $1A/dm^2$ 时，析出速度减小，难以得到足够厚度的析出物；而当大于 $5A/dm^2$ 时，则难以得到良好的外观。

本品也可借助于镀液的流速进行控制，镀液的流速控制在 0.5～1.5m/s，当镀液的流速小于 0.5m/s 时，难以得到足够厚度的析出物；而当流速大于 1.5m/s 时，则难以得到良好的外观。

**产品应用** 本品主要应用于无氰电镀。

将无氰高速镀银电镀液的 pH 值控制在 4～5，温度控制在 15～35℃，电流密度控制在 $1\sim5A/dm^2$，镀液的流速控制在 0.5～1.5m/s 进行电镀。

**产品特性** 本品毒性小，可得到表面平整、抗变色性能好、耐腐蚀耐磨性高、与基体结合力强的光亮镀银层，镀银效率高。

## 配方 8 无预镀型无氰镀银电镀液

**原料配比**

| 原料 | 配比(质量份) | | |
|---|---|---|---|
| | 1# | 2# | 3# |
| $AgNO_3$ | 17 | 34 | 34 |
| 肌酐 | 34 | 60 | 90 |
| $KNO_3$ | 50 | 50 | 50 |
| KOH | 10 | 15 | 25 |
| 哌啶 | 1 | — | — |
| 甘氨酸 | — | 1 | — |
| 半光氨酸 | — | — | 0.5 |
| 水 | 加至 1L | 加至 1L | 加至 1L |

**制备方法** 先将配位剂、支持电解质和电镀液 pH 调节剂按照所述配比混合均匀，再缓慢加入银离子来源物，搅拌至溶液澄清，制成无氰镀银电镀液。溶液温度调节为 10～80℃。将电镀液静置 2h 稳定后，向其中加入单一或组合的电镀添加剂，搅拌均匀后静置待用。

**原料介绍** 所述银离子来源物为银的无机盐及有机盐，如硝酸银、硫酸银、甲基磺酸银、乙酸银、酒石酸银等中的一种。

所述配位剂为肌酐及肌酐衍生物或它们相应的异构体。

所述支持电解质为 $KNO_3$、$KNO_2$、KOH、KF 或与它们相同阴离子的钠盐中的一种或几种。

所述电镀添加剂包括哌啶、哌嗪、甘氨酸、半光氨酸中的一种或几种，其中哌啶的浓度为 10～300mg/L、哌嗪的浓度为 10～5000mg/L、甘氨酸的浓度为 10～5000mg/L、半光氨酸的浓度为 10～5000mg/L。

**产品应用** 本品主要应用于无氰镀银。

电镀步骤：在电镀过程中，将镀液维持在 10～80℃。将经过预处理的金属基底置于电路组成部分的阴极上，将阴极连同附属基体浸入电镀液中，通以电流，所通电流大小和通电时间根据实际要求确定。

**产品特性** 本品采用肌酐及肌酐衍生物或它们相应的异构体作为配位剂与银离子形成配位化合物，镀液非常稳定，毒性较氰化镀银大大地降低。与传统的有氰镀银工艺配方相比，该无氰镀银电镀液毒性极低或无毒，镀液稳定性好；同时，镀液中银离子与铜、镍、铝、铁、铬、钛等单金属及合金基底的置换速率非常慢，镀件无需预镀银或浸银，镀层结合力良好且光亮，可满足装饰性电镀和功能性电镀等多领域的应用。

## 配方 9 用于镀银的电镀液

**原料配比**

| 原料 | 配比(质量份) | | | | |
|---|---|---|---|---|---|
| | 1# | 2# | 3# | 4# | 5# |
| $AgNO_3$ | 25 | 17 | — | — | 17 |
| 甲基磺酸银 | — | — | 20 | 20 | — |
| 巴比妥 | — | — | — | 184 | — |
| 巴比妥酸 | — | — | — | — | 42 |
| 2,4-二羟基嘧啶 | 100 | — | — | — | — |
| 4,6-二羟基嘧啶 | — | 67 | — | — | — |
| 2-氨基-4,6-二羟基嘧啶 | — | — | 67 | — | — |
| $KNO_3$ | 20 | 20 | 20 | — | 20 |
| KOH | 140 | 140 | 112 | 100 | 192 |
| 环氧胺缩聚物 | — | — | — | 2 | 2 |
| 聚乙烯亚胺 | 1 | 1 | 1.5 | — | — |
| KSeCN | 2mg | — | — | 2mg | 2mg |
| KSCN | — | 5mg | — | — | — |
| 水 | 加至1L | 加至1L | 加至1L | 加至1L | 加至1L |

**制备方法** 将原料溶于去离子水中，搅拌均匀，溶液温度调节为10～65℃，即可配制成镀银镀液。

**原料介绍**

本品中含有银的无机盐优选硝酸银、有机盐优选甲基磺酸银。

本品中嘧啶类配位剂为嘧啶类化合物及其衍生物或相应的异构体。嘧啶类化合物及其衍生物为2-羟基嘧啶、6-羟基嘧啶、2,4-二羟基嘧啶、4,6-二羟基嘧啶、2-氨基-4,6-二羟基嘧啶、尿嘧啶羧酸、巴比妥酸、巴比妥、丁巴比妥及相应的嘧啶衍生物中的一种或几种。

本品中支持电解质为$KNO_3$、$KNO_2$、KOH、KF及相应的钠盐中的一种或几种。

本品中镀液$OH^-$浓度范围为0.01～10mol/L，镀液本品中采用KOH、NaOH、氨水、$HNO_3$、$HNO_2$和HF中的一种或几种。

本品中电镀添加剂体系为聚乙烯亚胺、环氧胺缩聚物，硒氰化物或硫氰化物中的一种或几种，其中，聚乙烯亚胺平均分子量为100～1000000，浓度为50～1000mg/L；环氧胺缩聚物平均分子量为100～1000000，浓度为50～10000mg/L；硒氰化物为KSeCN或NaSeCN，浓度为0.01～500mg/L；硫氰化物为KSCN或NaSCN，浓度为0.1～2000mg/L。

**产品应用** 本品主要应用于镀银。

电镀步骤：先将碱溶解在水中溶解，再将配位剂溶解其中，然后在溶液搅动的条件下缓慢加入银离子来源物和电镀添加剂，最后加入所需的支持电解质。在电镀过程中，将镀液保持在10～65℃。将经过预处理的金属基底置于电路组成部分的阴极上，将阴极连同附属基体浸入电镀液中，通以电流，所通电流大小和通电时间根据实际要求确定。

**产品特性** 本品毒性极低或无毒，镀液稳定性好；同时，镀液中银离子与铜、镍、铁、铝、铬、钛等单金属及合金基底的置换速率非常慢，镀件无需预镀银或浸银，镀层结合力良好且光亮，满足装饰性电镀和功能性电镀等多领域的应用。

# 3.3 电镀镍液

## 配方1 氨基磺酸镀镍液

**原料配比**

| 原料 | 配比(质量份) | | | | | | | | | | | |
|---|---|---|---|---|---|---|---|---|---|---|---|---|
| | 1# | 2# | 3# | 4# | 5# | 6# | 7# | 8# | 9# | 10# | 11# | 12# |
| 液体氨基磺酸镍 | 150 | 300 | 480 | 650 | 800 | 900 | 150 | 300 | 480 | 650 | 800 | 900 |
| 硼酸 | 10 | 25 | 40 | 50 | 70 | 90 | 10 | 25 | 40 | 50 | 70 | 90 |
| 氯化镍 | 5 | 15 | 25 | 45 | 60 | 80 | 5 | 15 | 25 | 45 | 60 | 80 |
| 602光亮剂 | — | — | — | — | — | — | 1(体积) | 4(体积) | 8(体积) | 8(体积) | 15(体积) | 18(体积) |
| 水 | 加至1L | 加至1L | 加至1L | 加至1L | 加至1L | 加至1L | 加至1L | 加至1L | 加至1L | 加至1L | 加至1L | 加至1L |

**制备方法**

(1) 根据各组分配比配制溶液，然后加入活性炭，静置沉淀后取上层澄清溶液，并过滤。

(2) 使用0.1mol/L NaOH调节过滤后的溶液pH至3.8～4.2。

(3) 加入602光亮剂后进行霍尔槽打片实验，以确定镀液中各组分的浓度、pH值和获得良好镀层的电流密度范围等，然后做性能测试测厚度、外观及漆膜附着力。

**产品应用** 本品主要用于金属材料的表面镍镀层的电镀，所述金属包括铝合金、镁合金、钢带、铜带和不锈钢带等材料。

**产品特性** 本品通过氨基磺酸镍、硼酸和氯化镍的组合，制得电镀性能很强的混合盐溶液。将该氨基磺酸镀镍液用于铝合金、镁合金、钢带、铜带和不锈钢带等金属材料的表面镍镀层的电镀，金属表面形成的镍镀层稳定性良好，镀层连续完整、无针孔、无起泡脱落及无残余应力。生产成本降低15%以上，镀液循环使用，大幅度减少废液排放。

本品将一定量的光亮剂加入由氨基磺酸镍、硼酸和氯化镍组成的电镀液中，电镀金属表面后，形成的镍镀层不仅稳定性良好、镀层连续完整、无针孔、无起泡脱落及无残余应力，还使得电镀层的平整性和光亮度得以提高，使金属表面更为平整和美观。

将本品与铝卷材制备方法相结合，使用该方法和电镀液电镀铝卷材表面后，制得的产品表面形成稳定性良好、平整光亮、连续完整、结构致密无裂纹、无针孔、无起泡脱落的镍镀层，解决了普通电镀镍的成本高和污染大的问题，显著地提高了经济效益。

## 配方 2 薄带连铸结晶辊表面电镀液

**原料配比**

| 原料 | 配比(质量份) | | | | |
|---|---|---|---|---|---|
| | 1# | 2# | 3# | 4# | 5# |
| 氨基磺酸镍 | 250 | 280 | 310 | 340 | 380 |
| 氯化镍 | 15 | 15 | 12 | 12 | 8 |
| 硼酸 | 25 | 25 | 35 | 35 | 40 |
| 十二烷基磺酸钠 | 0.05 | 0.05 | 0.08 | 0.1 | 0.1 |
| 水 | 加至 1L | 加至 1L | 加至 1L | 加至 1L | 加至 1L |

**制备方法** 将各组分溶于水，混合均匀即可。

**产品应用** 本品主要应用于薄带连铸结晶辊表面电镀。电镀工艺参数如下。

| 项目 | 工艺参数 | | | | |
|---|---|---|---|---|---|
| | 1# | 2# | 3# | 4# | 5# |
| 镀液温度/℃ | 58 | 52 | 50 | 48 | 48 |
| 镀液 pH 值 | 4.5 | 4.0 | 3.5 | 3.0 | 2.8 |
| 初始电流密度/($A/dm^2$) | 0.5 | 1 | 1 | 1.5 | 2 |
| 正常电流密度/($A/dm^2$) | 1 | 3 | 3 | 4 | 5 |
| 辊子转速/(r/min) | 7 | 5 | 5 | 3.5 | 2 |
| 搅拌强度/[$m^3/(m^2 \cdot min)$] | 1 | 1.2 | 1.2 | 1.4 | 1.5 |

电镀方法：

(1) 对 135$dm^2$ 结晶辊进行表面机加工处理，去除表面氧化层和缺陷部件，表面粗糙度约为 3.2。

(2) 使用丙酮清洗辊表面的油污和金属渣屑，然后用清水冲洗。

(3) 使用电镀用常规碱性脱脂溶液擦拭辊表面，溶液温度为 50℃左右，然后用清水冲洗。

(4) 对结晶辊进行电解除油，结晶辊浸没于除油液中，除油液温度为 70℃左右，电流密度为 5.0$A/dm^2$，处理时间为 3min，然后吊出辊子，用清水冲洗。

(5) 使用电镀用常规酸性浸蚀液对结晶辊进行活化处理，浸蚀时间为 1min，然后用清水冲洗。

(6) 在结晶辊施镀之前，采用弱酸如 3g/L 的氨基磺酸镍溶液喷淋辊面，对其进行活化处理。

**产品特性**

(1) 本品对结晶辊表面进行了一系列镀前预处理，并在初始电镀时采用了小电流密度施镀，使得所得镀层与基体之间的结合力十分优异。

(2) 本品采用适宜的电镀工艺，包括电镀液组成、电流密度、辊子旋转速度、搅拌强度等，获得了低应力、厚度均匀、延展性好、抗冷热疲劳性能优异的金属镍镀层。采用本品获得的结晶辊表面镀层，尤其是辊边缘棱角处的镀层，在连铸过程中不易发生剥落、裂纹。

(3) 采用本品在链铸结晶辊上可获得厚度为 0.5～2mm 的金属镍镀层，该镀层一方面可有效调整结晶辊的热导率，以使辊面上的热交换过程更加均匀高效；另一方面可以对结晶辊本体进行保护，减轻浇铸时产生的热应力和机械应力对结晶辊的损伤，避免轧制拉坯对结晶辊的磨损。本品延长了结晶辊的使用寿命，从而可以降低薄带连铸生产成本、提高薄带连铸的生产效率和产品质量。

## 配方 3 变形锌合金的电沉积镀镍溶液

**原料配比**

| 原料 | 配比(质量份) | | | | |
|---|---|---|---|---|---|
| | 1# | 2# | 3# | 4# | 5# |
| 六水合硫酸镍 | 110 | 120 | 130 | 115 | 125 |
| 氯化钠 | 12 | 10 | 15 | 12 | 15 |
| 硼酸 | 30 | 30 | 35 | 35 | 33 |
| 柠檬酸钠 | 80 | 120 | 170 | 100 | 150 |
| 水 | 加至1L | 加至1L | 加至1L | 加至1L | 加至1L |

**制备方法**

(1) 柠檬酸钠加去离子水溶解;

(2) 六水合硫酸镍、氯化钠加去离子水溶解;

(3) 硼酸加热用去离子水溶解;

(4) 把 (2) 溶液倒入 (1) 溶液中,搅拌均匀;

(5) 将 (3) 溶液倒入 (4) 溶液中,搅拌均匀。

使用氢氧化钠溶液调节得到的电沉积镀镍溶液的 pH 值为 4.8～6.9,然后过滤,保持电沉积镀镍溶液的温度为 20～30℃。

上述的氢氧化钠溶液的浓度为 10mol/L。

**产品应用** 本品主要应用于镀镍。

**产品特性** 本品不含氰化物,对环境无污染,并且稳定性好,使用周期长;使用本品所得镀层表面无条纹,在金相显微镜下观察无裂纹,在 150℃下热震无起泡剥落现象,涂覆在镀层表面用于测孔隙的膏状物(以下简称涂膏)的表面变色面积不超过 10%。

## 配方 4 低镍型镍铁电镀液

**原料配比**

表 1 高铁低镍溶液

| 原料 | 配比(质量份) | | |
|---|---|---|---|
| | 1# | 2# | 3# |
| 硫酸镍 | 100 | 120 | 80 |
| 氯化镍 | 40 | 50 | 45 |
| 硼酸 | 50 | 45 | 48 |
| 硫酸亚铁 | 20 | 22 | 18 |
| 镍铁主光剂 | 1mL | 0.8mL | 0.9mL |
| 镍铁辅光剂 | 8mL | 10mL | 9mL |
| 镍铁稳定剂 | 22mL | 21mL | 20mL |
| 水 | 加至1L | 加至1L | 加至1L |

表 2 低铁低镍溶液

| 原料 | 配比(质量份) | | |
|---|---|---|---|
| | 1# | 2# | 3# |
| 硫酸镍 | 100 | 120 | 80 |

续表

| 原料 | 配比(质量份) | | |
|---|---|---|---|
| | 1# | 2# | 3# |
| 氯化镍 | 40 | 50 | 45 |
| 硼酸 | 50 | 45 | 48 |
| 硫酸亚铁 | 10 | 12 | 8 |
| 镍铁主光剂 | 1mL | 1.2mL | 0.8mL |
| 镍铁辅光剂 | 8mL | 9mL | 8mL |
| 镍铁稳定剂 | 18mL | 20mL | 19mL |
| 水 | 加至1L | 加至1L | 加至1L |

**制备方法** 将各组分溶于水，混合搅拌均匀。

**原料介绍** 镍铁主光剂具有显著的发光与整平作用，是主要的光亮剂。含量不足，光亮度整平性下降；含量过高，引起低电区发黑及走位能力下降，高电区容易有脆性。

镍铁稳定剂能有效抑制三价铁，使镀液澄清透明，稳定性好、消耗量少。但如果含量过高，会降低镀层光亮和整平性。

**产品应用** 本品主要应用于金属的电镀。

**产品特性** 本品以廉价的铁替代部分镍，可节省昂贵的镍约25%左右，硫酸镍浓度比原工艺低2/3，减少了在工件上镍盐的带出损失，从而降低了成本，减轻了"三废"治理负担。将对镀镍液有害的铁杂质变成有用的成分，使镀液管理更加容易。镀层外观较亮、镍饱满、硬度高，且韧性和延长性都较好。采用多种高效的复合配位化合物，使溶液更稳定。

## 配方5 电镀镍-碳化硅的复合电镀液

**原料配比**

| 原料 | 配比(质量份) | | |
|---|---|---|---|
| | 1# | 2# | 3# |
| 氨基磺酸镍 | 350 | 398 | 320 |
| 硼酸 | 50 | 59 | 45 |
| 次磷酸钠 | 0.85 | 0.9 | 0.75 |
| 碳化硅 | 25 | 29 | 21 |
| 水 | 加至1L | 加至1L | 加至1L |

**制备方法** 将各组分溶于水中，混合均匀即可。

**产品应用** 本品主要应用于电镀铸造铝合金汽缸：

本品的工艺流程被称为二次浸锌后电镀。每步之间必须彻底用水洗净，避免前道工序的残液带入下道工序。工艺流程如下：

(1) 除油：任何零件表面处理之前，都要经过除油，除油的目的是去除零件表面的脏物、防锈油和前道工序留在表面的物质。

(2) 碱腐蚀和出光：碱腐蚀和出光是前处理中较为重要的工序，其目的是为了进一步去除铝表面的缺陷，并从铝合金表面去除各种合金元素和夹杂物，形成均匀的富铝表面，为后一道工序提供良好的基底。铝中有铜、镁、硅、锰和锌等元素，如果不去除干净，在这些合金成分上不能直接电镀，容易产生结合不良或针孔。以BNC-99为例，其含量为50g/L，45℃，时间30h，而后采用流动水洗，洗完后出光，采用酸洗槽进行，出光为硝酸300mL/L，氢氟酸40mL/L，磷酸400mL/L，BNA-99 230mL/L，浸泡至黑灰消失。后用清水冲洗。

（3）第一次浸锌：铝合金电镀时浸锌处理是一种比较可靠并且得到广泛应用的工艺。铝的表面有一层天然的致密氧化膜，其厚度约为5～20nm，不除就难以获得结合力良好的镀层。浸锌的目的一方面是去除这层氧化膜，另一方面是在铝的表面形成一层锌的置换层，起阻挡作用，使去除了氧化膜的表面与大气隔绝，免受氧化。浸锌液为：氢氧化钠350g/L，氧化锌60g/L，酒石酸钾钠8g/L，三氯化铁2g/L，浸泡50h，浸泡后用清水冲洗。

（4）硝酸退除：第一次浸锌获得的锌层一般比较粗糙，覆盖不完全，为了获得表面更均匀、质量更好的浸锌层，一般采用体积比1：1的硝酸将第一次浸锌层退除。

（5）第二次浸锌：经过硝酸退除，进一步钝化了铝的基体，露出更均匀的富铝表面，第二次浸锌就获得了更薄、更均匀、更致密的浸锌层，第二次浸锌层如果发现色泽不均匀或有斑点，需要重新退除后再浸。第二次浸锌，浸锌液为：氢氧化钠100g/L，氧化锌35g/L，酒石酸钾钠8g/L，三氯化铁2g/L，浸泡30h，浸泡后用清水冲洗。

（6）电镀：采用本品进行电镀，电镀后用水清洗即可。其中，镀液搅拌方法为空气搅拌法。

**产品特性** 本品具有硬度高、镀速快的优点。

## 配方6 电镀液

**原料配比**

| 原料 | 配比(质量份) | | |
|---|---|---|---|
| | 1# | 2# | 3# |
| 硫酸镍 | 27 | 28.5 | 30 |
| 次亚磷酸钠 | 25 | 26.5 | 28 |
| 柠檬酸 | 6 | 7 | 8 |
| 乙酸钠 | 4 | 5 | 6 |
| 乳酸 | 5 | 6 | 7 |
| 催化剂 | 2.5 | 3 | 3.5 |
| 稳定剂 | 0.2 | 0.3 | 0.4 |
| 主光亮剂 | 0.15 | 0.2 | 0.25 |
| 辅助光亮剂 | 0.05 | 0.1 | 0.15 |
| 去离子水 | 加至1L | 加至1L | 加至1L |

**制备方法** 将原料混合均匀，即成电镀液。

**产品应用** 本品主要应用于金属工件的电镀。

本品的使用方法：先将电镀液加温至85～95℃，再把工件放入电镀液中，根据工件需要电镀的厚度，调整电镀时间，一般5～10min即可。

**产品特性** 本品具有成本低，电镀质量好，电镀废液不污染环境的优点。

## 配方7 镀覆Ni-P镀层的镀液

**原料配比**

| 原料 | | 配比(质量份) | | | |
|---|---|---|---|---|---|
| | | 1# | 2# | 3# | 4# |
| 可溶性镍盐 | 硫酸镍 | 80 | 50 | — | — |
| | 氨基磺酸镍 | | | 30 | 40 |

续表

| 原料 | | 配比(质量份) | | | |
|---|---|---|---|---|---|
| | | 1# | 2# | 3# | 4# |
| 还原剂 | 次亚磷酸钠 | 20 | 30 | 20 | 35 |
| 缓冲剂 | 乙酸钠 | 40 | 25 | 30 | 30 |
| 促进剂 | 乳酸 | — | — | 25(mL) | — |
| | 柠檬酸 | — | 20 | — | — |
| | 丙酸 | 20(mL) | — | — | — |
| | 苹果酸 | — | — | — | 15 |
| 稳定剂 | 碘酸钾 | 0.01 | — | — | — |
| | 硫脲 | — | 0.002 | — | — |
| | 锡离子 | — | — | 0.003 | — |
| | 铅离子 | — | — | — | 0.002 |
| 水 | | 加至1L | 加至1L | 加至1L | 加至1L |

**制备方法** 将各组分溶于水，搅拌均匀即可。

**产品应用** 本品主要用作镀覆 Ni-P 镀层的镀液。在同一镀液中进行化学镀和电镀镀覆 Ni-P 镀层的方法如下：

(1) 基体的前处理：将基体进行除油、活化后，待用；

所述基体除油是在浓度为5%～15%氢氧化钠和浓度为5%～15%磷酸钠以及浓度为5%～15%碳酸钠组成的水溶液中进行，处理温度为40～90℃，处理时间5～15min；

所述基体活化是在5%稀硫酸的水溶液中进行，处理温度为20～60℃，处理时间1～5min。

(2) 配制镀液：镀液由可溶性镍盐、次亚磷酸钠还原剂、乙酸钠缓冲剂、促进剂、稳定剂和水组成。

(3) 在同一镀液中制备叠加 Ni-P 镀层：将经 (1) 步骤处理的基体放入 (2) 步骤的镀液中，加热镀液至70～90℃，使用10%～20%硫酸水溶液或10%～20%氨水调节 pH 值至3～6，进行化学镀10～180min；然后，将镀液降温至30～75℃，加入10%～20%硫酸水溶液或10%～20%氨水调节 pH 值至1～6，在镀液中放入阳极板，加载电流密度为1～20A/$dm^2$，开始电镀5～120min；然后，取出阳极板，重复进行化学镀、电镀过程交替，制备得到化学镀层＋电镀层＋化学镀层＋电镀层＋…化学镀层＋电镀层的叠加镀层结构。

(4) 将经步骤 (3) 处理的基体取出，用清水冲洗、吹干后得到具有叠加 Ni-P 镀层的基体。

**产品特性**

(1) 本品可以获得具有叠加结构的镀层，消除了常规化学镀或者电镀过程中镀层表面容易出现的孔隙、微裂纹等缺陷，因而具有更好的耐腐蚀性能；

(2) 制备过程中由于有电场作用，在制备相同厚度镀层的条件下，要明显比单纯化学镀的速度高；

(3) 制备的化学镀层含磷量可控，与电镀层相比，镀层之间有120mV以上的电位差，因此在腐蚀环境中具有电化学保护作用；

(4) 本品主要由可溶性镍盐和含磷还原剂组成，具有溶液组分简单、稳定性好等优点；

(5) 在叠加镀覆过程中，化学镀和电镀的过程是在同一种镀液中完成的，基体材料不需要从镀液中取出，避免了采用其他方法制备叠加镀层时，在转移过程中镀层表面钝化而导致的叠加镀层之间结合力不好等缺点，进一步提高了所制备的镀层在腐蚀介质中的耐腐蚀性能。

## 配方 8 镀镍溶液

**原料配比**

| 原料 | | 配比(质量份) | | | | | |
|---|---|---|---|---|---|---|---|
| | | 1# | 2# | 3# | 4# | 5# | 6# |
| 主盐 | 硫酸镍 | 90 | — | 120 | — | 110 | 105 |
| | 硫酸镍铵 | — | 100 | — | — | — | — |
| | 氯化镍 | — | — | — | 110 | — | — |
| 配位剂 | 柠檬酸 | 100 | — | — | — | 130 | — |
| | 乙醇酸 | — | 150 | — | — | — | 120.5 |
| | 苹果酸 | — | — | 130 | — | — | — |
| | 水杨酸 | — | — | — | 130 | — | — |
| 辅助配位剂 | 草酸 | 10 | — | — | — | — | — |
| | 乙酸 | — | 30 | — | — | 20 | — |
| | 甲酸 | — | — | 5 | — | — | — |
| | 丁二酸 | — | — | — | 25 | — | — |
| | 丙酸 | — | — | — | — | — | 15 |
| 应力消减剂 | 糖精 | — | — | 0.2 | — | — | — |
| | 萘三磺酸钠 | — | — | — | — | — | 2 |
| 活性添加剂 | 硒酸钠 | — | — | — | 0.01 | — | — |
| | 硼砂 | — | — | — | — | 0.5 | — |
| | 硅酸钠 | — | — | — | — | — | 0.4 |
| 水 | | 加至1L | 加至1L | 加至1L | 加至1L | 加至1L | 加至1L |

**制备方法** 将各组分溶于水，混合均匀即可。

**产品应用** 本品主要应用于电镀。

镀镍方法：阳、阴极之间保持一定的间隙，阳极采用不溶性材料，例如石墨、不锈钢、白金，阳极电流密度为80～250A/dm²，pH值6～10。阴阳极之间可以相对运动，但保持相对距离不变。镀镍溶液由泵从盛液箱吸出，喷射至工件（阴极）。本品镀镍时阳极电流密度及pH值的最佳范围为：pH值7～9，阳极电流密度100.5～150A/dm²。

**产品特性** 本品可获得良好的镀镍层，镀镍层与工件结合好、强度高、耐腐蚀性好。

## 配方 9 多孔基材快速镀镍电镀液

**原料配比**

| 原料 | 配比(质量份) | | | | | |
|---|---|---|---|---|---|---|
| | 1# | 2# | 3# | 4# | 5# | 6# |
| 硫酸镍 | 220 | 280 | 250 | 300 | 280 | 280 |
| 氯化镍 | 35 | 30 | 35 | 25 | 28 | 28 |
| 硼酸 | 40 | 35 | 35 | 40 | 40 | 40 |
| 硫酸镧 | 5 | 1 | — | — | — | — |
| 硫酸高铈 | — | — | 3 | — | — | — |
| 富镧混合稀土氯化物 | — | — | — | 8 | 5 | — |
| 氯化铈 | — | — | — | — | — | 1 |

续表

| 原料 | 配比(质量份) | | | | | |
|---|---|---|---|---|---|---|
| | 1# | 2# | 3# | 4# | 5# | 6# |
| 糖精 | — | 0.6 | 0.4 | 0.6 | — | — |
| 水 | 加至1L | 加至1L | 加至1L | 加至1L | 加至1L | 加至1L |

**制备方法** 首先按常规电镀镍溶液配制方法配制所需体积的不含稀土盐的电镀液基液，然后将称取的稀土盐固体用所述适量的电镀液基液在另一容器中完全溶解并过滤后，再将溶解有稀土盐的滤液合并入其余的电镀液基液，调节pH值到所需范围，即得所需的电镀液。为避免稀土盐粉末因杂质等其他因素而不能完全溶于电镀液中，影响正常电镀以及给镀后材料带来外观不佳、沉积不均匀等不良后果，稀土盐固体粉末不宜直接加入电镀基液中。为了使生产出的基材具有更好的表面状态，电镀液中还可添加常规量的镀镍用常用添加剂，如光亮剂糖精、1,4-丁炔二醇等，防针孔剂十二烷基磺酸钠等。

**原料介绍**

所述的稀土盐可以是下述盐类中的一种：单稀土元素的硫酸盐、单稀土元素的氯化物、混合稀土的氯化物、混合稀土的硫酸盐；优选的为下述盐类中的一种：单稀土元素硫酸盐中的硫酸镧、硫酸高铈，单稀土元素氯化物中的氯化镧、氯化铈。富镧混合稀土氯化物优选为金属镧的量以 $La_2O_3$ 的形式计算，$La_2O_3$/TREO为50%～95%，其中TREO表示以稀土氧化物计算的稀土总量。

**产品应用** 本品主要用作多孔基材快速镀镍的电镀液。

经导电化处理的非金属多孔基材电镀时，保持电镀液温度在45～60℃，控制电流密度为5～20A/$dm^2$，电镀时间则由基材面积和所需镀覆的镍量所决定。若按常规上镍量400g/$m^2$计算，镀1$dm^2$基材料所需时间一般控制为14～60min。

**产品特性**

(1) 经过本品处理后的多孔材料的力学性能得到改善。经导电化处理后的非金属基材，分别在不同电镀液中电镀，除使用的电镀液中稀土盐种类及其浓度不同外，基材采用聚氨酯海绵，其余电镀条件、热处理条件、检测方法和条件均相同，上镍量均为常规值400g/$m^2$，基液则表示不含稀土盐的电镀水溶液。用常规电镀液处理后的多孔材料的抗拉强度平均可提高10%以上，而延伸率和柔韧性相当，综合力学性能因此而得到提升。

(2) 电镀液稳定，抗有害杂质的能力有所提高。经相同时间电镀后，从基液中电镀出来的产品明显外观质量较差，且在热处理后，多孔材料的各种性能都整体下降，如发脆、有黑点、裂纹增多、抗拉强度下降等，采用本品电镀的产品，上述现象较少，甚至没有。

(3) 与复合镀方式实现提高多孔材料的抗拉强度相比，其最大优点在于它是通过溶液方式实现的，溶液中没有固体物质，实现方式简单，生产中易于控制。

## 配方10 高纯铝合金化学镀镍活化液

**原料配比**

| 原料 | 配比(质量份) | 原料 | 配比(质量份) |
|---|---|---|---|
| 磷酸 | 10～40 | 乙酸 | 5～30 |
| 硼酸 | 2～10 | 硫脲 | 2～6 |

续表

| 原料 | 配比(质量份) | 原料 | 配比(质量份) |
| --- | --- | --- | --- |
| 硫酸铵 | 10～25 | 氟化氢铵 | 15～40 |
| 磷酸三钠 | 10～30 | 水 | 加至1L |

**制备方法** 将各组分溶于水，混合均匀即可。

**产品应用** 本品主要应用于铝合金化学镀镍及其活化处理工艺。

利用本品对铝合金表面进行活化处理，工艺流程为：

(1) 脱脂，在温度50℃下将经过预处理的铝合金放入含十二烷基苯磺酸钠25g/L、偏硅酸钠10g/L、磷酸三钠15g/L、乙二铵四乙酸5g/L的溶液中5min；

(2) 出清洁面，主要是进行抛光处理，在温度25℃下将处理的铝合金放入含硝酸150mL/L和氟化氢50mL/L的溶液中30s；

(3) 活化，在温度为20～55℃下将经过浸酸后的铝合金放入上述高纯铝合金化学镀镍活化液中30～300s；

(4) 后续处理，对经过上述工艺流程的铝合金进行化学镀镍等处理。

**产品特性** 利用本高纯铝合金化学镀镍活化液及活化处理工艺，可在铝基表面形成一层附着良好的薄砂面，并能有效地控制化学镀镍的速度，并保护基材不被腐蚀，且具有较好的性价比。

## 配方11 辊镀用电镀液

**原料配比**

| 原料 | | 配比(质量份) | | | | | | | | | |
| --- | --- | --- | --- | --- | --- | --- | --- | --- | --- | --- | --- |
| | | 1# | 2# | 3# | 4# | 5# | 6# | 7# | 8# | 9# | 10# |
| 主盐 | $NiSO_4$ | 80 | 80 | 80 | 80 | 90 | 90 | 90 | 90 | 90 | 100 |
| 阳极活化剂 | $NiCl_2$ | 30 | 40 | 45 | 50 | 55 | 55 | 65 | 70 | 75 | 80 |
| 缓冲剂 | $H_3BO_3$ | 3 | — | 3 | — | 4 | — | 4 | 4 | — | 5 |
| | 柠檬酸铵 | — | 10 | — | 10 | — | 4 | — | — | 15 | — |
| 配位剂 | 焦磷酸钾 | 200 | 200 | 200 | 200 | 220 | 220 | 220 | 220 | 220 | 250 |
| 应力消除剂 | 萘二磺酸 | 0.5 | 1 | 1.5 | 2 | — | — | — | — | — | — |
| | 邻磺酰苯亚胺 | — | — | — | — | 0.5 | 0.5 | 1.5 | 2 | 2.5 | — |
| | 对苯磺酰胺 | — | — | — | — | — | — | — | — | — | 0.5 |
| 主光亮剂 | 1,4-丁炔二醇 | 0.05 | 0.07 | 0.08 | 0.1 | — | — | — | — | — | — |
| | 炔醇丙氧基化合物 | — | — | — | — | 0.02 | 0.02 | 0.04 | 0.04 | 0.05 | — |
| | 二乙胺基丙炔 | — | — | — | — | — | — | — | — | — | 0.005 |
| 辅助剂 | 丙炔嗡的钠盐 | 0.1 | 0.2 | 0.4 | 0.8 | — | — | — | — | — | — |

续表

| 原料 | | 配比(质量份) | | | | | | | | | |
|---|---|---|---|---|---|---|---|---|---|---|---|
| | | 1# | 2# | 3# | 4# | 5# | 6# | 7# | 8# | 9# | 10# |
| 辅助剂 | 丁醚嗡的钠盐 | 0.2 | — | — | — | 0.1 | 0.2 | 0.4 | — | — | — |
| | 烯丙基磺酸的钠盐 | — | 0.3 | — | — | 0.2 | — | — | 0.7 | 0.9 | — |
| | 丙炔磺酸的钠盐 | — | — | 0.3 | — | — | 0.3 | — | 0.2 | — | 0.1 |
| | 乙烯基磺酸的钠盐 | — | — | — | 0.2 | — | — | 0.3 | — | 0.1 | 0.2 |
| 水 | | 加至1000 | 加至1000 | 加至1000 | 加至1000 | 加至1000 | 加至1000 | 加至1000 | 加至1000 | 加至1000 | 加至1000 |
| 原料 | | 配比(质量份) | | | | | | | | | |
| | | 11# | 12# | 13# | 14# | 15# | 16# | 17# | 18# | 19# | 20# |
| 主盐 | $NiSO_4$ | 100 | 100 | 100 | 100 | 100 | 100 | 110 | 110 | 110 | 120 |
| 阳极活化剂 | $NiCl_2$ | 85 | 90 | 100 | 30 | 40 | 50 | 60 | 70 | 80 | 90 |
| 缓冲剂 | $H_3BO_3$ | — | 5 | — | — | — | — | — | — | — | — |
| | $NH_3 \cdot H_2O$ | — | — | — | 40 | 40 | 40 | 50 | 50 | 50 | 60 |
| | 柠檬酸铵 | 20 | — | 20 | — | — | — | — | — | — | — |
| 配位剂 | 焦磷酸钾 | 250 | 250 | 250 | — | — | — | — | — | — | — |
| | 羟基亚乙基二磷酸 | — | — | — | 180 | 180 | 180 | 190 | 190 | 190 | 200 |
| 应力消除剂 | 萘二磺酸 | — | — | — | 0.5 | 1 | 2 | — | — | — | — |
| | 邻磺酰苯亚胺 | — | — | — | — | — | — | 0.5 | 1.5 | 2.5 | — |
| | 对苯磺酰胺 | 1 | 1.5 | 2 | — | — | — | — | — | — | 0.5 |
| 主光亮剂 | 炔醇丙氧基化合物 | — | — | — | — | — | — | 0.02 | — | — | — |
| | 二乙胺基丙炔 | 0.007 | 0.009 | 0.01 | — | — | — | — | — | — | — |
| | 丙炔醇 | — | — | — | 0.005 | 0.007 | 0.01 | — | — | — | — |
| | 丙炔醇丙氧基化合物 | — | — | — | — | — | — | — | 0.04 | 0.05 | — |
| | 乙氧基炔醇化合物 | — | — | — | — | — | — | — | — | — | 0.05 |
| 辅助剂 | 丙炔嗡的钠盐 | 0.2 | 0.4 | 0.8 | 0.1 | 0.3 | — | — | — | — | — |
| | 丁醚嗡的钠盐 | — | 0.3 | — | — | — | 0.8 | 0.1 | 0.3 | — | — |
| | 烯丙基磺酸的钠盐 | 0.2 | — | 0.2 | — | — | 0.2 | — | — | 0.8 | 0.1 |
| | 丙炔磺酸的钠盐 | — | — | — | 0.2 | — | — | 0.2 | — | 0.2 | — |
| | 乙烯基磺酸的钠盐 | 0.1 | — | — | — | 0.3 | — | — | 0.3 | — | 0.2 |
| 水 | | 加至1000 | 加至1000 | 加至1000 | 加至1000 | 加至1000 | 加至1000 | 加至1000 | 加至1000 | 加至1000 | 加至1000 |

续表

| 原料 | | 配比(质量份) | | | | | | | | | |
|---|---|---|---|---|---|---|---|---|---|---|---|
| | | 21# | 22# | 23# | 24# | 25# | 26# | 27# | 28# | 29# | 30# |
| 主盐 | $NiSO_4$ | 120 | 120 | 200 | 220 | 240 | 260 | 280 | 300 | 320 | 350 |
| 阳极活化剂 | $NiCl_2$ | 95 | 100 | 30 | 40 | 60 | 70 | 30 | 40 | 60 | 70 |
| 缓冲剂 | $H_3BO_3$ | — | — | 40 | 45 | 45 | 45 | 40 | 45 | 45 | 45 |
| | $NH_3 \cdot H_2O$ | 60 | 60 | — | — | — | — | — | — | — | — |
| 配位剂 | 柠檬酸钠 | — | — | 20 | 20 | 25 | 30 | 20 | 20 | 25 | 30 |
| | 羟基亚乙基二膦酸 | 200 | 200 | — | — | — | — | — | — | — | — |
| 应力消除剂 | 萘二磺酸 | — | — | — | — | — | — | 0.5 | 0.5 | 0.7 | 1 |
| | 邻苯甲酰磺酰亚胺 | — | — | 1 | 1.5 | 1.5 | 2 | — | — | — | — |
| | 对苯磺酰胺 | 1.5 | 2 | — | — | — | — | — | — | — | — |
| 主光亮剂 | 1,4-丁炔二醇 | — | — | 0.02 | 0.03 | 0.03 | 0.05 | — | — | — | — |
| | 炔醇丙氧基化合物 | — | — | — | — | — | — | 0.04 | 0.05 | 0.05 | 0.06 |
| | 乙氧基炔醇化合物 | 0.07 | 0.1 | — | — | — | — | — | — | — | — |
| 辅助剂 | 丙炔嗡的钠盐 | — | 0.5 | 0.1 | 0.2 | 0.4 | 0.8 | — | — | — | — |
| | 丁醚嗡的钠盐 | — | — | 0.2 | — | — | — | 0.1 | 0.2 | 0.4 | — |
| | 烯丙基磺酸的钠盐 | — | 0.3 | — | 0.3 | — | — | 0.2 | — | — | 0.7 |
| | 丙炔磺酸的钠盐 | 0.3 | — | — | — | 0.3 | — | — | 0.3 | — | 0.2 |
| | 乙烯基磺酸的钠盐 | 0.3 | 0.2 | — | — | — | 0.2 | — | — | 0.3 | — |
| 水 | | 加至1000 | 加至1000 | 加至1000 | 加至1000 | 加至1000 | 加至1000 | 加至1000 | 加至1000 | 加至1000 | 加至1000 |

**制备方法** 将各组分都溶于去离子水或水，配成总质量份数为1000的溶液，即得辊镀用电镀液。

**产品应用** 本品主要用作辊镀用电镀液。

电池钢壳辊镀方法：对已冲压而成的电池钢壳按镀前脱脂处理、辊镀和镀后漂白处理三个步骤依次进行。

镀后漂白处理，按如下步骤依次进行：三道回收→清洗→漂白→清洗→中和→去离子水洗→防锈→脱水→干燥，漂白选用柠檬酸、草酸、羟基乙酸、羟基亚乙基二膦酸和硫酸中的任意一种，中和选用氢氧化钠、氢氧化钾和碳酸钠中的任意一种。

辊镀，所用的电镀液为上面所述的辊镀用电镀液。辊镀时，电镀液的pH值控制在4.0～4.6或6.5～8.5，温度40～70℃，电流密度0.05～3A/$dm^2$，滚筒转速4～12r/min，辊镀时间180～300min。

镀前脱脂处理按如下步骤依次进行：

(1) 去油脱脂：用除油液洗涤待电镀的电池钢壳，洗涤温度50℃±10℃，洗涤时间20～40min，完成后用温度为40～60℃的去离子水或水清洗干净，如此反复两次，除油液由氢氧化钠、硅酸钠、碳酸钠、磺酸类阴离子表面活性剂和去离子水组成，各组分的质量分数分别为：氢氧化钠5%～10%，硅酸钠2%～8%，碳酸钠1%～10%，磺酸类阴离子表面活性剂2%～5%，去离子水或水加至1000，磺酸类阴离子表面活性剂选用十二烷基磺酸钠或十二烷基苯磺酸钠。

(2) 酸洗活化：将完成去油脱脂的电池钢壳，用酸液在室温下酸洗1～3min，再用去离子水或水清洗干净，如此反复两次，酸洗液选用浓度为10%～45%的盐酸，或是浓度为10%～25%的硫酸。

**产品特性** 本品能从根本上解决先镀镍再冲压的工艺所带来的弊端。由于采用了特制的电镀液以及合理的辊镀工艺参数，使得电池钢壳这类盲孔深孔类零件表面尤其是内表面也能沉积上与基材结合力强、有一定厚度且光亮程度高的镍镀层，外表面镍镀层厚度在1.5～6μm之间，内壁镍镀层在0.1～1.0μm之间，于是钢壳在镀镍完成后不再实施机械加工，镍镀层晶格未受破坏仍能保持原来的致密状态，孔隙率小，从而提高了耐腐蚀能力。辊镀时钢壳的内外表面和切口处都能被电镀液浸没，整个表面镍镀层没有盲点，所以不会生锈，大大延长了电池的存放周期。

## 配方12 金属表面抗磨镀层电镀液

**原料配比**

| 原料 | 配比(质量份) | | |
|---|---|---|---|
| | 1# | 2# | 3# |
| 硫酸镍 | 30 | 60 | 95 |
| 钨酸钠 | 65 | 40 | 50 |
| 柠檬酸铵 | 100 | 90 | 80 |
| 糖精 | 1 | 2 | 0.5 |
| 1,4-丁炔二醇 | 0.5 | 1 | 2.5 |
| 水 | 加至1L | 加至1L | 加至1L |

**制备方法** 将原料分别溶解于少量的水中，再按顺序混合搅拌均匀，再用水稀释到镀槽规定量，搅拌均匀，然后用浓氨水调pH值至7.8～8.4，电流密度1A/dm²，电解7h。

**产品应用** 本品主要应用于金属表面电镀。

电镀工艺：

(1) 金属工件进行镀前处理：按照常规金属表面的处理方式或按照下述步骤，将金属工件固定在夹具上、电解除油、用酸活化金属表面、粗化处理、化学除油、水清洗、电解除油、水清洗、酸活化、水清洗、超声波清洗和去离子水清洗。各步骤均按照公知技术方式进行。

(2) 电镀实施过程：将配好的电镀液升温至70℃，电镀过程中保持pH值稳定在8.0，电流密度6A/dm²。阳极选用耐腐性强的不锈钢材料。电镀速度2μm/h。

在金属工件表面形成光亮的耐磨镀层，镀层厚度23μm。

(3) 电镀完成后对镀层表面进行热处理，温度为550℃，保温1～2h。按照常规方式抛光去除氧化膜，再用机械法抛光去除低硬度氧化膜。镀层显微硬度1220HV。

经研磨机研磨对比试验，结果如下：

带有本品镀层的金属工件，研磨5min，磨损9.03μm，11min磨损12.51μm，见基层。

带有电镀硬铬镀层的金属工件，镀层厚度23μm，研磨5min，磨损12.75μm，9min后磨损22.95μm，见基层。

**产品特性** 采用电镀工艺在金属表面上沉积成耐磨镀层，无废水排放，不对环境产生污染。镀层显微硬度1000～1250HV，耐磨性和摩擦系数高于镀硬铬。经珩磨机研磨试验，耐磨损量与镀硬铬相比高1.2～1.4倍，电镀硬铬所需电流密度为20～40A/dm²，本品电流密度为4～9A/dm²。

## 配方 13 金属基复合材料的镀镍液

**原料配比**

| 原料 | 配比(mol) | | | | | |
|---|---|---|---|---|---|---|
| | 1# | 2# | 3# | 4# | 5# | 6# |
| $NiSO_4 \cdot 6H_2O$ | 0.1～0.5 | 0.15～0.2 | 0.25～0.3 | 0.35～0.45 | 0.4 | 0.46 |
| $NiCl_2 \cdot 6H_2O$ | 0.01～0.1 | 0.02～0.04 | 0.05～0.09 | 0.03 | 0.08 | 0.08 |
| $H_3PO_4$ | 0.02～0.1 | 0.03～0.05 | 0.06～0.09 | 0.04 | 0.07 | 0.08 |
| $H_3PO_3$ | 0.05～0.2 | 0.06～0.09 | 0.1～0.19 | 0.08 | 0.15 | 0.18 |
| $C_6H_8O_7 \cdot H_2O$ | 0.01～0.05 | 0.015～0.02 | 0.03～0.04 | 0.015 | 0.035 | 0.04 |
| 水 | 加至1L | 加至1L | 加至1L | 加至1L | 加至1L | 加至1L |

**制备方法** 将各组分与水混合，再用浓度为0.5～3.5mol/L的氨水调节溶液的pH值，即可。

**产品应用** 本品主要应用于镀镍。

镀镍方法：

(1) 将金属基复合材料在质量分数为99.7%乙醇溶液中超声清洗1～5min，然后将金属基复合材料在室温至60℃的条件下，在浓度为0.08～0.8mol/L、pH值为0.5～1.5的磷酸溶液中保持30s～2min；

(2) 将步骤(1)处理后的金属基复合材料放入本金属基复合材料的镀镍液中，在电流密度为700～3000A/m²，温度为25～100℃下，用浓度为0.5～3.5mol/L的氨水调节溶液的pH值为1～3.5，然后施镀30～120min。

**产品特性** 对经过本品处理后的金属基复合材料和未经过本品处理的金属基复合材料的电化学腐蚀行为进行了测试，经过本品处理后的材料的表面电镀层可使点腐蚀电位提高300～900mV，并可使点蚀电位与腐蚀电位的差值增加300～600mV，腐蚀电流密度降低2～3个数量级。本品能在金属基复合材料表面形成具有优异腐蚀性能的表层，此表层经腐蚀试验后，膜未从基体上脱落，表层与基体结合良好。本品工艺简单快速，无毒环保。

## 配方 14 金属纳米复合电镀层镀液

**原料配比**

| 原料 | 配比(质量份) | | | | | | | |
|---|---|---|---|---|---|---|---|---|
| | 1# | 2# | 3# | 4# | 5# | 6# | 7# | 8# |
| 硫酸镍 | 300 | 280 | 340 | 280 | 600 | 680 | 610 | 690 |
| 氯化镍 | 43 | 40 | 51 | 40 | 90 | 95 | 86 | 94 |

续表

| 原料 | 配比(质量份) | | | | | | | |
|---|---|---|---|---|---|---|---|---|
| | 1# | 2# | 3# | 4# | 5# | 6# | 7# | 8# |
| 硼酸 | 40 | 35 | 45 | 35 | 75 | 85 | 75 | 85 |
| 十二烷基硫酸钠 | 0.09 | 0.07 | 0.09 | 0.07 | 0.16 | 0.18 | 0.16 | 0.19 |
| 银纳米粒子 | $5\times10^{-5}$mol | $4\times10^{-5}$mol | $6\times10^{-5}$mol | — | $1\times10^{-5}$mol | $5\times10^{-5}$mol | $8\times10^{-5}$mol | $13\times10^{-5}$mol |
| 金纳米粒子 | — | — | — | $3\times10^{-5}$mol | — | — | — | — |
| 水 | 加至1L | 加至1L | 加至1L | 加至1L | 加至1L | 加至1L | 加至1L | 加至1L |

**制备方法** 将各组分溶于水，混合均匀即可。

**产品应用** 本品主要应用于金属纳米复合电镀。

**产品特性**

(1) 在电镀镍溶液中添加金属纳米粒子，由于金属纳米粒子有稳定剂的保护作用，克服了粉体粒子在镀液中的团聚问题，金属纳米粒子在镀液中均匀分散。

(2) 同样的施镀条件下，纳米复合镀镀液可以获得硬度高、结合力好、耐蚀性能优越、抗高温氧化性强的镀层、镀层的性价比大大提高。

## 配方 15 镁合金表面多层镀镍溶液

**原料配比**

表 1 低磷含量镀镍溶液

| 原料 | 配比(质量份) | | 原料 | 配比(质量份) | |
|---|---|---|---|---|---|
| | 1# | 2# | | 1# | 2# |
| 硫酸镍 | 24 | 38 | 柠檬酸钠 | 14 | 15 |
| 乙酸钠 | 20 | 18 | 水 | 加至1L | 加至1L |
| 次磷酸钠 | 18 | 20 | | | |

表 2 中磷含量镀镍溶液

| 原料 | 配比(质量份) | | 原料 | 配比(质量份) | |
|---|---|---|---|---|---|
| | 1# | 2# | | 1# | 2# |
| 硫酸镍 | 18 | 20 | 氟化氢铵 | 36 | 30 |
| 乙酸钠 | 17 | 15 | 硫脲 | 0.01 | 0.02 |
| 次磷酸钠 | 17 | 15 | 水 | 加至1L | 加至1L |

表 3 高磷含量镀镍溶液

| 原料 | 配比(质量份) | | 原料 | 配比(质量份) | |
|---|---|---|---|---|---|
| | 1# | 2# | | 1# | 2# |
| 硫酸镍 | 18 | 25 | 次磷酸钠 | 32 | 35 |
| 乙酸钠 | 17 | 15 | 水 | 加至1L | 加至1L |

**制备方法** 将各组分溶于水，混合均匀即可。

**产品应用** 本品主要应用于镁合金表面处理。

用本品进行镁合金多层镀镀镍，其工艺流程为镁合金表面脱脂并除去氧化膜——水洗——活化——水洗——多层镀——水洗——烘干，具体步骤为：

(1) 先将表面清洁的镁合金部件表面进行喷砂处理，然后依次通过碱洗和酸洗后再用水洗净；

(2) 再将该镁合金部件浸渍于5%～20%的氢氟酸溶液中进行活化处理，其工作温度为20～60℃，浸渍5～20min后取出，用水洗净；

(3) 在温度为50～70℃的条件下，将经过上述处理的镁合金部件依次浸渍于所述的中磷含量镀镍溶液、高磷含量镀镍溶液、低磷含量镀镍溶液中进行施镀，其浸渍时间分别为10～40min，pH值分别为4.5～6.5；

(4) 最后将上述处理后的镁合金部件用水洗净，再烘干，然后再进行封孔。

**产品特性** 本品的优点在于该镁合金表面多层镀镍溶液的成分简单、配制方便、成本低，各种成分浓度可在较大范围内变化，适合规模化生产。采用该工艺生成的镀镍层共有3层：第1层为中磷层，覆盖于镁合金表面，目的在于防止镁合金被过度腐蚀；第2层为高磷层，其磷含量大概为12%，用于加强对镁合金表面的保护；第3层为低磷层，磷含量为5%左右，用来保护上述高磷层。该镀镍层能通过24h盐雾试验而表面无腐蚀，且其镀镍层有金属光泽，可以作外观面。

## 配方16 镁合金表面预镀镍液

**原料配比**

| 原料 | 配比(质量份) | | | | |
|---|---|---|---|---|---|
| | 1# | 2# | 3# | 4# | 5# |
| 硫酸镍 | 100 | 25 | 200 | 100 | 100 |
| 柠檬酸铵 | 5 | 2.5 | 15 | 5 | 5 |
| 氟化氢铵 | 25 | 35 | 25 | 25 | 25 |
| 氨水 | 35(mL) | 45(mL) | 35(mL) | 35(mL) | 35(mL) |
| 1,4-丁炔二醇 | — | — | — | 0.3 | — |
| 糖精 | — | — | — | 2 | — |
| 开缸剂 | — | — | — | — | 8(mL) |
| 填平剂 | — | — | — | — | 5(mL) |
| 润湿剂 | — | — | — | — | 1(mL) |
| 水 | 加至1L | 加至1L | 加至1L | 加至1L | 加至1L |

**制备方法** 将各组分溶于水，混合均匀即可。

**产品应用** 本品主要应用于镁合金预镀镍。

本品具体工艺流程如下：

(1) 机械打磨与抛光：本品所处理的镁合金零件可以是压铸件、砂型铸造零件或塑料成型零件，也可以是切削加工后的零件。对于非切削加工零件，先进行机械打磨或抛光，抛光也可以采用电化学或化学的方式进行。

(2) 脱脂：待处理零件可能存在脱模剂、抛光膏等油脂，采用超声波有机溶剂除油来进行清洗，有机溶剂可以是丙酮、汽油、煤油、三氯乙烯等。

(3) 除油：采用碱性溶液做进一步脱脂处理。碱性溶液举例如下：氢氧化钠(NaOH) 50g/L，磷酸钠 ($Na_3PO_4 \cdot 12H_2O$) 10g/L，温度60℃±5℃，时间8～10min。除油也可以通过阴极电解除油的方式进行，阴极电流为8～10A·$dm^{-2}$。

(4) 酸洗：采用酸洗液来清除镁合金表面的钝化膜和金属间偏析化合物，从而得到干净均匀的镁合金表面。酸洗液举例如下：草酸10g/L，十二烷基硫酸钠0.1g/L，室温。酸洗液举例2：三氧化铬120g/L，硝酸110mL/L。

(5) 活化：去除钝化膜和金属间偏析化合物后的镁合金在空气和镀液中极易发生再钝化，故需通过活化生成一层活化膜来保护镁合金，生成的活化膜能溶解在其后的浸锌液中，故能保证生成的浸锌层具有良好的结合力。活化配方举例如下：焦磷酸钾40g/L，氟化钾5g/L，75℃，1min。活化液举例2：HF 220mL/L。

(6) 浸锌：浸锌能在镁合金上形成一层置换锌层。浸锌层作为中间层，降低了镍层与镁合金间的电势差，从而减弱了置换反应，增强了镀层的结合力。浸锌配方举例如下：硫酸锌 50g/L，焦磷酸钾 150g/L，碳酸钠 5g/L，氟化锂 3g/L 或氟化钾 5g/L，pH 10.2～10.4，65℃，时间：2min。

(7) 预镀镍：浸锌完成后的镁合金即可进行预镀镍，本品中硫酸镍是主盐，含量低，镀液分散能力好，镀层结晶细致，但阴极电流效率和极限电流密度低，沉积速度慢。硫酸镍含量高则极限电流密度大，但得到的镀层耐蚀性不好。柠檬酸铵作为配合剂，能跟 $Ni^{2+}$ 生成柠檬酸镍配合物，吸附在阴极试样上。主盐与配合剂的浓度比在 10∶1～20∶1 之间，比值太高，得到的镀层孔隙率高，耐蚀性不好；比值太低，阴极电流效率低，低区得不到镀层。氟化氢铵作为缓蚀剂，保护浸锌后的镁合金在弱酸性的镀液中不被腐蚀，浓度太低，达不到缓蚀效果；太高，则易与 $Ni^{2+}$ 生成 $NiF_2$ 沉淀，不但影响镀液的稳定性，还严重影响镀层的质量，用氨水来调节镀液的 pH 值。根据作业要求，也可以加入适量的添加剂，以获得具有良好光亮表面的镍镀层。添加剂可以使用现有的商业镀镍添加剂，也可以使用糖精和 1,4-丁炔二醇，但需严格控制光亮剂的比例，以免生成具有较大内应力的镀层。

在所得到的预镀层的基础上进行常规电镀或化学镀。

预镀镍后的镁合金可以直接进行常规电镀或化学镀，如电镀光亮镍/铬，电镀铜/三层镍/铬，化学镀镍等。

本品也可以采用其他的前处理工艺，只要能制得一层结合力良好的浸锌层，就能采用本预镀液进行预镀镍。

**产品特性** 本品由于采用了无毒的预镀镍来取代剧毒的氰化预镀铜，在得到具有良好结合力和高耐蚀性的预镀层的同时，能有效降低环境污染。

本品成分简单、操作简便，镀液易于维护，具有较低的施镀成本。

本品的预镀镍工艺较氰化预镀铜不增加额外的步骤与设备，可以很方便地取代现有的氰化预镀铜，具有良好的工业应用前景。

## 配方 17 镍电镀液

**原料配比**

| 原料 | 配比(质量份) | | | | |
|---|---|---|---|---|---|
| | 1# | 2# | 3# | 4# | 5# |
| 六水合硫酸镍 | 91 | — | 91 | 91 | 91 |
| 氨基亚丙基膦酸 | 100 | 50 | — | 100 | 100 |
| 抗坏血酸 | 50 | 50 | 20 | 50 | 50 |
| 四水合氨基磺酸镍 | — | 140 | — | — | — |
| 氨基二乙酸 | — | — | 50 | — | — |
| 硼酸 | — | — | — | — | 50 |
| 水 | 加至 1L | 加至 1L | 加至 1L | 加至 1L | 加至 1L |

**制备方法** 将各组分溶于水，混合均匀即可。

**原料介绍**

本品中镍离子所使用的电镀液中一般是可溶的。镍离子源是至少一种选自硫酸镍和氨基磺酸镍的镍盐，硫酸镍是优选的，在本品的电镀液中可以使用混合镍离子源。

本品中氨基聚羧酸含至少两种选自氨基多羧酸、多羧酸和多膦酸的螯合剂。示范性的氨基聚羧酸包括但不限于乙基亚氨基-*N*,*N*-二乙酸、甘氨酸、亚氨基二乙酸、羟乙基-乙二胺三乙酸、次氮基三乙酸、EDTA、三亚乙基二胺四乙酸、谷氨酸、天冬氨酸、*β*-氨基丙酸-*N*,*N*-二乙酸和丙三羧酸。

本品中聚羧酸包括但不限于丙二酸、马来酸、抗坏血酸、葡糖酸、琥珀酸、苹果酸和酒石酸。示范性的多膦酸包括但不限于氨基亚丙基膦酸、羟基亚乙基二膦酸和乙二胺四亚甲基膦酸。优选的多膦酸是氨基多膦酸。在特定的实施方案中，螯合剂是至少两种选自亚氨基二乙酸、抗坏血酸和氨基亚丙基膦酸的化合物，也可以使用其他合适的螯合剂。

**产品应用** 本品主要应用于化学镀镍。

通过以下方法在这样的基体上沉积镍层：将待电镀基体与上述镍电镀液接触，对该电镀液施加足够大密度的电流，并持续一段时间，以足以沉积镍层。可以使用多种电流密度，示范性的电流密度包括但不限于0.01～1A/dm$^2$；当使用脉冲电镀时，典型的电流密度为0.05～0.2/dm$^2$，也可以使用高于或低于此范围的电流密度。电镀时间取决于所需镀层的厚度，通常约10～120min。

**产品特性** 本品对待电镀的物体没有限制，可以电镀任何所需的基体。采用该电镀液可使由陶瓷复合材料制成的电子部件如片状电阻器或片状电容器得到理想的电镀。特别是，该电镀液可以在陶瓷复合材料上沉积镍层而不腐蚀基体材料。

## 配方 18 无机氧化物粉体的镀镍液

**原料配比**

| 原料 | 配比(质量份) | | | |
|---|---|---|---|---|
| | 1# | 2# | 3# | 4# |
| $NiSO_4 \cdot 6H_2O$ | 20～25 | 20.5～22.5 | 23～24.5 | 22 |
| EDTA二钠 | 10～18 | 10.5～14 | 14.5～17.5 | 15 |
| 柠檬酸钠 | 15～20 | 15.5～17 | 17.5～19.5 | 16.5 |
| $N_2H_4 \cdot H_2O$ | 100～120(mL) | 100.5～110(mL) | 110.5～119.5(mL) | 115(mL) |
| 去离子水 | 加至1L | 加至1L | 加至1L | 加至1L |

**制备方法** 将柠檬酸钠、$NiSO_4 \cdot 6H_2O$、EDTA二钠和$N_2H_4 \cdot H_2O$溶解于去离子水中，用浓度为20～30g/L的NaOH溶液调节溶液的pH值为12.5～12.8，得到镀镍液。

**产品应用** 本品的镀镍方法适用于氧化锆、二氧化钛、三氧化二铝、三氧化二钇等无机氧化物粉体的镀镍。

镀镍方法：

(1) 向无机氧化物粉体中加入无机氧化物粉体与丙酮质量比为1∶20的丙酮，然后超声分散除油5～10min，再在60～80℃条件下烘干1～5h；

(2) 将步骤(1)处理后的无机氧化物粉体在HCl与HF质量比为13∶3的溶液中粗化处理1～2min，再用去离子水清洗3～4次，而后在60～80℃条件下烘干1～5h；

(3) 将步骤(2)处理后的无机氧化物粉体放入胶体钯溶液中进行敏化、活化处理；

(4) 将步骤(3)处理后的无机氧化物粉体放入镀镍液中，使无机氧化物粉体在镀镍液中浓度为10～30g/L，在温度为50～85℃的条件下施镀10～20min。

**产品特性** 本品不需要再生处理，副产物只有$H_2O$和$N_2$（能够逸出镀镍液），因此对镀镍液没有毒化作用，只需要补加主盐和还原剂，镀镍液可重复利用7～8次。经测试，该方法制备的镀镍液稳定性好，在90℃恒温2h，镀镍液仍呈蓝色透明溶液，在不补加主盐和还原剂的条件下，镀镍液可重复使用7次以上，没有出现自分解现象。本品使用温度宽，可在50～85℃下施镀。该方法在改善镀镍液稳定性的同时降低了生产成本。

## 配方19 稀土永磁体电镀镍溶液

**原料配比**

表1 电镀暗镍溶液

| 原料 | 配比(质量份) | | |
|---|---|---|---|
| | 1# | 2# | 3# |
| 硫酸镍 | 200～250 | 250～300 | 300～330 |
| 氯化镍 | 35～45 | 40～45 | 35～45 |
| 硼酸 | 35～40 | 40～45 | 40～42 |
| 硫酸钠 | 20～30 | — | — |
| 硫酸镁 | 30～40 | 50～70 | — |
| 十二烷基硫酸钠 | — | 0.05 | 0.005 |
| 糖精 | — | — | 0.5 |
| 氯化镉 | — | — | 0.001 |
| 水 | 加至1L | 加至1L | 加至1L |

表2 非晶态镀镍溶液

| 原料 | 配比(质量份) | | |
|---|---|---|---|
| | 1# | 2# | 3# |
| 硫酸镍 | 200～240 | 200～240 | 200～240 |
| 氯化镍 | 45～50 | 45～50 | 45～50 |
| 磷酸 | 50～70 | 50～70 | 50～60 |
| 亚磷酸 | 20～30 | 20～30 | 30～40 |
| 十二烷基硫酸钠 | 0.01 | 0.01 | 0.01 |
| 水 | 加至1L | 加至1L | 加至1L |

表3 光亮镀镍溶液

| 原料 | 配比(质量份) | | 原料 | 配比(质量份) | |
|---|---|---|---|---|---|
| | 1# | 2# | | 1# | 2# |
| 硫酸镍 | 200～250 | 300 | 糖精 | 1 | 0.8 |
| 氯化镍 | 50～60 | 50 | 氯化镉 | 0.005～0.01 | 0.01 |
| 硼酸 | 40～45 | — | 水 | 加至1L | 加至1L |
| 硫酸镁 | 50～60 | 60 | | | |

**制备方法** 将各组分溶于水，搅拌均匀即可。

**产品应用** 本品主要应用于稀土永磁体电镀工艺。

本品的电镀过程包括：

(1) 将已经前处理过的稀土永磁体置入电镀槽中，采用电镀暗镍溶液首先对工件进行辊镀，溶液温度为20～70℃，pH值为4～5，阴极电流密度1～10A/dm²，电镀时间10～15min，采用空气搅拌及循环过滤。

(2) 接着采用非晶态镀镍溶液对已镀件再进行辊镀，溶液温度为55～65℃，pH值为0.5～1.5，阴极电流密度3～10A/dm²，电镀时间5～7min，采用空气搅拌及循环过滤。

(3) 最后将镀件再放入光亮镀镍溶液中，溶液温度为50～55℃，pH值为4～5.6，阴极电流密度0.5～1A/dm²，电镀时间15～20min，采用空气搅拌及循环过滤。

**产品特性** 稀土永磁体经本品处理后，其表面便获得一层由非晶态镍与晶态镍所组成的镍镀层。其中基层镀层厚度8～12μm，中间镀层3～5μm（非晶态镍镀层），最外层——光亮镀层4～6μm。镍镀层与稀土永磁体的结合力经划痕法检测，100%合格。镍层总厚度在15μm时，用4%氯化钠水溶液连续喷雾24h，评级在9级以上。

# 3.4 其他镀液

## 配方1 甲基磺酸系镀亚光纯锡电镀液

**原料配比**

| 原料 | 配比(质量份) | | |
|---|---|---|---|
| | 1# | 2# | 3# |
| 对苯二酚 | 12.5 | 15 | 13 |
| 乳酸 | 5 | — | — |
| 抗坏血酸 | — | 12 | 10 |
| *N*-二甲基甲酰胺 | 1.25 | — | — |
| 椰子油二乙醇酰胺 | — | 1 | — |
| 乙酰乙醇胺 | — | — | 2 |
| 2-巯基苯并噻唑 | 0.75 | — | — |
| 4-甲基喹啉 | — | 1 | 0.5 |
| 壬基酚聚氧乙烯醚($n_{EO}=8$) | 50 | — | — |
| 脂肪醇聚氧乙烯醚($n_C=12,n_{EO}=8$) | — | 64 | — |
| 对枯基苯酚聚氧乙烯醚($n_{EO}=11$) | — | — | 80 |
| EO-PO($n_{EO}=8,n_{PO}=6$)共聚物 | 100 | 90 | — |
| 聚乙二醇 | — | — | 50 |
| 异丙醇 | 125 | — | 60 |
| 甲醇 | — | 100 | 50 |
| 水 | 700 | 725 | 730 |

**制备方法**

(1) 首先配制成添加剂水剂，配制方法为将抗氧化剂和晶粒细化剂用有机溶剂和非离子表面活性剂溶解，搅拌至完全溶解后，定容后制得添加剂水剂备用；

(2) 在容器中注入1/3容积的去离子水，边搅拌边缓慢倒入甲基磺酸，每升电镀液加入150mL甲基磺酸，然后再缓慢加入甲基磺酸锡，每升电镀液加33mL甲基磺酸锡，添加时注意搅拌散热，开启冷冻机，控制温度不要超过25℃，将温度控制在25℃左右稳定后，将配制好的添加剂水剂加入镀液中，加入量为33～45mL/L，搅拌均匀，补充水并继续稳定镀液温度。

**原料介绍**

所述的晶粒细化剂优选为胺类化合物和杂环类化合物以任意比例混合的混合物。胺类化合物选自乙酰乙醇胺、1,8-萘酰亚胺、*N*-环己基苯甲酰胺、*N*-二甲基甲酰胺、丙烯酰胺、尿素、对氨基苯磺酰胺、乙酰胺、甲酰胺、椰子油二乙醇酰胺中的一种或一种以上；杂环类化合物选自2-巯基苯并噻唑、二硫化二苯并噻唑、2-巯基苯并咪唑、2,5-二甲基苯并噻唑、2-氨基-4-甲基苯并噻唑、2-氨基苯并噻唑、2-氨基苯并咪唑、3-甲基吲哚、4-甲基喹啉中的一种或一种以上。胺类化合物优选为乙酰乙醇胺、1,8-萘酰亚胺、N-二甲基甲酰胺、丙烯酰胺、椰子油二乙醇酰胺中的一种或两种；杂环类化合物优选2-巯基苯并噻唑、二硫化二苯并噻唑、2-氨基苯并咪唑、4-甲基喹啉中的一种或两种。

所述的非离子表面活性剂为聚乙二醇（分子量400～2000）、聚丙二醇（分子量400～5000）、壬基酚聚氧乙烯醚（5～15EO）、辛基酚聚氧乙烯醚（5～12EO）、脂肪醇聚氧乙烯醚（3～20EO）、对枯基苯酚聚氧乙烯醚（也可以是4-枯基苯酚聚氧乙烯醚）、失水山梨醇脂肪酸酯聚氧乙烯醚、脂肪醇聚氧丙烯醚（3～20PO）、壬基酚聚氧丙烯醚（5～15PO）、辛基酚聚氧丙烯醚（5～12PO）、聚氧乙烯-聚氧丙烯[EO-PO，EO∶PO=（1～5）∶3]共聚物、双酚A中的两种或两种以上以任意比例的混合物。优选为聚乙二醇（分子量400～1500）、壬基酚聚氧乙烯醚（8～12EO）、脂肪醇聚氧乙烯醚或其硫酸钠盐、壬基酚聚氧丙烯醚（5～12EO）、聚氧乙烯-聚氧丙烯[EO-PO，EO∶PO=(2～4)∶3共聚物]、4-枯基苯酚聚氧乙烯醚（7～11EO）中的任意两种按摩尔比例1∶1混合。

所述的抗氧化剂为酚类及其衍生物和还原酸类化合物及其盐，其质量比为（1～3)∶1。其中酚类及其衍生物选自儿茶酚、焦儿茶酚、间苯二酚、对苯二酚、1,2,3-苯三酚中的一种或两种，还原酸类化合物及其盐选自抗坏血酸、山梨酸、硫代苹果酸、乳酸中的一种。酚类及其衍生物优选焦儿茶酚、对苯二酚、邻苯二酚中的两种以摩尔比为1∶1混合，用量为5～15g/L；还原酸类化合物及其盐优选取抗坏血酸、乳酸中的一种，与酚类及其衍生物摩尔比为0.5∶1。

所述的有机溶剂选自低级醇，主要选自甲醇、乙醇、丙醇、异丙醇、丁醇中的一种或两种以上，优选方案为甲醇、异丙醇中的一种或两种任意比例混合。

所述的水为去离子水。

本品添加有晶粒细化剂，不易长锡须，特别是胺类化合物和杂环化合物混合，在阴极表面吸附而形成紧密的吸附层，减缓金属络离子的放电过程和金属吸附原子的表面扩散，使阴极反应的过电位升高，电极反应速度减慢，从而获得晶粒细小而平滑的纯锡镀层。

**产品应用** 本品主要用作镀亚光纯锡电镀液。

本品电镀方法为：保持镀液温度在25℃，电流密度0.5～3A/dm$^2$，阳极为纯锡板，通电进行电镀。

所述的甲基磺酸系镀亚光纯锡电镀液中添加剂水剂的用量为每升电镀液用33～45mL，优选使用40mL。

**产品特性** 本添加剂配成的镀液走位性能好、电镀镀纯锡层柔韧性和延展性能好，可焊性能优良，长时间不长锡须。镀液不含有生物不能降解的物质和对环境有害的表面活性剂等，污水处理简便，符合环保要求。

## 配方 2 锡电镀液

**原料配比**

| 原料 | 配比(质量份) | | |
|---|---|---|---|
| | 1# | 2# | 3# |
| 甲烷磺酸亚锡 | 70 | 70 | 70 |
| 甲烷磺酸 | 175 | 175 | 175 |

续表

| 原料 | 配比(质量份) | | |
|---|---|---|---|
| | 1# | 2# | 3# |
| 2-萘酚-7-磺酸钠 | 0.5 | 0.2 | 0.3 |
| 聚氧乙烯聚氧丙烯($C_8$～$C_{18}$)烷基胺 | 10 | 10 | 10 |
| 氢醌磺酸钾 | 2 | 2 | 2 |
| 去离子水 | 加至1L | 加至1L | 加至1L |

**制备方法** 将各组分溶于水，混合均匀即可。

**产品应用** 本品主要应用于化学镀锡。

**产品特性** 本品代替常规镀覆和锡-铅合金镀覆，本品镀覆溶液可用于多种镀覆制品，用于焊接或抵抗刻蚀。待镀覆的制品应具有能够电镀的导电元件，包括由导电材料如铜或镍和绝缘材料如陶瓷、玻璃、铁氧体等构成的复合物。电镀前，根据所用的材料，通过常规方式预处理制品。在本电镀中，锡膜可沉积在基材或多种电子元件上，包括片式电容器、片式电阻器和其他片式元件，晶体振荡器、泵、连接器插针、铅框架、印刷电路板等导电材料的表面上。

## 配方 3 电镀层退镀液

**原料配比**

| 原料 | 配比(质量份) | | |
|---|---|---|---|
| | 1# | 2# | 3# |
| 70%的甲基磺酸 | 285.7 | 428.6 | 571.4 |
| 聚乙二醇(分子量 400) | 100 | — | — |
| 聚乙二醇(分子量 600) | — | 130 | — |
| 聚乙二醇(分子量 1000) | — | — | 150 |
| 去离子水 | 611.3 | 437.4 | 273.6 |
| 十二烷基二乙醇酰胺 | 3 | 4 | 5 |

**制备方法** 将各组分混合，在温度10～30℃下，搅拌2～4h，制得电镀层退镀液。

**产品应用** 本品主要应用于PCB板（印制电路板）、IC集成电路的外引线电镀层的退镀。

**产品特性**

（1）避免使用强酸存在的强腐蚀缺点以及对操作人员产生的毒害，并达到环保要求。

（2）本退镀液组分以及制备工艺简单，反应稳定。退镀液使用之后的废水处理简单。

（3）本退镀液使用方便，退镀生产的效率高。

（4）退镀液中的聚乙二醇成分对退镀出的基材表面具有保护作用，使基材表面光亮，克服了硝酸与硫酸退镀基材表面比较粗糙的缺点，退镀出的基材表面在空气中不发生氧化。

## 配方 4 甲基磺酸盐镀液

**原料配比**

| 原料 | 配比(质量份) | 原料 | 配比(质量份) |
|---|---|---|---|
| 甲基磺酸溶液 | 110～145 | 明胶溶液 | 2～5.5 |
| 甲基磺酸铅溶液 | 85～110 | 间苯二酚溶液 | 5～8 |
| 甲基磺酸亚锡溶液 | 8～14 | 去离子水 | 加至1L |
| 甲基磺酸铜溶液 | 1.5～4 | | |

**制备方法** 依次加入甲基磺酸溶液、甲基磺酸铅溶液、甲基磺酸亚锡溶液、甲基磺酸铜溶液、明胶溶液、间苯二酚溶液，最后用去离子水稀释至1L，搅拌均匀，即得到甲基磺酸盐镀液。

**产品应用** 本品主要应用于大中型柴油机、内燃机电镀轴瓦减摩层。

**产品特性** 本品性能稳定、电镀工艺简单，无需电镀镍栅，镀层结晶细致、硬度好、耐磨性能好；配合工装挂具可使上下轴瓦镀层厚度均匀，镀后无需精加工，适合大批量生产；甲基磺酸盐镀液由于不含强配位剂和$F^-$，废水容易处理达标排放。

## 配方5 碱性电镀液

**原料配比**

| 原料 | | 配比(质量份) | | |
|---|---|---|---|---|
| | | 1# | 2# | 3# |
| 1号液 | 三乙醇胺 | 100(体积份) | 100(体积份) | 50(体积份) |
| | 香草醛 | 10(体积份) | 40(体积份) | 5(体积份) |
| | 乙醇胺 | 100(体积份) | 120(体积份) | 50(体积份) |
| 2号液 | 无水乙醇 | 10(体积份) | 20(体积份) | 10(体积份) |
| | 香豆素 | 10 | 20 | 10 |
| | 硫脲 | 20 | 60 | 30 |
| | 去离子水 | 100(体积份) | 200(体积份) | 100(体积份) |
| | 对甲苯磺酸胺 | 20 | 60 | 30 |
| | 苯亚磺酸钠 | 20 | 60 | 30 |
| | 十二烷基硫酸钠 | 0.1 | 0.2 | 0.1 |

**制备方法** 首先用量筒量取计算量的三乙醇胺、香草醛、乙醇胺，再按照乙醇胺、香草醛、三乙醇胺的次序混合三者，搅拌至均匀，得到1号液；然后用少量无水乙醇溶解香豆素和硫脲，加入少量去离子水，再加入对甲苯磺酸胺和苯亚磺酸钠及十二烷基硫酸钠或十二烷基磺酸钠，得到2号液；最后将上述两混合溶液按1∶(4～6)的比例混合待用。在配制电镀溶液时，按计算量加入。

**产品应用** 本品主要应用于电镀锌镍合金、黄铜。

**产品特性** 本品采用碱性溶液镀锌添加剂和镀镍添加剂、镀铜添加剂的原理，通过优化组合而配制的碱性溶液镀锌镍合金、黄铜添加剂，从而降低了锌镍合金、黄铜在碱性溶液中电镀时添加剂的成本，提高了效率，而且镀层的均匀性、致密性及光亮度、与基体的结合强度都有很大提高，少量添加剂就有较高的效果。

## 配方6 连铸结晶器铜表面的电镀前的预处理液

**原料配比**

| 原料 | | 配比(质量份) | | | | |
|---|---|---|---|---|---|---|
| | | 1# | 2# | 3# | 4# | 5# |
| 配位剂 | 乙二胺四乙酸盐 | 5 | — | — | 15 | — |
| | 焦磷酸盐 | 15 | 20 | 20 | 25 | 20 |
| | 三亚乙基四胺 | — | 5 | — | — | 10 |
| | 氨三乙酸 | — | — | 10 | — | — |
| | 甘氨酸 | 5 | 5 | — | — | — |
| 缓冲剂 | 碳酸盐 | 15 | 15 | 20 | — | 25 |
| | 磷酸盐 | — | — | — | 25 | — |
| | 碳酸氢盐 | 5 | 5 | 5 | 5 | 5 |

续表

| 原料 | | 配比(质量份) | | | | |
|---|---|---|---|---|---|---|
| | | 1# | 2# | 3# | 4# | 5# |
| 表面活性剂 | 十二烷基苯磺酸钠 | 0.03 | — | — | 0.03 | — |
| | 十二烷基磺酸钠 | — | — | 0.03 | — | — |
| | 十六烷基三甲基氯化铵 | — | — | — | — | 0.03 |
| | 十二烷基三甲基氯化铵 | — | 0.03 | — | — | — |
| 水 | | 加至100 | 加至100 | 加至100 | 加至100 | 加至100 |

**制备方法** 将各组分溶于水，混合均匀即可。

**产品应用** 本品主要用作连铸结晶器铜表面的电镀前的预处理液。

本品的连铸结晶器铜表面的电镀前的预处理方法，是将所述连铸结晶器的铜板置于所述的预处理液中，并以其为阳极，在20～60℃下，进行电解刻蚀，电流密度为1～30A/dm$^2$，时间为1～40min。

**产品特性** 本品将脱脂和浸蚀结合在一起同时进行，即在一槽前处理液中同时完成除油和浸蚀的工序，特别在大面积、厚镀层结晶器铜板上使用，可以提高镀层与基体结合力。其中，配位剂能够有效地将阳极溶解下来的金属离子进行配合，保证铜合金表面均匀地发生阳极溶解，同时避免金属离子随着浓度的增加以盐的形式析出；碱性盐起导电和脱脂的作用；缓冲剂能够保证刻蚀溶液的pH值稳定，避免由于在阴极上氢气的析出而使得溶液pH值上升过快；表面活性剂可以增加溶液的润湿性，增强脱脂效果，也使得铜合金的溶解均匀。与现有技术相比，本品的脱脂、浸蚀效果更加优异，所得镀层的结合力更好，而且简化了前处理工艺，减少了设备，节省了工时，节约了清洗水及化工原料。

## 配方 7 镍镉电池负极用电镀液

**原料配比**

表1 电镀液

| 原料 | 配比(mol) | | 原料 | 配比(mol) | |
|---|---|---|---|---|---|
| | 1# | 2# | | 1# | 2# |
| 硫酸溶液 | 0.1 | 0.1 | 复合添加剂 | 适量 | 适量 |
| 硫酸镉 | 0.1 | 1 | 水 | 加至1L | 加至1L |

表2 复合添加剂

| 原料 | 配比(质量份) | | | | |
|---|---|---|---|---|---|
| | 1# | 2# | 3# | 4# | 5# |
| 邻氯苯甲醛或亚苄基丙酮 | — | — | 0.01 | — | — |
| OP乳化剂 | 0.5 | 1 | 2.5 | 0.1 | 1.8 |
| 润湿剂糖精 | 0.05 | 0.1 | 0.03 | 0.2 | 0.5 |
| 102A润湿剂 | 0.2 | 0.3 | 0.25 | 0.5 | 1 |

**制备方法** 将各组分溶于水，混合均匀即可。

**产品应用** 本品主要应用于镍镉电池负极用电镀。

镍镉电池负极的制备方法：以金属镉为阳极，导电金属网为阴极，导电盐为硫酸镍，在阴极基体上电镀沉积海绵镉金属而制得。其中，电镀时所采用的电镀液由主盐硫酸镉和多种添加剂构成，添加剂由光亮剂、润湿剂、乳化剂中的两种或三种组成，电镀时的温度是10～55℃，电镀时的电流密度是0.1～1A/cm²。

**产品特性** 所述的镍镉电池负极用电镀液中含有多种添加剂，能使阴极极化增大，镀层细致光亮，同时可以使电极锡镀层较紧密、结合力好而又不失去活性，有效解决了现有技术中电镀液制造的负极放热严重的问题。本品采用上述电镀液制造镍锡电池负极，可以使电池负极在较高温度下电镀，该方法工艺简单，适合工业化镍镉电池的生产，所制得的电池在保持了原有电沉积锡负极电池高容量、高倍率放电的基础上，提高了放电能力，同时具有良好的快充能力及高的电流效率。

## 配方 8 稀散金属体系电镀液

**原料配比**

| 原料 | 配比(质量份) | | | | | |
|---|---|---|---|---|---|---|
| | 1# | 2# | 3# | 4# | 5# | 6# |
| 金属铟 | 80 | 90 | 100 | 80 | 90 | 100 |
| 无水氯化铟 | 340 | 293 | 230 | 293 | 328 | 318 |
| 氯化1-甲基-3-丁基咪唑 | 269 | 360 | 277 | 350 | 260 | 260 |
| 乙二醇 | 250 | 200 | 300 | 220 | 250 | 250 |
| 明胶 | 1 | 2 | 3 | 2 | 2 | 2 |
| 糊精 | 20 | 25 | 40 | 25 | 40 | 30 |
| 氯化钠 | 40 | 30 | 50 | 30 | 30 | 40 |
| 水 | 加至1L | 加至1L | 加至1L | 加至1L | 加至1L | 加至1L |

**制备方法** 将各组分溶于水，混合均匀即可。

**产品应用** 本品主要应用于电镀。

**产品特性** 离子液体作为一种绿色溶剂，利用稀散金属室温离子液体研制的镀铟溶液，具有一些独特的性能，如较低的熔点、可调节的Lewis酸度、良好的导电性、可以忽略的蒸气压、较宽的使用温度及特殊的溶解性等。此镀铟溶液不存在水化、水解、析氢等问题，具有不腐蚀、污染小等绿色溶剂应具备的性质。本品由于采用氯化1-甲基-3-丁基咪唑替换了氯化铟/氯化1-甲基-3-乙基咪唑体系电镀液中的氯化1-甲基-3-乙基咪唑，使电镀液的使用温度最低降低到20℃（氯化铟/氯化1-甲基-3-乙基咪唑体系电镀液的使用温度为40～60℃）。由于加入了乙二醇，可以获得光亮的镀层。本电镀液不加入氰化物，降低了污染。

用此电镀液电镀铟，质量大幅度提高，铟的纯度达到99.999%。

## 配方 9 用于镀锌板的彩涂无铬预处理液

**原料配比**

| 原料 | 配比(质量份) | | | | | | |
|---|---|---|---|---|---|---|---|
| | 1# | 2# | 3# | 4# | 5# | 6# | 7# |
| 有机硅烷 | 80 | 80 | 100 | 120 | 120 | 150 | 200 |
| 无机盐 | 36 | 24 | 24 | 12 | 24 | 16 | 12 |
| 氧化剂 | 20 | 12 | 10 | 10 | 12 | 10 | 12 |
| 配位剂 | 2.4 | 2.4 | 2.4 | 1.2 | 2.4 | 1.6 | 1.2 |
| 去离子水 | 加至1L | 加至1L | 加至1L | 加至1L | 加至1L | 加至1L | 加至1L |

**制备方法** 将有机硅烷滴加到pH值为3.0～4.0去离子水中，在20～30℃条件

下搅拌4h；将无机盐、氧化剂和配位剂用去离子水溶解；将上述两种水溶液混合搅拌1～2h，即获得稳定的无铬预处理液。

**原料介绍**

该无铬预处理液的pH值为3～4，通过无机酸进行调节。

所述的有机硅烷为γ-缩水甘油醚氧丙基三甲氧基硅烷和γ-甲基丙烯酰氧基丙基三甲氧基硅烷，按有效含量的质量比（1～4）∶1配制而成。

所述的无机盐为硝酸铈和钼酸钠，按有效含量的质量比（1～4）∶1配制而成。

所述的氧化剂为双氧水。

所述的配位剂为硼酸。

所述的无机酸为硝酸或硫酸。

**产品应用** 本品主要应用于无铬预处理液。

**产品特性** 本品能在形成无机金属化合物沉淀膜的基础上再形成一层三维网状的致密有机硅烷阻隔层。由于有机硅烷的加入，不仅能增加钝化膜与镀锌层的结合力，还能提高钝化层的耐蚀性、耐洗刷性和耐磨性，而且不会影响表面预处理后有机涂料的涂覆处理，完全能够满足彩涂工艺的需求。本品预处理工艺稳定可行，可利用现有的钝化设备、钝化工艺。本品不含任何价态的铬，是一种环保型钝化液，对环境无任何污染，对人体无害。

## 配方 10 制备二氧化铅电极的电镀液

**原料配比**

| 原料 | 配比(质量份) | | | |
|---|---|---|---|---|
| | 1# | 2# | 3# | 4# |
| 乙酸铅 | 250 | 260 | 270 | 280 |
| 氨基磺酸 | 15 | 18 | 18 | 20 |
| 氟化钠 | 0.5 | 1.2 | 1.8 | 2.4 |
| 聚四氟乙烯(60%) | 6mL | 6mL | 7mL | 8mL |
| 水 | 加至1L | 加至1L | 加至1L | 加至1L |

**制备方法** 先将乙酸铅、氨基磺酸、氟化钠溶解在去离子水中，然后在溶液搅动的条件下加入聚四氟乙烯乳液，有利于聚四氟乙烯乳液更好地分散于电镀液中。

**产品应用** 本品主要应用于制备二氧化铅电极。

制备二氧化铅电极的具体制备方法：以经过预处理的基体为阳极，以纯铅板、铂、或石墨为阴极，维持电镀液温度在60～80℃，控制电流密度在30～60mA/cm$^2$，通电时间1～2h，即得二氧化铅电极。基体可选用惰性金属基体，如钛、铂、镍或者石墨，技术人员可根据实际情况选择合适的阴极和基体。基体在使用前可通过常规方法进行预处理，如将表面打磨平。

**产品特性** 采用乙酸铅为主体铅盐，氨基磺酸调节镀液酸性，添加氟化钠与聚四氟乙烯，使得镀液非常稳定，酸蚀性微弱，配制简单。乙酸铅取代了硝酸铅、氨基磺酸取代了硝酸，氟离子与聚四氟乙烯乳液的添加均显著地改善了镀层性能，主要表现在：镀层不易脱落，稳定性好、析氧过电位高、电催化活性好、对有机物降解效率高。镀层的优异性能在一定程度上弥补了电极在工业废水处理上容易钝化失活的缺陷，使得二氧化铅电极能更好地应用于电解工业中。

## 配方 11 制备无铅 Sn-Cu 合金焊料的双脉冲电镀液

**原料配比**

| 原料 | 配比(mol) | 原料 | 配比(mol) |
| --- | --- | --- | --- |
| 柠檬酸三铵 | 0.45 | 二水合氯化铜 | 0.03 |
| 二水合氯化亚锡 | 0.22 | 水 | 加至 1L |

**制备方法** 将各组分溶于水，搅拌均匀即可。

**产品应用** 本品主要应用于制备无铅 Sn-Cu 合金焊料的双脉冲电镀。

**产品特性**

(1) 本品可以较长时间存放，溶液的组成简单，不含任何添加剂及其他有毒化学品，并且可有效提高电镀速率；

(2) 本品通过优化了的双脉冲电沉积工艺参数，制备的 Sn-Cu 合金焊料具有以下特征：合金焊料与基体（金属化 Si 晶片）结合紧密，镀层中的晶粒尺寸小（$d<4\mu m$），粗糙度低、厚度均匀、表面平整、孔隙少、结构致密、电镀层中的应力小。

# 4 化学镀镀液

## 4.1 化学镀铜液

### 配方 1　SiC 陶瓷颗粒表面化学镀铜液

**原料配比**

| 原料 | 配比(质量份) | | |
|---|---|---|---|
| | 1# | 2# | 3# |
| SiC 陶瓷颗粒 | 5 | 7 | 9 |
| 浓度为 70%的硝酸 | 20mL | — | — |
| 浓度为 80%的硝酸 | — | 20mL | — |
| 浓度为 90%的硝酸 | — | — | 20mL |
| 钨粉 | 1 | 2 | 4 |
| 双氧水 | 5mL | 5mL | 40mL |
| 无水乙醇 | 2mL | 4mL | 16mL |
| 乙酸 | 0.75mL | 1.5mL | 3mL |
| 硫酸铜 | 7.5 | 7.5 | 7.5 |
| 甲醛 | 12.5mL | 12.5mL | 12.5 |
| EDTA 二钠 | 12.5 | 12.5 | 12.5 |
| 酒石酸钾钠 | 7 | 7 | 7 |
| 亚铁氰化钾 | 0.005 | 0.005 | 0.005 |
| 水 | 加至 1L | 加至 1L | 加至 1L |

**制备方法**

(1) 将 SiC 陶瓷颗粒放入浓度大于 70%的硝酸中，并加以超声振荡，对其进行粗化处理，5min 后取出，并用去离子水冲洗，得到具有清洁和粗糙表面的 SiC 陶瓷颗粒。

(2) 按以下配比和方法配制溶胶：钨粉和双氧水反应，之后加入无水乙醇和乙酸混合均匀，过滤掉反应剩余物，得到淡黄色溶胶。所配制溶胶的量要能满足下一步骤完全浸没 SiC 陶瓷颗粒的需要。

(3) 把经粗化处理过的 SiC 陶瓷颗粒浸没在上述溶胶中，辅以超声振荡 10～20min，使 SiC 陶瓷颗粒在溶胶中均匀分散。

(4) 把以上处理后的 SiC 陶瓷颗粒放入 300～350℃的干燥箱中干燥 2～3h，取出冷却。

(5) 把以上干燥好的 SiC 陶瓷颗粒在氢气气氛下于 760～800℃还原 2～3h，随炉冷却后取出，得到镀覆钨的 SiC 陶瓷颗粒。

(6) 按硫酸铜、甲醛、EDTA 二钠、酒石酸钾钠、亚铁氰化钾的配比配制镀液，

pH值用NaOH溶液调节在12～13之间，温度60℃。将上述镀覆钨的SiC陶瓷颗粒倒入镀液中，装载量为10～18g/L，辅以磁力搅拌。

(7) 反应完全后过滤，并在120～160℃干燥3～5h，得到铜包裹均匀的SiC陶瓷颗粒。

**产品应用** 本技术制得的陶瓷颗粒可广泛用于金属基复合材料及陶瓷材料的制备中。

**产品特性** 本技术具有易于操作，包覆均匀，成本低廉的优势。无需用昂贵的$PdCl_2$或者AgCl对陶瓷表面进行活化，省略了敏化步骤。由于铜对钨良好的润湿性和钨自身的催化活性，可以得到厚度均匀、附着牢固和色泽光亮的镀铜SiC陶瓷颗粒。镀钨层的厚度可以控制在50～200nm以内，铜镀层的厚度在2μm以下。在金属基复合材料和陶瓷材料的制备中有广泛的应用前景，也适用于其他如$Al_2O_3$、石墨等材料的化学镀铜。

## 配方2 硅片化学镀铜镀液

**原料配比**

| 原料 | 配比(质量份) | 原料 | 配比(质量份) |
|---|---|---|---|
| 硫酸铜 | 1～25 | 氢氧化钠 | 1.4～35 |
| 酒石酸钾钠 | 5～125 | 水 | 加至1L |
| 甲醛 | 2～50mL | | |

**制备方法** 将各组分溶于水，搅拌均匀即可。

**产品应用** 本品主要应用于硅片上化学镀铜。

在硅片上化学镀铜的方法：首先对硅表面进行抛光和清洗处理，然后进行刻蚀；将经过抛光清洗和刻蚀处理的硅片放在含硫酸铜的氢氟酸溶液中，进行化学镀铜晶种，时间5s～5min，用水冲洗；最后在以酒石酸钾钠为配位剂、甲醛为还原剂的化学镀溶液中化学镀铜，镀铜时间为10～30min。由于铜的自催化作用，可以快速地引发化学镀铜镀液中铜离子的还原，使得还原出的铜快速地沉积在基底的表面上，得到牢固、光亮和均匀的铜镀层。

**产品特性**

(1) 避免钯催化剂的使用，改用铜晶种作为催化剂，使得化学镀铜膜的纯度和导电性得到了很大提高；

(2) 操作简便，溶液稳定性好，价格低廉，可避免最后化学镀铜膜中杂质金属的引入；

(3) 由于硅是一种常用的红外窗口材料，以它为基底，制备的铜膜可以作为工作电极，很方便地应用在电化学光谱研究中。电化学测试也证明这种铜膜具有和本体铜电极一致的电化学性质。

## 配方3 化学镀铜液

**原料配比**

| 原料 | 配比(质量份) | | |
|---|---|---|---|
| | 1# | 2# | 3# |
| 硫酸铜 | 10 | 15 | 12 |
| 酒石酸钾钠 | 50 | 40 | 60 |
| 氢氧化钠 | 10 | 8 | 14 |

续表

| 原料 | 配比(质量份) | | |
|---|---|---|---|
| | 1# | 2# | 3# |
| 甲醛(37%) | 10mL | 15mL | 12mL |
| 亚铁氰化钾 | 0.08 | 0.08 | 0.1 |
| 甲醇 | 40mL | 60mL | 80mL |
| 水 | 加至1L | 加至1L | 加至1L |

**制备方法** 将各组分溶于水，搅拌均匀即可。

**产品应用** 本品主要应用于化学镀铜。

本品化学镀铜方法：首先实现苯胺在陶瓷基片上的自催化聚合：按体积比为1∶20将苯胺缓慢倒入0.6mol/L硫酸溶液中，不停地搅拌，直到苯胺全部溶解为止。向烧杯里放入γ-三氧化二铝陶瓷基片，即可实现苯胺在陶瓷基片上的自催化聚合；其次是陶瓷基片的直接化学镀铜，采用单配位剂的化学镀铜溶液的方法进行化学镀。其实际步骤是：将一块镀好聚苯胺膜的陶瓷基片放入到化学镀铜溶液中，控制温度在28℃左右，并用氢氧化钠调节溶液pH值为12±0.5之间。

**产品特性** 不用钯和铂，直接在陶瓷基片上使苯胺自催化聚合成膜，并在该膜上实现陶瓷的化学镀铜，原料易得，价格低廉。

## 配方4 线路板化学镀铜液

**原料配比**

| 原料 | 配比(质量份) | | | | |
|---|---|---|---|---|---|
| | 1# | 2# | 3# | 4# | 5# |
| $CuSO_4$ | 12 | 15 | 10 | 20 | 16 |
| 甲醛 | 10mL | 15mL | 12mL | 14mL | 13mL |
| 酒石酸钾钠 | 15 | 15 | 15 | 15 | 15 |
| EDTA二钠 | 25 | 25 | 25 | 25 | 25 |
| NaOH | 10 | 12 | 12 | 10 | 10 |
| $Na_2CO_3$ | 10 | 10 | 10 | 10 | 10 |
| 聚乙二醇700 | 0.1 | 0.1 | 1 | 0.1 | 0.1 |
| 2,2-交联吡啶 | 0.02 | 0.02 | 0.02 | 0.02 | 0.02 |
| 2-巯基苯并咪唑 | 0.003 | 0.001 | 0.001 | 0.01 | 0.01 |
| $FeSO_4$ | 0.1 | 1 | 1 | 0.2 | 0.2 |
| 甲醇 | 10mL | 10mL | 10mL | 10mL | 5mL |
| 水 | 加至1L | 加至1L | 加至1L | 加至1L | 加至1L |

**制备方法** 将各组分溶于水，搅拌均匀即可。

**原料介绍** 铜盐提供可还原的$Cu^{2+}$，例如$CuCl_2$、$Cu(NO_3)_2$、$CuSO_4$，本品优选$CuSO_4$。

本品中的甲醛为还原剂，甲醛与$Cu^{2+}$反应生成Cu原子沉淀下来，自身被氧化为甲酸。甲醛具有优良的还原性能，可以有选择性地在活化过的基体表面自催化沉积铜。

pH调节剂的作用是提供一个碱性的反应环境。因为甲醛在碱性条件下的还原效果优良。本品优选NaOH。

配位剂的作用是防止$Cu^{2+}$在碱性条件下生成Cu(OH)$_2$沉淀。本品采用配位剂，为了使配合效果更好，抑制Cu(OH)$_2$沉淀副反应，本品优选酒石酸钾钠和EDTA二钠。

pH缓冲剂的作用是提高了反应的持续稳定性，同时可以改善镀层外观。本品优选 $Na_2CO_3$。

聚乙二醇可以改善塑料基体与溶液的亲和状态，同时通过在工件表面尖锐部位覆盖来抑制晶粒的无序生长，提高了镀层的平整性与均匀性。本品优选聚乙二醇的平均分量子为300～1000。

本品采用2,2-交联吡啶为稳定剂，它能配合溶液中 $Cu^{+}$，而不配合 $Cu^{2+}$，从而避免 $Cu^{+}$ 的相互碰撞生成分子量级铜，分子量级铜催化性能很高，会引起镀液自发分解。

2-巯基苯并咪唑的作用是与2,2-交联吡啶共同作用吸附铜离子，降低铜离子浓度，提高镀液的稳定性；2-巯基苯并咪唑与甲醛形成中间态化合物，促进了甲醛的氧化，使沉积速率增加1倍左右。这两种添加剂的同时使用，使镀层颜色变亮，形貌发生变化。所得镀层是多晶铜，没有发现夹杂 $Cu_2O$。

本品中加入亚铁盐的目的是提高镀速，少量的铁与铜共沉积有利于提高铜晶体的排列整齐度，减少氧化亚铜颗粒夹杂，促进铜沉积的速度与持续性，并使镀层较厚。本品优选亚铁盐为硫酸亚铁。

甲醇可以抑制甲醛的歧化反应，稳定了还原剂浓度，提高了镀液稳定性，改善了镀层外观。

**产品应用** 本品主要应用于化学镀铜。

**产品特性** 本品所提供的化学镀铜溶液，用于线路板直接金属化的化学镀铜工艺，镀出的镀层外观色泽亮丽，杂质含量很少，并且镀层厚度可以达到20μm以上，大大提高了镀层的厚度。本化学镀铜液还可以加快镀速，镀速可达10μm/h以上。

## 配方5 高效化学镀铜液

**原料配比**

| 原料 | 配比(质量份) | | | | |
|---|---|---|---|---|---|
| | 1# | 2# | 3# | 4# | 5# |
| 五水硫酸铜 | 10 | 19 | 10 | 10 | 10 |
| N-甲基吗啉 | 2 | 9 | 2 | 2 | 2 |
| 甲醛 | 4 | 4 | 4 | 4 | 4 |
| NaOH | 13 | 13 | 13 | 13 | 13 |
| 酒石酸钾钠 | 10 | 10 | 10 | 10 | 10 |
| EDTA二钠 | 20 | 20 | 20 | 20 | 20 |
| 丹宁酸 | — | 0.01 | — | — | — |
| 亚铁氰化钾 | 0.1 | — | 0.1 | 0.1 | 0.1 |
| 联吡啶 | 0.01 | 0.01 | 0.01 | 0.01 | 0.01 |
| 甲醇 | 50mL | 50mL | 50mL | 50mL | 50mL |
| 氯化铵 | — | — | 0.5 | 0.5 | 0.5 |
| 硫酸镍 | — | — | 0.1 | 0.1 | 0.1 |
| 正辛基硫酸钠 | — | — | — | 0.01 | — |
| 十二烷基硫酸钠 | — | — | — | — | 0.01 |
| 水 | 加至1L | 加至1L | 加至1L | 加至1L | 加至1L |

**制备方法** 将铜盐、络合剂、稳定剂、加速剂、表面活性剂等溶于水，搅拌均匀即可。

**原料介绍**

所述铜盐选自硫酸铜、氯化铜、硝酸铜中的一种或几种。

所述pH调节剂选自碳酸钠、氢氧化钠中的一种或几种。

所述配位剂选自柠檬酸、可溶性柠檬酸盐、酒石酸、可溶性酒石酸盐、苹果酸、可溶性苹果酸盐、三乙醇胺，六乙醇胺，乙二胺四乙酸、可溶性乙二胺四乙酸盐中的两种或两种以上。配位剂与铜离子形成稳定的配合物，在高碱性条件下不会形成氢氧化铜沉淀，也防止让铜直接跟甲醛反应造成镀液失效。本品采用常见的双配合组分或两种以上的配合组分来提高化学镀铜液的稳定性。

除*N*-甲基吗啉可以起到稳定剂的作用外，本品还采用了其他稳定剂与*N*-甲基吗啉一起来达到有效提高镀液稳定性的目的。采用多种稳定剂，可以利用各稳定剂之间的差异，达到扬长避短，使稳定效果达到最佳，大幅提高化学镀镀液的稳定性。

所述其他稳定剂选自2,2-交联吡啶、亚铁氰化钾、甲醇、菲咯啉及其衍生物、巯基丁二酸、二硫代二丁二酸、硫脲、巯基苯并噻唑、亚巯基二乙酸中的两种或两种以上。使用本化学镀铜液镀铜，化学镀铜时间可长达3h以上不会产生铜粉。

本品中还含有加速剂，选自氯化铵、硫酸镍、腺嘌呤、苯并三氮唑中的一种或几种。

本品选用的*N*-甲基吗啉，对镀液还具有一定的加速效果。

本品中还含有表面活性剂，选自十二烷基苯磺酸钠、十二烷基硫酸钠、正辛基硫酸钠、聚氧化乙烯型表面活性剂中的其中一种或几种。表面活性剂可提高镀铜层的致密性、减少氢脆现象的产生。优选的为十二烷基硫酸钠。另外，十二烷基硫酸钠较其他表面活性剂可减缓甲醛的挥发。

**产品应用** 本品主要应用于化学镀铜。

化学镀铜方法，包括将化学镀铜待镀件与本化学镀铜液直接接触，清洗、干燥得到镀件。所述化学镀铜待镀件为已经经过前处理，并适宜与化学镀铜液接触镀铜，上述的前处理可以为除油、粗化、活化等。

所述化学镀铜液的温度为30～50℃，接触时间为5～200min。

**产品特性** 按照本品所提供的化学镀铜方法对待镀件进行镀铜，镀铜产品的良率大幅提高，同时化学镀的工作效率有所提高，有利于工业化大规模生产。本品也适用于镀厚铜领域。

## 配方6 环保化学镀铜液

**原料配比**

| 原料 | 配比(质量份) | | |
|---|---|---|---|
| | 1# | 2# | 3# |
| 五水合硫酸钠 | 10 | 3 | 12 |
| 七水合硫酸镍 | 1.75 | 1.105 | 5.25 |
| 乙二胺四乙酸二钠 | 22.3 | 26.1 | 29.8 |
| 一水合次亚磷酸钠 | 34 | 21.25 | 42.5 |
| 二甲氨基甲硼烷 | 0.48 | 0.29 | 0.51 |
| 硫脲 | 0.001 | — | 0.002 |
| 去离子水 | 加至1L | 加至1L | 加至1L |

**制备方法** 用去离子水将质量分数为10%的二甲氨基甲硼烷水溶液稀释成质量分数为1%的水溶液，用硫脲和去离子水按常规方法配制成浓度为0.013mol/L的硫脲水溶液；用量筒量取去离子水倒入高脚烧杯中，分别称取五水合硫酸铜、七水合硫酸镍，乙二胺四乙酸二钠，倒入烧杯中，用磁力搅拌器搅拌使其完全溶解；向溶

液中加入一水合次亚磷酸钠，搅拌使其完全溶解；用移液管分别移取质量分数为1%的二甲氨基甲硼烷水溶液和浓度为0.013mol/L的硫脲水溶液，加入溶液中，搅拌均匀，用质量分数为25%的氨水调节pH值至9，用去离子水定容至1000mL，制备成次亚磷酸钠乙二胺四乙酸二钠体系化学镀铜溶液。

**产品应用** 本品主要应用于化学镀铜。

**产品特性** 本品以二甲氨基甲硼烷作为辅助还原剂，加快了反应速率；以乙二胺四乙酸二钠作为配位剂，提高了镀液的稳定性；以硫脲作为添加剂，使铜的晶粒细化，从而使铜层质量得到明显改善。本化学镀铜溶液是以次亚磷酸钠、二甲氨基甲硼烷为还原剂的镀铜体系代替了传统的甲醛镀铜体系，大大减小了环境的污染，对环境保护起到重要作用。在次亚磷酸钠体系中以乙二胺四乙酸二钠代替传统柠檬酸钠做配位剂，不仅使镀层结晶度得到了改善，也使镀液稳定性得到了提高。

## 配方 7 混合型非甲醛还原剂的化学镀铜液

**原料配比**

| 原料 | 配比(质量份) | | | | | | | |
|---|---|---|---|---|---|---|---|---|
| | 1# | 2# | 3# | 4# | 5# | 6# | 7# | 8# |
| $CuSO_4 \cdot 5H_2O$ | 20 | 20 | 30 | 20 | 20 | 20 | 10 | 20 |
| $EDTA\text{-}4Na \cdot 2H_2O$ | 45 | 45 | 60 | 45 | 45 | 45 | 20 | 45 |
| NaOH | 20 | 20 | 20 | 20 | 20 | 20 | 20 | 20 |
| $NaH_2PO_2 \cdot H_2O$ | 30 | 30 | 40 | 20 | — | — | — | — |
| $(HCHO)_n$ | — | — | 1 | 2 | 1 | 5 | 3 | 4 |
| $NaHSO_3$ | — | — | 2.5 | 5 | 2.5 | 15 | 7.5 | 10 |
| OHC—COOH | 2.5 | 2.5 | — | — | 10 | 1 | 8 | 5 |
| $\alpha,\alpha'$-联吡啶 | 5mg/kg | 10mg/kg | 5mg/kg | 10mg/kg | 10mg/kg | 10mg/kg | 15mg/kg | 10mg/kg |
| 水 | 加至1L | 加至1L | 加至1L | 加至1L | 加至1L | 加至1L | 加至1L | 加至1L |

**制备方法** 将各组分溶于水，混合均匀即可。

**原料介绍** 通过还原剂的混合使用，可以解决单一还原剂所存在的不足。如还原剂由次磷酸盐和乙醛酸两种成分混合而成，可以在没有金属催化剂的条件下，也可以有较高的沉积速率。又如还原剂由乙醛酸和甲醛加成物两种成分混合而成，不但可以减少单一使用乙醛酸作为还原剂的成本，而且也加快了单一使用甲醛加成物作为还原剂的沉积速率。不污染环境，克服了传统还原剂无法解决的弊病。

**产品应用** 本品主要应用于化学镀铜。

处理条件如下：采用摇摆浸泡和打气装置，处理温度40℃，化学镀铜时间20min，pH值为13。

**产品特性** 本品采用至少两种非甲醛还原剂混合而成，无环境污染，沉淀速率快，铜沉积层纯度高、致密性好（背光级别优良），操作简单，成本低廉。

## 配方 8 镁及镁合金表面化学镀铜液

**原料配比**

表1 除油剂

| 原料 | 配比(质量份) | | | |
|---|---|---|---|---|
| | 1# | 2# | 3# | 4# |
| 水玻璃 | 50 | 80 | 20 | 60 |
| 磷酸钠 | 40 | — | 50 | — |

续表

| 原料 | 配比(质量份) | | | |
|---|---|---|---|---|
| | 1# | 2# | 3# | 4# |
| 三聚磷酸钠 | — | 50 | — | 40 |
| 苛性钠 | 8 | 15 | 5 | 13 |
| 铬酸钾 | 5 | 7 | 7 | 5 |
| 水 | 加至1L | 加至1L | 加至1L | 加至1L |

**表2　酸洗液**

| 原料 | 配比(质量份) | | | | | | | | | | | | | | | | | |
|---|---|---|---|---|---|---|---|---|---|---|---|---|---|---|---|---|---|---|
| | 1# | 2# | 3# | 4# | 5# | 6# | 7# | 8# | 9# | 10# | 11# | 12# | 13# | 14# | 15# | 16# | 17# | 18# |
| 稀硝酸溶液 | 50mL | 150mL | 100mL | 60mL | 120mL | — | — | — | — | — | — | — | — | — | — | — | — | — |
| 醋酸 | — | — | — | — | — | 40mL | 60mL | 10mL | 20mL | 50mL | 30mL | — | — | — | — | — | — | — |
| 硝酸钠 | — | — | — | — | — | 5 | 1 | 10 | 3 | 7 | 4 | 8 | 15 | 1 | 6 | 3 | 5 | 12 |
| 铬酐 | — | — | — | — | — | — | — | — | — | — | — | 70 | 40 | 120 | 40 | 120 | 60 | 90 |
| 水 | 加至1L | 加至1L | 加至1L | 加至1L | 加至1L | 加至1L | 加至1L | 加至1L | 加至1L | 加至1L | 加至1L | 加至1L | 加至1L | 加至1L | 加至1L | 加至1L | 加至1L | 加至1L |

**表3　敏化液**

| 原料 | 配比(质量份) | | | | | |
|---|---|---|---|---|---|---|
| | 1# | 2# | 3# | 4# | 5# | 6# |
| 氯化亚锡 | 6 | 7 | 10 | 5 | 8 | 6 |
| 盐酸 | 12mL | 8mL | 1mL | 16mL | 3mL | 12mL |
| 水 | 加至1L | 加至1L | 加至1L | 加至1L | 加至1L | 加至1L |

**表4　活化液**

| 原料 | | 配比(质量份) | | | | | |
|---|---|---|---|---|---|---|---|
| | | 1# | 2# | 3# | 4# | 5# | 6# |
| 活化剂 | 硝酸银 | 1 | 3 | 5 | 8 | 10 | 10 |
| | 氨水 | 适量 | 适量 | 适量 | 适量 | 适量 | 适量 |
| | 去离子水 | 加至1L | 加至1L | 加至1L | 加至1L | 加至1L | 加至1L |
| 还原剂 | 葡萄糖 | 45 | 60 | 30 | 35 | 55 | 50 |
| | 乙醇 | 120mL | 80mL | 160mL | 150mL | 140mL | 90mL |
| | 酒石酸 | 4 | 6 | 2 | 3 | 6 | 3 |
| | 水 | 加至1L | 加至1L | 加至1L | 加至1L | 加至1L | 加至1L |

**表5　化学镀铜溶液**

| 原料 | 配比(质量份) | | | | | | | | | |
|---|---|---|---|---|---|---|---|---|---|---|
| | 1# | 2# | 3# | 4# | 5# | 6# | 7# | 8# | 9# | 10# |
| 五水硫酸铜 | 15 | 12 | 6 | 6 | 7 | 30 | 20 | 10 | 10 | 10 |
| 次亚磷酸钠 | — | 35 | — | — | — | — | 20 | — | — | — |
| 二甲胺硼烷 | — | — | 3 | — | — | — | — | 0.5 | — | — |
| 甲醛 | 40 | — | — | — | — | 60 | — | — | — | — |
| 苛性钠或氢氧化钾 | 10 | — | — | — | — | 20 | — | — | — | — |
| 乙二胺四乙酸钠 | — | — | 15 | 25 | 20 | — | — | 25 | 40 | 15 |
| 四丁基硼氢化铵 | — | — | — | 15 | — | — | — | — | 8 | — |
| 水合肼 | — | — | — | — | 20 | — | — | — | — | 25 |
| 十二烷基磺酸钠 | — | — | — | 0.1 | — | — | — | — | 0.2 | — |

续表

| 原料 | 配比(质量份) | | | | | | | | | |
|---|---|---|---|---|---|---|---|---|---|---|
| | 1# | 2# | 3# | 4# | 5# | 6# | 7# | 8# | 9# | 10# |
| 硼酸 | — | 40 | — | — | — | — | 60 | — | — | — |
| 柠檬酸钠 | — | 20 | — | — | — | — | 30 | — | — | — |
| 硫酸镍 | — | 0.02 | — | — | — | — | 0.6 | — | — | — |
| 硫酸铵 | — | — | — | 0.02 | — | — | — | — | 0.01 | — |
| 硫脲 | — | 0.0002 | — | — | — | — | 0.0001 | — | — | — |
| 酒石酸钾钠 | 40 | — | 10 | — | — | 20 | — | 5 | — | — |
| 碳酸钠 | 5 | — | — | — | — | 3 | — | — | — | — |
| 硼酸钠 | — | — | — | — | 10 | — | — | — | — | 10 |
| 氢氧化钠 | — | — | — | 适量 | — | — | — | — | 适量 | — |
| 硫酸 | — | — | — | — | 适量 | — | — | — | — | 适量 |
| 水 | 加至1L | 加至1L | 加至1L | 加至1L | 加至1L | 加至1L | 加至1L | 加至1L | 加至1L | 加至1L |

| 原料 | 配比(质量份) | | | | | | | | | |
|---|---|---|---|---|---|---|---|---|---|---|
| | 11# | 12# | 13# | 14# | 15# | 16# | 17# | 18# | 19# | 20# |
| 五水硫酸铜 | 4 | 7 | 4 | 4 | 4 | 10 | 17 | 8 | 6 | 6 |
| 次亚磷酸钠 | — | 56 | — | — | — | — | 45 | — | — | — |
| 二甲胺硼烷 | — | — | 6 | — | — | — | — | 1.5 | — | — |
| 甲醛 | 10 | — | — | — | — | 20 | — | — | — | — |
| 苛性钠或氢氧化钾 | 4 | — | — | — | — | 8 | — | — | — | — |
| 乙二胺四乙酸钠 | — | — | 4 | 10 | 25 | — | — | 8 | 15 | 18 |
| 四丁基硼氢化铵 | — | — | — | 25 | — | — | — | — | 20 | — |
| 水合肼 | — | — | — | — | 15 | — | — | — | — | 18 |
| 十二烷基磺酸钠 | — | — | — | 0.05 | — | — | — | — | 0.08 | — |
| 硼酸 | — | 20 | — | — | — | — | 25 | — | — | — |
| 柠檬酸钠 | — | 10 | — | — | — | — | 25 | — | — | — |
| 硫酸镍 | — | 0.002 | — | — | — | — | 0.08 | — | — | — |
| 硫酸铵 | — | — | — | 0.04 | — | — | — | — | 0.03 | — |
| 硫脲 | — | 0.0003 | — | — | — | — | 0.0002 | — | — | — |
| 酒石酸钾钠 | 60 | — | 15 | — | — | 30 | — | 7 | — | — |
| 碳酸钠 | 6 | — | — | — | — | 5 | — | — | — | — |
| 硼酸钠 | — | — | — | — | 10 | — | — | — | — | 10 |
| 氢氧化钠 | — | — | — | 适量 | — | — | — | — | 适量 | — |
| 硫酸 | — | — | — | — | 适量 | — | — | — | — | 适量 |
| 水 | 加至1L | 加至1L | 加至1L | 加至1L | 加至1L | 加至1L | 加至1L | 加至1L | 加至1L | 加至1L |

| 原料 | 配比(质量份) | | | | | | | | | |
|---|---|---|---|---|---|---|---|---|---|---|
| | 21# | 22# | 23# | 24# | 25# | 26# | 27# | 28# | 29# | 30# |
| 五水硫酸铜 | 20 | 12 | 4～10 | 9 | 9 | 27 | 12 | 11 | 7 | 7 |
| 次亚磷酸钠 | — | 35 | — | — | — | — | 48 | — | — | — |
| 二甲胺硼烷 | — | — | 5 | — | — | — | — | 2 | — | — |
| 甲醛 | 50 | — | — | — | — | 25 | — | — | — | — |
| 苛性钠或氢氧化钾 | 13 | — | — | — | — | 11 | — | — | — | — |
| 乙二胺四乙酸钠 | — | — | 20 | — | 22 | — | — | 11 | — | 18 |
| 乙二胺四乙酸 | — | — | — | 35 | — | — | — | — | 19 | — |
| 四丁基硼氢化铵 | — | — | — | 13 | — | — | — | — | 12 | — |
| 水合肼 | — | — | — | — | 19 | — | — | — | — | 19 |
| 十二烷基磺酸钠 | — | — | — | 0.15 | — | — | — | — | 0.15 | — |
| 硼酸 | — | 40 | — | — | — | — | 50 | — | — | — |
| 柠檬酸钠 | — | 20 | — | — | — | — | 25 | — | — | — |
| 硫酸镍 | — | 0.02 | — | — | — | — | 0.04 | — | — | — |
| 硫酸铵 | — | — | — | 0.02 | — | — | — | — | 0.02 | — |
| 硫脲 | — | 0.0002 | — | — | — | — | 0.0001 | — | — | — |

续表

| 原料 | 配比(质量份) | | | | | | | | | |
|---|---|---|---|---|---|---|---|---|---|---|
| | 21# | 22# | 23# | 24# | 25# | 26# | 27# | 28# | 29# | 30# |
| 酒石酸钾钠 | 38 | — | 13 | — | — | 27 | — | 9 | — | — |
| 碳酸钠 | 6 | — | — | — | — | 5 | — | — | — | — |
| 硼酸钠 | — | — | — | — | 10 | — | — | — | — | 10 |
| 氢氧化钠 | — | — | — | 适量 | — | — | — | — | 适量 | — |
| 硫酸 | — | — | — | — | 适量 | — | — | — | — | 适量 |
| 水 | 加至1L | 加至1L | 加至1L | 加至1L | 加至1L | 加至1L | 加至1L | 加至1L | 加至1L | 加至1L |

**制备方法** 将各组分溶于水，搅拌均匀即可。

**产品应用** 本品主要应用于镁合金表面化学镀铜。

对镁合金表面进行复合保护工艺过程如下：

(1) 除油：将镁或镁合金放入除油剂中，在常温下浸泡，时间≥30min，擦洗镁或镁合金表面，再用清水彻底冲洗，以保证彻底去除镁或镁合金表面的油脂和灰尘。

(2) 酸洗和碱洗：将镁或镁合金放入酸洗液中浸泡1～4min，以去除镁或镁合金表面的氧化物和杂质，直到镁合金表面露出金属光泽。取出镁或镁合金，快速用清水彻底清洗镁或镁合金表面。然后将镁或镁合金放入碱洗液中，在常温下浸泡，0.5～5min后取出，用清水清洗干净，放入烘箱中烘干。

(3) 涂膜：涂膜的方式可以采取喷涂、刷涂或浸涂的方法。涂膜用的涂膜剂应是具有很好的耐水、耐磨、耐高温、抗化学腐蚀性且与基体金属附着良好的绝缘涂料，如有机硅耐热漆、有机钛耐热涂料（WT61-1、WT61-2等）、水玻璃基涂料（JN-801硅酸盐无机涂料等）、有机硅树脂（SF-7406三防清漆等）、硅烷偶联剂（KH550等）。本品采用浸涂的方法。将镁或镁合金垂直浸入涂膜剂中，在温度为15～40℃的条件下对经除油、酸洗、碱洗并彻底烘干的镁或镁合金进行第一次涂膜，镁或镁合金表面在8～30min内基本达到表干，此时将镁或镁合金放入烘箱内，将温度缓慢升高到150～300℃，在此温度下将镁或镁合金静置1～3h，使镁或镁合金表面的涂膜最终达到实干。再重复1～3次上述涂膜步骤，使镁或镁合金表面能覆盖致密的涂膜。

(4) 敏化：将镁或镁合金放入敏化液中敏化8～12min，取出，擦干表面过多的溶液。

(5) 活化：将镁或镁合金放入活化液中，浸泡处理2～30min。活化的目的是在镁合金表面植入对还原剂的氧化和氧化剂的还原具有催化活性的金属粒子。如果金属粒子的浓度不够，后续化学镀的速度会非常缓慢，甚至失败。因而活化液中，硝酸银的浓度不能太低，而且应适量加一点还原剂，使镁或镁合金在短时间内表面覆盖银膜。

(6) 化学镀铜：将镁或镁合金清洗后放入镀液中，35～50min后，镁或镁合金表面有一层光亮的铜层，色泽鲜艳，镀层厚度均匀。

**产品特性**

(1) 采用本表面处理技术，不经过浸铬酸酸洗和氢氟酸活化的前处理步骤，减少了操作对环境的污染。

(2) 制得的化学镀铜层，镀层厚度均匀，具有金属铜的外观。

(3) 镀层发生破坏时，涂膜可以有效地防止铜镀层与基体金属构成腐蚀原电池，从而延长了镁合金的使用寿命。

(4) 涂膜本身具有很好的耐磨、耐酸和耐碱性，成品在使用过程中即使表面的镀膜有破损，基体也不会被腐蚀，涂膜对基体有一定的保护作用。

(5) 镀铜层具有良好的杀菌消毒性、装饰性和耐蚀性，强化了镁合金性能，扩大了镁合金的使用范围。

## 配方 9 稀土镍基贮氢合金粉的化学镀铜液

**原料配比**

| 原料 | 配比(质量份) | | | | |
|---|---|---|---|---|---|
| | 1# | 2# | 3# | 4# | 5# |
| $CuSO_4 \cdot 5H_2O$ | 7.85 | 15.8 | 31.5 | 15.8 | 21.48 |
| 硫酸 | 3mL | 4mL | 6mL | 4mL | 5mL |
| 柠檬酸 | 10 | 12 | 15 | — | 20 |
| 酒石酸或乳酸或苹果酸 | — | — | — | 12 | — |
| 富镧稀土 | 0.8 | 1.5 | 2 | 1.5 | 2 |
| 水 | 加至 1L | 加至 1L | 加至 1L | 加至 1L | 加至 1L |

**制备方法** 将各组分溶于水，搅拌均匀即可。

**产品应用** 本品主要应用于稀土镍基贮氢合金粉的化学镀铜。具体方法如下：

在室温下边搅拌边将待镀铜的稀土镍基贮氢合金粉倒入化学镀铜液中，继续搅拌 15～80min，停止搅拌，过滤、洗涤、烘干。

在化学镀铜的过程中，待镀铜的稀土镍基贮氢合金粉的平均粒度在 40～150μm 为好，待镀铜的稀土镍基贮氢合金粉的质量 (g) 与化学镀铜液的体积 (L) 比为 (1～80)g：1L；投料完毕后继续搅拌时间为 15～80min，以 20～60min 为宜。在此时间范围内在±10min 内不会影响镀后贮氢合金粉的质量。搅拌速度以使得贮氢合金粉在化学镀铜液中分布均匀为宜，但其搅拌速度以 50～120r/min 为更佳。用常规方法进行过滤。如用布氏漏斗进行过滤，用水洗涤 2～10 次后，再用乙醇洗涤后，于 30～60℃烘干，若低于 30℃烘干，烘干的速度太慢。

**产品特性**

(1) 在本品的配方中由于加了富镧稀土，减少了在化学镀铜过程中稀土镍基贮氢合金粉中稀土的损失量，提高了包铜后的贮氢合金粉的容量。

(2) 本化学镀铜方法省去了敏化、活化处理过程，工艺简单，缩短了流程；由于添加了柠檬酸、酒石酸等有机羟基羧酸，使反应过程易于控制，使得在镀铜后的稀土镍基贮氢合金粉无发热、无自燃现象。

(3) 用本化学镀铜方法，使得镀铜的厚度均匀，所得到的包铜后的稀土镍基贮氢合金粉上的包铜层在贮氢合金颗粒外层形成了网兜状的保护层，既减少了贮氢合金粉与水、氧、碱性物质的接触，使其不易氧化，又达到了抗粉化的目的。

## 配方 10 硬质合金钢制件表面化学镀铜液

**原料配比**

表 1 碱洗液

| 原料 | 配比(质量份) | 原料 | 配比(质量份) |
|---|---|---|---|
| NaOH | 30 | OP-10 乳化剂 | 1～2 滴 |
| $Na_2CO_3$ | 20 | 水 | 加至 1L |

**表 2 酸洗活化液**

| 原料 | 配比(质量份) |
|---|---|
| $H_2SO_4$ | 6.5 |
| HCl | 8 |
| 水 | 加至 100 |

**表 3 化学镀铜液**

| 原料 | 配比(质量份) | 原料 | 配比(质量份) |
|---|---|---|---|
| $CuSO_4 \cdot 5H_2O$ | 5 | 双氧水 | 0.2mL |
| 乙二胺四乙酸二钠 | 10 | 氢氧化钠 | 10 |
| 酒石酸钾钠 | 5 | 甲醛 | 10mL |
| 亚铁氰化钾 | 1 | 去离子水 | 加至 1L |

**制备方法** 将 $CuSO_4 \cdot 5H_2O$、乙二胺四乙酸二钠、酒石酸钾钠、去离子水配制成中间液，并搅拌均匀，再取适量亚铁氰化钾、适量双氧水、氢氧化钠、甲醛加入中间溶液中，并搅拌均匀，制得硬质合金制件表面化学镀铜液。

**产品应用** 本品主要应用于硬质合金钢制件表面化学镀铜。按照如下步骤进行：

(1) 采用碱洗液，对硬质合金钢制件实施除油、脱脂 5～15min；

(2) 再采用酸洗活化液，对经除油脱脂的硬质合金钢制件实施活化处理 10min；

(3) 将配制好的镀铜液置入容器内，在温水浴中隔水加热至 15～45℃，再保温 0～5min，若室温在温度 15～45℃范围内时，可以不用加热；

(4) 最后将硬质合金钢制件放入镀铜液中，采用通常的化学镀方法，实施镀铜处理 10～40min，然后取出，用去离子水冲洗，吹风机吹干后，用锡纸包裹备用。

**产品特性** 本方法简单易行，基本无环境污染，镀铜液可以重复使用，生产成本低廉。由于镀铜前作了碱洗、除油、脱脂和酸洗活化处理，不但省掉了传统镀铜方法的粗化、敏化等中间处理步骤，有效提高了生产率、降低了生产成本，而且硬质合金钢制件表面洁净度高，镀铜层附着力强，且镀层厚度均匀性好，提高了制成品的质量。

## 配方 11 油箱油量传感器塑料管化学镀铜液

**原料配比**

| 原料 | 配比(质量份) | | |
|---|---|---|---|
| | 1# | 2# | 3# |
| 硫酸铜 | 25 | 12 | 5 |
| 氢氧化钠 | 25 | 12 | 5 |
| 酒石酸盐 | 35 | 25 | 40 |
| 甲醛 | 15mL | 15mL | 18mL |
| 碳酸钠 | 15 | 6 | 10 |
| 氯化镍 | 18 | 10 | 15 |
| 水 | 加至 1L | 加至 1L | 加至 1L |

**制备方法** 将各组分溶于水，搅拌均匀即可。

**产品应用** 本品不仅适用于塑料管化学的镀铜，还可以适用于其他不导电塑料件的电镀铜。

工艺方法由以下步骤组成：

(1) 化学除油：将油箱油量传感器塑料管放入碱溶液中进行化学除油；

(2) 粗化：将上述塑料管通过机械或化学浸蚀除去憎水层，使表面由疏水变为亲水；

(3) 敏化：将上述塑料管零件放入含有亚锡离子的溶液中，使其表面吸附一层容易氧化的二价锡；

(4) 活化：将上述敏化后的塑料管零件放入含有银离子的溶液中，还原出一层具有催化作用的金属银，作为化学镀铜时氧化还原反应的催化剂；

(5) 化学镀铜：将上述处理后的塑料管放入在含有铜离子盐、金属碱、络合剂、还原剂、稳定剂、活化剂的镀铜溶液中进行氧化还原反应，沉积金属铜；

(6) 化学镀铜后，立即进行硫酸型酸性电镀铜，增加铜层的厚度。

**产品特性** 采用化学沉积的方法使塑料管表面获得一层能够导电的膜层，使其能够进行电镀。膜层具有金属铜的紫红色。这样化学镀铜后再电镀铜，得到的镀铜层与油箱油量传感器塑料管基体有非常好的结合力，镀铜结晶细致，均匀，且具有美丽的玫瑰色金属光泽。本工艺解决了常规化学镀铜溶液不稳定、易分解，膜层覆盖不完整的缺陷；提高了单位体积溶液的承载力；满足了油箱油量传感器塑料管镀铜的需要。

本品镀铜工艺方法简单，易于控制调整，溶液沉积速度较快、化学稳定性较好、使用寿命长，解决了传统工艺槽液自分解快、失效快、化学镀铜层覆盖不完整的问题。

# 4.2 化学镀锡液

## 配方 1 半光亮无铅化学镀锡液

**原料配比**

| 原料 | 配比(质量份) | | |
|---|---|---|---|
| | 1# | 2# | 3# |
| 硫酸亚锡 | 15 | 20 | 30 |
| 硫酸 | 50mL | 40mL | 30mL |
| 乙二胺四乙酸 | 3 | 3 | 5 |
| 硫脲 | 80 | 100 | 120 |
| 柠檬酸 | 10 | 20 | 25 |
| 次磷酸钠 | 80 | 80 | 100 |
| 明胶 | 0.3 | 0.3 | 0.5 |
| 苯甲醛 | 0.5mL | 1mL | 1mL |
| 水 | 加至 1L | 加至 1L | 加至 1L |

**制备方法**

(1) 将乙二胺四乙酸用去离子水溶解，形成 A 液。

(2) 在硫酸中加入硫酸亚锡，搅拌使之溶解形成 B 液。

(3) 将 B 液在搅拌下加入 A 液中，形成 C 液。

(4) 用去离子水溶解硫脲（80℃），在搅拌下加入 C 液中，形成 D 液。

(5) 用去离子水溶解次磷酸钠、柠檬酸、明胶，在搅拌下加入 D 液中，形成 E 液。

(6) 用硫酸或氨水调整 E 液的 pH 值，加入苯甲醛后定容后获得化学镀锡液。

**产品应用** 本品主要应用于化学镀锡。

化学镀锡液的工艺条件为：镀液温度为 80～90℃，pH 值为 0.8～2，化学镀时间为 3h，镀液装载量为 0.8～1.5$dm^2$/L，机械搅拌速度控制在 50～100r/min。

**产品特性**

(1) 在铜及铜合金基体上实现了锡的连续自催化沉积，沉积速度快，可以获得不同厚度的半光亮、银白色的锡-铜合金化学镀层。

(2) 明胶和苯甲醛的加入，明显提高了化学镀锡层平整度，晶粒细化明显，孔隙率低。

(3) 配制好的化学镀锡液室温下及生产过程中均为透明溶液，无白色絮状物质析出。

(4) 镀液配方简单，易于控制，工艺参数范围宽。

(5) 镀液稳定，使用寿命长，批次生产稳定性高。1L化学镀镀液能够镀覆表面积12～13$dm^2$，厚度为3～5$\mu m$。

(6) 化学镀层为半光亮、银白色，含有少量的铜，化学镀锡层厚度在5～7$\mu m$时，即可满足钎焊要求。

(7) 化学镀层和铜基体结合牢固，无起皮、脱落及剥离现象。经钝化处理后，在空气中放置3个月后，镀层外观无变色。

(8) 镀液的均镀和深镀能力强，在深孔件、盲孔件以及一些难处理的小型电子元器件及PCB印刷板线路等产品的表面强化处理中应用前景广泛。

## 配方 2　低温化学镀锡液

**原料配比**

| 原料 | | 配比(质量份) | | | | |
|---|---|---|---|---|---|---|
| | | 1# | 2# | 3# | 4# | 5# |
| A溶液 | 硫酸亚锡 | 20 | 45 | 30 | 40 | 30 |
| | 98%浓硫酸 | 20mL | 50mL | 30mL | 45mL | 30mL |
| | 聚乙二醇6000 | 0.05 | 0.25 | 0.1 | 0.2 | 0.15 |
| | 三乙醇胺 | 0.1 | 0.4 | 0.2 | 0.3 | 0.25 |
| | 平平加O | 0.02 | — | 0.01 | 0.005 | 0.01 |
| | 去离子水 | 加至1L | 加至1L | 加至1L | 加至1L | 加至1L |
| B溶液 | 硫脲 | 50 | 20 | 40 | 100 | 20 |
| | 98%浓硫酸 | 40mL | 20mL | 30mL | 50mL | 20mL |
| | 去离子水 | 加至1L | 加至1L | 加至1L | 加至1L | 加至1L |

**制备方法**

(1) A溶液制备：首先将浓硫酸缓慢加入部分去离子水中，然后依次将硫酸亚锡、聚乙二醇6000、三乙醇胺、平平加O加入，充分溶解后，用去离子水配至规定体积。

(2) B溶液的制备：将浓硫酸缓慢加入部分去离子水中，然后加入硫脲，充分溶解后，用去离子水配至规定体积。

**产品应用**　本品主要应用于化学镀锡。

镀锡方法：将施镀材料铜或铜合金先在A溶液中浸泡30～180s，再在B溶液中浸泡60～300s，即可完全施镀，A溶液、B溶液工作温度为10～35℃。

**产品特性**　本品采用A、B两组溶液进行施镀，实现了低温（10～35℃）镀锡的可能。施镀材料在A溶液中通过静电、范德华力、氢键的作用多层吸附$Sn^{2+}$（或$Sn^{4+}$）离子，在B溶液中通过硫脲及其衍生物降低铜的氧化还原电位，使吸附的锡离子通过近距离置换反应还原成锡，这样使镀锡在低温下就可快速进行。在A溶液中由于不发生化学反应，所以溶液可长时间保存，即使是在空气中有少量$Sn^{2+}$被氧

化成 $Sn^{4+}$，$Sn^{4+}$ 也可在 B 溶液中还原成金属锡。锡盐的水解反应属吸热反应，由于本方法施镀温度低，适当的酸度就可抑制锡盐的水解，不必另加配位剂；由于 $Sn^{4+}$ 利用本方法也较易还原成锡，所以 A 溶液也不必加入抗氧剂；在 B 溶液中，没有或有少量的 $Sn^{2+}$ 或 $Sn^{4+}$，有适量的酸存在就不会发生水解，溶液也可长期保存。在 A、B 两组溶液中均未加入还原剂、抗氧化剂、配位剂，其他添加剂的量很小，所以废镀液的处理要容易得多。

## 配方 3 硅酸钙镁矿物晶须表面化学镀锡镍镀液

**原料配比**

| 原料 | 配比(质量份) | | |
|---|---|---|---|
| | 1# | 2# | 3# |
| 氯化亚锡 | 30 | 40 | 40 |
| 硫酸镍 | 10 | 12 | 14 |
| 次亚磷酸钠 | 35 | 40 | 45 |
| 乳酸 | 90 | 95 | 95 |
| 水 | 加至 1L | 加至 1L | 加至 1L |

**制备方法**

(1) 分别用去离子水溶解氯化亚锡，硫酸镍，次亚磷酸钠和乳酸；

(2) 将已完全溶解的氯化亚锡和硫酸镍溶液混合均匀后，加入乳酸溶液中，搅拌均匀；

(3) 将次亚磷酸钠溶液缓慢加入步骤 (2) 所配好的溶液中，并稀释至所需体积，用盐酸调节 pH 值至 2～6。

**产品应用** 本品主要应用于电磁波屏蔽、吸波、隐身与抗静电等特殊领域。

硅酸钙镁矿物晶须的预处理与施镀工艺步骤如下：

(1) 用丙酮除油，并用去离子水进行水洗；

(2) 将步骤 (1) 处理过的硅酸钙镁矿物晶须浸入浓度为 0.5%～5% 的硅烷偶联剂溶液中，浸渍 2～20min，过滤，烘干；

(3) 将步骤 (2) 处理过的硅酸钙镁晶须浸入浓度为 40%～65% 的硝酸溶液中，进行粗化处理 10～60min，硝酸溶液的温度维持在 40～80℃；

(4) 将步骤 (3) 处理过的硅酸钙镁晶须浸入 $SnCl_2 \cdot 2H_2O$ 5～20g/L 和 10～30g/L HCl 混合溶液中进行敏化处理；

(5) 将步骤 (4) 处理过的硅酸钙镁晶须在 $PdCl_2$ 0.1～2g/L 和 HCl 1～20g/L 混合溶液中进行活化处理；

(6) 将预处理工艺处理后的硅酸钙镁矿物晶须放入配制好的镀液中进行化学镀锡镍，施镀温度 60～100℃，施镀时间 0.5～5h，制得镀锡镍硅酸钙镁导电矿物晶须；

(7) 将上述所制得的镀锡镍硅酸钙镁矿物晶须烘干，温度 60～120℃。

上述方法制备的硅酸钙镁导电矿物晶须经过显微镜观察镀层致密，用 X 射线能谱仪测试表面化学成分，含 Sn 10%～30%，Ni 2%～10%。

**产品特性**

(1) 所制得的化学镀锡镍硅酸钙镁导电矿物晶须有良好的导电特性。

(2) 与常用的球形、片状等电磁功能填料相比，化学镀锡镍硅酸钙镁矿物导电矿物晶须是一种微米级针状单晶体晶须材料，对改善涂层功能骨架有良好作用。

(3) 化学镀锡镍硅酸钙镁导电矿物晶须的制备均在低温下进行，节约能源，使用方便。

(4) 化学镀锡镍硅酸钙镁导电矿物晶须的制备方法简单、方便、易于操作和控制，完全使用常规设备，可广泛用于非金属粉体上化学镀锡镍工艺，投资不大，风险较小，便于推广。

## 配方 4 化学镀锡溶液

**原料配比**

| 原料 | 配比(质量份) | | | | |
|---|---|---|---|---|---|
| | 1# | 2# | 3# | 4# | 5# |
| 硫酸亚锡 | 10 | 40 | 25 | 30 | 35 |
| 浓硫酸(含量 98%) | 20mL | 70mL | 35mL | 55mL | 60mL |
| Schiff 碱 | 0.1 | 3 | 2 | 2.5 | 3 |
| 聚乙二醇 6000 | 0.005 | 0.015 | 0.01 | 0.012 | 0.013 |
| 次亚磷酸钠(含 1 个结晶水) | — | 80 | 30 | 45 | 50 |
| 脒基硫脲 | 0.02 | 0.08 | 0.05 | 0.07 | 0.08 |
| 盐酸吡硫醇 | 0.01 | 0.06 | 0.04 | 0.05 | 0.02 |
| 4,4′-(2-吡啶亚甲基)二苯酚 | 0.01 | 0.05 | 0.03 | 0.04 | 0.05 |
| 葡萄糖醛酸 | 0.2 | 0.05 | 0.3 | 0.6 | 0.4 |
| 去离子水 | 加至 1L | 加至 1L | 加至 1L | 加至 1L | 加至 1L |

**制备方法** 首先将浓硫酸缓慢加入去离子水中（总水量的 50%～70%），然后依次将硫酸亚锡、Schiff 碱、聚乙二醇 6000、次亚磷酸钠、脒基硫脲、盐酸吡硫醇、4,4′-(2-吡啶亚甲基) 二苯酚和葡萄糖醛酸加入，充分溶解后，将溶液过滤并用去离子水配至规定体积。

**产品应用** 本品主要应用于化学镀锡。

本品用在钢铁、铜或铜合金材料表面置换镀锡，其工作温度为 20～65℃，施镀时间为 30～90s，镀层厚度 0.45～1.42μm，常温下镀液可稳定保存 90 天以上。

**产品特性** 镀锡溶液中含有配位剂 Schiff 碱和脒基硫脲，可有效降低铜的电极电位，使置换反应能够进行；盐酸吡硫醇使镀层光亮度增加；4,4′-(2-吡啶亚甲基) 二苯酚和葡萄糖醛酸的使用使镀液更稳定。该镀锡溶液工艺过程易于控制，既可在钢材上，也能在铜或铜合金材料表面置换镀锡。使用该镀锡溶液得到的镀层厚度范围宽，能够满足多数用户要求。

## 配方 5 铜及铜合金化学镀锡液

**原料配比**

| 原料 | 配比(质量份) | | | | | | |
|---|---|---|---|---|---|---|---|
| | 1# | 2# | 3# | 4# | 5# | 6# | 7# |
| 甲磺酸锡 | 77.2 | 50 | — | 77 | — | 77 | 77 |
| 甲磺酸银 | 2.01 | 1 | — | — | — | — | 2.01 |
| 对甲酚磺酸银 | — | — | — | — | — | 1.3 | — |
| 对氨基苯磺酸 | — | — | — | — | — | — | 48 |
| 甲磺酸 | 144 | 144 | — | — | — | 144 | 144 |
| 乙磺酸 | — | — | — | — | — | — | — |
| 2-羟基乙磺酸 | — | 63 | 230 | — | — | — | — |
| 2-羟基乙磺酸锡 | — | — | 84 | — | — | — | — |

续表

| 原料 | 配比(质量份) | | | | | | |
|---|---|---|---|---|---|---|---|
| | 1# | 2# | 3# | 4# | 5# | 6# | 7# |
| 2-羟基乙磺酸银 | — | — | 1.2 | — | — | — | — |
| 2-羟基丙磺酸锡 | — | — | — | — | 100 | — | — |
| 2-羟基丙磺酸银 | — | — | — | 1.3 | 5 | — | — |
| 2-羟基丙磺酸 | — | — | — | 210 | — | — | — |
| 酒石酸 | — | — | — | 120 | — | — | — |
| 柠檬酸 | 153 | 153 | 195 | — | 153 | — | — |
| 乳酸 | — | — | 75 | — | — | — | — |
| 对甲酚磺酸 | 94 | — | — | 94 | — | 94 | — |
| 葡萄糖酸 | — | — | — | — | — | 145 | — |
| 磺基水杨酸 | — | — | — | — | 62 | — | 56 |
| β-环糊精 | 15 | 5 | 15 | 15 | 15 | 15 | 20 |
| 氨基苯酚 | — | — | — | — | — | — | 60 |
| 硫脲 | 76 | 45 | 98 | 76 | 76 | 76 | 76 |
| 3-羟基丙磺酸 | — | — | — | — | 210 | — | — |
| 1,3-二甲基硫脲 | 60 | — | — | — | — | — | — |
| 甲基胍 | — | — | — | — | 26 | — | — |
| 2,4,6-三硫缩三脲 | — | — | 102 | — | — | — | — |
| 2,4,6-三氯苯甲醛 | — | — | — | — | 4 | — | — |
| 2,2-二硫吡啶 | — | — | — | 30 | — | — | — |
| 2,2-二硫苯胺 | — | — | — | — | — | 52 | — |
| 2,2-二硫缩二脲 | — | — | — | — | — | — | 35 |
| 次亚磷酸钠 | 45 | — | 45 | 45 | — | 45 | 60 |
| 麝香草酚 | — | — | — | 20 | — | — | — |
| 抗败血酸 | — | — | 24 | — | 24 | 24 | — |
| 苯甲醛 | — | — | 4 | 4 | — | — | 9 |
| 次亚磷酸 | — | 30 | — | — | 44 | — | — |
| 对苯二酚 | 15 | 5 | — | — | — | — | — |
| α-吡啶甲酸 | — | 3 | — | — | — | 4 | — |
| 氯化十六烷基吡啶 | — | — | 10 | — | — | — | — |
| 溴化十六烷基吡啶 | — | 5 | — | — | — | — | — |
| 氯化十六烷基三甲铵 | — | — | — | — | 10 | 10 | — |
| 咪唑 | 5 | — | — | — | — | — | — |
| 辛基酚聚氧乙烯醚(OP-10乳化剂) | 7 | — | — | 7 | — | — | 7 |
| 去离子水 | 加至1L | 加至1L | 加至1L | 加至1L | 加至1L | 加至1L | 加至1L |

**制备方法** 将各组分溶于水，混合均匀即可。

**原料介绍**

本品中有机混合酸至少为甲磺酸、乙磺酸、2-羟基乙磺酸、2-羟基丙磺酸、3-羟基丙磺酸、柠檬酸、酒石酸、乳酸、葡萄糖酸、对甲酚磺酸、对氨基苯磺酸、磺基水杨酸和草酸中的两种。

本品中有机锡盐为有机酸的锡二价盐：至少为甲磺酸锡、2-羟基乙磺酸锡和2-羟基丙磺酸锡中的一种。

本品中有机银盐至少为甲磺酸银、2-羟基乙磺酸银、2-羟基丙磺酸银和对甲酚磺酸银中的一种。

本品中配位剂至少为硫脲、1,3-二甲基硫脲、2,4-二硫缩二脲、2,4,6-三硫缩三脲、2,2-二硫吡啶、2,2-二硫苯胺、甲基胍和胍基乙酸中的一种。

本品中还原剂至少为次亚磷酸和次亚磷酸钠中的一种。

本品中稳定剂至少为抗败血酸、氨基苯酚、对苯二酚、邻苯二酚和麝香草酚中的一种或与$\beta$-环糊精的组合物。

本品中乳化剂是至少为溴化十六烷基吡啶、氯化十六烷基吡啶、溴化十六烷基三甲铵、氯化十六烷基三甲铵和辛基酚聚氧乙烯醚（OP-10乳化剂）中的一种。

本品中光亮剂至少为咪唑、$\alpha$-吡啶甲酸、苯甲醛和2,4,6-三氯苯甲醛中的一种。

本品的原理是利用配位剂与锡二价离子形成的配合物来降低铜和电极电位，通过置换反应铜被锡置换出来；当铜表面全被锡覆盖后，再在其表面通过自催化还原沉积锡，使镀锡层不断增厚。同时，加入有机混合酸、有机银盐、$\beta$-环糊精来有效克服镀锡层产生锡须；加入稳定剂不仅可以防止镀锡液产生沉淀，同时具有防止镀锡层表面氧化的特性。

**产品应用** 本品主要应用于覆铜或铜合金的线路板，也适用于其他铜材的镀锡防腐等。

**产品特性** 铜及其合金只需经4～8min化学镀锡处理，就可简便、快捷地在其表面获得光亮、平整、不会产生锡须的具有一定厚度的锡层。本品不仅适用于覆铜或铜合金的线路板（PCB），也适用于其他电子元件、黄铜、红铜等铜合金（Cu%>70%）的铜件的化学镀锡，各种铜线材、气缸活塞、活塞环等镀锡，铜材料的镀锡防腐等。

## 配方6 烷基磺酸化学镀锡液

**原料配比**

| 原料 | 配比(质量份) | | | | | |
|---|---|---|---|---|---|---|
| | 1# | 2# | 3# | 4# | 5# | 6# |
| 甲烷磺酸亚锡 | 5 | 15 | 15 | — | — | — |
| 甲烷磺酸 | 100 | 100 | 140 | — | — | — |
| 硫脲 | 100 | 100 | 120 | — | — | — |
| 柠檬酸 | — | 5 | 10 | — | — | — |
| 次磷酸钠 | 100 | 100 | 100 | — | — | — |
| 聚乙二醇 | 5 | 5 | 5 | — | — | 2 |
| 甲酚磺酸 | — | — | 5 | — | — | — |
| 2-羟基丁基-1-磺酸银 | — | — | 10mg | — | — | — |
| 间苯二酚 | 10 | — | — | — | — | 4 |
| 对苯二酚 | — | 5 | — | — | — | — |
| 羟基甲烷磺酸银 | — | 10mg | — | — | — | — |
| 乙烷磺酸铋 | 25mg | — | — | — | — | — |
| 丁炔二醇 | 2 | — | — | — | 1.5 | — |
| 己炔二醇 | — | 1 | — | — | — | — |
| 羟基丙烷吡啶嗡盐 | — | — | 1 | — | — | 1.5 |
| 乙烷磺酸亚锡 | — | — | — | 40 | — | — |
| 丙烷磺酸 | — | — | — | 250 | — | — |
| 丙烯基硫脲 | — | — | — | 250 | — | — |
| 富马酸 | — | — | — | 20 | — | — |
| 甲醛 | — | — | — | 150 | — | — |
| 聚氧乙烯烷基胺 | — | — | — | 10 | — | 2 |
| 聚氧乙烯山梨糖醇酯 | — | — | — | 10 | — | — |
| 苯酚磺酸 | — | — | — | 25 | — | — |
| 丙烷磺酸镍 | — | — | — | 30mg | — | — |
| 丙烷磺酸吡啶嗡盐 | — | — | — | 3 | — | — |

续表

| 原料 | 配比(质量份) | | | | | |
|---|---|---|---|---|---|---|
| | 1# | 2# | 3# | 4# | 5# | 6# |
| 2-丙烷磺酸亚锡 | — | — | — | — | 30 | — |
| 2-羟基乙基-1-磺酸 | — | — | — | — | 200 | — |
| 亚乙基硫脲 | — | — | — | — | 100 | — |
| 酒石酸 | — | — | — | — | 100 | — |
| 氨基硼烷 | — | — | — | — | 50 | — |
| 聚氧乙烯烷基芳基醚 | — | — | — | — | 5 | — |
| 聚乙烯亚胺 | — | — | — | — | 5 | — |
| 抗坏血酸 | — | — | — | — | 7 | — |
| 均苯三酸 | — | — | — | — | 2 | — |
| 2-丙烷磺酸铜 | — | — | — | — | 100mg | — |
| 2-羟基乙基-1-磺酸亚锡 | — | — | — | — | — | 20 |
| 羟基甲烷磺酸 | — | — | — | — | — | 120 |
| 硫代甲酰胺 | — | — | — | — | — | 100 |
| 葡萄糖酸 | — | — | — | — | — | 50 |
| 次磷酸铵 | — | — | — | — | — | 90 |
| 聚氧乙烯壬酚醚 | — | — | — | — | — | 2 |
| 邻苯二酚 | — | — | — | — | — | 4 |
| 2-丙烷磺酸锆 | — | — | — | — | — | 50mg |
| 水 | 加至1L | 加至1L | 加至1L | 加至1L | 加至1L | 加至1L |

**制备方法** 将各组分溶于水，混合均匀即可。

**原料介绍**

本品中有机磺酸锡盐为甲烷磺酸亚锡、乙烷磺酸亚锡、丙烷磺酸亚锡、2-丙烷磺酸亚锡、羟基甲烷磺酸亚锡、2-羟基乙基-1-磺酸亚锡或2-羟基丁基-1-磺酸亚锡等。

本品中有机酸为烷基磺酸或烷醇基磺酸。烷基磺酸包括甲烷磺酸、乙烷磺酸、丙烷磺酸、2-丙烷磺酸等。烷醇基磺酸包括羟基甲烷磺酸、2-羟基乙基-1-磺酸和2-羟基丁基-1-磺酸等。

本品中配位剂为硫脲及其衍生物，或者是硫脲及其衍生物和有机羧酸的混合物。硫脲衍生物包括硫代甲酰胺、硫代乙酰胺、亚乙基硫脲、丙烯基硫脲、2-巯基苯并噻唑和EDTA等。所述的有机羧酸包括葡萄糖酸、酒石酸、富马酸和柠檬酸等。

本品中还原剂为次磷酸钠、次磷酸钾、次磷酸铵、有机硼烷、甲醛、联氨、硼氢化钠或氨基硼烷等。

由于在镀锡液中加入非离子表面活性剂旨在改善镀液性能，有利于获得平滑的锡镀层。因此，所述的表面活性剂为非离子表面活性剂，本品采用聚氧乙烯烷基芳基醚、聚氧乙烯壬酚醚、聚氧乙烯烷基胺、聚氧乙烯山梨糖醇酯、聚乙烯亚胺或/和聚乙二醇等。它们可以单独或者混合使用。

由于在镀锡液中加入抗氧化剂旨在防止镀液中的二价锡离子氧化成四价锡离子，保持镀液和合金镀层组成的稳定性。本品中的抗氧化剂有抗坏血酸及其Na、K等碱金属盐、邻苯二酚、间苯二酚、对苯二酚、甲酚磺酸及其Na、K等碱金属盐、苯酚磺酸及其Na、K等碱金属盐、连苯三酚和均苯三酸等。它们可以单独或者混合使用。

本品中贵金属盐为银、铋、镍、锆或铜的烷基磺酸盐或烷醇基磺酸盐，例如甲烷磺酸盐、乙烷磺酸盐、丙烷磺酸盐、2-丙烷磺酸盐、羟基甲烷磺酸盐、2-羟基乙基-1-磺酸盐和2-羟基丁基-1-磺酸盐等，它们可以单独或混合使用。

本品中光亮剂为吡啶衍生物或炔醇类化合物。吡啶衍生物包括丙烷磺酸吡啶嗡盐、羟基丙烷吡啶嗡盐等；炔醇类化合物包括己炔二醇、丁炔二醇和丙炔醇乙氧基化合物等。

**产品应用** 本品主要应用于化学镀锡。

本品镀锡工艺包括以下步骤。

(1) 将铜或铜合金待镀工件进行预处理，预处理包括除油、酸洗、微蚀和预镀。

(2) 将经预处理的铜或铜合金工件放入本镀锡液中进行镀锡，镀锡操作时，化学镀锡浴槽温度为50～65℃，镀液pH值为1.0～2.5，时间为15～30min。

(3) 镀锡后进行中和和防变色处理。

步骤(1)中所述的预镀处理是在化学镀锡之前，在铜或铜合金工件上置换一层薄而均匀的锡层，然后在该层上化学镀锡，提高镀层的结合力。

所述步骤(3)中采用现有技术中的方法进行中和和防变色处理即可。

**产品特性** 本品采用预浸化学镀两步法镀锡，镀层光亮，厚度可达2.5μm/20min，无晶须生长，因此采用本品在印制线路板或电子元器件表面化学镀上的锡合金层，具有良好的可焊性，确保印制电路板表面具有良好的可焊性，保证接插件或表面贴装件与电路所在位置达到牢固的结合。镀液中不含对环境有害的铅、镉等重金属、难处理的配位剂和螯合剂，对助焊剂无攻击性。本镀锡液及其方法适宜于PCB版、IC引线架、连接器等无铅可焊性镀层的需求。

## 配方7 锡的连续自催化沉积化学镀镀液

**原料配比**

| 原料 | 配比(质量份) | | |
|---|---|---|---|
| | 1# | 2# | 3# |
| 氯化亚锡 | 30 | 20 | 15 |
| 盐酸 | 40mL | 50mL | 60 |
| 乙二胺四乙酸二钠 | 5 | 3 | 3 |
| 硫脲 | 120 | 100 | 80 |
| 柠檬酸 | — | 20 | 15 |
| 柠檬酸三钠 | 30 | — | — |
| 次磷酸钠 | 100 | 80 | 80 |
| 明胶 | 0.5 | 0.3 | 0.3 |
| 苯甲醛 | 1mL | 1mL | 0.5mL |
| 水 | 加至1L | 加至1L | 加至1L |

**制备方法**

(1) 将乙二胺四乙酸二钠用去离子水溶解，形成A液。

(2) 在盐酸中加入氯化亚锡，搅拌使之溶解形成B液。

(3) 将B液在搅拌下加入A液中，形成C液。

(4) 用去离子水溶解硫脲，在搅拌下加入C液中，形成D液。

(5) 用去离子水溶解柠檬酸/柠檬酸三钠、次磷酸钠，在搅拌下加入D液中，形成E液。

(6) 用去离子水溶解明胶至透明溶液，过滤后加入E液中。

(7) 苯甲醛加入E液中。

(8) 用盐酸或氨水调整E液的pH值，定容、过滤后获得化学镀锡液。

**产品应用** 本品主要应用于化学镀锡。

**产品特性**

(1) 在铜基上实现了锡的连续自催化沉积，沉积速度快，可以获得不同厚度的银白色、半光亮的锡-铜合金化学镀层。

(2) 明胶和苯甲醛在化学镀镀液中的加入，使晶粒细化明显，镀层表面平整度提高，孔隙率降低。

(3) 镀液配方简单，易于控制，工艺参数范围宽。

(4) 镀液稳定，使用寿命长，批次生产稳定性高。以沉积厚度为3～5μm为例，1L化学镀锡液的镀覆面积为12～13$dm^2$。

(5) 化学镀层为半光亮、银白色，厚度在5～7μm时，可以满足钎焊性要求。

(6) 化学镀层和铜基体结合牢固，无起皮、脱落及剥离现象。

(7) 化学镀层经钝化处理后，抗变化能力强。

(8) 镀液的均镀和深镀能力强，在深孔件、盲孔件以及一些难处理的小型电子元器件及PCB印刷板线路等产品的表面强化处理中应用前景广泛。

# 4.3 化学镀银液

## 配方1 化学置换镀银液

**原料配比**

表1 镀银添加剂

| 原料 | | 配比(质量份) | | | | |
|---|---|---|---|---|---|---|
| | | 1# | 2# | 3# | 4# | 5# |
| 第一组分 | 绿原酸 | 1 | 1 | 1 | 1 | 1 |
| | 烟酸 | 750 | 500 | 600 | 550 | 500 |
| | 3,4′,4″,4‴-四磺酸酞菁铜四钠盐 | 100 | 250 | 180 | 200 | 150 |
| 第二组分 | 聚乙二醇6000 | 1 | 1 | 1 | 1 | 1 |
| | 平平加 | 0.5 | 1.2 | 0.8 | 0.9 | 0.5 |
| | 抗坏血酸 | 0.6 | 0.1 | 0.4 | 0.3 | 0.5 |
| 第三组分 | 2-巯基苯并噻唑 | 1 | 1 | 1 | 1 | 1 |
| | 苯并三氮唑 | 0.8 | 1.5 | 1.1 | 1 | 1 |
| | 苄基硫脲盐酸盐 | 1.5 | 1 | 1.3 | 1.3 | 1 |
| 第一组分 | | 1 | 1 | 1 | 1 | 1 |
| 第二组分 | | 0.01 | 0.1 | 0.05 | 0.02 | 0.07 |
| 第三组分 | | 0.12 | 0.05 | 0.08 | 0.1 | 0.09 |
| 去离子水 | | 加至1L | 加至1L | 加至1L | 加至1L | 加至1L |

表2 镀液

| 原料 | 配比(质量份) | | | | |
|---|---|---|---|---|---|
| | 1# | 2# | 3# | 4# | 5# |
| 硝酸银 | 30 | 20 | 12 | 25 | 15 |
| 乙二胺 | 50mL | 40mL | 20mL | 45mL | 35mL |
| 镀银添加剂 | 15mL | 12mL | 8mL | 10mL | 8mL |
| 去离子水 | 加至1L | 加至1L | 加至1L | 加至1L | 加至1L |

**制备方法**

(1) 镀银添加剂的制备：将绿原酸、烟酸、3,4′,4″,4‴-四磺酸酞菁铜四钠盐按配比混合，溶于去离子水中，制成第一组分。将聚乙二醇6000、平平加、抗坏血酸按配比混合，溶于去离子水中，制成第二组分。将2-巯基苯并噻唑、苯并三氮唑、苄基硫脲盐酸盐按配比混合，溶于去离子水中，制成第三组分。将所制得的第一组分、第二组分、第三组分按配比将它们混合，搅拌均匀，制成镀银添加剂。

(2) 镀液的制备：将硝酸银、乙二胺、镀银添加剂混合，溶于去离子水中，搅拌均匀即为镀液。

**产品应用** 本品主要应用于化学镀银。

镀银包括如下步骤。

(1) 将硝酸银、乙二胺、镀银添加剂按下列组成配制成镀液：硝酸银12～30g/L、乙二胺20～50mL/L、镀银添加剂8～15mL/L；

(2) 取100L镀液置于3m×0.2m×0.2m的镀槽中，镀液温度维持在20～40℃范围内；

(3) 将欲施镀的直径为0.2～0.6mm的铁基线材进行除油、酸洗、水洗、吹干（风干）再进入镀槽中，以0.5～3m/min的速度在镀液中运行；

(4) 施镀线材从镀液中被牵引出来后，进行抛光；

(5) 施镀过程中，适时补加硝酸银，以使 $Ag^+$ 浓度不低于6g/L，每施镀100kg线材，补加镀银添加剂8～10mL/L，镀液呈浑浊状态后，停止施镀，更换镀液。

**产品特性** 应用本品镀银，不需要使用氰化物与还原剂（如葡萄糖），能对铁基线材连续施镀，利于工业生产。

## 配方2 微碱性化学镀银液

**原料配比**

| 原料 | 配比(质量份) | | | | | | |
|---|---|---|---|---|---|---|---|
| | 1# | 2# | 3# | 4# | 5# | 6# | 7# |
| 硝酸银 | 0.6 | — | 6 | 10 | — | 1 | — |
| 三乙烯四胺 | 20 | — | — | — | — | — | — |
| 甘氨酸 | 10 | — | — | — | — | — | — |
| 柠檬酸 | 5 | — | — | — | — | — | — |
| $Ag^+$（$[Ag(NH_3)_2]^+$） | — | 2 | — | — | — | — | — |
| EDTA | — | 30 | — | — | — | — | — |
| 硝酸铵 | — | 40 | — | — | — | — | — |
| 乳酸 | — | 2 | — | — | — | — | — |
| DTPA | — | — | 40 | — | — | — | — |
| 柠檬酸三铵 | — | — | 30 | — | — | — | — |
| 碳酸铵 | — | — | — | 40 | — | — | — |
| 磺基水杨酸 | — | — | — | 40 | — | — | — |
| 丙氨酸 | — | — | — | 40 | — | 60 | — |
| 硫酸银 | — | — | — | — | 3 | — | — |
| 硫酸铵 | — | — | — | — | 20 | — | 50 |
| 亚氨二磺酸 | — | — | — | — | 30 | — | — |
| 柠檬酸铵 | — | — | — | — | 2 | — | — |
| 磷酸铵 | — | — | — | — | — | 20 | — |
| 邻苯二甲酸 | — | — | — | — | — | 10 | — |
| 氨磺酸银 | — | — | — | — | — | — | 8 |

续表

| 原料 | 配比(质量份) | | | | | | |
|---|---|---|---|---|---|---|---|
| | 1# | 2# | 3# | 4# | 5# | 6# | 7# |
| 氨磺酸 | — | — | — | — | — | — | 30 |
| 酒石酸 | — | — | — | — | — | — | 20 |
| 去离子水 | 加至1L | 加至1L | 加至1L | 加至1L | 加至1L | 加至1L | 加至1L |

**制备方法** 将各组分溶于水，混合均匀即可。

**原料介绍**

本品中银络离子选自银氨络离子、银-氨基酸络离子、银-卤化物络离子、银-亚硫酸盐络离子或银-硫代硫酸盐络离子中的至少一种。

本品中胺类配位剂选自氨、柠檬酸三铵、磷酸铵、硫酸铵、硝酸铵、乙酸铵、碳酸铵、甲胺、乙胺、乙二胺、1，2-丙二胺、1，3-丙三胺、二乙烯三胺、三乙烯四胺、三氨基三乙胺、咪唑、氨基吡啶、苯胺或苯二胺中的至少一种。

本品中氨基酸类配位剂选自甘氨酸、α-丙氨酸、β-丙氨酸、胱氨酸、邻氨基苯甲酸、天冬氨酸、谷氨酸、氨磺酸、亚氨二磺酸、氨二乙酸、氨三乙酸（NTA）、乙二胺四乙酸（EDTA）、二乙三胺五乙酸（DTPA）、羟乙基乙二胺三乙酸（HEDTA）或芳香环氨基酸（如吡啶-二甲酸）中的至少一种。

本品中多羟基酸类配位剂选自柠檬酸、酒石酸、葡萄糖酸、苹果酸、乳酸、1-羟基-亚乙基-1,1-二膦酸、磺基水杨酸、邻苯二甲酸或它们的碱金属盐或铵盐中的至少一种。

**产品应用** 本品主要应用于化学镀银。

在化学镀工艺中，用氨水调节pH值在7.8～10.2，采用该镀银液在温度约40～70℃下对工件施镀约0.5～5min即可。

**产品特性**

(1) 镀液不含硝酸。

(2) 镀液不含缓蚀剂及渗透剂，为全配位剂系统，所得银层为纯银层，它具有优良的导电性、防变色性能和很低的高频损耗，易清洗、低接触电阻和高的打线强度。

(3) 纯银层焊接时焊球内没有气孔、焊接强度高。

(4) 镀液的pH值为8～10，呈微碱性，不会攻击绿漆，施镀时间可达1～5min，可以保护盲孔内全镀上银，同时又不会咬蚀铜线和侧蚀。

# 4.4 化学合金镀液

## 配方1 镁合金表面化学镀镍硼合金镀液

**原料配比**

表1 碱洗溶液

| 原料 | 配比(质量份) | | 原料 | 配比(质量份) | |
|---|---|---|---|---|---|
| | 1# | 2# | | 1# | 2# |
| 碳酸钠 | 15 | 20 | OP-10 | 5mL | 10mL |
| 磷酸钠 | 15 | 20 | 去离子水 | 加至1L | 加至1L |

表2 酸洗溶液

| 原料 | 配比(质量份) | |
|---|---|---|
| | 1# | 2# |
| 36%冰醋酸 | 40mL | 35mL |
| 硝酸钠 | 40 | 35 |
| 去离子水 | 加至1L | 加至1L |

表3 活化液

| 原料 | 配比(体积份) | |
|---|---|---|
| | 1# | 2# |
| 40%氢氟酸 | 200mL | 240mL |
| 去离子水 | 加至1L | 加至1L |

表4 化学镀镀液

| 原料 | 配比(质量份) | | | | |
|---|---|---|---|---|---|
| | 1# | 2# | 3# | 4# | 5# |
| 乙酸镍 | 37 | 38 | 40 | 40 | 38 |
| 乙二胺 | 50mL | 52mL | 55mL | 55mL | 52mL |
| 对苯磺酸钠 | 5 | 6 | 8 | 6 | 5 |
| 丙二酸 | 2 | 3 | 6 | 4 | 2 |
| 磺基水杨酸 | 0.03 | 0.05 | 0.06 | 0.04 | 0.03 |
| 氢氧化钠 | 40 | 28 | 48 | 38 | 36 |
| 硼氢化钠 | 0.55 | 0.56 | 0.6 | 0.6 | 0.57 |
| 去离子水 | 加至1L | 加至1L | 加至1L | 加至1L | 加至1L |

**制备方法**

(1) 室温下，在去离子水中依次加入碳酸钠、磷酸钠、OP-10，待溶解完全后加热至75℃，即为碱洗溶液。

(2) 室温下，在去离子水中依次加入36%冰醋酸、硝酸钠，待溶解完全，即为酸洗溶液。

(3) 室温下，在去离子水中加入40%氢氟酸，搅拌均匀即为活化液。

(4) 室温下，在去离子水中加入乙酸镍，待溶解完全后，搅拌下加入乙二胺，待冷却到室温后在搅拌下加入复合添加剂，依次为：对苯磺酸钠、丙二酸、磺基水杨酸，待溶解完全后在搅拌下加入氢氧化钠，待溶解完全后加入硼氢化钠，最后加入去离子水至1L，加热至85℃恒温，即为化学镀液。

**产品应用** 本品主要应用于镁合金表面化学镀镍硼合金。

本品化学镀镍的步骤如下。

(1) 在60～75℃和外加超声波条件下，将镁合金放入碱洗溶液中处理10～15min，取出后用水漂洗；

(2) 在室温和外加超声波条件下，将经碱洗处理后的镁合金放入酸洗溶液中处理0.5～1.5min，取出后用水漂洗；

(3) 在室温下，将经酸洗处理后的镁合金放入活化液中处理1～1.5min，取出后用水漂洗；

(4) 在80～90℃下，将经活化处理后的镁合金放入化学镀液中化学镀2～3h，取出后用水漂洗，获得Ni-B合金镀层；

(5) 将镀有Ni-B合金镀层的镁合金在150～180℃下烘干处理30～45min。

**产品特性** 本品首先采用了特殊的酸洗和活化工艺，无需预镀即可在镁合金表面获得一层具有催化活性的底层，该工艺成本低、操作简单、不含铬化合物；第二，采用弱酸盐乙酸镍为主盐，既避免镀液中 $Cl^-$、$SO_4^{2-}$ 的大量存在对镁的腐蚀，也避免了使用碱式碳酸镍的种种问题，获得了良好的沉积效果；第三，通过在镀液中加入复合添加剂，使得在镀液 pH＞11 的情况下沉积反应优先进行，避免了基底碱蚀，获得了性能良好的镀层。镀层具有高的表面硬度、良好的结合力和耐蚀性能；且化学镀镀液可操作范围广（pH＞2.8），可连续施镀，有很好的实际应用前景。

## 配方 2　镁合金表面直接化学镀镍磷合金镀液

**原料配比**

| 原料 | 配比(质量份) | | |
|---|---|---|---|
| | 1# | 2# | 3# |
| 氢氧化镍 | 15 | — | — |
| 氧化镍 | — | 20 | — |
| 乳酸镍 | — | — | 15 |
| 配位剂乳酸 | 15 | 25 | — |
| 配位剂乳酸和柠檬酸 | — | — | 15 |
| 还原剂次亚磷酸钠 | 20 | 30 | 30 |
| 缓冲剂氟化氢铵 | 15 | 15 | 10 |
| 稳定剂硫脲 | 0.002 | 0.002 | 0.002 |
| 缓蚀剂 HEDP | 0.05 | — | — |
| 缓蚀剂植酸 | — | 0.1 | — |
| 缓蚀剂氟锆酸钾和植酸 | — | — | 0.05 |
| 添加剂 | 10mL | 20mL | 20mL |
| 水 | 加至 1L | 加至 1L | 加至 1L |

**制备方法**

（1）先将所需的原料按计量要求称好。

（2）在称取好的配位剂中加入适量的水进行溶解，然后将镍盐在搅拌的条件下溶于配位剂中，同时助溶剂的加入可以加快镍盐的溶解。

（3）将溶解好的还原剂，在搅拌的条件下倒入（2）中。

（4）将溶解好的缓冲剂、缓蚀剂、稳定剂、添加剂分别加入（3）中。

（5）调整好 pH 值，并加水至工艺要求，即可施镀。

**产品应用**　本品主要应用于金属材料表面处理。

（1）先将镁及镁合金在超声波条件下用丙酮除油，再在碱性除油溶液中脱脂，然后在去离子水中清洗干净。

（2）在酸洗液中将镁合金表面的氧化皮、杂质去除干净，时间在 30～300s 之间，用去离子水清洗干净。

（3）对酸洗过后的镁合金进行活化处理，充分去除表面的氧化皮，并使镁合金表面状态趋于一致，时间在 30～600s 之间。

（4）将上述处理后的镁合金部件浸在 pH 为 4.5～10 的上述化学镀液中，工作温度为 85～90℃，施镀时间视要求而定。

所述酸洗液配方如下：$H_3PO_4$ 40～100mL/L、$H_3BO_3$ 5～50g/L、$Na_4P_2O_7$ 10～50g/L，温度室温，时间 30～300s。

所述活化液配方如下：乳酸 0.5～10g/L、草酸 0.5～10g/L、植酸 0.005～0.1g/L、柠檬酸 0.5～10g/L、单宁酸 0.1～5g/L、添加剂 0.005～0.1g/L，温度 20～60℃，时间 30～600s。

**产品特性** 镁合金前处理工序中不含铬、氟等对环境和人有危害的物质，属于环保型工艺。化学镀液中不含 $SO_4^{2-}$、$Cl^-$、$NO^{3-}$ 等阴离子，缓蚀剂能够有效地减小镀液对镁合金的腐蚀。所获得的镍磷合金镀层具有金属光泽，且均匀细致，与基体的结合力强，耐蚀性也较好。镀速在 15～20μm/h。

## 配方 3 镁合金表面直接纳米二氧化钛化学复合镀镀液

**原料配比**

| 原料 | 配比(质量份) | 原料 | 配比(质量份) |
| --- | --- | --- | --- |
| $NiCO_3 \cdot 2Ni(OH)_2 \cdot 4H_2O$ | 15 | 稳定剂硫脲 | 0.0005 |
| 质量分数为 40%的 HF | 12mL | $NaH_2PO_2 \cdot 4H_2O$ | 25 |
| 柠檬酸或柠檬酸钠 | 12 | 锐钛矿型纳米二氧化钛粉末 | 8 |
| $NH_4HF_2$ | 10 | 水 | 加至 1L |
| 配位剂乳酸 | 12 | | |

**制备方法** 按配比称取 $NiCO_3 \cdot 2Ni(OH)_2 \cdot 4H_2O$、40%的 HF、柠檬酸或柠檬酸钠、$NH_4HF_2$、配位剂乳酸、稳定剂硫脲、$NaH_2PO_2 \cdot 4H_2O$，用氨水和氢氟酸调整镀液的 pH 值为 5.0～7.5，温度为 75～95℃，将锐钛矿型纳米二氧化钛粉末超声分散 30～60min 后加入镀液中，并进行搅拌，使锐钛矿型纳米二氧化钛粉末均匀悬浮在镀液中，以得到均匀的 Ni-P-$TiO_2$ 复合镀层。

**产品应用** 本品主要应用于镁合金表面直接纳米二氧化钛化学复合镀，包括以下步骤。

(1) 将镁合金试样经过 100～1000　砂纸磨光，然后在乙醇与丙酮体积比 1：(0.8～1) 的溶液中超声波清洗 10～20min 除油，在室温下干燥；然后在 50～70℃的碱洗液中碱洗 6～12min，然后水洗；在室温下放入酸洗液中进行酸洗 1～3min，用去离子水冲洗；在室温下放入 40%的 HF 250～400mL/L 的活化液中活化处理 8～15min，然后进行水洗。

(2) 将处理好的试样浸入镀液中，50～60min 后取出洗净，在室温下干燥即可。

所述碱洗液，每升溶液中各成分的含量为：NaOH 或 $Na_2CO_3$ 30～60g，$Na_3PO_4 \cdot 12H_2O$ 10～30g。

所述酸洗液，每升溶液中各成分的含量为：质量分数为 70%的 $HNO_3$ 80～120mL，$CrO_3$ 100～150g，$Fe(NO_3)_3$ 20～50g，KF 2～6g。

**产品特性**

(1) 具有优良的光催化杀菌性能，因此将其应用于 3C 类、医疗卫生器械、工程构件等镁合金产品上，能够在有光的条件下自催化，杀死各种细菌、病毒。

(2) 具有自清洁作用，将其应用于镁合金器具和构件表面，能够在光催化条件下，清除有机污物，分解有害气体。

(3) 具有优良的生物兼容性，将其应用于医疗卫生器械和人体植入材料类镁合金产品上，能够提高与人体的兼容性。本品采用化学复合镀的方法将化学镀 Ni-P 镀层与纳米 $TiO_2$ 结合起来，即在镁合金上采用直接化学复合镀方法，使其表面包覆上 Ni-P-$TiO_2$ 复合镀层，这样，就能使镁合金既能够起到抗氧化和耐腐蚀、耐磨损的作用，又能起到杀菌、消毒的作用，大大提高了镁合金的应用范围。本品在镁合金表面的镀层，可提高镁合金的耐腐蚀性能，使镁合金具有光催化、自清洁和抗菌除臭的性能。本品在镁合金表面的镀层不仅具有良好的耐腐蚀、耐磨性，同时还具有厚度均匀、化学稳定性好、表面光洁平整等优点。

## 配方 4 镁合金化学镀镍磷液

**原料配比**

| 原料 | | 配比(质量份) | | | | | |
|---|---|---|---|---|---|---|---|
| | | 1# | 2# | 3# | 4# | 5# | 6# |
| 主盐 | 碱式碳酸镍 | 15 | 25 | 30 | 15 | 15 | 15 |
| 还原剂 | 次亚磷酸钠 | 25 | 35 | 40 | 25 | 25 | 25 |
| 配位剂 | 柠檬酸 | 10 | — | — | 3 | 8 | — |
| | 柠檬酸三钠 | — | 15 | — | — | — | — |
| | 丁二酸 | — | 4 | — | 8 | — | — |
| | 乳酸 | — | — | 15 | — | 20 | 25 |
| | 乙酸钠 | — | — | — | 15 | — | — |
| 稳定剂 | 硫脲 | 0.002 | 0.003 | — | — | — | 0.001 |
| | 碘酸钠 | — | — | 0.008 | 0.01 | 0.005 | 0.015 |
| 防腐剂 | 氟化氢铵 | 15 | 25 | 30 | 20 | 20 | 25 |
| 水 | | 加至1L | 加至1L | 加至1L | 加至1L | 加至1L | 加至1L |

**制备方法** 将各组分溶于水，搅拌均匀即可。

**产品应用** 本品主要应用于镁合金化学镀镍磷，其工艺过程和步骤如下。

(1) 将镁合金预先进行脱除油脂处理，然后进行酸洗；酸洗是将表面清洁的镁合金部件放入氢氟酸和磷酸的混合酸液中，该混合酸液是浓度为40%的氢氟酸与浓度为68%的磷酸以1∶1体积比配制而成，酸洗20～50s后，再用水冲洗干净；

(2) 进行浸锌处理，此时为一次浸锌；浸锌是在氧化锌80～100g/L，氢氧化钠500～250g/L，酒石酸钾钠10～20g/L，氯化铁1～3g/L的混合溶液中进行，浸锌时间为5～8min，随后用水冲洗干净；

(3) 进行退锌，即用30%～50%浓度的硝酸溶液进行退锌；

(4) 二次浸锌，用上述步骤(2)中同样的混合溶液进行二次浸锌，浸锌时间为30～90s；

(5) 化学镀镍磷工艺程序，将上述经处理的镁合金部件放入本化学镀镀液中，温度控制在80～90℃，pH值调节为6～7，施镀时间为45～60min；

(6) 进行水洗，并在200℃温度下热处理2h；最后在镁合金表面获得具有金属光泽的镍磷合金镀层，其厚度为15～20μm。

**产品特性** 本化学镀溶液的成分简单，配制方便，镀液成分可在较大范围内变化，稳定性好，配制后可长期存放，操作十分方便。更大的优越性是在化学镀前的处理过程中，无需氢氟酸活化，无需氰化镀铜工序，因此对环境污染小。本方法可在镁合金表面镀覆功能性镀层，获得的化学镀镍磷合金层具有金属光泽，镀膜均匀致密、与基体结合力强、耐蚀性较好。

## 配方 5 镁合金化学镀镍钨磷镀液

**原料配比**

| 原料 | 配比(质量份) | | 原料 | 配比(质量份) | |
|---|---|---|---|---|---|
| | 1# | 2# | | 1# | 2# |
| 硫酸镍 | 11.5 | 18 | 柠檬酸钠 | 30.3 | 40 |
| 钨酸钠 | 7.6 | 13 | 次亚磷酸钠 | 15.2 | 18 |

续表

| 原料 | 配比(质量份) | | 原料 | 配比(质量份) | |
|---|---|---|---|---|---|
| | 1# | 2# | | 1# | 2# |
| 碳酸钠 | 15.2 | 18 | 碘酸钾 | 0.0001 | 0.0001 |
| 氟化氢铵 | 6 | 10 | 水 | 加至1L | 加至1L |

**制备方法** 先用少量去离子水分别溶解各原料，然后混合并稀释到要求浓度，调整溶液 pH 值至 6～10，完成镀液的配制过程。

**产品应用** 本品主要应用于镁合金化学镀镍。

对镁合金工件施镀之前，应用对镁合金工件表面进行前处理，前处理包括脱脂、碱洗和一步活化。将前处理后的镁合金工件放入已加热到 85℃±2℃的镀液中，超声波震荡施镀 2h。每一步骤间均用去离子水清洗干净，并使其在空气中停留时间尽量短。镀完后，应对镁合金工件进行水洗和干燥。

本品针对镁合金在镀液中产生的基体腐蚀及 pH 值变化问题的措施有：镀前对镁合金在磷酸-氟化氢铵活化液中进行一次活化处理，镁合金工件形成一层氟化物保护膜，其在镀液中能稳定存在，能对基体起保护作用；在镀液中添加一定量的氟化物，氟离子可以修复破损的氟化膜，保护基体；pH 值变化采用添加剂碳酸钠作为缓冲剂。

**产品特性** 在按本配方配制的镀液中进行化学镀，基体镁合金不会受镀液腐蚀，得到的镀层光滑、镀层结合良好，并具有较好的耐腐蚀能力。采用本品得到的镀层可作为镁合金单独的保护层，也可作为电镀的底层。

本品用硫酸镍代替碱式碳酸镍来引入镍，并添加钨酸钠，使得镀层耐腐蚀性、耐磨性能更好，且镀液配制方便，成本大为降低。解决了化学镀镍层耐腐蚀性、耐磨性能较低的问题。

在镀液中用硫酸钠代替了价格较为昂贵的碱式碳酸镍和乙酸钠，成本大为降低，并且降低了配制时的复杂性；添加钨酸钠为副盐，用以在基体表面与镍同时沉积，有利于堵塞孔隙，提高镀层的硬度；使用碳酸钠作为缓冲剂，有利于控制镀液 pH 值变化，有利于化学镀的均匀沉积。作为镁合金化学镀镀液，本品采用氟化氢铵，代替了原镀液中的氟化氢铵和氟化氢混合溶液，有利于环境的保护，危险性降低。因此，与传统工艺相比，新工艺降低了工艺复杂性和环境的污染，而且配制方便，镀层孔隙率更小，有利于提高耐腐蚀性和硬度。

## 配方 6 镁合金纳米化学复合镀镀液

**原料配比**

表 1 化学复合镀镀液

| 原料 | | 配比(质量份) | | | |
|---|---|---|---|---|---|
| | | 1# | 2# | 3# | 4# |
| 基础化学镀液 | 碱式碳酸镍 | 11 | 11 | 9 | 11 |
| | 氟化氢铵 | 12 | 12 | 10 | 12 |
| | 柠檬酸钠 | 10 | 10 | 8 | 10 |
| | 次亚磷酸钠 | 21 | 21 | 20 | 21 |
| | 氟化钾 | — | — | 8 | — |
| | 水 | 加至1L | 加至1L | 加至1L | 加至1L |
| 纳米氧化锆(按浓缩浆中的纳米氧化锆量计) | | 5 | 3 | — | — |

续表

| 原料 | 配比(质量份) | | | |
|---|---|---|---|---|
| | 1# | 2# | 3# | 4# |
| 纳米氧化铝(按浓缩浆中的纳米氧化铝量计) | — | — | — | — |
| 纳米氧化钛(按浓缩浆中的纳米氧化钛量计) | — | — | — | 15 |
| 硫脲 | 0.002 | 0.0025 | 0.0015 | 0.003 |

**表 2　纳米氧化锆/铝/钛浓缩浆**

| 原料 | 配比(质量份) | | |
|---|---|---|---|
| | 1# | 2# | 3# |
| 水 | 23 | 59.2 | 51.85 |
| 分散剂 | 7 | 0.8 | 3.15 |
| 纳米氧化锆 | 70 | — | — |
| 纳米氧化铝 | — | 40 | — |
| 纳米氧化钛 | — | — | 45 |

**制备方法**

(1) 配制基础化学镀镀液：在碱式碳酸镍中加入氟化氢铵、碱金属氟化物中的一种或几种物质，加入适量的去离子水，放在 60～100℃ 的水浴中使其完全溶解。将柠檬酸或柠檬酸盐中的一种或两种物质加水使其溶解，然后加入先前溶解好的碱式碳酸镍溶液中，最后再将溶解好的次亚磷酸钠倒入上述溶液中，搅拌使其混合充分。最后用碱金属的氢氧化物或氨水调节溶液的 pH 值，使其在 5～7 之间。

(2) 将分散剂放入到水中，放入粒度都在 100nm 以下的纳米氧化锆、纳米氧化铝、纳米氧化硅、纳米氧化钛等中的任选一种，用高速分散机 500～2000r/min 分散 2～15min，然后再用球磨机或砂磨机研磨 3～6h，制备出水性纳米氧化物浓缩浆。

(3) 将纳米氧化物浓缩浆加入基础化学镀镀液中，再加入稳定剂硫脲，在超声波 40～100kHz 条件下分散 5～30min，静置 2～5h 后使用。

**产品应用**　本品主要应用于镁合金纳米化学复合镀。

(1) 前处理：前处理包括研磨、碱浸和活化三个步骤，每步都要水洗。

所述研磨（即机械前处理）是指用 180～1000＃水磨砂纸依次打磨，去除表面氧化皮或油脂等污物，使基体表面平整清洁。

所述碱浸采用的是 15～45g/L 碳酸盐、25～75g/L 焦磷酸盐、20～40g/L 碳酸氢盐其中一种或几种复配物，其洗涤温度控制在 50～80℃之间，时间为 2～20min，用碱金属氢氧化物调节 pH 值大于 12。碱浸用于去除镁合金表面残余的油污和氧化物。

所述碱浸采用的碳酸盐可以为碳酸钠、碳酸钾；焦磷酸盐可以为焦磷酸钠、焦磷酸钾；碳酸氢盐可以为碳酸氢钠、碳酸氢钾。

所述活化通常采用的是浓度为 30～300g/L 氟化氢铵、5～20g/L 碱金属氟化物中一种或两种复配溶液，用其除去碱浸步骤的残留污物，同时在镁合金表面生成一种新物质，利于化学镀时镍的沉积，增强镀层和基体的结合力。活化温度为室温即可，时间为 5～20min。

所述活化采用的是碱金属氟化物可以为氟化钾、氟化钠。

(2) 化学复合镀：进行化学镀。由于第二相粒子纳米粉的加入，在初始沉积时可能会降低基体与镀层的结合力，并且镀层容易产生孔隙，使镀层的耐蚀性变差。因此，应先在不含纳米粉的基础化学镀镀液中施镀 5～30min，使基体被镍层完全包裹，然后再放入复合镀镀液中进行施镀。

所述复合镀是采用超声波震荡使纳米粉在镀液中一直呈良好的分散状态，其振荡频率为50～80kHz，采用间歇式震荡方式，每震荡1～5min停歇2～8min。温度控制在70～90℃，时间为1～3h。

(3) 后处理：将镀好的样品从镀槽中取出，用水冲洗干净，烘干，放入干燥器中存放待用。

**产品特性**

(1) 采用本处理方法，无论是前处理溶液还是化学镀溶液都不含六价铬和氢氟酸等对人体和环境损害严重的有毒物质。

(2) 本品的前处理步骤少，溶液成分简单，易于控制，工艺稳定，而且化学镀后镀层的结合力好。

(3) 本品制备的纳米浓缩浆分散性好、固含量高、稳定性好，可以存放半年以上。

(4) 本品复合镀时采用超声波分散，镀层中纳米粉分散均匀，并且含量高。

(5) 本品采用两步施镀法。直接化学镀有利于减少镀层的孔隙率、改善结合力；复合镀明显改善了耐磨性和耐蚀性。本品制得的镀层，厚度均匀，与基体结合力好，各方面性能优异。

## 配方7 镁合金化学复合镀镀液

**原料配比**

表1 碱浸液

| 原料 | 配比(质量份) | | 原料 | 配比(质量份) | |
|---|---|---|---|---|---|
| | 1# | 2# | | 1# | 2# |
| 焦磷酸钠 | 50 | 40 | 碳酸氢钠 | — | 40 |
| 碳酸钠 | 35 | — | 水 | 加至1L | 加至1L |

表2 活化液

| 原料 | 配比(质量份) | | |
|---|---|---|---|
| | 1# | 2# | 3# |
| 氟化氢铵 | 200 | 50 | 150 |
| 氟化钾 | | | 20 |
| 水 | 加至1L | 加至1L | 加至1L |

表3 基础化学镀镀液

| 原料 | 配比(质量份) | | 原料 | 配比(质量份) | |
|---|---|---|---|---|---|
| | 1# | 2# | | 1# | 2# |
| 碱式碳酸镍 | 11 | 9 | 氟化钾 | — | 8 |
| 氟化氢铵 | 12 | 10 | 次亚磷酸钠 | 21 | 20 |
| 柠檬酸钠 | 10 | 8 | 水 | 加至1L | 加至1L |

表4 纳米氧化锆浓缩浆

| 原料 | 配比(质量份) | | |
|---|---|---|---|
| | 1# | 2# | 3# |
| 水 | 23 | 59.2 | 51.85 |
| 分散剂 Dispers715W | 7 | 0.8 | — |
| 分散剂 EFKA-6220 | — | — | — |
| 分散剂 Hydropalat3275 | — | — | 3.15 |
| 40nm的纳米氧化锆 | 70 | — | — |
| 30nm的纳米氧化铝 | — | 40 | — |
| 50nm的纳米氧化钛 | — | — | 45 |

表5 化学复合镀镀液

| 原料 | 配比(质量份) | | |
|---|---|---|---|
| | 1# | 2# | 3# |
| 纳米氧化物(按浓缩浆中纳米氧化物量计) | 5 | 3 | 15 |
| 硫脲 | 0.002 | 0.0015 | 0.003 |
| 水 | 加至1L | 加至1L | 加至1L |

**制备方法**

(1) 基础化学镀镀液的制备：在碱式碳酸镍中加入氟化氢铵、碱金属氟化物中的一种或几种物质，加入适量的去离子水，放在60～100℃的水浴中使其完全溶解。将柠檬酸或柠檬酸盐的一种或两种物质加水使其溶解，然后加入先前溶解好的碱式碳酸镍溶液中，最后再将溶解好的次亚磷酸钠倒入上述溶液中，搅拌使其混合充分，最后用碱金属的氢氧化物或氨水调节溶液的pH值，使其在5～7之间。

(2) 纳米氧化物浓缩浆的制备：将分散剂放入水中，放入粒度都在100nm以下的纳米氧化锆、纳米氧化铝、纳米氧化硅、纳米氧化钛等中的任意一种，用高速分散机500～2000r/min分散2～15min，然后再用球磨机或砂磨机研磨3～6h，制备出水性纳米氧化物浓缩浆。

(3) 将0.5～30g/L（按浓缩浆中的纳米氧化物量计）纳米氧化物浓缩浆加入基础化学镀镀液中，再加入0.05～5mg/L稳定剂硫脲，在超声波40～100kHz条件下分散5～30min，静置2～5h后使用。

**产品应用** 本品主要应用于镁合金纳米化学复合镀。工艺步骤如下。

(1) 前处理：前处理包括研磨、碱浸和活化三个步骤，每步都要水洗。

所述研磨（即机械前处理）是指用180～1000＃水磨砂纸依次打磨，去除表面氧化皮或油脂等污物，使基体表面平整清洁。

所述碱浸，其洗涤温度控制在50～80℃之间，时间为2～20min，用碱金属氢氧化物调节pH值大于12。碱浸用于去除镁合金表面残余的油污和氧化物。

所述活化，用以除去碱浸步骤的残留污物，同时在镁合金表面生成一种新物质，利于化学镀时镍的沉积，增强镀层和基体的结合力。室温即可，时间为5～20min。

(2) 化学镀：由于第二相粒子纳米粉的加入，在初始沉积时可能会降低基体与镀层的结合力，并且镀层容易产生孔隙，使镀层的耐蚀性变差。因此，先在不含纳米粉的基础化学镀镀液中施镀5～30min，使基体被镍层完全包裹，然后再放入复合镀镀液中进行施镀。

所述复合镀是采用超声波震荡使纳米粉在镀液中一直呈良好的分散状态，其振荡频率为50～80kHz，采用间歇式震荡方式，每震荡1～5min停歇2～8min，温度控制在70～90℃，时间为1～3h。

(3) 后处理：将镀好的样品从镀槽中取出，用水冲洗干净，烘干，放入干燥器中存放待用。

**产品特性**

(1) 采用本品的处理方法，无论是前处理溶液还是化学镀溶液，都不含六价铬和氢氟酸等对人体和环境损害严重的有毒物质。

(2) 本品的前处理步骤少，溶液成分简单，易于控制，工艺稳定，而且化学镀后镀层的结合力好。

(3) 本品制备的纳米浓缩浆分散性好，固含量高，稳定性好，可以存放半年以上。

(4) 本品复合镀时采用超声波分散，镀层中纳米粉分散均匀，并且含量高。

(5) 本品采用两步施镀法，首先直接化学镀有利于减少镀层的孔隙率、改善结合力，接下来的复合镀明显改善了耐磨性和耐蚀性，制得的镀层厚度均匀，与基体结合力好，各方面性能优异。

## 配方 8 镁合金在酸性溶液中 Ni-Co-P 镀层的化学镀镀液

**原料配比**

表 1 碱洗除油液

| 原料 | 配比(质量份) |
|---|---|
| NaOH | 60 |
| $Na_3PO_4 \cdot 12H_2O$ | 10～20 |
| 水 | 加至 1L |

表 2 酸洗活化液

| 原料 | 配比(质量份) | | 原料 | 配比(质量份) | |
|---|---|---|---|---|---|
| | 1# | 2# | | 1# | 2# |
| $KMnO_4$ | 20 | — | 焦磷酸钾 | — | 40 |
| $Na_3PO_4$ | 26 | — | 氟化钾 | — | 5 |
| $H_3PO_4$ | 33 | — | 水 | 加至 1L | 加至 1L |

表 3 化学镀

| 原料 | 配比(质量份) | 原料 | 配比(质量份) |
|---|---|---|---|
| 次亚磷酸钠 | 8 | HF(40%) | 8mL |
| 硫酸镍 | 10 | $NH_4HF_2$ | 8 |
| 硫酸钴 | 12 | 硫脲 | 0.001 |
| 乙酸钠 | 13 | 水 | 加至 1L |

**制备方法** 将各组分溶于水，搅拌均匀即可。

**产品应用** 本品主要应用于镁合金在酸性溶液中 Ni-Co-P 镀层的化学镀。

(1) 材料的切割与机械打磨。本品所处理的镁合金零件可以是压铸件、砂型铸造零件或塑料成型零件，也可以是切削加工后的零件。对于非切削加工零件，先进行机械打磨或抛光，抛光也可以采用电化学或化学的方式进行。

(2) 脱脂。待处理的零件可能存在脱模剂、抛光膏等油脂，采用有机溶剂中超声波进行清洗，有机溶剂可以是丙酮或汽油、煤油、三氯乙烯等。

(3) 碱洗除油。采用碱性溶液进一步脱脂除油处理。温度 60～70℃，时间 5～10min。除油也可以通过阴极电解除油的方式进行，阴极电流为 8～10A/$dm^2$。

(4) 酸洗活化。去除镁合金表面钝化膜和金属间偏析化合物，并生成一层活化膜来保护镁合金。

(5) 浸锌。浸锌采用有爱美特公司提供的 Tribonll、$H_2O$ 和 TribonA3 配制的混合浸锌液（体积比为 1∶1∶5），室温，2min。

(6) 化学镀。操作温度 77～87℃，pH 值为 5～7，化学镀时间为 1.5～3h。

本品也可以采用其他的前处理工艺。在所得镀层基础上也可以进行常规的电镀或化学镀，如电镀光亮镍/铬，电镀铜/三层镍/铬，化学镀镍等。

**产品特性** 本品的化学镀方法镀层厚度均匀、外观光亮、孔隙率低、耐蚀性能好，具有磷含量较高的优点，可进一步拓宽镁合金的应用范围，如电子产品、汽车及其零配件、船舶和航空航天等领域。

## 配方 9 镁合金直接化学镀 Ni-P-SiC 镀液

**原料配比**

| 原料 | | 配比(质量份) | | | | |
|---|---|---|---|---|---|---|
| | | 1# | 2# | 3# | 4# | 5# |
| 化学镀 Ni-P 镀液 | 硫酸镍 | 25 | 30 | 20 | 22 | 20 |
| | 次亚磷酸钠 | 30 | 30 | 25 | 28 | 20 |
| | 乳酸 | 15mL | 10mL | — | — | — |
| | 柠檬酸 | 15 | 20 | — | — | — |
| | 复合配位剂 | — | — | 30 | 25 | 15 |
| | 氟化氢铵 | 10 | 15 | — | — | — |
| | 氢氟酸 | 15mL | 10mL | — | — | — |
| | 氟化物 | — | — | 20 | 15 | 10 |
| | 乙酸钠 | 20 | 25 | 20 | 20 | 15 |
| | 硫脲 | 2mg | 2mg | — | — | — |
| | 碘化钾 | — | — | 0.75mg | 1.2mg | — |
| | 碘酸钾 | — | — | 0.75mg | — | 1mg |
| | 浓氨水 | 适量 | 适量 | 适量 | 适量 | 适量 |
| | 水 | 余量 | 余量 | 余量 | 余量 | 余量 |
| SiC 分散液 | 十二烷基苯磺酸钠 | 30mg | 60mg | 40mg | 40mg | 10mg |
| | 聚乙二醇 | 30mg | 20mg | 20mg | — | — |
| | 微米级 SiC | 6 | 8 | 4 | 2 | 1 |
| | 水 | 加至 1L | 加至 1L | 加至 1L | 加至 1L | 加至 1L |

**制备方法**

(1) 化学镀 Ni-P 镀液的制备：先将原料用少量去离子水溶解，然后混合，用水稀释至 1L，浓氨水调 pH 值至 4.8～5.2 即可。

(2) 配制 SiC 分散液：SiC 粉采用 1∶1 的盐酸溶液浸洗 24h，去除杂质，然后用去离子水洗至中性，用乙醇脱水，烘干备用。

按配方配制分散液，将处理过的 SiC 微粒 2g 与少量去离子水和上述表面活性剂混合，先超声分散 30min，然后，加入少量上述镀液超声振荡 30min，再加入余下的镀液磁力搅拌 60min。

**产品应用** 本品主要应用于镁合金的化学镀。施镀工艺及方法，包括如下步骤。

(1) 配制复合镀镀液：将 SiC 分散液加入少量镀液超声振荡 30min，再加入余下的镀液磁力搅拌 60min。

(2) 镁合金试样的处理：将面积为 $0.8dm^2$ 的镁合金 AZ91D 经碱洗、酸洗、活化后用水冲洗干净。其中，碱洗配方及工艺为：60g/L NaOH＋15g/L $Na_3PO_4 \cdot 12H_2O$ 溶液，清洗 10min，温度：60℃。酸洗配方及工艺为：85％ $H_3PO_4$ 溶液，清洗 30s，室温。活化配方及工艺为：40％HF 溶液，清洗 10min，室温。

(3) 施镀：将处理过的镁合金试样放入 85℃的上述化学复合镀镀液中，施镀 60min，施镀时搅拌速度为 250r/min，在镁合金上得到厚度为 21μm 的均匀的 Ni-P-SiC 复合镀层。

**产品特性** 本品以硫酸镍取代碱式碳酸镍作为主盐引入，并且添加微米级 SiC 直接进行施镀，在保持镁合金化学镀 Ni-P 合金优异性能的基础上，大大提高了镁合金化学镀镀层的硬度和耐磨性，解决了镁合金化学镀镍层耐磨性较低的问题，且镀液配制方便、成本低、镀液稳定、沉积速度快。

## 配方 10 纳米复合化学镀层 Ni-P/Au 镀液

**原料配比**

| 原料 | 配比(质量份) | | |
|---|---|---|---|
| | 1# | 2# | 3# |
| 硫酸镍 | 25 | 25 | 27 |
| 次磷酸钠 | 30 | 25 | 37 |
| 乙酸钠 | 30 | 20 | 23 |
| 柠檬酸钠 | 25 | 25 | 28 |
| 乙酸铅 | 0.003 | 0.004 | 0.003 |
| 金纳米粒子 | $5\times10^{-6}$mol | $5\times10^{-5}$mol | $3\times10^{-7}$mol |
| 水 | 加至1L | 加至1L | 加至1L |

**制备方法** 将各组分溶于水，混合均匀即可。

**产品应用** 本品主要应用于金属化学镀。

**产品特性** 首先，在水系化学镀镀液中添加金纳米粒子溶液，由于金纳米粒子有稳定剂的保护作用，克服了粉体粒子在镀液中的团聚问题；而且两种水溶液可以完全混合，使金纳米粒子在镀液中均匀分散。

其次，纳米复合镀镀液的施镀温度比基础镀液降低10℃，同样的施镀时间，可以获得厚度增加，硬度提高，耐蚀性、耐磨性能优越的镀层，不但有利于节约能源，而且镀层的性价比大大提高。

## 配方 11 耐海水腐蚀镍基多元合金的酸性化学镀镀液

**原料配比**

| 原料 | 配比(质量份) | | |
|---|---|---|---|
| | 1# | 2# | 3# |
| 硫酸镍 | 8 | 10 | 12 |
| 次亚磷酸钠 | 38 | 41 | 45 |
| 柠檬酸三钠 | 15 | 17.5 | 20 |
| 乳酸 | 10mL | 11mL | 12mL |
| 乙酸钠 | 15 | 17.5 | 20 |
| 硫酸铜 | 0.5 | 0.75 | 1 |
| 氯化铬 | 8 | 11.5 | 15 |
| 钼酸钠 | 0.4 | 0.6 | 0.8 |
| 聚乙二醇 | 0.15 | 0.225 | 0.3 |
| 碘化钾 | 0.75mg | 1mg | 0.4mg |
| 去离子水 | 加至1L | 加至1L | 加至1L |

**制备方法** 先用去离子水分别溶解原料，然后在搅拌条件下把硫酸铜、柠檬酸三钠、乙酸钠、乳酸、聚乙二醇、次亚磷酸钠、稳定剂碘化钾、氯化铬、钼酸钠依次加入硫酸镍溶液中，稀释到接近要求浓度，用氨水调整化学镀镍溶液的 pH 值至 4.6～6、再稀释到接近要求浓度，在室温下静置10h，然后过滤，完成镀液的配制过程。

**产品应用** 本品主要应用于合金的化学镀。

将合金钢板经砂纸打磨、碱性除油、清水彻底冲洗、15%盐酸中酸洗 30s、清水彻底冲洗、1.5%盐酸中活化 30s，去离子水冲洗后，立即放入上述镀液中施镀20min，取出放入含聚乙二醇与柠檬酸三钠的 60℃去离子水溶液中清洗 3min，浸泡

1min，立即放入镀液中再施镀 20min，如此反应 4 次，在低碳钢板上得到 16μm 的均匀、致密、光滑的镍磷多元合金镀层，将镀层在 5%NaCl 溶液中浸泡 30d 后，观察不到腐蚀，用称重法测腐蚀实验前后的质量，失重为零。

**产品特性** 本品获得的化学镀镍层为非晶态的均匀、光亮、平滑致密、结合力强的镀层。镀层的脆性较镍磷二元合金得到改善。镀液稳定性好，镀层致密度高，镀层中较高的铜含量可以使镀层免遭海生物的吸附。镀层在海水中的耐蚀性优于铜基合金，克服了其他方法制备的镍基合金的易点蚀的缺点。在海水腐蚀环境下，镀层的耐蚀性优于电镀锌镍层，是一种理想的替代电镀镉层的化学镀层。

## 配方 12 镍磷合金化学镀镀液

**原料配比**

| 原料 | 配比(质量份) | 原料 | 配比(质量份) |
|---|---|---|---|
| 硫酸镍 | 26 | 丁二酸 | 16 |
| 次亚磷酸钠 | 28 | 碘化钾 | 2mL |
| 柠檬酸钠 | 11 | 聚乙二醇 | 1mL |
| 乳酸 | 8mL | 水 | 加至 1L |
| 丙酸 | 1mL | | |

**制备方法** 在常温常压下混合，加入去离子水中，再用氨水调节 pH 值达 5.0 即可。

**产品应用** 本品主要应用于石油、化工、煤矿、纺织、造纸、汽车、食品、机械、电子计算机、航空航天等领域。

**产品特性** 化学镀镍磷集耐腐蚀和耐磨损于一身，具有硬度高、可焊接、润滑性好等特点，在沟槽、螺纹、盲孔及复杂内腔均能镀覆高精度镀层。本品为两元镀液，采用双配位剂柠檬酸钠和乳酸，双缓冲剂丙酸和丁二酸加稳定剂的特效匹配，使该镀液的寿命达 12 个周期（镀液初始镍离子含量被耗尽或补充一次为一个周期），一般化学镀镀液或者只采用单一配位剂和单一缓冲剂的化学镀镀液或者由于匹配不合理，通常寿命少于 8 个周期。本品稳定性较好，而且由于使用原料组分少，从而易于对镀液进行维护和保养，降低了成本，可在大批量生产中重复并稳定使用。该镀液镀出的产品镀层质量好，光亮度及耐蚀性、耐磨损性能均较佳。

## 配方 13 含治疗疾病药物的复合化学镀镀液

**原料配比**

| 原料 | 配比(质量份) | | | | |
|---|---|---|---|---|---|
| | 1# | 2# | 3# | 4# | 5# |
| 柠檬酸钠 | 26 | 29 | 36 | 32 | 30 |
| 硫酸铵 | 40 | 58 | 70 | 65 | 50 |
| 硫酸镍 | 5 | 5 | 13 | 8 | 10 |
| 硫酸钴 | 23 | 25 | 30 | 28 | 26 |
| 钨酸钠 | 0.3 | 0.8 | 3.3 | 1.6 | 2.2 |
| 氟尿嘧啶 | 1000mg | — | — | — | — |
| 阿糖胞苷 | — | 100mg | — | — | — |
| 丝裂霉素 | — | — | 100mg | — | — |
| 氨甲蝶呤 | — | — | — | 100mg | — |
| 环磷酰胺 | — | — | — | — | 200mg |
| 次磷酸钠 | 17 | 19 | 25 | 21 | 23 |
| 水 | 加至 1L | 加至 1L | 加至 1L | 加至 1L | 加至 1L |

**制备方法**

(1) 取柠檬酸钠和硫酸铵加入容器中，用去离子水 300mL 溶解得溶液。

(2) 取硫酸镍、硫酸钴和钨酸钠依次加入容器中，用去离子水 400mL 溶解得溶液。

(3) 在搅拌下将步骤（2）所得到的溶液加入步骤（1）所得到的溶液中，得混合溶液。

(4) 取可用于治疗疾病的药物加入容器中，用去离子水 20mL 溶解得药物溶液。

(5) 将步骤（4）所得到的药物溶液在搅拌下缓慢加入步骤（3）所得到的混合溶液中，得到含治疗疾病药物的混合溶液。

(6) 取次磷酸钠加入容器中，用去离子水 200mL 溶解得次磷酸钠溶液。

(7) 将步骤（6）所得到的次磷酸钠溶液在搅拌下缓慢加入到步骤（5）所得到的含治疗疾病药物的混合溶液中，得到混合溶液。

(8) 用15%的氨水将步骤（7）所得到的混合溶液 pH 值调节至 8～10.5，然后用去离子水将该混合溶液稀释到 980mL，在 pH 计测试中用 10%氨水微调 pH 值至 8～10.5，最后用去离子水补充至 1L，即得到含治疗疾病药物的复合化学镀液。

**产品应用** 本品主要应作含治疗疾病药物的复合化学镀镀液。

复合化学镀镀液用于复合化学镀载药磁性金属薄膜的工艺：将基材表面经碱洗、酸洗、敏化、活化处理后，在所述的复合化学镀镀液中于 45～85℃浸镀 60～200min，取出，用清水洗涤干净，然后吹干，即得到外层镀有含药物的镍钴钨合金薄膜的镀件。

以镍钛合金丝或镍钛合金丝医用金属支架为例，复合化学镀载药镍钴钨合金薄膜的具体步骤如下：

(1) 以镍钛合金丝或镍钛合金丝医用金属支架作为基材，先将基材依次进行碱洗、酸洗、敏化、活化处理。

(2) 将复合化学镀镀液置于可控温的镀槽中，并将镀槽中复合化学镀镀液用氨水调节 pH 值至 8～10.5，温度调节至 45～85℃。

(3) 将步骤（1）处理过后的基材，浸入镀槽中的复合化学镀镀液中，实施化学镀，复合化学镀时用搅拌机搅拌复合化学镀液，复合化学镀时间为 60～200min，镀后从镀槽中取出，用清水洗涤 2 遍，电吹风吹干，即得到外层载有药物的磁性金属薄膜的镍钛合金丝或镍钛合金丝支架。

**产品特性** 本品可用于制备载药磁性医用金属支架，其支架不仅具有物理治疗作用，而且还有化学药物治疗的作用，特别具有靶向作用使带磁性的药物能吸附在支架上，进行化学药物治疗，达到靶向和局部给药的目的。

## 配方 14 镍钛合金化学镀镍钴钨的镀液

**原料配比**

| 原料 | 配比(质量份) | | | | |
|---|---|---|---|---|---|
| | 1# | 2# | 3# | 4# | 5# |
| 柠檬酸钠 | 26 | 29 | 36 | 32 | 32 |
| 硫酸铵 | 40 | 58 | 70 | 65 | 65 |
| 硫酸镍 | 5 | 5 | 13 | 8 | 8 |
| 硫酸钴 | 23 | 25 | 30 | 28 | 28 |

续表

| 原料 | 配比(质量份) | | | | |
| --- | --- | --- | --- | --- | --- |
| | 1# | 2# | 3# | 4# | 5# |
| 钨酸钠 | 0.3 | 0.8 | 3.3 | 1.6 | — |
| 次磷酸钠 | 17 | 19 | 25 | 21 | 21 |
| 去离子水 | 加至1L | 加至1L | 加至1L | 加至1L | 加至1L |

**制备方法**

(1) 称取柠檬酸钠和硫酸铵加入容器中，用去离子水300mL溶解得溶液；

(2) 分别称取硫酸镍、硫酸钴、钨酸钠依次加入容器中，用去离子水400mL溶解得溶液；

(3) 在搅拌下将步骤(2)所得到的溶液加入到步骤(1)所得到的溶液中，得混合溶液；

(4) 称取次磷酸钠加入容器中，用去离子水200mL溶解得溶液；

(5) 将步骤(4)所得到的溶液在搅拌下缓慢加入到步骤(3)所得到的混合溶液中，得到混合溶液；

(6) 用15%氨水将步骤(5)所得到的混合溶液pH值调节至8～10.5，然后用去离子水将该混合溶液稀释到980mL，在pH计测试中用10%氨水微调pH值至8～10.5，最后转入1000mL容量瓶中，用去离子水补充至1L，即得到本化学镀镀液。

**产品应用** 本品主要应用于化学镀镍钴钨合金薄膜。工艺：将待镀件表面经碱洗、酸洗、敏化、活化处理后，在所述的化学镀镀液中于45～85℃浸镀60～20min。

如镍钛合金丝或镍钛合金丝医用金属支架化学镀镍钴钨合金薄膜的具体步骤如下：

(1) 以镍钛合金丝或镍钛合金丝医用金属支架作为基材，先将基材依次进行碱洗、酸洗、敏化、活化处理。

(2) 将化学镀镀液置于可恒温的镀槽中，并将镀槽中化学镀镀液用氨水调节pH值至8～10.5，温度调节至45～85℃。

(3) 将步骤(1)处理过后的基材，浸入镀槽中的化学镀液中，实施化学镀，化学镀时用搅拌机搅拌镀液，化学镀时间为60～200min，镀后从镀槽中取出，用清水洗涤2遍，吹干，即得到外层有镍钴钨合金薄膜的镍钛合金丝或镍钛合金丝支架。

**产品特性** 采用本品镀膜可得到表面有优良磁性的金属薄膜。该磁性材料可用于制备磁性医用金属支架，其支架不仅具有物理治疗作用，而且还有化学药物治疗的作用，特别具有靶向作用，使带磁性的药物能吸附在支架上进行化学药物治疗，达到靶向和局部给药的目的。

## 配方15 钕铁硼永磁材料化学镀镍磷液

**原料配比**

表1 碱液

| 原料 | 配比(质量份) | 原料 | 配比(质量份) |
| --- | --- | --- | --- |
| 磷酸三钠 | 25 | 乳化剂OP-10 | 1 |
| 碳酸钠 | 15 | 水 | 加至1L |

表 2 活化液

| 原料 | 配比(质量份) |
|---|---|
| 柠檬酸 | 15 |
| 氟化铵 | 10 |
| 水 | 加至 1L |

表 3 封孔化学镀

| 原料 | 配比(质量份) | 原料 | 配比(质量份) |
|---|---|---|---|
| 硫酸镍 | 25 | 柠檬酸钠 | 12 |
| 次亚磷酸钠 | 25 | 氟化铵 | 15 |
| 乙酸钠 | 12 | 水 | 加至 1L |
| 甘氨酸 | 2 | | |

表 4 中性化学镀

| 原料 | 配比(质量份) | 原料 | 配比(质量份) |
|---|---|---|---|
| 硫酸镍 | 25 | 乳酸 | 25mL |
| 次亚磷酸钠 | 20 | 乙酸铅 | 0.001 |
| 乙酸钠 | 10 | 硫脲 | 0.001 |
| 柠檬酸钠 | 12 | 水 | 加至 1L |

表 5 酸性高磷化学镀

| 原料 | 配比(质量份) | 原料 | 配比(质量份) |
|---|---|---|---|
| 硫酸镍 | 27 | 柠檬酸钠 | 5 |
| 次亚磷酸钠 | 30 | 丁二酸 | 8 |
| 乙酸钠 | 20 | 乙酸铅 | 0.001 |
| 乳酸 | 20mL | 硫脲 | 0.001 |
| DL-苹果酸 | 12 | 水 | 加至 1L |

**制备方法** 将各组分溶于水，搅拌均匀即可。

**原料介绍** 本品钕铁硼永磁材料的化学镀镍磷方法是利用三维化学镀镍磷方法分层次、分步骤由内而外在基体表面镀覆一层均匀致密的、无孔隙的镍磷镀层。封孔化学镀先在钕铁硼的孔洞中预镀起封孔作用；中性化学镀对孔洞及表面进行加厚阻断起密封孔隙的作用，使基体表面镀覆一层均匀致密的、低孔隙的镍磷镀层，对基体起到阻断作用；再进行酸性高磷化学镀，进一步提高镀层的耐蚀性，更好地起到对基体的防护作用。

**产品应用** 本品主要应用于化学镀镍磷。包括以下步骤：

(1) 滚光倒角：采用振动式研磨机、滚筒式研磨机、离心式研磨机，将不同规格的钕铁硼材料与磨料（棕刚玉）置入研磨机内进行滚光倒角。

(2) 除油：采用超声波碱液除油：在超声波状态下，进行碱液除油，碱液 pH 值为 8～10.5，碱液温度为 50～80℃，同时采用超声波，超声波频率为 20～80kHz、功率为 50～500W，处理时间为 5～10min。

(3) 除锈：采用 1%～3% 的 $HNO_3^+$ 0～1g/L 硫脲进行酸洗，时间为 10～40s；温度为室温。

(4) 活化：采用活化液，温度：室温，时间：5～20s。

(5) 封孔化学镀：镀液以次亚磷酸钠作为还原剂，硫酸镍作为主盐，附加配位剂、低温加速剂，pH 为 6.5～8.5，温度 50～70℃，时间 1～15min，镀速 10～30μm/h。

(6) 中性化学镍：温度 60～80℃，pH 为 6.5～7.5，时间 15～40min，镀速 12～20μm/h。

(7) 酸性高磷化学镀：温度 80～90℃，pH 为 4.4～4.8，时间 40～60min，镀速 12～16μm/h。

(8) 钝化：采用 $CrO_3$ 进行钝化处理，工艺参数：$CrO_3$ 浓度为 1～10g/L、温度 70～85℃、时间 10～20min。

**产品特性**

(1) 镀层无孔隙、厚度均匀且基体孔洞均被镀覆，从而提高了钕铁硼永磁材料的耐蚀性能，避免了因基体孔洞未被镀覆而造成镀层鼓包、起皮现象。通过使用本品中的封孔化学镀配方、中性化学镀配方、酸性高磷化学镀配方，采用化学镀镍磷方法，更好地起到对基体的防护作用。

(2) 本品在基体表面形成的镍磷镀层厚度达到 25～30μm 时，湿热、高压实验为 500h 以上，盐雾试验为 200h 以上。本品实现工业应用简单易行、生产成本低、产品性价比高。

## 配方 16 普碳钢表面覆盖 Ni-Zn-Mn-P 化学镀复合镀镀液

**原料配比**

| 原料 | 配比(质量份) | | | | | |
|---|---|---|---|---|---|---|
| | 1# | 2# | 3# | 4# | 5# | 6# |
| 硫酸镍 | 20 | 30 | 30 | 24 | 25 | 25 |
| 硫酸锌 | 30 | 30 | 25 | 10 | 25 | 25 |
| 硫酸锰 | 20 | 30 | 40 | 10 | 30 | 30 |
| 次亚磷酸钠 | 60 | 60 | 60 | 60 | 50 | 30 |
| 乙酸钠 | 5 | 5 | 5 | 5 | 5 | 5 |
| 柠檬酸钠 | 15 | 15 | 15 | 15 | 15 | 15 |
| 水 | 加至 1L | 加至 1L | 加至 1L | 加至 1L | 加至 1L | 加至 1L |

**制备方法** 将各组分溶于水，搅拌均匀即可，在温度 90℃下用氨水或氢氧化钠调节 pH 值为 9～10。

**产品应用** 本品主要应用于普碳钢表面化学镀。

采用通常的工件打磨抛光—清洗—除油—除锈—清洗—活化—施镀—清洗—清洗—后处理，即可得到普碳钢表面覆盖 Ni-Zn-Mn-P 化学镀复合镀层，只采用一次施镀，施镀过程简单。

**产品特性** 本品采用改变镀层成分和结构的方法，增加了镀层耐腐蚀性，在工业生产中投入使用应用前景广阔。所得镀层结晶细致、光亮平滑，综合性能指标优于化学镀二元合金和相应的三元合金镀层。通过温度、pH 值、主盐等工艺条件对镀层成分、硬度、自腐蚀电位和耐蚀性的实验研究，提出了优化的工艺配方体系。经过本品化学镀的普碳钢表面形成的镀层改变了材料的表面状态，使得材料的自腐蚀电位相对于镀镍锌磷合金向负方向移动；在发生腐蚀时，与基体电位差较小，可有效保护基体，特别应对空隙的作用比以前的阴极性镀层好。该技术工艺稳定、操作简便、成本低，镀液配制方便，可重复多次使用，经济成本低，易于操作。

## 配方 17 渗透合金化学镀镍液

**原料配比**

| 原料 | | 配比(质量份) | | |
|---|---|---|---|---|
| | | 1# | 2# | 3# |
| 溶液 A | 硫酸镍 | 20 | 25 | 35 |
| | 硫酸镁 | 5 | 6 | 8 |
| 溶液 B | 次亚磷酸钠 | 22 | 25 | 28 |
| 溶液 C | 乙酸钠 | 10 | 15 | 20 |
| | 柠檬酸 | 5 | 5 | 5 |
| | 草酸 | 7 | 7 | 7 |
| | 苹果酸 | 9 | 9 | 9 |
| | 乳酸 | 15 | 15 | 15 |
| | 纳米金属粉 | 5 | 8 | 8 |
| | 钼酸盐 | 1 | 2 | 2.5 |
| 去离子水 | | 加至 1L | 加至 1L | 加至 1L |

**制备方法**

(1) 取硫酸镍、硫酸镁，加入适量水，制得溶液 A；

(2) 取次亚磷酸钠，加入适量水，制得溶液 B；

(3) 取乙酸钠、柠檬酸、草酸、苹果酸、乳酸、纳米金属粉以及钼酸盐，加入适量水，制得溶液 C；

(4) 将溶液 C 倒入溶液 A 中，搅拌均匀制得溶液 D；

(5) 再将溶液 D 倒入溶液 B 中，搅拌均匀制得溶液 E，即为渗透合金化学镀镍液。

**产品应用** 本品主要应用于化学镀镍。

**产品特性** 由于在镀液中添加了纳米材料和钼酸盐，能够提高镀镍工件的硬度和耐磨性能，从而延长了镀镍工件的使用寿命。

## 配方 18 添加钕的钕铁硼永磁材料化学镀镀液

**原料配比**

| 原料 | 配比(质量份) | | | | | | | | | |
|---|---|---|---|---|---|---|---|---|---|---|
| | 1# | 2# | 3# | 4# | 5# | 6# | 7# | 8# | 9# | 10# |
| 硫酸镍 | 25 | 30 | 20 | 30 | 26 | 24 | 30 | 28 | 22 | 25 |
| 次亚磷酸钠 | 25 | 30 | 20 | 25 | 26 | 25 | 25 | 24 | 28 | 25 |
| 柠檬酸三钠 | 30 | 30 | 35 | 35 | 25 | 28 | 28 | 26 | 35 | 28 |
| 苹果酸 | 20 | 20 | 25 | 25 | 15 | 22 | 22 | 20 | 15 | 18 |
| 乙酸钠 | 20 | 20 | 25 | 15 | 15 | 18 | 23 | 25 | 15 | 20 |
| 硫酸钕 | 0.2 | 0.4 | 0.6 | 0.8 | 0.3 | 0.5 | 0.7 | 0.45 | 0.65 | 0.35 |
| 碘酸钾 | 0.008 | 0.008 | 0.008 | 0.008 | 0.008 | 0.008 | 0.008 | 0.008 | 0.008 | 0.008 |
| 水 | 加至 1L | 加至 1L | 加至 1L | 加至 1L | 加至 1L | 加至 1L | 加至 1L | 加至 1L | 加至 1L | 加至 1L |

**制备方法**

(1) 将乙酸钠、柠檬酸三钠和苹果酸一起加水溶解；

(2) 将硫酸镍加水溶解；

(3) 将 (2) 溶液倒入 (1) 溶液中，然后搅拌均匀；

(4) 将次亚磷酸钠加适量的水溶解，然后在搅拌的状态下缓缓倒入 (3) 的溶液中，并搅拌均匀；

(5) 将硫酸钕溶解并倒入 (4) 的溶液中；

(6) 加入碘酸钾溶液；

(7) 加去离子水至规定体积，并搅拌均匀；

(8) 过滤。

**产品应用** 本品主要应用于钕铁硼永磁材料化学镀。

添加钕的钕铁硼永磁材料化学镀镀液的使用方法：施镀前，先用5%～10%的氢氧化钠溶液或氨水调节化学镀镍磷液的pH值至9～10，然后将镀液加温至70～85℃并保持恒温，将经除油和活化的钕铁硼磁体浸入镀液中，即可获得镀层。

所述的化学镀温度优选为80～85℃。pH值优选为9～9.5。

**产品特性**

(1) 稀土钕的4f电子对原子核的封闭不严密，其屏蔽系数比主量子数相同的其他内电子要小，因而有较大的有效核电荷数，表现出较强的吸附能力。当它们以适宜的量加入镀液后，能够聚集在磁体表面，抑制了富钕相的腐蚀，在磁体表面获得一层致密、均匀的初始沉积层；同时吸附在基体表面的晶体缺陷处（如空位、位错露头、晶界等），因而降低了表面能，提高了合金镀层的形核率，使沉积加快；

(2) 化学镀镀液中添加适量的稀土元素后，可降低掺杂在镀液中的部分非金属元素（如硫、氮等）的活度，增加互溶程度，抑制杂质微粒的形成，阻碍镀液的自发分解。同时，由于稀土具有较好的配合性能，因而其离子在水溶液中易与无机及有机配体形成一系列的配合物，促进了镀液中金属离子的平衡离解，减小了镀液自发分解的趋势，从而使镀液更加稳定不易分解，提高了镀液的稳定性；

(3) 镀液中添加适量的稀土元素后，金属胞状物颗粒较细小致密，镀层表面较为平整，胞状物隆起中心和边缘的落差小，层内金属含量分布相对均匀，成分起伏较小，因而使电化学腐蚀倾向降低，有效提高镀层的耐腐蚀性能。

## 配方 19 铁硼合金化学镀镀液

**原料配比**

| 原料 | | 配比(质量份) | | |
|---|---|---|---|---|
| | | 1# | 2# | 3# |
| A液 | 硫酸亚铁 | 18 | 23 | 25 |
| | 酒石酸钾钠 | 80 | 85 | 70 |
| | 去离子水 | 400mL | 400mL | 400mL |
| B液 | 氢氧化钠 | 30 | 40 | 25 |
| | 去离子水 | 400mL | 400mL | 400mL |
| | 硼氢化钾 | 4 | 5 | 3 |
| 硫酸铈 | | 1 | — | — |
| 硫酸镧 | | — | 0.8 | — |
| 硫酸钇 | | — | — | 1.2 |
| 去离子水 | | 加至1L | 加至1L | 加至1L |

**制备方法** 将称量的硫酸亚铁与酒石酸钾钠均匀溶入400mL去离子水中，制得A液；将称量的氢氧化钠溶入另一容器中的400mL去离子水中，搅拌均匀，加入称量的硼氢化钾，制得B液；将A、B溶液均匀混合，再加入称量的稀土硫酸盐，补

充去离子水使溶液容积达到1L，搅拌均匀后待用。

**产品应用** 本品主要应用于铁硼合金化学镀。

本镀层材料的制备方法包括：工件的酸洗、水洗、干燥、敏化、活化和镀覆，与现有技术的区别是所述的敏化是铜基体工件（下称工件）在敏化液中用功率100～120W、频率为35～45kHz的超声波超声敏化5～10min，所述的敏化液为每升去离子水中含氯化亚锡（$SnCl_2$）1～4g、盐酸（HCl）30～50g；所述的活化是经敏化液处理后的工件在活化液中用功率100～200W、频率为35～45kHz的超声波活化至表面颜色均匀一致，所述的活化液为每升去离子水中含氯化钯（$PdCl_2$）1～4g、盐酸（HCl）30～50g；所述的镀覆是经活化处理的工件悬挂于40～60℃的铁硼合金化学镀镀液中，并用高纯铝丝或铝片与工件耦接。

具体操作步骤如下：

（1）6%（质量分数）的盐酸酸洗，酸洗时间以肉眼观察铜片表面变得光亮即可；

（2）水冲洗、去离子水洗、干燥；

（3）超声敏化处理；

（4）超声活化处理，活化至铜片表面呈均匀的褐色为止；

（5）去离子水喷淋、干燥；

（6）镀覆Fe-B-RE合金层。

本品在Fe-B镀液中加入稀土元素，利用其对镀液进行改性，解决了镀液稳定性差、难以形成合格的化学镀Fe-B合金镀层和镀层性能重现性差等问题，同时降低了操作温度，减少能耗，镀液长期使用不发生分解。

**产品特性** 本品镀覆前采用了超声敏化、超声活化处理工艺与铜铝偶接触引发的组合镀覆技术，提高了基体的活性、铁离子的还原活性等，能够形成均匀的镀层，为难镀金属的化学镀提供了一种行之有效的方法。本化学镀Fe-B-RE合金的沉积速度比无稀土的化学镀Fe-B的沉积速度提高1.2～2倍。本化学镀Fe-B-RE合金镀层结晶细致，与基体的结合力显著提高，镀层不起皮、不起泡，镀层表面光滑、平整。

## 配方 20 制备 Ni-Tl-B 镀层的化学镀镀液

**原料配比**

| 原料 | 配比（质量份） | | | | | | | | |
|---|---|---|---|---|---|---|---|---|---|
| | 1# | 2# | 3# | 4# | 5# | 6# | 7# | 8# | 9# |
| 氯化镍 | 20 | 25 | 30 | 15 | 20 | 20 | 25 | 30 | 35 |
| 乙二胺 | 100 | 90 | 85 | 60 | 80 | 90 | 60 | 110 | 80 |
| 硼氢化钠 | 1 | 1 | 1 | 0.4 | 0.8 | 1 | 0.8 | 0.8 | 0.4 |
| 氢氧化钠 | 45 | 40 | 45 | 30 | 40 | 35 | 50 | 35 | 40 |
| 硫酸铊 | 0.01 | 0.015 | 0.04 | 0.01 | 0.02 | 0.05 | 0.045 | 0.01 | 0.05 |
| 糖精 | 1.5 | 1 | — | 1 | 2 | 3 | 1.5 | 2 | 2.5 |
| 硫酸镉 | 0.1 | 0.05 | — | 0.02 | 0.1 | 0.1 | 0.05 | 0.12 | 0.1 |
| 十二烷基磺酸钠 | 0.2 | 0.2 | 0.1 | 0.1 | 0.5 | 0.3 | 0.2 | 0.1 | 0.3 |
| 水 | 加至1L | 加至1L | 加至1L | 加至1L | 加至1L | 加至1L | 加至1L | 加至1L | 加至1L |

**制备方法**

（1）将各组分用少量水溶液；

（2）将完全溶解好的乙二胺溶液在不断搅拌的过程中，逐渐加入氯化镍或硫酸镍溶液中；

(3) 将完全溶解好的氢氧化钠溶液在不断搅拌的过程中，逐渐加入第（2）步形成的溶液中；

(4) 将完全溶解好的硫酸铊溶液在不断搅拌的过程中，逐渐加入第（3）步形成的溶液中；

(5) 将糖精、硫酸镉溶液和十二烷基磺酸钠的溶解液在不断搅拌的过程中，逐渐加入第（4）步形成的溶液中；

(6) 将完全溶解好的硼氢化钠溶液在剧烈搅拌的过程中，逐渐加入第（5）步形成的溶液中；

(7) 往第（6）步形成的溶液中添加去离子水至接近设定体积；

(8) 用氢氧化钠或氨水调整溶液 pH 值至 13～14，最终加去离子水调整溶液至设定体积的镀液，备用。

**原料介绍**

所述氯化镍 $NiCl_2 \cdot 6H_2O$ 或硫酸镍 $NiSO_4 \cdot 7H_2O$ 是主盐；所述硫酸铊 $TiSO_4$ 是稳定剂，它兼有稳定和加速功效，是良好的添加剂。硫酸铊含量是关键，试验表明，当硫酸铊含量低于所述范围时，镀液反应过快，造成镀层不致密、结合力差、镀层大片剥落，不能满足使用要求；当硫酸铊含量高于所述范围但是接近所述工艺范围时，镀层外观粗糙、结合力差、无法承受摩擦的往复作用，不能达到减摩耐磨要求；当硫酸铊含量明显高于所述范围时，镀液遭毒化作用，化学镀反应遭到抑制，无法进行。糖精和硫酸镉是作为光亮剂添加的，也可用其他具有光亮作用的试剂代替，比如丁炔二醇及它们与环氧乙烷和环氧丙烷的醚化产物、吡啶类衍生物、苯二磺酸钠、硫脲、硫类化合物等。十二烷基磺酸钠 $C_{12}H_{25}NaO_3S$ 是阴离子表面活性剂，乙二胺 $C_2H_8N_2$ 是配位剂，硼氢化钠 $NaBH_4$ 是还原剂，氢氧化钠 NaOH 是缓冲剂。上述组分及含量也可以作常规替换。

配制该化学镀镀液的过程中需要注意的是，各试剂溶液的添加是有一定顺序的，配制镀液时必须严格按照顺序进行；乙二胺和氢氧化钠加水溶解时会释放出大量的热，必须保证温度降到 40℃以下以后再进行混合；混合各溶液时一定要注意充分搅拌，混合均匀；调整 pH 值时调整溶液要缓慢加入。

**产品应用** 本品主要应用于制备 Ni-Tl-B 镀层。施镀工艺：将镀件表面进行除油及活化处理后，置于本镀液中，在温度 75～95℃下浸镀 60～180min，即获得具有减摩、耐磨特性优良的 Ni-Tl-B 镀层。

对不同材料镀件（基体）化学镀 Ni-Tl-B 镀层的具体工艺流程可以是：

(1) 在 45＃钢基体上镀覆 Ni-Tl-B 镀层，工艺流程为：

化学除油－去离子水清洗－酸洗－去离子水清洗－活化－去离子水清洗－施镀－去离子水清洗－烘干－检测。

(2) 在钛合金基体上镀覆 Ni-Tl-B 镀层，工艺流程为：

机械抛光及除油－去离子水清洗－酸浸蚀－去离子水清洗－浸锌活化－去离子水清洗－施镀－去离子水清洗－烘干－检测。

**产品特性** 硫酸铊是一种兼具稳定和加速功效的添加剂，添加适量硫酸铊后，镀速得到大大提高，镀液稳定性增强，由于铊元素的共沉积，镀层的减摩耐磨性能得到显著提高。特别是：

(1) 采用本品，在机械零部件表面制备 Ni-Tl-B 镀层，得到具有减摩、耐磨特性优良的特种镀层。

(2) 本品组成和工艺简单，制备工艺稳定，条件易控制，镀层光亮、厚度均匀、致密、结合力好。

## 配方 21 制备高温自润湿复合镀层的化学镀镀液

**原料配比**

| 原料 | 配比(质量份) | | | | | | | | | | |
|---|---|---|---|---|---|---|---|---|---|---|---|
| | 1# | 2# | 3# | 4# | 5# | 6# | 7# | 8# | 9# | 10# | 11# |
| 硫酸镍 | 36 | — | 25 | 15 | — | 25 | — | 33 | — | 27 | 36 |
| 氯化镍 | — | 15 | — | — | 20 | — | 30 | — | 18 | — | — |
| 高铼酸钾 | 2.2 | 0.8 | — | — | — | 1.8 | — | 1.4 | — | 1 | — |
| 高铼酸铵 | — | — | 1.5 | 2.2 | 2 | — | 1.6 | — | 1.2 | — | 0.8 |
| 柠檬酸钠 | 20 | 10 | 15 | 10 | 11 | 13 | 15 | 16 | 17 | 18 | 20 |
| 乳酸 | 30 | 20 | 22 | 30 | 28 | 27 | 25 | 23 | 22 | 21 | 20 |
| 次亚磷酸钠 | 30 | 15 | 22 | 15 | 18 | 21 | 25 | 29 | 26 | 28 | 30 |
| 氟化钡 | 25 | 5 | 16 | 5 | 10 | 18 | 22 | 20 | 23 | 15 | 25 |
| 氟化钙 | 25 | 5 | 16 | 25 | 23 | 21 | 19 | 15 | 10 | 8 | 5 |
| 硝酸铅 | 10mg | — | 5mg | 2mg | — | 4mg | — | 6mg | — | 8mg | 10mg |
| 乙酸铅 | — | 2mg | — | — | 3mg | — | 5mg | — | 7mg | — | — |
| 去离子水 | 加至1L | 加至1L | 加至1L | 加至1L | 加至1L | 加至1L | 加至1L | 加至1L | 加至1L | 加至1L | 加至1L |

**制备方法**

(1) 取硫酸镍或氯化镍、高铼酸铵或高铼酸钾、柠檬酸钠、乳酸、次亚磷酸钠、硝酸铅或醋酸铅，分别用少量水溶解。

(2) 取氟化钡、氟化钙，经酸液清洗干净后，用阳离子和非离子表面活性剂对其作亲水和荷正电表面处理，方法同现有技术。

(3) 将上述各组分混合成均匀的溶液。

(4) 用酸（例如 1mol/L 盐酸等）调 pH 值至 4～7，加水（较好的是去离子水）至 1L。

**产品应用** 本品主要应用于化学镀。

使用方法：将镀件表面清洁和活化处理后，再将镀件置于本镀液中，在 pH 值 5～7、温度 85～95℃下浸镀 10～60min；浸镀过程中将化学镀镀液每搅拌 1min 间歇 3min。

**产品特性**

(1) 采用本品，在机械零件下表面形成的镍铼磷/氟化钡＋氟化钙复合镀层，可以有效提高机械在超高温［500（含）～900℃］工作环境下的表面减摩耐磨性能，特别适用于汽轮机叶片、喷气发动机等在高温条件下使用的、要求有一定自润滑性能的机械设备。

(2) 镍铼磷/氟化钡＋氟化钙复合镀层有效克服了镍磷/氟化钙镀层在超高温环境下工作寿命短的缺陷，使机械设备在超高温环境下的工作寿命明显延长。

(3) 本品组成和工艺简单，制备工艺稳定、条件容易控制、镀层光亮致密、厚度均匀、结合力良好，实用性强。

## 配方 22 制备高硬度化学镀 Ni-P-SiC 镀层的环保镀液

**原料配比**

表 1 SiC 分散液

| 原料 | 配比(质量份) | | |
|---|---|---|---|
| | 1# | 2# | 3# |
| 十六烷基三甲基溴化铵 | 0.1 | 0.05 | 0.2 |
| 粒径 40nm SiC | 0.1 | — | — |
| 粒径 20nm SiC | — | 0.4 | — |
| 粒径 30nm SiC | — | — | 0.3 |
| 水 | 加至 1L | 加至 1L | 加至 1L |

表 2 稳定剂

| 原料 | 配比(质量份) | | |
|---|---|---|---|
| | 1# | 2# | 3# |
| 钨酸钠 | 5 | — | — |
| 咪唑 | 2 | — | — |
| EDTA 二钠 | 15 | — | — |
| 硫脲 | — | 10 | — |
| 噻唑 | — | 8 | — |
| 钼酸钠 | — | — | 5 |
| 亚硒酸钠 | — | — | 10 |
| 乙二胺四乙酸 | — | — | 15 |
| 水 | 加至 1L | 加至 1L | 加至 1L |

表 3 环保镀液

| 原料 | 配比(质量份) | | |
|---|---|---|---|
| | 1# | 2# | 3# |
| 六水合硫酸镍 | 28 | — | — |
| 氯化镍 | — | 24 | — |
| 一水合次磷酸钠 | 24 | 33 | — |
| 乙酸铵 | — | 18 | — |
| 乙酸镍 | — | — | 30 |
| 次磷酸 | — | — | 30 |
| 硫酸铵 | — | — | 15 |
| 苹果酸 | — | — | 8 |
| 丁二酸 | — | — | 5 |
| 一水合柠檬酸 | — | 18 | — |
| 三水合乙酸钠 | 10 | — | — |
| 甘氨酸 | 12 | — | — |
| 柠檬酸 | — | — | 8 |
| 乳酸 | 12 | 12 | — |
| 丙酸 | 6 | — | — |
| 稳定剂 | 1mL | 0.5mL | 1.5mL |
| SiC 分散液 | 40mL | 20mL | 50mL |
| 水 | 加至 1L | 加至 1L | 加至 1L |

**制备方法**

(1) 将十六烷基三甲基溴化铵、粒径为 20～40nm SiC，装入盛有 1L 去离子水的烧杯中，用磁力搅拌器强力搅拌润湿 5～30min，再超声波分散 1～2h，再磁力搅拌均匀 5～30min，得到 SiC 分散液 1L。

（2）将钨酸钠、咪唑和 EDTA 二钠装入盛有去离子水的烧杯中，高速磁力搅拌至全部溶解，用去离子水定容至 1L，得到稳定剂 1L。

（3）将镍盐、还原剂、缓冲剂、配位剂、稳定剂装入盛有去离子水的烧杯中，高速磁力搅拌至全部溶解，再加入 SiC 分散液 40mL，高速磁力搅拌 10～40min，用 pH 调节剂如浓氨水调节 pH 值至 8.0～10.0，用去离子水定容至 1L，得到制备高硬度化学镀 Ni-P-SiC 镀层的镀液 1L。

**原料介绍**

所述的化学镀 Ni-P-SiC 镀液可以是现有技术中使用的次磷酸或其盐为还原剂的化学镀镍液，含有该类镀液通常使用的镍盐、还原剂、缓冲剂、配位剂、分散剂和 pH 调节剂。

所述的镍盐可以是硫酸镍、氯化镍或乙酸镍等；所述的还原剂可以是次磷酸或其盐如一水合次磷酸钠等；所述的缓冲剂可以是乙酸钠、乙酸铵或硫酸铵等；所述的配位剂可以是丁二酸、柠檬酸、乳酸、丙酸、苹果酸、甘氨酸等中的两种或两种以上的混合物；所述的稳定剂可以是每升中含硫脲、咪唑、噻唑、钨酸钠、亚硒酸钠、钼酸钠、碘酸钾、乙二胺四乙酸或其盐等中的两种或两种以上混合物 18～40，其余为水；最好每升稳定剂中含有钨酸钠 4～9、咪唑 2～9 和乙二胺四乙酸或其盐 5～20，其余为水，所述的镀液 pH 调节剂是氨水、氢氧化钠、氢氧化钾或碳酸钾等；所述的纳米碳化硅的粒径最好是 20～40nm；所述的分散剂可以是阳离子表面活性剂如十六烷基三甲基溴化铵等。

**产品应用** 本品主要应用于制备高硬度、高耐磨性的模具、刀具、量具和冶金、纺织、化工、机械、航空、航天及能源等行业中使用的动轴承。

**产品特性** 本品所有原料均不含重金属，所采用的纳米碳化硅粉体纯度高、粒径小、分布均匀，硬度达到 4500HV，仅次于金刚石，同时具有耐磨性高、自润湿性能良好、热传导率高、热膨胀系数低及高温强度大等特点，而且还具有良好的吸波性能。因此，得到的化学镀镀液不但对环境友好，而且制成的镀层的硬度在镀态达到 900～1000HV（550HT115），热处理后镀层的硬度接近 1300～1400HV（1200HT115），具备了硬度超越电镀硬铬和化学镀 Ni-P 合金的优越性能，并继承了化学镀的均镀性能，镀层不受基体材料的复杂外形的影响，镀后都保持材料的形状和比例，省去了电镀制备的后续打磨程序。同时，镀液所有成分均可采用国产原料，使得镀液成本大幅度降低。

## 配方 23 制备具有梯度复合镀层的化学镀镀液

**原料配比**

表 1 低磷低速镀

| 原料 | 配比(质量份) | 原料 | 配比(质量份) |
|---|---|---|---|
| 硫酸镍 | 30 | 硫酸铵 | 15 |
| 次亚磷酸钠 | 35 | 稳定剂(硫脲) | 不超过 0.004 |
| 乙酸钠 | 15 | 水 | 加至 1L |
| 乳酸钠(88%) | 15mL | | |

表 2 高磷化学镀

| 原料 | 配比(质量份) | 原料 | 配比(质量份) |
|---|---|---|---|
| 硫酸镍 | 26 | 甘氨酸 | 4 |
| 次亚磷酸钠 | 30 | EDTA 二钠 | 6 |
| 乳酸 | 9 | 水 | 加至 1L |

表 3 低磷化学镀镀液

| 原料 | 配比(质量份) | 原料 | 配比(质量份) |
|---|---|---|---|
| 硫酸镍 | 30 | 丁二酸 | 6 |
| 次亚磷酸钠 | 35 | 稳定剂(硫脲) | 不超过 0.004 |
| 乙酸钠 | 15 | SiC | 8 |
| 乳酸钠(88%) | 15mL | $Al_2O_3$ | 10 |
| 硫酸铵 | 15 | 水 | 加至 1L |

**制备方法** 将各组分溶于水，搅拌均匀即可。

**产品应用** 本品主要应用于制备具有梯度的复合镀层。

用于制备具有梯度复合镀层的化学镀工艺，分三步施镀，并在前两次施镀后进行热处理，在基体上形成疏密相间的梯度镀层，施镀工艺为：

第一步，对镀件进行镀前预处理。严格按照化学镀的镀前处理工艺处理完毕，为下步化学镀做准备。

第二步，实施低磷低速镀，在镀件上镀上一层薄而致密的镀层。镀速控制在 6～8μm/h，施镀时间 60min，pH 值控制在 4.3±1，温度控制在 75℃±2℃。

第三步，进行第一次热处理，除去镀层中残留的氢气和侵入基体的氢气、消除内应力、均细晶粒。热处理温度控制在 200℃±5℃，时间 90min。

第四步，配制高磷化学镀镀液，提高镀速，实行高速镀，镀速控制在 11～13μm/h，施镀时间控制在 90min（施镀时间根据设计镀层厚度确定），pH 值控制在 4.7±1，温度控制在 83℃±2℃。

第五步，进行第二次热处理，除去镀层中残留的氢气和侵入基体中的氢气、消除内应力、均细晶粒。热处理温度控制在 300℃±5℃，时间 90min。

第六步，实施第三层化学镀，再在第二层镀层上镀上一层薄而致密的镀层，同时添加 SiC 和 $Al_2O_3$ 颗粒，提高耐磨性能。配制低磷化学镀镀液，控制镀速，进行低速镀，镀速控制在 7～9μm/h，施镀时间 60min，pH 值控制在 4.3±1，温度控制在 80℃±2℃。

经以上步骤处理，可以在 Φ20×3 的 Q235B 碳钢管上，得到镀层厚度为 30μm 左右，且镀层呈密-疏-密的梯度分布。

**产品特性** 经以上步骤处理，可以在基体上形成疏密相间的梯度镀层，镀层具有优良的耐腐蚀性和耐磨性。其优点是镀层与基体附着力强、镀层间结合紧密、后一镀层可以弥补前面镀层缺陷、基体中没有氢气残留、镀层中没有直通基体的孔隙、外层镀层致密且含有耐磨颗粒，两次热处理可以除去氢气、消除内应力、均细晶粒，添加 SiC 和 $Al_2O_3$ 颗粒可以提高耐磨性能。

## 配方 24 制备耐微动摩擦损伤复合镀层的化学镀镀液

**原料配比**

| 原料 | 配比(质量份) | | | | | | | | | | |
|---|---|---|---|---|---|---|---|---|---|---|---|
| | 1# | 2# | 3# | 4# | 5# | 6# | 7# | 8# | 9# | 10# | 11# |
| 硫酸镍 | 28 | — | 35 | 28 | — | 30 | — | 32 | — | 34 | 35 |
| 氯化镍 | — | 32 | — | — | 29 | — | 31 | — | 33 | — | — |
| 乙二胺 | 55 | — | — | 62 | 61 | — | 59 | — | 57 | — | 55 |
| 柠檬酸钠 | — | 60 | 62 | — | — | 60 | — | 58 | — | 56 | — |
| 硼氢化钠 | 0.2 | — | — | — | 0.8 | — | 0.5 | — | 0.7 | — | — |
| 硼氢化钾 | — | 0.5 | 1 | 0.2 | — | 0.4 | — | 0.6 | — | 0.9 | 1 |
| 氢氧化钠 | 40 | — | — | 62 | — | 55 | — | 48 | — | 43 | 40 |
| 氢氧化钾 | — | 50 | 62 | — | 59 | — | 52 | — | 45 | — | — |
| 硫酸铊 | — | — | — | 0.1 | — | 0.12 | — | — | 0.14 | — | 0.15 |
| 硝酸铊 | 0.1 | 0.12 | 0.15 | | 0.11 | — | 0.12 | 0.13 | — | 0.14 | — |
| 氟化石墨 | 1 | 2 | 5 | 5 | 4 | 3 | 3 | 2 | 2 | 1 | 1 |
| 水 | 加至1L | 加至1L | 加至1L | 加至1L | 加至1L | 加至1L | 加至1L | 加至1L | 加至1L | 加至1L | 加至1L |

**制备方法**

(1) 氯化镍或硫酸镍、乙二胺或柠檬酸钠、硼氢化钾或硼氢化钠、氢氧化钠或氢氧化钾、硫酸铊或硝酸铊，分别用少量水溶解；

(2) 取氟化石墨，用阳离子和非离子表面活性剂作亲水和荷正电表面处理，方法同现有技术；

(3) 将上述各组分混合成均匀的溶液；

(4) 用酸（例如1mol/L盐酸等）或碱（例如1mol/L氢氧化钠等）调pH值至12～14，加水（较好的是去离子水）定容。

**产品应用** 本品主要应用于航空机械。

使用本化学镀镀液制备耐微动摩擦损伤复合镀层的化学镀方法，包括：将镀件（或称基体）表面清洁和活化处理（同现有技术），再将镀件置于所述的化学镀镀液中，在pH值12～14、温度80～88℃条件下浸镀10～60min。

所述浸镀过程中，较好的是将化学镀镀液间歇搅拌，例如：每搅拌1min间歇3min。

所述浸镀后的镀件，较好的是再经200～400℃热处理1～2h。

使用上述化学镀镀液的化学镀工艺流程是：化学除油－水洗－活化－水洗－将零件浸入上述化学镀镀液浸镀－水洗－干燥－检查。

**产品特性**

(1) 采用本品制得的镍铊硼/氟化石墨［Ni-Tl-B/（CF)$_n$］复合镀层厚度均匀，与基体结合好，表面硬度高（热处理硬度1000HV以上），抗黏性强，耐微动损伤和腐蚀性好，在低周应力载荷和振动腐蚀环境条件下工作具有优异的减摩耐磨性能；

(2) 本品制得的镍铊硼/氟化石墨［Ni-Tl-B/（CF)$_n$］复合镀层，特别适用于具备耐微动摩擦损伤性能的飞机等航空机械配合面上；

(3) 本品组成和工艺简单，制备工艺稳定、条件容易控制，实用性强。

## 配方 25 制备钯或钯合金膜的循环化学镀镀液

**原料配比**

表 1 钯镀液

| 原料 | 配比(质量份) | | 原料 | 配比(质量份) | |
|---|---|---|---|---|---|
| | 1# | 2# | | 1# | 2# |
| $PdCl_2$ | 2.5 | 4.5 | $N_2H_4$ | 0.2mol | 0.5mol |
| EDTA二钠 | 50 | 70 | 水 | 加至1L | 加至1L |
| 25%氨水 | 250mL | 300mL | | | |

表 2 铜镀液

| 原料 | 配比(质量份) | | 原料 | 配比(质量份) | |
|---|---|---|---|---|---|
| | 1# | 2# | | 1# | 2# |
| $CuSO_4 \cdot 5H_2O$ | 10 | 12 | HCHO | 0.2mol | 0.5mol |
| NaOH | 10 | 15 | 水 | 加至1L | 加至1L |
| $KNaC_4H_4O_6 \cdot 4H_2O$ | 45 | 50 | | | |

表 3 银镀液

| 原料 | 配比(质量份) | | 原料 | 配比(质量份) | |
|---|---|---|---|---|---|
| | 1# | 2# | | 1# | 2# |
| $AgNO_3$ | 5 | 8 | $N_2H_4$ | 0.2mol | 0.5mol |
| EDTA二钠 | 35 | 45 | 水 | 加至1L | 加至1L |
| 25%氨水 | 400mL | 500mL | | | |

**制备方法** 将各组分溶于水，搅拌均匀即可。

**产品应用** 本品主要应用于制备钯或钯合金膜的循环化学镀工艺，具体包括如下步骤：

(1) 基体的预处理：常用的钯膜基体为管状多孔陶瓷、多孔不锈钢或多孔陶瓷/不锈钢复合材料。化学镀前，基体表面需进行活化处理。以多孔不锈钢或多孔陶瓷/不锈钢复合材料为基体时，活化前应对其进行氧化处理，氧化温度为300～600℃，氧化时间为3～10h，氧化气氛为空气。

(2) 循环化学镀制备钯膜：在预处理好的基体的非活化侧形成封闭空间，以管状基体为例，可将其两端用胶塞密封。蠕动泵的进料口穿过上端胶塞伸入基体内侧底部，出料口通入镀槽。化学镀时，将基体浸入钯镀液中，启动蠕动泵，使基体内侧相对压强始终保持在－90～－100kPa之间，从而实现镀液由基体表面经孔道向内侧的循环传质和成膜后基体内侧的负压环境。当达到所需膜厚时停止反应，关闭设备。用热的去离子水漂洗所制备的钯膜并干燥。

(3) 循环化学镀制备钯合金膜：钯合金膜的制备只需在金属钯膜表面继续化学镀沉积至少一种其他金属，经合金化处理后制得相应的钯合金膜。其中，以Pd-Ag和Pd-Cu合金膜最为常用。合金化处理通常采用的方法为：将膜在$N_2$或惰性气体下，以1～3℃/min的速率升温，在500～800℃氢气下保温5～12h，再在$N_2$或惰性气体下降至室温，得到钯合金膜。

**产品特性** 本品装置简单，易操作，可实现镀液在基体孔道内的高效循环传质，满足含有局部大孔缺陷的低成本基体的镀膜需要。所制备的钯及钯合金膜具有厚度薄、缺陷少和附着力强等优点。

## 配方 26 制备长效自润滑复合镀层的化学镀镀液

**原料配比**

| 原料 | 配比(质量份) | | | | | | | | | | |
|---|---|---|---|---|---|---|---|---|---|---|---|
| | 1# | 2# | 3# | 4# | 5# | 6# | 7# | 8# | 9# | 10# | 11# |
| 硫酸镍 | 20 | 30 | — | 20 | — | 26 | — | 31 | — | 33 | 35 |
| 氯化镍 | — | — | 35 | — | 23 | — | 29 | — | 32 | — | — |
| 钨酸钠 | 40 | 55 | 65 | 65 | 60 | 55 | 50 | 45 | 40 | 35 | 30 |
| 次亚磷酸钠 | 18 | 22 | 25 | 18 | 19 | 20 | 21 | 22 | 23 | 24 | 25 |
| 硫酸铵 | 20 | — | 38 | 38 | — | 32 | — | 26 | — | 36 | 20 |
| 氯化铵 | — | 26 | — | — | 35 | — | 29 | — | 23 | — | — |
| 柠檬酸钠 | 90 | 100 | 110 | 90 | 93 | 96 | 99 | 101 | 105 | 107 | 110 |
| 乳酸 | 3mL | 6mL | 8mL | 3mL | 4mL | 5mL | 5mL | 6mL | 6mL | 7mL | 8mL |
| 60% PTFE | 6mL | 8mL | 12mL | 12mL | 11mL | 10mL | 9mL | 8mL | 7mL | 9mL | 6mL |
| 二硫化钼 | 8 | — | 15 | 8 | 9 | 10 | 11 | 12 | 13 | 14 | 15 |
| 硝酸铅 | — | 0.016 | — | 0.02 | — | — | — | 0.011 | — | — | 0.01 |
| 乙酸铅 | 0.01 | — | — | — | 0.018 | — | 0.013 | — | 0.015 | — | — |
| 硫脲 | — | — | 0.02 | — | — | 0.016 | — | — | — | 0.017 | — |
| 水 | 加至1L | 加至1L | 加至1L | 加至1L | 加至1L | 加至1L | 加至1L | 加至1L | 加至1L | 加至1L | 加至1L |

**制备方法**

(1) 取硫酸镍或氯化镍、钨酸钠、次亚磷酸钠、硫酸铵或氯化铵、柠檬酸钠、乳酸、二硫化钼、稳定剂(硝酸铅、乙酸铅或硫脲),分别用少量水溶解;

(2) 取聚四氟乙烯(PTFE),用水配制成质量分数为60%的聚四氟乙烯悬浮乳液;

(3) 取二硫化钼,用阳离子和非离子表面活性剂对其作亲水和荷正电表面处理;聚四氟乙烯(PTFE)也可以用PTFE粉剂,但要用阳离子和非离子表面活性剂对其作亲水和荷正电表面处理;方法同现有技术;

(3) 将上述各组分混合成均匀的溶液;

(4) 用碱(例如氨水等)调pH值至8~9.5,加水(较好的是去离子水)定容。

**产品应用** 本品主要应用于核工业装备、食品机械、医药机械、压铸模具等不便用油润滑部位的机械设备。

使用本化学镀镀液制备长效自润滑复合镀层的化学镀方法,包括:将镀件表面清洁和活化处理(同现有技术),再将镀件置于上述的化学镀镀液中,在pH值8~9.5、温度85~92℃下浸镀10~60min,获得优良的复合镀层。

所述浸镀过程中将化学镀镀液每搅拌1min间歇3min。

使用上述化学镀镀液的化学镀工艺流程是:化学除油-水洗-活化-水洗-将零件浸入上述化学镀镀液浸镀-水洗-干燥-检查。

**产品特性**

(1) 采用本品在机械零件表面形成的镍钨磷/聚四氟乙烯+二硫化钼(Ni-W-P/PTFE+$MoS_2$)复合镀层,具有硬度高、耐蚀性好和抗氧化能力强等优点,可以有效提高机械的表面减摩耐磨性能，特别适用于核工业装备、食品机械、医药机械、压铸模具等不便用油润滑部位的机械设备；

(2) 采用本品，在机械零件表面形成的镍钨磷/聚四氟乙烯＋二硫化钼（Ni-W-P/PTFE＋$MoS_2$）复合镀层，在250℃以内环境下具有长效自润滑特性的优良特性；

(3) 本品组成和工艺简单，制备工艺稳定、条件容易控制，镀层光亮致密、厚度均匀、结合力良好，实用性强。

## 配方 27 中温酸性化学镀镍-磷合金镀液

**原料配比**

| 原料 | 配比(质量份) | | |
|---|---|---|---|
| | 1# | 2# | 3# |
| 硫酸镍 | 25 | 28 | 26 |
| 次亚磷酸钠 | 30 | 32 | 30 |
| 乙酸钠 | 15 | 18 | 12 |
| 硫脲 | 0.0011 | 0.0008 | 0.0012 |
| 乳酸 | 11mL | 10mL | 13mL |
| 冰乙酸 | 9mL | 10mL | 13mL |
| 苹果酸 | — | 8 | — |
| 柠檬酸 | — | — | 10 |
| 丁二酸 | 5 | — | — |
| 碘酸钾 | 0.006 | 0.01 | — |
| 碘化钾 | — | — | 0.008 |
| 水 | 加至1L | 加至1L | 加至1L |

**制备方法**

(1) 按镀液的体积分别称量出计算量的各种原料。

(2) 用去离子水使固体药品完全溶解，黏稠液体原料稀释成稀溶液，注意操作用水量控制在配制溶液体积的3/4左右，不能超过规定体积。

(3) 将完全溶解的配位剂、缓冲剂及其他添加剂在搅拌条件下与主盐溶液混合。

(4) 加入稳定剂，也可在最后加入。

(5) 将另配制的还原剂溶液在搅拌条件下与主盐和配位剂等溶液混合。

(6) 用1∶1氨水或稀碱液调整pH值，稀释至规定体积。

(7) 必要时过滤。

**原料介绍** 冰乙酸和乳酸作为配位剂，硫脲和碘化钾和碘酸钾作为稳定剂，有机酸作为加速剂，硫酸镍作为主盐，次亚磷酸钠作为还原剂。

**产品应用** 本品主要应用于航空航天、石油化工、机械电子、计算机、汽车、食品、纺织、烟草和医疗等领域。

周期实验的添加配方为：以所述的镀液配方为基础，其他操作条件为还原剂与主盐的添加质量比为1.1～1.4，每60min对镀后液进行镍离子浓度的测定并按镍离子的消耗量添加浓缩液，添加比例按开缸液的8%～18%，施镀温度为70～75℃，pH值4.5～5.2。

**产品特性**

(1) 由于采用冰乙酸和乳酸作为复合配位剂，不但提高了镀液的稳定性，其镀液稳定性达到1800s以上（用氯化钯做测试），稳定常数为100%，而且使得镀速明显提高，经测试在施镀温度为70℃时镀速最高可达20.01μm/h，其镀层综合性能也较好，镀层的耐蚀性达到 120s 以上，硬度达到 480HV。

(2) 本品采用有机酸作为加速剂，因其具有可提高施镀材料表面的自催化性能，因此其加速效果比较明显。当有机酸浓度为 6g/L 时，加速效果最明显，在施镀温度为 70℃时，其最大镀速可达 21.97μm/h，而且其镀液和镀层的综合性能也较佳（镀液稳定性大于 1800s，稳定常数为 100%，镀层与基体结合良好，镀层的耐蚀性达到 120s 以上，硬度达到 480HV）。

(3) 采用硫脲和无机碘化物作为稳定剂比采用其他种类的稳定剂效果要好，其镀液稳定性可达 1800s 以上，周期实验的稳定性大于 10 个周期，镀层的耐蚀性达到 120s 以上，硬度达到 480HV。

(4) 本品在周期实验中控制还原剂与主盐的添加比为 1.1～1.4；每 60min 对镀后液进行浓缩液补充，添加比例按开缸液的 8%～18%，镀液寿命大于 10 个周期、稳定常数均大于 97%、镀速较高（第 1 周期为 20.40μm/h，第 10 周期为 12.10μm/h），所得镀层的硬度最高为 1396HV、耐蚀性好（各周期均大于 70s，最大的为 221s）、磷含量稳定（始终保持在 11%～12%）。

## 配方 28 中温酸性纳米化学复合镀 Ni-P-$Al_2O_3$ 镀液

**原料配比**

| 原料 | 配比(质量份) | | |
|---|---|---|---|
| | 1# | 2# | 3# |
| 硫酸镍 | 20 | 25 | 26 |
| 次亚磷酸钠 | 25 | 28 | 32 |
| 乙酸钠 | 10 | 16 | 15 |
| 硫脲 | 0.0002 | 0.0005 | 0.001 |
| 柠檬酸 | — | 12mL | — |
| 苹果酸 | — | — | 20mL |
| 丁二酸 | 8mL | — | — |
| 冰乙酸 | 10mL | 10mL | 12mL |
| 纳米 $Al_2O_3$ 颗粒 | 0.16 | 0.4 | 0.65 |
| 十二烷基苯磺酸钠 | 0.001 | 0.00075 | — |
| 聚乙二酸和十二烷基硫酸钠复合液 | — | — | 0.0015 |
| 水 | 加至 1L | 加至 1L | 加至 1L |

**制备方法**

(1) 按镀液的体积分别称量出计算量的各种原料。

(2) 用去离子水将固体原料完全溶解、黏稠液体原料稀释成稀溶液，注意操作用水量控制在配制溶液体积的 3/4 左右，不能超过规定体积。

(3) 将完全溶解的乙酸钠、硫脲、冰醋酸、有机酸在搅拌条件下与主盐溶液混合，将另配制的还原剂溶液在搅拌条件下与上述溶液混合。

(4) 加入稳定剂。

(5) 用 1∶1 氨水或稀碱液调整 pH 值，稀释至规定体积。

(6) 必要时过滤。

**产品应用** 本品主要应用于航空航天、机械电子、电子工业和汽车工业领域。

**产品特性** 镀速高，可以与高温镀液体系相媲美；镀液稳定性好，镀液寿命大于 8 个周期，其镀液稳定性达到 1000s 以上（用氯化钯做测试），稳定常数为 96%以上；镀层综合性能也较好，镀层的耐蚀性均达到 120s 以上，硬度均达到 720HV 以上。

## 配方 29 中温酸性纳米化学复合镀 Ni-P-$ZrO_2$ 镀液

**原料配比**

| 原料 | 配比(质量份) | | |
|---|---|---|---|
| | 1# | 2# | 3# |
| 硫酸镍 | 25 | 28 | 26 |
| 次亚磷酸钠 | 30 | 33 | 32 |
| 乙酸钠 | 15 | 15 | 15 |
| 硫脲 | 0.001 | 0.0008 | 0.001 |
| 乳酸 | 10mL | 10mL | 15mL |
| 冰乙酸 | 15mL | 10mL | 12mL |
| 丁二酸 | 8 | — | — |
| 柠檬酸 | — | — | 15 |
| 苹果酸 | — | 8 | — |
| 硫脲 | 0.0005 | — | 0.0008 |
| 纳米 $ZrO_2$ 颗粒 | 0.02 | 0.03 | 0.04 |
| 水 | 加至 1L | 加至 1L | 加至 1L |

**制备方法**

(1) 按镀液的体积分别称量出计算量的各种原料。

(2) 用去离子水使固体药品完全溶解、黏稠液体原料稀释成稀溶液，注意操作用水量控制在配制溶液体积的 3/4 左右，不能超过规定体积。

(3) 将完全溶解的配位剂、缓冲剂及其他添加剂在搅拌条件下与主盐溶液混合。

(4) 加入稳定剂，也可在最后加入。

(5) 将另配制的还原剂溶液在搅拌条件下与主盐和配位剂等溶液混合。

(6) 用 1∶1 氨水或稀碱液调整 pH 值，稀释至规定体积。

(7) 必要时过滤。

**产品应用** 本品主要应用于航空航天、机械电子、计算机、汽车和医疗器械领域。

施镀：将配好的镀液放入恒温水浴中，加热到 75℃，用分析天平称取所需质量的纳米 $ZrO_2$ 颗粒，放入镀液中，用搅拌器预搅拌 30min，转速设定为 400r/min，使第二相颗粒充分分散。然后将称量好的试样用细铝丝拴好，并做好标记，经前处理后，悬挂在镀液中央，根据对镀层厚度的需要不同调整施镀时间。本工艺适合各种金属、陶瓷、金刚石等材料表面的化学复合镀处理。

**产品特性** 本品镀速高，可以与高温镀液体系相媲美；镀液稳定性好，镀液寿命大于 10 个周期，其镀液稳定性达到 1200s 以上（用氯化钯做测试），稳定常数为 96%以上；镀层综合性能也较好，磷含量稳定，镀层的耐蚀性均达到 200s 以上，硬度均达到 680HV 以上。

## 配方 30 自润滑化学复合镀层镀液

**原料配比**

| 原料 | 配比(质量份) | | |
|---|---|---|---|
| | 1# | 2# | 3# |
| 氟碳表面活性剂 | 0.33 | 0.18 | 0.27 |
| PTFE 乳液 | 14 | 10 | 12.5 |
| 十六烷基三甲基溴化铵 | 0.07 | 0.07 | 0.09 |

续表

| 原料 | 配比(质量份) | | |
|---|---|---|---|
| | 1# | 2# | 3# |
| SiC | 8 | — | — |
| $Si_3N_4$ | — | — | 9 |
| $Al_2O_3$ 陶瓷颗粒 | — | 10 | — |
| 硫酸镍 | 20 | 20 | 25 |
| 乳酸 | 33mL | — | 33mL |
| 柠檬酸钠 | — | 25 | — |
| 乙酸钠 | 15 | — | 15 |
| 次磷酸钠 | 25 | 30 | 25 |
| 丙烯基硫脲 | 0.0015 | 0.0015 | 0.0015 |
| 水 | 加至1L | 加至1L | 加至1L |

**制备方法**

(1) 首先将用于泡沫灭火剂的氟碳表面活性剂和PTFE乳液溶解后得混合液A，再将十六烷基三甲基溴化铵和SiC或$Si_3N_4$或$Al_2O_3$陶瓷颗粒分散溶解后得混合液B；

(2) 镀液配制：化学镀镍合金镀液选用酸性化学镀镍溶液，即在室温下依次向镀槽中添加硫酸镍、乳酸、柠檬酸钠、乙酸钠、次磷酸钠、丙烯基硫脲，用氢氧化钠调整pH值；

(3) 化学复合镀：采用化学复合镀工艺，即在步骤(2)配制的酸性镀液中添加混合液A和B，加热镀液为85～90℃，施镀过程需不断搅拌，获得自润滑化学复合镀层。

**产品应用** 本品主要应用于自润滑化学复合镀层。

**产品特性** 本品所获得的自润滑化学复合镀层两种颗粒沉积量多且分布均匀，在高载高速下具有良好的耐磨减摩性能。本品所涉及的方法操作简便，成本低，通过表面活性剂的作用实现了粒子的均匀沉积，获得了自润滑化学复合镀层，使材料具备了更广泛的应用范围。

# 5 切削液

## 配方 1 防锈金属切削液

**原料配比**

| 原料 | 配比(质量份) | | |
|---|---|---|---|
| | 1# | 2# | 3# |
| 三乙醇胺 | 18 | 15 | 20 |
| 聚氯乙烯胶乳 | 50 | 45 | 55 |
| 聚醚多元醇 | 2.5 | 2 | 3 |
| 聚苯胺水性防腐剂 | 29.5 | 25 | 30 |
| 水 | 20 | 15 | 40 |

**制备方法** 将三乙醇胺、聚氯乙烯胶乳、聚醚多元醇、聚苯胺水性防腐剂原料混合后加去离子水，用高速分散机搅拌分散 10min，得到黑色液状产物，即是本品。用户使用时可稀释 20 倍。

聚苯胺水性防腐剂的制备：将 10g 本征态聚苯胺、11g 硫酸银，加入 100g 23% 的硫酸中，在 90℃的温度下搅拌 2h，待冷却后过滤水洗反复三次至中性，获得约 50g 黑色浆料；取该浆料 4g，加去离子水 10g，加烧碱 0.2g，将 pH 值调至 8～9，然后再加入 1g 硼砂，用高速分散机以 1700r/min 搅拌 1.5h，使之溶解；再加入硫酸锌 0.004g、亚硝酸钠 0.35g、苯甲酸钠 0.4g、乙醇 0.02g，继续用高速分散机以 1700r/min 高速分散至溶解，即得聚苯胺水性防腐剂 15.9g。

**产品应用** 本品主要用作金属切削液。

**产品特性** 本品将聚苯胺作为防腐添加剂，与切削液相溶，提高金属切削液的防锈蚀功能。同时，该防锈切削液残留在金属表面，使金属加工阶段完成后的周转存放期，防腐延长至 30d 后生锈，省去了二次涂抹防腐油脂的工艺，降低了生产成本，解决了锈蚀难题。

## 配方 2 镁合金用切削液

**原料配比**

| 原料 | 配比(质量份) | | |
|---|---|---|---|
| | 1# | 2# | 3# |
| 水 | 23 | 20 | 28 |
| EDTA 四钠 | 4 | 4 | 4 |
| 异丙醇胺 | 5 | 5 | 5 |
| 环烷基基础油 | 40 | 45 | 35 |
| T702 | 6 | 6 | 6 |
| 磷酸酯 | 6 | 6 | 6 |

续表

| 原料 | 配比(质量份) | | |
| --- | --- | --- | --- |
| | 1# | 2# | 3# |
| AEO-9 | 4.5 | 4.5 | 4.5 |
| 杀菌剂 | 3.5 | 3.5 | 3.5 |
| 斯盘-80 | 8 | 6 | 8 |

**制备方法**

(1) 将水和EDTA四钠、异丙醇胺在常温下搅拌至形成透明的混合液A；

(2) 将环烷基基础油、T702、磷酸酯、AEO－9、杀菌剂和斯盘80在常温下搅拌至形成透明的混合液B；

(3) 将混合液A与混合液B充分混合，即可得到镁合金切削液。

**产品应用** 本品主要应用于金属材料加工，特别是镁合金切削用。

**产品特性**

(1) 本品采用“3P”（多点配合）技术，抑制了$Mg^{2+}$和$H_2$的析出，能有效防止镁合金表面的发黑，有效地提高金属加工表面的光亮度。

(2) 本品通过采用磷酸酯、EDTA四钠等多种抗硬水剂协调作用，提高了镁离子的配合极限，大大增强了产品的抗硬水能力，使其在10000mg/kg以上仍然能保持很好的稳定性。

(3) 本品由于特别添加了特殊的细菌和霉菌抑制剂，既不腐蚀镁合金材料，又可有效地控制细菌繁殖，协同非凡的抗硬水能力，可大大延长切削液使用寿命。

(4) 本品不含硼、氯、硅等物质，借助镁合金加工过程中自然析出的镁离子抑制泡沫产生，使后续的表面处理得以顺利进行。

## 配方 3 镁合金切削液

**原料配比**

| 原料 | 配比(质量份) | | | | |
| --- | --- | --- | --- | --- | --- |
| | 1# | 2# | 3# | 4# | 5# |
| 环烷基矿物油和不饱和酯 | 60 | — | — | — | — |
| 环烷基矿物油和合成酯 | — | — | — | 60 | — |
| 蓖麻油不饱和脂肪酸酯 | — | 45 | — | — | — |
| 聚α-烯烃和菜籽油混合物 | — | — | — | — | 60 |
| 葵花籽油和棉籽油的混合油 | — | — | 50 | — | — |
| 烷基酚聚氧乙烯醚 | — | 8 | — | — | 5 |
| 脂肪醇聚氧乙烯醚 | — | — | 3 | — | — |
| 失水山梨醇油酸酯 | 3 | — | — | — | — |
| 失水山梨醇油酸酯和烷基酚聚氧乙烯醚的混合物 | — | — | — | 3 | — |
| 二聚酸和蓖麻油酸 | — | 2 | — | — | — |
| 蓖麻油酸 | 2 | 3 | — | — | — |
| 妥尔油酸、三乙醇胺、单乙醇胺和2-氨基-2-甲基-1-丙醇的混合物 | — | — | — | 10 | — |
| 油酸、妥尔油酸的混合多聚酸 | 1 | — | — | — | — |
| 油酸、羧酸、二聚酸和妥尔油酸的混合物 | — | — | — | — | 7 |
| 妥尔油酸 | — | — | — | — | 4 |
| 丙酸聚合物 | — | — | — | 5 | — |
| 2-氨基-2-甲基-1-丙醇 | — | — | 2 | — | — |
| 三乙醇胺 | 1 | 1 | 1 | — | — |

续表

| 原料 | 配比(质量份) | | | | |
|---|---|---|---|---|---|
| | 1# | 2# | 3# | 4# | 5# |
| 单乙醇胺 | 3 | 3 | 4 | 3 | 3 |
| 三乙醇胺和单乙醇胺的混合物 | — | — | — | 1 | — |
| 二聚酸 | — | — | — | 5 | — |
| 偏硅酸钠 | — | — | — | 3 | — |
| 烷基胺 | 2 | 2 | — | — | 2 |
| 醚羧酸铵盐 | 3 | 1 | 2 | 1 | — |
| 有机羧酸盐 | — | — | — | — | 7 |
| 油酸、妥尔油酸和马来酸聚合的聚合物 | — | — | 30 | — | — |
| 二聚酸和有机羧酸盐的混合物 | — | 10 | 15 | — | — |
| 镁合金缓蚀剂磷酸酯 | — | 1 | — | — | — |
| 多聚酸和二聚酸的混合物 | 7 | — | — | — | — |
| 妥尔油与2-氨基-2-甲基-1-丙醇的混合物 | — | — | 5 | — | — |
| 妥尔油 | 3 | — | — | — | — |
| 改性磷酸酯和磷酸酯的混合物 | 3 | — | 2 | 2 | — |
| 改性磷酸酯 | — | — | — | — | 3 |
| 三嗪衍生物 | 3 | — | — | 3 | — |
| 三嗪衍生物和吗啉衍生物的混合物 | — | — | 4 | — | — |
| 3,3-亚甲基(5-甲基噁唑烷) | — | 3 | — | — | 3 |
| 水 | 加至100 | 加至100 | 加至100 | 加至100 | 加至100 |

**制备方法** 将各组分混合均匀即可。

**原料介绍**

基础油或油性剂是矿物油、聚α-烯烃、植物油、改性植物油或植物系油酸酯、二元酯类、聚合酯、聚醚、不饱和脂肪酸酯、饱和脂肪酸酯的一种或几种混合物；

本品中非离子表面活性剂是失水山梨醇油酸酯、烷基酚聚氧乙烯醚、脂肪醇聚氧乙烯醚的一种或几种混合物；

本品中阴离子表面活性剂是油酸、羧酸、二聚酸、妥尔油酸、蓖麻油酸的一种或几种及烷基胺、三乙醇胺、单乙醇胺、2-氨基-2-甲基-1-丙醇等中的一种或多种混合物；

本品中多功能表面活性剂是特种混合多聚酸与烷基胺、三乙醇胺、单乙醇胺、2-氨基-2-甲基-1-丙醇的一种或几种的混合物；

本品中抗硬水表面活性剂是醚羧酸铵盐；

本品中防锈剂是硼酸、癸二酸、三聚酸、二聚酸、有机羧酸盐的一种或几种的混合物；镁合金缓蚀剂是磷酸酯、妥尔油与2-氨基-2-甲基-1-丙醇、偏硅酸钠、改性磷酸酯的一种或几种的混合物；杀菌剂是三嗪衍生物、吗啉衍生物、3，3-亚甲基(5-甲基噁唑烷）的一种或几种。

本品中高效多功能表面活性剂所用的特种混合多聚酸，是丙酸、丁酸、戊酸、己酸、庚酸、辛酸、壬酸、癸酸、十一碳酸、十二碳酸、十四碳酸、十七碳酸、十八碳酸、油酸等脂肪族单羧酸，另外还有乙二酸、丙二酸、丁二酸、戊二酸、已二酸、庚二酸、辛二酸、壬二酸、癸二酸、十一碳二酸、十二碳二酸、十三碳二酸、十四碳二酸、十五碳二酸、十六碳二酸等脂肪族二羧酸以及由此聚合的二聚酸、多聚酸的一种或几种的混合物，其不仅具有良好的乳化性，还具有优异的防锈性能。

本品中醇醚羧酸铵盐，是醇醚羧酸和烷基胺、三乙醇胺、单乙醇胺、2-氨基-2-

甲基-1-丙醇等有机胺中的一种或几种混合物按以下比例反应而生成的；醇醚羧酸：有机胺=(1：1)～(1：2.1)。

本品中缓蚀剂中含有磷酸酯或改性磷酸酯，改性磷酸酯是优先选用磷酸、磷酸双酯、磷酸单酯与磷酸单体、烷基胺、三乙醇胺、单乙醇胺、2-氨基-2-甲基-1-丙醇、羟基丙烯酸酯的一种或几种的混合物，其用量在1%～3%。

其中，改性磷酸酯呈现出结构、性能多样化的特点，能有效弥补天然磷脂在某些性能方面的不足，两者结合使用可达到完美的应用效果。通常合成磷酸酯与天然磷脂一样，具有优良的润湿性、洗净性、增溶性、乳化分散性，优于一般阴离子表面活性剂的耐电解质、耐硬水性、易生物降解性、较低的刺激性，而且还有优异的防锈性。改性磷酸酯是优先选用磷酸，磷酸双酯、磷酸单酯与磷酸单体、烷基胺，三乙醇胺，单乙醇胺，2-氨基-2-甲基-1-丙醇、羟基丙烯酸酯的一种或几种的混合物，采用长链脂肪醇或脂肪醇醚、含羟基的天然油脂如蓖麻油、菜籽油、葵花籽油、棉籽油、鱼油和羊毛脂等合成磷酸酯加脂剂。在磷酸化反应之前，对长链脂肪醇或脂肪醇醚、含羟基的天然油脂进行适当的改性处理，如酯交换反应、酰胺化反应、磺化反应、季铵化反应、硫酸化反应、卤化反应及醚化反应等，合理地引入更多的活性基团或暴露更多的活性基团，再进行磷酸化反应，有效地优化组合，使合成的磷酸酯具有最优化的加脂性能。通过多种防锈剂的联合使用，使本品的切削液体系对镁合金的防腐蚀有一个很好的保护作用。

**产品应用** 本品可以用在镁合金的加工上，也可以用在铝合金、铸铁、不锈钢等金属的加工上。

**产品特性** 本品以特种混合多聚酸和改性磷酸酯为添加剂，使该切削液有优良的防锈性能。在镁合金切削加工上，本品中的独特配方，不仅使镁合金在5%的稀释液中、55℃下连续浸泡30d以上，不产生变色腐蚀现象，有效抑制镁合金在水中的氢释现象，而且该产品抗硬水高达10000mg/kg，且工作液能使用半年以上；同时，具有优异的防锈、润滑、冷却等性能。该切削液除了可以用在镁合金的加工上，也可以用在铝合金、铸铁、不锈钢等金属的加工上，尤其是对于硬水比较高的地区。

## 配方 4 铝合金切削液

**原料配比**

| 原料 | 配比(质量份) | | |
|---|---|---|---|
| | 1# | 2# | 3# |
| N46 矿物油 | 30 | — | — |
| 菜籽油 | — | 30 | — |
| N68 矿物油 | — | — | 30 |
| 硫化异丁烯 | 15 | 15 | 15 |
| 氯化石蜡 | 15 | 15 | 15 |
| 硫代磷酸酯 | 15 | 15 | 15 |
| 硼酸钾 | 10 | 10 | 10 |
| 山梨糖醇单油酸酯防锈剂 | 5 | — | — |
| 烷基苯甲酸防锈剂 | — | 5 | 5 |
| 硫酸化脂肪酸酯钠 | 3 | 3 | 2 |
| 烷基酚环氧乙烷 | 7 | — | 8 |
| 多元醇脂肪酸酯 | — | 7 | — |

**制备方法** 将基础油加热至45～50℃后，依次加入硫化异丁烯、氯化石蜡、硫

代磷酸酯、硼酸钾、防锈剂，并保持温度在40～50℃下搅拌10min，搅拌速度保持在100～120r/min，再加入表面活性剂，保持原来搅拌速度，搅拌至完全透明即可，自然冷却后包装。

**原料介绍**

所述基础油采用矿物油或植物油。矿物油为N15～N150矿物油，植物油为菜籽油、棉籽油、豆油或椰子油。

所述表面活性剂采用阴离子型表面活性剂和非离子型表面活性剂混合而成。阴离子型表面活性剂为高级脂肪酸钠、硫酸化脂肪酸酯钠或磺基琥珀酸二酯钠；非离子型表面活性剂为烷基酚环氧乙烷或多元醇脂肪酸酯。

所述的防锈剂采用磺酸钠或磺酸钙、烷基苯甲酸、山梨糖醇单油酸酯、酰胺中的一种或多种。

**产品应用** 本品主要应用于铝合金加工中锯、磨、切削、攻丝、折弯、铣、冲孔、冲压、成形的润滑领域，可将本切削油加水1～5倍后利用微量润滑系数准确喷到需要润滑的加工点上。

**产品特性** 本品具有良好的润滑性和散热性，使用量降到原有的5%以下，并减少对江河湖海的排放污染，节省加工成本，提高了润滑效果。

## 配方5 耐硬水水溶性切削液

**原料配比**

| 原料 | 配比(质量份) | | | |
|---|---|---|---|---|
| | 1# | 2# | 3# | 4# |
| 基础油或油性剂 | 40 | 50 | 58 | 45.6 |
| 阴离子表面活性剂 | 50 | 32.25 | 30 | 40 |
| 防锈剂 | 5 | 10 | 5.88 | 8 |
| 耦合剂 | 3 | 4 | 3.5 | 4 |
| 铜合金缓蚀剂 | 0.1 | 0.15 | 0.12 | 0.1 |
| 防腐蚀剂 | 1 | 2 | 1.5 | 1 |
| 消泡剂 | 0.4 | 0.6 | 0.3 | 0.5 |
| 铝合金缓蚀剂 | 0.5 | 1 | 0.7 | 0.8 |

**制备方法** 将各组分混合均匀即可。

**原料介绍**

所述基础油或油性剂是矿物油、聚α-烯烃、二元酯类、季戊四醇酯类、植物油或植物系油酸酯；

所述阴离子表面活性剂是醇醚羧酸盐或醇醚羧酸与油酸、蓖麻油酸、二聚酸、妥儿油酸、异构硬脂酸中的一种或几种及一乙醇胺、二乙醇胺、三乙醇胺、一异丙醇胺、二异丙醇胺、2-氨基-2-甲基-1-丙醇、吗啉、*N*-甲基吗啉中的一种或几种的混合物；

所述防锈剂是硼酸、对叔丁基苯甲酸、对硝基苯甲酸、三嗪类多羧酸化合物、ε-异壬酰基氨基酸衍生物中的一种或几种与一乙醇胺、二乙醇胺、三乙醇胺、一异丙醇胺、二异丙醇胺、2-氨基-2-甲基-1-丙醇、吗啉、*N*-甲基吗啉中的一种或几种的混合物；

所述耦合剂是异丙醇、丙二醇或异构硬脂醇；

所述铜合金缓蚀剂是苯三唑、咪唑啉、噻二唑多硫化物或甲基苯三唑；

所述防腐蚀剂是六氢化三嗪或异噻唑啉酮；

所述消泡剂是乳化硅油；

所述铝合金缓蚀剂是偏硅酸钠、原硅酸钠、四乙氧基硅烷、甲基三甲氧基硅烷中的一种或几种。

在阴离子表面活性剂中醇醚羧酸盐或醇醚羧酸占阴离子表面活性剂总量的3%～5%。醇醚羧酸盐是醇醚羧酸胺盐或醇醚羧酸钠盐。

**产品应用** 本品主要应用于金属切削加工。

**产品特性** 本品独特的配方，使产品能抵抗 7000mg/kg 的硬水，普遍适用于水质硬度高的地区，稀释水不需经水质软化处理就可以直接使用，且工作液使用寿命长达 2 年以上；本品使用后的废液，易破乳处理，可采用氯化钙、明矾破乳絮凝的方法处理，$COD_{Cr}$ 去除率可达 92%以上，再经过简单的生化处理，废水即可达到二级排放标准。同时在润滑性、防锈性、冷却性、消泡性能等方面也都具有优异性能。

## 配方 6 钕铁硼材料切片加工的水基切削液

**原料配比**

| 原料 | 配比(质量份) | | |
|---|---|---|---|
| | 1# | 2# | 3# |
| 有机胺 | 15 | 10 | 20 |
| 有机酸 | 10 | 5 | 15 |
| 水溶性磷酸酯 | 3 | 10 | 2 |
| 聚醚 | 7 | 10 | 9 |
| 防锈缓蚀剂 | 7 | 5 | 10 |
| 分散剂及表面活性剂 | 3 | 5 | 1 |
| 防腐杀菌剂 | 1 | 0.5 | 4 |
| 抗硬水剂 | 0.4 | 0.01 | 1 |
| 消泡剂 | 0.05 | 0.4 | 1 |
| 助剂 | 3 | 2 | 3 |
| 水 | 50.55 | 52.09 | 34 |

**制备方法** 先将有机酸溶于有机胺后，加入去离子水中，至完全溶解后加入其他组分，搅拌至透明、均匀，即得切削液。

**原料介绍**

所述有机胺为一乙醇胺、三乙醇胺、二乙烯三胺、异丙醇胺、二异丙醇胺、三异丙醇胺、2-氨基-2-甲基-1-丙醇胺、四甲基氢氧化铵和乙二胺中的一种或一种以上的混合物；

所述有机酸为油酸、妥尔油酸、已二酸、月桂酸、十一酸、十二酸、二聚酸、癸二酸、新癸酸、正辛酸和异辛酸中的一种或一种以上的混合物；

所述分散剂及表面活性剂为 AEC、AEO-9、TX-10、聚乙二醇、二乙二醇和聚乙烯醇中的一种或一种以上的混合物；

所述防锈缓蚀剂为苯并三氮唑、甲基苯并三氮唑、2-巯基苯并噻唑、烷基膦酸、壬基酚聚氧乙烯醚磷酸酯、有机钼酸盐、硼砂和硼酸中的一种或一种以上的混合物；

所述防腐杀菌剂为 5-氯-2-甲基-4-异噻唑啉-3-酮、2-甲基-4-异噻唑啉-3-酮、苯甲酸盐、Rusan77、三丹油和甲基-*N*-苯并咪唑-2-氨基甲酸酯中的一种或一种以上的混合物；

所述消泡剂为乳化硅油；抗硬水剂为乙二胺四乙酸盐、乙二醇单甲醚、二乙二醇单丁醚和二乙二醇单甲醚中的一种或一种以上的混合物；助剂为丙三醇、四硼酸盐、异丙醇、JS-115 中的一种或一种以上的混合物。

**产品应用** 本品主要应用于钕铁硼材料切片加工。

使用方法：将切削液与水按比例1：(10～30) 稀释后使用。

**产品特性** 本品具有良好的润滑性、极压性和防锈性；利用有机碱和有机酸以及特殊助剂的合理搭配，大大减弱了切削液对黏接钕铁硼材料用的黏胶的腐蚀溶解现象；利用分散剂及表面活性剂来降低溶液的表面张力，从而增强了切削液的渗透性和沉降性能；最终产品的 pH 值为 7.5～8.5。由此可见，切削液不含亚硝酸盐、矿物油、苯酚和甲醛等有害物质，对操作人员无毒害，系环境友好产品；工作液清晰透明、润滑性好、清洗性强、切屑粉末沉降性好；本切削液对粘接钕铁硼材料的黏胶在加工周期内溶解性极小，不会出现因切削液溶解黏胶而造成产品加工精度误差大或刀具损坏的状况。

## 配方 7 强力水基切削液

**原料配比**

| 原料 | 配比(质量份) | 原料 | 配比(质量份) |
|---|---|---|---|
| 苯甲酸 | 16 | 吐温-80 | 3 |
| 还原剂 | 5 | 杀菌剂 | 0.1 |
| 磷酸三乙醇胺 | 10 | 消泡剂 | 0.1 |
| 羟基磷酸酯 | 7 | 水 | 加至 100 |

**制备方法** 将苯甲酸和还原剂反应，将该反应产物与磷酸三乙醇胺混合，并加入羟基磷酸酯和吐温 80、消泡剂及杀菌剂，再加入水混合均匀。

**产品应用** 本品主要应用于机械磨床、钻床、铣床、车床等金属切削机床。

**产品特性** 本强力水基切削液为透明液体，无异味，pH 值为中性。其特点之一是不含有矿物油和植物油，解决了乳液型切削液容易变质变臭和污染环境的问题；特点之二是不含毒性、刺激性较大的亚硝酸钠和其他酸根。本品防锈期可达 168h 无锈蚀，使用期为 6 个月，存放期为一年，生产工艺简单，成本低廉。

## 配方 8 金属加工润滑冷却液

**原料配比**

| 原料 | 配比(质量份) | 原料 | 配比(质量份) |
|---|---|---|---|
| 硼砂 | 50 | 癸二酸 | 2 |
| 二乙醇胺 | 20 | 庚酸 | 2 |
| 硅油 | 10 | 苯三唑 | 3 |
| 石油磺酸钠 | 1 | 油酸 | 10 |
| 硼酸 | 2 | | |

**制备方法** 将各组分混合均匀即可。

**产品应用** 本品主要应用于金属加工。

**产品特性** 本品具有润滑冷却性能、防锈、防腐蚀性能好；清洗、渗透性好；无毒、无刺激、无环境污染；抗微生物、抗菌性能强；与硬水混合性好；稳定性好、消泡性好；加工过程中使用本品，可使加工出的刀具、砂轮耐用度高。

## 配方 9 金属切削液

**原料配比**

| 原料 | 配比(质量份) | | | | |
|---|---|---|---|---|---|
| | 1# | 2# | 3# | 4# | 5# |
| 硼酸 | 0.5 | 1.2 | 0.8 | 1 | 1.5 |
| 苯甲酸钠 | 0.1 | 0.3 | 0.5 | 0.2 | 0.4 |
| 钼酸钠 | 0.2 | 0.5 | 0.8 | 0.3 | 1 |
| 油酸 | 8 | 5 | 9 | 7 | 10 |
| 三乙醇胺 | 5 | 3 | 6 | 4 | 7 |
| 石油磺酸钠 | 6 | 3 | 8 | 5 | 7 |
| 烷基酚聚氧乙烯醚 | 5 | 3 | 4 | 3.5 | 4.5 |
| 氯化石蜡 | 10 | 15 | 8 | 12 | 9 |
| 环烷酸铅 | 7 | 5 | 8 | 6 | 5 |
| 地沟油 | 加至 100 | 加至 100 | 加至 100 | 加至 100 | 加至 100 |

**制备方法** 先将硼酸、苯甲酸钠、钼酸钠、油酸、三乙醇胺、石油磺酸钠和地沟油加入反应釜中，加热至 65℃，保温反应 1h 后降至室温，再加入烷基酚聚氧乙烯醚、氯化石蜡和环烷酸铅，搅拌均匀即得。

**原料介绍**

所述的地沟油为基础油。

所述的石油磺酸钠为清洗剂。

所述的油酸、钼酸钠为润湿剂。

所述的三乙醇胺为防锈剂和缓蚀剂。

所述的烷基酚聚氧乙烯醚为乳化剂。

所述的氯化石蜡、环烷酸铅和硼酸为极压剂。

所述的苯甲酸钠为杀菌防腐剂。

**产品应用** 本品主要应用于金属切削加工。

**产品特性**

(1) 本品为地沟油的综合利用，属于废物的综合利用，符合可持续的发展观。

(2) 本品用水稀释后为均匀乳液状态，保存时间长，且不受水质硬度的影响。

(3) 本品化学稳定性好，不宜变质，切削速度快，完全可替代传统的切削液，并具有优良的清洗、润滑、防锈、冷却和抗极压性能。

(4) 本品为环境友好型产品，无异味，对操作人员健康无危害。

(5) 本品改变传统切削液以柴油、煤油等矿物油为基础油，使用地沟油为基础油可降低生产成本 50%以上。

## 配方 10 切割用冷却液

**原料配比**

| 原料 | 配比(质量份) | | |
|---|---|---|---|
| | 1# | 2# | 3# |
| 聚 α-烯烃 | 15 | 10 | 13 |
| 三乙醇胺 | 10 | 10 | 8 |
| 聚氧化乙烯羧酸酯 | 10 | 8 | 9 |
| 经过一级过滤的水 | 65 | 72 | 70 |

**制备方法** 依次将聚α-烯烃、三乙醇胺、聚氧化乙烯羧酸酯倒入经过一级过滤的水中，室温下搅拌1h，使之分散均匀，即成本品冷却液。

**产品应用** 本品适用于各种人工晶体、陶瓷及金属样品工件的切割加工。

使用时，用本冷却液1份与20～25份的水进行混合搅拌均匀，即可进行循环冷却使用。使用时为保证其使用效果，请勿与其他类型的冷却液混合使用。当加工经过一段时间后，冷却液损耗部分可按上述比例补加，以保证其加工效果。

**产品特性** 本品具有极好的润滑冷却性能及防锈抗菌性能，导电率小，清洗性能好，用于线切割加工不易断线，能有效确保加工正常运作，且切割表面光滑平整。本品无毒无污染、不着火、使用安全、润滑冷却性优良，零件加工后易于清洗，而且成本低廉。

## 配方 11 切削冷却防锈液

**原料配比**

| 原料 | 配比(质量份) | | 原料 | 配比(质量份) | |
|---|---|---|---|---|---|
| | 1# | 2# | | 1# | 2# |
| 油酸 | 10 | 20 | 煤油 | 25 | 18 |
| 三乙醇胺 | 25 | 20 | 乳化剂OP | 5 | 2 |
| 机油 | 35 | 40 | | | |

**制备方法** 将各组分混合均匀即可。

**产品应用** 本品主要用作切削液。

**产品特性** 本品配方合理，防锈性能好、生产使用方便，生产成本低。

## 配方 12 切削液

**原料配比**

表1 硼酸酯

| 原料 | 配比(质量份) | 原料 | 配比(质量份) |
|---|---|---|---|
| 二乙醇胺 | 45 | 丁醇 | 30 |
| 硼酸 | 25 | | |

表2 钼酸酯

| 原料 | 配比(质量份) | 原料 | 配比(质量份) |
|---|---|---|---|
| 二乙醇胺 | 45 | 油酸 | 50 |
| 钼酸胺 | 15 | | |

表3 切削液

| 原料 | 配比(质量份) | 原料 | 配比(质量份) |
|---|---|---|---|
| 硼酸酯 | 10 | 防锈剂 | 6 |
| 钼酸酯 | 4 | 消泡剂 | 1.5 |
| 油酸 | 2 | 渗透剂 | 3 |
| 三乙醇胺 | 5 | 乳化剂 | 15 |
| 苯甲酸盐 | 3 | 水 | 加至100 |

**制备方法**

(1) 硼酸酯和钼酸酯的制备：在密闭的反应釜中，控制反应温度为90～180℃，分别制得水溶性硼酸酯和水溶性钼酸酯。

(2) 以硼酸酯、钼酸酯为原料，再加入油酸、防锈剂、消泡剂、渗透剂、乳化剂等，经加热聚合，即为水基切削液。

**原料介绍**

所述防锈剂为植酸或高级脂肪酸。

所述乳化剂为非离子型表面活性剂 OP 或 AEO。

所述的醇为甲醇、乙醇或丁醇。

**产品应用** 本品主要应用于金属切削加工。

**产品特性** 本品中含水溶性硼酸酯和水溶性钼酸酯，它们可以为切削液提供很好的润滑性和极压性，水中分散的油酸、三乙醇胺、苯甲酸盐、渗透剂、防锈剂、消泡剂等，经过高温反应一部分转化为水溶性酯，另一部分在乳化剂的作用下，以胶体颗粒状态均匀地分散在水中，可以保证切削液具有良好的渗透性、防腐性和防锈性。本品在常温下不变质，可长期使用。

## 配方 13 用于含钴材料加工的切削液

**原料配比**

| 原料 | | 配比(质量份) | | | | | | | | |
|---|---|---|---|---|---|---|---|---|---|---|
| | | 1# | 2# | 3# | 4# | 5# | 6# | 7# | 8# | 9# |
| 防锈剂 | 乙醇胺硼酸酯 | 15 | — | — | — | — | — | — | — | — |
| | 钼酸钠 | 5 | — | — | — | — | — | — | — | — |
| | 苯甲酸胺 | — | 3 | — | — | — | — | — | — | — |
| | 癸二酸 | — | 9 | — | — | — | — | — | — | — |
| | 2,2-二甲基辛酸 | — | — | 5 | — | — | — | — | — | — |
| | 碳酸钠 | — | — | 4 | — | — | — | — | — | — |
| | 硼酸 | — | — | — | 8 | — | — | — | — | — |
| | 十二双酸 | — | — | — | 8 | — | — | — | — | — |
| | BA60DX | — | — | — | — | 6 | — | — | — | — |
| | 椰油酸单乙醇酰胺 | — | — | — | — | 17 | — | — | — | 12 |
| | 新癸酸 | — | — | — | — | — | 2 | — | — | — |
| | 硅酸钠 | — | — | — | — | — | 4 | — | — | — |
| | 丁二酸 | — | — | — | — | — | — | 10 | — | — |
| | 月桂酸二乙醇酰胺 | — | — | — | — | — | — | 27 | — | — |
| | 油酸二异丙醇酰胺 | — | — | — | — | — | — | — | 20 | — |
| | 月桂酰基肌氨酸钾 | — | — | — | — | — | — | — | 5 | — |
| | 硼酸钠 | — | — | — | — | — | — | — | — | 8 |
| 醇胺及无机碱 | 二异丙醇胺 | 20 | — | — | — | — | — | — | — | — |
| | 单乙醇胺 | 8 | — | — | — | 16 | — | — | 6 | — |
| | 液碱 | — | 5 | — | — | — | — | — | — | — |
| | 三乙醇胺 | — | 25 | 48 | — | — | — | 25 | — | — |
| | 二乙二醇胺 | — | — | — | — | 8 | — | — | 8 | — |
| | 二乙醇胺 | — | — | — | 10 | — | — | — | — | 5 |
| | 丁醇胺 | — | — | — | 25 | — | — | — | — | 25 |
| | 食用碱 | — | — | — | — | — | 3 | — | — | — |
| | 二异丙醇胺 | — | — | — | — | — | 39 | — | — | — |
| | 氢氧化钾 | — | — | — | — | — | — | 1 | — | — |
| 四氮唑类 | 5-正辛基四氮唑 | 6 | — | — | — | — | — | — | — | — |
| | 5-对苯甲基四氮唑 | — | 5 | — | — | — | — | — | — | — |
| | 5-间苯甲基四氮唑 | — | — | 5 | — | — | — | 2.5 | — | 5 |
| | 四氮唑 | — | — | — | 4 | — | — | — | 2 | — |
| | 5-正丁基四氮唑 | — | — | — | — | 3 | — | — | — | — |
| | 5-甲基四氮唑 | — | — | — | — | — | 3 | — | — | — |

续表

| 原料 | | 配比(质量份) | | | | | | | | |
|---|---|---|---|---|---|---|---|---|---|---|
| | | 1# | 2# | 3# | 4# | 5# | 6# | 7# | 8# | 9# |
| 水 | | 32 | 35 | 26 | 34 | 40 | 37 | 28.5 | 35 | 45 |
| 表面活性剂 | AEO-9 | 10 | — | 5 | — | — | — | — | — | — |
| | 油酸醇胺皂 | 4 | 11 | — | — | — | — | — | — | — |
| | 聚醚 2020 | — | — | 5 | — | — | — | — | — | — |
| | TX-10 | — | — | — | 1 | — | 7 | — | — | — |
| | FAE-7 | — | — | — | — | — | — | 2 | — | — |
| | 6501 | — | — | — | — | — | — | — | 4 | — |
| 润滑剂 | 聚乙二醇 | — | 7 | — | — | — | — | — | — | — |
| | 二硫代氨基甲酸甲酯 | — | — | 2 | — | — | — | — | — | — |
| | 三羟甲基丙烷油酸酯 | — | — | — | 10 | — | — | — | — | — |
| | 磺化蓖麻油 | — | — | — | — | 10 | — | — | — | — |
| | 二硫代乙酸亚甲酯 | — | — | — | — | — | 5 | — | 10 | — |
| | 季戊四醇酯 | — | — | — | — | — | — | 4 | — | — |
| | 油酸三乙醇胺 | — | — | — | — | — | — | — | 10 | — |

**制备方法** 分别取防锈剂及无机盐、醇胺及无机碱、表面活性剂和水，在50～70℃温度下加热溶解，然后加入四氮唑类、表面活性剂及润滑剂，继续恒温搅拌至完全均匀，可得到淡黄色透明液体。

**原料介绍**

所述防锈剂优选2～16个碳原子的直链或支链烷基羧酸中的至少一种；更优选为一元羧酸、二元羧酸或三元羧酸中的至少一种。酰胺优选自脂肪酸单乙醇酰胺、脂肪酸二乙醇酰胺、脂肪酸二异丙醇酰胺或硼酰胺中的至少一种。无机盐优选自钼酸盐、硅酸盐、苯甲酸盐、碳酸盐或磷酸盐中的至少一种，更优选自钠盐、钾盐或胺盐中的至少一种。醇胺优选自单乙醇胺、二乙醇胺、二乙二醇胺、三乙醇胺、异丙醇胺或丁醇胺中的至少一种；无机碱优选自氢氧化钠或氢氧化钾中的至少一种。

所述四氮唑类化合物优选芳基或含1～12个碳原子的烷基中的至少一种。

所述表面活性剂优选自聚氧乙烯醚、聚氧乙烯酯或醇胺皂中的至少一种。

所述润滑剂选自硫代脂肪酸酯、多元醇、多元醇酯、脂肪酸皂、硫酸盐或硫酸酯中的至少一种。

**产品应用** 本品主要应用于金属切削加工。

**产品特性** 本品所述的四氮唑类化合物主要通过在金属加工材料表面形成一层钝化保护膜，从而有效抑制材料中钴的渗出；同时四氮唑类化合物为含4个N原子的五元杂环化合物，与三氮唑类化合物相比，其化学结构更加致密，因此具有更好的抗磨性能。将本切削液用于加工刀具含钴或者被加工材料含钴的切削加工过程，能够有效抑制钴的渗出，可使钴的析出量维持在10mg/kg内，同时其抗磨性能得到一定改善，磨斑直径可减小10%左右，取得较好的技术效果。

## 配方 14 环保切削液

**原料配比**

| 原料 | 配比(质量份) | | | |
|---|---|---|---|---|
| | 1# | 2# | 3# | 4# |
| 三乙醇胺 | 5 | 8 | 10 | 10 |
| 二乙醇胺 | 7 | 8 | — | 6 |

续表

| 原料 | 配比(质量份) | | | |
|---|---|---|---|---|
| | 1# | 2# | 3# | 4# |
| 单乙醇胺 | 5 | 5 | 5 | 5 |
| 2-氨基-2-甲基-1-丙醇 | 5 | 5 | 5 | 5 |
| 硼酸 | 2 | 5 | 5 | 5 |
| 十一碳二元酸 | 5 | 2 | 5 | 5 |
| 十二碳二元酸 | 5 | 5 | 5 | 5 |
| 多元聚羧酸 | 2 | — | — | — |
| 水 | 15 | 10 | 10 | 10 |
| 妥尔油 | 2 | 2 | 2 | 2 |
| 丙三醇 | 5 | 5 | — | — |
| 脂肪酸聚乙二醇酯 | 3 | 3 | 3 | 3 |
| 有色金属缓蚀剂 | 1 | 1 | 1 | 1 |
| 脂肪醇聚氧乙烯醚 | 6 | 6 | 6 | 5 |
| 植物油合成酯 | 4 | 4 | 4 | 4 |
| 季戊四醇油酸酯 | 4 | 4 | 4 | 4 |
| 植物油酸 | 5 | 5 | 5 | 5 |
| EO-PO共聚物 | 5 | 10 | 10 | 7 |
| 植物油酸聚酯 | 3 | 3 | 3 | 3 |
| 氯化石蜡 | 5 | 5 | 5 | 5 |
| 杀菌剂 | 1 | 1 | 1 | 1 |
| 水 | 加至100 | 加至100 | 加至100 | 加至100 |

**制备方法** 首先，按质量比取三乙醇胺、二乙醇胺、单乙醇胺、2-氨基-2-甲基-1-丙醇、硼酸、十一碳二元酸、十二碳二元酸、多元聚羧酸和适量水，加热至80℃，搅拌均匀。然后，在上述溶液中按质量比加入妥尔油、丙三醇、脂肪酸聚乙二醇酯、有色金属缓蚀剂，搅拌均匀，冷却沉淀，过滤后取其清液。

按质量比取上清液，添加脂肪醇聚氧乙烯醚、植物油合成酯、季戊四醇油酸酯、植物油酸、EO-PO共聚物、植物油酸聚酯、氯化石蜡、杀菌剂和余量水，均匀混合，即得成品。

**产品应用** 本品主要应用于金属加工。

**产品特性**

(1) 不含亚硝酸盐和磷的化合物，有利于环境保护和人体健康；

(2) 优异的防锈、冷却、润滑和清洗性能；

(3) 优异的杀菌性能，不含易变质物质，不发臭，使用寿命长，不污染环境，对皮肤无刺激。

## 配方 15 合成切削液

**原料配比**

**表1 添加剂**

| 原料 | 配比(质量份) | | 原料 | 配比(质量份) | |
|---|---|---|---|---|---|
| | 1# | 2# | | 1# | 2# |
| OP-10 | 5 | — | 甲苯 | 10mL | 10mL |
| 吐温-80 | — | 10 | 丙烯酸钠 | 5 | — |
| 丙酮 | 30mL | 30mL | 丙烯酸铵 | — | 7 |

表 2 全合成切削液

| 原料 | 配比(质量份) | 原料 | 配比(质量份) |
|---|---|---|---|
| 油酸钠 | 15 | 添加剂 | 12 |
| OP-10 | 5 | 异噻唑啉酮 | 0.2 |
| 聚乙二醇 400 | 15 | 乳化硅油 | 0.02 |
| 硼砂 | 1.5 | 去离子水 | 加至 100 |

**制备方法**

(1) 添加剂的制备：取表面活性剂用丙酮溶解，再加入甲苯，升温到 50～60℃，往反应体系中同时滴加过硫酸铵（APS）引发剂溶液和丙烯酸钠，滴加完毕，保温 5h，停止反应，蒸馏法脱去有机溶剂，即得到自制添加剂，APS 用量占丙烯酸钠用量的 0.1%～0.2%。

(2) 全合成切削液制备：将油酸钠、OP-10、聚乙二醇 400、硼砂、添加剂、异噻唑啉酮、乳化硅油溶于适量的去离子水中，再用 10%氢氧化钠水溶液调节以上所得溶液的 pH 值至 9 左右，得到总量为 100g 的全合成切削液。

**原料介绍**

所述油酸钠是阴离子表面活性剂，亦可是硬脂酸钠、石油酸钠中的一种或几种。

所述非离子表面活性剂是指脂肪醇聚氧乙烯醚（OP-10）。

所述异噻唑啉酮为杀菌剂，亦可是苯甲酸钠或六氢化三嗪。

pH 值调节剂选自氢氧化钠或碳酸钠或硫酸。

**产品应用** 本品主要应用于金属切削加工。

**产品特性** 本品能完全抑制金属加工时含钴硬质合金中钴元素的浸出，不仅适合碳化钨钴、钛钴等硬质合金的磨削加工，还可用于铸铁、碳钢、不锈钢和铜等金属的加工。本品不含对人体或环境产生不利影响的亚硝酸盐、有机酚等有毒化学品，是一种环保型的高效全合成切削液。

## 配方 16 全合成切削液

**原料配比**

| 原料 | 配比(质量份) | | | |
|---|---|---|---|---|
| | 1# | 2# | 3# | 4# |
| 硼酸 | 8 | 10 | 20 | 15 |
| 2-氨基-2-甲基-1-丙醇胺 | 10 | 15 | 5 | 18 |
| 三乙醇胺 | 6 | — | 2 | 20 |
| 单乙醇胺 | — | 5 | 2 | — |
| 水 | 60 | 50 | 70 | 70 |
| 聚氧乙烯苯基磷酸酯 | 12 | 5 | 15 | — |
| 聚氧乙烯十八烷基磷酸酯 | — | — | — | 2 |
| GY-11A 防锈剂 | 15 | 20 | 25 | 5 |
| 苯并三氮唑 | 0.3 | — | 1.5 | — |
| 甲基苯并三氮唑 | — | 1 | — | 1 |
| 壬基酚聚氧乙烯(9)醚 | 0.1 | — | — | 2 |
| $C_{12}$ 脂肪醇聚氧乙烯(9)醚 | — | 0.1 | 1 | — |
| 正辛酸 | — | 1 | — | — |
| 异辛酸 | — | — | — | 3 |

**制备方法** 将硼酸、特殊胺、普通醇胺加入水中，于 15～35℃条件下搅拌使其溶解完全，然后逐项加入合成酯、防锈剂、缓蚀剂、表面活性剂、助剂，充分搅拌，

待溶解完全后将 pH 值调整到 8.5～9.5，即制得适用于含钴合金材料加工的全合成型切削液。

**原料介绍**

所述水要求硬度不高于 300mg/kg。

所述特殊胺为 2-氨基-2-甲基-1-丙醇胺。

所述普通醇胺为三乙醇胺或单乙醇胺中的一种或两种的混合物。

所述合成酯为水溶性磷酸酯如聚氧乙烯十八烷基磷酸酯、聚氧乙烯苯基磷酸酯等。

所述防锈剂为硼酸酯复合防锈剂。

所述缓蚀剂为苯并三氮唑或甲基苯并三氮唑。

所述表面活性剂为非离子型表面活性剂如 $C_{12}$ 脂肪醇聚氧乙烯（9）醚、壬基酚聚氧乙烯（9）醚等。

所述助剂为正辛酸或异辛酸。

本品的组成机理为：利用硼酸盐和硼酸酯型防锈剂的复配增效剂，达到提高润滑、极压性能的目的，并在此基础上补充水溶性合成酯，使润滑、极压性能得到更进一步改善；利用硼酸盐类物质的抑菌特点，在不加杀菌剂的情况下使切削液有长寿命；利用特殊胺、防锈剂、缓蚀剂的复合增效性，使切削液的防锈性能增强，具有抑制钴析出的功能，能满足不同金属材质的加工要求；在所选表面活性剂的作用下，有效地消除磨屑在磨削过程中所产生的静电，使细小的磨屑在其自身的重力作用下能够快速沉降分离。

**产品应用** 本品主要应用于含钴合金材料加工。

**产品特性**

（1）本品具有防钴析出功能，适用于含钴合金材料的加工，此外还能够用于钢、铸铁、铜、铝等多种材料的加工；

（2）本品具有磨屑沉降功能，能够快速沉降分离磨屑，保持加工环境的清洁，提高加工件表面质量，延长切削液的使用寿命，减少废液的排放。

（3）本品在不加杀菌剂的情况下，能够保持一年半以上不发臭，使用寿命长。

（4）本品除上述功能外，还不含亚硝酸钠、硫、氯、酚、汞、铅等人体及环境有毒害物质，因而环保性能优良。

## 配方 17 全合成水基切削液

**原料配比**

| 原料 | 配比(质量份) | | | | | | | | | | | |
|---|---|---|---|---|---|---|---|---|---|---|---|---|
| | 1# | 2# | 3# | 4# | 5# | 6# | 7# | 8# | 9# | 10# | 11# | 12# |
| 己二酸 | 2 | — | — | — | — | — | — | — | 5 | — | — | — |
| 油酸 | — | 4 | — | — | 7 | 8 | — | — | — | 9 | 8 | 5 |
| 十四烷酸 | — | — | 6 | — | — | — | 3 | 9 | — | — | — | — |
| 烯基丁二酸 | — | — | — | 9 | — | — | — | — | — | — | — | — |
| 三乙醇胺 | 5 | 10 | 8 | 15 | — | 8 | — | 8 | 3 | 20 | — | — |
| 二乙醇胺 | — | — | — | — | 15 | 8 | 10 | 2 | 10 | — | 2 | 2 |
| 二硫代磷酸二乙醇胺油酸酯<br>钼酸钠 | 0.1 | — | 0.8 | 1 | 2 | — | — | — | — | 0.5 | — | 1.5 |

续表

| 原料 | 配比(质量份) | | | | | | | | | | | |
|---|---|---|---|---|---|---|---|---|---|---|---|---|
| | 1# | 2# | 3# | 4# | 5# | 6# | 7# | 8# | 9# | 10# | 11# | 12# |
| 二硫代磷酸三乙醇胺油酸酯钼酸钾 | — | 0.5 | — | — | — | 0.8 | 0.1 | 1.5 | 1 | — | 2 | — |
| 二壬基酚聚氧乙烯醚碳酸铈 | 2 | — | 1 | 1.5 | 0.1 | — | — | — | — | 0.5 | — | 1 |
| 二壬基酚聚氧乙烯醚草酸铈 | — | 2 | — | — | — | 0.1 | 1.5 | 1.5 | 1 | — | 0.1 | — |
| 聚乙二醇400 | 2 | 10 | — | — | — | — | 20 | — | 6 | — | 2 | — |
| 聚乙烯醇400 | 4 | — | 5 | 20 | — | 8 | — | 2 | — | 5 | 8 | 20 |
| 聚丙二醇400 | 6 | — | 5 | — | 15 | 8 | — | — | — | 10 | — | — |
| 四硼酸钠 | 0.01 | — | 0.08 | 0.1 | 0.02 | 0.04 | — | — | — | 0.05 | 0.08 | 0.6 |
| 磷酸缓冲液(pH值=8～9) | — | 0.05 | — | — | — | — | 0.5 | 0.1 | 0.01 | — | — | — |
| 乙二胺四乙酸 | 0.01 | — | — | — | — | 0.05 | 0.01 | 0.05 | — | — | — | — |
| 二乙基三胺五乙酸钠 | — | — | — | 0.02 | 0.04 | — | — | — | — | 0.6 | — | — |
| 二羟乙基甘氨酸 | — | 0.08 | 0.1 | — | — | — | — | — | 0.08 | — | 0.1 | 0.02 |
| 水 | 78.88 | 73.37 | 74.02 | 53.38 | 60.84 | 59.01 | 64.89 | 75.85 | 73.91 | 54.35 | 77.72 | 69.88 |

**制备方法** 按配比加入所需原料，加热搅拌回流，加热温度90～110℃，搅拌速度350～500r/min。反应1～8h后，冷却至室温。

**原料介绍** 在上述原料中，一元或二元羧酸为良好的螯合剂，可以与稀土元素形成稳定的化合物，并吸附于钕铁硼磁性材料待加工件表面，形成均匀一致的分子膜，对于钕铁硼磁性材料的加工有良好的防锈性和润滑性；三乙醇胺、二乙醇胺是优良的润滑剂、pH调节剂、杀菌剂等，能与一定比例的一元或二元羧酸反应生成酯和酰胺，这些产物对材料加工过程中的防锈性和润滑性起到协同作用；水溶性硫代磷酸酯盐作为防锈剂；水溶性稀土配合物作为稀土防氧化剂，对于钕铁硼磁性材料的防锈和防氧化十分重要，在切削液中少量比例地添加防锈剂和稀土防氧化剂，可以改善钕铁硼磁性材料在加工过程中的氧化和锈蚀，特别适用于钕铁硼磁性材料的加工，同时还是较好地防止切削液变质的痕量添加剂；分子量为200～600的聚乙二醇、聚乙烯醇、聚丙二醇为润滑剂，润滑剂是改善切削液在加工过程中的切削速度、工件间的贴片情况重要的添加剂；在切削液中添加pH稳定剂可以防止切削液在加工过程pH波动而影响加工质量，可为四硼酸钠、pH值=8～9磷酸缓冲液，优选为四硼酸钠；在切削液中添加抗硬水剂，优选为乙二胺四乙酸、二乙基三胺五乙酸、羟乙二胺四乙酸、二羟乙基甘氨酸、乙二胺四乙酸、水溶性乙二胺四乙酸盐、水溶性二乙基三胺五乙酸盐、水溶性羟乙二胺四乙酸盐、水溶性二羟乙基甘氨酸盐或水溶性乙二胺四乙酸盐，所述水溶性盐是指钾、钠、铵盐。抗硬水剂可以防止切削液在实际过程中稀释用水硬度过高而带来的切削液寿命缩短等问题。

本品所用的一元或二元羧酸是指具有一个或两个羧基的羧酸，它们可以是饱和的和不饱和的，优选的一元或二元羧酸选自具有6～20个碳原子的脂肪一元或二元羧酸，进一步优选为己二酸、油酸、十四烷酸或烯基丁二酸。本品所述水溶性硫代磷酸酯盐优选二硫代磷酸二乙醇胺油酸酯钼酸盐或二硫代磷酸三乙醇胺酸酯钼酸盐；所述水溶性稀土配合物优选二壬基酚聚氧乙烯醚碳酸铈或二壬基酚聚氧乙烯醚草酸铈。

**产品应用** 本品主要应用于金属切削加工。

**产品特性** 本品成本低廉，不含矿物油、亚硝酸盐、三氯苯、烷基酚、硅消泡剂等对人体有害和造成环境污染的成分，特别适用于烧结钕铁硼材料的磨削、打孔等后加工中使用，对钕铁硼特质材料具有优良的切削、冷却、润滑、防锈作用。本品制备方法、操作步骤简单，有利于推广应用。

## 配方 18 乳化切削液复合剂

**原料配比**

| 原料 | 配比(质量份) | | | | | |
|---|---|---|---|---|---|---|
| | 1# | 2# | 3# | 4# | 5# | 6# |
| 石油磺酸钠 | 36.4 | 27.5 | 33.8 | 38 | 20 | 36.8 |
| 油酸三乙醇胺 | 21 | — | — | — | — | — |
| 油酸二乙醇胺 | — | — | 25 | — | — | 25 |
| 油酸三异丙醇胺 | — | — | — | 21 | — | — |
| 妥尔油二乙醇胺 | — | 26 | — | — | 30 | — |
| 失水山梨醇单油酸酯 | 34 | 25 | — | — | — | 22 |
| 失水山梨醇单硬脂酸酯 | — | — | 24 | — | — | — |
| 壬基酚聚氧乙烯醚 NP-10 | — | — | 2 | — | — | 1 |
| 脂肪醇聚氧乙烯醚(3) | — | — | — | — | 20 | — |
| 脂肪醇聚氧乙烯醚 RT42 | — | 5 | — | — | 5 | — |
| 脂肪醇聚氧乙烯醚羧酸 | 4 | 3 | 2 | — | — | 3.5 |
| 脂肪醇聚氧乙烯醚羧酸钾盐 | — | — | 1.5 | — | — | — |
| 脂肪醇聚氧乙烯聚氧丙烯醚 | — | — | — | 32 | — | — |
| 脂肪醇聚氧乙烯醚羧酸胺盐 | — | — | — | 3 | — | — |
| 脂肪醇聚氧乙烯醚羧酸钠盐 | — | — | — | — | 6 | — |
| 二环己胺 | 4 | 18 | 11 | 4 | 18 | 11 |
| 苯并三氮唑 | 0.4 | — | 0.5 | 1 | — | 0.5 |
| 甲基苯并三氮唑 | — | 0.3 | — | — | 0.5 | — |
| 乳化硅油 | 0.2 | — | 0.2 | — | — | — |
| 改性聚硅氧烷 | — | 0.2 | — | 1 | — | 0.2 |
| 有机硅消泡剂 DF598 | — | — | — | — | 0.5 | — |

**制备方法** 将各组分于40～60℃加热搅拌至均匀透明，然后过滤，即得到稳定的乳化切削液复合剂。

**原料介绍**

本品中石油磺酸钠是天然石油磺酸钠或者合成石油磺酸钠或者二者的组合，石油磺酸钠的有效含量不低于50%。

本品中脂肪酸胺是长链$C_{12}$～$C_{21}$不饱和脂肪酸与有机胺的反应物。其中，长链$C_{12}$～$C_{21}$不饱和脂肪酸是植物油酸、动物油酸、蓖麻油酸、妥尔油脂肪酸二聚酸、$C_{21}$不饱和二元酸的一种或几种的组合；有机胺是一乙醇胺、二乙醇胺、三乙醇胺、一异丙醇胺、二异丙醇胺、三异丙醇胺、2-氨基-2甲基-1-丙醇、二甘醇胺的一种或几种的组合。

本品中非离子表面活性剂是失水山梨醇单油酸酯、失水山梨醇单硬脂酸酯、脂肪醇聚氧乙烯醚（$N=2$～5）、脂肪醇聚氧乙烯聚氧丙烯醚、烷基酚聚氧乙烯醚（$N=4$～12）的一种或几种的组合，其中（$N$）为环氧乙烷的加成数。

本品中阴离子表面活性剂是脂肪醇聚氧乙烯醚羧酸、脂肪醇聚氧乙烯醚羧酸胺盐、脂肪醇聚氧乙烯醚羧酸钠盐、脂肪醇聚氧乙烯醚羧酸钾盐的一种或几种的组合。

本品中有机胺抗菌剂是二环己胺。

本品中缓蚀剂是苯并三氮唑、甲基苯并三氮唑的一种或两种的组合。

本品中消泡剂为乳化硅油、改性聚硅氧烷中的一种或两种的组合。

**产品应用** 本品主要应用于金属切削加工。

**产品特性** 本品简化了乳化油生产的调和工艺，缩短了制备工期，通用性强，可用于多种金属切削加工。

## 配方 19 乳化型金属切削液

**原料配比**

| 原料 | 配比(质量份) | | | |
|---|---|---|---|---|
| | 1# | 2# | 3# | 4# |
| 基础油或油性剂 | 70.5 | 79 | 84.6 | 75.5 |
| 混合醇胺 | 5 | 3 | 2 | 3 |
| 阴离子表面活性剂 | 5 | 3.2 | 3 | 3.5 |
| 非离子表面活性剂 | 5.4 | 3.5 | 3 | 4 |
| 防锈剂 | 8.6 | 7.6 | 5 | 5 |
| 极压抗磨剂 | — | — | — | 3.5 |
| 铜合金缓蚀剂 | 0.3 | 0.3 | 0.3 | 0.3 |
| 杀菌防腐剂 | 4 | 3 | 2 | 2 |
| 消泡剂 | 0.2 | 0.2 | 0.1 | 0.2 |
| 水 | 1 | — | — | 3 |

**制备方法** 将各组分混合均匀即可。

所述基础油或油性剂为石蜡基或环烷基矿物油、聚$\alpha$-烯烃、植物油（如色拉油）、动物油（如猪油）、合成酯类油（如季戊四醇酯、三羟甲基丙烷酯等）中的一种或几种。

所述混合醇胺为单乙醇胺、二乙醇胺、三乙醇胺、一异丙醇胺、二异丙醇胺、2-氨基-2-甲基-1-丙醇、二甘醇胺等中的一种或几种。

所述阴离子表面活性剂为辛酸、壬酸、癸酸及其异构酸、油酸、蓖麻油酸、妥尔油酸及其盐中的一种或几种。

所述非离子表面活性剂为脂肪醇聚氧乙烯醚（如AEO系列、TX系列）或脂肪酸聚氧乙烯酯（如SPAN系列、TWEEN系列、PEG油酸酯）的一种或几种。

所述防锈剂为石油磺酸钠、石油磺酸钡、癸二酸、月桂二酸、聚二酸、聚三酸等中的一种或几种，其中石油磺酸钠含量为50%～60%。

所述极压抗磨剂为含 Cl、S、P 的化合物，如氯化石蜡、硫化脂肪、磷酸酯等中的一种或几种。

所述铜合金缓蚀剂为苯并三氮唑及其衍生物。

所述杀菌防腐剂为三嗪类、吗啉类、苯并异噻唑啉酮及其衍生物（BIT 类）、IPBC 等中的一种或几种。

所述消泡剂为聚醚类、改性硅氧烷类等的一种或几种。

**产品应用** 本品主要应用于金属切削加工。

**产品特性** 本品具有优异的润滑性、冷却性、防腐蚀性以及较长的使用寿命等优点，通用性很强，适合于多种金属加工，特别适用于铸铁、铝合金部件的加工。同时，此乳化型金属加工液不含亚硝酸盐、酚类等有毒有害物质，对环境与操作人员健康无害。

## 配方 20 润滑切削液

**原料配比**

| 原料 | 配比（质量份） | | | |
|---|---|---|---|---|
| | 1# | 2# | 3# | 4# |
| 精制环烷基油 | 12 | 15 | 17 | 20 |
| 四聚蓖麻酯 | 25 | 20 | 15 | 22 |
| 多元酸与多元醇的聚合酯 | 20 | 25 | 30 | 26 |
| 烷基苯磺酸钠 | 17 | 14 | 12 | 18 |
| 脂肪醇聚氧乙烯醚 | 3 | 3 | 3 | — |
| 精制妥尔油 | 5 | 8 | 10 | 10 |
| 烷基磷酸 | 2 | 1 | 1 | 3 |
| 三元羧酸盐 | 4 | 3 | 2 | 1 |
| 苯并异噻唑啉酮 | 4 | 3 | 3 | — |
| 三乙醇胺 | 2 | 3 | 2 | — |
| 格尔伯特醇 | 3 | 3 | 3 | — |
| 妥尔油酰胺 | 3 | 2 | 2 | — |

**制备方法** 先将烷基苯磺酸钠和烷基磷酸混合，充分搅拌 2h，加入除精制环烷基油外的其他原料，充分搅拌 2h 后，再加入精制环烷基油，充分搅拌，0.5h 后，得到润滑切削液，罐装产品即可。

**原料介绍**

所述的精制环烷基油作为基础油，是乳液长期稳定的重要保证。

所述的蓖麻油酯四聚蓖麻酯作为润滑剂，是特别为此配方添加的植物型油脂，在乳液中起到优良的润滑作用。

所述的多元酸与多元醇聚合酯作为极压润滑剂，其主要作用为极压、润滑，在乳液中起到至关重要的极压、润滑作用。

所述的烷基苯磺酸钠作为表面活性剂，主要起到乳化平衡及清洗的作用，还有防锈的功能。

所述的精制妥尔油作为辅助表面活性剂，在乳化液中起到调整 HLB 值（表面活性的亲水亲油平衡值）的作用，对乳液的平衡起到至关重要的作用。

所述的烷基磷酸主要作用是铝缓蚀剂，在乳液中起到铝加工件表面的防止氧化作用。

所述的三元羧酸盐作为防锈剂，是乳化液中保障加工设备不会生锈的重要组成成分。

所述的脂肪醇聚氧乙烯醚无毒、无刺激，具有良好的乳化性、分散性、水溶性、去污性，是重要的非离子表面活性剂。

所述的苯并异噻唑啉酮为杀菌防腐添加剂，主要作用为抑菌、杀菌，在乳化液中起到抑制细菌滋生及杀菌作用，确保乳化液的使用寿命。

所述三乙醇胺为碱性调整剂，在乳化液中起到稳定 pH 值的作用，确保乳液长期稳定在 pH 值为 8.5～9.5 之间。

所述格尔伯特醇为耦合剂、水质改善剂，为在乳液中起到油水结合及软化水质的作用。

所述妥尔油酰胺，用于金属加工液/乳化型抗燃液压液配方，对黑色金属具有防锈和助乳化作用，低泡、抗硬水。

在铝产品加工过程中，由于铝件材质本身较软，加工过程主要以润滑为主，极压、冷却为辅。所以在调制该产品时需要用大量的润滑油和添加剂，加上铝材质本身易氧化的特性，需特别加入优质烷基磷酸作为铝缓蚀剂，以确保铝加工工件的长期防腐问题。该产品由于添加的润滑材料已占到该产品的 80%以上，所以在使用过程中，只需要按 5%～15%的浓度与水配比，即可代替传统的切削油，可极大地降低生产成本，减少对环境的污染。

**产品应用** 本品主要应用于金属切削加工。

**产品特性** 本品选用的表面活性剂具有优异的润滑、清洗和防锈性能，在水基切削液中添加极压润滑剂和防锈剂，可进一步改善水基切削液的润滑和防锈性能，使之具有优良的润滑性、防锈性、冷却性和清洗性，对提高工件表面光洁度和减少刀具磨损效果显著。本品采用无毒、无刺激性气味的添加剂，不损害人体皮肤，使用方便，操作安全；不会引起机床油漆气泡、开裂、脱落等不良影响，产品贮藏安定性好，使用寿命长。

## 配方 21 润滑合成型切削液

**原料配比**

| 原料 | 配比(质量份) | 原料 | 配比(质量份) |
| --- | --- | --- | --- |
| 磺酸盐 | 2 | 铜合金防腐剂 | 50mg/kg |
| 羧酸及其盐 | 5 | 消泡剂 | 50mg/kg |
| 硼化物 | 20 | 钼酸盐 | 3 |
| 杀菌剂混合物 | 10.025 | 硼酸盐 | 3 |
| 烷基醇胺 | 25 | 氢氧化钠 | 1 |
| 聚乙二醇(400～600) | 5 | 水 | 加至 100 |
| 聚醚 | 2 | | |

**制备方法** 在调配时将聚醚在烷基醇胺和聚乙二醇中助溶，将钼酸盐、硼酸盐、氢氧化钠、水配成水溶液最后加入，其他原料按正常顺序调配即可。

**产品应用** 本品主要应用于金属切削加工，使用浓度 3%～9%；加工材料为钢、铸铁、球铁和铝；加工形式为车、磨、攻丝、钻、铰、铣和拉削等。

**产品特性** 本品润滑、防锈和抗微生物特性优良，使用寿命在一年以上。

## 配方 22 三元基础油微乳化切削液

**原料配比**

| 原料 | 配比(质量份) | | | | | | | | |
|---|---|---|---|---|---|---|---|---|---|
| | 1# | 2# | 3# | 4# | 5# | 6# | 7# | 8# | 9# |
| 石蜡基矿物油 | 5 | 10 | 15 | — | — | — | — | — | — |
| 环烷基矿物油 | — | — | — | 10 | 15 | 15 | — | — | — |
| 加氢精制油 | — | — | — | — | — | — | 10 | 15 | 15 |
| 聚丁烯 | — | — | 5 | — | — | — | — | 5 | — |
| 烷基苯 | — | — | — | — | 5 | — | — | — | — |
| 聚异丁烯 | — | — | — | 5 | — | — | — | — | 5 |
| 二元酸双酯 | — | — | 5 | 5 | — | 10 | 5 | — | 5 |
| 聚α-烯烃 | 5 | — | — | — | — | 10 | 5 | — | — |
| 聚酯 | 5 | — | — | — | — | — | — | — | — |
| 脂肪酸钠 | — | — | — | — | — | — | 10 | — | — |
| 十二烷基脂肪酸钠 | — | — | 5 | — | — | 8 | — | — | — |
| 斯盘 | — | — | 10 | — | — | 8 | — | — | 5 |
| 新戊基多元醇酯 | — | 5 | — | — | 5 | — | — | 5 | — |
| 石油磺酸钠 | 10 | 5 | — | 10 | 12 | — | — | 5 | 10 |
| 烷醇酰胺 | — | — | — | 5 | — | — | — | — | — |
| 苯甲酸钠 | — | — | — | 5 | — | — | — | — | — |
| 聚环氧乙烷 | 5 | 5 | — | — | 10 | — | 5 | 10 | — |
| 十二苯磺酸钠 | 5 | — | — | — | — | — | — | 5 | — |
| 十二苯磺酸胺 | — | 5 | 10 | — | — | — | — | — | — |
| 对硝基苯甲酸单乙醇胺 | — | — | — | — | — | — | 5 | — | — |
| 苯甲酸单乙醇胺 | — | — | — | — | 5 | — | — | — | — |
| 硼酸甲乙醇胺 | — | — | — | — | — | 5 | — | — | 8 |
| 水溶性硼酸酯 | — | 8 | 5 | — | — | — | — | — | 8 |
| 脂肪醇聚氧乙烯磷酸酯 | — | — | — | — | 5 | 5 | 5 | — | — |
| 油酸硼酸酯 | 5 | — | — | 5 | — | 2 | — | 5 | — |
| 油酸三乙醇胺 | — | — | 3 | — | — | — | 2 | — | — |
| 三乙醇胺 | — | — | — | — | 1 | — | — | — | — |
| 甲基硅油 | 2 | 2 | — | 2 | — | — | — | 2 | 2 |
| 甲基苯三唑 | — | — | 1 | — | — | — | — | — | — |
| 苯三唑 | 0.5 | 1 | — | 0.5 | — | — | 1 | — | 1 |
| 咪唑啉 | — | — | — | — | 1 | — | — | — | — |
| 异噻唑啉酮 | — | — | — | — | — | 1 | — | — | — |
| 六氢化三嗪 | — | — | — | — | — | — | — | 1 | — |
| 水 | 57.5 | 54 | 41 | 52.5 | 41 | 36 | 52 | 57 | 41 |

**制备方法**

(1) 三元基础油体系的配制：将矿物油加热到50℃，分别加入合成烃和合成酯，在50r/min条件下搅拌45min至混合均匀，即形成三元基础油体系。

(2) 水相体系的配制：在水中分别加入防锈剂、极压剂、消泡剂、杀菌剂，搅拌各种添加剂溶解，直至形成均一稳定溶液，即得水相体系。

(3) 体系的平衡处理：将步骤(1)三元基础油体系和步骤(2)的水相体系混合，再加入阴离子表面活性剂和非离子表面活性剂，进行搅拌，直至形成均一稳定透明溶液，达到体系平衡，即得环境友好的三元基础油微乳化切削液。

**原料介绍**

所述的矿物油为石蜡基矿物油、环烷基矿物油或加氢精制油。

所述的合成烃为聚 α-烯烃、聚丁烯、聚异丁烯、烷基苯。

所述的合成酯为聚酯、二元酸双酯或新戊基多元醇酯。

所述的阴离子表面活性剂为石油磺酸盐或脂肪酸皂。

所述的非离子表面活性剂为聚环氧乙烷、斯盘或烷醇酰胺。

所述的防锈剂为十二苯磺酸钠、十二苯磺酸胺、苯甲酸钠、硼酸单乙醇胺、苯甲酸单乙醇胺或对硝基苯甲酸单乙醇胺。

所述的极压剂为油酸硼酸酯、水溶性硼酸酯或脂肪醇聚氧乙烯磷酸酯。

所述的消泡剂为油酸三乙醇胺、甲基硅油或聚醚。

所述的杀菌剂为苯三唑、甲基苯三唑、咪唑啉、六氢化三嗪或异噻唑啉酮。

**产品应用** 本品主要应用于各类机械零件的切削、磨削加工。

**产品特性** 本品由于加入合成烃和合成酯组成三元基础油体系，提高了生物降解能力、氧化稳定性和闪点，从而满足实际使用中的环境友好要求，并具有较高的性价比。

## 配方 23 生物稳定可降解型水性金属切削液

**原料配比**

| 原料 | 配比(质量份) | | | | |
|---|---|---|---|---|---|
| | 1# | 2# | 3# | 4# | 5# |
| 基础油 | 44 | 65 | 55 | 59 | 48 |
| 苯并三氮唑 | 1 | 0.3 | 0.6 | 0.7 | 0.9 |
| 防腐蚀添加剂 | 1 | 0.2 | 0.3 | 0.6 | 0.9 |
| 蓖麻油酸 | 5 | 2 | 4 | 3 | 5 |
| 三乙醇胺 | 7 | 6 | 6.5 | 6.4 | 6.8 |
| 十二烷酸 | 11 | 8 | 10 | 9 | 11 |
| 含氯极压添加剂 | 5 | 3 | 4 | 3.5 | 4.5 |
| 水 | 15 | 10 | 12 | 11 | 14 |
| 聚氧乙烯醚类表面活性剂 | 10 | 5 | 7 | 6 | 8 |
| 杀菌剂 | 1 | 0.5 | 0.6 | 0.8 | 0.9 |

**制备方法**

(1) 在容器中加入基础油、苯并三氮唑和防腐蚀添加剂，并加热搅拌至透明，加热温度控制在 45～55℃，搅拌时间为 5～15min；

(2) 加入蓖麻油酸、三乙醇胺和十二烷酸，并加热搅拌至透明，加热温度控制在 70～80℃，搅拌时间为 10～20min；

(3) 停止加热，加入含氯极压添加剂和水，并搅拌至透明，温度控制在 55～65℃，搅拌时间为 5～15min；

(4) 加入聚氧乙烯醚类表面活性剂，并搅拌至透明，搅拌时间为 5～15min；

(5) 加入杀菌剂，并搅拌至透明，搅拌时间为 25～35min，制得生物稳定可降解型水性金属切削液。

**原料介绍**

基础油起润滑作用；苯并三氮唑起抗氧、防变色作用；蓖麻油酸起防锈和润滑作用，由于是从天然植物中提取的，因此可生物降解，对环境无污染；三乙醇胺起稳定作用，可以有效防腐、防变质、抗细菌；十二烷酸起防锈和润滑作用，由于是从天然植物中提取的，因此可生物降解，对环境无污染；含氯极压添加剂对刀具具有保护作用；表面活性剂保证了切削液在加工过程中的稳定性，不会随时间延长而出现气味，保护工作环境。

**产品应用** 本品主要应用于金属切削加工。

**产品特性** 本品所采用的原料及其配比能使成本最低化；原料中采用蓖麻油酸和十二烷酸都是天然从植物中提取的，为本品切削液的可生物降解打下了坚实的基础，不会引起机床周围的污染，从而保持工作环境的清洁，对环境无污染；原料中采用的聚氧乙烯醚类表面活性剂保证了本品在使用过程中的生物稳定性，不会因为时间问题而出现刺激性气味，改善了操作人员的工作环境，对操作人员的身体健康无危害；原料中采用的含氯极压添加剂对加工过程中的加工件具有保护作用。综上，本品通过简单方法制得，成本低，不仅可以满足加工过程中冷却性能，对加工件还具有保护作用，而且由于其使用过程中的稳定性，对操作人员身体健康无危害；采用了天然可降解原料，使用后随着时间的推移会被生物降解，对环境无污染。

## 配方 24 数控机床专用切削液

**原料配比**

| 原料 | 配比(质量份) | 原料 | 配比(质量份) |
|---|---|---|---|
| 水 | 368 | N5 全损耗系统用油 | 150 |
| 苯甲酸钠 | 10 | T702 | 120 |
| 苯甲酸 | 60 | TXP-10 | 30 |
| 三乙醇胺 | 80 | 椰子油脂肪酸二乙醇酰胺 | 80 |
| 硼酸 | 30 | 邻苯二甲酸二丁酯 | 20 |
| 癸二酸 | 20 | 聚硅氧烷 | 2 |

**制备方法**

(1) 将水、苯甲酸钠、苯甲酸混合搅拌 25～35min，得到透明水溶液Ⅰ；

(2) 将三乙醇胺、硼酸、癸二酸搅拌加热到 90～100℃，保温 15～25min，得透明溶液Ⅱ；

(3) 将透明水溶液Ⅰ边搅拌边加入透明溶液Ⅱ中，加毕后再搅拌 10～15min，得溶液Ⅲ；

(4) 将 N5 全损耗系统用油、T702、TXP-10、椰子油脂肪酸二乙醇酰胺、邻苯二甲酸二丁酯混合搅拌 25～35min，得透明油液Ⅳ；

(5) 将透明油液Ⅳ边快速搅拌边逐渐加入溶液Ⅲ中，加毕再搅拌 1h，然后边快速搅拌边加入聚硅氧烷，加毕再搅拌 1h，得棕红色透明黏稠液体。

**原料介绍**

所述 T702 为石油磺酸钠 T702；

所述 TXP-10 酚醚磷酸酯 TXP-10；

所述苯甲酸为杀菌剂；

所述聚硅氧烷为消泡剂。

**产品应用** 本品可广泛用于各种加工工艺和多种金属材料加工，适用机床、数控机床、加工中心、普通机床；适用于切削、磨削等加工工艺；适用金属包括黑色金属、铝及合金等，满足多类型用户使用要求。

**产品特性**

(1) 使用寿命长；

（2）具有良好的清洗性能，加工机床、机件干净清爽；

（3）具有极佳的防锈性，使工件在工序传递过程中不生锈，机床无锈蚀危险；

（4）具有优良的润滑性，可提高加工件的光洁度，能提供更高的进刀和进料速率，提高加工件的表面光洁度，最大限度地提高产品生产加工效率，减少机床设备的动力损耗，可有效延长刀具和机床的使用寿命；

（5）具有很好的冷却性；

（6）使用方便，本切削液为水性液体，容易添加而且不易燃，性能稳定，不容易变质和产生异味，可根据不同的加工情况稀释使用，综合使用成本较低；

（7）本品不含亚硝酸钠，抗菌性强、稳定性好、对皮肤无不良刺激，对人体无害，主要适用于钢材、铸铁、铝材的切削和磨削，单机或集中供液均可。

## 配方 25 水基反应型多功能金属切削液

**原料配比**

| 原料 | 配比(质量份) | |
|---|---|---|
| | 1# | 2# |
| 表面活性剂(其中 EL-10 2;OP-10 2;6501 尼纳尔 0.5) | 4.5 | — |
| 表面活性剂(其中 EL-10 4;OP-10 4;6501 尼纳尔 3) | — | 11 |
| 溶剂(其中聚乙二醇 5;乙二醇 2;乙二醇丁醚 2) | 9 | — |
| 溶剂(其中聚乙二醇 8;乙二醇 5;乙二醇丁醚 5) | — | 18 |
| 植物油酸 | 7 | 11 |
| 三乙醇胺 | 12 | 18 |
| 缓蚀功能的钠盐(其中磷酸三钠 2;钼酸钠 2;苯甲酸钠 2) | 6 | — |
| 缓蚀功能的钠盐(其中磷酸三钠 5;钼酸钠 5;苯甲酸钠 5) | — | 15 |
| 缓蚀剂(其中油酸三乙皂 5;石油磺酸钠 2) | 7 | — |
| 缓蚀剂(其中油酸三乙皂 8;石油磺酸钠 5) | — | 13 |
| 二聚酸 | 3 | 6 |
| 消泡剂 903 | 0.02 | 0.05 |
| 防腐剂 1227 | 0.2 | 1.2 |
| 去离子水 | 30 | 40 |

**制备方法**

（1）在装有回流冷凝器、搅拌器、温度计和加料漏斗的反应釜中加入去离子水，升温至75℃，加入表面活性剂，升温至80℃，搅拌10min，使表面活性剂充分混合。

（2）在上述混合物中加入聚乙二醇、乙二醇、乙二醇丁醚，升温至85℃，搅拌15min，使溶剂聚乙二醇，乙二醇，乙二醇丁醚与表面活性剂混合均匀。

（3）在85℃并搅拌条件下，加入植物油酸，保持85℃反应30min，使表面活性剂、溶剂与植物油酸进行乳化及合成反应，使之成为金属表层防护物质的前提；并通过乳化反应使植物油酸的颗粒度达到80～100nm。

（4）在85℃并搅拌条件，加入三乙醇胺，保持85℃反应30min，使前期反应物质变得清澈透明，反应后成为具清洗、润滑、防锈性能的金属表层防护物质。

（5）在85℃并搅拌条件下，加入缓蚀功能的钠盐，保持85℃，反应30min，该步反应中加入的具有较好的缓蚀功能的钠盐，可与三乙醇胺反应生成在金属表面形成缓蚀作用的主体。

(6) 将反应釜内降温至45℃，加入缓蚀剂、极压剂二聚酸、消泡剂、防腐剂，保持45℃，充分搅拌45min后，用200目滤网过滤出料，即为本切削液成品。

**产品应用** 本品主要应用于金属切削加工。

**产品特性**

(1) 本切削液具有优异的冷却、润滑、清洗、极压和防腐性能，具有极高的物理稳定性和抗硬水性，而且使用范围广，可在车、铣、刨、钻、镗、冲压、深孔钻、线切割等类金属加工中使用，尤其适用于数控机床。

(2) 本切削液具有极高的物质稳定性，表面张力低，具有极好的润滑作用，加水后为透明或半透明液体，不易滋生细菌，使机床和工作场地等操作环境无污垢，不污染环境，加工后的工件表面清洁，不需再次清洗，较大地降低了使用费用。

(3) 本金属切削液无毒、无害、无污染、对人体无伤害，对金属表面无腐蚀，对机床有较好的润滑作用，长时间使用无异味，不变质，使用寿命比普通乳化油长4～6倍，使用本切削液加工的工件自然干燥后其表面的防锈时间达到45d以上；在金属加工过程中可有效降低切削温度，减少工件和刀具的热变形，增强刀具的耐用度，提高工件的加工精度和表面光洁度，还可成功去除切削中的碎渣和油污物在工件表面和刀具上的黏附，使其渗入到碎渣和油污黏附界面上将其分离，并随切削液带走。

(4) 本品为水基切削液，不含矿物油，只含少量植物油酸（不饱和酯），功能强大，适用范围广阔，配方新颖，采用有机合成反应工艺制备，既环保又具有冷却、润滑、清洗、极压、防锈等功能。

## 配方 26 水基防锈透明切削液

**原料配比**

| 原料 | 配比(质量份) | 原料 | 配比(质量份) |
|---|---|---|---|
| 亚硝酸钠 | 1～6 | 去离子水 | 80 |
| 聚乙二醇 | 1～1.5 | 90%医用乙醇 | 0.5 |
| 三乙醇胺 | 1～1.5 | 可溶性食用香精 | 0.005～0.008 |
| 苯并三氮唑 | 0.003～0.01 | | |

**制备方法** 先将聚乙二醇与苯并三氮唑用去离子水溶解在清洁容器中，再将三乙醇胺和亚硝酸钠倒入容器与聚乙二醇、苯并三氮唑溶合在一起，然后将去离子水倒入容器，经过5～10min的搅拌后，盖上容器盖子等待合成的溶液消除泡沫，沉淀后滤除杂质，最后加入医用乙醇和可溶性食用香精，搅拌1～2min后等待20min，即制备成本品。

**产品应用** 本品主要应用于各类机械加工中的磨削、切削等不同加工作业，适用各种材料的加工工件。

**产品特性** 本品防锈、冷却、润滑、清洗功能符合国家标准。同时液体为透明的，便于加工中对工件的观察，由于采用的化工原料不含工业机油、皂荚等材料，加工过程中使用者不但闻不到难闻的气味，还能闻到阵阵清香；由于添加医用乙醇，使得本品保持期大为延长，最长可以达2年，本切削液更换时对残液的处理也十分方便，不会对环境造成污染。

## 配方 27 水基金属切削液

**原料配比**

| 原料 | 配比(质量份) | 原料 | 配比(质量份) |
| --- | --- | --- | --- |
| 三乙醇胺 | 60 | 净洗剂 6501 | 5 |
| 硼酸 | 8 | 石油磺酸钡 | 5 |
| 油酸 | 20 | 抗静电剂 PK | 2 |

**制备方法** 将三乙醇胺投放到反应釜中加热至 90℃，加入硼酸，进行搅拌 1.5h，使硼酸全部溶解后，加入油酸反应 40min，温度保持在 80℃，然后降至 60℃，放入净洗剂 6501 和石油磺酸钡，搅拌均匀，最后再加入抗静电剂 PK，即为成品。

**产品应用** 本品主要应用于金属切削加工行业中。

使用方法：该产品以水基代替油基，节约了能源，减少污染。抗静电剂 PK 可防止磨削过程中产生的铁屑在工件表面的静电附着；净洗剂 6501 可使金属工件光洁度提高；硼酸增加了产品使用周期及刀具的使用寿命；三乙醇酸提高了工件防锈性能。在使用该产品时，首先将机床的液槽清洗干净，对于不同类型的机床加工种类使用产品与水的配比是，磨床为 1∶11，拉、滚、铣、挤、珩、攻丝、套扣为 1∶5，车、刨、钻、铰为 1∶7，线切割为 1∶17，同时加入适量的消泡剂。在稀释过程中，先将水箱中倒入水，再将所需原液加入箱内，充分搅拌，然后加入适量的消泡剂，稍加搅拌即可使用，使用过程中自然挥发减量，仍按原比例稀释后续添。

**产品特性** 本品具有构思科学、配方新颖、工艺方便、有优异性能、节约能源、提高工件光洁度、减少环境污染、性能稳定、不易变质、提高刀具耐用度等优点。

## 配方 28 水基金属用切削液

**原料配比**

| 原料 | 配比(质量份) | | | |
| --- | --- | --- | --- | --- |
| | 1# | 2# | 3# | 4# |
| 正硅酸乙酯(TEOS) | 0.2mol | 0.2mol | 0.2mol | 0.2mol |
| 乙醇溶液 | 980(体积份) | 960(体积份) | 950(体积份) | 920(体积份) |
| 氨水 | 20(体积份) | 40(体积份) | 50(体积份) | 80(体积份) |
| 分子量为 500 的聚乙二醇 | 20 | 20 | 20 | 20 |
| 硼化二乙醇胺 | 2 | 2 | 2 | 2 |
| 苯并三氮唑 | 3 | 3 | 3 | 3 |
| 去离子水 | 500 | 500 | 500 | 500 |

**制备方法** 在 2000mL 反应瓶中加入正硅酸乙酯（TEOS）与乙醇溶液，混合后置于 50℃的恒温水浴中，在连续搅拌条件下快速将氨水滴入混合液中，使之均匀混合反应 5h。待反应完毕后，加入分子量为 500 的聚乙二醇，蒸馏出乙醇及氨水，升温到 110℃并保温反应 1h，降温后，加入硼化二乙醇胺、苯并三氮唑，然后加去离子水，搅拌均匀，即得产品。

**产品应用** 本品主要应用于金属切削加工。

**产品特性** 本品具有良好减摩和抗磨作用，以及较为优异的极压性能，极压剂一方面可以大幅度提高金属切削液的润滑性能，另外也使得该金属切削液具有优异的环保性。

## 配方 29 水基切削液

**原料配比**

| 原料 | 配比(质量份) | | | |
|---|---|---|---|---|
| | 1# | 2# | 3# | 4# |
| 平均粒径为 25μm 的磨料碳化硅粉 | 400 | — | — | — |
| 平均粒径为 15μm 的碳化硅粉和金刚石粉为磨料 | — | 350 | — | — |
| 平均粒径为 5μm 的碳化硅粉和 0.8μm 胶体二氧化硅为磨料 | — | — | 350 | 350 |
| 亚甲基二萘磺酸钠 | 100 | — | — | — |
| 十二烷基苯磺酸钠 | — | 50 | 50 | 30 |
| 十二烷基硫酸钠 | — | — | — | 20 |
| 去离子水 | 500 | 500 | 500 | 500 |
| 乙醇酸 | — | — | — | 4 |
| 聚乙二醇 | — | 8 | 8 | 2 |
| 羟基乙酸 | — | — | — | 2 |
| 硼酸咪唑 | — | 7 | 7 | 5 |
| 聚醚改性硅 | — | 2 | 2 | 2 |
| 乙二胺四乙酸 | 10 | — | — | — |
| 苯并三唑 | 5 | — | — | 5 |
| 聚二甲基硅氧烷 | 3 | — | — | 5 |
| 乙二胺 | 4 | — | — | — |
| 二乙醇胺 | — | 3 | — | — |
| 二乙烯三胺 | — | — | 5 | — |
| 二羟基二乙基乙二胺 | — | — | — | 3 |

**制备方法**

(1) 将磨料和表面活性剂溶解在去离子水中并充分搅拌均匀，然后用高压高剪切微流喷射机对磨料悬浮液进行加工，形成磨料悬浮液；

(2) 在上述磨料悬浮液中加入螯合剂、防锈剂、消泡剂和 pH 调节剂，搅拌均匀即可。

**原料介绍**

所述磨料为碳化硅粉、金刚石粉、氧化铈粉、胶体二氧化硅中的一种或任意两种任意比例的混合物，磨料粒径大小为 0.1～30μm 且粒径均一。

所述表面活性剂为碱金属皂、碱土金属皂、有机胺皂、硫酸化蓖麻油、十二烷基硫酸钠、亚甲基二萘磺酸钠、二辛基琥珀酸磺酸钠和十二烷基苯磺酸钠中的一种或两种任意比例的混合物。

所述螯合剂为乙二胺四乙酸钠盐、乙二胺四乙酸、乙醇酸、聚乙二醇、羟基乙酸、柠檬酸铵、羟乙基乙二胺三乙酸、聚丙烯酸、聚甲基丙烯酸、水解聚马来酸酐和富马酸-丙烯磺酸共聚体中的一种或两种任意比例的混合物。

所述防锈剂为聚合脂肪酸甘油三酯咪唑、硼酸咪唑、苯并三唑、磷酸二氢钠、苯甲酸钠和三乙醇胺中的一种或两种任意比例的混合物。

所述消泡剂为聚硅氧烷消泡剂、聚醚改性硅、聚二甲基硅氧烷、磷酸三丁酯、苯乙醇油酸酯、苯乙酸月桂醇酯和聚氧乙烯氧丙烯甘油中的一种或两种任意比例的混合物。

所述 pH 调节剂为氢氧化钠、氢氧化钾、氨水、二羟基乙基乙二胺、二乙烯三胺、乙二胺、二乙醇胺、乙二胺四乙酸、四甲基氢氧化铵和羟基胺中的一种或两种任意比例的混合物。

**产品应用** 本品主要应用于单晶硅、多晶硅、化合物晶体、宝石等切削加工方面。

**产品特性** 经过表面活性剂处理的磨料粒子能够稳定地存在于切削液中，且磨料粒子粒径和磨料粒子分布很均匀。由于在切削液的配制搅拌过程中解决了絮凝现象的产生，所以用这种方法配制的切削液能够提高切割硅片的表面质量，避免深划痕的产生，减小了后续抛光加工工序的工作量，不仅提高了产品的成品率，而且也降低了成本。

## 配方 30 高硬度材料用水基切削液

**原料配比**

| 原料 | 配比(质量份) | | |
|---|---|---|---|
| | 1# | 2# | 3# |
| 聚乙二醇(PEG200) | 90 | — | — |
| 聚乙二醇(PEG600) | — | 50 | — |
| 聚乙二醇(PEG1000) | — | — | 30 |
| 胺碱——羟乙基乙二胺 | 9 | 30 | 20 |
| 螯合剂——FA/O | 1 | 10 | 5 |
| 去离子水 | 加至100 | 加至100 | 加至100 |

**制备方法** 在连续搅拌下的聚乙二醇中，将羟乙基乙二胺和螯合剂缓慢依次加入，搅拌至均匀得生产浓度的切削液，在生产使用时与去离子水按1∶(10～20)配制使用。

**产品应用** 本品主要适用于半导体材料的切割外，也适用于高硬度材料的切割。

**产品特性** 本品将现有中性切削液改进为具有化学劈裂作用和硅发生化学反应的碱性切削液，使切片中单一的机械作用转变为均匀稳定的化学机械作用，从而有效解决了切片工艺中的应力问题而降低损伤。同时碱性切削液能避免设备的酸腐蚀和提高刀片寿命，有效地解决了切屑和切粒粉末再沉积问题，避免了硅片表面的化学键合吸附现象，便于硅片的清洗和后续加工，消除了金属离子尤其是铁离子污染，所得切片的表面损伤、机械应力、热应力明显降低。

## 配方 31 多种金属用水基切削液

**原料配比**

| 原料 | 配比(质量份) | | |
|---|---|---|---|
| | 1# | 2# | 3# |
| 水 | 70 | 32 | 52 |
| 三乙醇胺 | 5 | 15 | 10 |
| 癸二酸 | 6 | 10 | 8 |
| 防锈剂 | 10 | 20 | 15 |
| 聚乙二醇 | 5 | 10 | 7 |
| 苯并三氮唑 | 1 | 5 | 3 |
| 甘油 | 3 | 8 | 5 |

**制备方法** 反应釜中加入水，往水中加入三乙醇胺，升温至70℃，然后依次加入癸二酸、防锈剂、聚乙二醇、苯并三氮唑、甘油，在加入过程中均匀搅拌溶液。

**产品应用** 本品主要适用于多种金属（铁、铜、铝）的切削、磨削等加工，同时也适用于极压切削或精密切削加工。

**产品特性** 本品单片防锈时间达＞192h，超过标准。抗菌性极好，浓缩液可存放2年不变质，稀释液在工厂实际使用一年不臭（使用中有消耗要适当补充）。配方中不含氯化物和酚类有毒物，废液排放很少，符合环保要求，无特殊气味，不影响操作工人健康。

## 配方32 环保水基切削液

**原料配比**

| 原料 | 配比(质量份) | | |
|---|---|---|---|
| | 1# | 2# | 3# |
| 土耳其红油 | 4.8 | 3.2 | 6 |
| 聚乙二醇 | 2 | 2.2 | 1.8 |
| 乙醇 | 1 | 1 | 1 |
| 山梨醇 | 0.3 | 1 | 0.6 |
| 硼酸 | 1.2 | 2 | 3.5 |
| 三乙醇胺 | 3.5 | 6.1 | 4 |
| 乙二胺四乙酸 | 0.04 | 0.05 | 0.09 |
| 抗泡沫添加剂 | — | 0.004 | — |
| 苯甲酸钠 | — | — | 0.2 |
| 水 | 加至100 | 加至100 | 加至100 |

**制备方法** 将以上各原料按比例倒入容器中，溶解搅匀即得成品。

**产品应用** 本品主要用于机械行业的切削加工。

**产品特性** 本品成本低廉，生产工艺简单，生产周期短（在常温下2h即可合成）；清洗、冷却性能好，润滑、防锈及防腐性能较强；不含亚硝酸钠、磷酸盐，无异味，其废液不需经特殊处理，容易排放，对环境无污染。

## 配方33 机加工用水基切削液

**原料配比**

| 原料 | 配比(质量份) | 原料 | 配比(质量份) |
|---|---|---|---|
| 苯甲酸 | 16 | 吐温-80 | 3 |
| 还原剂 | 5 | 杀菌剂 | 0.1 |
| 表面活性剂 | 10 | 消泡剂 | 0.1 |
| 羟基磺酸酯 | 7 | 水 | 加至100 |

**制备方法** 先将苯甲酸和还原剂反应，再将反应产物与表面活性剂混合，并加入润滑剂、消泡剂及杀菌剂，再加入水，混合均匀，即得成品。

**产品应用** 本品用作机械磨床、钻床、铣床、车床等金属切削机床的切削液。

**产品特性** 本品原料中不含矿物油和植物油，也不含亚硝酸钠和其他酸根，无毒、无刺激性，无异味，使用安全；稳定性好，不容易变质；不污染环境。

## 配方 34 黑色金属用水基切削液

**原料配比**

| 原料 | 配比(质量份) | 原料 | 配比(质量份) |
|---|---|---|---|
| 十二烷基磺酸钠 | 0.22～0.3 | 亚硝酸钠 | 0.04～0.05 |
| OP-10 | 0.22～0.3 | 六偏磷酸钠、偏硼酸钠 | 0～0.6 |
| 乙醇 | 1.5～2 | 改性丙烯酸酯树脂乳液 | 8～10 |
| 五氯酚钠 | 0.08～0.1 | 水 | 加至100 |
| 苯甲酸钠 | 0.04～0.05 | | |

**制备方法** 在釜中加入水，加入十二烷基磺酸钠与OP-10，在搅拌的条件下升温至60℃，加入五氯酚钠、苯甲酸钠、亚硝酸钠及六偏磷酸钠、偏硼酸钠或其混合物，在60℃下保温搅拌0.5h后降温，当降温至20～25℃时加入乙醇、改性丙烯酸酯树脂乳液，继续搅拌0.5h，即得成品。

**原料介绍** 本品原料中十二烷基磺酸钠、十二烷基苯磺酸钠、烷基苯聚醚磺酸钠、十二烷基硫酸钠、十二硫醇中的任意一个单一化合物或任意几个化合物的混合物与OP-10组成的混合物是乳化润滑剂，两部分的配比关系为1∶1，其中以十二烷基磺酸钠与OP-10混合液最佳，配比关系以1∶(0.8～1.2)为宜。

五氯酚钠、苯甲酸钠、亚硝酸钠组成混合型防锈剂，其配比关系为2∶1∶1，加入六偏磷酸钠或偏硼酸钠或其混合物则效果更佳。

改性丙烯酸酯类树脂乳液是耐温剂，由丙烯酸酯类树脂乳液用低缩醛度的聚乙烯醇缩醛物溶液改性所得。

**产品应用** 本品适用于多种金属，尤其是黑色金属的切削加工，起润滑和冷却作用。使用时可用1.5倍以内的水稀释。

**产品特性** 本品成本较低，机械加工性能优异，具有良好的润滑性、防锈性，优良的散热性和耐热性，去油污及清洗效果好；成品可制成浓缩液，运输携带方便；性质稳定，抗冻性能好，便于储存。

## 配方 35 轮毂加工用水基切削液

**原料配比**

| 原料 | 配比(质量份) | | |
|---|---|---|---|
| | 1# | 2# | 3# |
| 环烷酸钠 | 4.5 | 6.5 | 5.5 |
| 棉油酸 | 6 | 8 | 7 |
| 椰油酸三乙醇酰胺 | 2.5 | 4.5 | 3.5 |
| 三乙醇酰胺 | 10 | 12 | 11 |
| 极压添加剂X | 3 | 5 | 4 |
| OP-10 | 2 | 4 | 3 |
| 二甲基硅油 | 0.1 | 0.3 | 0.2 |
| 五钠 | 1 | 3 | 2 |
| 防霉添加剂Y | 0.2 | 0.4 | 0.3 |
| 去离子水 | 70.7 | 56.3 | 63.5 |

**制备方法** 将各组分混合均匀即可。

**产品应用** 本品主要应用于轮毂金属加工。

**产品特性** 本品符合国家建设节能产业大方向，降低制造成本；减少环境污染，实现清洁化生产；水基代油料，降低了张力，提高了产品质量。

## 配方 36 金属加工用水基切削液

**原料配比**

| 原料 | 配比(质量份) | 原料 | 配比(质量份) |
| --- | --- | --- | --- |
| 乳化剂 | 0.5～20 | 油性剂 | 1～15 |
| 防锈剂 | 3～20 | 耦合剂 | 0.1～10 |
| 磷酸酯胺盐 | 0.5～20 | 杀菌剂 | 0.1～4 |
| 基础油 | 40～96 | 消泡剂 | 0.01～0.1 |

**制备方法**

(1) 磷酸酯胺盐的制备方法如下：

① 将 $C_8$～$C_{10}$ 的长链烯基丁二酸酐和聚乙二醇 PEG 加入反应器中，边搅拌边加热，温度控制在 20～80℃，待搅拌均匀后再加热至 100～200℃，维持反应 2～48h，得到混合物 A；其中长链烯基丁二酸酐和聚乙二醇 PEG 的摩尔比为 1∶(0.1～5)；聚乙二醇的分子量优选范围为 100～4000，更优选范围为 100～2000；

② 待混合物 A 冷却后加入五氧化二磷或五硫化二磷，加热至 80～120℃，搅拌反应 2～5h，得到混合物 B；其中五氧化二磷或五硫化二磷与长链烯基丁二酸酐的摩尔比为 (0.5～1.5)∶1；

③ 向混合物 B 中加入醇胺或氨基醇，80～120℃条件下搅拌 1～5h，冷却后即得所述磷酸酯胺盐；其中醇胺或氨基醇与长链烯基丁二酸酐的摩尔比为 (1～3)∶1。

(2) 水基切削液的制备：将基础油泵入调和釜，加热至 30～50℃时加入所需量的乳化剂、防锈剂、磷酸酯胺盐、油性剂、杀菌剂、耦合剂和消泡剂，继续搅拌 0.5～10h，即得所述水基切削液。

**原料介绍**

所述乳化剂优选方案为 $C_{10}$～$C_{20}$ 脂肪醇聚氧乙烯醚和选自 GT-1200s、GT-1500s、GT-1900s、GT-1580vs 或 GT-1910s 中的至少一种。

所述防锈剂优选方案为选自硼酸酯、硼酸盐、醇胺、脂肪酸醇胺或脂肪酸酰胺中的至少一种。

所述基础油优选方案为选自环烷基基础油、石蜡基基础油或合成基础油中的至少一种。

所述油性剂选自棕榈酸、硬脂酸、油酸、亚油酸、二聚亚油酸、蓖麻醇酸、妥尔油酸或亚麻酸中的至少一种。

所述耦合剂选自 $C_8$～$C_{18}$ 脂肪醇中的至少一种。

所述杀菌剂选自三嗪、吗啉、吡啶钠-硫醇氧化物、苯氧乙醇或异噻唑啉酮中的至少一种。

所述消泡剂选自聚醚类抗泡剂、泡敌或乳化硅油中的至少一种。

**产品应用** 本品主要应用于金属切削加工。

**产品特性** 本品的水基切削液组合物由于含有磷酸酯胺盐，与乳化剂、防锈剂一同充分发挥了各组分之间的协同作用，具有突出的抗硬水稳定性，能够满足水质硬度较大的工况；同时，还具有良好的润滑性、乳化性和防锈性。本品能够显著减少硬水条件下的油皂量，因而具有突出的抗硬水稳定性；同时，能够显著提高切削液的乳液稳定性，因而具有较好的乳化能力；锈蚀程度减轻，因而具有良好的防锈能力；能够较大程度提高切削液的最大无卡咬负荷 $P_B$ 值、降低切削液的磨斑直径，因而具有良好的润滑性能，取得了较好的技术效果。

## 配方 37 水溶性低油雾防锈切削液

**原料配比**

表 1 低油雾防锈切削油

| 原料 | 配比(质量份) | 原料 | 配比(质量份) |
|---|---|---|---|
| DB-10 变压器油 | 6 | 豆油 | 0.9 |
| 硼化甘油酯 | 0.6 | 丁基辛基二硫代磷酸锌 | 0.05 |
| 硫化脂肪 | 0.45 | | |

表 2 水溶性低油雾防锈切削液

| 原料 | 配比(质量份) | | |
|---|---|---|---|
| | 1# | 2# | 3# |
| 低油雾防锈切削油 | 6 | 6 | 6 |
| 三乙醇胺油酸皂 | 0.7 | — | — |
| 蓖麻油聚氧乙烯缩合物 | — | 0.6 | — |
| 蓖麻酸丁酯磺酸三乙醇胺 | — | — | 0.9 |
| 磷酸酯 | 0.26 | 0.6 | 0.18 |
| *N*,*N*-(双苯并三氮唑亚甲基)月桂胺 | 0.01 | — | — |
| *N*-乙酰基苯并三氮唑 | — | 0.12 | — |
| 苯并三氮唑 | — | — | 0.03 |

**制备方法**

(1) 制备低油雾防锈切削油：在电加热搪玻璃反应釜中加入 DB-10 变压器油，边搅拌边加热到 80℃，向反应釜中依次加入硼化甘油酯、硫化脂肪、豆油及丁基辛基二硫代磷酸锌；停止加热并继续搅拌混合液至其均匀，得到低油雾防锈切削油。

(2) 切削液制备：在反应釜中加入低油雾防锈切削油作为基油，搅拌并加热升温至 60～80℃，再依次加入乳化剂三乙醇胺油酸皂、蓖麻油聚氧乙烯缩合物、蓖麻酸丁酯磺酸三乙醇胺、水溶性磷酸酯及铜/铝缓蚀剂 *N*，*N*-（双苯并三氮唑亚甲基）月桂胺、*N*-乙酰基苯并三氮唑、苯并三氮唑，加料毕，停止对反应釜加热并继续搅拌混合液至其均匀透明。

**产品应用** 本品主要应用于金属切削加工。

**产品特性** 本品兑水稀释后使用，能用水按比例(1∶5)～(1∶20)稀释，稀释液具有优良的极压润滑性和防锈性，单片防锈时间可达 72h，远超标准。在部分难切削材料（如钛合金、不锈钢等）的加工和难加工工艺（如钻孔、攻丝）中，取代通常使用的切削油，可节约能源、降低生产成本；该切削液使用时油雾极低，无刺激气味。

## 配方 38 水溶性单晶硅片或多晶硅片切削液

**原料配比**

| 原料 | 配比(质量份) | | | | | | | | |
|---|---|---|---|---|---|---|---|---|---|
| | 1# | 2# | 3# | 4# | 5# | 6# | 7# | 8# | 9# |
| 聚乙二醇(分子量 200) | 95 | — | — | 20 | — | — | 25 | — | — |
| 聚乙二醇(分子量 400) | — | — | — | 45 | — | 30 | — | 15 | — |

续表

| 原料 | 配比(质量份) | | | | | | | | |
|---|---|---|---|---|---|---|---|---|---|
| | 1# | 2# | 3# | 4# | 5# | 6# | 7# | 8# | 9# |
| 聚乙二醇(分子量 600) | — | — | — | — | 25 | — | 15 | — | 10 |
| 聚乙二醇(分子量 800) | — | — | — | — | 10 | — | 10 | — | — |
| 聚丙二醇(分子量 200) | — | — | — | — | 25 | — | — | 20 | 30 |
| 聚丙二醇(分子量 400) | — | — | — | — | 10 | — | 10 | — | — |
| 聚丙二醇(分子量 600) | — | — | — | — | — | 20 | 10 | — | — |
| 聚丙二醇(分子量 800) | — | 90 | — | 15 | — | — | 10 | 5 | — |
| 聚烷二醇嵌段共聚物(分子量 200) | — | — | — | — | — | 10 | — | 35 | 15 |
| 聚烷二醇嵌段共聚物(分子量 400) | — | — | — | — | — | 20 | 10 | — | 25 |
| 聚烷二醇嵌段共聚物(分子量 600) | — | — | 85 | 15 | — | 10 | — | — | 15 |
| 聚烷二醇嵌段共聚物(分子量 800) | — | — | — | — | 15 | — | — | 10 | — |
| FC-4430 | 0.5 | — | — | 0.2 | 0.5 | 0.5 | 1 | 0.5 | — |
| FC-16 | — | — | 1.5 | 0.2 | 1 | — | 0.5 | 0.5 | 0.2 |
| DC-7 | — | 1 | — | 0.1 | — | 0.5 | — | 0.5 | 0.3 |
| TX-10 | 1 | — | — | 1 | 2 | 2 | — | 2 | — |
| TX-12 | — | 3 | — | — | 1 | 1 | 1 | 2 | 1 |
| 吐温-80 | — | — | 5 | — | 2 | 1 | 1 | 1 | — |
| 三甘醇 | 3 | — | — | 1.5 | 2 | 2 | 1 | 1 | — |
| 乙二醇 | — | 5 | — | — | 4 | 2 | 3 | 5 | 3 |
| 乙二醇单甲醚 | — | — | 7 | 1.5 | 1 | — | 1 | 1 | — |
| 异噻唑啉酮 | 0.5 | 1 | 1.5 | 0.5 | 1.5 | 1 | 1.5 | 1.5 | 0.5 |

**制备方法** 将各原料混合后，搅拌 10～60min，即得水溶性切削液。

**原料介绍**

所述分子量为 200～800 的聚烷二醇嵌段共聚物为聚乙二醇，或聚丙二醇，或由环氧乙烷、环氧丙烷和乙二醇组成的嵌段共聚物。

所述 FC-4430、FC-16 为氟碳表面活性剂，亦可为两种的混合。

所述 DC-7 为氟硅表面活性剂。

所述 TX-10、TX-12、吐温-80 为润湿分散剂，亦可为任意的两种或三种的混合。

所述三甘醇、乙二醇、乙二醇单甲醚为极性溶剂，亦可为任意的两种或三种的混合。

所述异噻唑啉酮为抗菌剂。

**产品应用** 本品主要应用于光伏材料单晶硅或多晶硅的加工。

**产品特性** 由于本品中氟碳表面活性剂或氟硅表面活性剂的特殊化学结构，可在极低的浓度下大幅度降低切削液的表面张力。在润湿分散剂及极性溶剂的共同作用下，可极大改善切削液对磨料的润湿性，避免磨料团聚造成硅片表面损伤或破裂，有利于切割精度及切割成品率的提高。氟碳或氟硅表面活性剂可在硅片表面定向排布形成一层疏水疏油膜，可降低硅片的清洗难度。本品可同时适用于对单晶硅和多晶硅的切削加工，切割成品率可达 97%。

## 配方 39 水溶性切削液

**原料配比**

| 原料 | 配比(质量份) | | | |
|---|---|---|---|---|
| | 1# | 2# | 3# | 4# |
| 防锈剂 | 31 | 35 | 38 | 40 |
| 消泡剂 | 0.3 | 0.4 | 0.5 | 0.5 |

续表

| 原料 | 配比(质量份) | | | |
|---|---|---|---|---|
| | 1# | 2# | 3# | 4# |
| 苯并三氮唑 | 0.1 | 0.2 | 0.3 | 0.3 |
| 油酸三乙醇胺 | 1.5 | 2.5 | 3.5 | 4 |
| 乙醇胺 | 1.5 | 1.5 | 1 | 1 |
| 水 | 65.6 | 60.4 | 56.7 | 54.2 |

**制备方法**

(1) 将不同批号制备吗啉所得到的副产物，根据其吗啉衍生物混合物的含量，与硼酸按以上所要求的(3~4)∶1质量比混合，在常温、常压下搅拌0.5~1.0h进行反应，即得到所需的防锈剂。

(2) 在常温常压下，先将防锈剂加入容器中，再加入油酸三乙醇胺，然后慢慢加入水，待搅拌均匀后加入苯并三氮唑及消泡剂；最后加入乙醇胺，继续搅拌直到溶液均匀透明为止，时间约需1~2h，即得切削液。

**原料介绍**

所述油酸三乙醇胺是清洗剂，是由油酸与三乙醇胺按1∶2的质量比在常温下反应0.5h所得到的。

所述消泡剂是由乙二醇及分子量为2000的甲基硅油按1∶50的质量比在常温下搅拌混合而成。

所述苯并三氮唑是具有油性、抗氧化、抗磨、防锈等多种性能的商品添加剂。

**产品应用** 本品主要应用于金属加工。

**产品特性** 由于本品防锈效果较好而且可以取代亚硝酸钠防锈剂，使本品的透明水溶性合成切削液解决了毒性和污染问题。本品所用原料大部分是市售商品，而防锈剂又可使用生产吗啉的廉价副产物，因此原料易得，成本降低；本品使用效果也明显优于乳化液，金属切削的光洁度也有提高。

## 配方40 水溶性金属切削液

**原料配比**

| 原料 | 配比(质量份) | | |
|---|---|---|---|
| | 1# | 2# | 3# |
| 油酸-2-乙基己酯 | 18 | 20 | 21 |
| 3,5,5-三甲基己酸 | 4 | 5 | 3 |
| 癸二酸 | 4 | 4 | 5 |
| 单乙醇胺 | 6 | 6 | 6 |
| 三乙醇胺 | 15 | 15 | 16 |
| 二甘醇 | 7 | 6 | 6 |
| 一异丙醇胺 | 4 | 5 | 4 |
| 聚乙二醇600 | 16 | 15 | 16 |
| 水 | 26 | 24 | 23 |

**制备方法**

(1) 量取占总水量40%~50%的水，将量取的油酸-2-乙基己基酯、单乙醇胺、3，5，5-三甲基己酸和水混合，在50~70℃温度下反应1h，得到醇胺合成酯混合物A；

(2) 量取占总水量40%~50%的水，将量取的癸二酸、三乙醇胺、一异丙醇胺和水混合，在70～90℃温度下反应1～2h，得到醇胺合成酯混合物B；

(3) 将量取的二甘醇和聚乙二醇600与醇胺合成酯混合物A和醇胺合成酯混合物B搅拌混合，在50～70℃温度下反应50～90min，得到成品。

**产品应用** 本品主要应用于金属加工。

**产品特性**

(1) 具有使用寿命长、良好的极压润滑性、防锈性、冷却性和清洗性，在不同的水硬度条件下，仍可保持较高的稳定性。

(2) 传统水性润滑剂润滑性不能完全达到油性润滑油的润滑性，但本品润滑性方面达到并超过了润滑油的加工性能，可完全替代油性加工液。

(3) 国内外同类产品适用的加工材质范围较窄，本品适合所有金属材质（包括钢、铝合金、镁合金等）的加工润滑需求，扩大了产品应用领域。

## 配方41 通用金属切削液

**原料配比**

| 原料 | 配比(质量份) | 原料 | 配比(质量份) |
|---|---|---|---|
| 石油磺酸钠(石油磺酸钡) | 15 | 硼酸 | 0.5 |
| 环烷酸铅 | 5.5 | 钼酸钠 | 0.2 |
| 氯化石蜡 | 15 | 精制10号机械油 | 54 |
| 油酸 | 5 | 甲基硅油 | 2mg/kg |
| 三乙醇胺 | 5 | | |

**制备方法**

(1) 取精制10号机械油投入反应釜中搅拌升温至100～130℃脱水（精制10号机械油中含水约0.2%）。脱水后降温至90～110℃，在搅拌下加入环烷酸铅，使其全部溶解，混合均匀，搅拌反应时间控制在20～40min。

(2) 在90～100℃时加入油酸及石油磺酸钠（或石油磺酸钡），并继续搅拌20～40min，使其全部溶于油中，加料时需待前一种原料完全溶解后才加入后一种原料。

(3) 在不断搅拌的情况下，使温度降至70～90℃，加入氯化石蜡，使其全部溶于油中，搅拌反应时间控制在20～40min。

(4) 在不断搅拌的情况下，使温度降至70～80℃，徐徐加入三乙醇胺，搅拌反应时间在20～30min。

(5) 在不断搅拌的情况下，加入钼酸钠及硼酸，搅拌反应20～30min后，加入甲基硅油，搅拌反应10～20min，取样进行分析，合格即为成品。

**产品应用** 本品主要应用于金属切削加工。

**产品特性**

(1) 本方法工艺简单，操作方便，生产中不使用亚硝酸盐和硫化物添加剂，生产过程无毒、无刺激、无异味，生产中无废渣、废水排放，无污染。

(2) 本切削液通用性强，除了具有良好的润滑、冷却、防锈性能外，尤其具有优良的抗极压性能，可适用于车、铣、锯、插、拉、磨等机床上加工铸、锻、钢、不锈钢等工件，能提高加工工件表面光洁度，并可延长刀具使用寿命，能取代目前金属切削机床使用的硫化切削油、猪油、豆油、轻柴油、煤油、轧钢机用轧制油、水压液压油等，尤其是解决了对高压法兰M80、M64及其他标准件螺纹攻丝、大型滚齿机、深钻孔和进口机床等高难度加工切削的关键用液，从而使过程存在的螺纹表面不光滑、丝锥断裂、塞止规通过等问题得以较好解决。

（3）本切削液具有防腐性，对工件表面能形成一层防腐膜，在自然条件下，其本身有效防腐期15d以上，可满足上下工序间工件防锈要求，无需另做防锈处理。

（4）本品润滑性好，能代替普通机床上使用的10号、20号机械润滑油。

（5）本品乳化性能好，可根据加工需要与水以不同比例配合，且不受水质限制，反复使用时间长达半年以上。

## 配方 42 稀土永磁材料加工用润滑冷却液

**原料配比**

| 原料 | 配比(质量份) | | | | | | | |
|---|---|---|---|---|---|---|---|---|
| | 1# | 2# | 3# | 4# | 5# | 6# | 7# | 8# |
| 矿物油 | 85 | 70 | 90 | 80 | 75 | 78 | 88 | 86 |
| 植物油 | 8 | 15 | 5 | 10 | 13 | 12 | 6 | 7.5 |
| 动物油 | 7 | 15 | 5 | 10 | 12 | 10 | 6 | 6.5 |

**制备方法** 先将矿物油放入到混油桶中加热到70℃，然后将植物油和动物油一起加入混油桶中，混合1h，冷却后即制得润滑冷却液。

**原料介绍**

所述矿物油为柴油或煤油。

所述植物油为菜籽油、豆油或花生油。

所述动物油为猪油或牛油。

本品中矿物油的主要作用：起到对工件和切片刀的冷却作用，同时对磨削下来的粉末进行冲刷，提高切削速度。

本品中动物油的主要作用：起到润滑作用，减少刀身与工件之间的摩擦阻力，节约能源，防止夹刀。

本品中植物油的主要作用：增加动物油和矿物油的互溶性。

**产品应用** 本品主要应用于稀土永磁材料加工。

**产品特性** 采用本品进行稀土永磁材料加工，切削效率得到大大提高。

## 配方 43 微乳化切削液

**原料配比**

| 原料 | 配比(质量份) | | | |
|---|---|---|---|---|
| | 1# | 2# | 3# | 4# |
| 矿物油 | 22 | 25 | 28 | 32 |
| 乳化剂石油磺酸钠 | 2 | 10 | 5 | 8 |
| 脂肪醇聚氧乙烯醚 | 5 | 3 | 5 | 1 |
| 油性添加剂油酸 | 8 | — | 5 | — |
| 油性添加剂妥尔油脂肪酸 | — | 10 | — | 5 |
| 极压添加剂氯化石蜡 | 10 | 8 | 5 | 6 |
| 乳化稳定剂二乙二醇单丁醚 | 3 | 3 | 2 | 1 |
| 硼酸铵盐 | 4 | 8 | 3 | — |
| 硼酸酯 | — | — | 2 | — |
| 硼酸酰胺 | 6 | — | — | 14.8 |
| 防锈剂苯并三氮唑 | 0.2 | 0.2 | 0.3 | 0.2 |

续表

| 原料 | 配比(质量份) | | | |
|---|---|---|---|---|
| | 1# | 2# | 3# | 4# |
| 水 | 38.7 | 31.7 | 41.5 | 31.2 |
| 防腐杀菌剂 | 1 | 1 | 3 | 0.5 |
| 抗泡剂乳化硅油 | 0.1 | 0.1 | 0.2 | 0.3 |

**制备方法**

(1) 向反应器中加入矿物油，升温至40℃，依次加入阴离子表面活性剂、非离子表面活性剂、油性添加剂、极压添加剂、乳化稳定剂，搅拌均匀；

(2) 上述溶液降至室温，再加入防锈剂，水，防腐杀菌剂，抗泡剂，充分搅拌，得到微乳化切削液。

**原料介绍**

所述的矿物油作为基础油，选自石蜡基矿物油或环烷基矿物油，40℃时的运动黏度为18～30$mm^2/s$。

所述的阴离子表面活性剂为石油磺酸钠。

所述的非离子表面活性剂作为乳化剂，能促进油和水乳化形成乳化液，其选自烷基酚聚氧乙烯醚或脂肪醇聚氧乙烯醚。

所述的乳化稳定剂能使油和水形成稳定的乳化液，选自脂肪醇、脂肪醚或二者的混合物。

所述的油性添加剂能增加切削液组合物的吸附性能及渗透能力，降低摩擦系数，选自高级脂肪酸，包含油酸、妥尔油脂肪酸。

所述的极压添加剂能提高润滑剂承受高温高压的能力，选自氯化石蜡。

所述的防锈添加剂能与金属表面形成保护膜或钝化膜起到防锈作用，为硼酸类物质中的任意一种与苯并三氮唑的组合物，硼酸类物质是指硼酸铵盐、硼酸酰胺和硼酸酯。

所述的防腐杀菌剂能防止和抑制细菌的生长，为六氢-1,3,5-三(2-羟乙基)均三嗪。

所述的抗泡剂能减少或消除泡沫，选自乳化硅油。

**产品应用** 本品主要应用于钢、铸铁等工件的粗加工和精加工工序。

**产品特性** 本品在配方中加入防锈剂，对加工件提供稳定、良好的防锈保护作用；本品无需调节pH值步骤，pH值稳定性好；本品不含有亚硝酸盐，属于生态稳定型产品，适用于单机系统，尤其适用于中央供液油槽。

本品具有良好的润滑性和冷却性，具有很强的抑菌能力，使用寿命长，还能为加工件提供良好的防锈性，能大大提高加工件的加工精度。

## 配方44 微乳化型不锈钢切削液

**原料配比**

| 原料 | 配比(质量份) | | | | | | |
|---|---|---|---|---|---|---|---|
| | 1# | 2# | 3# | 4# | 5# | 6# | 7# |
| 三乙醇胺 | 9 | 21 | 15 | 9 | 9 | 10 | 3 |
| 单乙醇胺 | 5 | 3 | 4 | 5 | 5 | 5 | 3 |
| 水 | 40 | 35 | 38 | 40 | 35 | 28 | 35 |
| 氯化石蜡 | 5 | 7 | 5 | 5 | 10 | 10 | 5 |

续表

| 原料 | 配比(质量份) | | | | | | |
|---|---|---|---|---|---|---|---|
| | 1# | 2# | 3# | 4# | 5# | 6# | 7# |
| 脂肪醇聚氧乙烯醚 | 10 | 5 | 10 | — | — | 10 | — |
| 烷基酚聚氧乙烯醚 | — | — | — | 10 | 15 | — | 10 |
| 十二烯基丁二酸 | — | — | 5 | — | — | — | 3 |
| 石油磺酸钠 | 5 | — | — | 10 | — | — | — |
| 辛酸 | — | 8 | — | — | 10 | 2 | — |
| 油酸 | 15 | 10 | 15 | 10 | 5 | 5 | 13 |
| 三羟甲基丙烷三月桂酸酯 | — | — | 2 | — | — | — | — |
| 三羟甲基丙烷三油酸酯 | — | — | — | — | — | 10 | 10 |
| 季戊四醇四月桂酸酯 | 5 | 5 | — | 5 | 5 | — | — |
| 矿物油 | 5 | 5.6 | 5.2 | 5.2 | 5.2 | 19.3 | 17.2 |
| 苯并三氮唑 | 0.5 | 0.2 | 0.5 | 0.3 | 0.3 | 0.2 | 0.5 |
| 甲基硅油 | 0.5 | 0.2 | 0.3 | 0.5 | 0.5 | 0.5 | 0.3 |

**制备方法** 先将混合醇胺和水在室温下混合后，再将其他组分加入，之后，在50～60℃的温度下搅拌30～50min，直至完全透明、无沉淀物，即制得切削液（原液）。

**原料介绍**

所述的水包括水、去离子水，pH值在6.3～7.5之间。

所述矿物油为石蜡基矿物油或环烷基矿物油，40℃时运动黏度均为10～32$mm^2/s$。

所述烷基酚聚氧乙烯醚或脂肪醇聚氧乙烯醚为非离子表面活性剂，主要作用是帮助其他添加剂溶于水中，清洗刀具表面。常见的表面活性剂包括阴离子表面活性剂、非离子表面活性剂（聚氧乙烯醚类）等。本品采用非离子表面活性剂，可使切削液加水稀释后处于很好的微乳化状态。

所述氯化石蜡用作切削液的极压抗磨剂，具有较强的极性及较好的极压性能，主要是针对不锈钢加工的特殊要求而添加。含有硫或磷的极压剂也有极压抗磨作用，但对于不锈钢的切削加工，氯化石蜡是较好的选择。

所述石油磺酸钠、辛酸或烯基丁二酸为防锈剂。烯基丁二酸一般为十二烯基丁二酸或十四烯基丁二酸。防锈剂不仅能有效减少切削加工中被加工不锈钢工件的锈蚀，而且还能保护机床不被锈蚀。

所述混合醇胺为单乙醇胺与三乙醇胺的混合物，这两种化合物的纯度均要求为95%以上，两者之间的质量配比主要根据切削液（原液）的pH值来确定，本品要求切削液的pH值为8.5～10.0。

所述油酸和多元醇酯组成油性剂，具有良好的油性，在不锈钢加工件表面能很好地吸附，提供一定的润滑作用。其中，多元醇酯为多元醇月桂酸酯或多元醇油酸酯，多元醇指三羟甲基丙烷或季戊四醇。

所述苯并三氮唑主要起防锈、缓蚀的作用。

所述消泡剂为甲基硅油。

**产品应用** 本品主要应用于不锈钢的切削加工。使用方法：本品为油状透明液体，使用时，在室温下将切削液加水稀释、混合均匀，得到微乳化型的工作液，切削液原液占工作液总重的2%～10%，用于稀释的水包括水、去离子水。

**产品特性**

(1) 在不锈钢工件的加工过程中，本品能很好地清洗掉工件表面的污物、手印、碎屑，并冲洗掉机床上的油泥、碎屑等物质，减少了后处理工序。

（2）切削液中的防锈剂能很好地在不锈钢表面吸附，从而长时间地保持工件的防锈状态，既不用清洗，又不用增加工艺来防锈，是一举两得的方案。

（3）本品冷却性能优良，能快速渗透到刀具和工件的表面，降低刀具的切削温度，提高刀具的使用寿命，使刀具可以连续使用，减少停工时间，降低工人的劳动强度。

（4）按本品要求配制的工作液能代替乳化型切削液使用，在同样加工量的情况下，比乳化型切削液的使用寿命长。本品不含有亚硝酸钠，对工人健康无不良影响；化学耗氧量≤2000mg/L，后处理容易，符合环保要求。

## 配方 45 微乳型金属切削液

**原料配比**

| 原料 | 配比（质量份） | | |
|---|---|---|---|
| | 1# | 2# | 3# |
| 基础油或油性剂 | 40 | 23 | 35 |
| 混合醇胺 | 11.7 | 14 | 11 |
| 硼酸 | 4.5 | 5 | 8 |
| 阴离子表面活性剂 | 7 | 5 | 8 |
| 非离子表面活性剂 | 5 | 4 | 5 |
| 防锈剂 | 7 | 6 | 8 |
| 极压抗磨剂 | 5 | — | — |
| 铜合金缓蚀剂 | 0.3 | 0.3 | 0.3 |
| 铝合金缓蚀剂 | 5 | — | — |
| 耦合剂 | 2 | 4.5 | 2.5 |
| 杀菌防腐剂 | 3 | 3 | 3 |
| 消泡剂 | 0.2 | 0.2 | 0.2 |
| 水 | 9.3 | 35 | 19 |

**制备方法** 将各组分混合均匀即可。

**原料介绍**

所述基础油或油性剂为石蜡基或环烷基矿物油、聚α-烯烃、植物油（如色拉油）、动物油（如猪油）、合成酯类油（如季戊四醇酯、三羟甲基丙烷酯等）中的一种或几种。

所述混合醇胺为单乙醇胺、二乙醇胺、三乙醇胺、一异丙醇胺、二异丙醇胺、2-氨基-2-甲基-1-丙醇、二甘醇胺等中的一种或几种。

所述阴离子表面活性剂为辛酸、壬酸、癸酸及其异构酸、油酸、蓖麻油酸、妥尔油酸及其盐中的一种或几种。

所述非离子表面活性剂为脂肪醇聚氧乙烯醚（如AEO系列、TX系列）或脂肪酸聚氧乙烯酯（如SPAN系列、TWEEN系列、PEG油酸酯）的一种或几种。

所述防锈剂为石油磺酸钠、石油磺酸钡、癸二酸、月桂二酸、聚二酸、聚三酸等中的一种或几种，其中石油磺酸钠含量为50%～60%。

所述极压抗磨剂为含Cl、S、P的化合物，如氯化石蜡、硫化脂肪、磷酸酯等中的一种或几种。

所述铜合金缓蚀剂为苯并三氮唑及其衍生物。

所述铝合金缓蚀剂为硅酸盐或磷酸酯。

所述耦合剂为醇类、醇醚类，如乙二醇、丙二醇、二乙二醇丁醚、丙二醇甲醚、格尔伯特醇等中的一种或几种。

所述杀菌防腐剂为三嗪类、吗啉类、苯并异噻唑啉酮及其衍生物（BIT类）、IPBC等中的一种或几种。

所述消泡剂为聚醚类、改性硅氧烷类等的一种或几种。

**产品应用** 本品主要应用于金属切削加工。

**产品特性** 本品集合了乳化液与全合成切削液的优点，具有优异的润滑性、冷却性、清洗性、极压抗磨性、防腐蚀性以及较长的使用寿命等，通用性很强，可用于车、钻、铣、镗、磨等工况，多种金属材质的加工。废液易于处理，可通过破乳后按一般工业废水处理。

## 配方 46 无氯极压微乳切削液

**原料配比**

| 原料 | 配比(质量份) | | | | | |
|---|---|---|---|---|---|---|
| | 1# | 2# | 3# | 4# | 5# | 6# |
| 水 | 35 | 30 | 32 | 20 | 40 | 38 |
| 混合醇胺 | 8 | 10 | 7 | 12 | 6 | 10 |
| 硼酸 | 4 | 5 | 3 | 2 | 5 | 6 |
| 磺酸盐防锈剂 | 10 | 8 | 9 | 12 | 10 | 11 |
| 阴离子表面活性剂 | 8 | 10 | 9 | 8 | 12 | 11 |
| 多元醇酯 | 4 | 6 | 5 | 2 | 3 | 5 |
| 硫化脂肪酸酯 | 4 | 6 | 5 | 8 | 10 | 7 |
| 分油助剂 | 2 | 3 | 1 | 5 | 3 | 4 |
| 矿物油 | 24.9 | 21.9 | 28.9 | 30 | 26 | 15 |
| 苯并三氮唑 | 0.1 | 0.1 | 0.1 | 0.1 | 0.3 | 0.2 |

**制备方法**

（1）将硼酸、混合醇胺、水按配方比例加入反应罐中，在10～35℃的温度条件下搅拌30～60min，合成硼胺防锈剂。

（2）再按配方比例加入其余组分磺酸盐防锈剂、分油助剂、阴离子表面活性剂、多元醇酯、硫化脂肪酸酯、矿物油和苯并三氮唑，在10～35℃的温度条件下搅拌20～30min，即可制得无氯极压微乳切削液。

**原料介绍**

所述水包括水、去离子水；

所述混合醇胺包括二乙醇胺50%～90%、三乙醇胺50%～10%。

所述磺酸盐防锈剂为40%～60%的石油磺酸钠，特别优选50%的石油磺酸钠。

所述分油助剂为脂肪醇聚氧乙烯醚（MOA-3），要求其HLB值（亲油亲水平衡值）不大于6。

所述阴离子表面活性剂为磺化脂肪油皂。其中磺化脂肪油皂包括磺化蓖麻油皂、磺化菜籽油皂。

所述多元醇酯包括多元醇月桂酸酯、多元醇油酸酯。

所述硫化脂肪酸酯包括含硫10%～17%的硫化脂肪酸酯，优选含硫15%～17%的硫化脂肪酸酯。

所述矿物油包括运动黏度（40℃）为10～32mm$^2$/s的石蜡基油、环烷基油，优选运动黏度（40℃）为 10～32mm²/s 的环烷基油。

本品的组成机理是：以硼胺和磺酸盐作防锈剂，替代亚硝酸盐和钼酸盐防锈剂，使产品在不含亚硝酸盐的前提下，成本增幅不大，易于推广；以含硫极压剂替代含氯极压剂，使产品极压性、防锈性、环保性均有改善；用阴离子表面活性剂和多元醇酯作乳化剂，通过配方的优化组合，配制出稳定的微乳切削液，克服了传统微乳切削液使用大量聚醚类非离子表面活性剂所产生的弊端，使产品的消泡性及对机床油漆腐蚀性能有大幅改善。由于本品的配方创新，不采用 HLB 值大的聚醚表面活性剂和脂肪酸皂成分，降低了微乳切削液的乳化能力，并适当加入少量具有排油性能的助剂，使本品的排油性能大幅提高，有效延长了微乳切削液的使用寿命，从而大幅度减少了废液排放量。

**产品应用** 本品主要应用于金属切削加工领域，起到润滑、冷却、清洗、防锈的作用。

**产品特性**

(1) 不含亚硝酸钠、酚、氯、汞等物质，符合环保要求。

(2) 明显改善了微乳切削液的消泡性，即使在不加消泡剂的场合，也能达到国家标准的消泡要求；对一些要求消泡特别快的加工，只要加入少量普通低价消泡剂即能满足要求。

## 配方 47 长效绿色切削液

**原料配比**

表 1 单体

| 原料 | 配比(质量份) | | |
|---|---|---|---|
| | 1# | 2# | 3# |
| 二乙醇胺 | 60 | 30 | 50 |
| 硼酸 | 20 | — | — |
| 庚酸 | — | 60 | — |
| 癸二酸 | — | — | 20 |
| 油酸 | 20 | — | 30 |
| 顺丁烯二酸酐 | — | 10 | — |

表 2 切削液

| 原料 | 配比(质量份) | 原料 | 配比(质量份) |
|---|---|---|---|
| 硼砂 | 4 | 消泡剂 | 0.2 |
| 1#单体 | 18 | 2#单体 | 9 |
| 石油磺酸钠 | 3 | 3#单体 | 15 |
| 癸二酸 | 5 | 苯并三氮唑 | 0.5 |
| 硼酸 | 5 | 水 | 加至 100 |
| 顺丁烯二酸酐 | 2 | | |

**制备方法**

(1) 单体的制备：在 500℃情况下在电脑控制的反应釜内，合成反应生成水溶性树脂。

(2) 切削液的制备：将单体和硼酸、硼砂等聚合成水溶液，即可。

**产品应用** 本品主要用作切削液。

**产品特性** 由于此水基切削液黏度低，所以水分混入引起黏度的减小作用以及切屑混入引起黏度增加现象缓和，水溶性树脂正常环境下（60℃以下）不变质，因而本品可永久使用。

## 配方 48 植物油基型水溶性切削液

### 原料配比

| 原料 | 配比(质量份) | | |
|---|---|---|---|
| | 1# | 2# | 3# |
| 环氧大豆油 | 8 | — | 12 |
| 菜籽油 | 8 | 12 | — |
| 三羟甲基丙烷菜籽油酯 | 26 | 30 | 30 |
| 水 | 14 | 14.5 | 13 |
| 斯盘-60 | 4 | 4 | 5 |
| 吐温-80 | 6 | 6 | 5 |
| 二甘醇 | 1 | 1 | 2 |
| 三乙醇胺 | 26 | 26 | 26.5 |
| 苯并三氮唑 | 1 | 1 | 1 |
| 肌氨酸N酰基衍生物 | 2 | 2 | 2 |
| 极压剂 RC2526 | 2 | 2 | 2 |
| 杀菌剂 MBM | 1 | 1 | 1 |
| 消泡剂 MS575 | 1 | 0.5 | 0.5 |

### 制备方法

(1) 将植物油和/或改性植物油、三羟甲基丙烷菜籽油酯以及极压剂搅拌均匀得半成品油性产品A混合物；

(2) 将肌氨酸N酰基衍生物加入适量的三乙醇胺中，加热搅拌均匀，再依次加入余量的三乙醇胺、三唑类衍生物、二甘醇和水，得半成品水性产品B混合物；

(3) 将A混合物和B混合物混合搅拌，加入斯盘-60，然后慢慢加入吐温-80，并伴随不停地搅拌直至澄清透明，最后加入杀菌剂与消泡剂。

### 原料介绍

所述的植物油可以是大豆油、菜籽油、蓖麻油、花生油、棕榈油、向日葵油；改性的植物油可以为环氧大豆油、环氧菜籽油、环氧蓖麻油、环氧花生油、环氧棕榈油、环氧向日葵油、高油酸大豆油、高油酸菜籽油、高油酸蓖麻油、高油酸花生油、高油酸棕榈油、高油酸向日葵油以及它们的混合物。

所述的三羟甲基丙烷菜籽油酯还可以是菜籽油甲酯、大豆油甲酯、菜籽油乙酯、大豆油乙酯、三羟甲基丙烷大豆油酯、三羟甲基丙烷棕榈油酯、三羟甲基丙烷橄榄油酯以及它们的混合物。

所述的斯盘-60、吐温-80乳化剂还可以是非离子型乳化剂、阳离子型乳化剂、阴离子型乳化剂以及它们的混合物。

优选地，所述的植物油为菜籽油，改性植物油为环氧大豆油；植物油的合成酯为由菜籽油与三羟基甲基丙烷进行反应制备的三羟甲基丙烷菜籽油酯；乳化剂为斯盘系列与吐温系列中的至少一种或混合；分散剂为二甘醇；碱储备剂为三乙醇胺；

缓蚀剂为三唑类衍生物；防锈剂为肌氨酸N酰基衍生物；杀菌剂为美国特洛伊的MBM；消泡剂为MS575消泡剂；极压剂为硫化脂肪。

所述的三唑类衍生物为苯并三氮唑。

所述的硫化脂肪为德国莱茵公司的RC2517或RC2526。

**产品应用** 本品主要应用于金属材料加工。

**产品特性**

(1) 抗氧化优异，抗磨性优良，润滑性显著；

(2) 解决矿物油部分生态毒性，绿色环保，可生物降解；

(3) 适合各种加工材料，对有色金属的防锈性能优异。

## 配方 49 专用切削液

**原料配比**

表 1 改性植物油防锈润滑剂

| 原料 | 配比(质量份) | 原料 | 配比(质量份) |
|---|---|---|---|
| 豆油 | 4 | 苯磺酸 | 0.01 |
| 顺丁烯二酸酐 | 0.8 | 三乙醇胺 | 2.4 |

表 2 水溶性超精珩磨专用切削液

| 原料 | 配比(质量份) | | |
|---|---|---|---|
| | 1# | 2# | 3# |
| 三乙醇胺 | 8 | 7 | 10 |
| 硼酸 | 1.6 | 1 | 2 |
| 癸二酸 | 1 | 1 | 2 |
| 去离子水 | 10 | 10 | 10 |
| 改性植物油防锈润滑剂 | 5 | 5 | 5 |
| 聚醚多元醇 | 1 | 1 | 1 |
| 苯并三氮唑 | 0.05 | 0.05 | 0.05 |

**制备方法**

(1) 制备改性植物油防锈润滑剂：在配有回流冷凝器的1000L电加热不锈钢反应釜中投入豆油、顺丁烯二酸酐及苯磺酸，搅拌并逐渐升温至240℃，保温4h后停止加热，并继续搅拌使反应物自然冷却至80℃，再加入三乙醇胺，继续搅拌30min，得到棕红色透明黏稠液体，即为改性植物油防锈润滑剂。

(2) 切削液的制备：在3000L电加热搪玻璃反应釜中，加入三乙醇胺、硼酸及癸二酸，搅拌并加热升温至95℃，再依次加入去离子水、改性植物油防锈润滑剂、聚醚多元醇及苯并三氮唑，加料毕，停止加热并继续搅拌1h，取样检验。

**产品应用** 本品主要用作超精珩磨切削液。

**产品特性** 本品可兑水稀释15倍后使用，可取代超精珩磨通常使用的切削油，满足加工要求，5%稀释液单片防锈时间超过48h，且生产成本低、节能，使用过程中油雾极低，无刺激性气味，浓缩液稀释对水质无特殊要求，普通水即可，使用过程中只需添加，不必频繁更换，换液周期长，可达6个月以上。

## 配方 50 专用水基切削液

**原料配比**

| 原料 | 配比(质量份) | 原料 | 配比(质量份) |
|---|---|---|---|
| 植酸 | 2 | 工业乙醇 | 3 |
| 苯甲酸钠 | 8 | 聚乙二醇 | 4 |
| 三乙醇胺 | 6 | 甘油 | 3 |
| 磷酸三钠 | 2 | 异噻唑啉酮 | 0.5 |
| 硫代硫酸钠 | 1 | 去离子水 | 70.4 |
| 苯并三氮唑 | 0.1 | | |

**制备方法**

(1) 用工业乙醇将苯并三氮唑溶解，备用；

(2) 将去离子水、植酸、苯甲酸钠、三乙醇胺依次加入反应釜中，启动搅拌器，以 200r/min 在常温下搅拌 1h；

(3) 再将磷酸三钠、硫代硫酸钠、聚乙二醇、甘油、异噻唑啉酮以及 (1) 步骤所得的苯并三氮唑乙醇溶解液依次加入反应釜中，加热到 50～60℃，继续搅拌 2h。

(4) 降至常温。

**产品应用** 本品主要应用于炮弹药筒精车切削加工。

**产品特性**

(1) 本品能够迅速渗透到铜锌合金切屑与刀具前刀面之间，迅速地渗透到刀具后刀面与铜锌合金工件表面之间，可以在铜锌合金工件表面上形成熔点更高、更稳定、更坚固的润滑膜层，达到更好的润滑效果，从而提高了工件表面光洁度。

(2) 本品能够将已产生的切削热迅速带走，有效地降低切削温度，避免产生局部熔化以及工件表面堆积固态颗粒的现象。

(3) 本品合理地选择了同时适用于铜和锌的缓蚀剂和钝化剂，并能够与其他活性剂物质匹配互溶且不会互相抵制各自的功能，使切削加工后的工件长时间不腐蚀、不变色。

(4) 本品在长期储存或使用过程中不易变质，尤其是在夏季使用保质期长，对操作者无毒无害，对环境无污染。

(5) 本品可最大限度地降低切削温度和切削用力，提高切削加工效率、工件的切削精度和表面质量，并能延长刀具的使用寿命。使用本品，可使切削速度提高 15%～30%，切削区域的温度下降 100～200℃，切削用力减少 10%～30%，刀具的使用寿命延长 5～6 倍，工件表面粗糙度降低 1～3 级，尤其是工序间防锈防变色期由原来的 2～3d 延长到 30d 以上。

# 6 切削油

## 配方 1 板带钢冷轧乳化油

**原料配比**

| 原料 | 配比(质量份) | | |
|---|---|---|---|
| | 1# | 2# | 3# |
| 纳米六方氮化硼粒子 | 0.2 | 1 | 0.6 |
| 棕榈油 | 66.6 | 70.8 | 66.2 |
| 硫化蓖麻油 | 4 | — | 4 |
| 斯盘-80 | 10.5 | 10.5 | 10.5 |
| 吐温-60 | 7 | 7 | 7 |
| 油酸 | 5 | 5 | 5 |
| 三乙醇胺 | 1.7 | 1.7 | 1.7 |
| 活性物 45%的石油磺酸钠 | 4 | 4 | 4 |
| 磷酸三甲酚酯 | 1 | — | 1 |

**制备方法**

(1) 将斯盘-80、油酸、纳米六方氮化硼粒子依次加入烧杯中，放在恒温加热磁力搅拌器上，加热至 60℃后，恒温搅拌 30min，冷却后以备后用。

(2) 将棕榈油、硫化蓖麻油、磷酸三甲酚酯、活性物 45%的石油磺酸钠依次加入烧杯中，放在转速 400～500r/min 的恒温磁力搅拌器上，边搅拌边加热至 90℃后，恒温搅拌 30min，然后搅拌且降温至 60℃；当温度降至 60℃时，加入步骤 (1) 所得混合物、吐温-60 及三乙醇胺，搅拌 30min 后，继续搅拌冷却至室温，即可得含纳米六方氮化硼粒子的板带钢冷轧乳化油。

**产品应用** 本品主要应用于板带钢冷轧生产过程中。

钢材厂根据生产实际情况，将乳化油用水稀释成体积分数为 2%～8%的乳化液，即可直接使用于板带钢冷轧生产过程中。

**产品特性** 纳米氮化硼粒子的加入不仅使板带钢冷轧乳化油具有传统极压润滑剂形成化学反应膜的润滑作用，还具有了固体润滑材料的一些特点：由于轧辊与板带钢表面的凹凸不平，纳米氮化硼粒子一方面可填充在凹凸的表面，形成沉积膜，减少磨损；另一方面近似球形的纳米粒子在轧辊与板之间起到润滑作用。因此，本品中纳米氮化硼粒子的引入，可以降低甚至替代传统硫、磷极压润滑剂在板带钢冷轧乳化油中使用。

## 配方 2　超微细铜丝拉制用防锈乳化油

**原料配比**

| 原料 | 配比(质量份) | 原料 | 配比(质量份) |
|---|---|---|---|
| 5 号白矿油 | 50 | OP-10 | 9 |
| 菜油 | 10 | 苯并三氮唑 | 0.2 |
| 太古油 | 10 | 清水 | 16 |
| 活性物 35%～40%的石油磺酸钠 | 12 | | |

**制备方法**　将 5 号白矿油、菜油、太古油、活性物 35%～40%石油磺酸钠、OP-10、苯并三氮唑依次加入转速 1800～2000r/min 的高剪切乳化机中搅拌均匀，然后加入清水，继续搅拌 40min 左右，直到原液由浑浊变透明，即得超微细铜丝拉制用防锈乳化油原液。

**产品应用**　本品主要应用于超微细铜丝拉制防锈。

**产品特性**　本乳化油按 1∶(15～20) 用水稀释后用于拉制超微细铜线（规格从 $\phi$0.017～0.08mm)，其优良的清洗性能将积聚于模孔的铜粉清洗干净，防止因模孔堵塞造成断线而影响成品线产量和质量的现象发生；其优越的防锈性能保证产品储存 3～5 个月不变色，且无毒无刺激性气味，操作方便。

## 配方 3　低油雾防锈切削油

**原料配比**

| 原料 | 配比(质量份) | | | |
|---|---|---|---|---|
| | 1# | 2# | 3# | 4# |
| DB-10 变压器油 | 393.5 | — | — | — |
| L-AN15 机械油 | — | 400 | — | — |
| 10#锭子油 | — | — | 400 | — |
| 15#工业白油 | — | — | — | 400 |
| 硼化甘油酯 | 30 | 8 | 40 | 40 |
| 硫化棉籽油 | 25 | — | — | 32 |
| 硫化脂肪 | — | 32 | — | — |
| 硫化油酸 | — | — | 2 | — |
| 蓖麻油 | 30 | — | — | — |
| 豆油 | — | 60 | 60 | — |
| 精制菜籽油 | — | — | — | 12 |
| 2,6-二叔丁基对甲酚 | 1.5 | — | — | — |
| 丁基辛基二硫代磷酸锌 | — | 4 | — | — |
| 硫磷化烯烃钙盐 | — | — | 4 | — |
| $N,N'$-二仲丁基对苯二胺 | — | — | — | 0.4 |

**制备方法**

(1) 在电加热搪玻璃反应釜中加入高闪点的石油馏分油作为基油，搅拌并加热升温至 50～100℃；

(2) 向反应釜中依次加入硼化甘油酯、硫化脂肪、植物油及 2，6-二叔丁基对甲酚、丁基辛基二硫代磷酸锌、硫磷化烯烃钙盐、$N$，$N'$-二仲丁基对苯二胺；

(3) 停止对反应釜加热，并继续搅拌混合液至其均匀。

**产品应用**　本品主要应用于金属钻孔、攻丝及齿轮加工等重载切削加工。

**产品特性** 本品具有优良的极压润滑性和防锈性，使用时产生的油雾极少，无刺激性气味，不影响工作环境。

## 配方 4 多功能金属切削油

**原料配比**

| 原料 | 配比(质量份) | | 原料 | 配比(质量份) | |
|---|---|---|---|---|---|
| | 1# | 2# | | 1# | 2# |
| 150SN | 73.6 | 72.5 | 含 S 添加剂 | 5 | — |
| 环氧大豆油 | 8 | — | 含 S、Cl 复合剂 | — | 10 |
| 色拉油 | — | 12 | 苯三唑类 | 0.3 | 0.3 |
| 合成酯 | 5 | 5 | T501 | 0.1 | 0.2 |
| 含 Cl 添加剂 | 8 | | | | |

**制备方法**

(1) 先向基础油、油性剂中加入抗氧剂，加热 70～80℃，搅拌使之溶解，均匀透明；

(2) 然后再加入添加剂，维持 60℃，搅拌均匀透明；

(3) 最后过滤而成。

**原料介绍**

所述基础油包含：矿物油如白油、150SN 等，植物油如色拉油、环氧大豆油、椰子油、棕榈油等，动物油如猪油等；油性剂为合成酯类油如油酸酯、椰子油酸酯等中一种或几种混合。

所述添加剂为含硫、氯的极压添加剂，如氯化石蜡、硫化脂肪或复合剂。

所述抗氧剂为二叔丁基对甲酚（T501）、苯基-$\alpha$-萘胺（T531）、苯三唑及其衍生物等其中一种或几种复配。其中苯三唑具有良好的抗氧化与抑制铜腐蚀性能。

**产品应用** 本品主要应用于金属加工，特别是指用于金属车、磨、钻孔等多种加工方式中起润滑、减摩、降低刀具磨损的润滑油类。

**产品特性** 本品具有优异的润滑性、抗磨性、极压性、防锈性等特点，通用性强，可应用于重负荷、难加工工艺的金属加工。

## 配方 5 防锈乳化油

**原料配比**

| 原料 | 配比(质量份) | | |
|---|---|---|---|
| | 1# | 2# | 3# |
| 基础油(轻质矿物油) | 62.45 | 60 | 65 |
| 防锈复合剂 1 | 10 | 9 | 11 |
| 防锈复合剂 2 | 0.5 | 0.7 | 0.4 |
| 防锈复合剂 3 | 3 | 5 | 1 |
| 乳化剂 1 | 2 | 1 | 3 |
| 乳化剂 2 | 18 | 20 | 15 |
| 稳定剂 | 2.5 | 2 | 3 |
| 杀菌剂 | 0.5 | 0.6 | 0.4 |
| 表面活性剂 | 1.5 | 1.7 | 1.2 |

**制备方法**

(1) 在反应釜中加入轻质矿物油，常温搅拌；

(2) 依次加入防锈复合剂 1、防锈复合剂 2、防锈复合剂 3，分别搅拌 10～20min；

(3) 依次加入乳化剂 1 和乳化剂 2，分别搅拌 10～20min；

(4) 依次加入稳定剂、杀菌剂，分别搅拌 10～20min；

(5) 加入表面活性剂，继续搅拌 25～45min，得到所述防锈乳化油。

**原料介绍**

所述表面活性剂为斯盘－80。

所述防锈复合剂 1 为 40%的石油磺酸钡与 60%的机械油的混合物，机械油为 10 号机械油。

所述防锈复合剂 2 为 99%烯基丁二酸与 1%苯并三氮唑的混合物。

所述防锈复合剂 3 为石油酸与硫酸锌的反应物。石油酸先与氢氧化钠中和，于 70～80℃搅拌反应至中性生产环烷酸钠，再与硫酸锌进行复分解反应，静置分层，取出上层油，并在 90～100℃下加水洗尽硫酸根，在 110～130℃下脱水干燥制得成品石油酸与硫酸锌的反应物。其中，原料中石油酸、氢氧化钠、硫酸锌的质量比为 50∶20∶30。

所述乳化剂 1 为 OP-10，乳化剂 2 为石油磺酸钠。

所述稳定剂为油酸与三乙醇胺的反应物。油酸加温至 60℃时，加入三乙醇胺，反应至得到深红色透明黏稠液体即可，其中油酸与三乙醇胺的质量比为 3∶2。

所述杀菌剂为三丹油。

**产品应用** 本品适用于机械行业车、磨等金加工过程中，适用于各种金属材料的切削。

**产品特性** 本品选择轻质矿物油作为基础油，加入适量的防锈、乳化等多种添加剂调制而成，生产工艺简单，成本低，具有良好的防锈性，易清洗。使用时，根据使用需要，与水混合配成乳化液，一般使用浓度为 2%～5%。优选的，水的硬度控制在 100mg/kg 以下。对防锈润滑性能要求高的可降低掺水比例；对冷却、清洗要求高时，可提高掺水比例。由于添加多种添加剂，与水混合配制的乳化液比水更具有润滑性，且具有极佳的冷却性。本品与水混合后形成的乳化液，与一般乳化油稀释后乳化液在同等环境下放置，放置时间能提高 30%，不仅防锈期长、乳化性强，而且不易发臭。

## 配方 6 非水溶性切削油

**原料配比**

| 原料 | 配比(质量份) | | | |
|---|---|---|---|---|
| | 1# | 2# | 3# | 4# |
| 基础油 | 60 | 70 | 80 | 78 |
| 油脂 | 19 | 10 | 5 | 11 |
| 硫系极压剂 | 14 | 8.5 | 10.5 | 5 |
| 润滑剂 | 6.2 | 10 | 3 | 5 |
| 抗氧剂 | 0.3 | 0.5 | 0.1 | 0.3 |
| 油雾抵制剂 | 0.5 | 1 | 1.5 | 0.7 |

**制备方法** 将各组分混合均匀即可。

**原料介绍**

所述基础油是矿物油、聚丁烯、二元酯类（例：二聚亚油酸聚氧乙烯聚氧丙烯酯、二聚亚油酸乙二醇酯)、季戊四醇酯类(例:季戊四醇四油酸酯、季戊四醇四硬脂酸酯)。

所述油脂是菜油、豆油、米糠油、棉籽油。

所述硫系极压剂是硫化异丁烯、多硫化烯烃、硫化鲸鱼油、硫化油脂(例:硫化猪油、硫化植物油)或烷基多硫化物(例:双壬烷基多硫醚、双十二烷基多硫醚)。

所述润滑剂是石油磺酸钠、石油磺酸钙或石油磺酸镁。其碱值均≥400。

所述抗氧剂是2,6-二叔丁基对甲酚、4,4′-亚甲基双(2,6-二叔丁基酚)或二烷基二苯胺。

所述油雾抑制剂是甲基丙基烯酸酯、聚异丁烯、乙烯-丙烯共聚物或氯化苯乙烯-双烯共聚物。

**产品应用** 本品主要应用于金属拉削及齿轮成形加工。

**产品特性** 本品具有优良的极压润滑性能,适用于低速高负荷切削,可显著提高刀具的使用寿命,确保优良的加工面;作为普通拉削用油及齿轮成形加工用油剂,具有优良的使用效果;无不愉快气味,易被操作人员接受,不存在有害物质,有利于环保。

## 配方7 高速拉制铜丝用乳化油

**原料配比**

| 原料 | 配比(质量份) | 原料 | 配比(质量份) |
|---|---|---|---|
| 5号白矿油 | 300 | 斯盘-80 | 25 |
| 活性物35%~40%的石油磺酸钠 | 250 | OP-10 | 50 |
| 聚乙二醇 | 40 | 清水 | 250 |
| 菜油 | 60 | | |

**制备方法** 将5号白矿油、活性物35%~40%石油磺酸钠、聚乙二醇、菜油、斯盘-80、OP-10,依次加入转速1800~2000r/min的高剪切乳化机中搅拌均匀,最后加入清水,继续搅拌40min左右,直到原液由浑浊变透明,即配制为高速拉制铜丝用乳化油原液,原液按1∶(10~15)稀释后即得可直接使用的高速拉制铜丝用乳化油。

**产品应用** 本品主要用作高速拉制铜丝用乳化油。

**产品特性** 本品用水稀释后用于拉制铜丝,其润滑、冷却、清洗性能良好,能满足拉制速度高达3200m/s的要求。性能稳定、换油周期长,无毒无刺激性气味。

## 配方8 合成循环轧制乳化油

**原料配比**

| 原料 | 配比(质量份) | 原料 | 配比(质量份) |
|---|---|---|---|
| 三羟甲基丙烷脂肪酸酯 | 35 | 抗氧剂 | 0.5 |
| 季戊四醇脂肪酸酯 | 25 | 复合防锈剂 | 0.75 |
| 天然植物油 | 25 | 杀菌剂 | 0.15 |
| 复合乳化剂 | 10.5 | 消泡剂 | 0.1 |
| T451抗磨剂 | 3 | | |

**制备方法** 首先将配方量的基础油(三羟甲基丙烷脂肪酸酯、季戊四醇脂肪酸酯和棕榈油)及抗氧剂投入调和釜中,在低速(例如80~120r/min)搅拌下徐徐升

温至120～140℃，以脱除水分及挥发物，然后降温，在80～100℃温度下依次加入复合防锈剂、复合乳化剂和抗磨剂，搅拌均匀，最后加入杀菌剂和消泡剂。杀菌剂和消泡剂最好在接近室温（30～35℃）下进行，以避免高温下对杀菌剂的破坏。

**原料介绍**

所述的复合乳化剂可由斯盘－80、PEG-400（或吐温-80）和乳化剂105A复配而成，其复配比例为(8～4)∶(1～2)∶(1～1.5)。该复配体系的亲水亲油值（*HLB*）应控制在6～8之间。在这一区间，体系可能形成油包水（W/O型）或水包油（O/W型）乳化液。部分W/O乳化粒子的存在能加速油滴上浮的能力以便形成连续的油膜。

所述的复合防锈剂可由T702、T746和T553复配而成，其复配比例为1∶0.2∶0.1。其中，T702为亲水性防锈剂，T746为亲油性防锈剂，T553为金属钝化剂。采用复合防锈剂，可以得到最佳防锈效果和对有色金属的保护（防腐蚀）。

所述的抗磨剂可以采用T451、T452或T306，其中T451更适合于乳化油体系，而且没有特臭味，但价格较高。

**产品应用** 本品主要应用于金属板（带）材采用多组辊轧制工艺过程。

本品为浓缩液，使用时，加水稀释成3%～10%的稀释液。水乳化液可以经轻微搅拌形成，但经静置后明显分成上层为带油浓乳液，下层为较稀薄蓝白色乳液。

**产品特性** 本品采用合成酯型非离子乳化剂，与基础油有良好的相容性，并且具有润滑防锈乳化的综合协同效应，比普通醇醚、酚醚型非离子乳化剂具有较低的摩擦系数（约降低0.02～0.03），提高了$P_B$值，从而能获得较高的轧下率，保证工艺性能稳定可靠。本品润滑性能、冷却性能优良，可保证轧机在中高速下运行，防止轧辊因发热过度而引起乳化油的氧化，延长乳化油的寿命，特别适合钢铁材（带）、不锈钢材（带）采用多组辊连续轧机作为润滑、冷却、防锈的工艺用油。由于本品采用的原料均无毒无副作用，并且能生物降解，因此非常适合作环保节能工艺用油。

## 配方9 核电设备深孔钻井专用金属切削油

**原料配比**

| 原料 | 配比(质量份) | | | | |
|---|---|---|---|---|---|
| | 1# | 2# | 3# | 4# | 5# |
| 豆油 | 40 | — | — | — | 45 |
| 菜籽油 | — | 50 | — | — | — |
| 葵花油 | — | — | 60 | — | — |
| 棉籽油 | — | — | — | 40 | — |
| 十二醇 | — | — | — | — | 45 |
| 脂肪酸甲酯 | 50 | — | 30 | 40 | — |
| 长链脂肪酸 | — | 40 | — | — | — |
| 硫化脂肪油1410 | — | — | — | 15 | — |
| 磷酸酯 | — | — | 5 | — | — |
| 氯化石蜡 | 8 | 4 | — | — | 7 |
| 防锈剂石油磺酸钠 | 1 | 4 | 3 | 1 | 1 |
| 防腐剂苯甲酸钠 | 1 | 2 | 2 | 4 | 2 |

**制备方法**

(1) 室温下，将非矿物油、十二醇与脂肪酸或其衍生物加热至50℃搅拌混合；

(2) 向上述混合液中，加入极压添加剂，防锈剂，防腐剂；搅拌均匀，即可得到所述的金属切削油。

**原料介绍**

所述的非矿物油选自豆油、菜籽油、葵花油、棉籽油等植物油，以提供优良的冷却性能，良好的清洗作用，且易于降解，对环境无污染。

所述的脂肪酸或其衍生物起润滑作用，可选择脂肪酸甲酯。

所述的极压添加剂起到增加极压性的作用，该极压添加剂是指非活性极压剂，对有色金属不腐蚀，选择氯化石蜡、磷酸酯、硫化脂肪油等中的任意一种。

所述的防锈剂选择石油磺酸钠，优选高分子石油磺酸钠。

所述的防腐剂选择苯甲酸钠。

**产品应用** 本品主要应用于黑色金属切削及磨加工。

**产品特性** 本品是油基切削油，选用非活性极压添加剂，抗磨性非常好，可以在极端条件下保证设备的正常运行并且对设备不产生任何腐蚀以及锈化。通常极压剂因要承受极高的工作压力，很容易腐蚀金属表层，而本品选用的非活性极压剂是两者兼顾的平衡性极佳的原料，既保证了优良的抗磨性能又保证了极佳的防腐蚀效果。

本品具有适宜的黏度，良好的化学稳定性，在正常使用和维护的情况下不会分层，不会变质，使用寿命长。本品具有良好的润滑性使其近似于矿物切削油的性能，可承受较高的工作压力。本品加入了极压剂，经四球阀润滑剂抗磨-极压性能测试，具有一级抗磨性能。

本品具备良好的冷却性能、润滑性能、防锈性能、除油清洗功能、防腐功能，具有无毒、无味、对人体无侵蚀、对设备不腐蚀、对环境不污染等特点。

## 配方 10 挥发型金属加工润滑油

**原料配比**

| 原料 | 配比(质量份) | | 原料 | 配比(质量份) | |
|---|---|---|---|---|---|
| | 1# | 2# | | 1# | 2# |
| 225～260℃馏分精制油 | 96.5 | — | 硬脂酸 | 1.5 | 1 |
| 230～275℃馏分精制油 | — | 95.97 | T501(2,6-二叔丁基-4-甲酚)抗氧剂 | 0.5 | 0.5 |
| 硬脂酸丁酯 | 3 | — | 表面活性剂聚氧乙烯烷基酚醚 | 0.05 | — |
| 硬脂酸甲酯 | — | 3.5 | 表面活性剂月桂酸酰胺 | — | 0.03 |

**制备方法** 将各组分混合搅拌均匀，即为本品。

**原料介绍**

本品中精制窄馏分基础油是指馏分范围不超过50℃、芳烃含量小于1%、赛氏色度大于+25、硫含量小于10mg/kg的柴油馏分。

本品中无毒油性剂选自脂肪醇、脂肪酸或脂肪酸酯，如：$C_{12}$～$C_{18}$醇、$C_{12}$～$C_{18}$酸、硬脂酸甲酯、硬脂酸丁酯、月桂酸甲酯、椰油酸甲酯等。

本品中表面活性剂为聚氧乙烯烷基酚醚或脂肪酸酰胺类，如月桂酸酰胺。

本品中抗氧剂为酚型抗氧剂，如2，6-二叔丁基-4-甲酚，2，4-二甲基-6-叔丁基酚，2，6-二叔丁基酚以及叔丁基混合酚等。

**产品应用** 本品主要应用于铝、铜及其合金板、箔材的冲压加工，还可用于铝、铜及其合金管材的胀管加工工艺的润滑。

**产品特性** 本品具有良好的安全性、防腐性、润滑性、亲水性和通用性，不会引起人体皮肤过敏性反应。

## 配方 11　加工中心切削油

**原料配比**

| 原料 | 配比(质量份) | | |
|---|---|---|---|
| | 1# | 2# | 3# |
| 基础油 | 91 | 92 | 94 |
| 极压复合剂 | 1.5 | 1.8 | 1.1 |
| 极压抗磨复合剂 | 4.7 | 4 | 3 |
| 防锈复合剂 | 1.1 | 0.9 | 0.8 |
| 油性复合剂 | 1.3 | 1.08 | 0.9 |
| 缓蚀剂 | 0.03 | 0.02 | 0.01 |
| 复合防老剂 | 0.37 | 0.2 | 0.19 |

**制备方法**

(1) 在反应釜中加入基础油，搅拌，依次加入极压复合剂、极压抗磨复合剂，各搅拌30～50min；

(2) 加入防锈复合剂，搅拌30～45min；

(3) 加入油性复合剂、缓蚀剂，继续搅拌35～45min；

(4) 加入复合防老剂，搅拌30～40min后，得到加工中心切削油。

**原料介绍**

所述基础油为轻质精制油15#机械油，为市售产品，购自上海炼油厂。

所述极压复合剂为三氯化磷、二甲酚、邻甲酚的反应物，三者的质量比70∶20∶10。三氯化磷与二甲酚、邻甲酚混合后，通氯酯化反应，然后经水解、水洗、减压蒸馏而成的反应物。

所述防锈复合剂为5#机械油、50%的乙醇水溶液、氢氧化钠水溶液、氯化钡的反应物，其质量比为50∶20∶10∶20。5#机械油用发烟酸硫化，分离弃去酸渣，以50%的乙醇水溶液抽提；提取磺酸，然后以10%氢氧化钠水溶液中和，再加入20%氯化钡溶液进行复分解，加轻质石油溶剂稀释并抽提水洗至中性，除去水分和溶剂的反应物。

所述油性复合剂为棉籽油精制后所得油加硫黄粉，在180℃下反应制得，再加入50%的机械油混合成的反应物。

所述复合防老剂为甲酚、异丁烯、乙醇碱溶液的反应物。甲酚和异丁烯在浓硫酸催化下，发生烷基化反应，再用乙醇碱溶液中和粗结晶，再经分离、水洗、过滤、再结晶、精制而成的反应物。

所述缓蚀剂为苯并三氮唑。

所述极压抗磨复合剂为以石蜡为原料，经精制、压滤、氯化再精制的反应物。

**产品应用**　本品主要用作切削油。

**产品特性**　本品能满足工艺上极压性要求，刀具寿命长，既能满足工件的精度与光洁度，又能延长防锈周期，使得设备不容易被腐蚀。

本品具有极佳的冷却性、润滑性，具有优良的极压性，可防止工件表面发生烧结、磨损，能延长工件寿命。

## 配方 12 金属材料切削加工切削油

**原料配比**

| 原料 | 配比(质量份) | | | | |
|---|---|---|---|---|---|
| | 1# | 2# | 3# | 4# | 5# |
| 氧化菜籽油 | 150 | 100 | 100 | — | 550 |
| 三羟甲基丙烷油酸酯 | 400 | 400 | 300 | 550 | — |
| 硬脂酸异丁酯 | — | — | 150 | — | — |
| 硫化猪油 | 190 | 150 | 150 | 150 | 190 |
| 硫化菜籽油 | 150 | 150 | 190 | 190 | 150 |
| 磷酸三甲酚酯 | 50 | 50 | — | — | 50 |
| 磷酸三甲苯酯 | — | — | 50 | 50 | — |
| 磷酸三乙酯 | — | — | 50 | 50 | — |
| 亚磷酸二正丁酯 | 50 | 50 | — | — | 50 |
| 聚乙丁烯 | 10 | — | — | — | 10 |
| 乙丙共聚物 | — | 10 | — | — | — |
| 氢化苯乙烯共聚物 | — | — | 10 | 10 | — |

**制备方法** 先将基础油加入调制罐中，开启搅拌器，搅拌速度80～100r/min，然后依次加入硫化脂肪和/或硫化菜籽油、磷酸酯抗油雾剂、防锈剂，在室温下搅拌30min至油液清亮透明，经检验合格后包装。

**原料介绍**

所述基础油为植物油或合成酯，或植物油与合成酯的混合物，合成酯为酸酯或多元醇酯，合成酯优选为三羟甲基丙烷油酸酯。

所述硫化脂肪采用硫化猪油。

所述抗油雾剂为聚乙丁烯或乙丙共聚物或氢化苯乙烯共聚物。

所述的防锈剂采用磺酸盐、烷基苯甲酸、山梨糖醇单油酸酯、酰胺中的一种或多种，磺酸盐为磺酸钠或磺酸钙。

所述磷酸酯采用的是磷酸三甲酚酯、磷酸三甲苯酯、亚磷酸二正丁酯、磷酸三乙酯中的任意两种按1∶1组合的混合物。

所述植物油为菜籽油、氧化菜籽油、棉籽油、棕榈油或蓖麻油。

所述合成酯添加有用于调节目标油剂的所需黏度的硬脂酸异辛酯。

**产品应用** 本品主要应用于金属材料切削加工。

**产品特性**

(1) 本品中作为极压添加剂的硫化脂肪和磷酸酯使用量较大，使切削油具很高的极压润滑性能，这保证了在用于难加工材料的切削加工喷雾供油时，用极少量的切削油就能满足工艺要求，适用于高温合金、钛合金、镍合金及不锈钢等难加工金属材料的切削、锯削、磨削等加工工序；

(2) 本品所采用的原材料可生物降解，对人体无毒，对生态环境破坏小，污染低；

(3) 本品具有良好的黏温特性，本品粘度指数VI≥100，保证了切削油具备良好的黏温特性，从而保证了切削油的低温流动性，使切削油能在喷雾供油的状态下保持供油稳定；

(4) 具有较高的闪点，使切削油在切削温度极高的工作状况下也保持极少的油烟，使用安全；

(5) 具有较低的凝点，从而保证了切削油的低温流动性，使切削油能在低温环境下使用，也同时保证切削油能配合低温冷风使用。

## 配方 13　金属加工用乳化切削油

**原料配比**

| 原料 | 配比(质量份) | 原料 | 配比(质量份) |
| --- | --- | --- | --- |
| 癸二酸 | 10 | 脂肪醇聚氧乙烯聚氧丙烯醚 | 5 |
| 壬酸 | 5 | 22#环烷基基础油 | 35 |
| 三乙醇胺 | 14.9 | 三羟甲基丙烷油酸酯 | 15 |
| 二异丙醇胺 | 8 | 二甲基硅油 | 1 |
| 烷基酚聚氧乙烯醚(9) | 6 | 苯并三氮唑 | 0.1 |

**制备方法**　将各组分混合均匀即可。

**原料介绍**

本品中高分子羧酸是己酸、庚酸、辛酸、壬酸、癸二酸、己二酸、壬二酸、月桂二酸、$C_8$～$C_{12}$ 脂肪酸、三嗪类多羧酸化合物中的一种或几种。

本品中胺类是一乙醇胺、二乙醇胺、三乙醇胺、一异丙醇胺、二异丙醇胺、三异丙醇胺、吗啉、二环己胺、*N*-甲基吗啉、2-氨基-2-甲基-1-丙醇、二乙胺基乙醇中的一种或几种。

本品中表面活性剂是脂肪醇聚氧乙烯醚、烷基酚聚氧乙烯醚、脂肪醇聚氧乙烯聚氧丙烯醚、烷基醇酰胺、脂肪醇聚氧乙烯酯、磺酸盐中的一种或几种。

本品中矿物油是环烷基基础油、石蜡基基础油、中间基基础油中的一种或几种；合成润滑剂是精制菜油、大豆油、棕榈油、椰子油、牛羊脂、三羟甲基丙烷油酸酯、季戊四醇酯、油酸异辛酯、己二酸二辛酯、棕榈酸辛酯中的一种或几种；矿物油与合成润滑剂的质量比为 1∶(0.3～0.7)。

本品中消泡剂是二甲基硅油、二乙基硅油、甲基苯基硅油、氨烃基硅油、聚醚硅油、聚醚中的一种或几种；

本品中防腐蚀剂是苯并三氮唑、甲基苯并三氮唑、1H-1,2,4-三氮唑中的一种或几种。

**产品应用**　本品主要应用于金属切削加工。

**产品特性**　本品加工过程中机械污染少、润滑性能好、安全卫生、质量可靠。无呼吸道黏膜刺激，对人和环境友好。

## 配方 14　金属加工用乳化油

**原料配比**

**表 1　酯化反应制备乳化剂**

| 原料 | 配比(质量份) | | | | | | |
| --- | --- | --- | --- | --- | --- | --- | --- |
| | 1# | 2# | 3# | 4# | 5# | 6# | 7# |
| 聚烯烃酸酐 | 1 | 1 | 1 | 1 | 1 | 1 | 1 |
| 羟基化合物 | 3.5 | 0.5 | 2.2 | 2 | 2.5 | 4 | 4.5 |
| 催化剂 | 0.05% | 1.5% | 0.07% | 0.09% | 0.1% | 0.5% | 0.8% |
| 硅油消泡剂 | 0.05% | 0.5% | 0.07% | 0.09% | 0.1% | 0.2% | 0.3% |

**表 2 皂化反应制备乳化剂**

| 原料 | 配比(质量份) | | |
|---|---|---|---|
| | 1# | 2# | 3# |
| 聚烯烃酸酐 | 1 | 1 | 1 |
| 碱 | 2.5 | 3.5 | 1.5 |

**表 3 乳化油**

| 原料 | 配比(质量份) | | | |
|---|---|---|---|---|
| | 1# | 2# | 3# | 4# |
| 制备的乳化剂一种或几种 | 10～25 | 15～30 | 10～25 | 20～40 |
| 油溶性防锈剂 | 5～15 | 3～5 | 5～15 | 2～5 |
| 水溶性防锈剂 | 0.1～2.5 | 0.1～2.5 | 0.1～2.5 | 0.1～2.5 |
| 助乳化剂 | 1～5 | 1～5 | 2～5 | 2～5 |
| 助溶剂 | 0.1～5 | 0.1～5 | 0.1～5 | 0.1～5 |
| 消泡剂 | 0.0001～0.2 | 0.0001～0.2 | 0.0001～0.2 | 0.0001～0.2 |
| 防腐剂 | 0.01～1 | 0.001～1 | 0.01～1 | 0.01～1 |
| 基础油 | 加至100 | 加至100 | 加至100 | 加至100 |

**制备方法**

(1) 酯化反应制备乳化剂：在反应容器中加入聚烯烃羧酸或聚烯烃酸酐与羟基化合物（除环氧乙烷），其摩尔比为1：(0.2～5)，并加入浓度为20%～50%的NaOH、KOH水溶液、98% $H_2SO_4$ 或对甲苯磺酸中的一种，其使用量为0.05%～1.5%，最好为0.5%～1%和0.05～0.5的硅油消泡剂，最好为0.05%～0.1%，在100～250℃及－0.02～－0.10MPa，最好为－0.04～－0.08MPa条件下反应2～10h，最好3～8h，最终得到乳化剂。

(2) 皂化反应制备乳化剂：在反应容器中加入反应物聚烯烃基羧酸或酸酐与碱摩尔比为1：(1～5)。碱是氢氧化钠、氢氧化钾、氢氧化钙、氢氧化镁、氢氧化钡。最好选用氢氧化钠、氢氧化钾，聚烯烃基羧酸或酸酐与碱摩尔比最好为1：(2.1～2.5)。反应时间是5～60min，皂化温度50～100℃。

(3) 乳化油的制备：将各组分混合均匀即可。

**原料介绍**

乳化剂可以制成易于形成水包油型乳化剂，也可以制成易于形成油包水型乳化剂。油包水型乳化剂的VB值应为0.01～0.99；而水包油型乳化剂的VB值应在1.01～6。调和后用于乳化油的乳化剂的VB值要求大于1。

助乳化剂选自硬脂酸钠、油酸钠、硬脂酸钾、油酸钾、卵磷脂、磷酸酯、脂肪醇聚氧乙烯醚（10)、脂肪酸聚氧乙烯醚（15)、烷基酚聚氧乙烯醚（7)、脂肪胺聚氧乙烯醚（15)、聚乙二醇（400)、妥尔油酰胺、十二烷基磺酸钠、十二烷基醇酰磷酸酯。

防锈剂分为两种：油溶性防锈剂与水溶性防锈剂，油溶性防锈剂选自石油磺酸钠、石油磺酸钙、石油磺酸钡、二壬基萘磺酸钡、环烷酸锌、硬脂酸铝、氧化石油脂、氧化石油脂钡皂、十二烯基丁二酸、苯并三氮唑中的几种混合物；水溶性防锈剂选自亚硝酸钠、铬酸钾、重铬酸钠、硅酸钠、焦磷酸钠、正磷酸钠、苯甲酸钠、三乙醇胺的一种或几种混合物。

助溶剂选自水、甲醇、乙醇、二乙醇胺、三乙醇胺的一种或几种混合物。

消泡剂选自聚醚、甲基硅油、羟基硅油、氨基硅油、二氧化硅的一种或多种混合物。

基础油选自减二馏分脱蜡油、减三馏分脱蜡油、150SN、650SN、120BS、150BS的一种或几种混合物。

**产品应用** 本品主要应用于各种金属加工用乳化油。

**产品特性**

(1) 本品以炼油、化工过程中所产生的来源广泛、价格低廉的碳四、碳五烯烃为主要原料，因此所生产的乳化剂的成本低。

(2) 碳四、碳五单烯烃是较难处理的烃类，其他的处理方法如水合法等，需要纯度较高的烯烃，其提纯及处理费用都非常高昂。用于本品的乳化剂原料碳四、碳五单烯烃的纯度要求不高，节省了大量分离提纯的费用。

(3) 制备乳化剂的烯烃可以是混合物不必分离，与二元酸或酸酐反应后的产物也不必分离，直接与多元醇反应后产物也不必分离即可用作乳化剂，在生产过程中省去了精制分离过程，生产费用大大降低。

(4) 本品不但具有乳化性能，同时还具有防锈、润滑性能，可以配制各种类型性能优良的乳化油。

## 配方 15 金属加工油精

**原料配比**

| 原料 | 配比(质量份) | | |
|---|---|---|---|
| | 1# | 2# | 3# |
| 亚磷酸二正丁酯 | 22 | — | — |
| 异辛基酸磷酸酯 | 18 | 20 | — |
| 磷酸三甲酚酯 | 15 | — | — |
| 磷酸三苯酯 | — | — | 30 |
| 硫代磷酸三苯酯 | — | 14 | 20 |
| 硫代磷酸酯 | — | 15 | — |
| 硫化烯烃 | 16 | 21 | 18 |
| 氯化脂肪酯 | 14 | 17 | 18 |
| 聚酯 | 15 | 13 | 14 |

**制备方法** 把称取的复合磷酸酯、硫化烯烃、氯化脂肪酯、聚酯搅拌均匀后，加热至60～70℃，保持恒温，继续搅拌60min左右，自然冷却后，包装，即得成品。

**产品应用** 本品主要应用于金属加工的深孔钻及大工件加工以及不锈钢、钛镍合金等难加工物料的润滑和冷却。

**产品特性** 本品具有很好的抗磨性和极压性，少量的油精就能解决难加工工件的润滑和冷却问题；其中，复合磷酸酯有很好的极压抗磨性，同时具有很好的抗燃性，在金属加工中不冒烟；硫化烯烃和氯化脂肪酯都是很好的极压抗磨剂，两者有很好的互补作用；聚酯润滑性极好，还可作为增效剂使复合磷酸酯、硫化烯烃、氯化脂肪酯的抗磨极压性倍增。

## 配方 16 金属切削用极压乳化油

**原料配比**

| 原料 | 配比(质量份) | 原料 | 配比(质量份) |
|---|---|---|---|
| 5 号机油 | 550 | 油酸 | 22 |
| 环烷酸锌 | 80 | 氯化石蜡(高黏) | 150 |
| 三乙醇胺 | 48 | 石油磺酸钠(活性物 35%～40%) | 150 |

**制备方法** 将 5 号机油加热至 90～100℃，加入环烷酸锌，在 180～200r/min 的开口反应釜中搅拌均匀，依次加入石油磺酸钠、油酸、三乙醇胺，最后加入氯化石蜡，保温 60～70℃，继续搅拌 30min，即为极压乳化油原液，原液按 1∶(10～20) 稀释后即得可直接使用的金属切削用极压乳化油。

**产品应用** 本品可用于车、铣、刨、磨等各种加工工艺，也可用于组合机床及加工中心。

**产品特性** 本品按 1∶(10～20) 用水稀释后用于机械加工，可达到粗糙度 1.5 以下的表面质量，其冷却性、清洗性优于油基切削液，防锈性、润滑性优于水基切削液，性能稳定，应用范围广，无毒无刺激性气味，且操作方便，成本低廉。

## 配方 17 可生物降解准干切削油

**原料配比**

| 原料 | 配比(质量份) | | |
|---|---|---|---|
| | 1# | 2# | 3# |
| 2-乙基壬二酸酯 | 350 | — | 180 |
| 异癸基癸二酸酯 | — | 320 | 160 |
| 新戊基多元醇酯 | 320 | — | 150 |
| 三羟甲基丙烷醇酯 | — | 200 | 100 |
| 季戊四醇酯 | — | 130 | 100 |
| 二烷基二硫代磷酸锌 ZDDP | 50 | 60 | 50 |
| 聚酯 | 20 | 30 | 25 |
| *N*-月桂酰基丙氨酸 | 10 | 20 | 15 |
| 聚 $\alpha$-烯烃 PAO | 250 | 240 | 220 |

**制备方法** 将酸酯、多元醇酯、二烷基二硫代磷酸锌 ZDDP、聚酯、*N*-月桂酰基丙氨酸搅拌并加热至 50℃，再加入聚 $\alpha$-烯烃 PAO，保持恒温并充分搅拌 60min，自然冷却后包装即可。

**原料介绍**

本品中双酯采用 2-乙基壬二酸酯、异癸基癸二酸酯中的任意一种或两种的混合物。

本品中多元醇酯采用新戊基多元醇酯、三羟甲基丙烷醇酯、季戊四醇酯中的任意一种或一种以上的混合物。

**产品应用** 本品主要应用于有色金属或黑色金属加工中的车、锯、铣、攻丝、钻孔、铰孔、镗孔、折弯、冲压、成型加工工艺领域的润滑和冷却。

**产品特性** 本品具有良好的润滑性和极压抗磨性，很少量的切削油就能满足金属加工的高端要求，减少了对环境和工人的危害，并可生物降解，将对环境的污染降到最低；作为基础油的双酯具有良好的润滑性和低温性，可生物分解；作为基础油的多元醇酯有很好的减摩、润滑性，并且可以使其他添加剂能和聚α-烯烃 PAO 互溶，生物分解性好；作为基础油的聚α-烯烃 PAO 具有高温稳定性，润滑性好，可生物分解；二烷基二硫代磷酸锌 ZDDP 抗磨、减摩性强，加入聚酯可使其抗磨性增强，同时聚酯的润滑性很好；*N*-月桂酰基丙氨酸可大大提高润滑油的生物降解性，同时还具有很好的抗磨性、防腐蚀性，并可减少其他添加剂的使用量。

## 配方 18 冷却防锈润滑清洗乳化油

**原料配比**

| 原料 | 配比(质量份) | | |
|---|---|---|---|
| | 1# | 2# | 3# |
| 动物油(精炼) | 5 | 6 | 7 |
| 植物油(未加工) | 7 | 5 | 3 |
| 一级松香 | 13 | 18 | 24 |
| 油酸 | 14 | 12 | 8 |
| 柴油 | 22 | 25 | 30 |
| 机油(润滑油) | 27 | 22 | 16 |
| 30%氢氧化钠水溶液 | 5 | 7 | 9 |
| 乙醇 | 7 | 5 | 3 |

**制备方法** 首先将动物油、植物油、一级松香、油酸、柴油、机油加热至100～165℃，略搅拌，冷却至60～23℃，然后加入30%氢氧化钠水溶液和乙醇，即制成高效多功能乳化油原液。使用时，加入相当于14倍原液质量的水，即制得冷却防锈润滑清洗乳化油。

**产品应用** 本品主要应用于黑色金属切削加工。

**产品特性** 本品具有良好的防锈、冷却、清洗、润滑等多种功能，能够大大降低刀具在切削中的磨损、增大切削量，对操作者无毒害，对环境无污染，没有不良的气味，夏季不易腐败，用途广泛，可适用于黑色金属和有色金属的磨削、车削、钻削、铣削、套丝等强力切削。本品的工艺简单，原材料易购，成本较低，是一种理想的冷却防锈润滑清洗乳化油。

## 配方 19 铝轧制专用乳化油

**原料配比**

| 原料 | 配比(质量份) | 原料 | 配比(质量份) |
|---|---|---|---|
| 5号白矿油 | 1050 | OP-10 | 124 |
| 活性物35%～40%的石油磺酸钠 | 378 | 斯盘-80 | 63 |
| 硫化油 | 126 | 清水 | 336 |
| 亚硝酸钠 | 42 | | |

**制备方法** 将5号白矿油、活性物35%～40%石油磺酸钠、硫化油、OP-10、斯盘-80依次加入转速1800～2000r/min的高剪切乳化机中搅拌均匀，同时将亚硝酸钠、清水加入开口桶中搅拌，直至亚硝酸钠完全溶解，然后再将溶有亚硝酸钠的清水加入剪切乳化机中，继续搅拌30min，即配制为铝轧制专用乳化油原液，原液按1∶(10～15)稀释后即得可直接使用的铝轧制专用乳化油。

**产品应用** 本品主要应用于生产铝杆、铝板、铝带的热轧、冷轧和连铸连轧等铝的轧制加工工艺。

**产品特性** 本品可大大降低轧槽、轧机的磨损，其冷却、防锈、抗发黑能力优良，产品表面光洁度高、不起槽、防锈周期长、无毒无刺激性气味，操作方便。

## 配方 20 合成酯切削油

**原料配比**

| 原料 | 配比(质量份) | | |
|---|---|---|---|
| | 1# | 2# | 3# |
| 合成酯 | 30 | 25 | 20 |
| 植物油 | 65.3 | 65.6 | 74.9 |
| 2,6-二叔丁基对甲酚 | 1 | — | — |
| L57 辛基/丁基二苯胺 | — | 3 | — |
| 液态高分子量酚类抗氧剂 | — | — | 2 |
| 防锈剂 | 0.6 | 1.2 | 1.5 |
| 三烷基磷酸酯 | 3 | — | — |
| 磷氮复合物 | — | 5 | — |
| 硫磷双辛伯烷基锌盐 | — | — | 1.5 |
| 苯三唑衍生物 | 0.1 | — | 0.1 |
| 甲基苯并三氮唑衍生物 | — | 0.2 | — |

**制备方法**

(1) 将合成酯和植物油放入调配釜中混合、搅拌，制得基础油；

(2) 将步骤 (1) 得到的基础油升温搅拌，升温至 60～100℃，加入抗氧剂、防锈剂、极压抗磨剂和金属减活剂，搅拌，然后降温至 50℃以下，停止搅拌；

(3) 将步骤 (2) 得到的油品进行过滤，得到切削油成品。

**原料介绍**

所述合成酯由三羟甲基丙烷三油酸酯、硬脂酸异辛酯、油酸异辛酯按照质量比 (2～4)∶(0.5～1.5)∶(0.5～1.5)混合而成，优选比例为 3∶1∶1。合成酯具有优良的生物降解性、热稳定性、低挥发性及黏度指数高等优点。植物油为菜籽油、氧化菜籽油和蓖麻油中的一种或几种，具有良好的润滑性和可生物降解性、资源可再生及无毒等优点。本品将合成酯和植物油结合起来，形成互补，能得到低温性能和氧化稳定性较好的产品。

所述抗氧剂为 2,6-二叔丁基对甲酚、辛基/丁基二苯胺和液态高分子量酚类抗氧剂中的一种或几种。抗氧剂能够抑制切削油的氧化过程，钝化金属的催化作用，延长油品使用寿命。

所述防锈剂由十二烯基丁二酸半酯和铵盐型防锈复合剂按照质量比 (3～5)∶(0.5～1.5) 混合而成，优选比例为 4∶1。防锈剂是一些极性化合物，对金属有很强的吸附力，能够在金属表面形成防锈保护膜，隔绝水分、潮气和酸性物质的侵蚀，使金属不致锈蚀，还能阻止氧化、防止酸性氧化物的生成，起到防锈的作用。

所述极压抗磨剂为硫磷双辛伯烷基锌盐、磷氮复合物和磷酸酯中的一种或几种。极压抗磨剂是一种重要的添加剂，可以弥补在苛刻条件下润滑性能的不足，大部分是一些含硫、磷、氯、铅、钼的化合物。在一般情况下，氯类、硫类可提高压缩机油的耐负荷能力，防止金属表面在高负荷条件下发生烧结、卡咬、刮伤；而磷类、有机金属盐类具有较高的抗磨能力，可防止或减少金属表面在中等负荷条件下的磨损。本品中的极压抗磨剂气味温和、颜色浅、稳定性好、极压性能优越。

所述金属减活剂为苯三唑衍生物和甲基苯并三氮唑衍生物中的一种或两种，能在金属表面形成惰性保护膜或与金属离子生成螯合物，使用方便、有效成分含量大、对有色金属的防护作用强。在切削黑色金属时可以不添加金属减活剂。

**产品应用** 本品主要应用于金属加工。

**产品特性** 本品以合成酯和植物油相配合作为基础油，具有良好的润滑性、可生物降解性、资源可再生及无毒等优点，可生物降解部分在90%以上，对人体和生态环境低毒低害，符合相关环境指标要求。制备的切削油低温性能、过滤性和氧化稳定性较好，通用性强，可适用于绝大部分材质的金属切削加工，主要用于油雾润滑，气液两相的油雾，既能起到润滑作用，又能带走大量的热量，还能减少切削液的使用量，降低成本，减少废液排放，有利于环境保护。

## 配方 21 切削油

**原料配比**

| 原料 | 配比(质量份) | | | | | | | | | |
|---|---|---|---|---|---|---|---|---|---|---|
| | 1# | 2# | 3# | 4# | 5# | 6# | 7# | 8# | 9# | 10# |
| 液体石蜡 | 55 | 60 | 40 | 45 | 50 | 55 | 60 | 60 | 41 | 55.8 |
| 油性剂 | 20 | 16 | 45.9 | 43 | 45 | 39 | 21 | 20 | 50 | 30 |
| 极压剂 | 17.5 | 16.7 | 14 | 10 | 4 | 5.5 | 17.5 | 18 | 8 | 13 |
| 氯乙烷 | 2 | 1 | — | — | — | — | — | — | — | — |
| 高碱性磺酸钙 | 5 | 6 | — | — | — | — | — | — | — | — |
| 苯并三唑 | 0.5 | 0.3 | 0.1 | 2 | 1 | 0.5 | 1.5 | 2 | 1 | 1.2 |

**制备方法** 在60℃条件下依次将液体石蜡、油性剂、极压剂和苯并三唑加入容器中，再加入氯乙烷、高碱性磺酸钠搅拌至均匀透明，降温至室温，然后过滤得滤液即为切削油。

**原料介绍**

所述油性剂为30%～90%的三辛酸甘油酯和10%～70%的乙二醇单乙醚的混合物。

所述极压剂为高碱性磺酸盐和氯乙烷的混合物；高碱性磺酸盐为高碱性磺酸钙和高碱性磺酸钠中的一种或两种的任意比的混合物。

所述液体石蜡的沸程为350～500℃。

**产品应用** 本品主要应用于金属加工。

**产品特性** 本品生产工艺简单，不需要特殊设备，原料方便，可以用于任何材料的加工，具有优良的润滑性、抗磨性、极压性、防锈性的优点。

## 配方 22 乳化油

**原料配比**

| 原料 | 配比(质量份) | | |
|---|---|---|---|
| | 1# | 2# | 3# |
| 10#机油 | 79 | 55 | 70 |
| 精制猪油 | 3 | 5 | 3 |
| 辛烷基酚聚氧乙烯醚 | 4.2 | 5 | 3 |
| 油酸三乙醇胺 | 3.86 | 5 | 3 |
| 斯盘-80 | 6.84 | 14 | 10 |

续表

| 原料 | 配比（质量份） | | |
| --- | --- | --- | --- |
| | 1# | 2# | 3# |
| 三乙醇胺 | 1.5 | 3 | 2 |
| 石油磺酸钠 | 0.4 | 3 | 2 |
| 苯并三氮唑 | 0.5 | 4 | 3 |
| 无水乙醇 | 0.5 | 4 | 3 |
| 杀菌剂 | 0.2 | 2 | 1 |

**制备方法**

（1）将10#机油、精制猪油、辛烷基酚聚氧乙烯醚、油酸三乙醇胺、斯盘-80、三乙醇胺和石油磺酸钠依次加入体系中，加入每一种组分后，均需混合均匀并溶解后再加入另一种组分，得混合物A；

（2）取苯并三氮唑和无水乙醇，混合均匀，得混合物B；

（3）取混合物A，混合物B和杀菌剂，充分混合，即得乳化油。

**原料介绍**

所述杀菌剂为恶唑烷衍生物。

乳化油在使用时，直接与清水混合，搅拌均匀即可使用。

本品在作为水溶性切削液使用时，应注意从以下几方面进行维护和保养：①定期检测使用浓度，如浓度过低，及时添加新液。②将水溶性切削液的pH值控制在8.3～9.3之间，pH值过高，在一定程度上造成皮肤过敏；pH值过低，则会影响切削液的防锈能力和抗菌能力。③检测设备浮油量和析皂量，如浮油量过多，及时检查设备是否出现漏油故障，并及时处理；如析皂量过多，则可能是水质硬度较高。④定期检测设备上的微生物量，必要时向水溶性切削液中补充杀菌剂，延长水溶性切削液使用寿命。

**产品应用** 本品主要应用于切削冷却液。

使用方法：

（1）用于切削时，使用比例为5%～8%。

（2）用于钻孔攻牙时，使用比例为8%～12%。

（3）用于磨削时，使用比例为3%～5%。

（4）用于拉拔工艺时，使用比例为8%～12%。

**产品特性** 本品配方简单，使用方便，应用于有色金属时，提高了有色金属的抗氧化能力和防锈能力，延长了有色金属设备的使用寿命。

## 配方 23 水溶性切削油

**原料配比**

**表1 水溶性切削油基油**

| 原料 | 配比（质量份） | | 原料 | 配比（质量份） | |
| --- | --- | --- | --- | --- | --- |
| | 1# | 2# | | 1# | 2# |
| 矿物油 | 60 | 70 | 复合缓蚀功能剂 | 23 | 25 |
| 非离子表面活性剂 | 9 | 6 | 消泡剂 | 0.5 | 1 |
| 豆油 | 3 | 5 | 防腐剂 | 0.5 | 0.8 |
| 三乙醇胺 | 6 | 5 | 斯盘-80 | 0.5 | 0.8 |
| 油酸 | 4 | 5 | 防锈剂 | 2 | 3 |

表 2　乳化油

| 原料 | 配比(质量份) | | 原料 | 配比(质量份) | |
|---|---|---|---|---|---|
| | 1# | 2# | | 1# | 2# |
| 矿物油 | 66.5 | 70 | 磺酸钡盐 | 12 | 8 |
| 油酸 | 12 | 15 | 磺酸钠盐 | 3 | 8 |
| 三乙醇胺 | 7 | 10 | 苯并三氮唑 | 0.1 | 0.2 |

表 3　水溶性切削油

| 原料 | 配比(质量份) | | 原料 | 配比(质量份) | |
|---|---|---|---|---|---|
| | 1# | 2# | | 1# | 2# |
| 水溶性切削油基油 | 41.4 | 45 | 复合缓蚀功能剂 | 6 | 8 |
| 乳化油 | 40.3 | 40 | 防腐剂 | 0.25 | 0.5 |
| 羧酸酯 | 0.5 | 0.6 | 消泡剂 | 0.4 | 0.5 |
| 羧酸锌盐 | 2.5 | 2.5 | 水 | 5.85 | 10 |
| 非离子表面活性剂 | 2.8 | 4 | | | |

**制备方法**

(1) 制备水溶性切削油基油：先在一反应釜将豆油和三乙醇胺在180℃条件下混合，得到豆油和三乙醇胺混合物，然后在另一常压开口反应釜内搅拌下依次投入矿物油、豆油和三乙醇胺混合物、复合缓蚀功能剂、非离子表面活性剂、油酸、防锈剂、防腐剂、斯盘-80、消泡剂，常温下搅拌，待混合液呈透明或半透明均匀液体，得到水溶性切削油基油。

(2) 制备乳化油：向常压开口反应釜中，依次投入总量三分之二的矿物油、磺酸钡盐，加温至120℃，再投入剩余的矿物油，将温度降至70～90℃，搅拌下依次投入三乙醇胺、油酸、磺酸钠盐、苯并三氮唑，待混合液呈均匀透明混合液，得到乳化油。

(3) 将水溶性切削油基油和乳化油投入反应釜，常温下搅拌，条件为780r/min，加入羧酸酯、羧酸盐和水，搅拌10min，加入非离子表面活性剂调整至半透明，再依次加入复合缓蚀功能剂、防腐剂和消泡剂，搅拌至混合液呈透明或半透明状，即得产品。

**原料介绍**

所述防锈剂是苯并三氮唑与乙二醇混合物，二者质量比为1∶10。

所述非离子表面活性剂为辛基酚聚氧乙烯醚，其HLB值在6～10之间。

所述复合缓蚀功能剂为醇胺15%、EDTA钠盐0.5%、硅酸钠10%、亚硝酸钠5%、乙二醇4%，加水至100%的混合物。

所述消泡剂为有机硅和聚醚酯的混合物。

所述防腐剂为六氢三嗪衍生物和吡啶钠硫醇氧化物的混合物。

**产品应用**　本品主要应用于金属切削加工。

**产品特性**

(1) 本品采用有机合成酯工艺，安全环保，制作出的切削油冷却性、润滑性、防锈性强，易清洗，弥补了一些重负荷水溶性切削液在使用过程中在防锈性、气味等方面的缺陷，不易变质。

(2) 本品具有良好的物理稳定性，并降低了表面张力和切削温度，由此减少工件和刀具的热变形，提高了刀具的耐用性，同时也提高了工件的加工精度和光洁度，工件上不易出现污物。

(3) 本品配方合理，利用多种表面活性剂和助剂，使本品提供的水溶性切削油适用于多种金属加工，在以1∶10的比例以水稀释后使用，其加工后的工件自然防锈时间可达40d以上。

## 配方 24 铝合金用水溶性切削油

**原料配比**

| 原料 | 配比(质量份) | | | |
|---|---|---|---|---|
| | 1# | 2# | 3# | 4# |
| 基础油或油性剂 | 45 | 51.5 | 55 | 54.8 |
| 阴离子表面活性剂 | 20 | 16.2 | 10 | 18 |
| 非离子表面活性剂 | 1.2 | 2 | 0.5 | 1 |
| 防锈剂 | 10 | 5 | 15 | 12 |
| 极压添加剂 | 9.8 | 10 | 8 | 5 |
| 耦合剂 | 9.8 | 10 | 7.5 | 5 |
| 铜合金缓蚀剂 | 1 | 0.6 | 0.2 | 0.7 |
| 防腐剂 | 1.5 | 2 | 1 | 1.6 |
| 消泡剂 | 0.2 | 0.5 | 0.3 | 0.4 |
| 铝合金缓蚀剂 | 1 | 0.7 | 0.2 | 0.5 |
| 铝合金缓蚀剂的稳定剂 | 0.5 | 1.5 | 3 | 1 |

**制备方法** 将各组分混合搅拌均匀即可。

**原料介绍**

所述基础油或油性剂是矿物油、聚α-烯烃、二元酯类（例：二聚亚油酸的聚氧乙烯聚氧丙烯酯、二聚亚油酸的乙二醇酯)、季戊四醇酯类（例：季戊四醇四油酸酯、季戊四醇四硬脂酸酯)、植物油或植物系油酸酯（例：棕榈油酸甲酯、米糠油酸甲酯)。

所述阴离子表面活性剂是油酸、蓖麻油酸、二聚酸、妥尔油酸、异构硬脂酸中的一种或几种（1份）与一乙醇胺、二乙醇胺、三乙醇胺、一异丙醇胺、二异丙醇胺、2-氨基-2-甲基-1-丙醇、吗啉、*N*-甲基吗啉中的一种或几种（1.5～2.5份）的混合物或石油磺酸钠。

所述非离子表面活性剂是脂肪酸聚氧乙烯酯或脂肪酸聚氧乙烯醚。

所述防锈剂是硼酸、对叔丁基苯甲酸、对硝基苯甲酸、三嗪类多羧酸化合物、ε-异壬酰基氨基酸衍生物中的一种或几种（1份）与一乙醇胺、二乙醇胺、三乙醇胺、一异丙醇胺、二异丙醇胺、2-氨基-2-甲基-1-丙醇、吗啉、*N*-甲基吗啉中的一种或几种（1～2份）的混合物。

所述极压添加剂是硫化油脂（例：硫化猪油、硫化植物油)、烷基多硫化物（例：双壬烷基多硫醚、双十二烷基多硫醚）或高分子合成酯。

所述耦合剂是异丙醇、丙二醇或异构硬脂醇。

所述铜合金缓蚀剂是苯三唑、咪唑啉、噻二唑多硫化物或甲基苯三唑。

所述防腐剂是六氢化三嗪或异噻唑啉酮；消泡剂是乳化硅油。

所述铝合金缓蚀剂是偏硅酸钠、原硅酸钠、四乙氧基硅烷、甲基三甲氧基硅烷中的一种或几种；铝合金缓蚀剂的稳定剂是γ-氨丙基三乙氧基硅烷、*N*-β-（氨乙基）-γ-氨丙基三甲氧基硅烷、γ-甲基丙烯酰氧基丙基三甲氧基硅烷、γ-缩水甘油氧基丙基三甲氧基硅烷、*N*-β-（氨乙基）-γ-氨丙基甲基二甲氧基硅烷中的一种或几种。

**产品应用** 本品主要应用于铝合金部件加工。

**产品特性** 本品通用性强，适合于多种金属，特别适用于加工铝合金部件，对铝合金有极佳的抗腐蚀效果，可有效防止敏感铝合金的变色；具有优异的润滑性能，确保加工精度和刀具的使用寿命；具有优异的防锈性能，确保工件和昂贵的机床设备不被锈蚀；具有突出的抗腐败能力和突出的耐硬水能力，可长时间循环使用；不含亚硝酸盐、酚类等有毒有害物质，对环境和健康有利；具有良好的废液处理性能，可按一般工业废水处理。

## 配方 25 特种切削油

**原料配比**

| 原料 | 配比(质量份) | | |
|---|---|---|---|
| | 1# | 2# | 3# |
| 轻质馏分油 | 96.8 | 96 | 97.3 |
| 极压复合剂 | 0.66 | 0.8 | 0.52 |
| 防锈复合剂 | 1.1 | 1.5 | 1 |
| 油性复合剂 | 1 | 1.2 | 0.8 |
| 缓蚀剂 | 0.02 | 0.04 | 0.03 |
| 复合防老剂 | 0.42 | 0.46 | 0.35 |

**制备方法**

(1) 在反应釜中加入轻质馏分油搅拌；

(2) 加入极压复合剂搅拌 30～45min；

(3) 加入防锈复合剂搅拌 30～45min；

(4) 加入油性复合剂、缓蚀剂，继续搅拌 25～35min；

(5) 再加入复合防老剂，继续搅拌 20～30min，即得产品。

**原料介绍**

所述轻质馏分油为 5 号机械油。

所述极压复合剂为三氯化磷、二甲酚、邻甲酚的反应物，三者质量比为 70∶20∶10。

所述油性复合剂为棉籽油的反应物，即棉籽油精制后所得油加硫黄粉，在 180℃下反应制备，再加入 50%的机械油混合成。

所述缓蚀剂为苯并三氮唑。

所述防锈复合剂为 5 号机械油、50%的乙醇水溶液、氢氧化钠水溶液、氯化钡的反应物，其质量比为 50∶20∶10∶20。

所述复合防老剂为甲酚、异丁烯、乙醇碱溶液的反应物。

**产品应用** 本品主要用作切削油。

**产品特性** 本品具有冷却和润滑作用，同时具有一定的防锈性与清洗性，并能迅速沉淀，保证切面光滑。

本品具有防锈周期较长，不易腐蚀设备，工件表面光滑，且不容易引起皮肤过敏的优点。

## 配方 26 铁镍合金丝精细拉拔润滑冷却乳化油

**原料配比**

| 原料 | 配比(质量份) | | |
|---|---|---|---|
| | 1# | 2# | 3# |
| 油酸 | 22 | 18 | 20 |

续表

| 原料 | 配比(质量份) | | |
|---|---|---|---|
| | 1# | 2# | 3# |
| 机械油 | 18 | 22 | 20 |
| 石油磺酸钠 | 18 | 22 | 20 |
| 太古油 | 12 | 8 | 10 |
| 三乙醇胺 | 6 | 4 | 4.75 |
| 氯化石蜡 | 23.7 | 25.85 | 25 |
| 杀菌剂(异噻唑啉酮) | 0.3 | 0.15 | 0.25 |

**制备方法** 将机械油和氯化石蜡依次加到反应釜中，以600r/min的转速，搅拌并加热至80℃，继续搅拌1～2h后降温至50℃，依次将石油磺酸钠、油酸加入上述混合液中，以200～300r/min的转速搅拌1～2h降至常温；依次将三乙醇胺、太古油、杀菌剂加入上述混合液中，以200～300r/min的转速充分搅拌1～2h，即可。

**产品应用** 本品主要应用于铁镍合金丝精细拉拔润滑冷却。

**产品特性**

(1) 润滑膜的化学吸附及物理吸附性好，在拉拔金属丝和模具之间形成均匀连续、完整的液体介质膜，表面所形成的润滑膜吸附牢固，不易在挤压拉伸过程中被挤掉，使拉拔金属丝与模具之间具有很好的润滑性，保证拉拔金属丝表面具有符合标准的光洁度、光亮度，同时减少了对模具的磨损，延长了模具的使用寿命；

(2) 具有很好的冷却效果，既可防止由于局部过热导致拉拔金属丝与模具钢芯的烧结、熔黏或抓结而引起断丝的质量问题，同时又可提高每次减径率及径向拉拔增长率，使生产效率得以提高；

(3) 乳化性能稳定，即使是用硬质水稀释，对润滑冷却乳化剂的稳定性也没有任何影响；

(4) 本品是棕黄色透明均匀油状物，添加有杀菌剂，不易变质，使用6个月时间，无毒无害无恶臭气味，利于环保，不会影响操作人员的身体健康；

(5) 易于从拉拔后的金属丝表面上除掉，对拉拔丝后道工序（热处理和退火）质量无任何不良影响。

## 配方27 铜合金丝精细拉拔润滑冷却乳化油

**原料配比**

| 原料 | 配比(质量份) | | |
|---|---|---|---|
| | 1# | 2# | 3# |
| 机械油 | 56 | 60 | 58 |
| 油酸 | 12 | 8 | 10 |
| 石油磺酸钠 | 12 | 8 | 10 |
| 环烷酸锌 | 4 | 6 | 5 |
| 磷酸三乙酯 | 8 | 10 | 9 |
| 无水乙醇 | 2 | 1 | 1 |
| 邻苯二甲酸二丁酯 | 1 | 3 | 2 |
| 非离子表面活性剂 | 4 | 3.5 | 4.5 |
| 苯并三氮唑 | 1 | 0.5 | 0.5 |

**制备方法**

(1) 将机械油倒入反应釜中，加热至60℃；

(2) 依次将石油磺酸钠、环烷酸锌、磷酸三乙酯、邻苯二甲酸二丁酯、油酸加入步骤（1）的反应釜中，以600～650r/min的速度搅拌1～2h；

(3) 用无水乙醇将苯并三氮唑溶解后加入步骤（2）的混合液中，最后加入非离子表面活性剂，搅拌均匀，降至常温。

**原料介绍** 所述非离子表面活性剂是NP-9和S-80的混合物。

**产品应用** 本品主要应用于铜合金丝精细拉拔润滑冷却。

**产品特性**

(1) 润滑膜的化学吸附及物理吸附性好，在拉拔铜丝和模具之间形成均匀连续、完整的液体介质膜，表面所形成的润滑膜吸附牢固，不易在挤压拉伸过程中被挤掉，使拉拔工件与模具之间具有很好的润滑性，保证拉拔工件表面具有符合标准的光洁度、光亮度，同时减少了对模具的磨损，延长了模具的使用寿命；

(2) 具有很好的冷却效果，既可防止由于局部过热而使黄铜丝、铝青铜丝与模具钢芯的烧结、熔黏或抓结而引起断丝的质量问题，同时又可提高每次减径率及径向拉拔增长率，使生产效率得以提高；

(3) 具有适应于拉拔各种铜合金（黄铜丝、铝青铜丝等）的技术通用性，减少了生产操作的烦琐性及降低厂家的库存成本；

(4) 乳化性能稳定，即使是用硬质水稀释，对润滑冷却乳化剂的稳定性也没有任何影响；

(5) 本品是棕黄色均匀半透明油状物，不易变质，连续使用1个月，无毒无害无恶臭气味，利于环保，不会影响操作人员的身体健康；

(6) 易于从拉拔后的铜丝表面上除掉，对拉拔丝后道工序（热处理和退火）质量无任何不良影响。

## 配方 28 铜及铜合金冷轧乳化油

**原料配比**

| 原料 | 配比(质量份) | 原料 | 配比(质量份) |
|---|---|---|---|
| 中性机油 | 70 | 油酸 | 1.5 |
| 棕榈油 | 5 | 三乙醇胺 | 1 |
| 硫化蓖麻油 | 4 | 石油磺酸钠 | 4 |
| 斯盘-80 | 7.5 | 磷酸三甲酚酯 | 1 |
| 吐温-60 | 5.5 | 苯并三氮唑 | 0.05 |

**制备方法**

(1) 将苯并三氮唑和三乙醇胺放入转速为80～100r/min的反应釜中，边搅拌边加热至70℃，停止加热，继续搅拌至温度冷却到室温，装入油桶，以备后面工序使用。

(2) 将中性机油、棕榈油、硫化蓖麻油、磷酸三甲酚酯、活性物35%～45%的石油磺酸钠依次加入，放在转速80～100r/min的反应釜中边搅拌边加热至90℃，当温度到达90℃后，保持90℃恒温且搅拌30min，然后继续搅拌且降温至80℃；当温度降至80℃时，加入斯盘-80和吐温-60，保持80℃恒温且搅拌20min，然后降温至40℃，加入步骤（1）所得的混合物和油酸，继续搅拌，冷却至室温，待液体由浑浊变透明后，即配制成铜及铜合金板带材冷轧乳化油。铜材厂根据生产实际情况，将乳化油稀释为体积分数为1%～8%的乳化液，即得可以直接使用于铜及铜合金板带材冷轧的乳化液。

**产品应用** 本品主要应用于铜及铜合金的板材、带材的冷轧和杆材的拉拔等加工工艺过程。

**产品特性** 使用本品，其产品表面光洁度高、抗腐蚀周期长、退火表面清净性优良，且无毒无刺激性气味，操作方便，价格低廉。

## 配方 29 铜轧制专用乳化油

**原料配比**

| 原料 | 配比(质量份) | 原料 | 配比(质量份) |
|---|---|---|---|
| 5号白矿油 | 1125 | 斯盘-80 | 40 |
| 活性物35%～40%的石油磺酸钠 | 480 | OP-10 | 90 |
| 菜油 | 120 | 清水 | 210 |

**制备方法** 将5号白矿油、活性物35%～40%的石油磺酸钠、菜油、斯盘-80、OP-10依次加入转速1800～2000r/min的高剪切乳化机中搅拌均匀，最后加入清水，再搅拌40min左右，待液体由浑浊变透明后，即配制为铜轧制专用乳化油原液，原液按1∶(8～15)稀释后即得可直接使用的铜轧制专用乳化油。

**产品应用** 本品主要应用于生产铜杆、铜板、铜带的热轧、冷轧和连铸连轧等铜的轧制加工工艺。

**产品特性** 使用本品，其产品表面光洁度高、不起槽、抗氧化周期长，且无毒无刺激味，操作方便。

## 配方 30 锡锌金属拉丝用极压乳化油

**原料配比**

| 原料 | 配比(质量份) | 原料 | 配比(质量份) |
|---|---|---|---|
| 5号白矿油 | 540 | 油酸 | 24 |
| 活性物35%～40%的石油磺酸钠 | 180 | OP-10 | 28 |
| 太古油 | 100 | 清水 | 200 |
| 斯盘-80 | 20 | | |

**制备方法** 将5号白矿油、活性物35%～40%的石油磺酸钠、太古油、斯盘-80、油酸、OP-10依次加入转速1800～2000 r/min的高剪切乳化机中搅拌均匀，最后加入清水，再搅拌40min左右，待液体由浑浊变透明后，即配制为锡锌金属拉丝用极压乳化油原液，原液按1∶(8～15)稀释后即得可直接使用的锡锌金属拉丝用极压乳化油。

**产品应用** 本品主要应用于锡锌金属的拉丝加工。

**产品特性** 本品可连续拉制10～13个模具，其拉制后的线材表面光亮、不起槽，并且损耗非常少。该产品性能稳定、换油周期长、无毒无刺激味。

## 配方 31 线切割乳化油

**原料配比**

| 原料 | 配比(质量份) | 原料 | 配比(质量份) |
| --- | --- | --- | --- |
| 油酸 | 5 | T706 | 0.4 |
| KOH | 1 | T501 | 0.3 |
| 基础油(烷基苯、32＃矿物油或22＃矿物油) | 75 | 6501 | 2 |
| 大豆磷脂 | 10 | 乙醇 | 1.2 |
| T401 | 1.5 | 二乙二醇丁醚 | 1.2 |
| T603 | 2.5 | pH调节剂 | 适量 |
| T746 | 0.4 | | |

**制备方法**

(1) 将配方量的KOH加水配成30%的KOH溶液；

(2) 将配方量的油酸、KOH溶液和50%～60%基础油在皂化釜中于95～105℃皂化（在皂化反应中，基础油不参与反应，加入部分基础油有利于搅拌，使皂化反应能顺利进行）制成澄清透明溶液（油酸钾皂和基础油的混合液），然后补充余下的基础油；加入适量的三乙醇胺，使pH值为10～11；

(3) 在100℃状态下加入配方量的大豆磷脂，搅拌调和；

(4) 升温至130～140℃，搅拌脱水，使液态组合物过氧化值降至0～0.05，测定方法具体可参见油脂过氧化值测定法；

(5) 降温至80～70℃加入配方量的T401、T603、T746、T706、T501和6501；

(6) 待冷至40～50℃后加入配方量的乙醇、二乙二醇丁醚；

(7) 加入适量的pH调节剂，使乳化油的pH值为7～8（测试pH值时，应将乳化油加水稀释成5%的稀释液再测试）；

(8) 静置过滤，取样检测合格后包装。

**原料介绍**

所述基础油的黏度为：40℃ 25～35mm²/s，可采用烷基苯、32＃矿物油或22＃矿物油。

本品采用天然含磷乳化剂（大豆磷脂）和油酸钾皂复配（非-阴结构），既具有一定的介电性能（电阻）又保持天然乳化剂的润湿性、抗静电性和抗氧化性。这种非-阴结构可避免单-阴离子结构的乳化液因体系酸值增加（pH值下降使阴离子皂失去乳化力）而造成乳液的破坏。试验表明，本品乳化液十分稳定，即使在55～60℃温度下仍不漂油，而传统的工作液在此温度下已出现严重漂油的现象。因此这是一种环保型的新型线切割液。

本品采用非-阴结构的乳化剂既可获得理想的10～12（HLB值）乳化亲水亲油值，从而使乳化液保持极佳的状态，而且由于体系pH值较低（7～8）降低工作液的刺激性，防止对操作者的危害。同时，采用无毒性的T603减摩剂，既提高防锈性，也可克服因采用氯化石蜡带来的一系列环保问题，特别是T603分解产物（低级烷烃，可挥发、不残留）更利于达到环保要求。T401由于含有极压性而弥补T603的不足。

**产品应用** 本品主要应用于在线切割机床中使用。其主要功能是能提供合适的介电电阻，以维持放电电流的稳定性并润滑、冷却导电电极（钼丝）及工件表面，清洗工作面、并防止工作面在切割后继续氧化生锈。

**产品特性** 本品乳化速度很快，呈放射状扩散，乳液稳定，具有优异的工艺特性（适宜的电阻值、润滑性、冷却性，防锈性佳）和优良的储存稳定性，无毒，无刺激性，寿命长使本品成为新一代的线切割乳化油（工作液）。

## 配方 32 用于攻牙的金属加工油

### 原料配比

| 原　料 | 配比(质量份) | | | | |
|---|---|---|---|---|---|
| | 1# | 2# | 3# | 4# | 5# |
| 硫化棉籽油 | 5 | 7.7 | 15 | 5 | 10 |
| 硫化脂肪酸 | 10 | 3 | 5 | 20 | 3 |
| 氯化石蜡 | 10 | 3 | 9.5 | 3 | 3 |
| 磷酸三甲酚酯 | 5 | 1 | 3 | 1 | 5 |
| 乙丙共聚物 | 10 | — | — | — | — |
| 聚异丁烯 | — | 5 | 5 | 5 | 5 |
| 十二烯基丁二酸 | 2 | 0.2 | 2 | 0.8 | 1 |
| 2,6-二叔丁基对甲酚 | 0.5 | 0.1 | 0.5 | — | — |
| *N*-苯基-*α*-萘胺 | — | — | — | 0.2 | 0.3 |
| 苯三唑 | — | — | — | — | 0.2 |
| 色拉油 | 57.5 | — | — | — | — |
| 猪油 | — | 80 | — | — | — |
| 白油 | — | — | 50 | — | — |
| 棕榈油 | — | — | — | 65 | 72.5 |

### 制备方法

(1) 取硫化棉籽油、硫化脂肪酸、氯化石蜡、磷酸三甲酚酯、乙丙共聚物或聚异丁烯、十二烯基丁二酸、2,6-二叔丁基对甲酚和基础油，依次加入容器中，同时搅拌混合并加热，保持加热温度≤80℃；

(2) 待配方中各成分都加入后，继续搅拌 1h 以上。

### 原料介绍

所述基础油为矿物油、植物油或动物油；所述基础油在 40℃时，其运动黏度为 32～100mm²/s。

本品中极压剂为含氯、硫和磷的极压剂，为硫化脂肪酸、氯化石蜡和磷酸三甲酚酯的混合物，它们在所述金属加工油的质量份为：硫化脂肪酸 3～20、氯化石蜡 3～10 和磷酸三甲酚酯 1～10，其中脂肪有利于边界的润滑，而硫、氯、磷等提供了极压润滑。

本品中油性剂为硫化油脂，为硫化棉籽油，在金属表面可形成物理吸附膜和较牢固的化学吸附膜，防止金属表面直接接触，起到改善油品润滑作用。

本品中黏度调节剂为乙丙共聚物或聚异丁烯，其具有良好的热稳定性和化学稳定性，增黏能力强，可改进油品黏度指数。

所述防锈剂为十二烯基丁二酸；所述抗氧剂为 2,6-二叔丁基对甲酚、苯基-*α*-萘胺，苯三唑及其衍生物中的一种或几种的混合物，其具有优异的防锈性能。

本品用于攻牙的金属加工油在使用时，喷涂或涂抹于钻头或者丝攻头少许，即可以进行不锈钢、合金钢和高碳钢钻孔、攻牙加工，也可以喷射在钻孔、攻牙加工处，循环使用。

**产品应用** 本品主要应用于攻牙的金属加工。

**产品特性** 本品具有优异的润滑性、极高的极压性和高冷却性能，其调制方法简单，可用于不锈钢、合金钢和高碳钢的钻孔和攻牙。

## 配方 33 针织乳化油

原料配比

| 原料 | 配比(质量份) | 原料 | 配比(质量份) |
|---|---|---|---|
| 40℃黏度为 $10mm^2/s$ 的矿物型基础油 | 24 | 有机改性磷酸酯 | 0.6 |
| 40℃黏度为 $15mm^2/s$ 的矿物型基础油 | 54 | 脂肪酸酯(异鲸脑基硬脂酸酯) | 0.5 |
| 40℃黏度为 $30mm^2/s$ 的矿物型基础油 | 10 | 聚乙二醇酯 | 0.4 |
| S-80 | 0.8 | T501 | 0.4 |
| MOA-3 | 6.2 | T531 | 0.2 |
| T-80 | 0.5 | T551 | 0.1 |
| NP-5 | 1.2 | 去离子水 | 1 |
| 高级脂肪酰胺 | 0.1 | | |

**制备方法** 在缓缓升温和搅拌中，按配方比例依次投入基础油、防锈剂、T501、T531、乳化剂、减摩剂，升温至60℃保温搅拌20～30min，待固体添加剂充分溶解，然后降温至45～50℃，加入T551及去离子水，继续缓慢搅拌直至组合物澄清透明为止，取样检验合格即可包装。

**原料介绍** 本品由于采用高黏度指数基础油为基质，黏度随温度升高变化幅度小，并且利用脂肪酸酯和聚氧乙烯型乳化剂的有机结合，可以防止运行过程中摩擦力急剧变化，使运行平稳，降低因动、静摩擦系数差异而引起的噪音。适量水分的加入有利于提高加工纤维的抗静电性和冷却性能，抗增塑作用。而有机改性磷酸酯除了优良的抗静电性外，还具有稳定乳化液的功能，能使被加工纤维在以后清洗作业中把油污带走，达到优良的综合加工性能。

**产品应用** 本品可用于纺织、编织加工过程作为润滑、抗静电、防锈和冷却使用，特别适合于高速编织、纺织机（后纺油）使用。

**产品特性** 本品具有油色洁白、稳定；润滑性优良，低温起动灵敏，高温运行平稳；烟点高，挥发性小和极佳的防锈性、清洗性及防沾污性；抗增塑作用；抗静电、抗丝鸣性、噪音低，节能环保等特点。

# 7 防锈剂

## 配方 1 环保型防锈油

**原料配比**

| 原料 | 配比(质量份) | | |
|---|---|---|---|
| | 1# | 2# | 3# |
| 桐油 | 95 | 97 | 99 |
| 活性炭 | 5 | 3 | 1 |

**制备方法** 按量称取桐油倒入反应器内搅拌，边搅拌边慢慢加入活性炭，直至活性炭分散均匀即可。

**产品应用** 本品用于金属表面的防锈。

**产品特性**

(1) 主要成分为天然植物油，生产、制造、使用过程中对环境不会造成污染；

(2) 油膜坚固，防锈性能好；

(3) 附着力强，与金属紧密结合，防腐防锈。

## 配方 2 机械封存气相防锈油

**原料配比**

| 原料 | 配比(质量份) | 原料 | 配比(质量份) |
|---|---|---|---|
| 二壬基萘磺酸钡 | 5 | 亚硝酸二环已胺 | 0.8 |
| 石油磺酸钠 | 5 | 乙醇 | 0.5 |
| 十二烯基丁二酸 | 1.6 | 碳氢溶剂 | 87.6 |

**制备方法**

(1) 将碳氢溶剂投入混合缸，加温至45℃。

(2) 将二壬基萘磺酸钡、石油磺酸钠、十二烯基丁二酸依次投入混合缸，搅拌1h，搅拌速度为40r/min。

(3) 将亚硝酸二环已胺和乙醇混合均匀后，投入混合缸，搅拌1h，搅拌速度为40r/min，得到产品。

**产品应用** 本品适用于黑色及有色金属的防锈。

使用方法：小型工件封存防锈：将工件浸入本品数分钟取出，然后用聚乙烯或聚氯乙烯塑料薄膜密封储存。

大型设备内部封存防锈：将本品注入机械设备内部，密封储存。

**产品特性**

(1) 本品可有效防止氯化物、硫化物的腐蚀，耐高温性好。

(2) 无毒，不含铬酸盐及磷酸盐等有害物质。

(3) 热稳定性好。

(4) 能与润滑油、液压油或冲压油稀释混合。

## 配方 3 金属防锈蜡

**原料配比**

| 原料 | 配比(质量份) | | | | |
|---|---|---|---|---|---|
| | 1# | 2# | 3# | 4# | 5# |
| 64 号高熔点石蜡 | 5 | — | — | — | — |
| 70 号高熔点石蜡 | — | 4 | — | — | — |
| 68 号高熔点石蜡 | — | — | 5 | — | — |
| 80 号高熔点石蜡 | — | — | — | — | 5 |
| 80 号石油微晶蜡 | 6 | — | — | 5 | — |
| 85 号石油微晶蜡 | — | 8 | — | — | — |
| 85 号氧化微晶蜡 | — | — | 12 | 10 | 7 |
| 石油树脂 P-100 | 5 | — | — | — | — |
| 石油树脂 P-90 | — | — | 3 | 4 | — |
| 合成松香 J-115 | — | 5 | 4 | 4 | 4 |
| 卡那巴蜡 | — | — | — | — | 6 |
| 苯甲酸二异丙胺 | 6 | 8 | 7 | — | 5 |
| 苄基四氮唑 | — | — | — | 8 | — |
| 羧基四氮唑 | — | — | — | — | 2 |
| 表面活性剂十二烷基胺 | 4 | — | — | — | — |
| 十八烷基胺 | — | 4 | 5 | 6 | 4 |
| 聚氧乙烯(20)失水山梨醇单硬脂酸酯 | 3 | 2 | — | 2 | 4 |
| 防腐剂苯甲酸钠 | 1 | — | 1.3 | — | 1.8 |
| 硼砂 | — | 1 | — | 2 | — |
| 去离子水 | 加至 100 | 加至 100 | 加至 100 | 加至 100 | 加至 100 |

**制备方法**

(1) 将蜡类物质、合成树脂、金属缓蚀剂按配比加入不锈钢容器中，缓慢加热至 130℃±5℃，反应时间为 30min±5min，制成油相物料；

(2) 将表面活性剂加入水中，加热至 90℃±5℃为水相物料；

(3) 将油相物料高速搅拌下加入水相物料中，混合后再搅拌稳定 20min±5min；

(4) 最后加入防腐剂，搅拌均匀。

**产品应用** 本品用于防止金属物件、车辆以及储存与运输中的机械设备生锈。

**产品特性** 本品既具有疏水性，又具有良好的致密性和韧性，增加防锈蜡的使用寿命；具有无毒、不污染环境的优点；选用表面活性剂可使产品具有抗静电性，也可提高产品的防锈性能。

## 配方 4 金属加工用防锈油

**原料配比**

| 原料 | 配比(质量份) | | | | |
|---|---|---|---|---|---|
| | 1# | 2# | 3# | 4# | 5# |
| 润滑油 75SN | 30 | — | — | — | — |
| 润滑油 150SN | — | 32 | — | — | — |
| 润滑油 350SN | — | — | 40 | — | 34 |

续表

| 原料 | 配比(质量份) | | | | |
|---|---|---|---|---|---|
| | 1# | 2# | 3# | 4# | 5# |
| 润滑油 N15 | — | — | — | 36 | — |
| 石油磺酸钡 T701 | 104 | — | — | 84 | — |
| 石油磺酸钠 T702 | — | 102 | — | — | 86 |
| 石油磺酸钙 T101 | — | — | 75 | — | — |
| 氧化石油酯钡皂 T743 | 52 | — | — | — | 70 |
| 羊毛脂镁皂 | — | 56.6 | — | — | — |
| 羊毛脂铝皂 | — | — | 70 | 68 | — |
| 山梨糖醇单油酸酯 SP-80 | 13 | — | — | 11.2 | — |
| 烯基丁二酸酯 T747 | — | 9 | — | — | 9.4 |
| 丙三醇硼酸酯脂肪酸酯 | — | — | 14 | — | — |
| 苯并三氮唑 T706 | 1 | — | — | — | 0.6 |
| 甲基苯并三氮唑 | — | 0.4 | — | 0.8 | — |
| 乙基苯并三氮唑 | — | — | 1 | — | — |

**制备方法** 将基础油加入釜内，升温至 80～110℃，再加入石油磺酸盐、高分子羧酸及皂类，待其溶解后，加入酯类、苯并三氮唑及衍生物，搅拌 2～3h，过滤后，即为防锈油，取 2%～17%，用 120#溶剂油稀释至100%，即可使用。

**产品应用** 本品主要应用于金属加工冷却。

**产品特性** 本品采用多种缓蚀剂复合增效来改善其防锈性能，基础油是防锈油复合剂的载体，同时提供油分子的范德华引力与防锈剂分子共同形成防锈吸附膜；本品采用多种缓蚀剂复合，在防锈性能上发挥了取长补短、相辅相成的超效复合作用，其防锈性能要远远优于单剂调制的防锈油的性能，并具有优异的抗盐水侵蚀性、水置换性、酸中和及汗液控制的能力；同时，又具有膜薄均匀、透明美观及调和工艺简单、成本较低的特点。

## 配方 5 静电喷涂防锈油

**原料配比**

| 原料 | | 配比(质量份) | | | | | | | | |
|---|---|---|---|---|---|---|---|---|---|---|
| | | 1# | 2# | 3# | 4# | 5# | 6# | 7# | 8# | 9# |
| 防锈剂 | 石油磺酸镁 | — | 6 | — | 11 | — | 2 | — | — | — |
| | 石油磺酸钠 | 3 | — | — | — | 1 | — | — | 4 | 2 |
| | 石油磺酸钡 | — | — | — | — | 6 | 8 | — | 4 | 6 |
| | 石油磺酸钙 | — | — | — | — | — | — | — | 9 | — |
| | 壬基酚醚磷酸酯 | — | — | — | — | 2 | — | — | — | — |
| | 壬基酚醚亚磷酸酯 | — | — | — | — | — | — | — | 2 | — |
| | 二壬基萘石油磺酸钡 | 4 | — | 8 | — | — | — | 10 | — | — |
| | 碱性二壬基萘磺酸钡 | — | — | — | — | — | — | — | — | 3 |
| | 中碱值石油磺酸钙 | — | — | 3 | — | — | 3 | 3 | — | — |
| | 高碱值石油磺酸钙 | — | — | — | 10 | — | — | — | — | — |
| | 环烷酸锌 | 3 | — | 3 | — | — | — | 3 | — | 2 |
| | 苯并三氮唑 | — | — | — | — | — | 0.1 | 0.1 | — | — |
| | 十二烯基丁二酸单酯 | — | — | — | 4 | 1 | — | — | 1 | — |
| | 十二烯基丁二酸 | 2 | 0.5 | 1 | — | — | — | — | — | 1 |
| | 十七烯基咪唑啉烯基丁二酸盐 | 2 | — | — | — | — | — | — | — | — |
| | 十七烯基咪唑啉脂肪酸盐 | — | — | — | — | — | — | 2 | — | — |

续表

| 原料 | | 配比(质量份) | | | | | | | | |
|---|---|---|---|---|---|---|---|---|---|---|
| | | 1# | 2# | 3# | 4# | 5# | 6# | 7# | 8# | 9# |
| 表面活性剂 | 壬基酚聚氧乙烯醚(4) | 0.5 | — | — | — | 1 | 0.2 | 0.4 | — | — |
| | 失水山梨醇单油酸酯 | 1 | 1 | — | 1 | — | — | — | 1 | 2 |
| | 辛醇聚氧乙烯醚(4) | — | — | 0.5 | 0.5 | — | — | — | — | — |
| 减磨剂 | 季戊四醇油酸酯 | — | 12 | — | — | — | — | — | — | — |
| | 新戊二醇油酸酯 | — | — | — | 1 | — | — | — | — | — |
| | 硬脂酸异辛酯 | — | — | — | — | — | — | — | — | 5 |
| | 硬脂酸丁酯 | — | — | — | — | 10 | — | — | — | — |
| | 油酸异辛酯 | — | — | — | — | — | 0.5 | — | — | — |
| | 油酸三羟甲基丙烷酯 | — | — | — | — | — | — | 4 | — | — |
| | 菜籽油 | 3 | — | — | — | — | — | — | 4 | — |
| | 椰子油 | — | — | 4 | — | — | — | — | — | — |
| | 苯并三氮唑脂肪酸盐 | — | — | 1 | — | — | — | — | — | — |
| 抗氧剂 | T501 | 0.3 | — | — | 1.3 | — | — | 2 | — | — |
| | T531 | — | — | — | — | — | 1 | — | — | — |
| | T502 | — | — | 0.8 | — | — | — | — | — | — |
| | 2,6-二叔丁基苯酚 | — | 0.5 | — | — | — | — | — | — | 0.3 |
| | 2,6-二叔丁基-α-二甲氨基对甲酚 | — | — | — | — | 0.5 | — | — | 1.5 | — |
| 基础油 | HVⅡ2 | — | 80 | — | — | — | — | — | 79.5 | — |
| | HVⅠ75SN | — | — | — | 71.2 | — | 84.9 | — | — | — |
| | MVⅠ60SN | 81.2 | — | 78.7 | — | — | — | 75.5 | — | — |
| | 10号变压器油 | — | — | — | — | 75.5 | — | — | — | 78.7 |

**制备方法** 将基础油、防锈剂、表面活性剂、减摩剂和抗氧剂混合，加热至115℃，恒温搅拌5h，降温至75℃，检验合格后过滤罐装。

**产品应用** 本品主要应用于钢铁企业冷轧碳钢板、镀锌板、镀铝硅锌板的静电喷涂防锈。

**产品特性** 本品由于充分利用了各组分之间的协同作用，具有良好的防锈性能，叠片性能优异；使用时雾化性能好，涂油均匀；使用后易于除去，不会影响钢板后处理效果。本品不仅能够提供良好的润滑性能，减小钢板卷取时钢板与钢板之间的摩擦，防止钢板表面划伤、保持较好的表面质量，同时还使防锈性能大大增强，湿热试验长达36d，叠片试验长达42d，涂油后的钢板按照防锈工艺包装后，在包装完好的情况下，按照正常储存和运输条件能保持10～12个月不生锈。

## 配方6 静电喷涂用防锈油

**原料配比**

| 原料 | 配比(质量份) | | | | | | |
|---|---|---|---|---|---|---|---|
| | 1# | 2# | 3# | 4# | 5# | 6# | 7# |
| 75SN | 85.0 | — | — | 75.5 | 82.0 | 47.0 | 81.5 |
| 60SN | — | — | — | — | — | 30.0 | — |
| 100SN | — | 79.5 | — | — | — | — | — |
| 150SN | — | — | 72.0 | — | — | — | — |
| 壬基萘磺酸钡 | — | — | — | — | — | 10.0 | — |
| 石油磺酸钙 | 5.0 | — | 15.0 | — | — | 5.0 | — |
| 石油磺酸钡 | 4.0 | — | — | — | — | — | 3.0 |

续表

| 原料 | 配比(质量份) | | | | | | |
|---|---|---|---|---|---|---|---|
| | 1# | 2# | 3# | 4# | 5# | 6# | 7# |
| 石油磺酸钠 | 2.0 | 5.0 | 5.0 | — | — | 5.0 | — |
| 烯基丁二酸 | — | 8.0 | — | — | — | — | 5.0 |
| 十七烯基咪唑啉烯基丁二酸盐 | — | 5.0 | — | — | — | — | — |
| 羊毛脂镁皂 | — | — | — | 10.0 | — | — | 8.0 |
| *N*-油酰肌氨酸 | — | — | — | 5.0 | — | — | — |
| 环氧酸锌 | — | — | — | 6.0 | — | — | — |
| 壬基酚聚氧乙烯醚 | — | 1.0 | — | — | — | — | — |
| 辛基酚聚氧乙烯醚 | — | — | — | 2.0 | — | 1.0 | — |
| 脂肪醇聚氧乙烯醚 | — | — | — | — | — | — | 1.0 |
| 烯基丁二酸酯 | — | — | 5.0 | — | — | — | — |
| 磺化羊毛脂钙皂 | — | — | — | — | 8.0 | — | — |
| 失水山梨醇单油酸酯 | 1.5 | — | — | — | 5.0 | — | — |
| 失水山梨醇单硬脂酸酯 | — | — | 2.0 | — | — | — | — |
| 失水山梨醇单棕榈酸酯 | — | — | — | — | — | 0.5 | — |
| 氧化石油钡皂 | — | — | — | — | 4.0 | — | — |
| 苯并三氮唑 | 0.5 | — | — | — | 0.5 | 0.5 | — |
| 甲基三氮唑 | — | 0.5 | — | — | — | — | — |
| 2,6-二叔丁基-4-甲酚 | 2.0 | — | 1.0 | 0.5 | 0.5 | — | 1.0 |
| 二烷基二苯胺 | — | 1.0 | — | — | — | — | — |
| 二烷基二硫代磷酸锌 | — | — | — | — | — | 1.0 | — |
| α-巯基苯并噻唑 | — | — | — | 1.0 | — | — | — |

**制备方法**　先在反应釜中加入基础油，加温至110～130℃，脱水后加入防锈剂，在此温度下保温搅拌1～3h，降温至65～85℃后再加入抗氧化剂和雾化性能改进剂，搅拌0.5～1.5h过滤，即可。

**原料介绍**

基础油为40℃时黏度为6～32mm²/s的中性矿物油，如60SN、75SN、100SN、150SN，或者它们的调和物，优选60SN、75SN。

防锈剂为选自下述物质中的一种或一种以上：

（1）天然或合成的石油磺酸碱金属盐。

（2）羊毛酯衍生物及合成酯类。

（3）合成类的$C_{16}$～$C_{22}$的二元高分子羧酸或酰基取代的肌氨酸。

（4）分子量为300～750的高分子羧酸盐类。

（5）含氮的单杂环苯稠杂环类化合物，如石油磺酸钠、石油磺酸钙、石油磺酸钡；羊毛脂镁皂、磺化羊毛脂钙皂、丁三醇酯、烃基丁二酸酯、山梨糖醇单油酸酯；烷基丁二酸、烯基丁二酸、羟基脂肪酸、*N*-油酰肌氨酸；环烷酸皂、氧化石油酸皂、十七烯基咪唑啉烯基丁二酸盐；苯并三氮唑、甲基三氮唑和α-巯基苯并噻唑等。优选石油磺酸钠、石油磺酸钙、石油磺酸钡；磺化羊毛脂钙皂、烃基丁二酸酯、壬基萘磺酸钡、烯基丁二酸酯、烯基丁二酸、*N*-油酰肌氨酸、氧化石油酸皂、十七烯基咪唑啉烯基丁二酸盐和苯并三氮唑。雾化性能改进剂为油溶性的非离子表面活性剂，如烷基酚聚氧乙烯醚、脂肪醇聚氧乙烯醚或山梨醇脂肪酸酯类等，优选憎水基的失水山梨醇脂肪酸酯或碳数为8～12的烷基酚聚氧乙烯醚。

抗氧化剂为选自酚类、胺类和硫酸盐类抗氧化剂中的一种或一种以上，如2,6-二叔丁基-4-甲酚、烷基二苯胺或二烷基二硫代磷酸锌等，优选2,6-二叔丁基-4-

甲酚。

**产品应用** 本品用于普通钢板封存用防锈油。

**产品特性** 本品具有生产成本低、闪点高、可洗性良好和表面张力较低等优点。

## 配方 7 快干型金属薄层防锈油

**原料配比**

| 原料 | 配比(质量份) | | | |
|---|---|---|---|---|
| | 1# | 2# | 3# | 4# |
| 石油磺酸钙 | 10 | 7 | 9 | 8 |
| 二壬基萘磺酸钡 | 4 | 8 | 7 | 5 |
| 医用羊毛脂 | 3 | 2.5 | 2 | 4 |
| 十八铵盐 | 1 | 0.5 | 1.5 | 1 |
| N5#机油 | 37 | 38 | 40 | 35 |
| N32#机油 | 45 | 44 | 40.5 | 47 |

**制备方法**

(1) 将N5#机油和N32#机油加入反应釜中搅拌加热到110～120℃充分脱水。

(2) 将石油磺酸钙加入反应釜中，加热搅拌使其溶解。

(3) 从反应釜底部放出少量热油，在添加剂二壬基萘磺酸钡、十八铵盐、医用羊毛脂中加入热油，搅拌使其溶解为混合物。

(4) 将溶解后的混合物加入反应釜中加热搅拌，在110～115℃下反应3h。

(5) 待其温度降至40℃以下时过滤、装桶、包装。

**产品应用** 本品主要应用于轴承、机械零件的快干型薄层防锈处理。

**产品特性** 本品解决了轴承（零件）包装封存问题，保证防锈油在零件上快速形成较薄的油膜，防锈时间长。

## 配方 8 链条抗磨防锈专用脂

**原料配比**

| 原料 | 配比(质量份) | 原料 | 配比(质量份) |
|---|---|---|---|
| 烯基丁二酸酯 | 40 | 聚乙烯酯 | 50 |
| 501抗氧剂 | 8 | 85#地蜡 | 50 |
| 硬脂酸丁酯 | 8 | 基础油 | 800 |
| 二丁基二硫代氨基甲酸钼 | 40 | 硅油消泡剂 | 4 |

**制备方法** 将烯基丁二酸酯防锈剂、501抗氧剂、硬脂酸丁酯防腐剂、二丁基二硫代氨基甲酸钼分散剂、聚乙烯酯充分混合搅拌，在高温反应釜中加热至120℃，恒温2～4h，冷却，制成抗磨剂备用。将85#地蜡、基础油加入高温反应釜中，充分混合搅拌，加热至120℃，恒温2～4h，冷却至80℃，将前一步制得的抗磨剂加入，再加热至120℃，恒温2～4h，冷却时加入硅油消泡剂，搅拌，即得成品。

**产品应用** 本品用于链条防锈。

**产品特性**

(1) 具有优异的防锈性、极压性和抗磨性，能满足车用链条使用过程中的防锈、润滑和抗磨要求，在链条包装出厂前一次浸涂即可，而不必再换涂润滑剂。

(2) 具有优良的黏附性，能牢固地吸附在摩擦面上，在车辆运行中不会被离心力甩掉，可有效延长补油时间。

(3) 耐磨性能高，在持久耐磨试验中展现出较低的链条平均伸长量。

## 配方 9 磨削防锈两用油

**原料配比**

| 原料 | 配比(质量份) | | | 原料 | 配比(质量份) | | |
|---|---|---|---|---|---|---|---|
| | 1# | 2# | 3# | | 1# | 2# | 3# |
| 硼酸钠 | 5 | — | — | 硝基苯并三氮唑 | — | 0.4 | — |
| 硼酸钾 | — | 3 | — | 邻硝基酚钠 | — | — | 2 |
| 硼酸季戊四醇酯 | — | 10 | — | 二乙醇胺 | 5 | — | — |
| 硅酸钠 | — | — | 6 | 三乙醇胺 | — | — | 2 |
| 硼酸二乙醇胺 | 30 | — | — | 苯甲酸钠 | 0.5 | — | — |
| 硼酸三乙醇胺 | — | 45 | 7 | 四氯酚 | — | 0.8 | — |
| 表面活性剂 A | 2 | — | — | 五氯酚 | — | — | 0.2 |
| 表面活性剂 B | — | 1 | — | 氨基硅油 | 0.1 | — | — |
| 表面活性剂 C | — | — | 1 | 羟基硅油 | — | 0.005 | — |
| 邻硝基酚十八胺 | — | 0.2 | — | 甲基硅油 | — | — | 0.05 |
| 2-巯基苯并噻唑 | — | 0.9 | — | 水 | 加至 100 | 加至 100 | 加至 100 |
| 苯并三氮唑 | 0.2 | — | 1 | | | | |

**制备方法** 将各组分溶于水混合均匀即可。

**原料介绍**

本品的抗磨添加剂，是采用无机盐硼酸钠、硼酸钾、四硼酸钠、硅酸钠、磷酸钠、焦磷酸钠的一种或多种混合物和/或硼酸季戊四醇酯、硼酸山梨醇酯，硼酸二甘醇酯、硼酸乙二醇酯的一种或多种混合物。

本品中防锈剂，是硼酸单乙醇胺、硼酸二乙醇胺、硼酸三乙醇胺、钼酸二乙醇胺、钼酸三乙醇胺、苯甲酸单乙醇胺、苯甲酸二乙醇胺、苯甲酸三乙醇胺、苯甲酸铵、邻硝基酚钠、邻硝基酚二环异己胺、邻硝基酚十八胺、苯并三氮唑、硝基苯并三氮唑、2-巯基苯并噻唑、环己胺、单乙醇胺、二乙醇胺、三乙醇胺的多种混合物。

本品中润湿剂（表面活性剂）采用如下方法制备：聚烃基羧酸或酸酐与羟基化合物酯化反应，聚烃基羧酸中的聚烃基的数均分子量为 200～800，优选为 300～500。聚烃基可以来自碳四或碳五烯烃的聚合物；羧酸或酸酐来自马来酸、马来酸酐、富马酸、戊二酸、己二酸，最好选用马来酸酐；羟基化合物来自一种或一种以上的羟基化合物，二乙醇胺、三乙醇胺、甘油、山梨醇、季戊四醇等；其中表面活性剂 A 为烃基数均分子量为 500 的聚异丁烯马来酸三乙醇胺酯（1∶2），表面活性剂 B 为烃基数均分子量为 300 的聚异丁烯马来酸聚氧乙烯醚（10）（1∶2），表面活性剂 C 为烃基数均分子量为 400 的聚异丁烯马来酸二乙醇胺酯（1∶4）。

本品的消泡剂是聚醚、甲基硅油、羟基硅油、氨基硅油、二氧化硅中的一种或几种。

本品中防腐剂是五氯酚、四氯酚、邻苯基酚、2,4-二硝基酚、2-羟基甲基-2-硝基-1,3-丙二醇的一种或多种混合物。

**产品应用** 本品用于工序间防锈。

**产品特性**

(1) 本品所用润湿剂是以廉价碳四、碳五聚合的亲油基与多羟基化合物合成得到的廉价润湿剂。润湿剂可使磨削防锈两用油均匀地涂覆在金属表面，比甘油类增稠剂与金属表面亲和力要高得多；

（2）本品的抗磨添加剂用硼酸盐或硼酸酯化合物，极压性高，对环境友好；

（3）本品使用的是对环境无污染的硼、氮类化合物；

（4）本品为磨削与工序间防锈两用油，达到一油两用的目的。

## 配方 10 汽车钢板用防锈油

### 原料配比

| 原料 | | 配比(质量份) | | |
|---|---|---|---|---|
| | | 1# | 2# | 3# |
| 防锈剂 | 35号石油磺酸钠 | 3 | 2 | — |
| | 二壬基萘磺酸钡 | 5 | 6 | 8 |
| | 石油磺酸钡 | — | 2 | — |
| | 山梨糖醇酐单油酸酯 | 3 | — | 2 |
| | 环烷酸锌 | — | — | 2 |
| | 十二烯基丁二酸 | 1 | 2 | 2 |
| 润滑剂 | 二烷基二硫代磷酸锌 | 2 | 3 | 3 |
| | 硫化脂肪酸酯 Starlub 4161 | — | 3 | — |
| | 磷酸酯 Hordaphos 774 | 3 | — | 3 |
| 辅助添加剂 | 壬基酚聚氧乙烯醚 OP-4 | 2 | 3 | 3.5 |
| | 壬基酚聚氧乙烯醚 NP-7 | 1 | — | — |
| 抗氧剂 | 叔丁基对甲酚 | 1 | 1.5 | 1 |
| 矿物油 | L-AN5 全损耗系统用油 | 34 | — | 32.5 |
| | L-AN32 全损耗系统用油 | 45 | — | 43 |
| | L-AN15 全损耗系统用油 | — | 77.5 | — |

**制备方法** 先将矿物油加热至130～140℃，再加入防锈剂、辅助添加剂、抗氧剂，使其溶解，并充分搅拌，然后待其自然冷却到70℃以下，加入润滑剂，充分搅拌，待其自然冷却至室温即制成汽车钢板用防锈油。

**产品应用** 本品用作汽车钢板用防锈油。

**产品特性** 本品解决了防锈油中防锈性与润滑性和脱脂性的相关平衡，满足了汽车钢板用防锈油的性能要求。

## 配方 11 汽车液体防锈蜡

### 原料配比

| 原料 | 配比(质量份) | | | |
|---|---|---|---|---|
| | 1# | 2# | 3# | 4# |
| 微晶蜡(熔点54℃) | 10 | — | — | — |
| 微晶蜡(熔点70℃) | — | — | 30 | — |
| 微晶蜡(熔点75℃) | — | — | — | 40 |
| 微晶蜡(熔点90℃) | — | 25 | — | — |
| 氯化石蜡 | 5 | — | — | — |
| 液体石蜡 | — | 5 | — | — |
| 白油 | — | — | 1 | — |
| 凡士林 | — | — | — | 1 |
| 石油树脂 | — | — | — | 10 |
| 溶剂油(馏点200℃) | 85 | — | — | — |
| 溶剂油(馏点80℃) | — | 70 | — | — |
| 溶剂油(馏点120℃) | — | — | 69 | — |
| 溶剂油(馏点160℃) | — | — | — | 49 |

**制备方法** 将微晶蜡、氯化石蜡、凡士林、液体石蜡、石油树脂与溶剂油混合，制成淡黄色不透明稠状液体，即可。

**原料介绍** 蜡烃类混合物是氯化石蜡、液体石蜡、白油、精制石蜡、凡士林等。由于选用了添加剂对蜡进行了改性，使蜡膜干性好，致密，黏着力好，满足了生产快节奏的要求，并且物理力学性能、耐腐蚀性能优良，与底盘漆配套性能好。蜡液成膜性好，蜡膜完整、均匀、致密。

**产品应用** 本品为汽车专用液体防锈蜡。喷涂在沥青电泳漆上耐盐雾时间≥288h；喷涂在聚丁二烯电泳漆上耐湿热≥480h，蜡膜无变化，漆膜无明显变化。

**产品特性** 该液体蜡蜡膜平整、均匀、致密；常温干性好，指干时间为20～40min；黏着力好，具有优良的耐腐蚀性能及耐候性能，且成本低廉。

## 配方 12 软膜防锈油

**原料配比**

**1. 复合型防锈添加剂制备**

| 原料 | 配比(质量份) | 原料 | 配比(质量份) |
|---|---|---|---|
| 石油树脂 | 36 | 苯三唑十八胺 | 2 |
| 氧化石油脂钡皂 | 48 | 斯盘-80 | 7 |
| 二聚酸 | 7 | | |

**制备方法** 将上述成分混合，制得复合型防锈添加剂。

**2. 复合成膜材料的制备**

| 原料 | 配比(质量份) |
|---|---|
| 石油树脂 | 42 |
| 乙烯丙烯共聚物 | 33 |
| HVI精制矿油 | 25 |

**制备方法** 将上述各组分混合均匀，得到复合成膜材料。

**3. 混合石油溶剂的制备**

| 原料 | 配比(质量份) |
|---|---|
| 200号溶剂汽油 | 80 |
| 灯用煤油 | 29 |
| 2,6-二叔丁基对甲酚 | 1 |

**制备方法** 将各组分混合制得石油溶剂。

**4. 防锈油的制备**

| 原料 | 配比(质量份) |
|---|---|
| 石油溶剂 | 60 |
| 复合型防锈添加剂 | 20 |
| 复合成膜材料 | 20 |

**制备方法** 将各组分混合，得到溶剂稀释型软膜防锈油。

**产品应用** 本品为溶剂稀释型软膜防锈油，能满足沿海、海上运输和湿地区有色金属和黑色金属制品的封存防锈要求，封存防锈期3～5年。

**产品特性** 本品由复合型防锈添加剂、复合成膜材料能与石油溶剂充分溶解，制成的溶剂稀释型软膜防锈油具有极好的抗盐雾性能和抗湿热性能，油膜薄，不大于20μm，油膜透明。

## 配方 13 水基防锈保护蜡剂

**原料配比**

| 原料 | 配比(质量份) | | | | |
|---|---|---|---|---|---|
| | 1# | 2# | 3# | 4# | 5# |
| 滴点 100℃的氧化聚乙烯蜡 | 6 | — | — | — | — |
| 滴点 90℃的聚乙烯蜡 | — | 8 | — | 15 | — |
| 石油微晶蜡 | — | — | 14 | 6 | 14 |
| 褐煤蜡 | 4 | 7 | 4 | — | 10 |
| 松香 | 12 | — | — | — | — |
| 石油树脂 | — | — | 10 | — | 8 |
| 乙烯-乙酸乙烯共聚物 | 6 | 6 | — | 5 | 2 |
| 氧化聚乙烯低聚物 | — | — | 7 | — | — |
| 松香改性树脂 | — | 14 | — | 7 | — |
| 聚乙烯醇 | 6 | — | — | 2 | — |
| 植物油酸 | — | 5 | — | — | — |
| 十六烷酸 | 4 | — | — | — | — |
| 乳化剂 O-15 | — | 5 | — | — | — |
| 硬脂酸 | — | — | 6 | 4 | — |
| 十四烷酸 | — | — | — | — | 5 |
| 失水山梨醇单油酸酯 | 3 | — | — | — | — |
| 失水山梨醇单硬脂酸酯 | — | 3 | — | — | — |
| 聚氧乙烯失水山梨醇单硬脂酸酯 | — | — | 2 | — | — |
| 松节油 | — | — | — | 3 | 3 |
| 乳化剂 OS-20 | — | — | 4 | — | — |
| 平平加 A-20 | 5 | — | — | — | — |
| 乳化剂 OS-15 | — | — | — | 5 | — |
| 硼砂 | 1 | — | 1 | — | — |
| 聚乙烯脂肪胺 | — | — | — | — | 1 |
| 苯甲酸钠 | — | 2 | — | 1 | — |
| 壬基酚聚氧乙烯醚 | — | — | — | — | 4 |
| 水 | 加至 100 | 加至 100 | 加至 100 | 加至 100 | 加至 100 |

**制备方法** 按照配方称取蜡、树脂、助剂、乳化剂和防腐剂加入反应器中，缓慢加热至 105～115℃，搅拌混合反应 5～15min，然后在高速搅拌下加入 80～95℃的热水混合分散乳化，恒定 15～25min，再经均化器处理，即可。

**原料介绍** 所述的蜡是滴点为 90～100℃的聚乙烯蜡、褐煤蜡、石油微晶蜡中的一种或几种；所述的树脂选自乙烯-乙酸乙烯共聚物、松香、松香改性树脂、氧化聚乙烯低聚物、聚乙烯醇中的一种或几种；所述的助剂是脂肪酸、松节油，或它们的混合物；所述的乳化剂选自非离子表面活性剂脂肪醇聚氧乙烯醚、失水山梨醇单油酸酯、失水山梨醇单硬脂酸酯、失水山梨醇三硬脂酸酯、聚氧乙烯失水山梨醇单硬脂酸酯、脂肪醇聚氧乙烯酯、聚氧乙烯脂肪胺或烷基酚聚氧乙烯醚中的一种或几种；所述的防腐剂是硼砂、苯甲酸钠，或它们的混合物。

**产品应用** 本品适用于汽车、拖拉机底盘，农用机械及机械配件漆面的保护处理。

**产品特性** 本品满足了钢铁工业中在钢板连续化生产时喷涂防锈油脂的技术要求，加入极少量的导电聚苯胺，就可达到非常好的防腐效果。在钢板涂覆此种油脂，盐雾试验超过400～500h。

## 配方14 脱水防锈油

**原料配比**

| 原料 | 配比(质量份) | | | 原料 | 配比(质量份) | | |
|---|---|---|---|---|---|---|---|
| | 1# | 2# | 3# | | 1# | 2# | 3# |
| 脱臭煤油 | 56 | — | — | 磺酸钡 | — | — | 4 |
| 液压油 | 30 | — | — | 硬脂酸 | — | — | 2 |
| 高速机械油 | — | 89.7 | — | 环烷酸锌 | — | — | 1 |
| 变压器油 | — | — | 49.5 | 异丁醇 | 5 | 2 | — |
| 轻柴油 | — | — | 40 | 油酸 | — | 2 | — |
| 羊毛脂镁皂 | 1 | — | — | 石油醚 | — | — | 2 |
| 二壬基萘磺酸钡 | 3 | — | — | 对苯二酚 | 0.5 | — | — |
| 油酸三乙醇胺 | 3 | — | — | 叔丁基甲酚 | — | 0.5 | — |
| 石蜡 | 1 | — | — | 工业卵磷脂 | — | 0.5 | — |
| 石油磺酸钡 | — | 2 | — | 斯盘-80 | 0.5 | — | — |
| 石油磺酸钠 | — | 1 | — | 二烷基对苯二酚 | — | — | 0.5 |
| 羊毛脂 | — | 0.5 | — | 苯并三氮唑 | — | 0.3 | — |
| 邻苯二甲酸二丁酯 | — | 1.5 | — | 植酸 | — | — | 1 |

**制备方法** 先将矿物油加热至150～180℃，再加入防锈添加剂、抗氧化剂各固体组分，再加入脱水添加剂等其他组分，使其溶解，并充分搅拌，然后待其自然冷却至60℃以下时加入其他添加剂，充分搅拌，待其自然冷却至室温即制成本脱水防锈油。

**原料介绍**

矿物油为机械油、变压器油、锭子油、液压油、高速机械油、脱臭煤油、脱蜡煤油、灯用煤油、轻柴油等矿物油中选择1～3种；

防锈添加剂为石油磺酸钡、石油磺酸钠、油酸三乙醇胺、羊毛脂、石蜡、硬脂酸、硬脂酸钠、羊毛脂镁皂、邻苯二甲酸二丁酯、邻苯二甲酸二辛酯、二壬基萘磺酸钡、环烷酸锌、环烷酸镁、十二烯基丁二酸、苯乙醇胺等，可选择2～4种；

脱水添加剂为油酸、异丁醇、甲醇、乙醇、丙酮、石油醚等，可选择1～2种；

抗氧化剂为对苯二酚、叔丁基甲酚、二烷基对苯二酚、工业卵磷脂、有机硒化物、叔丁基对甲酚等中选择1～2种；

其他添加剂为苯并三氮唑、2-羟基十八烷酸、斯盘-80、植酸等。

**产品应用** 本品用于金属表面脱水防锈处理。

**产品特性**

(1) 脱水速度快，表面附有水膜的各类金属件，在本品中浸泡2～5min即可脱净水分；

(2) 防锈期长，一般钢铁件，经本品处理后，其表面附有一层匀质油相防锈层，其防锈期为1～2年。

## 配方 15 脱液型水膜置换防锈油

**原料配比**

| 原料 | 配比(质量份) | | 原料 | 配比(质量份) | |
|---|---|---|---|---|---|
| | 1# | 2# | | 1# | 2# |
| 二壬基萘磺酸钡 | 7～14 | 10 | 酚醛树脂 | — | 0.1 |
| 十二烯基丁二酸十七烯基咪唑啉盐 | 1～3 | 1 | 苯并三氮唑 | — | 2 |
| | | | 2,6-二叔丁基对甲酚 | — | 0.2 |
| 氧化石油脂钡皂 | 4～8 | — | 油溶性树脂 | 0～4 | — |
| 氧化蜡膏(酸值≥20mgKOH/g) | — | 6 | N46 机械油 | 4～8 | |
| 氢氧化钡(氧化蜡膏酸值用量波动在 0.8%～1.2%之间) | — | 1 | 30#机械油 | — | 5 |
| | | | 灯用煤油 | 63～84 | 74.7 |

**制备方法** 将各组分混合均匀即可。

**产品应用** 用于黑色金属机械产品或零配件，能直接脱除金属表面离子型和非离子型水剂清洗液，并能长期封存。

**产品特性** 本产品具有操作简便、价廉、节能、来源广泛、防锈效果好、对商品清洗剂适用广泛、脱液速度快等优点。

## 配方 16 抗静电软膜防锈油

**原料配比**

| 原料 | 配比(质量份) | 原料 | 配比(质量份) |
|---|---|---|---|
| 25#变压器油 | 75 | 701 | 3 |
| 溶剂油 | 10 | 703 | 1 |
| HYB | 3 | 705 | 3 |
| 人造松香 | 1 | 746 及添加剂 | 4 |

**制备方法** 将各组分混合均匀即可。

**产品应用** 本品适用于钢板等金属材料的防锈。

**产品特性** 本品具有很好的耐盐雾、耐湿热等防锈性能，有较强的抗静电能力。本品有良好的外观、简单的调制工艺、合理的制造成本、完全可以满足静电喷涂工艺的需求。

## 配方 17 长效防锈油

**原料配比**

| 原料 | 配比(质量份) | | | |
|---|---|---|---|---|
| | 1# | 2# | 3# | 4# |
| 10 号机械油 | 79.6 | 89.8 | 90.0 | 79.6 |
| 石油磺酸钡 | 10.0 | 5.0 | 5.0 | 10.0 |
| 苯并三氮唑 | 0.2 | 0.1 | 0.1 | 0.2 |
| 十二烯基丁二酸 | 1.8 | 0.9 | 0.9 | 1.8 |
| 羊毛脂 | 8.0 | 4.0 | 4.0 | 8.0 |
| 失水山梨醇单油酸酯 | 0.4 | 0.2 | — | 0.4 |

**制备方法** 在容器中加入所称 10 号机械油的一部分，升温至 60～80℃，加入石油磺酸钡、苯并三氮唑。搅拌并升温到 120℃，使各物料充分混匀；然后按比例补足 10 号机械油，于 120℃左右继续搅拌，直至机械油充分脱水；在不断搅拌下降温

至80℃后，加入十二烯基丁二酸、羊毛脂；降温到60℃后加入失水山梨醇单油酸酯，不断搅拌使全部物料混匀；不断搅拌下降温至40～50℃，过滤去杂后即得防锈油。

**产品应用** 本品用于金属表面的防锈处理。

**产品特性** 本品防锈效果好，长效，能在恶劣环境下使用。

## 配方18 长效防锈脂

**原料配比**

| 原料 | 配比(质量份) | | | 原料 | 配比(质量份) | | |
|---|---|---|---|---|---|---|---|
| | 1# | 2# | 3# | | 1# | 2# | 3# |
| 机械油 | 80 | 85 | 75 | 石油磺酸钡 | 2 | 1 | 3 |
| 硬脂酸 | 15 | 10 | 18 | 水 | 2 | 1 | 2 |
| 氢氧化钙 | 3 | 1 | 4 | | | | |

**制备方法** 首先在反应釜内加入少量的机械油、硬脂酸、氢氧化钙、石油磺酸钡，注入一定量的水，加温至130℃充分皂化，过1～2h后，再加入余量机械油，保温在100℃左右约1h。

**产品应用** 本品主要应用于钢轨接头、混凝土轨枕、道岔、桥梁等各部螺栓的防腐、润滑，具有一定的耐酸、碱、盐的作用。

**产品特性** 本品原料之间具有相互协同作用，可抗日晒雨淋，金属紧固件涂上本品后，防锈功能显著改善，防锈性能可达三年。另外，本品原料易购，工艺操作简单，可减少生产成本。

## 配方19 脂型防锈油

**原料配比**

| 原料 | 配比(质量份) | | | |
|---|---|---|---|---|
| | 1# | 2# | 3# | 4# |
| 凡士林 | 70 | 74 | 76 | 75 |
| 22#机械油 | 15 | 11 | 8 | 10 |
| 石油磺酸钙 | 2 | 2 | 1 | 1 |
| 山梨糖醇单油酸酯 | 2 | 3 | 3 | 2 |
| *N*-油酰基氨酸十八胺盐 | 2 | 2.5 | 3 | 1.5 |
| 苯并三氮唑 | 0.4 | 0.6 | 0.8 | 1 |
| 苯三唑三丁胺 | 1 | 0.8 | 0.6 | 0.4 |
| 十八胺 | 0.7 | 1 | 1.3 | 1.5 |
| 硬脂酸 | 2 | 3 | 4 | 5 |
| 酚醛树脂 | 4.9 | 2.1 | 2.3 | 2.6 |

**制备方法** 将凡士林和22#机械油加入反应釜内，升温到70℃，加入硬脂酸、酚醛树脂，搅拌15min，保持70℃，依次加入石油磺酸钙、山梨糖醇单油酸酯、*N*-油酰基氨酸十八胺盐和苯并三氮唑，搅拌30min；待冷却到60℃，加入苯三唑三丁胺和十八胺，再搅拌1h即可。

**原料介绍**

基础油脂选自于凡士林或机械油，或者它们的混合物。凡士林为医用级凡士林；机械油为22#机械油。

防锈剂选自石油磺酸钠、石油磺酸钙、石油磺酸钡、山梨糖醇单油酸酯、羊毛脂镁皂、环烷酸皂、*N*-油酰基氨酸十八胺盐、苯并三氮唑、甲基苯并三氮唑等防锈剂中的一种或四种的混合物。优选为石油磺酸钙、山梨糖醇单油酸酯、*N*-油酰基氨酸十八胺盐和苯并三氮唑。其中，石油磺酸钙既是防锈剂又是清净分散剂，防锈效果与石油磺酸钡相似，而且无毒，具有良好的酸中和性能和一定的增溶性能；山梨糖醇单油酸酯具有良好的抗湿热性；*N*-油酰基氨酸十八胺盐是具有多种基团的表面活性剂，不但具有良好的抗湿热性，还有良好的抗盐雾性和酸中和性；苯并三氮唑对铜等有色金属具有良好的缓蚀防锈功能。

气相防锈剂是十八胺或苯三唑三丁胺，或者它们的混合物。其中，十八胺和苯三唑三丁胺具有接触防锈和气相防锈功能，能对多种金属起到防锈和气相防锈功能。

脂膜改性剂是硬脂酸或酚醛树脂，或者它们的混合物。硬脂酸使油膜具有良好的施工性；酚醛树脂使油膜具有良好的疏水性和致密性。

**产品应用** 本品主要应用于各种金属器具、精密仪器、机械设备、机加工行业车间金属转序等的防锈。

**产品特性** 本品具有抗日晒雨淋，高温不流失，低温不开裂，油膜透明、柔软，涂覆性好，易去除的特点；加入了气相防锈剂，使脂型防锈油兼具一定的气相防锈性，独特的VCI技术，能够在常温下挥发出具有防锈作用的缓蚀粒子。由于本品中气相缓蚀剂粒子挥发性较高，只要它的蒸气能够到达金属表面，就能使金属得到保护。

## 配方 20 水溶性防锈剂

**原料配比**

| 原料 | 配比(质量份) | | | | | |
|---|---|---|---|---|---|---|
| | 1# | 2# | 3# | 4# | 5# | 6# |
| 石油磺酸钡 | 6 | — | 4 | 8 | 8 | 8 |
| 二壬癸基磺酸钡 | — | 5 | 3 | 2 | 2 | 2 |
| 钼酸钠 | 3 | — | 2 | 3 | 3 | 3 |
| 钼酸铵 | — | 4 | 3 | 3 | 3 | 3 |
| 癸二酸 | — | 8 | 6 | 4 | 6 | 4 |
| 油酸三乙醇胺皂 | 15 | — | 8 | 5 | 8 | 5 |
| S-80 | — | 5 | 6 | 3 | 6 | 3 |
| 甘油 | — | 3 | 6 | 2 | 6 | 2 |
| 聚丙烯酸酯 | 10 | 8 | 6 | 5 | 5 | 5 |
| 石油磺酸钠 | — | 8 | 12 | 15 | 15 | 15 |
| 水 | 加至100 | 加至100 | 加至100 | 加至100 | — | — |
| 机械油 | — | — | — | — | 加至100 | 加至100 |

**制备方法** 将石油磺酸钡、二壬癸基磺酸钡、乳化剂S-80、石油磺酸钠混合于25%的15或46号机械油中，加热至105～110℃，使其完全溶解，得中间体1；将钼酸钠、钼酸铵加热至60～70℃溶化，得中间体2；在中间体2中加入甘油、癸二酸、油酸三乙醇胺皂、聚丙烯酸酯，加热至80～90℃得中间体3。将中间体3、中间

体1、余量的15或46号机械油，三者混合搅拌，得水溶性防锈剂浓缩液。使用时加入70%水稀释成工作液，浸、涂或喷于工作表面。

**原料介绍**

所述石油磺酸钡、二壬癸基磺酸钡，为高分子有机防锈剂，不仅具有优良的防锈性能，而且具有较好的抗水性能和乳化性能，很容易与高分子成膜物质结合成防锈保护膜，并且成膜快。其中二壬癸基磺酸钡的防锈性能和抗水性能，优于石油磺酸钡，只是价格相对高一点。

所述钼酸钠、钼酸胺、癸二酸为无机防锈剂，与前述有机防锈剂复配使用，具有叠加防锈效果，表现出较长防锈期，可以达到3～6个月防锈。癸二酸价格相对钼酸钠、钼酸胺价格便宜一些，可以部分替代，减少钼酸钠、钼酸胺用量，具有大致相仿效果，但可以降低产品成本。

所述聚丙烯酸酯，在本品中作为成膜剂使用，与上述有机、无机防锈剂结合，可在黑色金属表面形成常温不溶于水、温水中即溶的防锈保护薄膜，附着于黑色金属表面，在常温下隔绝空气、水分与金属表面的接触，从而达到较长时间防锈，在热水中即溶解，去膜简便，此为本品水性防锈剂关键点之一。

所述油酸三乙醇胺皂、山梨醇酐单油酸酯，在本品中作乳化剂使用，起到连接成膜剂与防锈剂架桥作用，三者混合能很好地结合形成薄的防锈保护膜，附着在黑色金属表面，同时还具备优良的防锈性能，有利于延长防锈期。加入乳化剂可以加快防锈剂的成膜速度，实现在金属工件表面快速成膜。

所述石油磺酸钠，在本品中具有促进乳化剂与防锈剂结合的功效，提高乳化效果，有利于防锈剂的均匀分布。

所述甘油，在本品中主要起湿润作用，保护使用者人体皮肤，避免接触造成对皮肤的损伤，并兼有一定防锈作用。

所述机械油，又称全损耗系统用油，常用牌号有5、7、10、15、32、46、100等，在本品中均可适用，代替水溶剂可以制成浓缩液，使用时再加2～2.5倍左右的水稀释使用，这样可减少运输量，节约成本，特别适合于远距离使用。本品较好采用15～46号中等黏度牌号，中等黏度既易充分混合，又具有相对较好的效果。

**产品应用** 本品主要应用于金属防锈。

**产品特性** 本品由于选择在常温能溶于水，遇黑色金属能成膜物质，以及选择防锈性能好，且能与成膜剂结合的有机、无机防锈成分，通过乳化剂的架桥作用结合组成不溶于冷水的防锈保护膜，各助剂均有一定的防锈功能的协同叠加作用。较现有水溶性防锈剂，具有成膜时间短、快干性好的特点，1～2min即成膜，成膜吸附牢固，在黑色金属表面具有极强的吸附能力，常温环境水汽不会渗至金属表面，因而具有很好的防锈效果。中性盐雾试验时间长达6h，实际防锈使用可以达到3～6个月不生锈；成膜薄而致密，仅3～5$\mu m$，不改变加工件表面，一般工件不需除膜可以直接装配、涂装；除膜方便，退膜只需在50℃以上温水中浸泡、漂洗即可快速除膜，清洗水量少，用水量只有正常清洗的1/3，可节约大量清洗材料和人工费用，成膜、去膜均较方便。防锈剂组分中不含有毒有害物质，也不含磷，环保性好，不会造成对环境的污染，为环境友好型水溶性防锈剂。

## 配方 21 水溶性金属防锈剂

**原料配比**

| 原料 | 配比(质量份) | | | 原料 | 配比(质量份) | | |
|---|---|---|---|---|---|---|---|
| | 1# | 2# | 3# | | 1# | 2# | 3# |
| 硼酸 | 1 | 1 | 1 | 六亚甲基四胺 | — | 0.08 | 0.07 |
| 氨水(27%) | 0.9 | 0.1 | 0.1 | OP-10 乳化剂 | — | 0.05 | 0.04 |
| 氢氧化钠 | 0.03 | 0.036 | 0.036 | 水 | — | — | 7 |

**制备方法** 1#配方制作：分别称取硼酸 1kg，量取质量分数为 27%的浓氨水 900mL，称氢氧化钠 30g，将硼酸、氨水依次加入反应容器中，加热至沸腾，持续约 30min，缓缓加入氢氧化钠 30g，每次加 5g，每 20min 加一次，共加 6 次，再加热至沸腾 20min，制得母液。

若考虑商品化，可再冷却至 20℃以下，自然结晶，烘干，制得 0.8kg 粉剂。

2#配方制作：分别称取硼酸 1kg，量取质量分数为 27%的浓氨水 100mL，称取氢氧化钠 36g，按 1#所示方法制得母液，不同之处在于，在加入氢氧化钠时，每次加 6g，其余相同。

将制得的母液放入反应锅中，称取六亚甲基四胺 80g 加入反应锅，量取 OP-10 乳化剂 50mL 加入反应锅，搅拌均匀，加热至 40℃，即制得成品。

3#配方制作：母液制备方法同 2#，将制得的母液，加入已有 7kg 水的反应锅中，称取六亚甲基四胺 70g 加入反应锅，再量取 OP-10 乳化剂 40mL 加入反应锅，搅拌，加热至 40℃，即可制得成品。

**产品应用** 本品用于表面有油污金属材料防锈处理、钢铁防锈及有色金属如铜材、铝材的防锈处理。

使用时，本品 1 份加水 1.2～1.3 份稀释，制得防锈液，通过浸渍、喷淋或涂刷，在金属件表面形成一薄层防锈液膜层即可。

**产品特性**

(1) 因为本品为水溶性无机盐型金属防锈剂，将防锈液附着于金属表面，水分蒸发后，便形成附着于金属表面的致密保护膜，可稳定金属表面 pH 值，使金属表面含氧量大大降低，起到防锈作用，当防锈液浓度达到或超过 10%时，防锈期可超过 1 个月。

(2) 本品附着于金属表面，但不与金属表面基体产生化学反应，能保持金属表面平整、润湿、光滑，特别适宜后序需钎焊的金属，且钎焊前不需将防锈液洗去，可直接进行钎焊，使焊接性能进一步提高。

(3) 防锈剂工艺性能好，能与水以任意比例相溶，溶液可反复使用，防锈液在金属表面使用后，不干燥，比较湿润，给机加工带来方便，同时清洗也比较方便，只需将金属在约 40℃温水中浸泡 30 秒～1min 即可将防锈液除净。

## 配方 22 水性防锈剂

**原料配比**

| 原料 | 配比(质量份) | 原料 | 配比(质量份) |
|---|---|---|---|
| 聚乙二醇 | 5 | 硫脲 | 0.15 |
| 苯甲酸特丁 | 5 | 三乙醇胺 | 3 |
| 亚硝酸环己胺 | 3 | 磷酸三钠 | 3 |
| 亚硝酸钠 | 7 | 海波 | 0.01 |
| 苯甲酸钠 | 3 | 水 | 70.84 |

**制备方法** 将各组分溶于水中，混合搅拌均匀即可。

**产品应用** 本品适用于钢材、铸铁、铜材等有防锈要求的地方，尤其适用机械零件工间防锈。

**产品特性** 本产品的优点是不含二甲苯、汽油等有害、易燃物质，安全、成本低，常温操作，防锈后能直接电焊，且焊接处耐冲击、拉力。

## 配方 23 水性金属阻锈剂

**原料配比**

| 原料 | 配比(质量份) | | | 原料 | 配比(质量份) | | |
|---|---|---|---|---|---|---|---|
| | 1# | 2# | 3# | | 1# | 2# | 3# |
| 三乙醇胺 | 4 | 5 | 6 | $NaHCO_3$ | 0.9 | 1 | 1.1 |
| 苯甲酸钠 | 1.5 | 2.25 | 3 | 丙三醇 | 0.8 | 0.95 | 1.1 |
| $NaNO_2$ | 10 | 13 | 15 | 水 | 加至 100 | 加至 100 | 加至 100 |
| $NaH_2PO_4$ | 0.15 | 0.2 | 0.3 | | | | |

**制备方法**

(1) 取三乙醇胺、苯甲酸钠加入水中混合均匀，充分反应，反应至淡黄色透明状液体，且 pH 值=8～9，待用。

(2) 向上述溶液中依次加入 $NaNO_2$、$NaH_2PO_4$、$NaHCO_3$，在 30～40℃之间，以转速 150r/min 进行搅拌，充分混合 2h，至 pH 值大于 9。

(3) 向以上反应液中加入丙三醇，并快速搅匀，制得最终产品，颜色为白色液体，当静置 24h 后为淡黄色透明液体。

**原料介绍** 本品以多种无机盐为合成基料，以水为分散介质，含有碱性防锈剂和在高温下（250℃以上）能与钢铁反应形成防锈氧化膜的氧化促进剂；碱性防锈剂选用三乙醇胺，起阻蚀调节平衡剂的作用；氧化促进剂选用 $NaNO_2$、$NaH_2PO_4$、$NaHCO_3$ 等无机化工原料，其作用是借助钢铁本身温度与钢铁表面的 FeO 的铁离子进行反应，最终生成一层致密的 $Fe_3O_4$ 保护膜，这层保护膜钢铁本身生成，十分牢固，且不影响钢铁的其他性能。$Fe_3O_4$ 保护膜具有很强的耐雨水、大气、海气腐蚀作用，$Fe_3O_4$ 本身是 Fe 的高价化合物，不易得失电子，从而本身不易被电化学腐蚀；此外，$Fe_3O_4$ 膜比较致密，隔绝了大气中的腐蚀气与潮气进入钢铁内部，使电化学腐蚀不能进行，从而起到钢铁在运输、储存过程中的阻锈作用。

**产品应用** 本品主要应用于金属阻锈。

**产品特性** 本品可直接在钢铁生产线上喷涂，借助钢铁本身的热量参加反应，生成抗腐蚀氧化膜，节约大量人力、物力，使钢铁下线就披上一层保护衣，并使钢铁起到美容作用。

## 配方 24 铜合金防锈剂

**原料配比**

| 原料 | 配比(质量份) | 原料 | 配比(质量份) |
|---|---|---|---|
| 稀盐酸 | 15 | 无水乙醇 | 2 |
| 铬酸酐 | 3 | 氯化亚锡 | 3 |
| 十四烷基三甲基氯化铵 | 3 | 去离子水 | 加至 100 |

**制备方法** 在去离子水中分别加入稀盐酸、铬酸酐、十四烷基三甲基氯化铵、

无水乙醇、氯化亚锡，即可得到成品防锈剂。

**产品应用** 本品主要应用于铜合金防锈。

使用方法：将除锈剂加热至 40～50℃之间，将所要清洗的金属浸于本溶液中 4～5min，取出即可。当使用 4～5min 后不能完全除净油污锈迹时，可根据溶液实际动力，适当延长浸泡时间，直至除净为止。

**产品特性**

(1) 除锈剂中选用 pH 调节剂与表面活性剂配合使用，能够大大减缓酸对黑色工件的腐蚀速度，在清洗掉锈迹的同时还保证了较好的表面状态。

(2) 除锈剂中加入了表面活性剂，能够降低其表面张力，增强渗透性，提高对黑色金属工件的清洗效果。

(3) 除锈剂中合理配比钝化剂和固化剂，能很好地对清洗后的工件进行全方位的保护，使清洗后的工件不易氧化，不易生锈。

(4) 除锈剂中选用的化学试剂，不污染环境，不易燃烧，属于非破坏臭氧层物质，清洗后的废液便于处理排放，能够满足环保“三废”排放要求。

(5) 制备工艺简单，操作方便，使用安全可靠。

## 配方 25 铜合金加工用防锈剂

**原料配比**

| 原料 | 配比(质量份) | | | | | |
|---|---|---|---|---|---|---|
| | 1# | 2# | 3# | 4# | 5# | 6# |
| 五羟基己酸钠 | 10 | 8 | 8 | — | 8 | 8 |
| 苯并三氮唑钠(BTANa) | — | — | — | 8 | 1 | — |
| 三聚硅酸钠 | 5 | — | — | 4 | — | — |
| 无水硅酸钠 | — | — | — | 6 | 3 | — |
| 二硅酸钠 | — | — | 5 | — | — | 9 |
| 硅酸钠 | 3 | 6 | 5 | — | 7 | — |
| 硅酸钾 | — | 4 | — | — | — | 1 |
| 聚合度为 20 的脂肪醇聚氧乙烯醚 | 5 | — | — | — | — | — |
| 聚合度为 25 的脂肪醇聚氧乙烯醚 | — | 5 | — | — | — | — |
| 聚合度为 40 的脂肪醇聚氧乙烯醚 | — | — | 5 | — | — | — |
| 月桂酰单乙醇胺 | — | — | — | 6 | 5 | 5 |
| 氢氧化钾 | 2 | — | — | — | — | — |
| 三乙醇胺 | — | — | — | — | 3 | — |
| 乙二胺 | — | — | — | — | — | 3 |
| 氢氧化钠 | — | — | 3 | — | — | — |
| 过氧焦磷酸钠 | — | — | — | 4 | — | — |
| 氨水 | — | 1 | — | — | — | — |
| 去离子水 | 加至 100 | 加至 100 | 加至 100 | 加至 100 | 加至 100 | 加至 100 |

**制备方法** 将配方量的缓蚀剂、硅酸盐、表面活性剂、pH 调节剂加入去离子水中，搅拌混合均匀，成为防锈剂成品。

**原料介绍**

所述缓蚀剂是五羟基己酸钠和苯并三氮唑钠中的一种或者两种的组合。

所述硅酸盐是硅酸钾、硅酸钠、无水硅酸钠、二硅酸钾、二硅酸钠、三聚硅酸钠和三聚硅酸钾中的一种或者几种的组合。

表面活性剂是非离子型表面活性剂，选自脂肪醇聚氧乙烯醚或烷基醇酰胺。其中，脂肪醇聚氧乙烯醚是脂肪醇聚氧乙烯醚（3）、脂肪醇聚氧乙烯醚（5）、脂肪醇聚氧乙烯醚（7）、脂肪醇聚氧乙烯醚（9）、脂肪醇聚氧乙烯醚（20）、脂肪醇聚氧乙烯醚（25）或脂肪醇聚氧乙烯醚（40）；烷基醇酰胺是月桂酰单乙醇胺、月桂酰二乙醇胺、油酰单乙醇胺、油酰二乙醇胺、椰子酰单乙醇胺、椰子酰二乙醇胺、硬脂酰单乙醇胺或者硬脂酰二乙醇胺。

所述pH调节剂为无机碱、有机碱或它们的组合。其中，无机碱为氢氧化钾、氢氧化钠、过氧焦磷酸钠或氨水；有机碱为多羟多胺和胺中的一种或它们的组合，多羟多胺为三乙醇胺、四羟基乙二胺或六羟基丙基丙二胺，胺为乙二胺、四甲基氢氧化铵、二甲基乙酰胺或者三甲基乙酰胺。

**产品应用** 本品主要应用于铜合金防锈。

**产品特性** 本品配方科学合理，生产工艺简单，不需要特殊设备，仅需要将上述原料在室温下进行混合即可；除锈能力强；防锈时间长；使用时节省人力和工时，工作效率高；该防锈剂为碱性水溶液，对设备的腐蚀性较低，使用安全可靠，并利于降低设备成本；本品不含磷酸盐，不含对人体和环境有害的亚硝酸盐，便于废弃防锈剂的处理排放，符合环境保护要求。

## 配方 26 硬膜防锈剂

**原料配比**

| 原料 | 配比(质量份) | 原料 | 配比(质量份) |
|---|---|---|---|
| 精制松香 | 10～16 | 烷基酚聚氧乙烯醚(4) | 2～5 |
| 顺酐 | 14～20 | 天那水 | 50～68 |
| 精制防锈剂 | 5～8 | 消泡剂 | 1 |

**制备方法**

（1）合成中间体：将精制松香和顺酐投入反应A釜，升温至80～100℃发生化学反应，再恒温加入精制防锈剂搅拌，合成一种成膜防锈黏稠膏状物中间体。合成中间体的同时，将天那水投入反应B釜。

（2）混合：将A釜合成的成膜防锈黏稠膏状物投入到B釜，与天那水混合。

（3）搅拌：再加入烷基酚聚氧乙烯醚（4）和消泡剂，搅拌均匀。

（4）将搅拌均匀的液体过滤去渣，灌装，即为成品。

**原料介绍**

所述精制防锈剂是T701～706的一种或多种复合物。

所述消泡剂是醇类或有机硅。

**产品应用** 本品适用于铜、铝有色金属和黑色金属中长期防锈，也适用于作防锈油的基础材料。

**产品特性**

（1）采用可再生资源松香为原料代替石油树脂或沥青，促进可再生资源利用，降低原料成本。

（2）产品干燥速度快，形成的油膜层薄而透明、光亮丰满、防锈期长、抗盐雾性能显著。

（3）产品适用性强。

（4）产品不粘手及灰尘杂质，容易去除。

(5) 制备容易、工艺简约、节能。

## 配方 27 用于磷化处理后的防锈剂

**原料配比**

| 原料 | 配比(质量份) | | | 原料 | 配比(质量份) | | |
|---|---|---|---|---|---|---|---|
| | 1# | 2# | 3# | | 1# | 2# | 3# |
| 钼酸钠 | 1.5 | 0.5 | 1 | 六亚甲基四胺 | 0.5 | 3 | 1.5 |
| 硅酸钠 | 4 | 2 | 0.2 | 非离子表面活性剂平平加 | 0.05 | 0.3 | 0.5 |

**制备方法** 将各组分混合均匀即可。

**产品应用** 本品主要用作磷化处理后的防锈剂。

使用方法：将防锈剂按 1：(5～10) 的比例与水混合，配成防锈液，将工件磷化、水洗后，浸入防锈液中 3～30min 后取出。该工件经现场存放 6 个月后未发生锈蚀现象。

**产品特性** 经过本品处理，磷化膜表面形成了一层致密的钝化膜，可有效改善保护层隔潮和隔绝空气的性能，防锈效果可达半年以上。该防锈剂不会造成污染环境的酸雾，不含亚硝酸盐、重铬酸盐等有毒、有污染的物质，使用时不会灼伤皮肤，对人体无刺激、无损害，安全可靠，易于操作。

## 配方 28 有机钢筋混凝土阻锈剂

**原料配比**

| 原料 | 配比(质量份) | | | |
|---|---|---|---|---|
| | 1# | 2# | 3# | 4# |
| 正丁醇 | 25 | — | — | — |
| 1,4-丁炔二醇 | — | — | 34 | 15 |
| 丙烯酸 | — | — | 16 | 15 |
| 乙二醇 | — | — | — | 26 |
| 丙三醇 | 33 | 36 | — | — |
| 己二酸 | — | 15 | — | — |
| 二乙醇胺 | — | 32 | 58 | — |
| 二乙烯三胺 | — | 28 | — | 56 |
| 甲基丙烯酸 | 18 | — | — | — |
| 乙醇胺 | 62 | — | — | — |
| AA-UDA-丙烯酸甲氧基聚氧二醇大单体 | 54 | 50 | 60 | 58 |
| 葡萄糖酸钠 | 15 | 5 | 5 | 5 |
| 烷基磺酸钠 | 0.7 | 0.2 | 0.3 | 0.5 |
| 水 | 399 | 331 | 336 | 343 |

**制备方法** 将各组分溶于水，混合均匀即可。

**原料介绍** 阻锈成分为醇、有机酸和胺的混合物。其中，醇为正丁醇、异戊醇、乙二醇、丙三醇、1,4-丁炔二醇中的一种或一种以上的混合物；有机酸为丙烯酸、甲基丙烯酸、己二酸的一种或一种以上的混合物；胺为乙醇胺、二乙醇胺、二乙烯三胺中的一种或一种以上的混合物。

减水剂为聚羧酸类减水剂 AA-UDA-丙烯酸甲氧基聚氧二醇大单体，固含量为 40%，减水率为 25%。

**产品应用** 本品主要应用于钢筋混凝土阻锈。

**产品特性** 本品可应用于氯离子浓度较高、有干湿交替以及严寒等恶劣环境。本品对混凝土的性能无负面影响，具有良好的阻锈效果，而且兼具减水、缓凝与引气的功能。

## 配方 29 长效水基金属防锈剂

**原料配比**

| 原料 | 配比(质量份) | | | |
|---|---|---|---|---|
| | 1# | 2# | 3# | 4# |
| 植酸 | 5 | 9 | 9 | 12 |
| 三乙醇胺 | 7 | 13 | 5 | 13 |
| 二乙醇胺 | — | — | 5 | — |
| 硼砂 | 6 | 5 | 4.5 | 8 |
| 聚丙烯酰胺 | — | — | — | 2 |
| 水 | 82 | 73 | 76.5 | 65 |

**制备方法** 在室温下将原料混合、搅拌均匀即可。

**产品应用** 本品主要应用于金属防锈。

**产品特性** 本品对一般碳钢、铸铁都有良好的防护效果，湿热试验周期5周以上无变化，不分层、无沉淀。产品及原料安全，在配制和使用时对人体无损害、对环境无污染，是一种环保、无污染的长效金属防锈剂。

## 配方 30 防锈液

**原料配比**

| 原料 | 配比(质量份) | 原料 | 配比(质量份) |
|---|---|---|---|
| 苯甲酸钠 | 20 | β-环糊精 | 0.9 |
| 亚硝酸钠 | 8 | 添加剂 | 0.1 |
| 苯并三氮唑 | 6 | 丙二醇 | 200 |
| 去离子水 | 45 | | |

**制备方法** 将苯甲酸钠、亚硝酸钠和苯并三氮唑放在去离子水里，搅拌到固体全部溶解为止，将所得溶液加热到45～55℃，然后加入β-环糊精、添加剂，搅拌使固体物质充分溶解，最后在室温下投入丙二醇，搅拌，过滤出极少量的不溶性杂质，得到本防锈液。

**产品应用** 本品使用时，对需要防锈的器件进行粉刷、喷涂或浸泡，然后用普通塑料进行密封包装。如不密封，只可临时防锈。

**产品特性** 本防锈液由一些可作为食品添加剂的物质所组成，容易制备，使用方便，水溶性强，易于用水冲洗，不污染环境，对人体无毒无害，防锈效果好，根据使用环境的不同，防锈期可达1～2年。

## 配方 31 钢铁表面防锈除锈液

**原料配比**

| 原料 | 配比(质量份) | 原料 | 配比(质量份) |
|---|---|---|---|
| 磷酸 | 40 | 柠檬酸 | 2 |
| 乙酸钠 | 15 | 防锈添加剂 | 0.2 |
| 硫酸镍 | 5 | 醇聚氧乙烯醚 | 1.8 |
| 磷酸二氢锌 | 10 | 月桂酸环氧乙烷缩合物 | 1 |
| 三氧化二铬 | 3 | 水 | 20 |
| 酒石酸 | 2 | | |

**制备方法** 先取少量水，分别溶解钠盐、锌盐、镍盐、三氧化二铬、酒石酸和柠檬酸；把剩余的水注入耐酸搅拌器中，一边搅拌，一边缓缓注入磷酸和溶解后的钠盐、钠盐、锌盐、镍盐、三氧化二铬、酒石酸和柠檬酸以及防锈添加剂、醇聚氧乙烯醚、月桂酸环氧乙烷缩合物；均匀搅拌10～30min后，把上述混合液定量注入容器中，制成本品。

**产品应用** 本品用于钢铁表面防锈、除锈。

**产品特性** 本品不仅可以迅速除去钢铁表面的锈蚀，同时还形成致密的结合力强的防锈膜，可延长有效防锈期，而且在生产过程中不产生对环境的污染。

## 配方 32 钢铁常温高效除油除锈磷化钝化防锈液

**原料配比**

| 原料 | 配比(质量份) | 原料 | 配比(质量份) |
|---|---|---|---|
| 氧化锌 | 7.35 | 二氧化锰 | 0.15 |
| 磷酸 | 105 | 柠檬酸 | 1.155 |
| 硝酸 | 4.7 | 水 | 130 |
| 氯酸钠 | 2 | | |

**制备方法** 将氧化锌加入水中溶解，将磷酸加入水中溶解，将氧化锌和磷酸的水溶液搅拌混合均匀后依次加入硝酸、氯酸钠、二氧化锰、柠檬酸，每加入一种均需搅拌均匀后再加入下一种，最后将水加足，搅拌均匀，装入塑料桶，成为成品入库，存放一夜后可使用。

**产品应用** 本品用作钢铁常温高效除油除锈磷化钝化防锈液。

**产品特性**

(1) 本品成分简单，容易得到，价格低廉。

(2) 本品可采用大缸、塑料桶、木棍等不和酸碱反应的最简单工具就可以制造。只要按规定组分加足水搅拌均匀就是合格产品，工艺成本低。

## 配方 33 钢铁超低温多功能除锈磷化防锈液

**原料配比**

| 原料 | 配比(质量份) | 原料 | 配比(质量份) |
|---|---|---|---|
| 磷酸 | 8 | 烷基磺酸钠 | 3 |
| 柠檬酸 | 1.5 | 聚氧乙烯烷基苯 | 0.2 |
| 磷酸锌 | 2 | XD-3 | 1.5 |
| 磷酸二氢锌 | 2 | OP-10 | 1 |
| 氯化镁 | 3 | 水 | 加至100 |
| 柠檬酸钠 | 1 | | |

**制备方法** 将原料按配比的顺序逐一加到少量的水中，搅拌使其溶解，每加一种搅拌均匀后再加下一种，依此类推。为了搅拌方便，随着加入组分的增加，逐渐加大水量，直到最后加入OP-10乳化液后，才将全部水加入，搅拌均匀后即得本品。

**产品应用** 本品主要用作钢铁超低温多功能除锈磷化防锈液。

**产品特性**

(1) 本品经过精选各种功能成分，原料物美价廉，具有组方合理、功能全面、价格低廉、工艺简化、无污染排放、性能优异等诸多的优点和特点。本品采用大缸和塑料桶类的耐酸碱容器和搅拌用的木棍就可以生产，有利于推广应用。

(2) 由于在低温可以工作，冬季也不必加温，蒸发损失少，既环保又节能。

## 配方 34 钢铁低温快速除锈磷化防锈液

**原料配比**

| 原料 | 配比(质量份) | 原料 | 配比(质量份) |
|---|---|---|---|
| 磷酸 | 2 | 硫脲 | 0.1 |
| 硝酸 | 1 | 十二烷基磺酸钠 | 0.05 |
| 氧化锌 | 1 | 水 | 加至100 |
| 氯化镁 | 1 | | |

**制备方法** 将磷酸和硝酸先后加入水中搅拌均匀后，再将氧化锌用水调成糊状后，缓缓加入上述混合酸液中，边加边搅拌，使其充分反应，生成磷酸二氢锌和硝酸锌溶液，然后依次加入氯化镁、硫脲、十二烷基磺酸钠，边加边搅拌，使其溶解，混合均匀，最后加足水，搅拌均匀，静置数小时即可使用。

**产品应用** 本品主要用作钢铁低温快速除锈磷化防锈液。

**产品特性**

(1) 本品组方和工艺均得到简化，但功能齐全，材料和工艺成本有所降低，性能价格比得到提高。

(2) 本品可在12～35℃低温条件下使用，只需0.5～3min即可快速成膜，膜为赭石色，膜厚1～3μm，膜重1～6g/m²，室内存放一年不生锈，耐盐雾性优异。

(3) 本品成膜速度快，防锈性能好，性价比高，使低温快速除锈磷化防锈液的性能进一步提高。

## 配方 35 高浓缩气化性防锈液

**原料配比**

| 原料 | 配比(质量份) | 原料 | 配比(质量份) |
|---|---|---|---|
| 纯净水 | 65 | 聚乙二醇 | 20 |
| 硅酸钾 | 0.1 | 丙二醇 | 120 |
| 偏硅酸钠 | 0.03 | 苯并三氮唑 | 0.24 |
| 苯甲酸钠 | 3 | 三乙醇胺 | 2 |

**制备方法** 先在搅拌器里放入纯净水，再放入硅酸钾和添加剂偏硅酸钠、苯甲酸钠，在40℃条件下搅拌30～90min，直到悬浮液完全透明，然后冷却到室温，制得混料A；再另一个搅拌器中放入聚乙二醇、丙二醇、苯并三氮唑后，在室温条件下搅拌均匀，制得混料B；然后在混料B溶液里放入等量混料A溶液，再放入三乙醇胺，常温下以3r/min速度搅拌30～50min，反应生成浓缩气化性防锈液。

**产品应用** 本品用于防止铁及非金属的腐蚀。

**产品特性** 本品工艺条件简单易控，产品出率高，质量好，可以取代现有防锈液并产生积极效果。

## 配方 36 高效工序间水基防锈液

**原料配比**

| 原料 | 配比(质量份) | | | 原料 | 配比(质量份) | | |
|---|---|---|---|---|---|---|---|
| | 1# | 2# | 3# | | 1# | 2# | 3# |
| 去离子水 | 78.05 | 58.8 | 68 | 多聚偏磷酸钠 | 1.5 | 2 | 1.52 |
| 甘油 | 15 | 20 | 18.5 | 硅酸钠 | 0.1 | 1 | 0.6 |
| 聚磷酸盐类分散剂 | 0.5 | 1 | 0.8 | 苯甲酸钠 | 1 | 1.5 | 1.2 |
| 苯并三氮唑 | 0.05 | 0.1 | 0.08 | 三乙醇胺 | 0.5 | 10 | 5.6 |
| 无水碳酸钠 | 0.3 | 0.6 | 0.5 | 六亚甲基四胺 | 3 | 5 | 3.2 |

**制备方法** 将去离子水、甘油、聚磷酸盐类分散剂、苯并三氮唑、无水碳酸钠、多聚偏磷酸钠、硅酸钠于分散罐内搅拌，按顺序投料，每次投料间隔 10min，投料结束再搅拌 30～40min 后停止搅拌。目测分散罐内防锈液混合充分后，再投苯甲酸钠、三乙醇胺、六亚甲基四胺于分散罐内搅拌，搅拌 10min 后停止，目测防锈液混合充分后，用 240 目绢布过滤。

**产品应用** 本品主要用作高效工序间水基防锈液。

**产品特性**

(1) 具有优异的防锈、缓蚀性能，防锈期长，最高可达 12 个月。

(2) 操作简单，可喷、可刷、可浸，对后续工序不会产生不利影响，易于用水除去。

(3) 通用性好，适用于黑色金属和有色金属材质加工过程工序间防锈。

(4) 本品安全性好，不含亚硝酸钠等致癌物质，无毒无害。

## 配方 37 高性能金属切削冷却防锈液

**原料配比**

| 原料 | 配比(质量份) | | | 原料 | 配比(质量份) | | |
|---|---|---|---|---|---|---|---|
| | 1# | 2# | 3# | | 1# | 2# | 3# |
| 工业煤油 | 4 | 2.1 | 3.1 | 聚乙烯醇 | 5 | 4.2 | 4.4 |
| 七号机油 | 2.2 | 1.8 | 2.1 | 去离子水 | 60 | 56 | 57 |
| 氯化石蜡 | 3 | 2.3 | 2.6 | 过硼酸钠 | 1.5 | 0.6 | 1.1 |
| OP-10 | 5 | 4.1 | 4.6 | 亚硝酸钠 | 16 | 15 | 15.5 |
| 土耳其红油 | 8 | 5.1 | 6.4 | 三乙醇胺 | 8 | 3.3 | 7 |

**制备方法** 将工业煤油、七号机油、氯化石蜡、OP-10、土耳其红油、聚乙烯醇加入反应釜中，在 15～35℃范围内以 800～1000r/min 的速度搅拌均匀得乳化液，将去离子水、过硼酸钠、亚硝酸钠、三乙醇胺加入反应釜中，以 800～1000r/min 的速度搅拌均匀得防锈液组分，然后将防锈液组分加入乳化液中，持续搅拌均匀即得本品。

**产品应用** 本品主要用作高性能金属切削冷却防锈液。

**产品特性**

(1) 本品组方合理，无有害挥发物，性能稳定，无毒副作用，使用安全。

(2) 本品产品材料和工艺成本低，性能价格比高，有利于推广使用。

(3) 本品切削冷却性能好，防锈时间长。

## 配方 38 化锈防锈液

**原料配比**

| 原料 | 配比(质量份) | | | 原料 | 配比(质量份) | | |
|---|---|---|---|---|---|---|---|
| | 1# | 2# | 3# | | 1# | 2# | 3# |
| 水 | 200～300 | 220～280 | 250 | 氧化锌 | 1～6 | 2～4 | 2.6 |
| 磷酸 | 80～160 | 110～150 | 136 | 磷酸三钠 | 1～8 | 3～5 | 4 |
| 重铬酸钾 | 1～5 | 2～4 | 3.2 | 钼酸钠 | 0.01～1 | 0.05～1 | 0.07 |
| 硝酸钾 | 0.5～4 | 1～3 | 2 | 羧甲基纤维素 | 1～8 | 2～5 | 4 |

**制备方法** 将各组分溶于水，混合均匀即可。

**产品应用** 本品用于金属表面化锈防锈处理。

**产品特性** 本品在使用过程中可直接刷涂或喷于锈蚀或薄层氧化皮黑色金属表面，将金属的氧化层转变成磷酸盐和铬酸盐，附着在金属表面，形成一种优良的磷化防腐保护层，从而达到化锈防锈的目的，工序简单，可大大减轻施工人员的劳动强度。

## 配方 39 环保气化性防锈液

**原料配比**

| 原料 | 配比(质量份) | | 原料 | 配比(质量份) | |
|---|---|---|---|---|---|
| | 1# | 2# | | 1# | 2# |
| 苯甲酸钠 | 2 | 4 | 水 | 26 | 28 |
| 糊精 | 1 | 1.2 | 甘油 | 60 | 70 |
| 钼酸钠 | 5 | 6.5 | 缓蚀剂 | 3 | 4 |
| 添加剂 | 0.02 | 0.04 | 附着力促进剂 | 1.2 | 3 |

**制备方法**

(1) 制作一级混合液：在室温下将苯甲酸钠、糊精、钼酸钠、添加剂、水放入搅拌机内充分混合 15～30min，获得一级混合液；

(2) 制作二级混合液：在室温下，在甘油中加入缓蚀剂，使其充分混合，获得二级混合液；

(3) 制作三级混合液：室温下将获得的二级混合液倒入获得的一级混合液中，以 20～25r/min 的速度匀速搅拌混合 25～35min，使其充分混合，获得三级混合液；

(4) 在室温下，在获得的三级混合液中加入附着力促进剂，以 20～30r/min 的速度匀速搅拌混合 25～35min，使其充分均匀混合，即制得本品。

**原料介绍**

所述添加剂用于调整本品的酸度，为次磷酸钠、偏硅酸钠、碳酸钠、硫酸钠、三聚磷酸钠、磷酸三钠中的任意一种或几种。

所述缓蚀剂用于减缓金属材料的腐蚀速度，为磷酸、磷酸盐、膦羧酸、巯基苯并噻唑、苯并三氮唑、磺化木质素中的任意一种或几种。

所述附着力促进剂用于增加本品在金属表面的附着力，为聚氨酯、环氧、丙烯酸酯、硅烷偶联剂、钛酸酯偶联剂，铬类偶联剂、甲基丙烯酸酯、钛酸酯、锆铝酸盐、锆酸盐、烷基磷酸酯、有机二元酸、多元醇、二乙烯基苯、二异氰酸酯、丙二醇丁醚、一缩丙二醇甲醚乙酸酯中的任意一种或几种。

附着力促进剂，是能够提高涂层与基材黏结强度的化合物。一般此类化合物分子链的末端含有两种不同的官能团，其中一种官能团能够与基材的表面反应，另一种官能团能够与基体树脂反应。

对于被涂覆的金属表面来说，附着力促进剂尤为重要，因为金属不稳定，其表面发生氧化而生成金属氧化物。接触氧气、潮气及类物质会加速氧化过程。几乎所有的涂料涂层内部都含有微孔，这些微孔能够渗透氧气、水分子，如水及离子类物质。如果涂层能够与金属表面黏结良好，由渗透而引起的腐蚀就可以避免。因此，对于金属基材来说，尽可能提高涂覆材料的黏结强度显得尤为重要。

**产品应用** 本品主要应用于金属防锈。

**产品特性**

(1) 本品采用甘油为主原料，整个配方中不含有对环境有害的物质，所以本品是环保产品。

(2) 配方中附着力促进剂增强了本品在金属表面的附着力，同时，在废弃时诱导微生物进行生物降解，所以，本品是可气化性的。

(3) 配方中添加了缓蚀剂，防锈效果优异。

## 配方 40 金属除锈防锈钝化液

**原料配比**

| 原料 | 配比(质量份) | 原料 | 配比(质量份) |
|---|---|---|---|
| 磷酸(85%) | 40 | 磷酸锌 | 2 |
| 氢氧化铝 | 4 | 柠檬酸 | 5 |
| 邻二甲苯硫脲 | 0.5 | 乙醇(无水) | 2.5 |
| 明胶 | 0.02 | 辛基苯酚聚氧乙烯醚 | 0.05 |
| 明矾 | 0.5 | 水 | 40.43 |
| 水 | 5 | | |

**制备方法** 用磷酸与氢氧化铝混合搅拌均匀，加热至溶液完全澄清，趁热加入邻二甲苯硫脲，搅拌至完全溶解，制得A液。用明胶、明矾与5%的水混合搅拌均匀，加热使明胶和明矾完全溶于水，制得B液。把A液和B液混合，并在搅拌下依次加磷酸锌、柠檬酸、乙醇（无水）、辛基苯酚聚氧乙烯醚、40.43%的水至完全溶解，即得成品。

**产品应用** 本品用于金属表面处理。

**产品特性** 本品具有除锈、去污、磷化、钝化、表调、上底漆等多种功能，可以常温下实现上述过程，除锈时间短（大约15min），防锈时间长（约1年），对金属无腐蚀，无有毒有害物，对环境无污染。本品制造工艺简单，成本低廉。

## 配方 41 金属除锈防锈液

**原料配比**

| 原料 | 配比(质量份) | | | 原料 | 配比(质量份) | | |
|---|---|---|---|---|---|---|---|
| | 1# | 2# | 3# | | 1# | 2# | 3# |
| 磷酸 | 36 | 41 | 38.5 | 丙三醇 | 0.1 | 0.5 | 0.3 |
| 乙酸 | 8 | 10 | 9 | 碳酸锰 | 0.1 | 0.2 | 0.15 |
| $FePO_4$ | 9 | 13 | 11 | 水 | 加至100 | 加至100 | 加至100 |

**制备方法** 将磷酸与适量水在反应釜内混溶，然后向其内加入乙酸。静置0.5h后，分多次向溶液内加入还原铁粉，搅匀。

静置12h以后，待还原铁粉中的杂质沉淀下去，向其中加入丙三醇和碳酸锰（丙三醇为渗透剂，可使除锈剂快速进入到锈层内部；碳酸锰可提高形成的防锈层的抗蚀能力），搅匀，静置24h后待用。

**原料介绍**

本品中，过量的磷酸可起到化锈作用，磷酸盐类起成膜防锈保护作用，无机乙酸、锰盐起到电化学保护作用。

还原铁粉的主要成分为$Fe_2O_3$，它与溶液中磷酸进行反应，反应式如下：

$$Fe_2O_3 + 2H_3PO_4 = 2FePO_4 + 3H_2O$$

加入还原铁粉的目的是，在金属表面铁锈量不足的情况下，仍能生成足够的磷酸盐类，起成膜保护作用。

本品能将铁锈转变成稳定的化合物$Fe_3(PO_4)_2$，铁锈的主要成分为$Fe(OH)_2$，其反应式为：

$$3Fe(OH)_2 + 2H_3PO_4 = Fe_3(PO_4)_2 + 6H_2O$$

$Fe_3(PO_4)_2$牢固地结合于钢铁表面，形成致密的保护性防护层，磷酸锰盐的形成，提高了防护层的抗蚀能力，从而达到防蚀目的。

**产品应用** 本品为用作处理金属表面锈蚀的除锈防锈液。使用时可直接涂于带锈层的钢铁表面。

**产品特性** 本品原料成本低，水和磷酸占大部分比例，均非常廉价，还原铁粉可取材于钢铁厂废弃氧化的铁皮，丙三醇和碳酸锰的用量较少，本品配方费用少；本品使用成本低，相比现有的防锈除锈漆，本品单位质量的涂刷面积大；本品的制作工艺也比较简单，没有特殊要求，加工简单，加工成本低。

## 配方42 多功能环保金属除油除锈防锈液

**原料配比**

| 原料 | 配比(质量份) | | | 原料 | 配比(质量份) | | |
|---|---|---|---|---|---|---|---|
| | 1# | 2# | 3# | | 1# | 2# | 3# |
| 聚氧乙烯烷基醚 | 1 | 4 | 6 | 丁二酸酯磺酸钠 | — | 3 | 5 |
| 十二烷基磺酸钠 | 1 | 5 | 8 | 三乙醇胺 | — | 5 | 8 |
| 1.3-二丁基硫脲 | 0.5 | 6 | 10 | 碳酸氢钠 | — | 3 | 5 |
| 六亚甲基四胺 | 0.5 | 3 | 5 | 酒石酸 | — | 7 | 10 |
| 磷酸二氢锌 | 1 | 6 | 10 | 1,3-二乙基硫脲 | — | 5 | 10 |
| 磷酸 | 10 | 25 | 40 | 水 | 20 | 50 | 75 |
| 丁基萘磺酸钠 | — | 3 | 5 | | | | |

**制备方法** 将固体原料用水溶解成溶液，液体原料用水稀释，然后将原料分别投入到反应釜中，搅拌15～30min，经120目纱网过滤，即制成成品。水温25～75℃。

**产品应用** 本品用于金属材料及其制品的表面预处理的除油除锈。

**产品特性**

(1) 本品不含强酸、强碱，不会对金属材料造成过度腐蚀及氢脆，原料无毒无害，无易燃、易爆的危险；

(2) 可循环使用，不污染环境和水源；

(3) 在常温下，金属表面处理时间 5～25min 即可，如果加温到 45～60℃，处理效果更好；

(4) 在加工过程中可替代车间底漆，经过处理的金属材料，在室内保温三个月以上不生锈；

(5) 使通常需要多个工序的工作，由一个工序即可完成，降低了劳动强度，提高了工作效率。

## 配方 43 金属防锈液

**原料配比**

| 原料 | 配比(质量份) | | | 原料 | 配比(质量份) | | |
|---|---|---|---|---|---|---|---|
| | 1# | 2# | 3# | | 1# | 2# | 3# |
| 磷酸三钠 | 20 | 35 | 15 | 乌洛托品 | 1 | 2 | 3 |
| 硅酸钠 | 1 | 2 | 3 | 尿素 | 7 | 5 | 8 |
| 工业亚硝酸钠 | 6 | 4 | 8 | 水 | 加至 100 | 加至 100 | 加至 100 |

**制备方法** 先将各原料分别溶于水中，制成水溶液半成品原料。然后按照后一项与前一项混合配制的次序，依次混合配制成防锈液。

**产品应用** 本品主要用作对金属材料和金属制品的表面进行预处理的金属防锈液。

**产品特性** 本防锈液能够提高防锈保护膜在金属表面的附着力，并在所形成的保护膜中，可将金属表面造成锈蚀的潜在隐患降低到最低限度，同时也使保护层本身更加致密，提高金属表面的抗腐能力，改善保护层隔潮和隔绝空气的性能，使其具有可靠的较长时间的防锈效果；该防锈液的使用，不存在会造成环境污染的酸雾，也不会引起金属的氢脆，使用时不会灼伤皮肤，对人体无刺激、无损害，安全可靠，易于操作。

## 配方 44 聚硅氧烷防锈液

**原料配比**

| 原料 | | 配比(质量份) | | | | | | | | | | |
|---|---|---|---|---|---|---|---|---|---|---|---|---|
| | | 1# | 2# | 3# | 4# | 5# | 6# | 7# | 8# | 9# | 10# | 11# |
| 聚硅氧烷 | 二甲基硅油 | 15 | — | — | — | — | — | — | — | — | — | — |
| | 高含氢硅油 | — | 10 | — | — | — | — | — | — | — | — | — |
| | 氨基硅油 | — | — | 40 | — | — | — | — | — | — | — | — |
| | 羟基硅油 | — | — | — | 50 | — | — | — | — | — | — | — |
| | 水性硅油 | — | — | — | — | 15 | — | — | — | — | — | — |
| | 聚醚改性硅油 | — | — | — | — | — | 20 | — | — | — | — | — |
| | 乳化硅油 | — | — | — | — | — | — | 25 | — | — | — | — |
| | 含氢硅油乳液 | — | — | — | — | — | — | — | 18 | — | — | — |
| | 羟基硅油乳液 | — | — | — | — | — | — | — | — | 15 | — | — |
| | 甲基三乙酰氧基硅烷 | — | — | — | — | — | — | — | — | — | 28 | — |
| | 有机硅树脂 | — | — | — | — | — | — | — | — | — | — | 20 |

续表

| 原料 | | 配比(质量份) | | | | | | | | | | |
|---|---|---|---|---|---|---|---|---|---|---|---|---|
| | | 1# | 2# | 3# | 4# | 5# | 6# | 7# | 8# | 9# | 10# | 11# |
| 交联剂 | 正硅酸乙酯 | 0.1 | 1 | — | — | 2 | — | — | — | 2.5 | — | 2 |
| | 硅酸钠 | — | — | — | 2 | — | 1.5 | — | 2 | — | 5 | — |
| 催化剂 | 二月桂酸二丁基锡 | 0.1 | — | 5 | — | — | 1 | — | — | 2.5 | — | 3 |
| | 硅酸钠 | — | — | — | — | 4 | — | — | — | — | — | — |
| 溶剂 | 无味煤油 | 84.8 | 89 | — | — | 79 | 77.5 | 75 | — | 80 | 67 | — |
| | 石油醚 | — | — | 55 | 48 | — | — | — | 80 | — | — | — |
| | 乙酸乙酯 | — | — | — | — | — | — | — | — | — | — | 75 |
| 溶液 pH | | 6 | 8 | 6.5 | 9 | 8.5 | 9.5 | 10 | 7.5 | 9 | 7 | 6 |

**制备方法** 将聚硅氧烷置于容器中，加入交联剂、催化剂和溶剂混合搅拌均匀，用氢氧化钠调节 pH 值至 5～11，得到聚硅氧烷防锈液。

**原料介绍**

所述聚硅氧烷为二甲基硅油、高含氢硅油、氨基硅油、羟基硅油、水性硅油、聚醚改性硅油、乳化硅油、含氢硅油乳液、甲基三乙酰氧基硅烷、羟基硅油乳液和有机硅树脂中的一种或一种以上。聚硅氧烷的黏度为 10～200000mPa·s。

所述交联剂为正硅酸乙酯或硅酸钠。

所述催化剂为二月桂酸二丁基锡或硅酸钠；

所述溶剂为乙醇、乙醚、丙酮、石油醚、无味煤油、乙酸乙酯和三乙醇胺一种或一种以上。本品优选无味煤油、乙酸乙酯或石油醚。

本品中 pH 调节剂是采用有机碱或无机碱进行调节，有机碱为长链脂肪酸盐或季铵碱类；无机碱为氢氧化钠、氢氧化钾、氢氧化钙、氨基钠或氨水。所使用的 pH 调节剂能较好地溶解于防锈液中。其中，长链脂肪酸盐为硬脂酸钠、硬脂酸钾、油酸钠、油酸钾、亚油酸钠或亚油酸钾；季铵碱类为四丁基季铵碱。

**产品应用** 本品主要应用于金属防锈。

**产品特性**

(1) 本品无色、无味、无毒，符合食品行业规定，且成本低，操作简单，适用于各种饮料的金属瓶盖。

(2) 本品能在金属瓶盖切边形成疏水性吸附膜，隔绝外部环境的水分，达到防腐的目的。

## 配方 45 抗静电气相防锈膜

**原料配比**

表 1 气相缓蚀剂

| 原料 | 配比(质量份) | 原料 | 配比(质量份) |
|---|---|---|---|
| 苯甲酸单乙醇胺 | 52 | 2-乙基咪唑林 | 31 |
| 钼酸钠 | 16 | 铝酸酯偶联剂 | 1 |

表 2 抗静电气相防锈膜

| 原料 | 配比(质量份) | | 原料 | 配比(质量份) | |
|---|---|---|---|---|---|
| | 1# | 2# | | 1# | 2# |
| 聚烯烃树脂 | 80 | 90 | 紫外线吸收剂 UV531 | — | 1 |
| 气相缓蚀剂 | 16 | 4 | 抗静电剂 | 1.5 | 2.5 |
| 抗氧剂 1010 | 1 | 1 | 铝酸酯偶联剂 | 0.5 | 0.5 |
| 光稳定剂 6911 | 1 | 1 | | | |

**制备方法** 气相缓蚀剂固体组分的研磨、偶联；气相缓蚀剂与聚烯烃树脂偶联、混合、共挤；混合抗静电剂与聚烯烃树脂偶联、混合、共挤；采用三层共挤吹膜设备，分别将含有气相缓蚀剂和抗静电剂的聚烯烃树脂放入进料口吹塑。

**原料介绍**

所述聚烯烃树脂由95%混合聚烯烃（低密度聚乙烯与线性低密度聚乙烯份数比为3∶7）和5%聚乙烯蜡组成。

所述抗静电剂由30% *N*,*N*-双（2-羟乙基）脂肪酰胺、50%乙氧基烷基胺和20%羟乙基烷基胺经粉碎研磨混合而成。

所述气相缓蚀剂包括以下组分：苯甲酸单乙醇胺24～52、钼酸钠16～28、2-乙基咪唑啉22～33、铝酸酯偶联剂1～2。

**产品应用** 本品主要应用于金属防锈。

**产品特性**

(1) 可适用于各种钢铁、铜、铝、镀铬等多种金属的防锈，对其他非金属材料如光学器材、橡胶材料、电子元器件等不产生不良影响，相容性好。

(2) 可适用于各种电子设备的防锈包装，包装膜的表面电阻率可以达到$10^{10}\Omega \cdot m$，对内装的电子设备具有优异的防静电性能。

## 配方 46 冷拔防锈润滑液

**原料配比**

| 原料 | 配比(质量份) | 原料 | 配比(质量份) |
| --- | --- | --- | --- |
| 固体油脂 | 29 | 水玻璃 | 8.5 |
| 氢氧化钠 | 41 | 水 | 8 |
| 明矾 | 6.5 | 工业用石蜡 | 7 |

**制备方法** 先将固体油脂和工业用石蜡加水在加热釜中加热至融化，然后将氢氧化钠、水玻璃和明矾逐次加入，在90℃保持12h，然后将釜中化合物倒入容器中，自然冷却为固体即成。

**原料介绍** 该润滑液在温度38～80℃时呈膏状，在温度38℃以下时呈固体状，将其按100∶1.5的比例用水稀释后形成乳化液体，加温到38～60℃即可使用，长期使用其性能不会变化。

**产品应用** 本品用于钢材在冷拔加工过程中的防锈润滑。使用时将酸洗、冲净后的钢材投入稀释后的润滑液池中，经过100s左右的时间浸泡，让钢材表面吸附该液，于是钢材出池后在其表面会均匀覆盖一层0.3～0.5mm厚的润滑液，10～20min后即干，该液干后将钢材表面严密地包裹起来，和空气隔绝，存放15～20d不会生锈。

**产品特性** 钢材表面吸附的润滑液在进行冷拔加工时，因其具有极强的吸附和抗挤压力，所以能起到润滑作用。和传统工艺挂白灰浆相比，不仅拉拔后表面亮度和质量提高，而且彻底根除了拉拔作业时的粉尘环境污染，还可降低润滑成本60%。

## 配方 47 气化性防锈膜

**原料配比**

| 原料 | 配比(质量份) | 原料 | 配比(质量份) |
| --- | --- | --- | --- |
| 苯甲酸钠 | 1.0 | 低密度聚乙烯 | 16.15 |
| 亚硝酸钠 | 1.0 | 超低密度聚乙烯 | 19.2 |
| β-环糊精 | 0.1 | 低密度聚乙烯 | 27.43 |
| 淀粉 | 0.025 | 超低密度聚乙烯 | 34.57 |
| 添加剂润滑油 | 0.525 | | |

**制备方法** 称取苯甲酸钠、亚硝酸钠、β-环糊精、淀粉或糖化素、添加剂，将它们混合、粉碎，向粉碎物中加入部分低密度聚乙烯和超低密度聚乙烯，在150～160℃下成型制成母粒，将此母粒与其余的低密度聚乙烯和超低密度聚乙烯混合，在210℃下制膜。

**产品应用** 本品适用于金属材料的除锈防锈。

**产品特性** 本品优点是可以保护防锈油及其他油脂无法保护的产品，易于包装、储存及运输，处理简便，不须浸泡及清洁处理，节省费用，无毒无害，可防止污染，可重复使用，防锈期为2～5年。

## 配方 48 气化性防锈液

**原料配比**

| 原料 | 配比(质量份) | 原料 | 配比(质量份) |
| --- | --- | --- | --- |
| 苯甲酸钠 | 20 | 添加剂润滑油 | 0.1 |
| 亚硝酸钠 | 8 | 丙二醇 | 20 |
| 苯并三氮唑 | 6 | 去离子水 | 45 |
| β-环糊精 | 0.9 | | |

**制备方法** 把苯甲酸钠、亚硝酸钠、苯并三氮唑放入去离子水中，搅拌到固体全部溶解为止，将所得溶液加热到45～55℃，然后加入β-环糊精、添加剂，搅拌，使固体物质全部充分溶解，最后在室温下投入丙二醇，搅拌、过滤。

**产品应用** 本品用于气化防锈。

**产品特性** 本品由一些作为食品添加剂的物质组成，容易制备，使用方便，水溶性强，易于用水冲洗，不污染环境，对人体无害无毒，防锈效果好。根据使用环境的不同，防锈期可达1～2年。

## 配方 49 水基除油去锈防锈液

**原料配比**

| 原料 | 配比(质量份) | 原料 | 配比(质量份) |
| --- | --- | --- | --- |
| 磷酸钠 | 10 | 甲醛 | 5 |
| 柠檬酸 | 50 | 磷酸(85%) | 5 |
| 601洗涤剂 | 10 | 水 | 200 |

**制备方法** 分别称取磷酸钠、柠檬酸，放入一个盛有40份水的容器内，搅匀后加入601洗涤剂、甲醛，再边搅边缓缓加入磷酸（质量分数为85%），测定pH=6，加水160份水混匀后即成，此溶液为无色、透明、略带水果香味的溶液。

**产品应用** 使用时可将金属制品、工件直接浸入该溶液（溶液不一定加热）20min后，就可除尽油污和锈，取出工件晾干；也可刷、浸透该溶液，直接涂刷金属制品、工件的表面进行除油除锈。采用此溶液处理后的金属件，即可进行电镀或喷涂处理。

**产品特性** 该溶液中无过量锌、铬、锰、铅等有害离子；化学性能稳定，使用周期长，使用时溶液可不断添加，无废液排出，不影响金属材料性能，具有良好的防锈效果。

## 配方 50 水基冷轧润滑防锈液

**原料配比**

| 原料 | 配比(质量份) | 原料 | 配比(质量份) |
|---|---|---|---|
| 氢氧化钡 | 3～5 | 乙二胺四乙酸二钠 | 0.3～0.7 |
| 氢氧化钾 | 30～35 | 蓖麻油酸 | 200～210 |
| 四硼酸钠 | 60～65 | 水 | 650～700 |
| 纯碱 | 13～18 | | |

**制备方法** 将氢氧化钡与蓖麻油酸在110～130℃条件下反应制成防锈剂单体，氢氧化钾与蓖麻油酸在80～95℃条件下制成润滑单体，然后将四硼酸钠、乙二胺四乙酸二钠、纯碱、水投入反应釜，在80～95℃条件下反应，制成水基冷轧钢润滑防锈液。

**产品特性** 本产品的优点在于以水代油，节约能源，无污染，无毒，生产配套设备简单，操作方便。

## 配方 51 水基润滑防锈两用液

**原料配比**

| 原料 | 配比(质量份) | 原料 | 配比(质量份) |
|---|---|---|---|
| 氢氧化钠 | 28～33 | 顺式十八碳九烯基酸 | 275～296 |
| 氢氧化钡 | 18.5～20.5 | 乙二胺四乙酸二钠 | 3.75～4.25 |
| 碳酸钠 | 19.5～21.5 | 苯并三氮唑 | 0.05～0.1 |
| 四硼酸钠 | 51.75～55 | 水 | 550～590 |

**制备方法** 将氢氧化钡与顺式十八碳九烯基酸在110～130℃条件下反应制成防锈剂单体，氢氧化钠与顺式十八碳九烯基酸在75～85℃条件下反应制成润滑剂单体，然后将碳酸钠、四硼酸钠、乙二胺四乙酸二钠、苯并三氮唑和水投入反应釜中，在70～90℃充分搅拌，制成水基防锈润滑两用液。

**产品应用** 本品适用于金属加工中冷却润滑和工序间防锈。

**产品特性** 本品生产配套设备简单，操作方便。它以水代油，节约能源；具有性能稳定、使用周期长、造价低廉、一液双用、减少工序、无毒、无腐蚀、无污染等优点；具有良好的润滑、冷却、清洗和防锈四大作用。

## 配方 52 水乳型除锈防锈液

**原料配比**

| 原料 | 配比(质量份) | | 原料 | 配比(质量份) | |
|---|---|---|---|---|---|
| | 1# | 2# | | 1# | 2# |
| 磷酸 | 33 | 34 | $AlK(SO_4)_2$ | 0.05 | 0.1 |
| 铝粉 | 15 | 13 | 水 | 50 | 51.9 |
| $NH_4NO_3$ | 1 | 1 | | | |

**制备方法** 先将磷酸和铝粉混合充分反应制得磷酸铝液后备用，将 $NH_4NO_3$、$AlK(SO_4)_2$、水混合后加入制得的磷酸铝液，控制该水乳型除锈防锈液的 pH 值为 0.5～1，即得到本品。

**产品应用** 本品适用于金属材料的除锈防锈。

**产品特性** 本品同时具有渗透型、转化型和稳定型三种除锈防锈涂料的特点，生产极简单，使用操作方便，生产和使用既不污染环境，又不危害人体健康，是一种环保型产品。

## 配方 53 水乳型共混防腐防锈剂

**原料配比**

| 原料 | 配比(质量份) | | 原料 | 配比(质量份) | |
|---|---|---|---|---|---|
| | 1# | 2# | | 1# | 2# |
| 水 | 65 | 65 | 粉状吸氧剂 | — | 0.1 |
| 乙烯-乙酸乙烯共聚乳液 | 80 | 80 | 乌洛托品 | — | 6 |
| CMC 增稠剂 | 6 | 6 | 减水剂 | — | 8 |
| 防腐防锈助剂 | 12 | 12 | 磷酸盐类 | — | 10 |
| 有机硅消泡剂 | 3 | 3 | 硫酸盐 | — | 11 |
| 聚乙烯醇缩醛类黏合剂 | 70 | 70 | 亚硝酸盐 | — | 20 |
| 轻质填料 | — | 85 | 稳定剂(防结块剂) | — | 5 |

**制备方法** 预先取乙烯-乙酸乙烯共聚乳液、苯丙乳液、丙烯酸乳液、氯丁橡胶乳液中的一种或几种聚合物的共混乳液、水、聚乙烯醇缩醛类黏合剂、增稠剂、防腐防锈助剂及消泡剂混溶成溶液，然后将其加入反应釜中，采用匀速高剪切力搅拌装置搅拌，混合均匀后得到乳剂产品。

**产品应用**

本品可应用于以下范围：

(1) 潮湿环境下工业厂房、墙面、屋面板、楼板、承重柱、梁等外装修抹面。

(2) 工业建（构）筑物钢筋混凝土结构腐蚀的修补及加固处理中的防腐维护。

(3) 工业民用、公共设施、市政道路桥梁等建筑物失效、损坏修复工程。

(4) 工业民用建筑暂时停建、缓建工程中裸露钢筋的防护。

(5) 轻度与中等腐蚀强度的气相、液相介质环境下钢筋混凝土的防护，有条件地替代有机涂层。

使用时将上述乳剂、粉剂、425#以上标号的水泥及国标中砂以质量比（30～50)：(5～15)：(40～60)：(100～150) 混合，制成水乳型共混防腐防锈砂浆，需要时可加入细石，用于混凝土施工。

**产品特性**

(1) 防腐防锈性能全面，效果显著。

(2) 材料综合成本比同类产品下降 40%左右。

(3) 施工方便，储存和运输的稳定性好。

(4) 制造方法先进，能适合工业化生产，生产出的产品质量稳定性好。

(5) 早期强度大，可减少养护时间。

## 配方 54 水性丙烯酸树脂防锈乳液

**原料配比**

| 原料 | 配比(质量份) | 原料 | 配比(质量份) |
|---|---|---|---|
| 丙烯酸丁酯 | 30 | OP-10 | 4 |
| 甲基丙烯酸甲酯 | 45 | 过硫酸铵 | 0.4 |
| 甲基丙烯酸二甲基氨基乙酯 | 8 | 去离子水 | 150 |
| 偏二氯乙烯 | 16 | 三乙醇胺 | 适量 |
| TON-953 | 3 | | |

**制备方法** 在安装有搅拌器、冷凝器、温度计和加料漏斗的反应器中加入溶有配方量的 TON-953 和 OP-10 的 100 份的去离子水，并用剩余的去离子水溶解引发剂过硫酸铵，升温至 86℃时开始同时滴加混合单体和引发剂溶液，使两种物料在 1.5h 内同时加完，并在此温度下继续反应 2h 后降温过滤，用三乙醇胺将 pH 值调至 8 左右，即得所需产品。

**产品应用** 本品主要应用于金属防锈。

**产品特性** 本品完全消除了溶剂的污染，节约了能源；更克服了闪锈，又因具有良好的湿附着力而大大提高了防锈效果。

## 配方 55 防锈水

**原料配比**

| 原料 | 配比(质量份) | | | 原料 | 配比(质量份) | | |
|---|---|---|---|---|---|---|---|
| | 1# | 2# | 3# | | 1# | 2# | 3# |
| 尿素 | 4 | 8 | 6 | 亚硝酸钠 | 2 | — | — |
| 苯甲酸钠 | 6 | 4 | 5 | 羟乙基纤维素 | — | 0.5 | 2 |
| 六亚甲基四胺 | 5 | 10 | 8 | 水 | 82.7 | 77.9 | 78.8 |
| 椰子油烷基二乙醇胺 | 0.3 | 0.1 | 0.2 | | | | |

**制备方法** 将各组分溶于水，混合均匀即可。

**产品应用** 本品适用于对工件的清洗防锈。

**产品特性** 本品采用的原料价格较低，配制容易，在金属表面涂防锈层的操作简便，使用方便且安全，可节省清洗汽油，改善劳动条件；防锈效果好，不会在金属表面产生白斑，6 个月以上不生锈；不含或少含亚硝酸钠，对皮肤无刺激，也不会发生过敏，还可避免对环境污染。

## 配方 56 用于银产品的气化性防锈膜

**原料配比**

| 原料 | 配比(质量份) | 原料 | 配比(质量份) |
|---|---|---|---|
| 苯甲酸钠 | 6 | 低密度聚乙烯 | 5000 |
| 糊精 | 2 | 羟乙基纤维素 | 5 |
| 苯并三氮唑 | 6 | 硬脂酸锌 | 7 |
| 甲苯并三氮唑 | 8 | 聚乙烯蜡 | 7 |
| 钼酸钠 | 4 | 含氧生物降解添加剂 | 100 |
| 氧化锌 | 2 | 茂金属石蜡聚合体 | 500 |

**制备方法**

(1) 将苯甲酸钠、糊精、苯并三氮唑、甲苯并三氮唑、钼酸钠、氧化锌，放入搅拌机内搅拌15～25min，均匀混合后备用。

(2) 将步骤 (1) 获得的混合物放入粉碎机粉碎成250～350目大小。

(3) 在步骤 (2) 获得的混合物中放入羟乙基纤维素，硬脂酸锌，聚乙烯蜡后，然后用搅拌机匀速搅拌，搅拌的转速为20～30r/min，搅拌时间为25～35min。

(4) 在步骤 (3) 获得的混合物中加入熔融指数2～5的低密度聚乙烯颗粒、含氧生物降解添加剂、茂金属石蜡聚合体后，用搅拌机高速搅拌，搅拌的时间为30min，并控制温度为85℃。

(5) 将步骤 (4) 获得的混合物放入吹膜机内，吹塑成型，并控制温度为170～205℃。

**产品应用** 本品主要用作银产品的气化性防锈膜。

**产品特性**

(1) 改进传统配方，原料中使用了新的添加剂，以增加包装产品防锈膜的生物降解性，并且强化物理性能的同时又能保持均匀的防锈性能，制造出环保、可降解的银产品专用气化性防锈膜。

(2) 工艺先进，制作方法简单、快捷、高效。

(3) 解决了目前处理废弃包装膜的主要方法即烧毁、填埋时存在的环境问题。同时，又赋予了防锈性能，使其无论在多么恶劣的条件下均保持防腐、防锈、防变色性能。

## 配方 57 长效乳化型防锈液

**原料配比**

| 原料 | 配比(质量份) | | | |
|---|---|---|---|---|
| | 1# | 2# | 3# | 4# |
| 环烷基基础油 | 73 | — | 73 | — |
| 氧化石油酯钡皂 | 10 | — | — | 10 |
| 分子量为650的石油磺酸钠 | 10 | — | — | 14 |
| 二乙二醇丙醚 | 7 | — | — | — |
| 石蜡基基础油 | — | 71 | — | 71 |
| 分子量为650的石油磺酸钡 | — | 10 | — | — |
| 重烷基苯磺酸钠 | — | 10 | — | — |
| 乙醇 | — | 9 | — | — |
| 二壬基萘磺酸钡 | — | — | 10 | — |
| 分子量为650的对氨基苯磺酸钠 | — | — | 12 | — |
| 乙醚 | — | — | 5 | — |
| 乙二醇丙醚 | — | — | — | 5 |

**制备方法** 将基础油、油性防锈剂相混合，加热并搅拌均匀后，再加入油溶性表面活性剂、醇醚类耦合剂，充分搅拌，至上述两组分完全溶解均匀即可，得到所需的长效乳化型防锈液。

**原料介绍**

所述油溶性表面活性剂为分子量介于300～800的石油磺酸钠、重烷基苯磺酸钠、对氨基苯磺酸钠中的任意一种。

所述醇醚类耦合剂为乙醇、乙醚、丁醚、二乙二醇丁醚、二乙二醇丙醚、乙二醇丁醚、乙二醇丙醚中的任意一种。

所述油性防锈剂为石油磺酸钡、二壬基萘磺酸钡、氧化石油酯钡皂中的任意一种。

所述基础油为环烷基基础油、石蜡基基础油中的任意一种。

油溶性表面活性剂含有适当长度亲水性的分子链结构，可以使得油性防锈剂能够较好地乳化于水中，同时还避免了亲水性太强造成的防锈时间不长；醇醚类耦合剂具有较好的油溶性和水溶性，能够在乳化液中起到很好的稳定作用，避免出现大量的析油现象；油性防锈剂含有的一些基团（如皂类基团），使得其具有一定的水溶性，能够实现乳化的效果；基础油具有较好的乳化效果和更加稳定的乳化状态，避免了大量的析油现象。

**产品应用** 本品主要应用于金属防锈。

使用方法：使用时在本防锈液中加入一定比例的水进行稀释，利用油溶性表面活性剂和醇醚类耦合剂的乳化作用，使油性防锈剂和基础油乳化于水中，形成一种乳化型防锈液。

**产品特性** 本品既可满足金属的短期防锈需求，使用成本又较低。

# 8 抛光剂

## 配方 1 钽化学机械抛光液

**原料配比**

| 原料 | 配比(质量份) | | 原料 | 配比(质量份) | |
|---|---|---|---|---|---|
| | 1# | 2# | | 1# | 2# |
| 三乙醇胺 | 0.5 | — | FA/OI 型表面活性剂 | 0.3 | 0.4 |
| 乙二醇 | — | 0.6 | 粒径 15～100nm 纳米 $SiO_2$ 水溶胶 | 3 | 4 |
| 18MΩ 以上超纯去离子水 | 6.2 | 5 | | | |

**制备方法**

(1) 清洗容器和管道：采用 18MΩ 以上的超纯去离子水清洗反应器、管道和器具三遍，操作工人身体及手套、口罩及服装进行超净（净化级别：1000 级）处理；

(2) 将碱性 pH 调节剂用 18MΩ 以上超纯去离子水稀释后逐渐加入反应器内的抛光液中，采用负压涡流法进行气体搅拌，其加入量为直至抛光液达到 pH 值为 9～12 即可；

(3) 将 FA/OI 型表面活性剂逐渐加入处于负压涡流状态下的反应器内的抛光液中；

(4) 在反应器内的抛光液中逐渐加入粒径 15～100nm 的纳米 $SiO_2$ 水溶胶（浓度为 40%～50%），使其在负压下保持涡流状态进行气体搅拌，直至制成 $SiO_2$ 水溶液的钽抛光液。

**原料介绍**

所述反应器的材料由聚丙烯、聚乙烯或聚甲基丙烯酸甲酯制成。

所述 FA/OI 型表面活性剂为市售商品，由天津晶岭微电子材料有限公司生产销售；

所述碱性 pH 调节剂可以是三乙醇胺、乙二胺等有机碱；

**产品应用** 本品主要应用于钽化学机械抛光。

**产品特性** 选用碱性抛光液对设备无腐蚀，硅溶胶稳定性好，解决了酸性抛光液污染重、易凝胶等诸多弊端。利用基片材料的两重性，pH 值 9 以上时，易生成可溶性的化合物，从而易脱离表面。采用负压涡流法进行气体搅拌可避免有机物、金属离子、大颗粒等有害污染物的引入，使溶液金属离子含量降低两个数量级；可使纳米硅溶胶在负压下呈涡流状态，防止层流区硅溶胶的凝聚或溶解而无法使用；避免碱性 pH 调节剂由于局部 pH 过高而导致凝聚，无法使用。

## 配方 2 铜抛光用纳米二氧化硅磨料抛光液

**原料配比**

| 原料 | 配比(质量份) | | 原料 | 配比(质量份) | |
|---|---|---|---|---|---|
| | 1# | 2# | | 1# | 2# |
| 10nm 水溶性二氧化硅溶胶 | 30 | — | 聚合度为 20 的脂肪醇聚氧乙烯醚 | 0.2 | — |
| 30nm 水溶性二氧化硅溶胶 | — | 25 | 四甲基氢氧化铵 | — | 1 |
| 二氧化硅粉末 | 5 | 15 | 氢氧化钾 | 3 | — |
| 月桂酰单乙醇胺 | — | 0.3 | 去离子水 | 61.8 | 58.7 |

**制备方法** 先将二氧化硅粉末均匀溶解于去离子水中，然后在千级净化室的环境内，常温条件下，在 0.1MPa 真空负压动力下，通过质量流量计将气相二氧化硅粉末水溶液输入容器罐中，与预先放置在容器罐中的水溶性二氧化硅溶胶混合并充分搅拌，待混合均匀后将其余组分加入容器罐中并继续充分搅拌，混合均匀即成为抛光液成品。

**原料介绍**

所述水溶性二氧化硅溶胶的粒径为 0～200nm，优选 10～80nm，本品选用粒径为 10～30nm。

所述二氧化硅粉末是粒径为 15～200nm 的气相二氧化硅粉末，优选为 20～80nm，本品选用粒径为 30～60nm。

所述表面活性剂为非离子型表面活性剂，为脂肪醇聚氧乙烯醚或烷基醇酰胺，脂肪醇聚氧乙烯醚是聚合度为 20 的脂肪醇聚氧乙烯醚（0～20）、聚合度为 25 的脂肪醇聚氧乙烯醚（0～25）或聚合度为 40 的脂肪醇聚氧乙烯醚（0～40）；烷基醇酰胺是月桂酰单乙醇胺。本品选用聚合度为 20 的脂肪醇聚氧乙烯醚（0～20）或者月桂酰单乙醇胺。

本品选用的 pH 调节剂为无机碱、有机碱或它们的组合，无机碱为氢氧化钾、氢氧化钠，本品选用氢氧化钠；有机碱为多羟多胺和胺中的一种或它们的混合，多羟多胺为三乙醇胺、四羟基乙二胺或六羟基丙基丙二胺，胺为乙二胺、四甲基氢氧化铵，本品选用四甲基氢氧化铵。

本品选用的磨料为粒径较大的水溶性二氧化硅溶胶，其具有较好的分散性，粒度分布均匀，能够有效控制铜抛光中的高低速率比，同时能够有效提高抛光速率，提高生产速率；选用的表面活性剂为非离子型表面活性剂，如脂肪醇聚氧乙烯醚或烷基醇酰胺，能够有效控制加工过程中抛光的均匀性，减少表面缺陷，并提高抛光效率；本品中加入 pH 调节剂能够保证抛光液的稳定性，减少对设备的腐蚀，也能起到提高抛光速率的作用；配位剂能有效地将铜离子生成配合物，减小铜离子的污染。

**产品应用** 本品主要应用于铜的表面抛光加工中，抛光速率快，抛光液不腐蚀设备，使用的安全性能高。

**产品特性** 本品以粒径较大的水溶性二氧化硅溶胶作为磨料，既提高了磨料的分散性能，减少抛光后铜表面平坦度，而且可以大大提高抛光速率；另外，本品为碱性，化学稳定性好，不腐蚀设备，使用的安全性能理想。

## 配方 3 铜制品抛光剂

**原料配比**

| 原料 | 配比(质量份) | | | | |
|---|---|---|---|---|---|
| | 1# | 2# | 3# | 4# | 5# |
| 硫酸氢钠 | 280 | 140 | 140 | 140 | 140 |
| 硫酸钙 | 224 | 448 | 224 | 224 | 224 |
| 黏土 | 448 | 448 | 224 | 1000 | 448 |
| 粉状石英 | 168 | 168 | 168 | 168 | 300 |
| 水 | 适量 | 适量 | 适量 | 适量 | 适量 |

**制备方法** 首先将各原料研成粉末，然后将各原料混合，搅拌均匀后加水，继续搅拌，加水的量以混合物生成面团似的黏状物为准，停止加水，把面团状黏状物压进模子成型，并置于空气中干燥，也可稍稍加热干燥。

**产品应用** 本品主要应用于铜及铜制品的表面擦拭。

将本品制成的干燥混合物，直接在铜及铜制品表面擦拭，也可以用湿布或海绵蘸一些抛光剂，在铜材及铜制品表面擦拭，直至擦亮为止；擦毕，再用洁净的干布，把多余的抛光剂擦掉。

**产品特性** 本品是一种防锈效果好，价格低廉的铜材料抛光剂。

## 配方 4 钨抛光液

**原料配比**

| 原料 | 配比(质量份) | 原料 | 配比(质量份) |
|---|---|---|---|
| 二氧化硅磨料 | 1～40 | 表面活性剂 | 0.01～5 |
| pH 调节剂 | 0.2～10 | 特殊添加剂 | 0.1～8 |
| 螯合剂 | 0.1～10 | 去离子水 | 加至 100 |

**制备方法** 将各组分混合，搅拌均匀即可。

**原料介绍**

本品的 pH 调节剂为碱性有机胺（如三乙胺和二异丁基胺中至少一种）或有机酸（乙二胺四乙酸和柠檬酸中至少一种）。用来调节抛光液的 pH 值为 2～4，使二氧化硅处于良好的悬浮状态，提供稳定的抛光速率。采用的胺或酸不含金属类成分，避免对硅片的玷污而影响以后的器件性能。

本品的螯合剂为乙二胺四乙酸和柠檬酸及其盐中的至少一种。可以和前制程带入的大量金属离子结合而除去，从而改善抛光片的质量。

本品的表面活性剂为醇醚类非离子型表面活性剂，如 OP-10，TX-10 等，可以优先吸附，形成长期易清洗的物理吸附表面，以改善表面状态，同时提高质量传递速率，以降低晶圆的表面粗糙度。

本品特殊添加剂为聚羧酸和聚酰胺中的至少一种。

**产品应用** 本品主要应用于超大规模集成电路钨插塞化学机械抛光后平坦化。

**产品特性**

(1) 通过对二氧化硅磨料制备时进行改性，二氧化硅颗粒的外面包裹上一层氧化铝。因氧化铝可以获得较高的抛光速率和选择性，并在酸性溶液中不易凝胶，而且氧化铝只是占一小部分，内层大量的二氧化硅能起到缓冲作用，防止刮伤，并解决悬浮问题。

(2) 采用在抛光前添加过氧化氢，防止过氧化氢因过早混合而引起分解。

(3) 采用了添加特殊添加剂聚羧酸和聚酰胺中至少一种，提高阻挡层抛光速率，对于防止氧化物腐蚀和阻塞回缩，也具有下层氧化物选择性，取得插塞表面局部平坦度和防止附近区域氧化物过量损失。同时，为了进一步减少回缩，最后通过氧化物精抛来提高平坦度。

(4) 在使用该抛光液时，先按所配制的抛光液和去离子水的配比为1∶10稀释，再加入适量过氧化氢（一般为0.5%～2%）。

## 配方 5 钨加工用抛光液

**原料配比**

| 原料 | 配比(质量份) | | 原料 | 配比(质量份) | |
|---|---|---|---|---|---|
| | 1# | 2# | | 1# | 2# |
| $CeO_2$ 磨料，粒径 100～120nm | 20 | — | 四羟基乙基乙二胺 | 2 | — |
| 水溶硅溶胶磨料，粒径 60～80nm | — | 37.5 | EDTA | — | 1.5 |
| 双氧水 | 0.5 | — | 氢氧化钾 | 2 | 3 |
| 硝酸铝 | — | 0.75 | 去离子水 | 75.5 | 57.25 |

**制备方法** 首先将制备抛光液的磨料、氧化剂、pH值调节剂、螯合剂和去离子水，分别进行过滤净化处理，然后在千级净化室的环境内，将各组分在真空负压的动力下，通过质量流量计输入容器罐中并充分搅拌，混合均匀即可。

**原料介绍**

所述磨料是粒径为15～120nm的水溶硅溶胶或金属氧化物水溶胶。金属氧化物的水溶胶是$SiO_2$、$Al_2O_3$、$CeO_2$或$TiO_2$的水溶胶。

所述氧化剂是双氧水、硝酸盐或过硫酸盐。

所述pH调节剂是指氢氧化钠、氢氧化钾、多羟多胺和胺中的一种或两种以上组合。

所述螯合剂是具有水溶性且不含金属离子的化合物，如羟胺、胺盐或胺中的一种或两种以上组合。

**产品应用** 本品主要用作抛光液。

**产品特性**

(1) 抛光液是碱性，不腐蚀污染设备，容易清洗。

(2) 金属层钨抛光速率快，可控性好，抛光后平整性好。

(3) 使用不含金属离子的螯合剂，对有害金属离子的螯合作用强，工艺简单，成本低。

## 配方 6 锌和铬加工用的纳米二氧化硅磨料抛光液

**原料配比**

| 原料 | 配比(质量份) | | 原料 | 配比(质量份) | |
|---|---|---|---|---|---|
| | 1# | 2# | | 1# | 2# |
| 10nm 水溶性二氧化硅溶胶 | 30 | — | 失水山梨醇聚氧乙烯醚酯(T-80) | — | 0.3 |
| 30nm 水溶性二氧化硅溶胶 | — | 25 | 四甲基氢氧化铵 | — | 1 |
| 120nm 气相二氧化硅粉末 | 5 | — | 氢氧化钾 | 3 | — |
| 80nm 气相二氧化硅粉末 | — | 15 | 苯并三氮唑(BTA) | 0.5 | 2.7 |
| 聚合度为 20 的脂肪醇聚氧乙烯醚 | 0.2 | — | 去离子水 | 61 | 56 |

**制备方法** 先将气相二氧化硅粉末均匀分散于去离子水中，然后在常温条件下，在0.1MPa真空负压动力下，通过质量流量计将气相二氧化硅粉末水溶液输入容器罐中，与预先放置在容器罐中的水溶性二氧化硅溶胶混合并充分搅拌，待混合均匀后将其余组分加入容器罐中并继续充分搅拌，混合均匀即为抛光液成品。

**原料介绍**

所述水溶性二氧化硅溶胶是粒径为0～200nm的水溶性二氧化硅溶胶，优选10～80nm，本品选用粒径为10～30nm。

所述气相二氧化硅粉末是粒径为0～200nm的气相二氧化硅粉末，优选50～150nm，本品选用粒径为80～120nm。

本品中表面活性剂为非离子型表面活性剂，为脂肪醇聚氧乙烯醚或多元醇聚氧乙烯醚羧酸酯；本品选用聚合度为20的脂肪醇聚氧乙烯醚（0～20）或聚合度为80的失水山梨醇聚氧乙烯醚酯（T-80）。

本品中pH调节剂为无机碱、有机碱或它们的组合；无机碱为氢氧化钾、氢氧化钠或过氧焦磷酸钠，本品选用氢氧化钠；有机碱为多羟多胺和胺中的一种或它们的混合，多羟多胺为三乙醇胺、四羟基乙二胺或六羟基丙基丙二胺，胺为乙二胺、二甲基乙酰胺、三甲基乙酰胺或四甲基氢氧化铵，本品选用四甲基氢氧化铵。

本品中缓蚀剂为苯并三氮唑（BTA）、巯基苯并噻唑（MBT）、甲基苯并三氮唑（TTA），本品选用苯并三氮唑（BTA）。

本品锌和铬加工用的纳米二氧化硅磨料抛光液，选用的磨料为粒径较小的水溶性二氧化硅溶胶，具有较好的分散性，粒度分布均匀，能够有效减少锌和铬抛光后的表面划伤，同时降低锌和铬表面粗糙度；选用另一种磨料为粒径较大的气相二氧化硅粉末，能够有效提高抛光速率，提高生产效率；选用的表面活性剂为非离子型表面活性剂，如脂肪醇聚氧乙烯醚或多元醇聚氧乙烯醚羧酸酯，能够有效控制加工过程中抛光的均匀性，减少表面缺陷，并提高抛光效率；pH调节剂能够保证抛光液的稳定性，减少对设备的腐蚀，也能起到提高抛光速率的作用；缓蚀剂的加入能有效地控制抛光过程中的速率，根据要求调整工艺条件，得到不同的抛光速率。

**产品应用** 本品主要用作锌和铬加工用的纳米二氧化硅磨料抛光液。

**产品特性** 本品以粒径较小的水溶性二氧化硅溶胶和粒径较大的气相二氧化硅粉末混合作为磨料，既提高了磨料的分散性能，减少抛光后锌和铬表面划伤，而且使抛光后的锌和铬表面的粗糙度降低；而且，可以大大提高抛光速率。另外，本品的抛光液为碱性，抛光过程中不产生酸雾，有利于现场生产工人的身体健康，并且化学稳定性好，不腐蚀设备，使用的安全性能理想。

## 配方7 医用Ni-Ti形状记忆合金抛光液

**原料配比**

| 原料 | 配比(质量份) | | | | |
|---|---|---|---|---|---|
| | 1# | 2# | 3# | 4# | 5# |
| 浓氢氟酸 | 250 | 350 | 250 | 350 | 300 |
| 浓硝酸 | 300 | 400 | 400 | 300 | 350 |
| 氧化剂 | 250 | 350 | 250 | 350 | 300 |
| 添加剂 | 70 | 150 | 150 | 70 | 110 |
| 水 | 加至1L | 加至1L | 加至1L | 加至1L | 加至1L |

**制备方法** 将各组分与水混合均匀即可。

**原料介绍** 所述添加剂由乙二醇和酒石酸按10∶1的质量比配制而成。

**产品应用** 本品主要应用于医用Ni-Ti形状记忆合金抛光。

抛光方法：抛光时，将医用Ni-Ti形状记忆合金试样置于丙酮溶液中超声波清洗15min后取出，用无水乙醇擦拭干净；然后置于5～100℃的本品抛光液中，转速为150～300r/s的搅拌器搅拌10～90s取出，清水冲洗干净即可。

**产品特性** 本品不仅具有配制工艺简单、失重少、抛光效率高等优点，而且能够明显提高Ni-Ti形状记忆合金表面光洁度和耐腐蚀性能，可用于对形状复杂的医用Ni-Ti形状记忆合金表面进行抛光处理或精细加工。

## 配方8 用于不锈钢镜面的抛光液

**原料配比**

| 原料 | 配比(质量份) | | | |
|---|---|---|---|---|
| | 1# | 2# | 3# | 4# |
| 立方氮化硼微粉 | 3 | 4 | 5 | 6 |
| 硬脂酸 | 150 | 200 | 250 | 300 |
| 煤油 | 192 | 256 | 320 | 384 |

**制备方法**

(1) 称重：在电子天平上垫上一层干净的白纸，用药匙取出立方氮化硼微粉盛放在白纸上，按配比准确称取立方氮化硼微粉的质量。

(2) 烘烤：将盛有立方氮化硼微粉的白纸一起放在加热平台上，在100℃的温度下烘烤120min，随后取出，在空气中冷却30min。

(3) 研磨：在中号的玛瑙研钵中研磨，将起团的立方氮化硼微粉研至分散，每次不超过2g，时间不少于30min。

(4) 超声波分散：将研磨后的立方氮化硼微粉置于烧杯中，加入所述煤油总质量的40%，在超声波中分散60min，得到含有立方氮化硼微粉的液体。

(5) 配制液体：步骤(4)得到的液体中，加入硬脂酸，搅拌混合。

(6) 煮沸冷凝：步骤(5)得到的液体，在100℃的加热平台上煮沸，冷却360min，最后凝固成团。

(7) 配制配光液：将余下的煤油加入凝固成团的物体中，溶解搅拌均匀，即配成悬浮的抛光液。

(8) 保存：贴上标签，做好标识，置于阴冷处保存待用。

**产品应用** 本品主要应用于不锈钢镜面的抛光。

**产品特性** 本品抛光的工件表面光洁度好，操作方法简单，技术要求低，适用于大批量生产，采用本方法制备的抛光液是永久性的悬浊液，不会产生沉淀。

## 配方9 用于化学机械研磨的抛光液

**原料配比**

| 原料 | | 配比(质量份) | | | | | | | | |
|---|---|---|---|---|---|---|---|---|---|---|
| | | 1# | 2# | 3# | 4# | 5# | 6# | 7# | 8# | 9# |
| 研磨颗粒 | $SiO_2$(30nm) | 0.1 | — | — | — | — | — | — | — | — |
| | $SiO_2$(200nm) | — | 6 | — | — | — | — | — | — | — |

续表

| 原料 | | 配比(质量份) | | | | | | | | |
|---|---|---|---|---|---|---|---|---|---|---|
| | | 1# | 2# | 3# | 4# | 5# | 6# | 7# | 8# | 9# |
| 研磨颗粒 | $Al_2O_3$(120nm) | — | — | 10 | — | — | — | — | — | — |
| | $Al_2O_3$(150nm) | — | — | — | 10 | — | — | — | — | — |
| | $ZrO_2$(100nm) | — | — | — | — | 5 | — | — | — | — |
| | $ZrO_2$(90nm) | — | — | — | — | — | — | 10 | — | — |
| | $CeO_2$(100nm) | — | — | — | — | — | 4 | — | — | — |
| | SiC(100nm) | — | — | — | — | — | — | — | 0.1 | — |
| | SiC(70nm) | — | — | — | — | — | — | — | — | 3 |
| 硝酸盐 | 硝酸铵 | 0.02 | — | — | — | — | 9 | — | — | — |
| | 硝酸银 | — | 5 | — | — | — | — | — | — | — |
| | 硝酸钾 | — | — | 10 | 10 | — | 1 | 0.02 | — | 0.7 |
| | 硝酸铜 | — | — | — | — | — | — | — | 0.04 | — |
| | 四甲基硝酸铵 | — | — | — | — | 6 | — | — | — | — |
| 金属盐 | 硝酸铁 | 0.02 | — | — | — | — | — | — | — | — |
| | 硫酸铁 | — | 2 | — | — | — | — | — | — | — |
| | 硝酸银 | — | — | 0.02 | — | — | — | — | — | 0.02 |
| | 硝酸钴 | — | — | — | 2 | — | — | — | — | — |
| | 硝酸铬 | — | — | — | — | 1 | — | — | — | — |
| | 硝酸铜 | — | — | — | — | — | 0.04 | — | — | — |
| | 硝酸铝 | — | — | — | — | — | — | 1 | — | — |
| | 锰酸钾 | — | — | — | — | — | — | — | 1 | — |
| | 磷酸钠 | — | — | — | — | — | — | — | — | 0.02 |
| 杀菌剂 | PQ375 | — | — | — | — | — | 0.01 | 0.01 | 0.01 | 0.01 |
| 水 | | 加至100 | 加至100 | 加至100 | 加至100 | 加至100 | 加至100 | 加至100 | 加至100 | 加至100 |

| 原料 | | 配比(质量份) | | | | | | | | |
|---|---|---|---|---|---|---|---|---|---|---|
| | | 10# | 11# | 12# | 13# | 14# | 15# | 16# | 17# | 18# |
| 研磨颗粒 | $Fe_2O_3$(130nm) | 10 | — | — | — | — | — | — | — | — |
| | SiC(200nm) | — | 0.1 | 7 | — | — | — | — | — | — |
| | $TiO_2$(70nm) | — | — | — | 10 | — | — | — | — | — |
| | $SiO_2$(100nm) | — | — | — | — | 0.2 | — | — | — | 10 |
| | $Si_3N_4$(100nm) | — | — | — | — | — | 2 | — | 0.5 | — |
| | $SiO_2$(30nm) | — | — | — | — | — | — | 0.5 | — | — |
| | $SiO_2$(50nm) | — | — | — | — | — | — | — | 0.1 | — |
| 硝酸盐 | 硝酸铵 | — | — | 1 | 2 | 10 | — | — | — | — |
| | 硝酸钾 | 8 | 10 | — | — | — | 0.02 | — | 10 | — |
| | 四甲基硝酸铵 | — | — | — | — | — | — | 5 | — | 10 |
| 金属盐 | 硝酸锰 | 1 | — | — | — | — | — | — | — | — |
| | 硫酸锡 | — | 2 | — | — | — | — | — | — | — |
| | 硝酸铌 | — | — | 0.02 | — | — | — | — | — | — |
| | 硝酸镍 | — | — | — | 0.02 | — | — | — | — | — |
| | 高锰酸钾 | — | — | — | — | 0.05 | — | — | — | — |
| | 硫酸钛 | — | — | — | — | — | 0.1 | — | — | — |
| | 磺酸钠 | — | — | — | — | — | — | 0.1 | — | — |
| | 氯酸钾 | — | — | — | — | — | — | 0.1 | — | — |
| | 氯化铁 | — | — | — | — | — | — | — | 0.1 | — |
| | 硫酸氧钒 | — | — | — | — | — | — | — | — | 0.8 |

续表

| 原料 | | 配比(质量份) | | | | | | | | |
|---|---|---|---|---|---|---|---|---|---|---|
| | | 10# | 11# | 12# | 13# | 14# | 15# | 16# | 17# | 18# |
| 杀菌剂 | PQ375 | 0.01 | 0.01 | 0.01 | 0.01 | 0.01 | 0.01 | 0.01 | 0.01 | 0.01 |
| 水 | | 加至100 | 加至100 | 加至100 | 加至100 | 加至100 | 加至100 | 加至100 | 加至100 | 加至100 |

| 原料 | | 配比(质量份) | | | | | | | | |
|---|---|---|---|---|---|---|---|---|---|---|
| | | 19# | 20# | 21# | 22# | 23# | 24# | 25# | 26# | 27# |
| 研磨颗粒 | $SiO_2$(150nm) | 4 | — | — | — | — | — | — | — | — |
| | $SiO_2$(30nm) | — | 2 | — | — | — | — | — | — | — |
| | $SiO_2$(200nm) | — | — | 3 | — | — | — | — | — | — |
| | $SiO_2$(100nm) | — | — | — | 10 | — | 3 | 3 | — | — |
| | $SiO_2$(110nm) | — | — | — | — | 5 | — | — | — | — |
| | $SiO_2$(80nm) | — | — | — | — | — | — | — | 5 | — |
| | $SiO_2$(70nm) | — | — | — | — | — | — | — | — | 5 |
| | $TiO_2$(100nm) | — | — | — | — | — | — | 1 | 0.06 | 0.02 |
| 硝酸盐 | 硝酸铵 | — | — | — | — | 1 | 1 | 10 | 0.04 | 0.02 |
| | 硝酸钠 | — | — | — | — | — | 1 | — | — | — |
| | 硝酸钾 | 5 | 1 | — | 0.02 | — | — | — | — | — |
| | 四甲基硝酸铵 | — | — | 0.02 | — | — | — | — | — | 0.02 |
| 金属盐 | 硝酸钯 | 0.5 | — | — | — | — | — | — | — | — |
| | 碳酸钠 | — | 0.1 | — | — | — | — | — | — | — |
| | 硝酸钌 | — | — | 0.2 | — | — | — | — | — | — |
| | 高氯酸钠 | — | — | — | 0.2 | — | — | — | — | — |
| | 氯酸钠 | — | — | — | 0.1 | — | — | — | — | — |
| | 碘酸钾 | — | — | — | — | 0.5 | — | — | — | — |
| | 高碘酸钠 | — | — | — | — | 1 | — | — | — | — |
| | 溴酸钾 | — | — | — | — | — | 0.2 | 0.2 | — | — |
| | 锰酸钾 | — | — | — | — | — | — | 0.2 | — | — |
| | 重铬酸钾 | — | — | — | — | — | — | — | — | 0.02 |
| | 铬酸钾 | — | — | — | — | — | — | — | 0.1 | 0.02 |
| 杀菌剂 | PQ375 | 0.01 | 0.01 | 0.01 | 0.01 | 0.01 | 0.01 | — | 0.01 | 0.01 |
| 十二烷基三甲基氯化铵 | | — | 0.01 | — | — | 0.01 | — | 0.01 | — | — |
| 水 | | 加至100 | 加至100 | 加至100 | 加至100 | 加至100 | 加至100 | 加至100 | 加至100 | 加至100 |

**制备方法** 将各组分简单混合均匀，采用氢氧化钾、氨水和硝酸调节至所需的pH值，即可得到抛光液。

**原料介绍**

所述的研磨颗粒为本领域常规的研磨颗粒，较佳的为$SiO_2$、$Al_2O_3$、$ZrO_2$、$CeO_2$、SiC、$Fe_2O_3$、$TiO_2$和$Si_3N_4$中的一种或多种。研磨颗粒的粒径较佳的为30～200nm，更佳的为50～120nm。

所述硝酸盐为硝酸根离子和其他离子组成的化合物，其他离子可以是金属离子，也可以是非金属离子，如铵离子、季铵盐阳离子。所述的硝酸盐较佳地选自主族及副族元素的可溶性的硝酸盐中的一种或多种。更佳的选自硝酸铵、硝酸钾和硝酸季铵盐中的一种或多种。

所述的金属盐为金属离子的正盐、酸式盐、碱式盐，较佳地选自但不限于金属的硝酸盐、磷酸盐、盐酸盐、碳酸盐、硫酸盐、磺酸盐、氯酸盐、高氯酸盐、碘酸盐、高碘酸盐、溴酸盐、铬酸盐、重铬酸盐、锰酸盐和高锰酸盐中的一种或多种。所述的金属盐较佳地选自 Ag、Co、Cr、Cu、Fe、Mo、Mn、Nb、Ni、Os、Pd、Ru、Sn、Ti、K、Na 和 V 的盐类中的一种或多种。更佳的选自 Ag 盐和 Fe 盐中的一种或两种。

本品的抛光液同时含有硝酸盐和金属盐。当硝酸盐为硝酸的金属盐时，该抛光液的另一个组分——金属盐组分必须为另一种金属的盐类，但可以是该另一种金属的硝酸盐；当硝酸盐为硝酸的非金属盐时，如硝酸的铵盐、季铵盐等，该抛光液的金属盐组分可以是金属的任何盐，包括金属的硝酸盐。两种或两种以上的上述的硝酸盐和金属盐可以发生协同作用，增强对钨的去除速率，从而实现在较低的易对 CMP 机台和器件造成污染的金属离子浓度条件下有效去除钨的目的，进而减少污染。抛光液中含有的硝酸盐和另一种金属盐的含量关系较佳地为：硝酸盐 0.02%～10%，同时金属盐 0.02%～2%；更佳的为硝酸盐 1%～5%，同时金属盐 0.1%～0.5%。本品所述金属盐的浓度比现有的任何非催化体系的钨的化学机械抛光液低得多，却同样可实现对钨的有效去除，减少了抛光过程中金属离子对抛光机台的污染。而现有技术中的以双氧水加铁离子为代表的催化体系的钨的化学机械抛光液，其中金属盐的浓度虽然比较低，但是由于金属催化双氧水分解，所以抛光液各组分要分开包装，使用前再混合，使用不方便；而本抛光液不用，这也是本品的优点之一。

本品还可含有其他本领域的常规添加剂，如杀菌剂和表面活性剂等。

本品的抛光液的 pH 值较佳的为 1～7，更佳的为 2～5。可选用的 pH 调节剂如氢氧化钾、氨水或硝酸等。

**产品应用** 本品主要应用于化学机械研磨的抛光。

**产品特性** 本品可以有效地用于化学机械抛光半导体材料中的金属钨，而且其含有较低浓度的易对 CMP 机台和器件造成污染的金属离子，形成的污染小，并且不用各组分分开存放，也能保证性质长期稳定，因此本品在半导体晶片化学机械抛光等微电子领域具有良好的应用前景。

## 配方 10 用于钽阻挡抛光的化学机械的抛光液

**原料配比**

| 原料 | | 配比(质量份) | | | | | | | |
|---|---|---|---|---|---|---|---|---|---|
| | | 1# | 2# | 3# | 4# | 5# | 6# | 7# | 8# |
| 研磨颗粒 | $SiO_2$(100nm) | 7 | 7 | 10 | 7 | 7 | 7 | 1 | — |
| | $Al_2O_3$(20nm) | — | — | — | — | — | — | — | 2 |
| 金属缓蚀剂 | 苯并三氮唑 | 0.15 | 0.15 | 0.15 | 0.15 | 0.2 | 0.2 | 0.5 | — |
| | 3-氨基-1,2,4-三氮唑 | — | — | — | — | — | 0.005 | — | — |
| | 甲基苯并三氮唑 | — | — | — | — | — | — | — | 1 |
| 有机酸 | 丙二酸 | 0.2 | 0.2 | 0.2 | — | — | 0.2 | 1 | — |
| | 甘氨酸 | — | — | — | 0.2 | — | — | — | — |
| | 2-膦酸丁烷基-1,2,4-三羧酸 | — | — | — | — | 0.2 | — | — | — |
| | 草酸 | — | — | — | — | — | — | — | 0.01 |
| 聚丙烯酸 | 聚丙烯酸(分子量 5000) | 0.05 | 0.05 | 0.05 | 0.05 | — | — | — | — |
| | 聚丙烯酸(分子量 3000) | — | — | — | — | 0.02 | 0.01 | — | 0.1 |
| | 聚丙烯酸(分子量 2000) | — | — | — | — | — | — | 0.2 | — |

续表

| 原料 | | 配比(质量份) | | | | | | | |
|---|---|---|---|---|---|---|---|---|---|
| | | 1# | 2# | 3# | 4# | 5# | 6# | 7# | 8# |
| 季铵碱 | 四甲基氢氧化铵 | 0.05 | 0.05 | 0.05 | 0.05 | — | — | 0.01 | — |
| | 四丁基氢氧化铵 | — | — | — | — | 0.05 | 0.05 | — | 0.02 |
| 氧化剂 | 过氧化氢 | 0.2 | 0.5 | 0.2 | 0.2 | 0.3 | 0.3 | 1 | — |
| | 过氧化氢脲 | — | — | — | — | — | — | — | 0.5 |
| 去离子水 | | 加至100 | 加至100 | 加至100 | 加至100 | 加至100 | 加至100 | 加至100 | 加至100 |

**制备方法** 将各组分在去离子水中混合均匀，采用氢氧化钾、氨水和硝酸调节至合适的pH值，即可制得抛光液。

**原料介绍** 所述研磨颗粒选自氧化硅、氧化铝、氧化铈和/或聚合物颗粒中的一种或多种，研磨颗粒粒径为20～200nm。

所述有机酸选自草酸、丙二酸、丁二酸、柠檬酸、2-膦酸丁烷基-1,2,4-三羧酸、羟基亚乙基二膦酸、氨基三亚甲基膦酸和/或氨基酸中的一种或多种。

所述聚丙烯酸的分子量为1000～20000，优选2000～5000。

所述金属缓蚀剂为唑类化合物，选自苯并三氮唑、甲基苯并三氮唑、1,2,4-三氮唑、3-氨基-1,2,4-三氮唑、4-氨基-1,2,4-三氮唑和/或5-甲基四氮唑中的一种或多种。

所述季铵碱为四甲基氢氧化铵和/或四丁基氢氧化铵。

所述氧化剂选自过氧化氢、过氧化氢脲、过氧乙酸、过氧化苯甲酰、过硫酸钾和/或过硫酸铵中的一种或多种。

所述化学机械抛光液的pH值为2.0～5.0。

本品中含有表面活性剂、稳定剂和/或杀菌剂。

**产品应用** 本品主要用作钽阻挡抛光的化学机械的抛光液。

**产品特性**

(1) 本品具有较高的阻挡层材料（Ta或TaN）去除速率。

(2) 本品具有较高的TEOS和低k材料（BD）去除速率，且Cu的去除速率可通过升高或降低氧化剂的含量而相应的升高或降低，满足阻挡层抛光过程中绝缘层材料和金属抛光速率选择比的要求。

(3) 本品可以防止金属抛光过程中产生的局部和整体腐蚀，提高产品良率。

(4) 采用本品抛光后，晶圆具有完好的表面形貌和较低的表面污染物残留。

## 配方 11 用于铜制程的化学机械抛光液

**原料配比**

| 原料 | | 配比(质量份) | | | | | | | | |
|---|---|---|---|---|---|---|---|---|---|---|
| | | 1# | 2# | 3# | 4# | 5# | 6# | 7# | 8# | 9# |
| 研磨颗粒 | $SiO_2$(70nm) | 0.25 | 0.25 | 2 | — | — | — | — | — | — |
| | $SiO_2$(20nm) | — | — | — | — | — | — | — | — | 0.1 |
| | $Al_2O_3$(30nm) | — | — | — | 5 | — | — | — | — | — |
| | $Al_2O_3$(100nm) | — | — | — | — | 0.5 | — | — | — | — |
| | 聚苯乙烯(分子量400000)(120nm) | — | — | — | — | — | 0.3 | — | — | — |
| | 聚苯乙烯(分子量500000)(100nm) | — | — | — | — | — | — | 2 | — | — |
| | 聚乙烯(分子量200000)(200nm) | — | — | — | — | — | — | — | 10 | — |

续表

| 原料 | | 配比(质量份) | | | | | | | | |
|---|---|---|---|---|---|---|---|---|---|---|
| | | 1# | 2# | 3# | 4# | 5# | 6# | 7# | 8# | 9# |
| 有机膦酸 | 羟基亚乙基二膦酸 | 0.5 | 0.8 | — | — | — | — | — | — | — |
| | 2-羟基膦酰基乙酸 | — | — | 2 | — | — | — | — | — | — |
| | 氨基三亚甲基膦酸 | — | — | — | 0.5 | — | — | — | — | — |
| | 多氨基多醚基四亚甲基膦酸 | — | — | — | — | 1 | — | — | — | — |
| | 二亚乙基三胺五亚甲基膦酸 | — | — | — | — | — | 1 | — | — | — |
| | 甲基膦磺酸 | — | — | — | — | — | — | 0.8 | — | — |
| | 乙二胺四甲基膦酸 | — | — | — | — | — | — | — | 0.5 | — |
| | 八元醇磷酸酯 | — | — | — | — | — | — | — | — | 3 |
| 氧化剂 | 过氧化氢 | 3 | 3 | 5 | — | — | — | — | — | — |
| | 过硫酸铵 | — | — | — | 1 | — | 3 | — | 10 | — |
| | 过硫酸钾 | — | — | — | — | 2 | — | — | — | — |
| | 过氧乙酸 | — | — | — | — | — | — | 2.5 | — | — |
| | 过氧化氢脲 | — | — | — | — | — | — | — | — | 0.5 |
| 含氮唑类化合物 | 5-氨基四氮唑 | 0.05 | — | — | — | — | — | — | — | — |
| | 1,2,4-三氮唑 | — | 0.05 | — | — | — | — | — | — | — |
| | 苯并三氮唑 | — | — | 0.3 | — | — | — | — | — | — |
| | 5-甲基四氮唑 | — | — | — | 0.1 | — | — | — | — | 0.15 |
| | 5-苯基-1-氢-四氮唑 | — | — | — | — | 0.1 | — | 1 | — | — |
| | 1-氢-四氮唑 | — | — | — | — | — | 0.1 | — | 0.01 | — |
| 其他 | 异噻唑啉酮 | — | — | — | 0.001 | — | — | — | — | — |
| | 十二烷基二甲基苄基氯化铵 | — | — | — | — | — | 0.001 | — | — | — |
| | 尿素 | — | — | — | — | — | — | — | — | 0.02 |
| 去离子水 | | 加至100 | 加至100 | 加至100 | 加至100 | 加至100 | 加至100 | 加至100 | 加至100 | 加至100 |

**制备方法** 将各组分混合均匀，最后用pH调节剂（20%KOH或稀$HNO_3$，根据pH值的需要进行选择）调节到所需pH值，继续搅拌至均匀流体，静置30min即可得到抛光液。

**原料介绍**

所述的研磨颗粒可选自本领域常用研磨颗粒，优选二氧化硅、氧化铝、和聚合物颗粒（如聚苯乙烯或聚乙烯）中的一种或多种，更优选二氧化硅。所述的研磨颗粒的粒径较佳的为20～200nm，更佳的为30～100nm。

所述的有机膦酸类化合物较佳的为羟基亚乙基二膦酸（HEDP）、氨基三亚甲基膦酸（ATMP）、多氨基多醚基四亚甲基膦酸（PAPEMP）、2-羟基膦酰基乙酸（HPAA）、乙二胺四甲基膦酸（EDTMP）、二亚乙基三胺五亚甲基膦酸（DTPMP）、有机膦磺酸和多元醇磷酸酯（PAPE）中的一种或多种。

所述的含氮唑类化合物较佳地选自5-氨基四氮唑、1,2,4-三氮唑、苯并三氮唑、5-甲基四氮唑，5-苯基-1-氢-四氮唑和1-氢-四氮唑中的一种或多种。

所述的氧化剂可为现有技术中的各种氧化剂，较佳的为过氧化氢、过硫酸铵、过硫酸钾、过氧乙酸和过氧化氢脲中的一种或多种，更佳的为过氧化氢。

本品用于铜制程的化学机械抛光液的pH值较佳的为2.0～11.0，更佳的2.0～5.0或9.0～11.0。pH调节剂可为各种酸和/或碱，以将pH值调节至所需值即可，较佳的为硫酸、硝酸、磷酸、氨水、氢氧化钾、乙醇胺和/或三乙醇胺等。

本化学机械抛光液还可以含有本领域其他常规添加剂，如表面活性剂、稳定剂和杀菌剂，以进一步提高抛光液的抛光性能。

**产品应用** 本品主要应用于铜制程的化学机械抛光。

**产品特性** 本品对铜材料具有较高的抛光速率，而对阻挡层钽具有较低的抛光速率，铜/钽抛光速率选择比约在50～1000范围内，可满足铜制程的抛光要求。本品可在较低的研磨颗粒的用量下，保证抛光速率的同时，使缺陷、划伤、沾污和其他残留明显下降，从而降低衬底表面污染物。本品还可防止金属抛光过程中产生的局部和整体腐蚀，提高产品良率。

## 配方 12 用于钨化学机械抛光的抛光液

**原料配比**

| 原料 | | 配比(质量份) | | | | | | | | | | |
|---|---|---|---|---|---|---|---|---|---|---|---|---|
| | | 1# | 2# | 3# | 4# | 5# | 6# | 7# | 8# | 9# | 10# | 11# |
| 研磨剂 | 硅溶胶(70nm) | 1.5 | 1.5 | 1.5 | 1.5 | — | — | — | — | — | — | — |
| | 气相二氧化硅(180nm) | — | — | — | — | 3 | 3 | 3 | — | — | — | — |
| | 硅溶胶(80nm) | — | — | — | — | — | — | — | 2 | 10 | 5 | 0.2 |
| 硝酸铁 | | 1.2 | 1.2 | 1.2 | 1.2 | 1 | 1 | 1 | 2 | 0.5 | 0.3 | 0.1 |
| 稳定剂 | 丙二酸 | 0.3 | 0.3 | 0.3 | 0.3 | — | — | — | 0.5 | — | — | — |
| | 2-磷酸丁烷-1,2,4-三羧酸 | — | — | — | — | 0.25 | 0.25 | 0.25 | — | 0.125 | 0.075 | 0.025 |
| 硝酸钾 | | 0.2 | 1 | 1.5 | 3 | 0.2 | 1 | 2 | 0.5 | 1 | 0.2 | 2 |
| 去离子水 | | 加至100 | 加至100 | 加至100 | 加至100 | 加至100 | 加至100 | 加至100 | 加至100 | 加至100 | 加至100 | 加至100 |

**制备方法** 将各组分在去离子水中混合均匀，即可制得化学机械抛光液。

**产品应用** 本品主要应用于钨化学机械抛光。

**产品特性** 在硝酸铁作为氧化剂的基础上，用硅溶胶代替氧化铝作为研磨剂，通过加入硝酸钾，显著降低了产品的缺陷，提高了生产的良率。

## 配方 13 用于氧化钒化学机械抛光的纳米抛光液

**原料配比**

| 原料 | 配比(质量份) | | | |
|---|---|---|---|---|
| | 1# | 2# | 3# | 4# |
| 10～30nm 的二氧化硅胶体 | 20 | 5 | 5 | — |
| 40nm 的二氧化钛 | — | 4 | — | — |
| 80nm 的二氧化铈 | — | — | 2 | 5 |
| 硅烷聚乙二醇醚 | — | — | — | 0.5 |
| 聚乙二醇醚 | — | 0.1 | 0.3 | — |
| 十二烷基乙二醇醚 | 0.2 | 0.1 | — | — |
| 聚二甲基硅烷 | 50mg/kg | 50mg/kg | 50mg/kg | 50mg/kg |
| 异构噻唑啉酮 | 10mg/kg | 10mg/kg | 10mg/kg | 10mg/kg |
| 异丙醇 | 0.03 | 0.03 | 0.03 | 0.03 |
| 去离子水 | 加至100 | 加至100 | 加至100 | 加至100 |

**制备方法** 将各组分混合，使用磁力搅拌机搅拌均匀即可。

**原料介绍**

本品中纳米研磨料为氧化锆、氧化钛、氧化铈和二氧化硅中的一种或两种任意比例的混合物，其中氧化锆、氧化钛和氧化铈为其水分散体，二氧化硅为胶体溶液；纳米研磨料的平均粒径小于200nm。

本品中 pH 调节剂为由无机碱 pH 调节剂和有机碱 pH 调节剂组成的复合碱 pH 调节剂，二者的比例为 1∶(1～8)；无机碱为 KOH，有机碱为四甲基氢氧化铵、四乙基氢氧化铵和羟基胺中的一种或两种任意比例的混合物。

本品中表面活性剂为硅烷聚二乙醇醚、聚二乙醇醚和十二烷基乙二醇醚中的一种或两种任意比例的混合物。

本品中消泡剂为聚二甲基硅烷。

本品中杀菌剂为异构噻唑啉酮。

本品中助清洗剂为异丙醇。

本品技术分析：研磨料主要作用是 CMP 时的机械摩擦。pH 调节剂主要是调节抛光液的 pH 值，使得抛光液稳定，有助于 CMP 的进行；选用复合碱作为 pH 调节剂，无机碱 KOH 能够增强抛光液的化学作用，有机碱能够很好地保持溶液的 pH 值稳定，确保化学作用的一致稳定，从而实现抛光速率的稳定。表面活性剂的作用主要包括使得抛光液中研磨料的高稳定性；CMP 过程中优先吸附在材料表面，化学腐蚀作用降低，由于凹处受到摩擦力小，因而凸处比凹处抛光速率大，起到了提高抛光凸凹选择性，增强了高低选择比，降低了表面张力，减少了表面损伤。抛光液中表面活性剂的加入通常导致泡沫的产生，不利用工艺生产的控制，通过加入极少量消泡剂实现低泡或无泡抛光液，便于操作使用。抛光液中含有许多有机物，长期存放容易滋生霉菌，导致抛光液变质，为此向抛光液中加入少量杀菌剂。助清洗剂的加入有助于减少颗粒的吸附，降低后期的清洗成本。

**产品应用** 本品主要应用于氧化钒化学机械抛光。

本品用于制备阻变存储器，步骤如下：

(1) 在衬底 Si/$SiO_2$ 上沉积底电极，在底电极上沉积 $SiO_2$ 介质层，对 $SiO_2$ 介质层进行开孔刻蚀，然后沉积氧化钒阻变薄膜材料，填充覆盖所有阵列孔；

(2) 通过化学机械抛光，利用所述的纳米抛光液将多余的氧化钒阻变薄膜材料层进行去除并平坦化处理；

(3) 做出上电极，并引线制成器件。

所述氧化钒阻变薄膜材料包括 $VO_x$ 和掺杂的 $VO_x$，其中 $0.5 \leqslant x \leqslant 2.5$。

**产品特性** 本品抛光速率稳定可控、损伤少、易清洗、不腐蚀设备、不污染环境、储存时间长。通过采用本品提供的纳米抛光液，可以实现氧化钒阻变薄膜材料的全局平坦化，抛光后表面的粗糙度 RMS（5μm×5μm）小于 1.0nm，满足制备高性能 RRAM 的要求。利用该抛光液对氧化钒薄膜材料进行化学机械抛光来制备阻变存储器，方法简单易行，而且与集成电路工艺完全兼容。

## 配方 14 有色金属材料表面清洁抛光膏

**原料配比**

| 原料 | 配比(质量份) | | | 原料 | 配比(质量份) | | |
|---|---|---|---|---|---|---|---|
| | 1# | 2# | 3# | | 1# | 2# | 3# |
| 乙醇 | 25 | 25 | 18 | 十八胺 | 1 | 1.2 | 2 |
| 丙酮 | 10 | 15 | 15 | 十六烷醇 | 1 | 1.3 | 3 |
| TiC | 15 | 10 | 12 | 8-羟基喹啉 | 3 | 3.5 | 5 |
| CaO | 8 | 20 | 15 | 紫胶 | 25 | 16 | 25 |
| 石蜡 | 12 | 8 | 5 | | | | |

**制备方法** 将各组分置于反应釜中加热溶解，待全部溶解后，搅拌均匀、出料、包装，即可。

**产品应用** 本品主要应用于工业器件去污、金属罐体表面修饰、汽车美容、机器翻新、家居装饰等方面。

**产品特性**

(1) 不易氧化的表面活性剂与混合磨料的合理加工，使其去污能力大为加强。

(2) 缓蚀剂的加入，使金属材料的防腐蚀性能大为提高。

(3) 成膜物质巧妙配合，使其在去污过程中不断弥补缺陷，增加表面弹性，有效控制了划痕的再生。

(4) 上光剂的混合处理，使其出光快且使用方便，加工时间大为缩短，工作效率明显提高。

## 配方 15 化学抛光剂

**原料配比**

| 原料 | 配比(质量份) | | | | |
|---|---|---|---|---|---|
| | 1# | 2# | 3# | 4# | 5# |
| 盐酸 | 8.4 | 8.9 | 9.4 | 10 | 11.5 |
| 硝酸 | 13 | 10.6 | 10.8 | 12 | 14 |
| 氢氟酸 | 8.2 | 8.7 | 8.8 | 9.7 | 11.2 |
| 溴代十六烷基吡啶 | 0.1 | 0.2 | 0.2 | 0.2 | 0.1 |
| 硫脲 | 0.35 | 0.3 | 0.3 | 0.4 | 0.65 |
| 水 | 69.95 | 71.3 | 70.5 | 67.7 | 62.55 |

**制备方法**

(1) 取溴代十六烷基吡啶和硫脲，将它们充分溶解于反应釜内少量去离子水中。

(2) 向反应釜内加入定量盐酸、硝酸、氢氟酸，然后按配方量补足去离子水。

**产品应用** 本品特别适用于含铬量大的不锈钢零件，其中镍的含量不宜过多，例如：16Cr14Ni型，1Cr18Ni型，1Cr18Ni9Ti型，尤其适用于16Cr14Ni型不锈钢。

使用方法：

(1) 预热：将不锈钢零件放入65～100℃热水中预热。

(2) 抛光：将不锈钢零件放入已配制好的、温度为90～100℃的化学抛光剂中，抛光时间视零件表面情况，一般为10～30s，也可适当调整，温度为98～100℃时，抛光效果最好。

(3) 钝化：用热水清洗不锈钢零件；再在60～80℃的钝化液中钝化，钝化液是一种强氧化剂或两种以上强氧化剂的混合液；然后用冷水清洗后，再用弱碱中和；用冷水清洗，待零件干燥后，包装。

上述化学抛光剂的使用方法，还包括所述零件用弱碱中和后的后处理步骤：先用冷水清洗零件，再用超声波清洗，然后用乙醇脱水后，包装。该步骤适用于处理精密度要求较高的不锈钢零件，例如：彩色显像管内的电子枪零件。

所述钝化液包括以下组分：硫酸9～9.5、硝酸60～70、水20.5～31。

所述中和液为浓度2%的氨水。

**产品特性**

(1) 抛光效果好，同时还可提高不锈钢机械强度。本化学抛光剂可去掉不锈钢表面机械冲压造成的虚毛刺和大的活动毛刷，还可去掉不锈钢表面的机械损伤层和应力层，不仅可提高零件表面光洁度，还可提高零件机械强度，延长零件的使用寿命。测定光洁度时一项重要指标是粗糙度，粗糙度以材料横向条纹和垂直条纹测定出。对不锈钢表面，一般要求横向条纹指标 *RZ* 值为 0.63～0.3，而垂直条纹指标 *RZ* 值为 0.4～0.8 即为合格，经测定，采用本品处理过的不锈钢表面横向条纹指标 *RZ* 值一般为 0.4～0.3，垂直条纹指标 *RZ* 值一般为 0.5～0.4。

(2) 抛光速度快，提高生产效率。本品中溴代十六烷基吡啶为表面活性剂，可使抛光剂溶液迅速润湿不锈钢表面，加快反应进程，每次抛光时间仅为 10～30s。

(3) 配方简单，原料易得，配制工艺简单，易操作。

## 配方 16 黄色抛光膏

**原料配比**

| 原料 | 配比(质量份) | 原料 | 配比(质量份) |
|---|---|---|---|
| 菜油 | 100 | 硬脂酸 | 11～12 |
| 松香 | 23～24 | 长石粉 | 600 |
| 石灰 | 7～8 | 着色颜料 | 适量 |
| 石蜡 | 45～50 | | |

**制备方法**

(1) 将菜油、石蜡、松香投入熔化锅中，加热至 130℃左右，以除去水分和杂质；

(2) 将硬脂酸加热使其全部熔融，搅拌，保持 120℃左右的温度时加入石灰，让其充分皂化；

(3) 待皂化反应完成后，加入长石粉、着色颜料，加热，充分搅拌，混合均匀；

(4) 浇注至模具中，让其冷却成型，出模后包装，得成品。

**产品应用** 本品主要应用于机械抛光。

**产品特性**

(1) 原材料简单易得，制备工艺简单；

(2) 无毒、安全、用途广泛；

(3) 使用效果好；

(4) 可防潮，防止长时间存放产生的变质问题。

## 配方 17 碱性硅晶片抛光液

**原料配比**

| 原料 | 配比(质量份) | | |
|---|---|---|---|
| | 1# | 2# | 3# |
| 磨料硅溶胶，粒径为 50nm | 20 | — | — |
| $CeO_2$ 磨料，粒径为 110nm | — | 30 | — |
| 磨料硅溶胶，粒径为 70nm | — | — | 30 |
| 螯合剂六羟丙基丙二胺 | 0.1 | — | — |
| 螯合剂 EDTA | — | 0.5 | — |
| 13 个螯合环的螯合剂 | — | — | 1 |

续表

| 原料 | 配比(质量份) | | |
|---|---|---|---|
| | 1# | 2# | 3# |
| pH 调节剂氢氧化钾 | 2 | 4 | — |
| pH 调节剂四羟乙基乙二胺 | — | — | 3 |
| 活性剂 FA/O 系列活性剂 | 0.1 | — | — |
| 活性剂脂肪醇聚氧乙烯醚 | — | 0.5 | — |
| 活性剂烷基醇酰胺 | — | — | 0.5 |
| 去离子水 | 77.8 | 65 | 65.5 |

**制备方法** 取磨料，在搅拌条件下依次加入螯合剂、pH 调节剂、活性剂、去离子水，搅拌充分后即制得本抛光液。

**原料介绍**

所述磨料是粒径为 15～150nm 的水溶硅溶胶和金属氧化物的水溶胶，水溶硅溶胶是 $SiO_2$，金属氧化物的水溶胶是 $Al_2O_3$、$CeO_2$ 或 $TiO_2$。

所述螯合剂是具有水溶性和不含金属离子的 EDTA、EDTA 二钠、羟胺、胺盐或胺。

所述 pH 调节剂是氢氧化钠、氢氧化钾、多羟多胺和胺中的一种或两种以上组合。

所述表面活性剂是非离子型表面活性剂，为脂肪醇聚氧乙烯醚、烷基醇酰胺或 FA/O 系列活性剂。

**产品应用** 本品主要用作抛光液。

**产品特性**

(1) 本品是碱性，不腐蚀污染设备，容易清洗。

(2) 硅抛光速率快，平整性好，表面质量好。

(3) 使用不含金属离子的螯合剂，对有害金属离子的螯合作用增强。

(4) 采用非离子型表面活性剂，能对磨料和反应产物从衬底表面有效的吸脱，使抛光后的清洗更加容易。

(5) 对环境无污染。

(6) 抛光液具有良好的流动性，提高质量传输的一致性，降低表面的粗糙度。

(7) 工艺简单，成本低，降低了销售价格，具有良好的商业开发前景。

## 配方 18 降低铜化学机械抛光粗糙度的抛光液

**原料配比**

| 原料 | | 配比(质量份) | | | |
|---|---|---|---|---|---|
| | | 1# | 2# | 3# | 4# |
| 研磨颗粒 | 粒径 60nm 的 $SiO_2$ 水溶胶颗粒 | 2 | — | — | 4 |
| | 粒径 30nm 的 $Al_2O_3$ 水溶胶颗粒 | — | 5 | — | — |
| | 粒径 30nm 的 $CeO_2$ 水溶胶颗粒 | — | — | 2 | — |
| 含氮聚合物 | 分子量为 800～1000000 的聚乙烯亚胺 | 2 | 2 | — | — |
| | 分子量为 10000～3000000 的聚丙烯酰胺 | — | — | 2 | — |
| | 分子量为 1000～500000 的聚乙烯吡咯烷酮 | — | — | — | 1 |
| 螯合剂 | 乙二胺四乙酸 | 0.5 | — | — | — |
| | 二亚乙基三胺五乙酸 | — | 0.5 | — | — |
| | 三亚乙基四胺六乙酸铵 | — | — | 1 | — |
| | 乙二胺四亚甲基膦酸 | — | — | — | 1 |

续表

| 原料 | | 配比(质量份) | | | |
|---|---|---|---|---|---|
| | | 1# | 2# | 3# | 4# |
| 表面活性剂 | 十二烷基硫酸铵 | 3 | — | — | — |
| | 十二烷基苯磺酸铵 | — | — | — | 0.03 |
| | 聚氧乙烯聚氧丙烯醚嵌段聚醚 | — | 2 | 3 | — |
| 腐蚀抑制剂 | 苯并三氮唑 | 0.01 | 0.01 | — | 0.02 |
| | 甲基苯并三氮唑 | — | — | 0.02 | — |
| 氧化剂 | 过氧化氢 | 2.49 | — | — | 5 |
| | 过硫酸铵 | — | 5 | 5 | — |
| 去离子水 | | 加至100 | 加至100 | 加至100 | 加至100 |

**制备方法** 将磨料加入搅拌器中，在搅拌下加入去离子水及其他组分，并搅拌均匀，用 KOH 或 $HNO_3$ 调节 pH 值为 1.0～7.0，继续搅拌至均匀，静置 30min 即可。

**原料介绍**

所述研磨颗粒为 $SiO_2$、$Al_2O_3$ 或 $CeO_2$ 的水溶胶颗粒，粒径为 20～150nm。

所述含氮聚合物为聚乙烯亚胺、聚丙烯酰胺、聚乙烯吡咯烷酮或乙烯吡咯烷酮-乙烯咪唑共聚物中的至少一种，其中，聚乙烯亚胺的分子量为 800～1000000；聚丙烯酰胺的分子量为 10000～3000000；聚乙烯吡咯烷酮的分子量为 1000～500000；乙烯吡咯烷酮-乙烯咪唑共聚物的分子量为 1000～200000。

所述螯合剂为含氮羧酸或有机膦酸，含氮羧酸为乙二胺四乙酸、二亚乙基三胺五乙酸、三亚乙基四胺六乙酸、次氮基三乙酸及其铵盐或钠盐中的至少一种；有机磷酸为乙二胺四亚甲基膦酸、氨基三亚甲基膦酸、羟基亚乙基二膦酸、二亚乙基三胺五亚甲基膦酸及其盐中的至少一种。

所述表面活性剂为阴离子表面活性剂或非离子聚醚表面活性剂，阴离子表面活性剂为烷基硫酸铵盐、烷基磺酸铵盐或烷基苯磺酸铵盐中的至少一种；非离子聚醚表面活性剂为聚氧乙烯聚氧丙烯醚嵌段聚醚、聚氧丙烯聚氧乙烯醚嵌段聚醚、聚乙烯醇聚苯乙烯嵌段共聚物中的至少一种。

所述腐蚀抑制剂为三氮唑与噻唑类衍生物中的至少一种，如苯并三氮唑、苯并咪唑、甲基苯并三氮唑、吲哚、吲唑、2-巯基苯并噻唑或 5-氨基-2-巯基-1，3，4-噻二唑。

所述氧化剂为过氧化氢、重铬酸钾、碘酸钾、硼酸钾、次氯酸钾、过氧化脲、过氧乙酸或过硫酸铵中的至少一种。

**产品应用** 本品主要应用于降低铜化学机械抛光粗糙度。

**产品特性**

(1) 对铜化学机械抛光损伤小，明显降低抛光后铜表面粗糙度（8～18nm）、提高表面平整度。

(2) 抛光后清洗方便。

## 配方 19 金属表面抛光膏

**原料配比**

| 原料 | 配比(质量份) | | 原料 | 配比(质量份) | |
|---|---|---|---|---|---|
| | 1# | 2# | | 1# | 2# |
| 碳化硅 | 55 | 60 | 油酸 | 0.5 | 1 |
| 聚乙二醇 | 35 | 32 | 烷基酚聚氧乙烯醚 | 3 | 1 |
| 三乙醇胺 | 0.1 | 0.2 | 水 | 6.4 | 5.8 |

**制备方法** 将各组分混合搅拌均匀即可。

**产品应用** 本品主要应用于金属表面抛光。

**产品特性** 本品配方合理，工作效果好，生产成本低。

## 配方 20 金属抛光剂

**原料配比**

| 原料 | 配比(质量份) | 原料 | 配比(质量份) |
|---|---|---|---|
| 石脑油 | 62 | 三乙醇胺油酸盐 | 0.4 |
| 油酸 | 0.4 | 氨 | 1 |
| 磨蚀料 | 7 | 水 | 适量 |

**制备方法**

(1) 将石脑油与油酸在容器中混合，搅拌至均匀；

(2) 另一容器内将三乙醇胺油酸盐与水混合，在搅拌的同时加入磨蚀料；

(3) 将上述两种溶液混合，搅拌为悬浊液；

(4) 在缓慢搅拌的同时加入氨即成。

**产品应用** 本品主要应用于金属抛光。

**产品特性**

(1) 与抛光膏相比，劳动强度低，生产效率高；

(2) 与抛光浆相比，生产工艺简单，易储存；

(3) 生产工艺简单，投资少。

## 配方 21 金属抛光液

**原料配比**

| 原料 | 配比(质量份) | 原料 | 配比(质量份) |
|---|---|---|---|
| 矿物油 | 21.2 | 仲辛基苯基聚氧乙烯醚 OP-10 | 0.6 |
| 油酸 | 13 | 净洗剂 | 0.2 |
| 氢氧化钠 | 0.1 | 二氧化硅与氧化铝任意比例混合物 | 20 |
| 氨水 | 3.1 | 去离子水 | 40 |

**制备方法**

(1) 取去离子水 30 份，加入油酸，搅拌成清液，得到组分 A。

(2) 取去离子水 2 份，加入氢氧化钠、仲辛基苯基聚氧乙烯醚 OP-10，搅拌均匀，得到组分 B。

(3) 取去离子水 8 份，加入氨水、净洗剂，搅拌均匀，得到组分 C。

(4) 把组分 B 缓缓加入组分 A 中，同时搅拌均匀，得到组分 D。

(5) 把组分 C 缓缓加入组分 D 中，同时搅拌均匀，得到组分 E。

(6) 取矿物油加入组分 E 中，搅拌均匀，最后再加入二氧化硅与氧化铝任意比例混合物，搅拌均匀，即可灌装。

**原料介绍** 所述净洗剂为脂肪酰胺与环氧乙烷的缩合物或其他非离子表面活性剂。

**产品应用** 本品主要适用于不锈钢、锡、铅合金和铜制品的清洗保养。

**产品特性** 本品可以令金属表面保持光泽明亮，并有清洁护理、除锈渍和家用金属用品及金属家具的保养去污作用，且具有工业模具抛光及工业用金属制品保养磨亮的效果。一次使用，即可去除污渍和锈蚀，永保光亮，其所含的活性成分对金属表面的保护极为突出，更可确保金属在清理后不再风化。本品具有清洗、擦亮、防锈等功能，是不锈钢、锡、铅合金和铜制品清洗保养的理想选择。

## 配方 22 金属快速抛光液

**原料配比**

| 原料 | 配比(质量份) | | 原料 | 配比(质量份) | |
|---|---|---|---|---|---|
| | 1# | 2# | | 1# | 2# |
| 水溶硅溶胶，粒径 20～30nm | 20 | — | 四甲基氢氧化铵 | — | 1 |
| $CeO_2$ 水溶胶，粒径 30～40nm | — | 30 | 四羟基乙基乙二胺 | — | 0.9 |
| 烷基醇酰胺 | 0.3 | — | 六羟基丙基丙二胺 | 0.6 | — |
| 脂肪醇聚氧乙烯醚 | — | 0.4 | 去离子水 | 加至 100 | 加至 100 |
| 醇胺 | 2 | — | | | |

**制备方法** 首先将制备抛光液的各种组分分别进行过滤净化处理，然后在千级净化室的环境内，将各种组分在真空负压的动力下，通过质量流量计输入容器罐中并充分搅拌，混合均匀即可。

**原料介绍**

本品中磨料是指粒径范围为 15～100nm 的水溶硅溶胶或金属氧化物 $Al_2O_3$、$CeO_2$ 或 $TiO_2$ 的水溶胶。

本品中表面活性剂采用非离子型表面活性剂，如脂肪醇聚氧乙烯醚或烷基醇酰胺。

本品中 pH 调节剂是醇胺、胺碱、四甲基氢氧化铵或季铵碱中的一种或几种的组合。

本品中螯合剂具有水溶性，不含金属离子，可为 EDTA、EDTA 二钠、羟胺、胺盐和胺中的一种或几种的组合。

**产品应用** 本品主要用作抛光液。

**产品特性** 本品浓缩度高、抛光速率快，平坦度好；粒径小，金属表面损伤小；采用有机碱，无钠离子沾污；采用不含金属离子的螯合剂，对金属离子有极强的螯合作用；采用非离子型表面活性剂，使磨料和反应产物容易从金属表面去除；金属表面抛光后杂质颗粒沾污少，容易清洗；耐温性强，在中、低温条件下使用效果良好；无毒、无臭味、无结晶、无沉淀，对人体皮肤无腐蚀作用；抛光液制备简单，容易操作。

## 配方 23 金属铜抛光液

**原料配比**

| 原料 | | 配比(质量份) | | | | | | | | |
|---|---|---|---|---|---|---|---|---|---|---|
| | | 1# | 2# | 3# | 4# | 5# | 6# | 7# | 8# | 9# |
| 磨料 | $SiO_2$ | 0.1 | 1 | 5 | 10 | — | 5 | 10 | 10 | — |
| | $Al_2O_3$ | — | — | — | — | 15 | — | — | — | 20 |
| 氧化剂 | $H_2O_2$ | 0.1 | 1 | 2 | — | — | 2 | 5 | 5 | 10 |
| | 过氧化苯甲酰 | — | — | — | 5 | — | — | — | — | — |
| | 过硫酸钾 | — | — | — | — | 8 | — | — | — | — |
| 络合剂 | 5-羧基-3-氨基-1,2,4 三氮唑 | 0.1 | — | — | — | — | — | — | — | — |
| | 羟基亚乙基二磷酸 | — | 0.2 | — | — | — | — | — | — | — |

续表

| 原料 | | 配比(质量份) | | | | | | | | |
|---|---|---|---|---|---|---|---|---|---|---|
| | | 1# | 2# | 3# | 4# | 5# | 6# | 7# | 8# | 9# |
| 络合剂 | 2-吡啶甲酸 | — | — | 1 | — | — | — | — | — | 5 |
| | 2,3-二氨基吡啶 | — | — | — | 2 | — | — | — | — | — |
| | 3-氨基-1,2,4-三氮唑 | — | — | — | — | 3 | — | — | — | — |
| | 1,2,4-1H-三氮唑 | — | — | — | — | — | 1 | — | — | — |
| | 氨基三亚甲基膦酸 | — | — | — | — | — | — | 2 | — | — |
| | 1,2-二羧基 2-膦酸-磺酸庚烷(PSHPD) | — | — | — | — | — | — | — | 3 | — |
| 水 | | 加至100 | 加至100 | 加至100 | 加至100 | 加至100 | 加至100 | 加至100 | 加至100 | 加至100 |

**制备方法** 将各组分混合均匀，用硝酸调节至合适的 pH 值即可。

**原料介绍**

所述磨料可选用本领域常用的磨料，如 $SiO_2$ 和 $Al_2O_3$ 等。

所述氧化剂较佳地选自有机或无机过氧化物和/或过硫化物，优选过氧化氢、过硫酸盐和过氧化苯甲酰。

所述配位剂选用三氮唑，碳原子上带氨基和/或羧基的三唑类化合物，带羟基、氨基或磺酸基的有机磷酸，以及带氨基或羧基的含氮杂环化合物。

其中，当配位剂选用三氮唑，碳原子上带氨基和/或羧基的三唑类化合物，以及带羟基、氨基或磺酸基的有机磷酸时，本品除了对下压力变化敏感度较低外，在较低的下压力下还具有较高的 Cu 去除速率，尤其适合机械强度低的低 k 材料绝缘层的抛光，即快速去除阶段，具体优选物质为 1,2,4-1H 三氮唑、3-氨基-1,2,4-三氮唑、5-羧基-3-氨基-1,2,4-三氮唑、羟基亚乙基二磷酸、氨基三亚甲基膦酸和有机磷磺酸中的一种或多种。

选用带氨基或羧基的吡啶环时，本品的抛光液具有的 Cu 去除速率，不仅对下压力的变化不敏感，而且也较低，适合第二步软着陆阶段的抛光，具体优选物质为 2-吡啶甲酸和/或 2，3-二氨基吡啶。

本抛光液的 pH 值较佳的为 1～7，更佳的为 2～5。

**产品应用** 本品主要应用于金属铜的抛光。

**产品特性** 本品具有较高的 Cu 去除速率，对下压力变化的敏感度较低。采用本品抛光后，铜表面比较光滑，表面形貌较好。

## 配方 24 金属铜加工用抛光液

**原料配比**

| 原料 | | 配比(质量份) | | | | | | | | | | | |
|---|---|---|---|---|---|---|---|---|---|---|---|---|---|
| | | 1# | 2# | 3# | 4# | 5# | 6# | 7# | 8# | 9# | 10# | 11# | 12# |
| 磨料 | $SiO_2$ | 0.1 | 1 | 5 | 10 | — | 0.1 | 1 | 5 | — | — | — | — |
| | $Al_2O_3$ | — | — | — | — | 15 | — | — | — | — | 15 | — | 20 |
| | $TiO_2$ | — | — | — | — | — | — | — | — | 10 | — | — | — |
| | $CeO_2$ | — | — | — | — | — | — | — | — | — | — | 10 | — |
| 氧化剂 | 过氧化氢 | 0.1 | 1 | — | — | 8 | 0.1 | 1 | 2 | 5 | 8 | 4 | 10 |
| | 过氧化苯甲酰 | — | — | 2 | — | — | — | — | — | — | — | — | — |
| | 过硫酸钾 | — | — | — | 5 | — | — | — | — | — | — | — | — |

续表

| 原料 | | 配比(质量份) | | | | | | | | | | | |
|---|---|---|---|---|---|---|---|---|---|---|---|---|---|
| | | 1# | 2# | 3# | 4# | 5# | 6# | 7# | 8# | 9# | 10# | 11# | 12# |
| 络合剂 | 乙胺嘧啶 | 0.1 | — | — | — | — | — | — | — | — | — | — | 2 |
| | 2-哌啶甲酸 | — | 0.2 | — | — | — | — | — | — | — | — | — | — |
| | 4-氨基-1,2,4-三氮唑 | — | — | 1 | — | — | — | — | — | — | — | — | — |
| | 哌嗪(六水) | — | — | — | 2 | — | — | — | — | — | — | — | — |
| | 5-巯基-3-氨基-1,2,4三唑 | — | — | — | — | 3 | — | — | — | — | — | — | — |
| | 嘧啶 | — | — | — | — | — | 0.1 | — | — | — | — | — | — |
| | 4-巯基-1,2,4-三氮唑 | — | — | — | — | — | — | 0.2 | — | — | — | — | — |
| | 哌嗪 | — | — | — | — | — | — | — | 1 | — | — | — | — |
| | 哌啶 | — | — | — | — | — | — | — | — | 2 | — | — | — |
| | 2-丁基哌啶 | — | — | — | — | — | — | — | — | — | 3 | — | — |
| | 2-甲基哌啶 | — | — | — | — | — | — | — | — | — | — | 2 | — |
| | 2-哌啶丁酸 | — | — | — | — | — | — | — | — | — | — | — | 3 |
| 水 | | 加至100 | 加至100 | 加至100 | 加至100 | 加至100 | 加至100 | 加至100 | 加至100 | 加至100 | 加至100 | 加至100 | 加至100 |

**制备方法** 将各组分混合均匀，采用氢氧化钾、氨水和硝酸等 pH 调节剂调节至合适的 pH 值即可。

**原料介绍**

所述磨料可选用本领域常用磨料，如 $SiO_2$ 和 $Al_2O_3$ 等。

所述氧化剂较佳地选自有机或无机过氧化物和/或过硫化物，优选过氧化氢、过硫酸盐或过氧化苯甲酰。

所述配位剂选用嘧啶及其衍生物、带氨基和/或巯基的三唑环、哌啶及其衍生物、哌嗪及其衍生物，较佳地选自乙胺嘧啶、4-氨基-1,2,4-三氮唑、5-巯基-3-氨基-1,2,4-三唑、哌啶、2-哌啶甲酸和哌嗪（六水）中的一种或多种。

配位剂在低下压力的条件下，可在铜表面形成一层保护膜，阻止 Cu 的去除，使得 Cu 去除速率较低，当增大压力后，形成的保护膜在磨料粒子的机械力作用下受到破坏，使得与铜离子的配合反应快速进行，而使得去除速率大幅提高。

当选用哌嗪及其衍生物作为配位剂时，抛光液在较高的下压力下具有较高的 Cu 去除速率，适合大量快速去除阶段的抛光，保证快速去除大部分 Cu，节约时间；而在较低的下压力下该抛光液具有较低的 Cu 去除速率，适合缓慢去除阶段的抛光，可保证较好表面形貌的同时使抛光停止在阻挡层上。

当选用带氨基和/或巯基的三唑环（如 5-巯基-3-氨基-1,2,4 三唑）作为配位剂时，抛光液具有的 Cu 去除速率对下压力的变化最为敏感，但 Cu 去除速率相对较低。

本品还可含有本领域常规添加剂，如成膜剂、表面活性剂和杀菌剂等。

本品 pH 值较佳的为 1～7，更佳的为 2～5。

**产品应用** 本品主要应用于金属铜的抛光。

**产品特性** 本品具有Cu去除速率对下压力变化的敏感度较高的特点。采用本品抛光后，铜表面比较光滑，表面形貌较好。

## 配方25 金属振动抛光液

**原料配比**

| 原料 | 配比(质量份) | | | | |
|---|---|---|---|---|---|
| | 1# | 2# | 3# | 4# | 5# |
| 脂肪醇聚氧乙烯醚 | 8 | — | — | — | — |
| 油酸三乙醇胺皂 | — | 10 | — | 4 | 5 |
| 脂肪醇聚氧乙烯醚、油酸三乙醇胺皂 | — | — | 13 | — | — |
| 脂肪醇聚氧乙烯醚 AEO-3 | — | — | — | 3 | — |
| 脂肪醇聚氧乙烯醚 MOA-3 | — | — | — | — | 4 |
| O-10 | — | — | — | — | 3 |
| AEO-9 | — | — | — | 3 | — |
| EDTA | 0.1 | — | — | — | 1 |
| EDTA二钠 | — | 0.5 | — | 1 | — |
| EDTA、EDTA二钠 | — | — | 1 | — | — |
| 柠檬酸钠 | 5 | — | — | 10 | 10 |
| 柠檬酸胺 | — | 8 | — | — | — |
| 柠檬酸钠、柠檬酸胺、草酸钠 | — | — | 10 | — | — |
| 柠檬酸 | 3 | — | — | 5 | — |
| 草酸 | — | 4 | — | — | 4 |
| 柠檬酸、草酸 | — | — | 5 | — | — |
| 水 | 加至100 | 加至100 | 加至100 | 加至100 | 加至100 |

**制备方法** 将表面活性剂、螯合剂、有机盐、有机酸和水分别加入反应罐中搅拌混合均匀，边加水边搅拌，直到固体物质全部溶解。

**原料介绍**

所述表面活性剂为非离子型表面活性剂脂肪醇聚氧乙烯醚、油酸三乙醇胺皂中的一种或者两种的组合。

所述螯合剂为具有水溶性的EDTA或EDTA二钠中的一种或者两种的组合。

所述有机盐为柠檬酸钠、柠檬酸胺、草酸钠中的一种或者几种的组合。

所述有机酸为柠檬酸、草酸中的一种或者两种的组合。

金属振动抛光液的pH值为5.5～6.5。

**产品应用** 本品主要应用于金属抛光。

**产品特性**

(1) 本金属振动抛光液不含强酸以及磷酸盐，因此使用后不会污染环境，并且无毒、无臭味，对人体皮肤无腐蚀作用，是符合市场需要的绿色环保产品。

(2) 本金属振动抛光液易于清洗，因此可以极大地缩短清洗时间、提高抛光效率。

(3) 本金属振动抛光液能使金属制品抛光均匀，尤其是其光泽为冷光，可以使低档的产品提高一个档次，并且具有防锈作用，可起到保护产品，延长其使用寿命的作用。

(4) 本金属振动抛光液清洗性能好、抛光效率高，且不会造成环境污染，制备方法简单容易、操作方便，适宜广泛地推广应用。

## 配方 26 铝合金电解抛光液

**原料配比**

| 原料 | 配比(质量份) | | | |
|---|---|---|---|---|
| | 1# | 2# | 3# | 4# |
| 磷酸 | 535 | 650 | 500 | 740 |
| 浓硫酸 | 175 | 130 | 250 | 150 |
| 硝酸钠 | 8 | — | 5 | — |
| 柠檬酸钾 | — | 10 | — | 2 |
| 丙三醇 | 200 | 120 | 140 | 45 |
| 乙二醇 | 50 | 40 | 70 | |
| 乙醇 | — | — | — | 45 |
| 表面活性剂 | 13 | 20 | 15 | 8 |
| 铝片 | 19 | 30 | — | — |
| 铝单质 | — | — | 20 | 10 |

**制备方法** 将硫酸、磷酸混合均匀后，再加入醇、无机盐和表面活性剂，完全混溶后再加入铝单质。

**原料介绍**

所述磷酸的主要作用是溶解铝合金表面的氧化物。

所述硫酸主要是促进电解过程的稳定，可降低电解工作温度，提高溶液电导，降低操作电压，减少能耗。

在优选的情况下，磷酸与硫酸的质量比为（2∶1）～（5∶1），如果小于2∶1，则用该铝合金电解抛光液对铝合金进行抛光将出现过抛现象，如果大于5∶1，将出现抛光量不足的现象。

所述醇可以为本领域常用的，只要能使铝合金电解抛光液在80℃的黏度达到40～60mPa·s即可。在优选的情况下，所述醇为乙二醇和/或乙醇，更优选为丙三醇和乙二醇，丙三醇与乙二醇的质量比为（1∶1）～（4∶1）。将丙三醇和乙二醇或乙醇混合使用，通过醇类的协调作用，可以明显提高抛光效果。如果丙三醇与乙二醇的质量比小于1∶1，则铝合金电解抛光液80℃的黏度达不到40mPa·s，如果丙三醇与乙二醇的质量比大于4∶1时，则铝合金电解抛光液80℃的黏度大于60mPa·s。

所述无机盐为柠檬酸钾、柠檬酸钠、草酸钾、草酸钠、硝酸钠、硝酸钾中的一种或几种，无机盐的加入可很好地提高溶液的导电性，提高电解抛光效果，稳定抛光液的抛光能力。

所述醇在溶液中主要起到缓蚀作用，在电解抛光过程中，若电解液黏度过低，则抛光效果对环境的变化敏感，即电解抛光时环境发生微小变化使抛光结果发生极大变化，抛光液的稳定效果受到极大影响，所以增加抛光液的黏度可提高抛光的稳定性，但是如果黏度太大也会影响抛光的效果。铝合金电解抛光液80℃的黏度在40～60mPa·s时，既可以提高抛光的稳定性，又可以不影响抛光效果。

**产品应用** 本品主要应用于各种电子产品的外壳。

本品还提供了一种铝合金电解抛光方法。用本品对基材进行电解抛光，温度为60～90℃，优选为70～80℃；电压为15～25V，优选为18～22V；时间为1～5min，优选为2～3min。

根据本品所述的铝合金电解抛光方法，优选情况下，所用阴极为石墨板或不锈钢，在进行铝合金电解抛光时将铝合金工件带电放入溶液中，采用移动阳极的方式进行搅拌，此方法使阳极溶解物加快扩散，并能有效地排除阳极表面滞留的气泡，避免产生气体生成条纹，还可以防止过热造成表面腐蚀，阳极移动有利于提高电抛光表面质量。

根据本品所述的铝合金电解抛光方法，优选情况下，在铝合金电解抛光完成后将铝合金工件进行一次经弱碱（除去磷酸盐）和一次硝酸（出光）处理，所述弱碱为含碳酸氢钠 15～25g/L 的溶液，浸泡时间为 0.2～2min；所述硝酸溶液浓度为 25%～60%，反应时间为 5～10s。

根据本品所述的铝合金电解抛光方法，优选情况下，在电解抛光前，还包括将铝合金工件进行预处理的步骤，一般来说，预处理步骤包括机械抛光、除油除蜡。

所述机械抛光是本领域技术人员所公知，首先用红抛光膏进行粗抛，去除样品表面粗的磨痕和划伤，然后用白抛光膏进行精抛，获得光亮的镜面表面。

所述除油除蜡是本领域技术人员所公知，将铝或铝合金基材浸渍在 30～60g/L、温度为 50～70℃的合金多功能除油剂（洁事达公司生产的全能除油除蜡剂）溶液中浸泡 0.2～1.0min 后取出，然后放入酸性除油剂（洁事达公司生产的酸性除油剂）中浸泡 0.2～1.0min。

在上述每个步骤之后，还可以包括水洗和干燥的步骤，以除去基体材料表面残留的溶液；所述水洗步骤所用的水为现有技术中的各种水，如去离子水、纯净水或者它们的混合物，优选为去离子水；所述干燥步骤可以采用本领域技术人员公知的方法进行干燥，例如鼓风干燥、自然风干或在 40～100℃下烘干。

**产品特性** 应用本铝合金电解抛光液及电解抛光方法，可以使铝合金表面光亮度提高一个等级，同时能够有效防止工件表面产生大量麻点，除去由于机械抛光产生的划痕。

## 配方 27 铝合金用抛光液

**原料配比**

| 原料 | 配比(质量份) | 原料 | 配比(质量份) |
|---|---|---|---|
| 10nm 水溶性二氧化硅溶胶 | 30 | 氢氧化钾 | 3 |
| 200nm 气相二氧化硅粉末 | 5 | 去离子水 | 61.8 |
| 聚合度为 20 的脂肪醇聚氧乙烯醚 | 0.2 | | |

**制备方法** 先将气相二氧化硅粉末均匀分散于去离子水中，然后与水溶性二氧化硅溶胶混合并充分搅拌，混合均匀后加入脂肪醇聚氧乙烯醚（0～20）和氢氧化钾继续充分搅拌，混合均匀即成为抛光液成品。

**原料介绍**

所述磨料是粒径为 1～80nm 的水溶性二氧化硅溶胶和粒径为 100～500nm 的气相二氧化硅粉末；本品中表面活性剂为聚合度为 20 的脂肪醇聚氧乙烯醚（0～20）、聚合度为 25 的脂肪醇聚氧乙烯醚（0～25）、聚合度为 40 的脂肪醇聚氧乙烯醚（0～40）、月桂酰单乙醇胺；本品中 pH 调节剂为无机碱、有机碱或它们的组合；无机碱为氢氧化钾或氢氧化钠，有机碱为多羟多胺和胺的一种或它们的组合，多羟多胺是三乙醇胺、四羟基乙二胺或六羟基丙基丙二胺，胺是乙二胺、四甲基氢氧化铵。

本品选用的粒径较小的水溶性二氧化硅溶胶，具有较好的分散性，粒度分布均匀，能够有效减少铝合金抛光后的表面划伤，同时降低铝合金表面粗糙度和波纹度；选用粒径较大的气相二氧化硅粉末，能够有效提高抛光速率，提高生产效率；选用的表面活性剂为非离子型表面活性剂，能够有效控制加工过程中抛光的均匀性，减少表面缺陷，并提高抛光效率；该抛光液中加入 pH 调节剂能够保证抛光液的稳定性，减少对设备的腐蚀，也能起到提高抛光速率的作用。

**产品应用** 本品可用于铝合金的表面抛光加工。

**产品特性** 本品以粒径较小的水溶性二氧化硅溶胶和粒径较大的气相二氧化硅粉末混合作为磨料，既提高了磨料的分散性能，减少抛光后铝合金表面划伤，又使抛光后的铝合金表面的粗糙度和波纹度降低；使用本品，可以大大提高抛光速率；另外，本品为碱性，化学稳定性好，不腐蚀设备，使用的安全性能理想。

## 配方 28 铝和铝合金的化学抛光液

**原料配比**

| 原料 | 配比(质量份) | | | | | | |
|---|---|---|---|---|---|---|---|
| | 1# | 2# | 3# | 4# | 5# | 6# | 7# |
| 98% $H_2SO_4$ | 135 | 120 | 150 | 125 | 145 | 130 | 140 |
| 85% $H_3PO_4$ | 730 | 800 | 650 | 760 | 690 | 750 | 710 |
| 65% $HNO_3$ | 20 | 25 | 15 | 22 | 16 | 21 | 17 |
| 冰乙酸 | 50 | 60 | 40 | 53 | 43 | 55 | 45 |
| $CO(NH_2)_2$ | 20 | 30 | 10 | 28 | 11 | 25 | 15 |

**制备方法** 将各组分混合均匀即可。

**产品应用** 本品主要应用于铝和铝合金的化学抛光。抛光液的操作条件：温度80～100℃，时间 0.5～2min。

**产品特性** 本品优化了化学抛光液的配方，具有环境污染小的特点。另外，本品还具有抛光光亮度高、铝及铝合金损失少、成本低廉等优点，且工艺流程短、设备简单、易于操作，在灯具、光学仪器、日用五金、工艺品等方面具有广阔的应用前景。

## 配方 29 铝及铝合金材料抛光液

**原料配比**

| 原料 | 配比(质量份) | | |
|---|---|---|---|
| | 1# | 2# | 3# |
| 30nm 水溶性二氧化硅溶胶液 | 30 | — | — |
| 40nm 水溶性二氧化硅溶胶液 | — | 25 | — |
| 50nm 氧化铝粉末 | — | — | 16 |
| 聚合度为 20 的脂肪醇聚氧乙烯醚和聚合度为 80 的失水山梨醇聚氧乙烯醚酯(T-80)的混合物(比例为 1∶1) | 0.2 | — | — |
| 聚合度为 40 的脂肪醇聚氧乙烯醚和聚合度为 60 的失水山梨醇聚氧乙烯醚酯(T-60)的混合物(比例为 1∶1) | — | 0.4 | — |
| 聚合度为 25 的脂肪醇聚氧乙烯醚和聚合度为 80 的失水山梨醇聚氧乙烯醚酯(T-80)的混合物(比例为 1∶1) | — | — | 0.6 |
| 过氧化氢 | 2 | 6 | 4 |
| 氢氧化钠 | 3 | — | — |

续表

| 原料 | 配比(质量份) | | |
|---|---|---|---|
| | 1# | 2# | 3# |
| 氢氧化钾 | — | — | 2 |
| 四甲基氢氧化铵 | — | 1 | — |
| 炔二醇 | — | 6 | — |
| 乙基水杨酸 | — | — | 8 |
| 磺基水杨酸 | 4 | — | — |
| 去离子水 | 60.8 | 61.6 | 69.2 |

**制备方法** 首先将所需质量的磨料放置在千级净化室的环境内，于 0.1MPa 的真空压下力，通过质量流量计输入容器罐中，然后将其余组分加入另一盛有所需质量的去离子水的容器罐中，进行充分搅拌至均匀后加入放置磨料的容器罐中，继续搅拌至混合均匀状态，即制备成成品抛光液。

**原料介绍**

所述磨料是粒径为 10～100nm 的水溶性二氧化硅溶胶、粒径为 8～80nm 的氧化铝粉末或氧化铈粉末；磨料的粒径优选 20～80nm 的水溶性二氧化硅溶胶、15～60nm 的氧化铝粉末或氧化铈粉末。

本品中表面活性剂为非离子型表面活性剂，为聚氧乙烯醚类化合物、多元醇聚氧乙烯醚羧酸酯或烷基醇酰胺，聚氧乙烯醚类化合物为脂肪醇聚氧乙烯醚，其聚合度为20、25 或40；多元醇聚氧乙烯醚羧酸酯为失水山梨醇聚氧乙烯醚酯，如聚合度为40 的 T-40、聚合度为60 的 T-60 或者聚合度为80 的 T-80；烷基醇酰胺是月桂酰单乙醇胺。

本品中氧化剂是氯酸盐、高氯酸盐、亚氯酸盐、碘酸盐、硝酸盐、硫酸盐、过硫酸盐、过氧化物、臭氧处理水和过氧化氢中的一种或者几种，优选过氧化氢。

本品中光亮剂为水杨酸、炔醇或其衍生物，如水杨酸、磺基水杨酸、乙基水杨酸、炔醇、炔二醇或炔三醇等。

本品中 pH 调节剂为无机碱、有机碱或它们的组合，无机碱为氢氧化钾、氢氧化钠或过氧焦磷酸钠；有机碱为多羟多胺和胺中的一种或它们的组合；多羟多胺是三乙醇胺、四羟基乙二胺或六羟基丙基丙二胺；胺为乙二胺、四甲基氢氧化铵、二甲基乙酰胺或者三甲基乙醇胺。

本品选用的磨料为粒径较小的水溶性二氧化硅溶胶液，其具有较好的分散性，粒度分布均匀，能够有效减少铝及铝合金材料抛光后的表面划伤，同时降低其表面粗糙度，提高光亮度；选用磨料与氧化剂结合的磨料组分，可以使抛光速率有明显提高；选用的表面活性剂为非离子型表面活性剂，如 T-60，能够有效控制加工过程中抛光的均匀性，减少抛光材料表面的缺陷和划伤；该抛光液中加入光亮剂，可进一步增加铝及铝合金材料表面光亮度；该抛光液中 pH 调节剂能够保证抛光液的稳定性，减少对设备的腐蚀，避免抛光加工过程中产生碱雾及氨气的问题，优化工作环境，同时还能起到提高抛光速率的作用。

**产品应用** 本品主要用作抛光液。

**产品特性** 本品使用粒径较小的水溶性二氧化硅溶胶为磨料，既提高了磨料的分散性能，又可减少抛光后铝合金材料表面的划伤，而且使抛光后的铝合金材料表面粗糙度降低，光亮度提高，避免表面出现“点状小泡”或“橘皮状”的缺陷，还可以大大提高抛光速率。另外，本品的抛光液为碱性，抛光过程中有机碱稳定，不产生碱雾和氨气，化学稳定性好，不腐蚀设备，使用的安全性能理想。

## 配方 30 铝及铝合金的电化学抛光液

**原料配比**

| 原料 | 配比(质量份) | | | | | | |
|---|---|---|---|---|---|---|---|
| | 1# | 2# | 3# | 4# | 5# | 6# | 7# |
| 98%$H_2SO_4$ | 45 | 35 | 55 | 36 | 53 | 40 | 50 |
| 85%$H_3PO_4$ | 450 | 550 | 350 | 530 | 360 | 500 | 400 |
| 乙二醇 | 250 | 300 | 200 | 290 | 220 | 280 | 240 |
| 40%HF | 10 | 15 | 5 | 13 | 6 | 12 | 7 |
| $H_2O$ | 90 | 100 | 80 | 98 | 85 | 95 | 81 |

**制备方法** 将各组分溶于水，混合均匀即可。

**产品应用** 本品主要应用于铝及铝合金的电化学抛光。抛光液的操作条件：温度 50～60℃，电流密度不小于 8A/$dm^2$，电压 12～15V，时间 5～10min。

**产品特性** 传统的铝及铝合金电化学抛光含有严重污染环境的铬酸；本电化学抛光液解决了六价铬对环境污染的问题，能耗降低，光亮度优于传统的含铬电化学抛光液。该抛光液具有成本低、速度快、寿命长的优点，极大限度地改善工作环境，提高抛光表面质量。利用金相显微镜观测抛光前、后及封膜后的铝及铝合金的表面形貌，完全优于传统的铝及铝合金电化学抛光。

## 配方 31 铝制品化学抛光液

**原料配比**

| 原料 | 配比(质量份) | | | | | |
|---|---|---|---|---|---|---|
| | 1# | 2# | 3# | 4# | 5# | 6# |
| 硫酸 | 77 | 52 | 69 | 77 | 77 | 77 |
| 磷酸 | 23 | 48 | 31 | 23 | 23 | 23 |
| 硝酸铝 | — | — | — | 0.9 | 3.5 | 1 |
| 硫酸铝 | 1.8 | 0.2 | 1.8 | — | — | — |
| 高锰酸钾 | 0.11 | 0.03 | 0.17 | 0.03 | 0.06 | 0.17 |
| 硝酸钠 | 0.22 | 0.06 | 0.33 | 0.06 | 0.11 | 0.33 |
| 二苯胺磺酸钠 | 0.11 | 0.03 | 0.17 | 0.03 | 0.06 | 0.17 |
| 酒石酸 | 0.11 | 0.03 | 0.17 | 0.03 | 0.06 | 0.17 |
| 硫酸锌 | 0.22 | 0.06 | 0.33 | 0.06 | 0.11 | 0.33 |

**制备方法** 将各组分混合均匀即可。

**产品应用** 本品主要应用于铝制品化学抛光。使用方法如下。

(1) 按组分配比混合制成抛光液；

(2) 加热抛光液至 110～150℃；

(3) 将干燥洁净的待抛光铝制品浸入抛光液中，抛光 10～120s 取出；

(4) 将取出后的铝制品立即用水清洗，干燥。

**产品特性** 与现有技术相比，本品由于没有使用硝酸，所以在抛光过程中不会由于硝酸分解而产生有害的氮氧化物气体，同时由于酒石酸和二苯胺磺酸钠的使用，可以有效减少过腐蚀点，抑制“转移腐蚀”，增加表面亮度，抛光后的制品易于清洗。

## 配方 32 马氏体高合金耐热钢金相检测抛光剂

**原料配比**

| 原料 | 配比(质量份) | | | | |
|---|---|---|---|---|---|
| | 1# | 2# | 3# | 4# | 5# |
| 草酸 | 1.5 | 1.8 | 2 | 2.2 | 2.5 |
| 氢氟酸 | 0.8 | 0.8 | 1 | 1.2 | 1.2 |
| 水 | 10 | 10 | 20 | 30 | 30 |
| 双氧水 | 30 | 30 | 40 | 50 | 50 |

**制备方法** 将各组分混合均匀即可。

**产品应用** 本品主要应用于马氏体高合金耐热钢金相检测抛光。

本品在金相检测中的应用方法步骤如下：

(1) 打磨：通过机械磨削的方法得到光滑的马氏体高合金耐热钢试验表面；

(2) 抛光：采用本抛光剂进一步处理马氏体高合金耐热钢试验表面，去掉试样表面的划痕；

(3) 腐蚀：采用化学侵蚀剂腐蚀马氏体高合金耐热钢试验表面，使微观金相组织显示出来；

(4) 复型：在马氏体高合金耐热钢试验表面贴覆药膜，提取金相组织微观形态；

(5) 观察、照相以及评定：在显微镜下观察金相组织并照相、评定。

上述化学侵蚀剂为硝酸乙醇溶液或者盐酸苦味酸乙醇溶液。其中，硝酸乙醇溶液中硝酸与乙醇的体积比为1∶9；盐酸苦味酸乙醇溶液中盐酸、苦味酸以及乙醇的体积比为5∶1∶100。

**产品特性**

(1) 本抛光剂配制方法简单易行，能够有效提高对马氏体高合金耐热钢抛光性能，缩短抛光时间，提高整体抛光效率，有效防止抛光过程中假相的产生。

(2) 本抛光剂在金相检测中应用时能够有效减少检测时间，整个检测过程仅需15min，并且不影响马氏体高合金耐热钢金相组织的显示，组织清晰无假相，利于对钢种老化、劣化状况进行准确评定。

(3) 本品科学配伍、制作工艺简单、抛光效果好，是一种创新性较高的马氏体高合金耐热钢金相检测抛光剂。

## 配方 33 镁合金用抛光液

**原料配比**

| 原料 | 配比(质量份) | 原料 | 配比(质量份) |
|---|---|---|---|
| 300nm 金刚砂 | 36 | 草酸 | 5 |
| 三氧化铬 | 2 | 去离子水 | 55 |
| 硝酸 | 2 | | |

**制备方法** 先将金刚砂均匀分散于去离子水中，混合均匀后加入三氧化铬、硝酸、草酸继续充分搅拌，混合均匀即成为本抛光液成品。

**原料介绍** 本品中，磨料是粒径为200～800nm的金刚砂；强氧化剂是三氧化铬、过氧焦磷酸钠；pH调节剂为无机酸、有机酸或它们的组合；无机酸为硝酸、草酸、硫酸；有机酸为脂肪族有机酸、芳香族有机酸，脂肪族有机酸为酒石酸、苹果酸、枸橼酸、抗坏血酸；芳香族有机酸为苯甲酸、水杨酸、咖啡酸。

本品使用粒径适中的金刚砂作为磨料，既在抛光过程中增加了机械加工作用，减少抛光中化学腐蚀过度造成蚀坑，使抛光后的铝合金表面的粗糙度和波纹度降低，还可以大大提高抛光速率。本品特别采用了强氧化剂配合有机酸的使用方法，可以有效降低酸对镁合金表面的化学腐蚀，增加氧化还原反应，氧化后的产物由磨料去除。高抛光速率就是由强氧化剂和磨料的共同作用完成，而抛光后的磨屑溶解于抛光液中的无机酸和有机酸中，配方更合理、有效。

**产品应用** 本品可用于镁合金的表面抛光加工中。

**产品特性**

(1) 粒径适中的金刚砂磨料，提供了足够的机械磨削作用，大大提高了抛光速率；

(2) 加入有机酸，减少无机酸的加入量，以达到减少抛光过程中酸腐蚀过度造成的蚀坑，提高镁合金的平整度，降低波纹度；

(3) 强氧化剂可以和镁合金发生氧化还原反应，氧化后的产物由磨料的机械作用去除，产生的磨屑再由酸溶解，大大提升了抛光速率。

## 配方 34 镁铝合金材料表面化学机械抛光液

**原料配比**

| 原料 | 配比(质量份) | | 原料 | 配比(质量份) | |
|---|---|---|---|---|---|
| | 1# | 2# | | 1# | 2# |
| 粒径为 30～50nm 的硅溶胶 | 2000 | 2400 | FA/O 螯合剂 | 40 | 40 |
| 18MΩ 超去离子水 | 1880 | 1490 | 乙醇胺 | 40 | — |
| FA/O 活性剂 | 40 | 40 | 四羟乙基乙二胺 | — | 30 |

**制备方法**

(1) 将 $SiO_2$ 的质量分数为 40%～50%、粒径为 30～50nm 的硅溶胶加入透明密闭反应器中，对透明密闭反应器抽真空，使反应器内成负压完全涡流状态，并在完全涡流搅拌的作用下边搅拌边在负压的作用下抽入电阻为 18MΩ 以上的超去离子水，得到稀释的硅溶胶溶液；

(2) 边进行完全涡流搅拌边将表面活性剂、FA/O 螯合剂在负压的作用下抽入到透明密闭反应器中；

(3) 边进行完全涡流搅拌边将碱性 pH 调节剂在负压的作用下抽入透明密闭反应器中，调节 pH 值为 10～11，完全涡流搅拌均匀，得到抛光液。

**原料介绍**

所述碱性 pH 调节剂采用抛光液中常用组分，最好选用为胺碱，如乙醇胺、四羟乙基乙二胺等。

所述表面活性剂为 FA/O 活性剂为聚氧乙烯醚，是脂肪醇聚氧乙烯醚、聚氧乙烯仲烷基醇醚 (JFC)、OP-10 中的任一种。

所述 FA/O 螯合剂为天津晶岭微电子材料有限公司市售产品，为乙二胺四乙酸(四羟乙基乙二胺)，可简写为 $NH_2RNH_2$。

所述透明密闭反应器的材料为聚丙烯、聚乙烯、聚甲基丙烯酸甲酯中的任一种。

**产品应用** 本品主要应用于镁铝合金材料表面化学机械抛光。

**产品特性**

(1) 本品的制备方法通过在负压状态下使反应器中的液体形成完全涡流状态，对反应器中的液体进行搅拌。而且，反应器使用透明的非金属材料，能够避免有机物、金属离子、大颗粒等有害物质进入到抛光液中，从而降低金属离子的浓度，避免硅溶胶凝聚现象的出现；同时，提高了抛光液的纯度，有利于提高镁铝合金材料的抛光质量；能够降低后续加工的成本，提高器件成品率。

(2) 本品制备过程中通过物料加入顺序的控制，使表面活性剂充分包裹硅溶胶磨料颗粒表层，有效强化了对硅溶胶磨料颗粒的保护作用。在碱性 pH 调节剂作用下，负压完全涡流搅拌形式能使硅溶胶磨料快速通过凝胶化区域，达到硅溶胶磨料自身胶粒稳定化，避免了传统机械搅拌下硅溶胶水溶液层流区局部碱性 pH 调节剂浓度过高而导致抛光液制备过程中硅溶胶的不可逆的快速凝聚与溶解。该制备方法工艺简单可控，大大提高了抛光液制备的生产效率与生产质量，大幅降低生产成本。

(3) 本品为碱性，对设备无腐蚀，硅溶胶稳定性好，解决了酸性抛光液污染重、易凝胶等诸多弊端。而且，镁铝合金材料在 pH 值为 10～11 时，易生成可溶性的化合物，从而易脱离表面。

(4) 本品选用纳米 $SiO_2$ 溶胶作为抛光液磨料，其粒径小、硬度小、分散度好，对基片损伤度小，能够达到高速率、高平整、低损伤抛光，污染小。

## 配方 35 纳米氧化铈复合磨粒抛光液

**原料配比**

| 原料 | 配比(质量份) | | 原料 | 配比(质量份) | |
|---|---|---|---|---|---|
| | 1# | 2# | | 1# | 2# |
| 分散剂聚乙二醇 | 1 | — | 缓蚀剂苯并三氮唑 | 0.1 | 0.1 |
| 分散剂六偏磷酸钠 | — | 1 | 润滑剂磷酸酯 | 0.1 | 0.1 |
| 氧化剂 | 0.5 | 2 | | | |

**制备方法**

(1) 氧化铈复合磨粒的制备：采用均相沉淀法制备，称取 5 克粒径为 30nm 的 $SiO_2$ 无机研磨剂粒子，将其分散到 100mL 水中，随后分别加入 10mL 浓度为 0.6mol/L 的 $CO(NH_2)_2$ 溶液和 10mL 浓度为 0.3mol/L 的 $(NH_4)_2Ce(NO_3)_6$ 溶液；将配好的混合液倒入三颈烧瓶中，用套式恒温器加热至 100℃，并用电动搅拌器搅拌，在搅拌下加热回流反应 7h。反应完毕，冷却至室温，将所得沉淀物用离心分离机分离出，并用去离子水洗涤 3 次；在恒温干燥箱中 80℃下烘干，然后进行研磨，得到浅黄色粉体，即为以纳米氧化硅粒子为内核，以氧化铈为外壳的 $SiO_2/CeO_2$ 复合磨粒。

(2) 由氧化铈复合磨粒制备抛光液：将上述的 $SiO_2/CeO_2$ 复合磨粒加入到水中，该复合磨粒的质量分数为 2.5%～4%；加入分散剂，用机械搅拌机搅拌，使分散均匀；将上述混合液进一步用超声分散，使形成均匀的分散液；然后加入氧化剂，再加入缓蚀剂、润滑剂，即为纳米 $SiO_2/CeO_2$ 复合磨粒抛光液。

**产品应用** 本品主要用作抛光液。

**产品特性** 本品由于无机研磨剂粒子具有氧化铈包覆层外壳，因外壳硬度较低，该核/壳型结构的粒子可以降低在加式、加速抛光条件下抛光微区无机磨粒对工作表面的“硬冲击”。本品的氧化铈复合磨粒具有很小的粒径，并且表现出良好的分散性；本抛光液可降低抛光划痕的表面损伤，因而改善和提高了工件抛光后的表面质量。

## 配方 36 抛光剂

**原料配比**

| 原料 | 配比(质量份) | | | | | | |
|---|---|---|---|---|---|---|---|
| | 1# | 2# | 3# | 4# | 5# | 6# | 7# |
| 酸剂 85%的浓磷酸 | 70 | 60 | 80 | 65 | 75 | 62 | 70 |
| 酸剂 98%的浓硫酸 | 30 | 40 | 20 | 35 | 25 | 38 | 30 |
| 缓蚀剂五水硫酸铜 | 0.2 | 0.3 | 0.1 | 0.2 | 0.3 | 0.15 | 0.2 |
| 光亮剂巯基苯并咪唑 | — | 8 | 10 | 5 | 9 | 7.5 | 5 |
| 光亮剂聚二硫二丙烷磺酸钠 | — | 15 | 10 | 20 | 13 | 15 | 10 |
| 光亮剂亚乙基硫脲 | — | — | 1 | 3 | 2 | 1.5 | 1 |

**制备方法**

缓蚀剂五水硫酸铜与光亮剂混合后再加入混合好的酸剂，混合均匀。在此过程中，五水硫酸铜与光亮剂混合后会出现混浊，属于正常现象。

上述过程中，光亮剂可先在水中溶解配制，巯基苯并咪唑不易溶于水，可加入氨水促进溶解。

**原料介绍** 本品抛光剂以五水硫酸铜作为缓蚀剂，在铝合金材料阳极氧化前抛光处理时，能防止铝合金表面过度腐蚀，从而增加铝合金材料表面氧化层的平整性；以巯基苯并咪唑、亚乙基硫脲和聚二硫二丙烷磺酸钠作为光亮剂，可以增加铝合金表面光亮度。用本抛光剂对铝合金进行抛光处理，处理温度为 75～85℃，处理时间为 1～3min，无论是铝合金表面氧化层的平整性，还是其表面的光亮度，本抛光剂均能达到理想效果，甚至优于现有技术的三酸抛光剂。

**产品应用** 本品主要用作抛光剂。

**产品特性** 本品由于缓蚀剂为五水硫酸铜，代替了现有技术三酸抛光剂中的硝酸，在抛光时不会因为硝酸的存在而产生大量 $NO_2$ 黄烟及其他挥发性污染气体，可以减少环境污染，减少对人体的危害，有利于保护操作人员的身体健康，也可避免对厂房及设备的腐蚀。本品可在 75～85℃条件下进行抛光处理，从而降低了抛光的操作温度，使抛光作业相对容易。

## 配方 37 抛光液

**原料配比**

| 原料 | 配比(质量份) | | | | | | | | | |
|---|---|---|---|---|---|---|---|---|---|---|
| | 1# | 2# | 3# | 4# | 5# | 6# | 7# | 8# | 9# | 10# |
| 磷酸 | 60 | 60 | 60 | 60 | 60 | 90 | 80 | 70 | 75 | 60 |
| 硫酸 | 30 | 30 | 30 | 30 | 30 | 5 | 10 | 25 | 15 | 25 |
| 甲酸 | 6 | — | — | — | 6 | 3 | — | — | — | 7 |
| 乙酸 | — | 6 | — | — | — | — | 7 | — | — | — |
| 丙酸 | — | — | 6 | — | — | — | — | 3 | — | — |
| 草酸 | — | — | 1 | — | — | — | 2 | — | — | — |
| 乳酸 | — | — | — | 6 | — | — | — | — | 5 | — |
| 戊二酸 | — | — | — | — | 1 | — | — | — | 2 | — |

续表

| 原料 | 配比(质量份) | | | | | | | | | |
|---|---|---|---|---|---|---|---|---|---|---|
| | 1# | 2# | 3# | 4# | 5# | 6# | 7# | 8# | 9# | 10# |
| 己二酸 | — | — | — | — | — | — | — | 1 | — | — |
| 乙二醇 | — | — | 3 | — | 3 | — | 1 | — | — | — |
| 丙三醇 | — | — | — | 3 | — | — | — | 1 | — | 2 |
| 丁二酸 | — | 1 | — | — | — | 1 | — | — | — | — |
| 十八酸 | 1 | — | — | 1 | — | — | — | — | — | 6 |
| 硫脲 | 3 | 3 | — | — | — | 1 | — | — | 3 | — |

**制备方法** 将各种原料混合均匀即得。

**原料介绍**

本品中液态有机酸为甲酸、乙酸、丙酸或者乳酸，凡是和上述有机酸同类的都可以替代使用。

本品中固体有机酸为：碳原子在2～20个、羰基数在1～3个的有机酸，如十八酸、丁二酸、草酸、己二酸、戊二酸，凡是符合碳原子在2～20个、羰基数在1～3个的有机酸都可以替代使用。

本品中多元醇为乙二醇、丙三醇。

只要将铝或铝合金浸渍在本抛光液中，就可使表面平滑化，同时在化学抛光面上给予光泽，而且由于在液体中没有配合硝酸，所以在化学抛光过程中不会由于硝酸的分解而产生有害的化合物，能够安全地进行化学抛光。

需要说明的是，本品不添加水分，抛光液中的水分是各组分中含有的水分。

磷酸优选的是浓度为85%的磷酸。

硫酸优选的是浓度为98%的硫酸。

**产品应用** 本品主要用作抛光液。

**产品特性** 本品用于电脑铝硬盘支撑架及其他配件、精密纯铝或铝合金，含铝量≥85%的铝合金均适用，不含硝酸，属环保型化学抛光液。本抛光液主要能除去铝件经机械加工后表面披封、氧化层，并使表面光亮度比原来表面光亮度提高一个级别以上。电脑铝合金硬盘支撑架用本抛光液抛光后比原来的电解抛光有明显的质量优势，各部位抛光亮度均匀，抛光去除的厚度接近一致，微粒（粉尘）吸附量比电解工艺下降90%。

## 配方 38 浅沟槽隔离抛光液

**原料配比**

| 原料 | 配比(质量份) | | 原料 | 配比(质量份) | |
|---|---|---|---|---|---|
| | 1# | 2# | | 1# | 2# |
| 表面活性剂 OP-10 | 3 | — | 二异丁基胺 | — | 2 |
| 表面活性剂 TX-10 | — | 3.2 | 柠檬酸 | — | 2 |
| 氧化铈 | 40 | 40 | 聚羧酸 | 1.5 | — |
| 三乙胺 | 2 | — | 聚酰胺 | — | 1.5 |
| 乙二胺四乙酸 | 2 | — | 水 | 50 | 50 |

**制备方法** 向水中加入表面活性剂、混合搅拌，把氧化铈缓慢加入含表面活性剂的水溶液中，并搅拌均匀后静置4h以上；再在搅拌情况下缓慢加入pH调节剂、螯合剂、聚羧酸，混合搅拌，用pH调节剂调节pH值在4～5范围，过滤净化后

包装。

**原料介绍**

所述的 pH 调节剂为碱性有机胺或有机酸，碱性有机胺如三乙胺和二异丁基胺中的至少一种，有机酸如乙二胺四乙酸和柠檬酸中的至少一种。

所述的 pH 调节剂用来调节抛光液的 pH 值为 4～5，使二氧化硅处于良好的悬浮状态，提供稳定的抛光速率。采用的胺或酸不含金属类成分，避免对硅片的玷污而影响以后器件的性能。

所述的螯合剂为乙二胺四乙酸和柠檬酸及其盐中的至少一种。可以和前制程带入的大量金属离子结合而除去，从而改善抛光片的质量。

所述的表面活性剂为醇醚类非离子类表面活性剂，如 OP-10，TX-10 中至少一种，可以优先吸附，形成长期易清洗的物理吸附表面，以改善表面状态，同时提高质量传递速率，降低晶圆的表面粗糙度。

本品中特殊添加剂为聚羧酸、聚酰胺中的至少一种。

本品是通过沉淀法制备氧化铈磨料，具体实施步骤如下：

(1) 以硫酸铈、硝酸铵铈中至少一种为起始原料，加入沉淀剂（六亚甲基四胺、氨水、尿素、联胺中至少一种），利用高温沉淀法先制取氧化铈晶种，然后控制反应物浓度、沉淀剂滴入速率、晶种量、溶液的温度、pH 值、反应时间、搅拌速度等参数，按照沉淀法合成步骤获得粒径可控的氧化铈粉体。

(2) 在所制备的氧化铈抛光液中加入特殊添加剂，以取得氧化物与氮化物的高选择比。

(3) 在使用该抛光液时，先把抛光液和去离子水按配比 1∶10 混合，再对产品（沉积约 500nm 的二氧化硅及 150nm 氮化硅的晶圆）进行抛光。

**产品应用** 本品主要应用于浅沟槽隔离抛光。

**产品特性** 对氧化物的抛光速率平均约 120nm/min，氮化物平均约 8nm/min，满足能对氧化物的反应性极强、具有高抛光速率、容易取得氧化物与氮化物的高选择比的要求。

## 配方 39 处理铜及铜合金表面的抛光液

**原料配比**

| 原料 | 配比(质量份) | | | | |
|---|---|---|---|---|---|
| | 1# | 2# | 3# | 4# | 5# |
| 双氧水(过氧化氢) | 10 | 20 | 30 | 40 | 50 |
| 双氧水稳定剂 | 7 | 6 | 5 | 4 | 3 |
| 有机光亮剂 | 5 | 4 | 3 | 2 | 1 |
| 纯净水 | 78 | 70 | 62 | 54 | 46 |

**制备方法** 将各组分溶于水，混合均匀即可。

**原料介绍** 在本化学抛光液中，双氧水（过氧化氢）作为氧化介质，可提供优良的抛光力，同时在抛光面上给予良好的光泽。对于双氧水（过氧化氢），体积分数在 10%～40%之间能够进一步提高抛光力。另外，添加有机光亮剂和双氧水稳定剂，通过化学研磨能够在铜或铜合金的表面给予更优良的光泽，使双氧水更加稳定，达到批量生产的要求。

使用时在25～60℃以内，pH值0.7～2.0的环境内，对铜及铜合金件浸泡处理1～5min，即可获得光亮的表面。

**产品应用** 本品主要应用于铜及铜合金抛光。

**产品特性** 本品是一种不含有硫酸、铬酸、硝酸、盐酸的化学抛光液，通过化学抛光对铜及铜合金表面进行平滑化，同时对化学抛光面赋予充分的光泽。本品适合大批量机械化生产，反复清洗不会有过度腐蚀现象。而且，由于在液体中没有配合硫酸、铬酸、硝酸、盐酸，所以在化学抛光过程中不会由于硝酸的分解而产生有害的氮氧化物及酸雾而造成污染环境，能够安全地进行化学抛光。另外，无需为了保持硝酸浓度而在液体中追加硝酸，所以可长期地连续性地进行化学抛光。

本品的具体效果有如下几点：

(1) 解决了硫酸、盐酸、硝酸、铬酸的大量消耗及对环境造成的污染；

(2) 解决了三酸酸洗中因为硝酸的不断分解而造成的铜酸洗质量不稳定；

(3) 解决了酸的强腐蚀对于铜的过大损耗，铜的表面只发生1～3μm的微小变化；

(4) 解决了酸洗造成铜离子过量损耗，造成铜离子的排放问题严重；

(5) 解决了酸洗中腐蚀速率快，酸洗时间难以把握，造成不能实现机械化、批量生产，提高了劳动效率；

(6) 解决了双氧水稳定问题，实现了可批量及机械化作业；

(7) 解决了硝酸的零使用，从而解决了氮氧化物的产生，减少了清洗工作者的职业危害；

(8) 解决了三酸废液难处理的局面，本抛光液废水处理简单。

## 配方 40 水基金刚石抛光液

**原料配比**

| 原料 | 配比(质量份) | | | 原料 | 配比(质量份) | | |
|---|---|---|---|---|---|---|---|
| | 1# | 2# | 3# | | 1# | 2# | 3# |
| 特制金刚石微粉 | 2 | 3 | 2 | 羟乙基纤维素 | — | — | 0.2 |
| 六偏磷酸钠 | 0.2 | — | — | 锂基膨润土 | 0.5 | — | — |
| 壬基酚聚氧乙烯醚 | — | — | 0.5 | 乙二醇 | — | 0.01 | 0.01 |
| 十二烷基磺酸钠 | — | 0.5 | — | 甲醇 | 0.2 | — | — |
| V-15气相白炭黑 | — | 0.5 | — | Skane M-8 杀菌剂 | 0.1 | 0.1 | 0.1 |
| M-5气相白炭黑 | — | — | 0.4 | 去离子水 | 97 | 96 | 97 |

**制备方法**

(1) 特制金刚石微粉的制备：

① 将平均粒径为20～2000nm的金刚石微粉缓慢加入浓度大于96%的浓硫酸中，超声或剪切分散均匀；

② 将金刚石微粉与浓硫酸的混合物加热到200℃以上并保持至少1h，然后停止加热，自然冷却至室温，离心分离出混合物中的金刚石微粉；

③ 用电阻率大于5MΩ·cm的去离子水将上述金刚石微粉洗涤至中性；

④ 将经过洗涤的金刚石微粉放入温度小于等于105℃的烘箱烘干水分，即制得特制金刚石微粉。

(2) 将分散剂、悬浮剂、悬浮助剂、防腐剂、去离子水混合均匀，向混合物中添加特制金刚石微粉，超声或剪切分散均匀，最后向混合物中添加pH调节剂，调整溶液的pH值到3～11，即可制得抛光液。

**原料介绍**

所述分散剂选自烷基聚氧乙烯醚、山梨糖醇烷基化物、烷基芳基磺酸酯、烷基聚醚硫酸酯、烷基磺酸盐、铵盐、聚乙烯醇、聚乙烯吡咯烷酮、聚丙烯酸衍生物、聚甲基丙烯酸衍生物、六偏磷酸钠、磷酸钠、多聚磷酸钠、硅酸盐中的一种或一种以上的混合物。

所述悬浮剂选自沉淀白炭黑、气相白炭黑、膨润土及其改性物、水溶性纤维素衍生物中的一种或一种以上的混合物。其中，水溶性纤维素衍生物选自烷基纤维素、羟烷基纤维素、羧甲基纤维素中的一种或一种以上的混合物。

所述悬浮助剂选自甲醇、乙醇、碳酸丙烯酯、乙二醇、乙二胺、聚乙二醇、甘油中的一种或一种以上的混合物。

所述防腐剂选自异噻唑啉酮衍生物、胺类化合物、取代芳烃中的一种或一种以上的混合物。

所述pH调节剂可以是酸性调节剂，如有机和无机酸中的一种或一种以上的混合物，可以是碱性调节剂，如碱金属或碱土金属氧化物、碱金属或碱土金属氢氧化物、氨、有机胺中的一种或一种以上的混合物。

**产品应用** 本品主要用作水基金刚石抛光液。

**产品特性** 本品通过浓硫酸对金刚石微粉进行处理，大大提高金刚石微粉表面极性基团的含量，抛光液配方中使用能与这些极性基团形成网络结构的悬浮剂，使所得抛光液中金刚石微粉能长期稳定悬浮。本方法制备的水基金刚石抛光液产品质量一致，稳定性好。

## 配方41 水基纳米金刚石抛光液

**原料配比**

| 原料 | 配比(质量份) | 原料 | 配比(质量份) |
|---|---|---|---|
| 纳米金刚石 | 0.2～10 | 润湿剂 | 0.02～1 |
| 改性剂 | 0.1～3 | 化学添加剂 | 0.1～1 |
| 分散剂和/或超分散剂 | 0.02～5 | 去离子水 | 88.2～98.5 |

**制备方法**

(1) 先对去离子水进行处理：取适量的去离子水与分散剂或/和超分散剂经超声或搅拌成均匀的去离子水混合溶液备用。

(2) 将质量比为1∶(0.001～0.5)的纳米金刚石和改性剂通过改性设备实现纳米金刚石的破碎与表面改性。

(3) 采用过滤膜或离心的方法除去(2)中的杂质和粗颗粒(如必要，可将其干燥)，余料为母液或母料。

(4) 将母液或母料加入备用的去离子水混合溶液中，根据抛光工件对抛光液的要求，加入pH调节剂，调节pH值，搅拌或超声，初步使体系pH值达到抛光液所需的范围（pH＝2～12)；pH调节剂的种类根据抛光工件对抛光液的要求确定。

(5) 加入润湿剂和化学添加剂，超声或剪切分散均匀。

(6) 再加入pH调节剂，精确调节pH值，搅拌或超声，使体系达到抛光液所需的pH值范围（pH＝2～12)，即可制得所需的纳米金刚石抛光液。

**原料介绍**

所述的纳米金刚石采用负氧平衡炸药爆轰合成的纳米金刚石作原料，纳米金刚石的平均直径为20～100nm，粒度分布范围为10～200nm；

所述改性剂是：EDTA、柠檬酸、十二烷基硫酸钠、烷基酚聚氧乙烯醚、单宁酸、十八烷基硫酸钠、六偏磷酸钠、多聚磷酸钠、磷酸钠、聚乙二醇、钛酸酯偶联剂、硅烷偶联剂、锆铝酸盐偶联剂、油酸、油酸钠、甘油及Solsperse系列超分散剂中的一种或几种，纳米金刚石与改性剂的质量比为1：(0.001～0.5)；

所述分散剂可以是聚乙烯醇、羧甲基纤维素、羧甲基纤维素钠、聚乙二醇、壬基酚聚氧乙烯醚、聚乙烯吡咯烷酮及脱糖缩合木质素磺酸钠中的一种或多种的组合；超分散剂是指一类水溶性的超分散剂，如聚羧基硅氧烷聚乙二醇两段共聚物；润湿剂可以是表面活性剂：壬基酚聚氧乙烯醚、没食子酸、二羟乙基乙二胺、聚氧乙烯烷基酚醚、环氧丙烷和环氧乙烷的嵌段聚醚中的一种或多种；

所述化学添加剂可以是二氧化硅溶胶、二羟乙基乙二胺、BTA、氨水、过氧化氢、氢氧化钾中的一种或几种；

所述去离子水电阻率大于5MΩ·cm，最好大于10MΩ·cm，甚至大于15MΩ·cm。

上述制备工艺中，纳米金刚石表面的机械化学改性过程是必须的。改性过程中，纳米金刚石团聚体得到了破碎，露出新鲜表面，由于新鲜表面上含有大量的悬挂键，加上改性过程中产生的局部高温，为纳米金刚石与改性剂之间的作用提供了可能。为了减少因改性过程的增杂现象对抛光过程产生的负面影响，改性设备宜采用具有增杂较少的气流粉碎、高压液流粉碎、球磨、搅拌磨中和一种或几种。

pH调节剂根据抛光工件对抛光液的要求确定，可以是氨水、氢氧化钠、氢氧化钾、乙醇胺、三乙醇胺、二羟乙基乙二胺、盐酸、硫酸、磷酸及硝酸中的一种或多种。如果抛光工件对抛光液的要求需往碱性方向调节，则加入上述碱性物质中的一种或多种；如抛光液需往酸性方向调节，需加入上述酸中的一种或多种。

调节抛光液的pH值有两个目的，一是有利于纳米金刚石的分散稳定，二是满足抛光液对工件化学机械抛光的目的。pH调节剂的选择须在不影响抛光工件性能的前提下进行。

**产品应用** 本品主要用作水基纳米金刚石抛光液。

**产品特性** 本工艺制备的纳米金刚石抛光液具备良好的悬浮稳定性，可在常温下，保质18～24个月，其中的纳米金刚石粒子不发生沉降，所加化学物质不发生失效现象。经原子力显微镜观察，未发现粒度超过200nm的颗粒。ZETASIZER3000HS分析表明，其粒度基本呈正态分布。用原子力显微镜对抛光后工件的表面粗糙度分析表明，平均粗糙度（Ra）小于0.4nm。

## 配方 42 钛及钛合金抛光液

**原料配比**

| 原料 | 配比(质量份) | | | | | |
|---|---|---|---|---|---|---|
| | 1# | 2# | 3# | 4# | 5# | 6# |
| 乳酸 | 250mL | 220mL | 200mL | 300mL | 450mL | 400mL |
| 甲醇 | 450mL | 400mL | 400mL | 300mL | 500mL | 400mL |
| 丙三醇 | 50mL | 40mL | 40mL | 30mL | 45mL | 40mL |
| 氟化钡 | 5 | 4 | 4.5 | 3 | 6 | 4.5 |
| 明胶 | — | — | — | — | — | 4 |
| 硬脂酸钠 | 4 | 2 | 5 | — | — | 5 |
| 糖精 | — | — | — | 5 | — | — |
| 苯并三氮唑 | 3 | 1 | 4 | — | 5 | 3 |
| 水 | 加至1L | 加至1L | 加至1L | 加至1L | 加至1L | 加至1L |

**制备方法** 将各组分混合均匀即为抛光液。

**原料介绍**

在本品中，抛光液选用了相对黏性低的乳酸，使电流密度较低，阳极溶解缓慢，以达到缓慢抛光的目的。同时，由于乳酸是一种弱电解质，在溶液中可以电离出氢离子，在抛光过程中，随着反应的进行，氢离子会消耗，浓度会降低，乳酸则可以电离出氢离子补充反应中消耗的氢离子。当乳酸的含量小于200mL/L时，抛光速度太慢，需要的时间太长；当乳酸的含量大于450mL/L时，抛光得到的镜面光效果差。

所述甲醇作为溶剂，可以最大限度地减少溶液中水分的含量，因为水分的存在会增加钛合金表面钝化膜的稳定性，不利于抛光的进行。但是当甲醇的含量小于300mL/L时，抛光液中水分所占的比例相对较大，钛合金表面的钝化膜相对会比较稳定，不利于抛光的进行；当甲醇的含量大于500mL/L时，甲醇作为溶剂，会使抛光液中其余的有效成分的含量降低，不利于抛光的进行。

所述丙三醇是缓蚀剂，从丙三醇的分子结构式看，极性机体上的氧元素为共用的电子对与酸液中的氢离子成键形成阳离子，并吸附在钛或钛合金的表面腐蚀微电池的阴极区域，改变了钛合金表面的双电层结构，提高了钛合金离子化过程的活化能，而非极性基团远离金属表面作定向排布，形成一层疏水的薄膜，产生了覆盖效应，成为氢离子扩散的屏障，因而增加了氢离子的还原过电位，即产生了阴极极化而降低腐蚀，使腐蚀反应在一定程度上受到抑制，起到缓蚀剂的作用。经过大量试验发现，丙三醇含量在30～50mL/L范围内，钛及钛合金表面不产生抛光纹路，镜面光的效果最好。

本品中氟的无机盐为氟化钡、氟化钠、氟化钾中的一种或多种。抛光液中的氟离子能与钛表面形成的氧化膜发生反应，使其迅速活化，且氟离子与钛离子的配合物稳定性很强，能够紧密吸附在钛及钛合金的表面，使钛及钛合金与空气隔绝，抑制氧化膜的产生。当氟的无机盐的含量小于3g/L时，氟离子在抛光液中的含量相对较低，不能快速有效地去除钛和钛合金表面的氧化膜，不利于抛光的进行；当氟的无机盐的含量大于6g/L时，氟离子过量，对实验效果变化不明显。

本品中光亮剂为糖精、明胶、硬脂酸钠、苯并三氮唑等中的一种或多种。光亮剂的作用是使钛及钛合金的表面更光亮，能够得到光亮的镜面效果。当光亮剂的含量小于3g/L时，不利于钛及钛合金表面的出光；当光亮剂的含量大于12g/L时，对产品的出光效果没有明显的提升。

**产品应用** 本品主要应用于钛及各种型号的钛合金的抛光，如TC4、TA15、TA10、TB6。

本品还提供了一种钛及钛合金抛光方法：先将钛或钛合金进行机械抛光，然后进行电解抛光，所述电解抛光的抛光液为本抛光液。

本品提供的抛光方法是将机械抛光和电解抛光有效结合，使钛合金基体表面无抛光纹路，并且达到镜面光的效果。

根据本品提供的抛光方法，在优选情况下，所述电解抛光是将待抛光的钛或钛合金作为阳极，钛板作为阴极进行电解抛光，电解抛光的温度为20～30℃，电流密度为10～30A/dm²，抛光时间为10～20min。

电解抛光的温度对抛光过程有很大的影响，当温度低于20℃时，抛光液的黏度较高，金属溶解慢，溶液的导电性不好，达不到好的抛光效果；电解抛光的温度升高，抛光液的黏度低，金属溶解速度加快，效率高。但若温度高于30℃时，易使金属表面产生腐蚀麻点而降低抛光质量。电流密度对待抛光件表面的粗糙度的影响也非常敏感，随着电流密度的增加，腐蚀速度增大，抛光质量提高；电流密度低于10A/dm²，抛光质量下降；但是若电流密度高于30A/dm²，将导致阳极析出大量的氧气，同时产生的热量不能及时扩散，电极表面的温度很快升高，导致金属表面产生麻点，影响表面的光亮度。

根据本品提供的抛光方法，在优选情况下，所述阴极与阳极表面积之比为(1～4)∶1。阴极表面积大于阳极表面，有利于提高电流利用率，有助于提高抛光的效果，但是如阴极面积过大，即大于阳极表面积的4倍，导致电流效率过高，致使素材表面发生过腐蚀，起不到抛光的效果。

所述机械抛光时，将钛或钛合金先用粗布轮进行粗抛，然后用风轮进行半精抛，最后用白布轮进行精抛，进行抛光可以去除钛或钛合金本身在压铸过程中产生的毛刺、氧化皮等，减小表面的粗糙度，提高表面光亮效果并增强后续电镀的结合力。

根据本品提供的抛光方法，在优选情况下，将经电解抛光处理后的钛或钛合金用无水乙醇清洗2～5min后取出，即可得到表面平整光亮的镜面抛光效果，可以直接进行后续的电镀处理工序。

**产品特性** 本品中不含有氢氟酸，不会产生对人体不利的挥发物质及强烈刺激性气味，是一种环保安全的抛光液，使用本抛光液对钛及钛合金进行抛光，可以使钛及钛合金表面不产生纹路，可以得到镜面光的效果。本品中机械抛光部分选用了特定的抛光轮进行初步处理，去除素材表面的毛刺，氧化膜等。传统的机械抛光很容易使素材表面产生抛光纹，严重影响素材表面的外观效果。本品所选用机械抛光虽然可以一定程度上减少抛光纹的产生，但是仍不能完全消除抛光纹，故本品选择在机械抛光后增加一步电解抛光，补充了机械抛光的缺陷，使素材表面更加均匀，光亮度更高，甚至产生镜面光的效果。采用本抛光方法处理后的钛及钛合金基体表面平整光亮，进行后续的电镀工艺，得到的电镀层覆盖均匀，结合力好，金属光泽度高，表面呈镜面光效果。

## 配方 43 钛镍合金电化学抛光液

**原料配比**

| 原料 | 配比(质量份) | | | 原料 | 配比(质量份) | | |
|---|---|---|---|---|---|---|---|
| | 1# | 2# | 3# | | 1# | 2# | 3# |
| 高氯酸 | 15 | 5 | 8 | 乙二胺 | 2.2 | — | 1.6 |
| 正丁醇 | 45 | 95 | 60 | 氢氟酸 | — | 5 | — |
| 甲醇 | 40 | — | — | 草酸 | — | — | 1.5 |
| 乙醇 | — | — | 60 | | | | |

**制备方法** 将各组分混合均匀即可。

**原料介绍**

本品中多种醇类为一元醇、二元醇中的一种或多种。

本品中添加剂为糖精、明胶、铬酐、氢氟酸、磺基水杨酸、草酸、柠檬酸、NTA、EDTA、乙二胺中的一种或多种。

本电化学抛光液由于含有高氯酸，在使用时抛光液温度应控制在 0～30℃之间。

**产品应用** 本品广泛用于航空航天、机械制造、医疗等多个领域。

本品的应用范围包括：

(1) 作为钛镍合金电镀前的表面预处理：以钛镍合金为阳极，电化学抛光液为介质，对其进行电化学表面预处理，可以方便快捷地除去合金表面的油污和杂质。

(2) 替代常规的钛镍合金表面酸洗工序：除表面质量较常规的酸洗处理有所提高外，材料氢脆危险小也是一大优点。

(3) 作为钛镍合金元件的表面最终处理：由于电化学抛光后，钛镍合金表面生成了一层均匀、致密的氧化层，提高了合金表面的光洁度、耐腐蚀性能和生物相容性能，可以作为工业零件、医疗器械等钛镍合金元件的最终表面处理。

(4) 用于钛镍合金的金相分析试样及透射电镜试样制备。

(5) 本电化学抛光液除应用于钛镍合金外，还可应用于部分钛合金及镍合金。

(6) 本电化学抛光液除应用于正常的电化学抛光工艺过程外，还可用于电解研磨、电化学擦削、电解加工等工艺过程。

**产品特性**

(1) 本电化学抛光液因不含有水的组分而降低了对钛镍合金基体的侵蚀，不但有助于得到良好的抛光表面，而且具有加工效率高、实用性强、使用寿命长等特点；

(2) 采用本电化学抛光液得到的钛镍合金表面无夹杂、无氢脆；

(3) 通过调整电化学抛光液成分及比例、抛光电压、抛光温度和阴阳极间距等电化学抛光工艺参数，可得到不同表面质量和加工效率的钛镍合金元件，满足不同形状、不同成分钛镍合金元件的加工。

# 磷化液

## 配方 1　含可溶性淀粉的磷化液

**原料配比**

| 原料 | 配比(质量份) | | | | | |
|---|---|---|---|---|---|---|
| | 1# | 2# | 3# | 4# | 5# | 6# |
| 可溶性淀粉 | 1.5 | 3 | 4 | 5 | 0.5 | 0.5 |
| ZnO | 11 | 12 | 11 | 11 | 15 | 15 |
| $H_3PO_4$ | 38 | 39 | 38 | 38 | 45 | 45 |
| $Zn(NO_3)_2$ | 50 | — | 50 | — | — | — |
| $NaNO_2$ | — | 50 | — | — | 60 | 60 |
| $KClO_3$ | — | — | 70 | — | — | — |
| EDTA | 4 | 3.5 | 6 | 7 | 8 | 8 |
| 水杨酸 | 3 | — | 3 | — | 2 | 2 |
| 酒石酸 | — | 3 | — | — | — | — |
| 柠檬酸 | — | — | — | 3.5 | — | — |
| 草酸 | — | — | — | — | 8 | 6 |
| 水 | 加至 1L | 加至 1L | 加至 1L | 加至 1L | 加至 1L | 加至 1L |

**制备方法**　将 ZnO 投入反应容器中，加入少量水调成糊状，加入磷酸，再加入促进剂、配位剂、缓冲剂，形成组分一；将可溶性淀粉加入适量水中，加热到 70～85℃并搅拌，直至完全溶解，冷却至室温，形成组分二；将组分二加入组分一中，充分搅拌均匀即可。

**原料介绍**　本品中，成膜剂为 ZnO，促进剂为 $Zn(NO_3)_2$、$NaNO_2$ 或 $KClO_3$，配位剂为 EDTA，缓冲剂为水杨酸、酒石酸、柠檬酸、草酸。

**产品应用**　本品主要应用于金属的磷化。

使用工艺流程包括：脱脂、水洗、除锈、水洗、表面调整、水洗、磷化（浸渍法）、水洗、后处理和干燥。

**产品特性**　本品中添加可溶性淀粉作为稳定剂，通过改变溶液性质提高磷化液使用过程中的稳定性，提高磷化膜质量，从而提高了工件磷化处理的质量。本品制备工艺简单，便于推广。

## 配方 2　含镁和镍的钢铁磷化液

**原料配比**

| 原料 | 配比(质量份) | 原料 | 配比(质量份) |
|---|---|---|---|
| 氧化镁 | 4.6 | 硝酸钠 | 0.1 |
| 碳酸钙 | 3.2 | 十二烷基苯磺酸钠 | 0.1 |
| 硝酸镍 | 7.6 | | |

**制备方法** 将原料溶于去离子水中，配制成1L磷化液，并用30g/L NaOH溶液与30%磷酸调节pH值为3.10～3.15。

**产品应用** 本品主要应用于钢铁磷化处理。

使用方法：

(1) 钢片经预处理后，用1mol/L盐酸除锈活化，随后放入磷化液中，同时保持磷化液的pH值为2～4。

(2) 将臭氧通入磷化液中，保持磷化液中的臭氧浓度在1.3～3.0mg/L范围内；并在35～50℃温度下磷化反应3～10min，磷化完毕后，钢片用去离子水清洗、吹干；磷化处理过程即完成。

**产品特性**

(1) 磷化工作温度低，成膜速度快，且所形成的磷化膜均匀致密。

(2) 不含有毒或者致癌的Cr(Ⅵ)、亚硝酸盐（$NO_2^-$）及氮氧化物（$NO_x$）等成分。

(3) 形成的磷化膜具有良好的耐腐蚀性，且具有耐磨、润滑、提高涂层附着力等作用。

## 配方3 含锰低锌轻铁磷化液

**原料配比**

| 原料 | 配比(质量份) | | 原料 | 配比(质量份) | |
|---|---|---|---|---|---|
| | 1# | 2# | | 1# | 2# |
| 磷酸 | 8 | 15 | 硝酸钠 | 15 | 25 |
| 硝酸(68%) | 2.5 | 5 | 硝酸铜 | 0.02 | 0.15 |
| 氢氟酸 | 5mL | 15mL | 酸式磷酸锰 | 6 | 15 |
| 硝酸锌 | 1.2 | 1.6 | 酒石酸 | 1.5 | 5 |
| 氨水 | 1.5mL | 2.5mL | 乌洛托品 | 0.65 | 1.22 |
| 钨酸钠 | 0.6 | 1.2 | 水 | 加至1L | 加至1L |

**制备方法** 取磷酸、硝酸、氢氟酸加入水中，搅拌均匀，依次加入硝酸锌、氨水、钨酸钠、硝酸钠、硝酸铜、酸式磷酸锰、酒石酸、乌洛托品，加余量水至1000mL，调整溶液总酸度为15～60点，游离酸度为1.5～2.5点，即可进行磷化。

**产品应用** 本品主要应用于金属的磷化。

**产品特性**

(1) 充分利用锌离子、锰离子、铁离子（未直接添加到磷化液中，由铁基材溶解而得)、铜离子、磷酸根离子等成膜物质，利用锌离子、锰离子、铁离子等正电位较正的金属离子，有利于晶核形成及晶粒细化，从而加速磷化的完成过程。

(2) 通过对氟离子的引入，大大提高磷化液的抗污染能力，以及对磷化前一道工序硅离子可能对磷化后一道涂装工序可能进行的干扰，对磷化液配方设计上力求尽善尽美，克服尽可能有的缺陷。

(3) 复合氧化还原剂的使用，不仅使得磷化液具有较好的自净作用以及良好的协同促进作用，而且使磷化液控制范围宽、稳定性能优越。

(4) 复合缓冲调节剂的使用，可以大大提高磷化液因酸碱度的突然急剧改变而造成的磷化液工艺参数不匀衡状况，从而使磷化液pH值在2～5之间应用自如。

(5) 配位剂的运用，如酒石酸、葡萄糖酸、柠檬酸、乙二胺四乙酸及其钠盐均可以在磷化液中配合不同需要磷化的钢铁，及镀锌板基材溶洗掉的不同金属离子（铝离子、硅离子等），从而避免大量沉渣的形成，起到降渣除尘的作用。

## 配方 4 含镍的钢铁磷化液

**原料配比**

| 原料 | 配比(质量份) | 原料 | 配比(质量份) |
|---|---|---|---|
| ZnO | 10 | $NaNO_3$ | 4 |
| 85% $H_3PO_4$ | 24mL | 水 | 加至1L |

**制备方法** 将原料溶于去离子水，配制成1L基础磷化液，再加入可溶性镍盐，使$Ni^{2+}$浓度为1.6g/L；并用30g/L NaOH溶液与30%磷酸调节pH值为2.75。将臭氧通入磷化液中，控制溶解$O_3$的浓度在1.6mg/L。

**产品应用** 本品主要应用于金属的磷化。

使用方法

(1) 钢片经预处理后，用1mol/L盐酸除锈活化，随后放入磷化液中，同时保持磷化液的pH值为2～4。

(2) 将臭氧通入磷化液中，保持磷化液中的臭氧浓度在1.3～3.0mg/L范围内；并在35～50℃温度下磷化反应3～10min，磷化完毕后，钢片用去离子水清洗、吹干；磷化处理过程即完成。

**产品特性**

(1) 磷化工作温度低，成膜速度快，且所形成的磷化膜均匀致密。

(2) 不含有毒或者致癌的Cr(Ⅵ)、亚硝酸盐（$NO_2^-$）及氮氧化物（$NO_x$）等成分。

(3) 形成的磷化膜具有良好的耐腐蚀性，且具有耐磨、润滑、提高涂层附着力等作用。

## 配方 5 黑色金属制品表面的除锈磷化液

**原料配比**

| 原料 | 配比(质量份) | | 原料 | 配比(质量份) | |
|---|---|---|---|---|---|
| | 1# | 2# | | 1# | 2# |
| 磷酸(相对密度1.7) | 20 | 25 | 硫脲 | 0.1 | 0.2 |
| 磷酸锌 | 6 | 8 | 水 | 71.9 | 62.8 |
| 酒石酸 | 2 | 4 | | | |

**制备方法**

1#制备：将原料分别加入盛水的槽中，搅拌使其完全溶解，槽液温度为室温，将要处理钢铁零件经除油、水洗后入除锈磷化槽，时间长短视锈蚀程度而定，通常5～10min，取出干燥。

2#制备：将原料加入盛水的槽中，搅拌使其完全溶解，槽液温度为45～50℃，用于除严重锈蚀零件，时间为8min。

用本除锈磷化液处理过的钢铁零件，在室内存放7～30d不锈，消除了工序间锈蚀现象，并可与任何底、面漆配合使用。

**产品应用** 本品主要应用于黑色金属表面的除锈磷化。

**产品特性** 本品由于将除锈与磷化一次完成，工艺合理、工序少、提高工效、缩短生产周期，较硫酸或盐酸除锈污染小，改善劳动条件，对操作者危害小；基本消除工序间锈蚀，磷化膜具有一定的防腐蚀能力，可增加漆层与基体的附着力。另外，本除锈磷化液稳定，使用寿命长。

本品是根据钢铁在大气中腐蚀属于电化学腐蚀的机理。在大气中钢铁接触电解质，加之本身的不均匀性存在电位差，氧气的去极化产生腐蚀，其腐蚀产物是一个非常复杂的金属氧化物，但是其主要成分是三氧化二铁和氧化亚铁，在除锈磷化液中生成磷酸一氢铁、磷酸一氢锌以及磷酸铁、磷酸锌等化合物，同时也正是磷化膜的组成部分，当继续反应，钢铁表面被磷化膜完全覆盖时，即是磷化过程。

## 配方 6 黑色磷化处理的预处理液

**原料配比**

| 原料 | 配比(质量份) | |
|---|---|---|
| | 1# | 2# |
| 工业硝酸铋 $Bi(NO_3)_3$ | 3 | 8 |
| 水 | 加至1L | 加至1L |

**制备方法** 取工业硝酸铋 $Bi(NO_3)_3$ 加入水中，配成硝酸铋水溶液，即得到黑色磷化处理的预处理液。

**产品应用** 本品主要应用于钢铁表面进行磷化处理。

本品的使用方法：将待处理零件进行除油、水洗、除锈、水洗后，在室温下，将需磷化的金属件放入本黑色磷化处理的预处理液中，室温下处理 1～3min，取出，水洗，然后，进行磷化处理 10min，取出水洗，封孔，水洗烘干，浸防锈油漆。

**产品特性** 本品配制简单，使用方便，磷化膜具有良好的附着力和耐蚀性。

## 配方 7 黑色磷化液

**原料配比**

| 原料 | 配比(质量份) | | 原料 | 配比(质量份) | |
|---|---|---|---|---|---|
| | 1# | 2# | | 1# | 2# |
| $Na_2S_2O_3 \cdot 5H_2O$ | 25 | 32 | $H_3PO_4$（相对密度 1.68） | 20 | 20 |
| HCl（相对密度 1.16） | 20 | 1.16 | $HNO_3$（相对密度 1.40） | 20 | 20 |
| ZnO | 3 | 3 | 水 | 加至1L | 加至1L |

**制备方法** 本品的预处理黑化液，也可先将 $Na_2S_2O_3 \cdot 5H_2O$ 溶于水配成饱和溶液，使用时加入适量 HCl 或 $HNO_3$，再加水混合配用。

磷化液的游离酸度为 5.5～8 点，总酸度为 45～62 点。溶液内还可添加 $Mn^{2+} \leqslant 5g/L$ 作为促进剂。

**产品应用** 本品主要应用于金属的磷化。

使用方法：室温下，经热处理淬水，先经去油、去锈清洁处理，再将工件在本品的预处理黑化液中浸渍时间为 2～3min，未经热处理的工件浸渍时间为 5～6min，浸渍后工件表面 FeS 微粒薄膜呈深黑色。

工件经黑化预浸处理水洗后，再进行85～98℃浸渍磷化10～15min，磷化规范可采用以磷酸二氢锌或磷酸二氢锰为主要成分的防锈磷化。

**产品特性** 本品不含稀有重金属，成本较低，使用简便。经本品磷化的工件，磷化膜色泽深、无偏色、浮色、脱色及色差等缺陷，固色效果好、防腐装饰性能都优于一般磷化液。

## 配方 8 环保防锈磷化液

**原料配比**

| 原料 | 配比(质量份) | | | | | | | |
|---|---|---|---|---|---|---|---|---|
| | 1# | 2# | 3# | 4# | 5# | 6# | 7# | 8# |
| 磷酸 | 162 | 140 | 180 | 140 | 100 | 200 | 150 | 100 |
| 磷酸二氢锌 | 63 | 50 | 70 | 70 | 40 | 80 | 60 | 80 |
| 硝酸锌 | 102 | 96 | 132 | 96 | 80 | 150 | 115 | 80 |
| 亚硝酸钠 | 26 | 22 | 36 | 36 | 15 | 40 | 28 | 40 |
| 硫酸羟胺 | 38 | 30 | 42 | 30 | 22 | 48 | 35 | 22 |
| 水 | 加至1L | 加至1L | 加至1L | 加至1L | 加至1L | 加至1L | 加至1L | 加至1L |

**制备方法** 将各组分溶于水，混合均匀即可。

**产品应用** 本品主要应用于汽车涂装、家电电器涂装等。

**产品特性** 本品所形成的磷化膜硬度高、孔隙率低、成本低；磷化膜均匀连续、致密，无污染，改善了劳动条件，对操作者危害小，基本消除工序间锈蚀；磷化膜具有一定的防腐蚀能力，可增强漆层与基体的附着力。另外，磷化液稳定，使用寿命长，反应速度快、时间短、温度低，淤渣较少。

## 配方 9 环保型磷化液

**原料配比**

| 原料 | 配比(质量份) | 原料 | 配比(质量份) |
|---|---|---|---|
| 磷酸 | 18～46 | 焦磷酸钠 | 0.1～0.6 |
| 三聚磷酸钠 | 0.03～0.1 | 硫脲 | 0.1～0.8 |
| 磷酸氢二钠 | 0.2～0.5 | 水 | 50～100 |
| 乳化剂 OP－10 | 0.3～0.6 | 添加剂 KJQ-2 | 5～10 |
| 脂肪醇聚氧乙烯醚 | 0.1～8 | | |

**制备方法** 将各组分经分别溶解、混合、搅拌、稀释后，即制得本环保型磷化液。

**产品应用** 本品主要应用于金属磷化。

具体的操作工艺包括：除油除锈工艺、水洗工艺、磷化工艺、干燥工艺、涂装工艺。

**产品特性**

(1) 对金属处理后所需的干燥时间短，不需要风干处理。

(2) 处理过的金属表面不挂灰。

(3) 除油性能好。

(4) 磷化速度快，可在短时间内形成一层致密的磷化膜。

(5) 耐腐蚀性能良好，防锈能力很强，可明显提高基体与涂层的结合力和附着力。

(6) 常温操作，无需加热设备，节约能源，控制方便。

## 配方 10 环保型铁系磷化液

**原料配比**

| 原料 | 配比(质量份) | | | | |
|---|---|---|---|---|---|
| | 1# | 2# | 3# | 4# | 5# |
| 磷酸二氢钠 | 9.2 | 23.2 | 2.3 | 8 | 7.4 |
| 磷酸二氢铵 | 14 | — | 12.1 | 10 | 14.1 |
| 磷酸二氢钙 | — | — | — | — | 1.2 |
| $NO_3^-$(硝酸铵和硝酸镍) | 2 | 2 | — | — | — |
| 硝酸铵 | — | — | 1.2 | 1.2 | 1.2 |
| 钼酸钠 | — | — | 5.4 | — | 5 |
| 钨酸钠 | — | — | — | — | 1.6 |
| 柠檬酸 | — | — | — | — | 0.5 |
| 七钼酸铵 | 7.1 | 7.1 | — | 6.9 | — |
| TX-10 乳化剂 | 1 | 10 | 0.8 | 0.8 | 1 |
| 硝酸镍 | 1.1 | 1.3 | — | — | — |
| 磷酸 | — | — | — | 6 | — |
| 植酸 | — | — | — | — | 0.2 |
| 水 | 加至1L | 加至1L | 加至1L | 加至1L | 加至1L |

**制备方法** 将各组分溶于水，混合均匀即可。

**产品应用** 本品主要应用于冷轧板、热轧板等钢铁表面喷涂前的磷化处理。

**产品特性**

(1) 具有生产工艺简单、磷化工艺控制范围宽、使用方便、磷化液不含Zn离子等优点。

(2) 使用时不需加热，磷化温度可在2℃下进行磷化，真正做到了磷化不必加热，节省了能源和升温时间。

(3) 磷化质量有较大的提高，磷化方式多：磷化膜耐蚀性能和膜重有所突破，可采用刷、浸、喷等所有磷化方式进行磷化；可以同时除油并生成优良的薄型磷化膜。

(4) 环保：磷化液及后处理液中，不含对环境有害的成膜阳离子$Zn^{2+}$、氧化剂$NO_2^-$，不含对环境有害的改善磷化膜质量的Mn、Cr等重金属，甚至不含Ni，沉渣少。沉渣是磷化过程的必然副产物，本品采用减少接触时间（快速磷化）、降低磷化温度、适宜的氧化剂、成膜助剂控制$Fe^{2+}$、$Fe^{3+}$的产生量。废水少。

## 配方 11 节能常温快速磷化液

**原料配比**

| 原料 | 配比(质量份) | 原料 | 配比(质量份) |
|---|---|---|---|
| 磷酸 | 25～35 | 氧化剂 | 0.2～0.5 |
| 氧化锌 | 18～23 | 配位剂 A | 0.2～0.6 |
| 亚硝酸钠 | 5～10 | 促进剂 B | 0.2～.6 |
| 磷酸二氢锌 | 22～30 | 水 | 加至1L |

**制备方法** 将各组分溶于水，混合均匀即可。

**产品应用** 本品主要应用于钢铁表面防腐处理。

本品磷化处理能在0～37℃的常温下进行，其处理的速度为30s至20min，磷化处理后，不需水洗，减少污染，也不需热风吹干和烘干，只需冷风吹干或自然干燥，减少了操作程序和劳动强度，既节能了能源又提高了效益，降低了成本。

**产品特性** 经过本品处理后的钢铁具有彩色至灰色的磷化膜，能提高油漆与金属表面的结合力，具有很好的耐腐蚀性能，并具有工艺简单、制作方便，节约能源、投资少、效益高等特点。

## 配方 12 节能型常温快速磷化液

**原料配比**

| 原料 | 配比(质量份) | 原料 | 配比(质量份) |
|---|---|---|---|
| 磷酸 | 170 | OP-10 | 0.25 |
| 钼酸钠 | 0.4 | 双氧水 | 0.3 |
| 碳酸钾 | 5 | 净水 | 1000 |
| 碳酸铜 | 0.1 | | |

**制备方法** 将磷酸加入水中搅拌均匀后，再加入碳酸钾和碳酸铜，最后加入钼酸钠、OP-10 和双氧水，搅拌均匀，静置 24h 后，即可。

**产品应用** 本品主要应用于金属表面磷化。

**产品特性**

(1) 适用范围广：本品适用于各类钢铁制品、构件涂装前表面的磷化处理。磷化液适用温度宽，可以在零度以下使用，可以满足南北方广大地区冬季使用。

(2) 在通常温度下使用不需加热，节省能源。

(3) 成膜速度快，膜密度均匀，附着力强，不易返锈。

## 配方 13 节能型低宽温快速磷化液

**原料配比**

| 原料 | 配比(质量分数) | | | |
|---|---|---|---|---|
| | 1# | 2# | 3# | 4# |
| 磷酸 | 130 | 170 | 240 | 160 |
| 钼酸钠 | 0.2 | — | 4 | — |
| 钼酸钾 | — | 0.4 | — | 2 |
| AEO | — | — | — | 0.2 |
| OP 系列 | — | 0.25 | — | — |
| NP 系列 | — | — | 0.3 | — |
| 双氧水 | — | 0.3 | — | 0.3 |
| 十二烷基苯磺酸钠 | 0.1 | — | — | — |
| 浓硝酸 | 0.2 | — | 0.5 | — |
| 酒石酸 | — | — | 20 | 15 |
| 硫脲 | — | — | 10 | 7.5 |
| 碳酸钠 | 2 | — | — | — |
| 碳酸钙 | 0.5 | — | — | — |
| 碳酸钾 | — | 5 | — | — |
| 碳酸铜 | — | 0.1 | — | — |
| 水 | 加至 1L | 加至 1L | 加至 1L | 加至 1L |

**制备方法** 为运输方便，可按所述配方减除其中相当于固体质量 1 到 4 倍的水后，制成（1∶1）～（1∶4）不同浓度比的浓缩磷化液。

所谓 1∶1 的浓缩磷化液，是指按所述配方取 2 倍物质的量，而相应减少 1 份物质质量的水而成；使用时须加入相当于该份浓缩磷化液质量的水后，方可正常使用。

所谓 1∶2 的浓缩磷化液，是指按所述配方取 3 倍物质的量而相应减少 2 份物质质量的水而成；使用时须加入相当于该份浓缩磷化液两倍质量的水后，方可正常使用。

所述1∶3或1∶4的浓缩磷化液，可按上述方式类推。

为长途运输方便，还可将配方中的液体成分和固态成分暂时分开，仅将固态物质均匀混合，制成所谓固态磷化液，使用前再在固态磷化液中加入液态成分，即可正常使用。

按所述配方一配制的磷化液，其总酸度为50～85点，游离酸度为20～35点，pH值为1.0～1.5，相对密度为1.030～1.080，其形成的磷化膜呈铁灰色或略带彩虹色。

按所述配方二配制的磷化液，其总酸度为60～90点，游离酸度为30～45点，pH值为1.0～1.5，相对密度为1.035～1.095，所形成的磷化膜为灰色和银灰色。

本磷化液性能稳定、调整方便。使用中可根据磷化液的检测指标很方便地通过加入5%～10%的浓缩液来使总酸度和游离酸度及其酸比调至合适范围。

**产品应用** 本品主要应用于各类钢铁制品、构件涂装前的表面磷化处理。

使用方法：将钢铁制品用本品快速磷化处理，在环境温度－10～40℃范围内时，一般浸泡1～10min，表面成膜厚度在2～4μm，形成的磷化膜均匀致密，室内条件下半年以上不返锈。

**产品特性** 本品在环境温度0℃以下到－10℃使用时，不需加温，成膜时间一般在7～10min，膜厚可达2～3μm；在0～10℃使用时，成膜时间在5～7min，膜厚可达2～3μm；在10～25℃使用时，成膜时间在3～5min，膜厚可达2～3μm；当使用温度在25～35℃时，成膜时间一般在2～3min，膜厚可达2μm；当温度高于35℃时，只需20～60s，膜厚即可达1μm以上。本磷化液亦可加温到不超过60℃的温度下使用，温度较高时，其成膜速度较快。一般在25℃以下各上述温度区间，若加大磷化液浓度20%～30%，可相应缩短成膜时间1～2min左右。

本品适用温度范围宽，可在零度以下使用，可满足南北方广大地区冬季使用，适用地区广；通常环境温度下使用时不需加温，节约能源，成膜速度快，膜致密均匀，附着力强，不易返锈，使用调整方便。

## 配方 14 金属表面防锈磷化液

**原料配比**

| 原料 | 配比(质量份) | | 原料 | 配比(质量份) | |
|---|---|---|---|---|---|
| | 1# | 2# | | 1# | 2# |
| 马日夫盐 | 50 | 60 | 表面活性剂 | 8 | 12 |
| 硝酸锰 | 50 | 60 | 铁屑 | 适量 | 适量 |
| 硝酸锌 | 140 | 160 | 水 | 加至1L | 加至1L |
| 促进剂 | 3 | 6 | | | |

**制备方法**

(1) 按照配方将化学药品加入40～80℃的2/3容积的水中，充分溶解后升温到80～90℃，再冷至室温，充分沉淀后将上部清液抽出到另外的干净磷化槽中，适量加入铁屑，以增加$Fe^{2+}$的含量，至槽液为棕色为止。

(2) 调整溶液的酸比（游离酸度/总酸度），酸比控制范围在1∶20。

**产品应用** 本品主要应用于金属表面磷化处理。

磷化方法：

(1) 金属表面预处理，即表面洗净，去油、水洗（70℃）、喷砂（200目压力0.3MPa)。

(2) 磷化，即水洗、磷化、热水洗（70℃流动热水1.5min)、冷水洗（流动冷水2min)、吹干（150℃，1h)。

(3) 后处理，上油，最后进行检查，检查项目为外观、磷化膜厚度、磷化膜附着物和耐蚀性。

**产品特性** 磷化膜晶粒致密、均匀、膜薄，膜重1～3g/m$^2$，膜厚1～10μm，温度降低到40～70℃，沉渣量由50%以上降低到0.5%～1%，耐蚀性由2min上升到1h，工艺成本降低30%，磷化层均匀致密、色泽丰满。

## 配方 15 金属综合处理的淬火磷化液

**原料配比**

| 原料 | 配比(质量份) | 原料 | 配比(质量份) |
|---|---|---|---|
| 硅酸钠 | 5 | 钼酸铵 | 1 |
| 硝酸锌 | 5 | 亚硝酸钙 | 1 |
| 磷酸 | 5 | 氯化镁 | 1 |
| 酸式磷酸锰 | 1 | 表面活性剂 | 1 |
| 硫酸钙 | 1 | 水 | 加至100 |

**制备方法** 将各组分溶于水，混合均匀即可。

**产品应用** 本品主要应用于金属处理。

取淬火磷化液，对金属在840～950℃下淬火，然后在550℃下回火，介质工作温度60～70℃。

**产品特性** 本品用于淬火液时，在高温区（550～650℃），由于大量磷酸和硝酸盐的存在会破坏蒸汽膜的形成和稳定性，使冷却速度接近火；在低温区（200～300℃），由于溶液浓度高，黏度大，流动性差，对流速度慢，使冷却速度又接近油，具有淬火硬度高，淬硬层深，变形小，不易开裂的特性。

本品在淬火的同时，可以对金属表面进行去油、去锈、磷化处理，具有磷化度高，磷化层牢固的特点，同时工序简化为原来的1/2，其处理时间只为原来的1/2，劳动效率大大提高，且处理液无毒、无重金属污染。

## 配方 16 快速室温清洁型磷化液

**原料配比**

| 原料 | 配比(质量份) | | |
|---|---|---|---|
| | 1# | 2# | 3# |
| 磷酸二氢铵 | 33.5 | — | 16 |
| 磷酸二氢锌 | — | 27.8 | — |
| 七钼酸铵 | 8.5 | 8.1 | 8 |
| 植酸 | 3 | 1 | |
| 硝酸镍 | 13.5 | — | — |
| 硝酸钙 | — | 5.8 | — |
| 硝酸铵 | — | 2.1 | 4.5 |
| 氨水 | 调整pH至5.0 | 调整pH至2.4 | — |
| 磷酸 | — | — | 调整pH至3.5 |
| 水 | 加至1L | 加至1L | 加至1L |

**制备方法** 将各组分溶于水，混合均匀即可。

**产品应用** 本品主要应用于冷轧板、热轧板、角钢等钢铁表面喷涂前的磷化处理。

**产品特性**

(1) 磷化液寿命长，无废水。

(2) 磷化质量有较大的提高，磷化方式多：室温磷化膜耐蚀性能和膜重有所突破，可采用刷、浸、喷的所有磷化方式进行磷化。

(3) 节约能源，采用10～40℃磷化，最大程度地节约能源和准备时间。

(4) 节约材料。

(5) 环保与使用安全。

(6) 操作简单：磷化工艺控制参数宽、方式多，磷化液稳定，磷化时间30s到几小时均可（磷化时间长虽不影响工件的磷化膜质量，但影响磷化液的寿命并产生沉渣），磷化后不水洗直接烘干或自干。

## 配方 17 快速无水磷化液

**原料配比**

| 原料 | 配比(质量份) | | |
|---|---|---|---|
| | 1# | 2# | 3# |
| 聚乙烯醇缩丁醛 | 6 | 10 | 14 |
| 乙醇 | 80 | 80 | 80 |
| 磷酸 | 8 | 8 | 8 |
| 丹宁酸 | 0.2 | 0.5 | 0.9 |
| 环己酮 | 25 | 25 | 25 |
| 丙烯酸树脂 | 15 | — | — |
| 氨基树脂 | — | 15 | — |
| 环氧树脂 | — | — | 15 |

**制备方法**

(1) 制备乙醇、聚乙烯醇缩丁醛及树脂混合液：

① 浸泡：在乙醇中加入聚乙烯醇缩丁醛，略加搅拌，在常温下浸泡24h。

② 加热搅拌：加热至80～90℃，在常温下搅拌机中，以400r/min搅拌2h，以1000r/min搅拌1h。

③ 加入树脂：在乙醇、聚乙烯醇缩丁醛混合液中加入树脂，同时加入同树脂同等质量的环己酮，在80～90℃温度下搅拌机中，以1500r/min转速搅拌1h。

④ 过滤：以过滤器去渣滓。

(2) 制备磷酸、丹宁酸及环已酮混合液：

① 浸泡：在磷酸中加入丹宁酸，略加搅拌，在常温下浸泡1h。

② 加入环已酮：在磷酸、丹宁酸混合液中加入环已酮，在常温下搅拌机中，以800r/min搅拌0.5h。

③ 过滤：以过滤器滤去渣滓。

(3) 混合：在乙醇、聚乙烯醇缩丁醛及树脂混合液中加入磷酸、丹宁酸及环已酮混合液，略加搅拌，制得磷化液。

**产品应用** 本品主要应用于钢铁构件的磷化。

**产品特性** 本品不需加热即可在常温下使用，磷化时间短，可在3s内完成磷化过程。磷化质量高，磷化过程中所形成的网络状磷化膜附着力很强，并有很强的抗腐蚀能力。可一次完成磷化、钝化及泳涂。磷化液中不含水分，因此不需在使用中排出废料及更换。使用本磷化液，可以简化涂装工序，缩短处理时间，提高工作效率，降低生产成本。

## 配方 18 拉丝用低温磷化液

**原料配比**

表 1 1#

| 原料 | 配比(质量份) | | | | |
|---|---|---|---|---|---|
| | 1# | 2# | 3# | 4# | 5# |
| $Zn(H_2PO_4)_2$ | 60 | 100 | 72 | 85 | 90 |
| $Zn(NO_3)_2$ | 15 | 40 | 28 | 30 | 35 |
| $H_3PO_4$ | 50 | 8 | 34 | 41 | 45 |
| 水 | 808 | 912 | 846 | 862 | 900 |

表 2 2#

| 原料 | 配比(质量份) | | | | |
|---|---|---|---|---|---|
| | 1# | 2# | 3# | 4# | 5# |
| $Zn(H_2PO_4)_2$ | 60 | 100 | 75 | 83 | 95 |
| $Zn(NO_3)_2$ | 15 | 40 | 20 | 33 | 37 |
| $H_3PO_4$ | 8 | 50 | 35 | 45 | 43 |
| 水 | 808 | 912 | 850 | 860 | 890 |
| $NiNO_3$ | 0.5 | 1 | 0.45 | 0.28 | 0.18 |

表 3 3#

| 原料 | 配比(质量份) | | | | |
|---|---|---|---|---|---|
| | 1# | 2# | 3# | 4# | 5# |
| $Zn(H_2PO_4)_2$ | 60 | 100 | 66 | 88 | 94 |
| $Zn(NO_3)_2$ | 15 | 40 | 22 | 37 | 34 |
| $H_3PO_4$ | 8 | 50 | 30 | 43 | 46 |
| $NiNO_3$ | 0.5 | 1 | 0.6 | 0.7 | 0.82 |
| $La(NO_3)_3$ | 0.5 | 1 | 0.7 | 0.65 | 0.91 |
| 水 | 808 | 912 | 840 | 870 | 905 |

表 4 4#

| 原料 | 配比(质量份) | | | | | | | | | | | | | |
|---|---|---|---|---|---|---|---|---|---|---|---|---|---|---|
| | 1# | 2# | 3# | 4# | 5# | 6# | 7# | 8# | 9# | 10# | 11# | 1#2 | 1#3 | 1#4 |
| $Zn(H_2PO_4)_2$ | 68 | 80 | 90 | 80 | 80 | 80 | 80 | 80 | 80 | 75 | 75 | 60 | 100 | 80 |
| $Zn(NO_3)_2$ | 25 | 25 | 25 | 20 | 35 | 25 | 20 | 25 | 25 | 25 | 18 | 30 | 30 | 40 |
| $H_3PO_4$ | 42 | 42 | 42 | 42 | 42 | 34 | 50 | 42 | 25 | 20 | 10 | 40 | 40 | 40 |
| $NiNO_3$ | 0.5 | 0.5 | 0.5 | 0.5 | 0.5 | 0.5 | 0.5 | 1 | 1 | 0.5 | 0.5 | 0.5 | 0.5 | 0.5 |
| $La(NO_3)_3$ | 0.5 | 0.5 | 0.5 | 0.5 | 0.5 | 0.5 | 0.5 | 1 | 1 | 0.5 | 0.5 | 0.5 | 0.5 | 0.5 |
| 水 | 加至1L | 加至1L | 加至1L | 加至1L | 加至1L | 加至1L | 加至1L | 加至1L | 加至1L | 加至1L | 加至1L | 加至1L | 加至1L | 加至1L |

**制备方法** 将各组分溶于水，混合均匀即可。

**产品应用** 本品主要应用于低温磷化。本品对高碳盘条焊接区表面进行处理的磷化工艺如下：

第一步：采用细砂轮将盘条对焊处的表面氧化皮磨去。

第二步：等磨光处的温度降低到常温后，将其再打磨至表面粗糙度 $Ra<80\mu m$，最好采用手工打磨方式。

第三步：将本品均匀喷涂于焊接区表面，并将表面残余磷化液吹干，通常用2～6min，即可将残余磷化液吹干，而冬季气温降低，则采用4～6min的吹干时间较好。

第四步：重复第三步一次。

**产品特性**

(1) 磷化温度低：拉丝用磷化膜均采用中高温（45℃以上）磷化工艺制备，本品在0～40℃的范围内就可实现磷化处理，不用添加额外的加热设备。

(2) 操作简单：普通拉丝用磷化膜的制备均采用磷化液浸泡的方式进行磷化处理，而本品采用磷化液喷涂的方法进行磷化处理，操作更简便。

(3) 环保性能好：普通拉丝用磷化膜采用 $NaNO_2$ 作为氧化剂，$NaNO_2$ 对人体是有害的，而本品采用 $NiNO_3$ 替代了 $NaNO_2$，环保性能好。

(4) 效果良好：目前国内对于高碳盘条焊接区难以进行磷化处理，导致钢丝表面裂纹、拉丝断裂和绞线断裂等现象的发生。采用本品处理盘条的焊接区，可较大程度提高对焊区的润滑性能，可消除上述问题。

(5) 磷化时间短：采用本品只需10min就能实现盘条焊接区的拉丝用低温磷化处理，而实际生产中只有不到15min的磷化处理时间，故本品适于在规模生产中使用。

## 配方 19 拉丝用低温快速磷化液

**原料配比**

| 原料 | 配比(质量份) | | | | | | | | |
|---|---|---|---|---|---|---|---|---|---|
| | 1# | 2# | 3# | 4# | 5# | 6# | 7# | 8# | 9# |
| $Zn(H_2PO_4)_2$ | 65 | 55 | 50 | 55 | 50 | 50 | 40 | 65 | 40 |
| $Zn(NO_3)_2$ | 60 | 50 | 50 | 45 | 50 | 50 | 30 | 60 | 57 |
| $H_3PO_4$ | 8 | 6 | 5 | 4 | 5 | 3 | 2 | 8 | 7 |
| HAS | 5 | 5 | 6 | 6 | 8 | 8 | 3 | 10 | 8.2 |
| $La(NO_3)_3$ | 0.5 | 0.5 | 0.5 | 0.5 | 0.1 | 0.1 | 0.01 | 1 | 0.17 |
| $H_2O$ | 861.5 | 873.5 | 88.5 | 889.5 | 896.9 | 896.9 | 856 | 924.99 | 695 |

**制备方法** 将各组分溶于水，混合均匀即可。

**产品应用** 本品主要应用于金属磷化。对SWRH82B热轧高碳盘条焊接区进行处理的磷化工艺如下：

第一步：采用细砂轮将盘条对焊处的表面氧化皮磨去。

第二步：等磨光处的温度降低到常温后，采用手工打磨至表面粗糙度 $Ra<80\mu m$。

第三步：用浓度为10%的盐酸刷涂待磷化表面一次，然后用水冲洗干净。

第四步：采用喷雾器将磷化液均匀喷涂于焊接区表面；过2min后，将表面残余磷化液吹干。

第五步：重复第三步一次。

**产品特性**

(1) 磷化温度低：拉丝用磷化膜均采用中高温（45℃以上）磷化工艺制备，本品在0～40℃的范围内就可实现磷化处理，不用添加额外的加热设备。

(2) 操作简单：普通拉丝用磷化膜的制备均采用磷化液浸泡的方式进行磷化处理，而本品采用磷化液喷涂的方法进行磷化处理，操作更简便。

(3) 磷化液中原料的使用量明显降低，废液处理简单。

(4) 环保性能好：普通拉丝用磷化膜采用中高温磷化技术制备，低温磷化一般需采用 $NaNO_2$ 或含 $NO_3^-$ 的溶液或含Ni、Cu等离子的溶液作为氧化剂，$NaNO_2$ 对人体是有害的，$NO_3^-$ 长期使用对人体也有不利的影响，而本品采用硫酸羟胺(HAS) 替代了 $NaNO_2$，环保性能好，且更稳定，使用周期更长。

(5) 效果良好：目前国内对于高碳盘条焊接区难以进行磷化处理，导致钢丝表面裂纹、拉丝断裂和绞线断裂等现象的发生，采用本品处理盘条的焊接区，可较大程度提高对焊区的润滑性能，可消除上述问题。

## 配方 20 冷磷化液

**原料配比**

| 原料 | 配比(质量份) | | 原料 | 配比(质量份) | |
|---|---|---|---|---|---|
| | 1# | 2# | | 1# | 2# |
| 碳酸铜 | 0.3 | 0.4 | 氧化锌 | 2 | 1 |
| 磷酸 | 4 | 4 | 氢氧化钠 | 2 | 1 |
| 马日夫盐 | 7 | 8 | 水 | 加至100 | 加至100 |

**制备方法** 将各组分溶于水，混合均匀即可。

**产品应用** 本品主要应用于金属磷化。

**产品特性** 本品配方合理，工作效果好，生产成本低。

## 配方 21 磷化膏

**原料配比**

| 原料 | 配比(质量份) | | |
|---|---|---|---|
| | 1# | 2# | 3# |
| 氧化锌 | 27.5 | 25 | 30 |
| 浓硝酸 | 22.5 | 20 | 25 |
| 碳酸铜 | 3 | 2 | 4 |
| 浓磷酸 | 41 | 39 | 43 |
| 六亚甲基四胺 | 4 | 3 | 5 |
| 氟化钠 | 6 | 5 | 7 |
| 硝酸锌 | 40 | 38 | 42 |
| 滑石粉 | 800 | 790 | 810 |
| 去离子水 | 900 | 900 | 900 |

**制备方法**

(1) 先将氧化锌和碳酸铜用去离子水调成乳白色糊状，缓慢加入浓磷酸和浓硝酸，同时不断搅拌，使其完全溶解成透明浅蓝色溶液，再用去离子水稀释；用剩余去离子水溶解六亚甲基四胺、氟化钠、硝酸锌，呈乳白色溶液，然后倒入前种溶液中，混合成磷化液，然后加入滑石粉，搅拌均匀成磷化膏。

(2) 酸度测定：取磷化膏 10mL，用另外的去离子水稀释到 50mL，加入指示剂酚酞 2～3 滴，用 0.18mol/L 的氢氧化钠溶液滴定，当滴入 100mL 溶液后，被稀释的磷化液由无色变成粉色，说明磷化膏总酸度适合。

**产品应用** 本品适用于变压器箱体密封面及其他钢铁金属制品的局部磷化处理，特别适用于金属制品上加工操作不便的表面磷化处理。

利用磷化膏对变压器箱体密封面进行磷化处理的方法，其特殊之处包括以下步骤：

(1) 去净变压器箱体密封面上的油污，用干净棉纱擦净，露出新的金属光泽，均匀涂 2～5mm 厚的磷化膏一层，在 10～20℃保持 2～3h；

(2) 用非金属刮刀去磷化膏，用清水擦洗干净，变压器箱体密封面的金属面呈现一层棕色均匀的磷化膜，擦净潮气，表面涂一层凡士林油。

（3）磷化膜测定：

A：当透明磷化膜在变压器箱体密封面显示出基体金属时，说明磷化膜太薄，应重新进行磷化；

B：当透明磷化膜在变压器箱体密封面未显示出基体金属时，取 0.4mol/L 硫酸铜溶液 40mL，0.1mol/L 的盐酸 0.8mL，质量分数为 10%的氢氧化钠溶液 20mL，混合后点一滴在磷化膜上，注意观察溶液由浅蓝色变成浅绿色、黄色和红色的时间；如果测定时滴液变色时间≥5h，说明磷化膜的抗锈蚀能力较好；如果测定时滴液变色时间在 2～5h，说明磷化膜的抗锈蚀能力一般；如果测定时滴液变色时间≤2h，说明磷化膜抗锈蚀能力较差。

**产品特性** 利用磷化膏进行磷化处理过的变压器箱体密封面，耐锈蚀性好，磷化处理操作方便简单，通过对金属密封面的磷化处理，使金属密封表面生成一种难溶于水的磷酸盐保护膜，提高其耐锈蚀性。

## 配方 22 磷化液

**原料配比**

表 1 开缸液

| 原料 | 配比(质量份) | 原料 | 配比(质量份) |
|---|---|---|---|
| 85%的磷酸 | 30～36 | 硝酸镍 | 0.6～1 |
| 68%的硝酸 | 16～20 | 硝酸铁 | 0.16～0.24 |
| 99.7%的氧化锌 | 15.6～18.4 | 硝酸铜 | 0.004～0.01 |
| 柠檬酸 | 0.4～0.6 | 水 | 加至 100 |
| 氟化钠 | 0.4 | | |

表 2 促进剂

| 原料 | 配比(质量份) | 原料 | 配比(质量份) |
|---|---|---|---|
| 酒石酸 | 0.5～0.8 | 亚硝酸钠 | 35～40 |
| 柠檬酸 | 0.2～0.5 | 双氧水 | 3～5 |
| 氟硼酸钠 | 2.5～3.5 | 硝酸铁 | 0.5～0.8 |
| 间硝基苯磺酸钠 | 1～2.5 | 去离子水 | 加至 100 |
| 氯酸钠 | 1.5～2 | | |

表 3 中和剂

| 原料 | 配比(质量份) | 原料 | 配比(质量份) |
|---|---|---|---|
| 99%离子膜法片碱 | 20 | 水 | 65 |
| 工业一级 96%的碳酸钠 | 15 | | |

表 4 磷化液

| 原料 | 配比(质量份) | 原料 | 配比(质量份) |
|---|---|---|---|
| 开缸液 | 70 | 促进剂 | 2～6 |
| 中和剂 | 3.8～4 | 水 | 加至 100 |

**制备方法**

（1）将清水加到磷化槽容积的八成；

（2）取开缸液加入槽中，搅拌均匀；

（3）加入适量的水，加入中和剂，搅拌至白色絮状物全溶；

（4）加入促进剂；

（5）化验检测游离酸、总酸和促进剂含量，调整到合格范围内，即为成品。

**产品应用** 本品主要用作磷化液。

**产品特性**

(1) 冬季极低气温条件下依然可让生产正常进行。

(2) 减少了冬季必须加温生产的困扰。

(3) 降低了企业的施工难度。

(4) 提高了生产效率。

(5) 减轻了工人频繁清理沉淀物的劳动强度。

由于采用了促进剂（超低温），增加了成膜加速离子，多种有效成分的复合效应直接导致磷化速度明显提高，成膜速度及成膜质量明显改善，比采用单一的亚硝酸盐型促进剂生成沉淀明显减少，成膜质量明显改观，工人清理槽内沉渣周期自然相应延长。

(6) 节能减排，利于环境保护。

(7) 提高了产品良品率；超低温状态下磷化膜依然生成得致密均匀、结晶完整、膜厚适中。

## 配方 23 油泵柱塞用磷化液

**原料配比**

| 原料 | 配比(质量份) | 原料 | 配比(质量份) |
|---|---|---|---|
| 磷酸二氢锌 | 40～50 | 配位剂 | 5 |
| 酸式磷酸锰 | 20～30 | 表面活性剂 | 0.06～0.1 |
| 复合促进剂 | 1.6～2.1 | 水 | 加至1L |

**制备方法**

(1) 将 ZnO 用水溶解调成糊状，将 $H_3PO_4$ 与糊状 ZnO 搅拌反应，再加入 $HNO_3$，反应制得含有 $Zn(H_2PO_4)_2$ 的水溶液；

(2) 用水溶解配位剂、酸式磷酸锰、表面活性剂和复合促进剂；

(3) 将上述两种溶液混合，加水调整各成分；

(4) 静置熟化 24h 以上，即为磷化液。

**产品应用** 本品主要用作磷化液。

**产品特性** 本品工艺简单、易于生产控制，采用上述方法配制成的磷化液对喷油泵柱塞前部进行表面磷化处理后，在金属表面形成了一层不溶于水的磷酸盐保护膜，从而提高了金属工件的抗氧化性能和外观质量，并可大大延长偶件使用寿命。磷化后的金属防腐蚀能力比未磷化的防腐蚀能力提高 10～12 倍。

## 配方 24 具有抗腐蚀性磷化液

**原料配比**

| 原料 | 配比(质量份) | 原料 | 配比(质量份) |
|---|---|---|---|
| 氧化锌 | 78.2 | 硝酸钙 | 11.5 |
| 磷酸 | 322 | 氟硅酸镁 | 23 |
| 硝酸 | 80.5 | 马尔夫盐 | 60 |
| 硝酸镍 | 92 | 水 | 391 |

**制备方法** 备料并溶解，启动搅拌机并投料，将配制完成的磷化液过滤后打入

储存罐中，具体包括以下步骤：取三个不锈钢桶，洗刷干净备用；将马尔夫盐分二份每份 30kg，分别放在两个不锈钢桶内，并分别加入 69kg 水，搅拌至充分溶解；将氟硅酸镁 23kg 放入另一个不锈钢桶内，加入 92kg 水，搅拌至充分溶解。将 161kg 水倒入反应器内，启动搅拌器，将速度调整为 100r/min；缓慢向反应器内加入称量后的氧化锌，搅拌至糊状，搅拌时间不少于 10min，此时将搅拌器的速度调整为 50r/min；分三次称磷酸，每次称三桶，记录总量，此时工作人员需戴好防毒面具及防护用具，缓慢将 9 桶磷酸加入反应器中，称空桶质量，算出磷酸总投入量，并将磷酸补至 322kg 后继续搅拌 20min；将搅拌器的速度调整为 25r/min，此时缓慢将硝酸加入反应器中，将搅拌器速度调整为 50r/min，搅拌至氧化锌完全溶解，溶液澄清；再将搅拌器速度调整为 100r/min，将硝酸镍加入反应器中，搅拌 30min 直至硝酸镍完全溶解；在反应器中再加入硝酸钙，继续搅拌 10min；将搅拌器速度调整为 50r/min，将已完全溶解的马尔夫盐溶液和氟硅酸镁溶液倒入反应器中搅拌 10min；再将搅拌器速度调到低速后，继续搅拌 30min，将配制完成的磷化液过滤后打入大罐，过滤须使用 50μm 滤芯过滤。

**产品应用** 本品主要应用于金属磷化。

**产品特性** 本品由于低锌高镍磷化与阴极电泳配套性好，改变了磷化膜成分、结构及晶体形状，提高了膜层质量，提高抗腐蚀性及耐水附着力。该产品结晶均匀，沉渣少，经磷化处理后的设备，增强了基体与涂层的附着力，提高了电泳涂层的耐腐蚀性。

## 配方 25 防锈磷化液

原料配比

| 原料 | | 配比(质量份) | |
|---|---|---|---|
| | | 1# | 2# |
| 酸洗液 | 磷酸 | 10 | 15 |
| | 硫脲 | 0.01 | 0.012 |
| | 柠檬酸 | 2 | 4.104 |
| | 十二烷基磺酸钠 | 0.07 | 0.063 |
| | 平平加 | 0.1 | 0.08 |
| | 氯化十六烷基三甲胺 | 0.1 | 0.12 |
| | 水 | 87.72 | 80.621 |
| 磷化液 | 硝酸钙 | 10 | 12 |
| | 磷酸锌 | 10 | 12 |
| | 硝酸镍 | 0.2 | 0.22 |
| | 硝酸钴 | 0.05 | 0.052 |
| | 硝酸锡 | 0.05 | 0.047 |
| | 柠檬酸 | 0.2 | 0.169 |
| | 酒石酸 | 0.05 | 0.045 |
| | EDTA | 0.05 | 0.052 |
| | 表面活性剂 OP | 0.015 | 0.015 |
| | 水 | 79.385 | 75.4 |

**制备方法**

(1) 酸洗液制备：将酸洗液各原料搅拌均匀即可。

(2) 磷化液制备：将磷化液各原料混合，搅拌均匀即可。

**原料介绍** 本磷化液配方中，其硝酸钙可用氧化钙代替，磷酸锌可用氧化锌或磷酸二氢锌代替，其质量配比不变。本品的酸洗液中的柠檬酸可用氟化钠代替，其质量配比不变。此外，在磷化液配方的基础上，可以加入质量分数为5%以下的任何其他无机金属盐，使用效果不变。本品的酸洗液和磷化液的浓度，可用水在上述配方范围内调节。

本品的酸洗液，是将金属表面的氧化物、油污等杂质处理得干净、彻底；磷化液中的硝酸钙、磷酸锌、硝酸镍、硝酸钴、硝酸锡在这种体系和65～70℃的条件下，可以在金属表面形成良好致密的覆盖膜，具有防氧化、耐酸的特性；柠檬酸、酒石酸、EDTA为配位剂；表面活性剂OP为活化剂；水为溶剂。

**产品应用** 本品主要应用于金属磷化。

使用方法：用本品酸洗液将金属片处理4～10min，取出后以淡水冲洗之，再置于磷化液中磷化7min。

**产品特性**

(1) 本品操作方便，磷化温度一般控制在65～70℃即可，酸洗液和磷化液在40℃以下对人的皮肤无腐蚀，使用中可减轻劳动强度，同时运输、储存都很方便。

(2) 本品的酸洗液、磷化液，使用中无污染物排放，改善了操作环境，降低了设备、厂房的腐蚀率，不含有毒元素，无味，使用后的废液加上氧化钙、铵盐、尿素可成为很好的复合肥料。

(3) 本品的磷化液对金属轴承在70～100℃下磷化7～20min，生成的磷化膜在硬脂酸中皂化后，能起到润滑、防腐、耐磨的作用，这是其他磷化液无法比的。

(4) 本品磷化后的磷化膜，防锈能力强。

## 配方 26 钢铁件用磷化液

**原料配比**

| 原料 | 配比(质量份) | | |
|---|---|---|---|
| | 1# | 2# | 3# |
| 磷酸二氢锰铁盐 | 40 | 40 | 40 |
| 硝酸锌 | 120 | 120 | 120 |
| 硝酸锰 | 50 | 50 | 50 |
| 乙二胺四乙酸 | 1.5 | 1 | 2 |
| 水 | 加至1L | 加至1L | 加至1L |

**制备方法** 将磷酸二氢锰铁盐、硝酸锌、硝酸锰和乙二胺四乙酸分别溶解后，搅拌均匀即可。

**产品应用** 本品主要用作磷化液。使用方法为：

往磷化槽中加入2/3体积的水（去离子水），将上述磷化液加入磷化槽中充分溶解，搅拌均匀即可使用。

此外，可将溶液温度加热至40～50℃以加速溶解，并可根据使用需要加水至相应规定体积。

加水配制好的磷化溶液工作前需煮沸0.5～1h，再加入一些经除油和酸洗干净的铁屑，进行“铁屑处理”，以增加溶液中的亚铁离子，铁屑可以反复进行酸洗-水洗-再磷化，直到磷化溶液的颜色变成稳定的棕绿色或棕黄色，即可进行生产。

**产品特性** 本品用于钢铁件耐蚀防护处理，增强涂装膜层与工件间结合力，提高涂装后工件表面涂层的耐蚀性。

## 配方 27 铝合金和黑色金属共用磷化液

**原料配比**

| 原料 | 配比(质量份) | | 原料 | 配比(质量份) | |
|---|---|---|---|---|---|
| | 1# | 2# | | 1# | 2# |
| 磷酸 | 155 | 165 | 氢氟酸 | 5 | 6 |
| 硝酸锌 | 163 | 167 | 氧化锌 | 42 | 48 |
| 高锰酸钾 | 0.1 | 0.2 | 水 | 加至1L | 加至1L |
| 烷基苯磺酸钠 | 2.2 | 2.4 | | | |

**制备方法** 将各组分溶于水，混合均匀即可。

**产品应用** 本品主要应用于铝合金和黑色金属磷化。

**产品特性**

(1) 本品可用于铝合金和黑色金属的共用磷化处理。

(2) 磷化工作液操作简单，工作液的组成较传统简单，原材料容易购买。

(3) 本品不含亚硝酸盐及其他重金属，工作液便于管控，性能稳定，使用周期长。

## 配方 28 绿色环保型常温磷化液

**原料配比**

| 原料 | 配比(质量份) | 原料 | 配比(质量份) |
|---|---|---|---|
| 85%的浓磷酸 | 600～650 | 硝酸铁 | 1.6 |
| 98%硝酸 | 130～150 | 柠檬酸 | 8.5 |
| 氧化锌 | 230～250 | EDTA | 7～8 |
| 硝酸镍 | 3～4 | 硫酸铜 | 1.5 |
| 硫酸锌 | 6～7 | 水 | 加至1L |
| 氟硼酸钠 | 9 | | |

**制备方法** 往反应釜中加入浓磷酸以及硝酸，补加水，然后按上述顺序依次加入其他原料，混合均匀，得到常温磷化液。

**产品应用** 本品主要应用于金属常温磷化。

**产品特性** 本品具有使用温度低、沉渣少、易于管理、操作环境无刺激性气味等特点，且使用周期长、节约能耗。

## 配方 29 镁合金表面 P-Ca-V 复合磷化液

**原料配比**

| 原料 | 配比(质量份) | | 原料 | 配比(质量份) | |
|---|---|---|---|---|---|
| | 1# | 2# | | 1# | 2# |
| 85%磷酸 | 8(mL) | 4(mL) | 苯磺酸钠 | 1 | 1 |
| 磷酸二氢钠 | 20 | 25 | 偏钒酸铵 | 1 | 1 |
| 硝酸钙 | 15 | 20 | 水 | 加至1L | 加至1L |

**制备方法** 将各组分溶于水，搅拌均匀即可。

**原料介绍**

本品采用硝酸钙替代磷酸二氢钙，容易溶解于水，配制迅速方便。

同时，本品中加入偏钒酸盐，目的是利用钒的作用来增加化学转化处理成膜的结构致密度，增加表面膜的钝性；而且Ca和V在增强化学转化膜的耐蚀性上起良好的协同作用，使生成的化学转化膜不含结晶水，因而在干固的过程中，避免了因水的蒸发而导致表面膜的龟裂，提高化学转化膜的耐蚀性。

苯磺酸钠起缓蚀剂和润湿剂的作用，它能在金属表面形成薄膜，减少金属表面张力，提高形成的化学转化膜成膜的润湿性，同时可以避免镁合金在复合磷化液中腐蚀率太快的现象，以提高化学转化膜与基体的附着力。

**产品应用** 本品主要应用于镁合金表面磷化处理。

化学转化处理全流程的工艺条件为：

(1) 预脱脂、脱脂：碱性脱脂剂，温度为55～65℃，时间5～10min；

(2) 酸洗：有机酸酸洗液，温度为45～55℃，时间为0.5～2min；

(3) 碱蚀：强碱性溶液，温度为80～90℃，时间为3～10min；

(4) 化学转化：使用化学转化溶液，即本P-Ca-V复合磷化溶液，pH为2.2～3.2，温度为18～60℃，时间为0.5～2min；

(5) 水洗：二次水洗或去离子水洗均在室温下进行，时间为1～2min；

(6) 烘干：温度为120℃±10℃，时间为20～40min。

**产品特性** 本品利用磷酸盐、钙盐和钒盐的适当组合，构成化学转化性能很强的混合盐溶液，能在镁合金表面形成结构致密无裂纹、基本不含结晶水的P-Ca-V复合磷酸盐膜，解决了普通磷酸盐膜多孔开裂的问题，显著地增强了化学转化膜的耐蚀性。在本品中，磷酸具有提供游离酸度和磷酸根，且降低皮膜电阻的作用；磷酸二氢钠是主成膜剂；硝酸钙提供复合磷化膜钙的成分，增强耐蚀性；偏钒酸盐提供复合磷化膜钒的成分，增强耐蚀性；苯磺酸钠起着缓蚀剂和润湿剂的作用。

硝酸钙作为钙盐加入比其他钙盐（如磷酸二氢钙等）更易于溶解于化学转化溶液中，也便于化学转化溶液的配制。采用本品的P-Ca-V复合磷酸盐溶液及其化学转化工艺，在镁合金表面形成的化学转化膜，其耐蚀性等于并超过铬酸盐处理膜，并保持良好的导电性，能有效地取代对环保有害的铬酸盐处理，满足镁制品表面处理的要求。

## 配方 30 室温磷化液

**原料配比**

| 原料 | 配比(质量份) | | | | |
|---|---|---|---|---|---|
| | 1# | 2# | 3# | 4# | 5# |
| 磷酸 | 8 | 12 | 8.8 | 11 | 11.8 |
| 硝酸 | 1.8 | 3.2 | 2 | 2.8 | 2.5 |
| 柠檬酸 | 1.1 | 2.9 | 1.5 | 2 | 2.1 |
| 硝酸锌 | 15.5 | 22.8 | 20 | 17 | 22 |
| 硝酸镍 | 0.4 | 1.2 | 0.7 | 1 | 0.6 |
| 硝酸铜 | 0.4 | 1.2 | 0.7 | 1 | 0.6 |
| 氧化锌 | 3 | 4.5 | 4.2 | 3.3 | 3.1 |
| 双氧水 | 0.2 | 0.7 | 0.6 | 0.4 | 0.3 |
| 苯酐 | 0.08 | 1 | 0.5 | 0.1 | 0.11 |
| 水 | 加至100 | 加至100 | 加至100 | 加至100 | 加至100 |
| 亚硝酸钠 | — | 0.4 | 0.35 | 0.5 | 0.45 |

**制备方法**

(1) 先将磷酸、硝酸和柠檬酸在耐酸容器中混匀。

(2) 缓慢加入适量水，调成糊状的氧化锌溶液，边加边搅拌。

(3) 依次加入上述配方中的水、苯酐、双氧水、硝酸铜、硝酸镍、硝酸锌，搅拌至完全溶解。

**产品应用** 本品主要应用于汽车、自行车、电冰箱、洗衣机、钢窗及其他日常生活用品的金属表面静电喷漆或涂漆前的预处理。

使用方法：把经脱脂、水洗、除锈、表面调整处理后的金属浸入上述磷化溶液中，在室温下，磷化 5～6min 后，生成均匀的银灰色的磷化膜（锌系），其膜厚 2μm。金属经本磷化液在室温下浸渍或喷淋处理后，在空气中放置 48h 不锈，并经氯化钠及硫酸铜点试破坏的防锈试验合格。

**产品特性**

(1) 本品操作方便，不需加热，磷化处理可在室温 10～25℃下进行，能耗少，节约能源。

(2) 本品的槽液游离酸度低，其总酸度也低，并且不需加热，改善了操作环境，减少了对磷化设备和加热设备的腐蚀。

(3) 本品磷化速度快，膜外观均匀无粗粒，附着牢固。

(4) 本品中提高了磷酸根离子与硝酸根离子比，在磷化过程中产生的泥渣较少，并且泥渣松软，容易清除。

(5) 本品不含有害物质，在反应过程中不产生有害物质，废液自然中和后，经沉淀、凝集、定期除渣清理，清液可直接排放。

(6) 经磷化处理的金属的磷化膜，防锈能力强，对环氧和聚酯粉末涂层很适应，结晶细，整个涂饰层抗剪强度高。

## 配方 31 铁和锌表面获得非晶态膜层的磷化液

**原料配比**

| 原料 | 配比(mol) | | | |
|---|---|---|---|---|
| | 1# | 2# | 3# | 4# |
| 一代磷酸锌 | 0.05 | 0.04 | 0.03 | 0.002 |
| 一代磷酸铁 | 0.001 | 0.002 | 0.001 | — |
| 一代磷酸钙 | — | 0.003 | — | — |
| 一代磷酸镍 | — | — | 0.001 | — |
| 一代磷酸锰 | — | — | — | 0.04 |
| 乙二酸 | 0.01 | — | 0.01 | — |
| 柠檬酸 | 0.01 | 0.02 | 0.01 | — |
| 酒石酸 | — | — | — | 0.01 |
| 丙二酸 | — | — | — | 0.005 |
| 羟乙基二膦酸 | 0.003 | — | — | 0.005 |
| 环己六醇六磷酸酯 | — | — | 0.003 | — |
| EDTA(乙二胺四乙酸) | 0.003 | — | 0.003 | — |
| 氯酸钾 | 0.03 | 0.025 | — | 0.02 |
| 乙二胺四膦酸 | — | 0.005 | — | — |
| 硝酸钠 | — | 0.01 | 0.01 | 0.02 |
| 亚硝酸钠 | — | — | 0.005 | — |
| 水 | 加至 1L | 加至 1L | 加至 1L | 加至 1L |

**制备方法** 将原料与水混合搅拌均匀，用氢氧化钠作为中和剂将其游离酸度调至1.0点，在室温20℃±10℃下，将表面经过脱脂、水洗和除锈的钢制品或锌制品浸入以上磷化液中，经过3～8min，或用以上溶液喷淋2～5min，即能在制品表面形成非晶态磷化膜。

**产品应用** 本品主要应用于金属磷化。

**产品特性**

(1) 由于本品采用了磷酸盐、非晶态磷化成膜催化剂，氧化剂、中和剂按比例作为组分组成磷化液，故它能有效地获得孔隙率较低的磷化膜（低于晶态磷化膜和通常的含钼、钨化合物的非晶态磷化膜），对钢和锌（包括热镀锌）制品涂料的附着力较好（优于通常的含钼、钨化合物的非晶态磷化膜）。

(2) 由于本品未使用价格较高、资源稀缺的钼或钨化合物，故成本较低（约为晶态磷化膜成本的55%、通常的含钼、钨化合物的非晶态磷化膜成本的42%）。

(3) 由于本品磷化前不需表调，磷化后不需钝化封孔，故生产简便。

## 配方 32 铁件磷化液

**原料配比**

| 原料 | 配比(质量份) | | |
|---|---|---|---|
| | 1# | 2# | 3# |
| 氧化锌 | 1.5 | 2 | 1.5 |
| 磷酸 | 10 | 10 | 10 |
| 硝酸锌 | 15 | 15 | 15 |
| 硝酸镍 | 0.2 | 0.2 | 0.5 |
| 亚硝酸钠 | 0.2 | 1 | 0.6 |
| 磷酸二氢锰 | 10 | 15 | 10 |
| 水 | 加至1L | 加至1L | 加至1L |

**制备方法** 先将各组分分别用少量水溶解，然后混合稀释至1L，并用氢氧化钠调整pH值为0.5～3之间，即得本品磷化溶液。

**产品应用** 本品主要应用于铁件磷化处理工艺。

本品的铁件磷化处理工艺包括以下步骤：

(1) 主脱脂，将铁件样品浸渍于脱脂溶液中处理；

(2) 副脱脂，将经上述处理后的铁件样品放入脱脂溶液中进行处理，取出该铁件再进行浸泡水洗及喷淋水洗，进行清洁；

(3) 表面调整，为达到更好的磷化效果，将成分主要为胶体磷酸钛的溶液对该铁件样品进行喷淋，对磷化前的铁件样品进行表面调整，使其表面附着一层活性颗粒；

(4) 磷化处理，将经上述步骤处理后的铁件样品浸渍于本铁件磷化溶液中，经处理后进行浸泡水洗及喷淋水洗清洁；

(5) 烘烤，将经磷化处理过的铁件样品进行干燥处理。

较佳地，本品还提供了一种铁件磷化溶液及其处理工艺，其中，上述磷化处理需在室温下处理4min，且上述主脱脂步骤中所用的脱脂溶液碱度点数为3.0，而副脱脂步骤中所用的脱脂溶液碱度点数为3.5。

**产品特性** 本品所采用的铁件磷化溶液及其处理工艺，在常温下磷化，能源消耗少，工艺简单，操控方便，且对环境不产生污染，工序间防锈性能较优。

## 配方 33 铁系磷化液

**原料配比**

| 原料 | 配比(质量份) | | | |
|---|---|---|---|---|
| | 1# | 2# | 3# | 4# |
| 磷酸二氢钠 | 60 | 30 | 80 | 50 |
| 磷酸二氢铵 | 40 | 20 | 60 | 40 |
| 三聚磷酸钠 | 20 | 10 | 40 | 25 |
| 二氧化钛 | 6 | 4 | 10 | 7 |
| 聚乙二醇 | 3 | 2 | 8 | 5 |
| 水 | 加至1L | 加至1L | 加至1L | 加至1L |

**制备方法** 将各组分溶于水，混合均匀即可。

**产品应用** 本品主要应用于金属的磷化。

**产品特性** 磷化反应速度快，处理时间短，处理温度低，工艺幅度大，槽液的酸度低，磷化淤渣少，因而对设备要求不高，药品消耗少，成本低。如果选用合适的表面活性剂，可组成除油磷化“二合一”，从而可简化磷化处理工艺。

## 配方 34 微晶磷化处理液

**原料配比**

| 原料 | 配比(质量份) | | | | | |
|---|---|---|---|---|---|---|
| | 1# | 2# | 3# | 4# | 5# | 6# |
| 马日夫盐 | 30 | 40 | 35 | 35 | 35 | 35 |
| 磷酸二氢锌 | 30 | 22 | 26 | 26 | 26 | 26 |
| 硝酸锌 | 45 | 50 | 40 | 40 | 40 | 40 |
| 柠檬酸 | 2 | 1.5 | 2.5 | 2.5 | 2.5 | 2.5 |
| 酒石酸 | 3 | 2 | 4 | 4 | 4 | 4 |
| 磺基水杨酸 | 3 | 2 | 2.5 | 2.5 | 2.5 | 2.5 |
| 三聚磷酸钠 | 2 | 1 | 1.5 | 1.5 | 1.5 | 1.5 |
| 间硝基苯磺酸钠 | 2 | 1.5 | 1.8 | 1.8 | 1.8 | 1.8 |
| 水 | 1000 | 1200 | 1100 | 1100 | 1100 | 1100 |
| 硝酸胍 | 1.5 | 2 | 1.8 | 1.8 | 1.8 | 1.8 |
| 硝酸铜 | — | — | — | 0.0025 | 0.0035 | 0.0045 |

**制备方法**

(1) 在磷化槽中，倒入总用水量30%的水，然后将马日夫盐加入槽中，在不断搅拌状态下，加入磷酸二氢锌，待二者充分溶解后，倒入总用水量30%的水进行稀释；

(2) 将硝酸锌倒入磷化槽中，搅拌溶解后，将溶液加热至60～75℃，依次加入柠檬酸、酒石酸、磺基水杨酸，充分搅拌，混匀；

(3) 将三聚磷酸钠和间硝基苯磺酸钠依次加入至磷化槽中，搅拌溶解后，倒入总用水量40%的水，然后慢慢加入硝酸胍，充分搅拌，混合均匀即可得到微晶磷化处理液。

作为优选，还包括步骤(4)：将硝酸铜按1∶50的比例兑水制成溶液，在不断搅拌状态下，将硝酸铜溶液滴加到磷化槽中，充分混合。

**原料介绍** 本品属于锌锰系磷化处理液，在磷化处理温度为65～75℃中温磷化后，可形成颗粒状紧密磷化晶粒的磷化膜，其磷化晶粒呈颗粒-针状-树枝状混合晶型，孔隙少、耐腐蚀性强。

另外，为了进一步提高工件的磷化速度，本品中加了一定量的铜盐。当磷化液中的硝酸铜含量在0.0025～0.0045份之间时，磷化速度提高50%以上。实践证明，铜离子的添加量必须严格控制在上述区间内，若其添加量小于0.0025份，则起不到良好效果；倘若大于0.0045份，则铜膜会代替磷化膜，使磷化件的性能大幅下降。

**产品应用** 本品主要应用于铁制小五金件的表面的发黑磷化处理。

**产品特性** 本品具有磷化速度快、性能好、环境污染轻、成本低等特点，其磷化膜磷化结晶细，色泽均匀，呈一致的黑色，并且耐蚀性能好。本品选择对环境污染小、高效的原料，通过优化组合，合理配比，使得本品在磷化和环保方面均获得了优异的效果。

## 配方 35 锌钙系磷化液

**原料配比**

| 原料 | 配比(质量份) | | |
|---|---|---|---|
| | 1# | 2# | 3# |
| 氧化锌 | 55 | 40 | 50 |
| 磷酸 | 180 | 160 | 180 |
| 硝酸 | 270 | 240 | 280 |
| 碳酸钙 | 220 | 185 | 220 |
| 碳酸氢铵 | 5 | 6 | 7 |
| 硝酸镍 | 1 | 1.5 | 3 |
| 柠檬酸 | 3 | 1 | 2 |
| 葡萄糖酸 | — | — | — |
| 柠檬酸盐① | — | 05 | — |
| 葡萄糖酸盐① | 0.1 | — | 0.3 |
| 氟化钠 | 1 | 0.5 | 0.5 |
| 水 | 加至1L | 加至1L | 加至1L |

① 钠盐或钙盐。

**制备方法** 本品可以原料混合，溶解，搅拌，再控制磷酸加入量调节pH值的方法配制而成；也可以用含硝酸钙、磷酸的水溶液，含磷酸二氢锌、磷酸的水溶液与含硝酸镍、氟化钠、磷酸、有机酸和有机酸盐的水溶液互混配制。

所述的含有硝酸钙的水溶液和磷酸二氢锌的水溶液，可以水为介质，由下述方法制备：将碳酸钙与硝酸反应制备的硝酸钙；碳酸氢铵与磷酸反应制备磷酸二氢铵；氧化锌与磷酸反应后加入磷酸二氢铵，冷却，过滤获磷酸二氢锌溶液，上述二种反应物的水溶液中，可以加入磷酸，调节pH值至0.1～3，防止沉淀产生。

**产品应用** 本品主要应用于金属磷化。

**产品特性** 本品是澄清液体，不仅成本低，而且质量好，所得的磷化膜为无定形的致密均匀的细微结晶，磷化速度快，磷化膜质量为0.2～8g/m$^2$，抗腐蚀性能好，吸漆量少，磷化处理过程中沉淀量极少，槽液稳定，生产时只需少量补充磷化液而无需更换槽液。

## 配方 36 锌或锌铝合金用磷化液

**原料配比**

| 原料 | 配比(质量份) | | |
|---|---|---|---|
| | 1# | 2# | 3# |
| 氧化锌 | 0.3 | 0.2 | 0.2 |
| 硝酸 | 0.4 | 0.3 | 0.3 |
| 磷酸 | 4 | 3.5 | 3 |
| 硝酸镍 | 0.03 | 0.02 | 0.02 |
| 氟化钠 | 0.02 | 0.08 | 0.1 |
| 水 | 加至100 | 加至100 | 加至100 |

**制备方法** 在反应釜中加入所需要量的水，然后加入氧化锌、硝酸镍、氟化钠，边搅拌边加入磷酸、硝酸，搅拌至固体物溶解完全，过滤，即得成品。

**原料介绍** 所述氧化锌纯度大于99%，硝酸为发烟硝酸，磷酸是浓度大于85%的工业级或食品级商品，水为自来水或去离子水，所用原材料均为市售的工业级(含)以上级别的化工材料。

**产品应用** 本品主要应用于金属磷化。

本品常温下使用，其游离酸度1～4点，总酸度25～35点，磷化时间2～8min，磷化膜均匀致密、坚实，与涂层结合力强，涂层附着力1级以上；另外，磷化过程中溶解出的过量$Al^{3+}$可以及时被槽液中$F^-$配合析出，保证磷化处理的正常进行。

**产品特性** 本品磷化效果好，加工成本低，工艺易操作调控，使用方便，经其喷涂的产品，涂层附着力优异，具有良好的耐腐蚀和耐久性能。

## 配方 37 锌锰镍三元系中温磷化液

**原料配比**

| 原料 | 配比(质量份) | | 原料 | 配比(质量份) | |
|---|---|---|---|---|---|
| | 1# | 2# | | 1# | 2# |
| 磷酸 | 13 | 18 | 硝酸镍 | 1.2 | 1.8 |
| 硝酸锌 | 16 | 24 | 去离子水 | 加至1000 | 加至1000 |
| 硝酸锰 | 3 | 6 | | | |

**制备方法** 取去离子水，取磷酸，加入水中，充分搅拌；取硝酸锌，加入水中，充分搅拌；取硝酸锰，加入水中，充分搅拌；取硝酸镍，加入水中，充分搅拌；加入少量有机促进剂，再次充分搅拌；静置4h，经过滤后补足水分到1000g。经熟化十天使用，对经过磷化前处理的工件进行磷化处理，浸渍、喷淋均可，磷化层均匀致密，磷化效果很好。

**产品应用** 本品主要应用于金属磷化。本品的工作参数为：温度55～65℃，游离酸7.5～8.8℃，总酸度70～85℃，时间3～6min。

**产品特性** 金属制品经磷化前的正常前处理（喷砂、脱脂、表调、冲洗）后用本品对工件进行磷化处理，其磷化层致密、均匀。涂覆油漆后，经多次附着力检测，240h盐雾和30交变循环耐腐蚀等主要性能试验，都达到了轿车涂装的技术要求。

该磷化液工艺范围较宽，组分少，调整容易，操作简单，在工作中可不添加任何促进剂，不污染环境。多年使用，除正常补充磷化液外，不更换槽液，仍能保持良好的磷化效果。

## 配方 38 锌镍锰三元磷化液

**原料配比**

| 原料 | 配比(质量份) | | | |
|---|---|---|---|---|
| | 1# | 2# | 3# | 4# |
| 氧化锌 | 0.65 | 1.5 | 1.5 | 2 |
| 硝酸锌 | — | — | 1.5 | — |
| 磷酸二氢锌 | — | — | — | 1 |
| 磷酸 | 12.5 | 16 | 20 | 30 |
| 68%浓硝酸 | 1.1 | 2.15 | 3.2 | 5 |
| 六水硝酸镍 | 0.5 | 1.5 | 4 | 4.86 |
| 50%的硝酸锰溶液 | 0.65 | 1.95 | 3.9 | 5.2 |
| 氯酸钠 | 0.64 | 1 | 1.53 | 1.91 |
| 硝酸钠 | 1.74 | 11.7 | 17.6 | 22.76 |
| 氢氟酸 | — | — | 1.58 | — |
| 氟硅酸钠 | 0.165 | — | — | 4.1 |
| 氟化钠 | — | 1.1 | — | — |
| 硫酸羟胺 | — | 2 | — | — |
| 柠檬酸钠 | — | 0.3 | — | — |
| OP 乳化剂 | — | 0.01 | — | 0.02 |
| 甘露醇 | — | 0.2 | — | — |
| 亚硝酸钠 | 0.5 | — | 1 | 0.3 |
| 多聚磷酸钠 | — | — | 2 | — |
| 酒石酸 | 0.5 | — | — | 1 |
| 葡萄糖酸钠 | 0.5 | — | — | — |
| 植酸 | — | — | 0.5 | — |
| 水 | 加至 1000 | 加至 1000 | 加至 1000 | 加至 1000 |

**制备方法**

(1) 将氧化锌(或氧化锌和硝酸锌，或氧化锌和磷酸二氢锌)用水调成糊状，并搅拌均匀。

(2) 将磷酸、硝酸缓慢加入糊状的氧化锌中，边加边搅拌，直至溶解。

(3) 依次加入组分镍离子、锰离子、硝酸根离子、氯酸根离子、氟离子、促进剂 A、添加剂 B、配位剂 C，搅拌至溶解。

(4) 加入余量的水，调整磷化液游离酸度为 0.5～1.2 点，总酸度为 16～21 点。

**原料介绍**

本品中锌离子为氧化锌、硝酸锌、磷酸二氢锌中的一种或两种，建议使用氧化锌和磷酸反应来得的锌离子；

本品中磷酸根离子包括磷酸及其电离产生的所有磷酸根、磷酸氢根、磷酸二氢根的总和；

本品中镍离子为硝酸镍；

本品中锰离子为硝酸锰；

本品中氯酸根、硝酸根对应的阳离子为钠离子或者铵离子；

本品中氟离子为氢氟酸、氟化钠、氟硅酸钠、氟硼酸钠中的一种或两种；

本品中促进剂 A 为亚硝酸钠、硫酸羟胺、间硝基苯磺酸中的一种；

本品中添加剂 B 为酒石酸、柠檬酸钠、多聚磷酸钠、硝酸铜中的一种或两种；

本品中配位剂 C 为三乙醇胺、植酸、季戊四醇磷酸酯、葡萄糖酸钠、甘露醇、

OP乳化剂中的一种或两种。

**产品应用** 本品主要应用于金属磷化。

**产品特性**

(1) 本品工作温度低，最优在38～42℃之间，比目前锌镍锰三元磷化液工作温度55～65℃降低了近20℃，节约了能源和资源，降低了生产成本。

(2) 该磷化液沉渣少，稳定性好，使用寿命长。通过选用一个基团含有多个羟基的配位剂，大大降低了磷化沉渣，增强了磷化液的稳定性，延长了使用寿命。

(3) 该磷化膜完整均匀，耐蚀性和附着力优良。通过选用合理的添加剂B，使磷化膜结晶细化，薄而致密。

(4) 本品形成的磷化膜耐碱性和耐蚀性优良。

(5) 本品浓度低，成膜速度快，原料便宜易得，具有优异的性价比。

## 配方 39 锌铁系金属表面磷化液

**原料配比**

| 原料 | 配比(质量份) | | |
|---|---|---|---|
| | 1# | 2# | 3# |
| 磷酸 | 14 | 21 | 28 |
| 氧化锌 | 5.6 | 4.9 | 4.2 |
| 硝酸锌 | 13.3 | 15.4 | 17.5 |
| 柠檬酸 | 0.56 | 0.42 | 0.28 |
| 酒石酸 | 0.56 | 0.35 | 0.14 |
| 钼酸盐 | 0.35 | 0.56 | 0.7 |
| 水 | 加至100 | 加至100 | 加至100 |

**制备方法**

(1) 先将氧化锌加入10%的水调成糊状，再缓慢加入磷酸至全部反应结束。

(2) 将硝酸锌、柠檬酸、酒石酸、钼酸盐溶于剩余水中。

(3) 将步骤 (1) 溶液和步骤 (2) 溶液混合即可。

**原料介绍** 所述磷酸为85%工业级或食品级磷酸；柠檬酸为的99.5%的柠檬酸；酒石酸为99.5%的酒石酸；钼酸盐可以为钼酸钠、钼酸锌或钼酸铵。

**产品应用** 本品主要应用于钢铁等黑色金属表面处理。

本品的使用方法：常温下使用时将本品与水按1：6质量比稀释后再使用，根据黑色金属工件成膜厚度要求，可在6～15min磷化处理，操作方式为浸渍处理。

采用本品常温下可在黑色金属表面形成锌铁复合盐膜，且根据处理时间的长短来调整膜的厚度，磷化后金属表面呈彩膜。

**产品特性**

(1) 本品配槽浸泡，投资成本低，常温下进行，低能耗，适用于各种黑色金属工件。

(2) 本品磷化在除油除锈后，采用一道工序进行，免去了中和、表调、钝化、水洗等过程，大大减少了操作流程。本磷化过程不排渣，减少了对环境的污染，大幅度提高了材料的利用率，常温下进行更降低了能耗。

(3) 磷化过程在常温下即可进行、无需加温，不使用有毒物质亚硝酸钠作为促进剂，磷化过程中无结渣，无金属盐外泄，磷化后不水洗，气相液相二次成膜，风干或自干即可。

(4) 根据不同大小的工件可以浸泡、涂刷或喷淋，并根据成膜要求适当调整时间，磷化过程能够有效快速地在黑色金属表面形成一层致密均匀、附着力强的磷化膜，该膜经检测达到国家涂装行业一级标准，为后续喷涂工艺做好强有力的保障。

(5) 本品磷化面积是传统磷化的五倍以上，并且槽液稳定性好、不变质、无挥发、安全高效。

(6) 使用过程中可根据其 pH 值和相对密度的变化及时添加相应组分，易维护，并可实现循环使用。

## 配方 40 阴极电泳用磷化液

**原料配比**

| 原料 | 配比(质量份) | | | | | | | | | |
|---|---|---|---|---|---|---|---|---|---|---|
| | 1# | 2# | 3# | 4# | 5# | 6# | 7# | 8# | 9# | 10# |
| 氧化锌 | 20 | 30 | 10 | 15 | 50 | — | — | 10 | 10 | — |
| 硝酸锌 | — | — | — | — | — | — | 40 | — | — | — |
| 磷酸二氢锰 | 30 | — | 50 | 10 | 20 | — | 30 | 40 | 10 | 40 |
| 磷酸二氢锌 | — | — | 40 | 20 | — | 50 | — | 10 | 10 | 20 |
| 碳酸锰 | — | 20 | — | 10 | 10 | 30 | — | 10 | 20 | 10 |
| 磷酸 | 150 | 170 | 250 | 200 | 150 | 200 | 200 | 150 | 180 | 150 |
| 柠檬酸 | 10 | — | 10 | 5 | 20 | — | 5 | 15 | 5 | — |
| 酒石酸 | — | 10 | 10 | 10 | — | 20 | 5 | — | 15 | 20 |
| 硫酸羟胺 | 20 | 50 | 80 | 20 | 80 | 80 | 80 | 5 | 50 | 60 |
| 钨酸钠 | 10 | 20 | 15 | — | 10 | 15 | 15 | 60 | — | 18 |
| 钼酸钠 | 1 | — | 5 | 5 | — | 3 | 1 | 1 | 2 | 2 |
| 碳酸钠 | 15 | 22 | 30 | 27 | 15～30 | 25 | 30 | 28 | 29 | 26 |
| 水 | 加至 1L | 加至 1L | 加至 1L | 加至 1L | 加至 1L | 加至 1L | 加至 1L | 加至 1L | 加至 1L | 加至 1L |

**制备方法** 取规定量的锌盐、锰盐，加入水和规定量的磷酸，充分搅拌至溶解；分别加入规定量的配位剂、碳酸钠、硫酸羟胺、添加剂，充分溶解后加水至规定体积。

**原料介绍**

所述锌盐为氧化锌、硝酸锌、磷酸二氢锌中的一种或两种。

所述锰盐为磷酸二氢锰、碳酸锰的一种或两种。

所述添加剂为钨酸钠、钼酸钠的一种或两种。

所述配位剂为柠檬酸、酒石酸中的一种或两种。

**产品应用** 本品主要应用于对涂层防护性要求高的阴极电泳涂装的磷化处理。

本品使用方法：按磷化浓度液 100mL/L 加水配制成磷化工作液，测定调整磷化工作液游离酸度在 0.8～1.5 点，总酸度 20～30 点，加热温度 25～45℃，磷化时间 2～6min。

**产品特性** 用本品进行磷化处理，磷化成膜速度快，磷化膜结晶细致，耐碱性优良。该磷化膜在 30.0℃±0.5℃于 0.1mol/L NaOH 溶液中浸渍 5min，单位面积磷化膜失重小于 5%，与高镍磷化膜相当。因此本品得到的磷化膜具有优良的耐碱性，与阴极电泳涂装具有优良的配套性。

## 配方 41 油田管道接箍用环保型中温磷化液

**原料配比**

表 1 磷化液的主液剂

| 原料 | 配比(质量份) | 原料 | 配比(质量份) |
|---|---|---|---|
| 磷酸 | 3～30 | 助剂 | 0～10 |
| 磷酸二氢盐 | 15～40 | 水 | 加至 100 |
| 硝酸盐 | 10～35 | | |

表 2 磷化液

| 原料 | 配比(质量份) |
|---|---|
| 磷化液的主液剂 | 1 |
| 水 | 6～11 |

**制备方法**

(1) 主液剂的制备：取水，加入磷酸、磷酸二氢盐、硝酸盐、助剂，混合均匀后，即得磷化液的主液剂。

(2) 将主液剂与水按 1：(6～11) 配比稀释混合后，加热到 65～75℃，即得本品中温磷化工作液。

**原料介绍**

所述的磷酸二氢盐为磷酸二氢锌；

所述的硝酸盐为硝酸锰和/或硝酸钙和/或硝酸锌锰复合剂；

所述的助剂为柠檬酸、葡萄糖酸、乙二胺四乙酸或其盐的一种或两种以上。

**产品应用** 本品主要应用于油田管道接箍。

本品的具体应用包括：将主液剂加入水，稀释到浓度为 8%～15% 的工作液，在温度 65～75℃范围内，将经除油、除锈合格的接箍放在工作液中，经 10～20min 的磷化处理后，即可在接箍表面形成连续均匀、密封性好、解扣次数高、抗蚀防锈能力强的黑灰色磷化膜。

**产品特性** 本品在配方中采用复合锰盐，既保持了制品润滑，耐磨性好，能防咬合、擦伤等优良性能外，又较大幅度降低了锰盐用量；另外，由于采用中温磷化技术（反应温度在 65～75℃之间），较之以往的高温磷化降低了 20～30℃，从而使操作环境中的锰盐大大降低，节约能耗，符合环保要求。

## 配方 42 有机促进磷化液

**原料配比**

| 原料 | | 配比(质量份) | |
|---|---|---|---|
| | | 1# | 2# |
| 基础液 | 铁粉 | 0.9 | 1.2 |
| | 水① | 10 | 10 |
| | 磷酸 | 30 | 30 |
| | 氧化锌 | 200 | 150 |
| | 水② | 120 | 130 |
| | 磷酸 | 600 | 550 |
| | 氢氟酸 | 12 | 14 |
| | 碳酸锰 | 60 | 50 |
| | 水③ | 500 | 400 |
| | 氟硅酸 | 25 | 20 |

续表

| 原料 | | 配比(质量份) | |
|---|---|---|---|
| | | 1# | 2# |
| 促进剂 | 氟硼酸钠 | 0.4 | 6 |
| | 酒石酸 | 6 | 4 |
| | 氯酸钠 | 70 | 60 |
| | 烧碱 | 5 | 7 |
| | 间硝基苯磺酸钠 | 15 | 18 |
| 磷化液 | 基础液 | 40 | 24 |
| | 促进剂 | 20 | 12 |
| | 碳酸钠 | 1.5 | 1 |
| | 水 | 加至1L | 加至1L |

**制备方法**

(1) 基础液的制备：将铁粉、水①和磷酸加入反应釜中溶解，再在反应釜中加入氧化锌，加入水②搅拌 5min 至糊状，再缓慢加入磷酸和氢氟酸搅拌 20min 至溶液呈透明，缓慢加入碳酸锰，搅拌 10min 至溶液呈透明，再加入水③，溶液温度冷却到 30℃时缓慢加入氟硅酸，搅拌至溶液透明并过滤，测量基础液的总酸度不低于 800 点，游离酸度不低于 145 点，密度为 1.5～1.6g/cm$^3$。

(2) 促进剂的制备：将氟硼酸钠、酒石酸、氯酸钠、烧碱、间硝基苯磺酸钠加入反应釜中，再加水搅拌到 1L 体积，放置 1h，再搅拌完全溶解，促进剂的密度为 1.3～1.4g/cm$^3$。

(3) 磷化液的制备：在磷化槽内先将基础液用水溶解后，再加入促进剂和水搅拌均匀得工作液。

**产品应用** 本品主要应用于汽车、家电、家具和机械设备的涂装前处理。

磷化液的使用：

第一步为工作液的配制：在 1L 磷化槽内盛 2/3 体积水，加入基础液组分 24～60 份，然后加入纯碱 0.3～2.5 份搅匀溶解，再加入促进剂组分 12～30 份，搅拌均匀并将水加至体积为 1L。

第二步为工件的磷化：将工件通过除油、水清洗、表调，在上述步骤制备的磷化工作液中喷淋 2min 或浸泡 10min，再用水清洗后晾干。

第三步为磷化液的维护：在生产过程中控制磷化液的总酸度和游离酸度在第一步要求的范围内；当总酸度偏高，加水稀释或让其自然降低；总酸度每偏低 1.0 点，在每立方米槽液加入基础液组分 2 份，同时补加 1 份促进剂，当游离酸度偏高 1.0 点时，在每立方米槽液中补加纯碱 0.6 份；当游离酸度偏低 1.0 点时，在每立方米槽液中加入基础液组分 8 份，同时补加 4 份促进剂。

**产品特性**

(1) 磷化液没有使用镍盐和亚硝酸盐，有利于环境保护。

(2) 磷化工艺范围宽，可以在 5～65℃范围内使用，可以采用喷淋和浸泡工艺。

(3) 磷化液维护简单，不需要测量促进剂指标。

(4) 节省材料的使用，促进剂不含亚硝酸盐，没有有毒气体产生和促进剂的浪费。

(5) 本品能在工件表面形成细致均匀的磷化膜，能提高漆膜的附着力和耐腐蚀性。

# 10 钝化液

## 配方 1 金属硫化物矿钝化液

**原料配比**

| 原料 | 配比(质量份) | | | | | | | |
|---|---|---|---|---|---|---|---|---|
| | 1# | 2# | 3# | 4# | 5# | 6# | 7# | 8# |
| 二丁基月桂酸锡 | 0.8 | 0.2 | — | — | — | — | — | — |
| 正硅酸乙酯 | 2 | 0.6 | — | — | — | 1 | — | — |
| 含氢硅油 | 60 | — | — | — | 20 | 50 | — | — |
| 羟基硅油 | — | 20 | — | — | — | — | 50 | — |
| 石油醚 | 300 | — | — | — | — | — | 45 | — |
| 汽油 | — | 95 | — | — | — | — | — | 59.6 |
| 硅酸钠 | — | — | 1 | — | — | — | — | — |
| 二甲基硅油 | — | — | 25 | — | — | — | — | — |
| 无味煤油 | — | — | 90 | — | — | — | — | — |
| 乙酸 | — | — | — | 2 | — | — | — | — |
| 硅酸钾 | — | — | — | 3 | 4 | — | — | — |
| 氨基硅油 | — | — | — | 5 | — | — | — | — |
| 乙醇 | — | — | — | 95 | — | — | — | — |
| 氢氧化钠 | — | — | — | — | 2 | — | — | — |
| 丙酮 | — | — | — | — | 174 | — | — | — |
| 氢氧化钾 | — | — | — | — | — | 1 | — | — |
| 乙酸乙酯 | — | — | — | — | — | 48 | — | — |
| 碳酸钠 | — | — | — | — | — | — | 2 | — |
| 正硅酸甲酯 | — | — | — | — | — | — | 2 | 0.1 |
| 乙酸酐 | — | — | — | — | — | — | — | 0.3 |
| 乳化硅油 | — | — | — | — | — | — | — | 40 |

**制备方法** 取硅油、交联剂、催化剂，依次加入烧杯中，同时用玻璃棒搅拌，并用溶剂溶解，待该溶液完全溶解，得到本品钝化液。

**原料介绍**

所述硅油为二甲基硅油、含氢硅油、含氢硅油乳液、氨基硅油、羟基硅油、羟基硅油乳液、水性硅油、聚醚改性硅油或乳化硅油。

所述交联剂为硅酸酯类化合物或硅酸盐类化合物，硅酸酯类化合物为正硅酸乙酯或正硅酸甲酯；硅酸盐类化合物为硅酸钠或硅酸钾。

所述催化剂为有机锡类化合物、酸催化剂、碱催化剂、潜在酸（与其他物质作用能产生酸的物质）或潜在碱（与其他物质作用能产生碱的物质）。有机锡类化合物优选二丁基月桂酸锡；酸催化剂优选乙酸；碱催化剂优选氢氧化钠或氢氧化钾；潜在酸优选乙酸乙酯或乙酸酐；潜在碱优选磷酸钠或碳酸钠。

所述溶剂为烃类或烃类衍生物；烃类为汽油、煤油或石油醚；烃类衍生物为乙醇、丙酮或乙酸乙酯。

本品的钝化原理：硅油属于分子量较低的聚硅氧烷，聚硅氧烷的高键能使其具有优良的耐候性和稳定性；在矿石表面形成的硅油钝化膜的能量密度很低，疏水性好，使氧化剂、酸、碱这些具有高能量密度物质溶液难以渗透通过，在矿石表面起到很好的阻隔作用；矿石中不可避免的含有二氧化硅类物质，使得硅油钝化膜与矿石表面之间可以生成-Si-O-Si-键，从而使硅油钝化膜能牢固地附着在矿石表面，因此硅油是一种很好的钝化材料。

本品以硅油、交联剂、催化剂和溶剂为原料，按照前述配比配制钝化液，该钝化液能在矿石表面形成牢固附着其上的稳定的钝化膜，该钝化膜不仅可以有效阻止环境中氧化剂、酸、碱这些具有高能量密度物质溶液进入矿石，阻止矿石的进一步氧化与溶蚀，还可以有效地阻止已氧化矿石中的重金属溶液浸出进入环境。

**产品应用**　本品主要用作金属硫化物矿钝化液。

钝化液的使用方法：将钝化液采用刷涂、喷涂等方法涂覆在金属硫化物矿表面；所述喷涂为空气雾化喷涂、静电喷涂或高压无气喷涂。

**产品特性**

(1) 本品应用于钝化金属硫化物矿时，在矿石表面形成钝化膜，该钝化膜阻止了矿石的进一步氧化与溶蚀，且有效阻止已氧化矿石中的重金属浸出进入环境，从而达到保护环境的目的；经本品处理后的矿石氧化速率和重金属浸出速率明显降低，因此本品能在金属硫化物矿领域广泛应用。

(2) 本品配制简单、原料来源广且对环境无害、安全环保，使用简单。

## 配方 2　金属锰钝化液

**原料配比**

| 原料 | 配比(质量份) | | | | | | | | | | |
|---|---|---|---|---|---|---|---|---|---|---|---|
| | 1# | 2# | 3# | 4# | 5# | 6# | 7# | 8# | 9# | 10# | 11# |
| 水 | 300 | 300 | 300 | 300 | 300 | 200 | 300 | 300 | 300 | 100 | 300 |
| 磷酸 | 3 | 0.3 | 40 | 10 | 1 | 30 | 6 | 2 | 4 | 2 | 14 |

**制备方法**　在水中，加入磷酸，用氢氧化钠或氢氧化钾或氨调节 pH 值至4～13，得钝化液。

**产品应用**　本品主要用作金属锰钝化液。

使用方法：将金属锰浸入钝化液中 0.01～60min，钝化温度为 0～80℃，取出，直接烘干，或取出后放置一定时间，用水冲洗后烘干。

**产品特性**　本金属锰钝化液完全无毒无害，无废液排放，钝化效果好。

## 配方 3　金属锰防氧化钝化液

**原料配比**

| 原料 | 配比(质量份) | | | | | | |
|---|---|---|---|---|---|---|---|
| | 1# | 2# | 3# | 4# | 5# | 6# | 7# |
| 水 | 300 | 300 | 300 | 300 | 300 | 300 | 300 |
| 磷酸氢二钠 | 5 | — | — | — | — | — | — |
| 磷酸氢二钾 | — | 7 | — | — | — | — | — |
| 磷酸氢二铵 | — | — | 10 | — | — | — | — |
| 磷酸钠 | — | — | — | 8 | — | — | — |
| 磷酸钾 | — | — | — | — | 12 | — | — |

续表

| 原料 | 配比(质量份) | | | | | | |
|---|---|---|---|---|---|---|---|
| | 1# | 2# | 3# | 4# | 5# | 6# | 7# |
| 多磷酸钠 | — | — | — | — | — | 6 | — |
| 焦磷酸钠 | — | — | — | — | — | — | 8 |
| 苯并三氮唑 | 0.6 | 1.3 | 1.8 | 0.9 | 2.2 | 2.2 | 0.6 |
| 三乙醇胺 | 1.2 | 1.5 | 0.8 | 3.2 | 1 | 0.8 | 0.8 |

**制备方法** 在一定量的水中，加入磷酸类盐、有机胺类物质和苯并三氮唑，混合溶解后，即得钝化液。

**原料介绍**

所述磷酸类盐为磷酸钾、磷酸钠、磷酸铵、多磷酸钠、多磷酸钾、多磷酸铵、焦磷酸钠和焦磷酸钾、磷酸氢二钠、磷酸二氢钠、磷酸氢二钾、磷酸二氢钾、磷酸氢二铵、磷酸二氢铵。

所述有机胺类物质为伯胺、仲胺、叔胺、三乙醇胺、乙二胺四乙酸。

**产品应用** 本品主要用作金属锰防氧化的钝化液。

钝化液使用方法：将金属锰浸入钝化液中15～30s，取出，直接在60～100℃下烘干，或取出后放置一定时间，在60～100℃下烘干。

**产品特性** 本品无毒，无废水排放，效果好。

## 配方4 连续热浸镀锌钢板用的钼酸盐钝化液

**原料配比**

| 原料 | 配比(质量份) | | | | | | | | |
|---|---|---|---|---|---|---|---|---|---|
| | 1# | 2# | 3# | 4# | 5# | 6# | 7# | 8# | 9# |
| 钼酸钠 | 30 | 35 | 40 | 45 | 50 | 45 | 40 | 25 | 50 |
| 钼酸钾 | — | — | — | — | — | — | — | 10 | — |
| 氟锆酸钾 | 3 | 7 | 9 | 10 | 5 | 3 | 10 | 5 | 10 |
| 氟锆酸钠 | — | — | — | — | — | 6 | — | 2 | — |
| 羟基亚乙基二膦酸 | 3 | 12 | 15 | 6 | 3 | 12 | 9 | 6 | 15 |
| 柠檬酸 | 5 | 25 | 20 | 15 | 10 | 5 | 25 | 20 | 25 |
| 双氧水 | 10 | 15 | 20 | 25 | 30 | 25 | 20 | 15 | 30 |
| 酸性硅溶胶 | 10 | 20 | 30 | 25 | 15 | 15 | 25 | 10 | 30 |
| 磷酸 | 15 | 21 | 23 | 25 | 19 | 17 | 19 | 23 | 25 |
| 水 | 加至1L | 加至1L | 加至1L | 加至1L | 加至1L | 加至1L | 加至1L | 加至1L | 加至1L |

**制备方法** 将各组分溶于水，混合均匀即可。

**产品应用** 本品主要用作镀锌钝化液。

(1) 脱脂：先对连续热浸镀锌钢板表面用汉高脱脂剂脱脂除油，再将经过脱脂除油后连续热浸镀锌钢板在质量分数为0.6%的硝酸溶液中进行活化10～15s，再用去离子水冲洗。

(2) 钝化处理：连续热浸镀锌钢板在本钝化液中钝化处理时间为30s，钝化结束后以75℃烘烤30s。

(3) 中性盐雾试验：参照国家标准，经过168h中性盐雾试验，试样表面白锈小于4%，说明钝化膜耐蚀性良好。

**产品特性** 本品配方由于不含有铬，因此对人体及环境无影响，用本品对镀锌层进行钝化处理后的镀锌钢板的耐盐雾腐蚀性能比铬酸盐钝化板要好（168h中性盐雾试验腐蚀面积不超过5%）。

## 配方 5　连续热浸镀锌钢板用的无铬钝化液

**原料配比**

| 原料 | 配比(质量份) | | | | | | | | |
|---|---|---|---|---|---|---|---|---|---|
| | 1# | 2# | 3# | 4# | 5# | 6# | 7# | 8# | 9# |
| 钼酸钠 | 3 | 4 | — | — | 1 | 4 | 3 | — | 5 |
| 钼酸钾 | — | — | 5 | 3 | 3 | 1 | — | 4 | — |
| 钨酸钠 | 5 | 10 | 12 | — | 2 | 8 | 12 | — | 15 |
| 钨酸钾 | — | — | — | 15 | 6 | 3 | — | 10 | — |
| 单宁酸 | 3 | 12 | 15 | 6 | 9 | 3 | 15 | 6 | 15 |
| 柠檬酸 | 5 | 20 | 15 | 10 | 10 | 5 | 20 | 15 | 20 |
| 双氧水 | 10 | 20 | 25 | 30 | 15 | 10 | 25 | 20 | 30 |
| 硅酸钠 | 10 | 30 | — | — | 10 | 10 | 25 | — | 30 |
| 硅酸钾 | — | — | 25 | 20 | 5 | 10 | — | 10 | — |
| 磷酸 | 21 | 25 | 28 | 20 | 30 | 20 | 23 | 26 | 24 |
| 水 | 加至1L | 加至1L | 加至1L | 加至1L | 加至1L | 加至1L | 加至1L | 加至1L | 加至1L |

**制备方法**　将各组分溶于水，混合均匀即可。

**产品应用**　本品主要用作镀锌钝化液。

(1) 脱脂：先对连续热浸镀锌钢板表面用汉高脱脂剂脱脂除油，再将经过脱脂除油后连续热浸镀锌钢板在质量分数为0.6%的硝酸溶液中进行活化10～15s，再用去离子水冲洗。

(2) 钝化处理：连续热浸镀锌钢板在本钝化液中钝化处理时间为50s，钝化结束后以75℃烘烤60s。

(3) 中性盐雾试验：参照国家标准，经过72h中性盐雾试验，试样表面白锈小于3%，说明钝化膜耐蚀性良好。

**产品特性**　本品由于不含有铬，因此对人体及环境无影响，成本低廉，而且钝化后的镀锌钢板耐盐雾腐蚀性能满足国家标准的要求，72h中性盐雾试验腐蚀面积小于5%，使用时既不改变原有工艺条件也不改变原有的使用设备。

## 配方 6　连续镀锌及其合金镀层用无毒型钝化液

**原料配比**

| 原料 | 配比(mol) | | | |
|---|---|---|---|---|
| | 1# | 2# | 3# | 4# |
| 三价铬盐 | 0.4 | 0.7 | 1 | 1 |
| 钴盐 | 0.0053 | 0.14 | 0.023 | 0.023 |
| 铈盐 | 0.002 | 0.0028 | 0.006 | 0.006 |
| 丙烯酸聚合物 | 0.012 | 0.024 | 0.046 | 0.046 |
| 水 | 加至1L | 加至1L | 加至1L | 加至1L |

**制备方法**　将各组分溶于水，混合均匀即可。

**原料介绍**

所述三价铬盐可以是通过对六价铬（三氧化铬）还原（还原剂可以是单宁酸、甲醇、乙醇、草酸、酒石酸、乙酸、硬脂酸，以及上述有机酸的钾盐、钠盐，可以是一种或其中的两种及以上）再配以等量的阴离子（可以是硝酸根离子、硫酸根离子、氯离子、磷酸根离子中的一种或两种以上）获得，也可以是硝酸铬、硫酸铬、氯化铬中的一种或两种及以上。

所述钴盐可以是硫酸钴、硝酸钴、亚硝酸钴中的一种或两种及以上。

所述铈盐可以是硝酸铈、硫酸铈、硫酸高铈、氯化铈中的一种或两种及以上。

本钝化液为酸性水溶液，pH 值为 1.5～3。

**产品应用** 本品主要应用于镀锌及其合金表面钝化。

使用方法：将本钝化液加入钝化液槽内，按照目前普遍使用的镀锌及其合金钢板生产工艺，采用浸泡（或喷淋）挤干或辊涂涂覆的方法，工作液浓度或本品溶液在镀锌及其合金钢板表面附着量的不同，可以使镀层获得不同的耐腐蚀性能。

**产品特性** 本品是以三价铬为主的处理剂，并在其中加入其他物质，使其处理过的镀层与含六价铬的处理液具有同样的功能，且无毒害、无异味。

本品与其他在用的三价铬钝化液的区别在于使用了不同的六价替代物质，且使用了无异味的有机助剂，使得在同等附着量条件下，所获得的钝化膜较其他同类型产品的耐蚀性优良，且获得的钝化膜在变形后仍有良好的耐蚀性，同时本液体无异味，使用环境优良。

## 配方 7 铝合金表面黄色钝化膜的处理液

**原料配比**

| 原料 | 配比(质量份) | | | | |
|---|---|---|---|---|---|
| | 1# | 2# | 3# | 4# | 5# |
| 氟钛酸 | 0.1 | 0.05 | 0.2 | 0.1 | 0.1 |
| 氟锆酸 | 0.05 | 0.04 | 0.2 | 0.15 | 0.15 |
| 锰盐 | 0.2 | 0.2 | 0.5 | 0.5 | 0.5 |
| 有机酸 | 0.1 | 0.05 | 0.2 | 0.1 | 0.1 |
| 水 | 加至 1L | 加至 1L | 加至 1L | 加至 1L | 加至 1L |

**制备方法** 将氟钛酸、氟锆酸、锰盐、有机酸溶于水，调节溶液 pH 值为 2.8，加水至处理液体积为 1L。处理液配制好后，在 100～150r/min 的搅拌速度下，搅拌 2～6min。

**原料介绍**

所述锰盐选自硫酸锰、氯化锰或磷酸锰中的一种。

所述有机酸选自单宁酸或柠檬酸中的一种。

本处理液的 pH 值为 2.0～3.0。

本品制备铝合金表面含 Ti/Zr 黄色钝化膜的方法，包括如下步骤：

(1) 将铝合金表面打磨至 1000#，依次进行碱洗和酸处理；

(2) 经步骤 (1) 处理过的铝合金置于本处理液中，在 15～35℃浸渍 5～30min，即在铝合金表面得到含 Ti/Zr 的黄色钝化膜。

所述碱洗为将铝合金置于 45～55℃的碱性溶液中，浸渍 1～3min，碱性溶液的组成为氢氧化钠和无水碳酸钠，其中氢氧化钠 40～50g/L，无水碳酸钠 3～5g/L。

所述酸处理为将铝合金置于 25～35℃混合酸溶液中，浸渍 1～2min，混合酸溶液的组成为硝酸 10%、磷酸 2.5%和硫酸 1.5%～2%。

**产品应用** 本品主要应用于多种系列铝合金的表面转化处理。

**产品特性**

(1) 本品转化处理涂层与基体结合强度高、防护性能优异，操作简单，涂层中不含对环境和人体有害的六价或三价铬。未经处理的6063铝合金腐蚀电流密度为6.781$\mu A/cm^2$，钝化区域$\Delta E$为0mV；经本品处理的6063铝合金腐蚀电流密度最低可降至0.224$\mu A/cm^2$，为未涂层合金的1/30，耐腐蚀性能提高30倍。

(2) 本品所获涂层呈淡黄色、颜色均匀，易于在线判断成膜质量。

(3) 成膜温度为15～35℃，在常温下进行，不需加热。

(4) 处理液稳定，在开放的大气环境中无沉淀产生。

(5) 由于处理液中含有有机酸，增强了膜的致密性。随着有机酸的加入，转化膜的颜色得到改善，黄色更直观，而且也有利于转化膜耐蚀性能的提高。

## 配方 8　铝合金表面非晶态复合钝化膜的处理液

**原料配比**

表1　钝化膜的处理液

| 原料 | 配比(质量份) | | | | | |
|---|---|---|---|---|---|---|
| | 1# | 2# | 3# | 4# | 5# | 6# |
| 硝酸铈 | 10 | 5 | 15 | — | 5 | 5 |
| 硝酸镧 | — | — | — | 8 | — | — |
| 铋酸钠 | 6 | 3 | 10 | 3 | 3 | 3 |
| 高锰酸钾 | 2 | 1 | 3 | 1 | 1 | 1 |
| 氟化氢铵 | 0.3 | 0.1 | 0.5 | 0.1 | 0.1 | 0.1 |
| 复合稳定剂 | 1 | 0.5 | 1.5 | 0.5 | 0.5 | 0.5 |
| 水 | 加至1L | 加至1L | 加至1L | 加至1L | 加至1L | 加至1L |

表2　复合稳定剂

| 原料 | 配比(质量份) | | |
|---|---|---|---|
| | 1# | 2# | 3# |
| 硼酸 | 0.5 | 0.2 | 0.5 |
| 乙酸 | 0.5 | 0.3 | 1 |

**制备方法**　将含缓蚀阴离子稀土盐、催化剂型复合氧化剂、辅助氧化剂、缓冲型成膜促进剂和复合稳定剂溶解在水中，再调节溶液的pH值为1.8～2.6。

**原料介绍**

所述含缓蚀阴离子稀土盐为硝酸铈或硝酸镧；

所述缓冲型成膜促进剂为氟化氢铵、氟化氢钠、氟化氢钾、氟化钠、氟化钾或氟化铵中的一种或两种的混合物；

所述催化剂型复合氧化剂为铋酸钠或铋酸钾；

所述辅助氧化剂为高锰酸盐或高氯酸盐；

所述复合稳定剂为乙酸、柠檬酸或单宁酸中一种与硼酸或硼酸钠的混合物。

**产品应用**　本品主要应用于铝合金腐蚀与防护。

本品在制备铝合金表面非晶态复合钝化膜中的应用，包括以下步骤：

(1) 将铝合金表面打磨光滑；铝合金表面除油、酸洗；

(2) 将铝合金置入混合酸溶液1～5min后，去离子水冲洗，所述混合酸溶液中各成分的浓度为：$H_2SO_4$ 30%～50%，$H_3PO_4$ 5%～20%，HF 1%～5%，其余为水；

(3) 将铝合金置于本品中，2～5min后，在铝合金表面形成金黄色耐蚀膜。

**产品特性**

（1）本品配方及工艺简单，无需额外添加辅助氧化剂、缓蚀剂、润湿剂和 pH 缓冲调节剂，使得配方成分简单，影响因素易于控制；

（2）本品无需加热，室温下即可快速成膜，成膜时间为 2～5min；

（3）可获得金黄色非晶态钝化膜层，有利于在线判断，膜层表面致密，无明显裂纹缺陷，耐腐蚀性能高，与基体结合性能良好；

（4）溶液中含自缓冲和循环氧化的物质，可保证溶液较长时期使用不老化，处理液稳定性高，可保证使用时间 1 个月；

（5）膜层不含铬和有机物质，处理过程无污染物质排放，属于环境友好型技术，可替代铬酸盐处理工艺。

## 配方 9 铝合金表面含锆着色钝化膜的处理液

**原料配比**

| 原料 | 配比(质量份) | | | | |
|---|---|---|---|---|---|
| | 1# | 2# | 3# | 4# | 5# |
| 氟锆酸 | 5 | 50 | 20 | 13 | 50 |
| 氟化钾 | 0.4 | 6.5 | 0.5 | 0.5 | 6.5 |
| 氟锆酸钾 | 0.55 | 0.55 | 0.5 | — | 0.055 |
| 聚乙烯醇 | — | 0.25 | 0.8 | 0.5 | 0.5 |
| 水 | 加至 1L | 加至 1L | 加至 1L | 加至 1L | 加至 1L |

**制备方法** 将各组分溶于水，混合均匀即可。

**原料介绍** pH 调节剂调节处理液的 pH 值为 2.5～4.5。

所述 pH 调节剂为氟锆酸、氟钛酸、单宁酸、氢氟酸或磷酸中的一种或两种以上。

本处理液还包括表面活性剂，其含量为 0.25～0.8，表面活性剂为十二烷基磺酸钠、OP-10 乳化剂、羟丙基甲基纤维素或聚乙烯醇中的一种或两种及以上。

**产品应用** 本品主要应用于制备铝合金表面含锆着色钝化膜的处理。

应用本品的处理方法，包括如下步骤：

（1）将铝合金表面打磨和除油；

（2）浸入处理液中 3～10min，铝合金表面即得到含锆着色钝化膜。

所述除油为碱洗除油和酸洗除油。

所述碱洗除油的方法是配制质量分数为 3% 的 NaOH 溶液，将铝合金在 NaOH 溶液中浸泡 2～5min，漂洗干净。

所述浸泡是在超声波振荡条件下或加热条件下。

所述酸洗除油为将碱洗除油后的铝合金在质量分数为 10% 的稀硝酸溶液中浸泡 1min，漂洗干净。

所述含锆着色钝化膜为黑灰色。

所述铝合金可以使用 6063、6061。

**产品特性**

（1）本品适于多种系列铝合金的表面钝化处理。钝化膜与基体结合强度高、防护性能优异，操作简单，钝化膜中不含对环境和人体有害的六价铬。

（2）成膜在室温下进行，不需加热；成膜速度较快，接近传统的铬酸盐处理成膜速度；成膜呈黑灰色，易于在线判断成膜质量。

(3) 处理液可以保存3个月。配制的处理液不需要添加氧化剂，耐氧化性高，在开放的大气环境中长期保存可以继续使用，获得质量好的转化处理膜。

## 配方 10 铝合金钝化液

**原料配比**

| 原料 | 配比(质量份) | | |
|---|---|---|---|
| | 1# | 2# | 3# |
| 硝酸 | 40 | 20 | 35 |
| 氟化钠 | 0.2 | 0.05 | 0.1 |
| 表面活性剂 | 0.1 | 0.05 | 0.05 |
| 去离子水 | 加至100 | 加至100 | 加至100 |

**制备方法** 将含硅、铜、镁的铝合金件表面进行抛光、打磨、脱脂，然后在室温（25℃）下浸入含有硝酸、氟化钠、表面活性剂以及去离子水的钝化液中进行钝化处理，时间1～3min，即得经钝化的铝合金表面。

**原料介绍** 上述配方中，所采用的表面活性剂是十二烷基苯磺酸钠或十二烷基硫酸钠。

**产品应用** 本品主要应用于金属表面的处理。

**产品特性** 本品配方中以氟化钠取代了氢氟酸，避免了氢氟酸对人体的危害，并且在使用过程中不会大量释放对人体有害的气体，减少了环境污染，同时经济、高效。

## 配方 11 铝合金三价铬本色钝化液

**原料配比**

| 原料 | 配比(质量份) | | | | |
|---|---|---|---|---|---|
| | 1# | 2# | 3# | 4# | 5# |
| 三价铬盐 $Cr_2(SO_4)_3 \cdot 6H_2O$ | 1 | — | — | — | — |
| 三价铬盐 $CrCl_3 \cdot 6H_2O$ | — | 2 | — | — | — |
| 三价铬盐 $Cr_2(SO_4)_3 \cdot 6H_2O$ 与 $CrCl_3 \cdot 6H_2O$ 任意比的混合物 | — | — | 1.5 | 1.5 | 1.5 |
| 锆盐 $ZrOCl_2 \cdot 8H_2O$ | 0.05 | — | 0.075 | — | 0.075 |
| 锆盐 $Zr(SO_4)_2 \cdot 4H_2O$ | — | 0.1 | — | 0.075 | — |
| 硫酸镍 $NiSO_4 \cdot 6H_2O$ | 0.01 | 0.03 | 0.02 | 0.02 | 0.02 |
| 成膜剂 $(NH_4)_4(SO_4)_2 \cdot Ce(SO_4)_2 \cdot 4H_2O$ 与水性丙烯酸树脂任意比混合物 | 0.4 | — | — | — | — |
| 成膜剂 $La(NO_3)_3 \cdot 6H_2O$ 与水性丙烯酸树脂任意比混合物 | — | 0.8 | — | — | — |
| 成膜剂 $(NH_4)_4(SO_4)_2 \cdot Ce(SO_4)_2 \cdot 4H_2O$ 与 $La(NO_3)_3 \cdot 6H_2O$ 任意比混合物 | — | — | 0.6 | — | — |
| 成膜剂 $(NH_4)_4(SO_4)_2 \cdot Ce(SO_4)_2 \cdot 4H_2O$ 与 $La(NO_3)_3 \cdot 6H_2O$ 与水性丙烯酸树脂三者任意比混合物 | — | — | — | 0.6 | — |
| 成膜剂水性丙烯酸树脂 | — | — | — | — | 0.6 |
| 柠檬酸三钠 $Na_3C_6H_5O_7 \cdot 2H_2O$ | 0.4 | 0.6 | 0.5 | 0.5 | 0.5 |
| 水 | 加至1L | 加至1L | 加至1L | 加至1L | 加至1L |

**制备方法** 常温常压下，将三价铬盐溶解于少量的水，边搅拌边加入锆盐和柠檬酸三钠，加入一定量的水，使其完全溶解，然后加入硫酸镍和成膜剂，搅拌均匀，定容，自然状态下放置一天，即可得到用于处理铝合金的三价铬本色钝化液。

**原料介绍**

三价铬盐为 $Cr_2(SO_4)_3 \cdot 6H_2O$，或 $CrCl_3 \cdot 6H_2O$，或两者任意比混合物；

锆盐为 $ZrOCl_2 \cdot 8H_2O$ 或 $Zr(SO_4)_2 \cdot 4H_2O$；

成膜剂为 $(NH_4)_4(SO_4)_2 \cdot Ce(SO_4)_2 \cdot 4H_2O$、$La(NO_3)_3 \cdot 6H_2O$ 或水性丙烯酸树脂，或三者任意比混合物。

钝化工作液的 pH 值为 4.5～5.1，用氨水或氢氧化钠调节。

**产品应用** 本品主要用作铝合金三价铬本色钝化液。使用方法如下：

(1) 去除铝合金表面的油渍，然后清水洗净；

(2) 表面调整、活化表层，清水洗净；

(3) 常温下将铝合金浸入配制好的三价铬本色钝化液，时间为 1～5min 后，清水洗净；

(4) 在 70～80℃的热水中浸泡 5～10s 以烫干。

**产品特性** 本品不含六价铬、铅、汞、镉、聚溴二苯醚和聚溴联苯等有害物质，对人体健康和环境均无影响；钝化废液可循环利用，实现了清洁生产；在常温下即可钝化，节能；生产和使用成本低廉，与六价铬钝化液成本相当，甚至更低；使用时不改变原有六价铬的工艺条件和使用设备；经该三价铬钝化液处理后的铝合金表面色泽白亮，颜色接近于铝合金本色，膜层中性盐雾腐蚀性能满足国家标准，可实现三价铬钝化液对六价铬钝化液的替代。

## 配方 12 铝合金无铬钝化处理液

**原料配比**

| 原料 | 配比(质量份) | | | | | |
|---|---|---|---|---|---|---|
| | 1# | 2# | 3# | 4# | 5# | 6# |
| 钛酸钾、钛酸钠和钛酸镁盐的混合物 | 20 | 25 | 30 | 30 | 30 | 30 |
| 锆酸钾、锆酸钠和锆酸镁盐的混合物 | 15 | 15 | 10 | 15 | 5 | 15 |
| 改性有机硅树脂 | 15 | 10 | 15 | 15 | 15 | 5 |
| 聚氨酯树脂 | 50 | 50 | 45 | 40 | 50 | 50 |

**制备方法** 将原料放在特制耐腐蚀的反应器中，以 80～120r/min 的速率搅拌 0.5～1h，过滤即可。

**原料介绍** 本品为酸性液体，能使铝工件轻微溶解，由于在此溶解过程消耗了氢离子，从而使处理液与铝工件界面附近的 pH 值上升，进而导致锆和钛的氧化物析出，附着在铝工件表面；同时，通过配位化合物的作用，处理液中的改性有机硅树脂和聚氨酯树脂与上述析出物结合，从而附着在铝工件表面上。最后，铝工件的表面形成了一层转化膜。

经实验测定，由本品所形成的转化膜，其厚度为 0.1～0.5μm，上漆后能耐 1000h 的盐雾试验。

**产品应用** 本品主要应用于铝合金表面钝化。

本品使用方法：先用酸性或中性的清洗液清洗铝材工件，清除铝材表面的油污和粉尘；再用水清洗铝材表面残留的其他杂质；然后，再用本品进行钝化，在铝材表面形成一层转化膜；最后，再用水或去离子水清洗铝材表面。

**产品特性** 本品专门用于铝及其合金、镁及其合金的表面处理，不但可以提高材质本身的耐腐蚀性，而且会增强材质与其涂层的附着力，具有使用工艺简单、成本低、无污染等优点。

## 配方 13 铝型材表面无铬钝化液

**原料配比**

| 原料 | 配比(质量份) | | | | | | |
|---|---|---|---|---|---|---|---|
| | 1# | 2# | 3# | 4# | 5# | 6# | 7# |
| 环氧树脂 | 8 | — | — | 1 | — | — | — |
| 聚酯树脂 | — | 3 | 50 | 4 | 4 | 36 | 50 |
| 硅胶 | 10 | 2 | 2 | 80 | 80 | 80 | 60 |
| ZnS | 20 | 5 | 20 | — | 9 | — | — |
| NaS | — | — | — | 8 | — | 19 | 27 |
| $NaH_2PO_4$ | 15 | 3 | 15 | 90 | 95 | 26 | 34 |
| HF | 20 | 2 | 20 | 80 | 0.5 | 10 | 16 |
| $HNO_3$ | 6 | 40 | 38 | 1 | 6 | 50 | 50 |
| 水 | 1000 | 1000 | 1000 | 1000 | 1000 | 1000 | 1000 |

**制备方法** 将原料按顺序分别加入水中，搅拌直到全部溶解为止。

**产品应用** 本品主要应用于铝或者铝合金的行业，如：铝型材中的彩铝、空调的散热器、汽车散热器、电脑散热器、家用铝或者铜铝散热器、建筑用铝门窗和铝幕墙等。

本品在工业应用中的工艺处理过程为：首先进行铝件脱脂除油，然后进行常温水洗，经过5%～10%的硝酸出光后，进行常温水洗，最后进行钝化和水洗。如果对钝化效果要求高，可以用热水洗。钝化后的铝件还要进行烘干，烘干温度应该保持在65～70℃，时间为30min左右。上述工艺处理过程与其他含铬钝化相同。

**产品特性** 本品具有生产工艺简单，生产及应用均无污染，而且成本低，使用方便，应用范围广，使用寿命长等优点。

## 配方 14 马氏体、铁素体不锈钢无铬强力钝化液

**原料配比**

| 原料 | 配比(质量份) | |
|---|---|---|
| | 1# | 2# |
| 去离子水 | 73 | 62.3 |
| 柠檬酸 | 22 | 30 |
| 曼尼氏碱 | 4.5 | — |
| 吡啶季铵盐 | — | 6.9 |
| 乌洛托品 | 0.5 | 0.6 |
| 硫脲 | — | 0.2 |

**制备方法** 首先在反应釜中加入去离子水，然后升温，使反应釜中的去离子水温度达到40～50℃时，打开柠檬酸计量缸的阀门，把柠檬酸加入反应釜中，启动搅拌器进行搅拌，恒温常压下，再依次从反应釜的进料口加入环状阳离子类表面活性剂和缓蚀剂，然后进行充分搅拌溶解20～40min后，在恒温、常压下进行混合而成环保无毒的钝化液。

**产品应用** 本品主要用作不锈钢钝化液。

本品在马氏体、铁素体不锈钢零部件表面处理时的应用工艺：首先对马氏体、铁素体不锈钢零部件表面进行抛光，除去油脂，用水进行清洗，然后将干净的马氏

体、铁素体不锈钢零部件置入温度为60～80℃的钝化液中进行钝化0.5h后，取出，用清水冲洗，然后进行配位处理，再清洗，最后烘干包装。经试验结果表明，经过本品处理的马氏体，铁素体不锈钢零部件经过500h NSS中性盐雾测试表面无锈，质量稳定，而且节约了时间，大大提高了工效。

**产品特性** 本品以柠檬酸作为钝化液的主要组分，采用水基质溶液方法生产，不含铬酸、硝酸、亚硝酸钠等稀有金属的有机酸及有机磷酸，利用本品进行零件的表面处理，无毒、无环境污染、无致癌的化学成分，无需戴防毒面具，解决了现有技术中的不足和缺陷，达到了环保绿色。

## 配方 15 镁合金无铬钝化液

**原料配比**

| 原料 | 配比(质量份) | 原料 | 配比(质量份) |
| --- | --- | --- | --- |
| 稀土成膜主盐 | 4～18 | pH缓冲调节剂 | 5～15 |
| 氧化剂高锰酸钾 | 0.5～3 | 缓蚀剂 | 0.1～1 |
| 辅助氧化剂 | 0.1～1 | 润湿剂 | 0.5～1 |
| 成膜促进剂 | 0.1～2 | 水 | 加至1L |

**制备方法** 将各组分溶于水，混合均匀即可。

**原料介绍**

所述稀土盐可为铈、镨、钕的氯盐、硝酸盐或硫酸盐以及复盐；氧化剂为高锰酸钾；辅助氧化剂为双氧水、硝酸盐、过硫酸盐、高氯酸盐；成膜促进剂为锆盐、钒盐、锶盐，含氯化物、氟化物、硝酸盐；pH缓冲调节剂为硼酸、氨基乙酸-盐酸等；缓蚀剂为吡啶、硫脲及衍生物、单宁酸、植酸及其盐化合物；润湿剂为十二烷基苯磺酸钠、十二烷基酚聚氧乙烯醚（OP-10）或其混合物。

一般情况下，铈、镨、钕等稀土盐作为成膜的主盐。当钝化液中稀土盐浓度增大，转化膜的成膜速度会提高，导致转化膜增重加大，耐腐蚀性能加大；另一方面，稀土盐浓度太大将导致成膜速度过快，影响转化膜的成膜质量，致密度下降。因此很容易脱落，造成转化膜耐腐蚀性能与膜增重的下降。因此稀土盐浓度在4～18g/L。

$KMnO_4$作为氧化剂，其用量越大，反应成膜的速度越快，但是氧化剂$KMnO_4$浓度太高不利于转化膜耐腐蚀性能的提高与转化膜增重的加大，原因可能在于KM-$nO_4$氧化性太强，很容易造成成膜速度太快引起转化膜疏松容易脱落，而且$KMnO_4$太高还会产生其他副反应。$KMnO_4$浓度控制在0.5～3g/L为宜。

$(NH_4)_2S_2O_8$等作为辅助氧化剂，可提高转化膜生成速度。其对转化膜耐腐蚀性能与膜增重的提高存在最佳的浓度范围。浓度太低，成膜速度太慢，转化膜增重小导致膜比较薄，耐腐蚀性能不够；浓度太高，成膜速度太快，转化膜增重很快导致成膜疏松引起脱落，因而在一定浓度范围后会引起耐腐蚀性能的下降。辅助氧化剂的浓度范围在0.1～1g/L为宜。

采用锆盐、钒盐、锶盐作为促进剂，将优先在镁合金表面沉积，从而成核生长，促进转化膜中MgO、$CeO_2$、$MnO_2$的沉积与生长。

溶液pH值会影响转化膜的成膜速度与成膜质量。溶液pH高时，有利于氢氧化物沉淀的生成，转化膜成膜速度快，但是pH值太高将造成转化膜生成速度太快，转化膜疏松易脱落，引起耐腐蚀性能下降，因此pH值最佳范围为2～4.5。为控制pH稳定性，溶液含有硼酸或者氨基乙酸-盐酸组成的pH缓冲调节剂。当pH值偏移太大的时候，滴加硝酸或者氢氧化钠，用pH计测量，使得pH值恢复到2～4.5之间。

为了防止镁合金在成膜过程的过度腐蚀，影响成膜均匀性以及处理液中$Mg^{2+}$过多产生沉淀，添加吡啶、硫脲及衍生物、单宁酸、植酸及其盐化合物作为缓蚀剂，一方面吸附在镁合金表面防止溶解过快，另一方面会和$Mg^{2+}$生成配合物，从而提高溶液稳定性。

在钝化液中加入少量的润湿剂，可以降低溶液的表面张力，在成膜机制上影响转化膜的动力学成长过程，使其在成膜反应中更容易吸附到镁合金的表面，提高转化膜在镁合金表面的沉积能力与附着力，还可使表面平整，转化膜的厚度增加。

**产品应用** 本品可广泛用于镁合金型材、镁合金铸件以及镁合金制品的表面处理。使用方法如下：

(1) 将镁合金打磨至表面光滑平整；

(2) 将镁合金表面做预处理，其工艺流程为：除油—水漂洗—酸浸蚀—水漂洗—碱活化—水漂洗—自然晾干；

(3) 使用钝化液进行转化处理，温度为室温，pH值为2～4.5，镁合金化学转化处理时间为1～5min；反应完成后，即在镁合金表面形成由氧化镁、稀土氧化物(氧化铈等)、二氧化锰组成的复合氧化膜。

(4) 用水冲洗镁合金工件，自然晾干，即可。

**产品特性** 本品选用稀土盐，如铈盐等作为主要成膜成分，引入氧化剂与成膜促进剂提高成膜效率，可以在室温或低温下几分钟时间内快速成膜；引入缓蚀剂、pH缓冲调节剂以及润湿剂提高成膜质量与溶液稳定性。该钝化液制备的复合稀土-锰氧化膜耐腐蚀性能优良，与涂料的附着性良好，膜层均匀、色泽金黄，而且制备过程中生成速度快，室温下使用降低能耗，生产效率高，溶液稳定可长期使用，对镁合金基材疲劳性能影响小，不含六价铬，对环境污染少，能够代替逐渐禁止使用的铬酸盐处理工艺。

## 配方16 钕铁硼镀锌件常温三价铬彩色钝化液

**原料配比**

| 原料 | 配比(质量份) | 原料 | 配比(质量份) |
|---|---|---|---|
| $CrO_3$ | 1 | $Ce(NO_3)_3$ | 1～3 |
| 酒石酸 | 1.5 | $CoSO_4$ | 0.5～4 |
| $Cr(NO_3)_3$ | 5～10 | 水 | 加至1L |

**制备方法**

(1) 取$CrO_3$加水溶解后，再逐渐缓慢加入酒石酸，不断搅拌直至反应完全，此时$Cr^{6+}$完全被还原为$Cr^{3+}$，加水稀释至$Cr^{3+}$的含量为6～12g/L范围。

(2) 加入$Cr(NO_3)_3$、$Ce(NO_3)_3$、$CoSO_4$，搅拌至完全溶解。

**产品应用** 本品主要用作钕铁硼镀锌件常温三价铬彩色钝化液。

本品的钝化方法：镀锌产品在3%硝酸溶液中出光后，浸泡在本品钝化液中接触30～60s，清水冲洗，热水洗，最后烘干。

**产品特性**

(1) 钝化液和钝化膜不含六价铬和氟化物，符合环保要求，废水处理简单。

(2) 钝化膜膜层厚，呈五彩颜色，中性盐雾试验（SST）大于120h。

(3) 钝化在室温条件下进行，节约能源，方便工人操作，也减少了溶液挥发，有利于工人健康和环境保护。

(4) 使用范围宽，可操作性大。

(5) 成膜速度快，操作时间短。

(6) 钝化液原料采购方便，成本低，利于批量生产。

(7) 适合碱性和酸性镀锌层，辊镀及挂镀皆可。

## 配方 17 稀土盐钝化液

**原料配比**

| 原料 | 配比(质量份) | | 原料 | 配比(质量份) | |
|---|---|---|---|---|---|
| | 1# | 2# | | 1# | 2# |
| 氯化亚铈 | 15 | — | $H_2BO_3$ | 2 | 3 |
| 硝酸亚铈 | — | 25 | $H_2O_2$ | 5mL | 10mL |
| $K_2S_2O_8$ | 2 | 4 | HCl | 5mL | 10mL |
| $Na_2SiO_3 \cdot 3H_2O$ | 2 | 3 | $H_2O$ | 加至1L | 加至1L |

**制备方法**

(1) 取稀土盐，倒入盛有10～30倍质量水的烧杯中，用玻璃棒充分搅拌至稀土盐完全溶解，以备使用；

(2) 再取 $H_2BO_3$，倒入盛有10～30倍质量水中的烧杯中，用玻璃棒充分搅拌至 $H_2BO_3$ 完全溶解，以备使用；

(3) 取 $K_2S_2O_8$，倒入盛有10～30倍质量水的烧杯中，用玻璃棒充分搅拌至 $K_2S_2O_8$ 完全溶解，以备使用；

(4) 取 $Na_2SiO_3 \cdot 3H_2O$，倒入盛有10～30倍质量水的烧杯中，用玻璃棒充分搅拌至 $Na_2SiO_3 \cdot 3H_2O$ 完全溶解，以备使用；

(5) 用移液管量取浓HCl，慢慢加入溶解完全的稀土盐溶液中，边加入边用玻璃棒搅拌，直至混合均匀，以备使用；

(6) 把步骤(2)(3)(4)中已配制好的 $K_2S_2O_8$、$Na_2SiO_3 \cdot 3H_2O$ 及 $H_2BO_3$ 水溶液，加入步骤(5)中已配制好的稀土盐与浓HCl的混合溶液中，边加入边用玻璃棒搅拌，直至混合均匀；

(7) 用移液管量取 $H_2O_2$，加入步骤(6)已配制好的混合溶液中，边加边用玻璃棒搅拌，直至混合均匀，以备使用；

(8) 用稀HCl或稀NaOH把步骤(7)中已配制好的混合溶液的pH值调至1.8～2.8，并用水定容到所需体积，从而完成清洁型稀土盐钝化液的配制。

**产品应用** 本品主要用作电镀钝化液。

使用该钝化液的工艺流程为：用水将已经镀锌或锌铁合金的零部件清洗干净，然后放入由 $HNO_3$ 和 $H_2O$ 组成的出光液中，室温下停留3～10s，再放入本品纯化液中，保持pH值为1.8～2.8，室温保持30～90s，再将零部件从钝化液中取出，用水清洗干净，最后用吹风机将零部件表面的水分吹干即可。出光液中各组成物及其

含量为 $HNO_3$ 2～5mL/L，其余为 $H_2O$。

**产品特性** 本品由于采用稀土盐作为钝化液的主要成分，并配以 HCl、$K_2S_2O_8$、$Na_2SiO_3 \cdot 3H_2O$ 及 $H_2BO_3$，用于电镀锌及锌铁合金工艺的后处理工艺，能够显著提高电镀锌及锌铁合金的耐蚀性，盐雾试验出白锈时间可达 25～50h 以上。由于在钝化液中不含铬，克服了铬酸盐钝化技术毒性大、不环保等缺点，可实现电镀锌及锌铁合金的清洁生产。使用该钝化液的钝化工艺稳定可靠，所生产的产品性能优良。

## 配方 18 热镀锌板的磷钼杂多酸钝化处理液

**原料配比**

| 原料 | 配比(质量份) | | | |
|---|---|---|---|---|
| | 1# | 2# | 3# | 4# |
| 钼酸钠 | 15 | 23 | 20 | 18 |
| 磷酸钠 | 7.3 | 11 | 9 | 9 |
| 硝酸根 | 2 | 5 | 4 | 3 |
| 水溶性高分子化合物烷基硅烷 | 1.5 | — | — | 7 |
| 水溶性高分子化合物聚丙烯酸 | — | 5 | — | 4 |
| 水溶性高分子化合物丙烯酸和甲基丙烯酸的共聚物 | — | — | 9 | — |
| 非离子型表面活性剂烷基酚聚氧乙烯醚 | 0.4 | — | — | 2 |
| 非离子型表面活性剂脂肪醇聚氧乙烯醚 | — | 1 | — | — |
| 非离子型表面活性剂烷基酚聚乙二醇醚 | — | — | 1 | 1 |
| 水 | 加至1L | 加至1L | 加至1L | 加至1L |

**制备方法**

(1) 先将钼酸盐与磷酸钠混合在一起，搅拌 30min；

(2) 向上述混合后的溶液中，在搅拌下加入硝酸根；

(3) 在水溶性高分子化合物中加入 100～300mL 水，在 55℃的水浴中搅拌 4h 后，在 55℃的水浴中静置 24h，然后加入非离子型表面活性剂；

(4) 在搅拌下，将步骤 (3) 中配制好的溶液加入步骤 (2) 配制好的溶液中，并调节 pH 值至 2～3，最后定容至 1L。

**产品应用** 本品广泛用于电器、电子、仪表、汽车等领域。

**产品特性** 经过本品处理后的热镀锌板，其抗盐雾腐蚀能力在 72h 以上，达到铬酸盐钝化处理的效果。采用本品能以较低成本解决传统铬酸盐处理时六价铬污染问题，提升了产品安全系数。因此本品对热镀锌板而言，既满足了其耐腐蚀要求，又符合环保要求无毒无害，且能进行焊接、咬口、冲压等成型加工。

## 配方 19 热镀锌表面处理复合水性钝化液

**原料配比**

| 原料 | 配比(质量份) | | | | |
|---|---|---|---|---|---|
| | 1# | 2# | 3# | 4# | 5# |
| 氟钛酸 | 0.15 | 0.1 | 0.2 | 0.2 | 0.15 |
| 氟锆酸 | 0.1 | 0.15 | 0.1 | 0.2 | 0.2 |
| 磷酸二氢钠 | 0.4 | — | — | — | — |
| 磷酸二氢钾 | — | — | 0.3 | — | — |
| 磷酸二氢铵 | — | — | — | — | 0.4 |

续表

| 原料 | 配比(质量份) | | | | |
|---|---|---|---|---|---|
| | 1# | 2# | 3# | 4# | 5# |
| 磷酸 | — | 0.2 | — | 0.2 | — |
| 氢氟酸 | — | 0.02 | — | — | — |
| 氟化钠 | 0.01 | — | 0.03 | — | 0.04 |
| 氟化铵 | — | — | — | 0.05 | — |
| γ-氨丙基三乙氧基硅烷 | 2 | 3 | 3 | 3 | 2 |
| γ-缩水甘油醚氧丙基三甲氧基硅烷 | 2 | 3 | 2 | 2 | 3 |
| 冰乙酸 | 0.02 | 0.03 | 0.05 | 0.03 | 0.01 |
| 水 | 加至 100 | 加至 100 | 加至 100 | 加至 100 | 加至 100 |
| 氢氧化钠 | 适量 | 适量 | 适量 | 适量 | 适量 |

**制备方法** 向水中加入硅烷A并搅拌均匀，加入冰乙酸并搅拌均匀，再加入硅烷B并搅拌均匀，然后在搅拌条件下依次加入氟钛酸、氟锆酸、可溶性氟化物和含磷酸根物质，然后加入可溶性碱调节 pH 值=3.0～3.5，制成热镀锌表面处理复合水性钝化液。

**原料介绍** 可溶性碱选用氨水或氢氧化钠；硅烷A选用γ-氨丙基三乙氧基硅烷(γ-APS)，硅烷B选用γ-缩水甘油醚氧丙基三甲氧基硅烷（γ-GPS)。

含磷酸根物质为磷酸、磷酸二氢钾、磷酸二氢钠或磷酸二氢铵。

可溶性氟化物为氢氟酸、氟化钠或氟化铵。

本品的原理是：在热镀锌钢板的表面上的镀锌层与溶液中的氟钛酸和氟锆酸以及磷酸根离子发生反应，形成无机内层，该无机内层在机械损伤后能够自修复；硅烷进行水解形成硅醇，硅醇与镀锌层上的羟基脱水缩合，同时硅醇分子之间脱水缩合，上述两种缩合反应形成的键相互交联成膜，形成有机外层覆盖在无机内层表面，有机外层与无机内层共同构成钝化膜，提高了热镀锌钢板的耐腐蚀性能。

**产品应用** 本品主要应用于热镀锌表面处理钝化。使用方法为：

(1) 将热镀锌钢板的表面去除油脂。

(2) 采用本品对去除油脂的热镀锌钢板进行浸渍处理或辊涂处理。其中，浸渍处理是将热镀锌钢板浸入钝化液中5～15s，辊涂处理是在涂覆辊与热镀锌钢板相对速度0.01～0.05m/s、辊压力7～8MPa的条件下进行辊涂。

(3) 将浸渍处理或辊涂处理后的热镀锌钢板在130～180℃条件下烘干固化5～10s，然后自然冷却至常温，在热镀锌钢板表面制成钝化膜。

上述方法中的钝化膜的平均厚度为0.5～1.0μm。

**产品特性** 本品采用水解型硅烷配制钝化液，原料中不含铬酸盐，配制过程中不加入醇类物质，减轻了环境污染；进行钝化处理和烘干的时间短，节约能源，适合连续生产，形成的钝化膜耐腐蚀性能优良。

## 配方 20 水性涂料中锌铝粉钝化液

**原料配比**

| 原料 | 配比(质量份) | | | | | | | | | |
|---|---|---|---|---|---|---|---|---|---|---|
| | 1# | 2# | 3# | 4# | 5# | 6# | 7# | 8# | 9# | 10# |
| 植酸 | 5 | 5 | — | — | — | — | 2 | — | — | 3 |
| 2-硝基苯酚 | — | — | 5 | 2 | 5 | — | — | — | — | — |
| 2,4-硝基苯酚 | — | — | — | 3 | — | 5 | 3 | — | — | — |

续表

| 原料 | 配比(质量份) | | | | | | | | | |
|---|---|---|---|---|---|---|---|---|---|---|
| | 1# | 2# | 3# | 4# | 5# | 6# | 7# | 8# | 9# | 10# |
| 4-硝基苯酚 | — | — | — | — | — | — | — | — | — | 3 |
| 水杨酸 | — | — | — | — | — | — | — | 5 | 3 | — |
| 水杨醛 | — | — | — | — | — | — | — | — | 3 | — |
| 去离子水 | 500 | 500 | 500 | 500 | 500 | 500 | 500 | 500 | 500 | 500 |
| 钼酸钠 | 0.67 | — | — | — | — | — | — | — | — | — |
| 钨酸钠 | — | — | — | — | — | — | — | — | — | 0.4 |
| 三聚磷酸铝 | — | — | 0.5 | — | — | — | — | — | — | — |
| 异丙醇 | — | — | 25 | — | — | — | 10 | — | — | — |
| 磷酸锌 | — | 0.5 | — | — | — | — | — | — | — | — |
| 乙醇 | — | 27 | — | — | — | — | — | 10 | — | — |
| 甲醇 | — | — | — | — | — | — | — | — | — | 10 |
| 乙二醇 | — | — | — | 30 | 30 | — | — | — | — | — |
| 乙二醇丁醚 | 30 | — | — | — | — | 30 | 20 | 20 | 20 | 20 |
| 丙三醇 | — | — | — | — | — | — | — | — | 10 | — |

**制备方法** 首先，将钝化剂用去离子水和助溶剂稀释到相应的浓度，搅拌均匀，然后，用pH调节剂来调节体系的酸碱性，使之最后的pH值=7～9，搅拌均匀，制成钝化液。

**原料介绍**

所述钝化剂由植酸、苯酚类、钼酸钠、钨酸钠、磷酸锌、三聚磷酸铝其中的一种或是一种以上组成。

所述pH调节剂为三乙醇胺、乙酸、乙二胺、盐酸、氢氧化钠其中的一种或是一种以上组成。

所述助溶剂为乙醇、甲醇、乙二醇丁醚、异丙醇、乙二醇、丙三醇其中的一种或一种以上组成。

所述苯酚类钝化剂为2-硝基苯酚、2，4-硝基苯酚、4-硝基苯酚中的一种或是一种以上组成。

**产品应用** 本品主要应用于金属粉表面处理。

**产品特性**

(1) 本品pH值与涂料体系的pH值相近，能够在水性体系下使锌铝更好钝化而抑制析氢。

(2) 本品应用在水性涂料中，能够使体系有较好的稳定性，在室温下能够储存40d以上。

(3) 本品配制简单，容易操作，使配制过程更加方便快捷。

## 配方 21 无铬钝化液

**原料配比**

| 原料 | 配比(质量份) | | | | |
|---|---|---|---|---|---|
| | 1# | 2# | 3# | 4# | 5# |
| 游离元素形成的盐 | 20 | 35 | 20 | 30 | 25 |
| 配位剂 | 38 | 18 | 38 | 20 | 25 |
| 氧化还原剂 | 0.015 | 0.5 | 0.15 | 0.7 | 0.5 |
| 水 | 加至1L | 加至1L | 加至1L | 加至1L | 加至1L |

**制备方法** 用游离元素形成的盐、配位剂、氧化还原剂、水配制成1L钝化液原液，其pH值为1～3。

**原料介绍** 所述游离元素形成的盐为两种游离元素盐的混合物，其质量比为(35～45)：1。

所述游离元素形成的盐亦可为游离元素与其他不含铬的无机盐的混合物，其质量比为(35～45)：1。

所述的配位剂为三种有机酸的混合物，各种有机酸的质量配比为6：5：1。

所述的配位剂亦可为两种有机酸与过氧化物的混合物，其质量比为6：5：1。

所述的氧化还原剂为两种无机酸，其质量比为(7～10)：1。

所述的游离元素形成的盐为钛、锰、钼所形成的盐。

所述的有机酸为柠檬酸、酒石酸、焦磷酸、氨三乙酸或含有8～28个氧原子、4～16个羟基、2～8个膦酸的化合物。

所述的无机酸为硫酸、盐酸、硝酸。

**产品应用** 本品主要用作电镀钝化液。

钝化的操作条件与现有的工艺相同，在室温条件下，将被钝化工件浸入钝化液中4～10s，经水洗后晾干和烘干，逐渐形成浅蓝绿较多的彩色钝化膜。

**产品特性** 本品是用游离元素形成的盐、配位剂及氧化还原剂按特定比例配制而成的。同现有技术相比，从根本上解决了现有的产品镀锌层及钝化液中含有有毒有害的六价铬和三价铬元素的问题，避免六价铬和三价铬元素对人体及环境造成的危害。本品的关键是可真正替代现有的含有六价铬和三价铬的铬酸盐钝化液，实现对电镀锌层和热镀锌层的钝化，克服了现有技术的涂覆工艺产生的表面树脂覆膜脱落的问题，所钝化的镀锌层的防腐蚀性能优于目前所采用的蓝白钝化工艺，与彩色钝化工艺相当。使用本钝化液可以利用现有的铬酸盐钝化设备，降低了使用该钝化液的成本；钝化处理的温度、时间等工艺与原有的铬酸盐钝化工艺基本相同，可为企业节省大量的工人培训费用。

## 配方 22 无铬环保钝化液

**原料配比**

| 原料 | 配比(质量份) | | | | |
|---|---|---|---|---|---|
| | 1# | 2# | 3# | 4# | 5# |
| 有机酸 | 38 | 35 | 40 | 39 | 36 |
| 无机盐 | 23 | 25 | 20 | 22 | 24 |
| 表面处理剂 | 0.9 | 1 | 0.8 | 1 | 0.8 |
| 氧化剂 | 4.5 | 4 | 5 | 4 | 5 |
| 水 | 加至1L | 加至1L | 加至1L | 加至1L | 加至1L |

**制备方法** 将各组分溶于水，混合均匀即可。

**原料介绍** 所述有机酸为单宁酸，或单宁酸和柠檬酸按有效含量的质量比为(3～6)：1配制而成。

所述无机盐为钼酸铵，或钼酸铵和稀土金属盐按质量比(25～35)：1配制而成。

所述表面处理剂为二甲氨基丙胺或乙二胺。

所述氧化剂为碘。

**产品应用** 本品主要用作电镀钝化液。

钝化工艺流程为：将欲钝化的镀锌样品进行表面活性化，经二次水洗后在室温下用本钝化液浸泡90～120s，再经二次水洗后干燥即可。

**产品特性** 本品钝化工艺稳定可行，所获得的钝化膜耐蚀性与常规铬酸盐钝化基本相当；本品无铬钝化液用现有的钝化设备、钝化工艺，成本与原有铬酸盐钝化成本相当。本品主要成分之一为天然植物提取液，对人体和环境的危害小，废液排放处理简单。

## 配方 23 镀锌用无铬钝化液

**原料配比**

表1 无铬钝化液

| 原料 | 配比(质量份) | | |
|---|---|---|---|
| | 1# | 2# | 3# |
| 硅溶胶 | 10 | 20 | 5 |
| 草酸钛钾 | 3 | 5 | 1 |
| 氟钛酸钾 | 1.5 | 0.5 | 3.5 |
| 浓度为67%的硝酸 | 3mL | 2mL | 5mL |
| 水 | 加至1L | 加至1L | 加至1L |

表2 封闭剂

| 原料 | 配比(质量份) | | |
|---|---|---|---|
| | 1# | 2# | 3# |
| 硅溶胶 | 7 | 5 | 6 |
| 硅烷偶联剂 | 20 | 30 | 3 |
| 水 | 加至100 | 加至100 | 加至100 |

**制备方法**

(1) 钝化液的制备：将硝酸、氟钛酸盐、钛酸盐分别加入水中，搅拌溶解得到溶液，再加入硅溶胶，搅拌均匀，用氢氧化钠调节pH值到2.0。

(2) 封闭剂：将硅烷偶联剂水解，然后将硅溶胶加入其中，调节pH值为8～9。

**原料介绍**

所述硅溶胶是一种胶体粒径在纳米级的液体二氧化硅胶体。(如商品XCS-30或SW-30)。

所述钛酸盐包括草酸钛钾、硫酸钛和三氯化钛中的任何一种。

所述氟钛酸盐可以是氟钛酸钾。

钛酸盐钝化所形成的钝化膜在性能上接近铬酸盐或重铬酸盐钝化膜，但通常的钛酸盐钝化工艺中用双氧水作钛盐的配位剂和氧化剂。由于双氧水的不稳定性，使得钝化液不稳定，工作性能差，本品采用有机钛盐和氟钛酸盐使钝化液中的钛盐稳定，钝化液工作性能好。在钝化液中引入硅溶胶，使硅溶胶参与成膜，增加了钝化膜的厚度和耐蚀性。采用硅酸盐作为无铬钝化剂，硅溶胶比硅酸盐有较少的$Na^+$或$K^+$离子含量，成膜后耐蚀性更好。同时由于钝化膜中存在硅溶胶转变的Si-O键合，它可以与封闭剂中的硅溶胶和硅偶联剂产生键合，就如同机器设备打了地脚螺丝一样，使封闭膜均匀，结合力增强，使得经本工艺处理的电镀锌具有优越的耐盐雾性能。

**产品应用** 本品主要应用于电镀锌或锌合金层钝化。

本品钝化电镀锌或锌合金层的方法：将电镀锌或锌合金层的工件浸没于无铬钝化液中5～60s，在空气中静置5～10s，用水冲洗1次，再用去离子水冲洗1次，浸没于封闭剂中5～60s，冷风吹干。干燥：将经过封闭处理的工件置于恒温干燥箱中，在温度为40～80℃的条件下，干燥10～30min，即完成电镀锌或锌合金的钝化。

工件镀前处理主要包括：除锈、除油、活化等，随后放入电镀液中进行电镀。镀锌工艺的镀液组成及操作条件为：ZnO 10g/L，NaOH 10g/L、添加剂DPE Ⅲ 8～12mL/L、光亮剂ZB-80 2～4mL/L、电流密度为2.0A/$dm^2$、温度为室温、电镀时间为25min。电镀后将零件取出清洗，然后放入由$HNO_3$ 3mL/L和$H_2O$组成的出光液中停留3～5s，取出零件用水清洗干净，再用本钝化液室温下钝化处理。

**产品特性** 本品钝化电镀锌或锌合金层后，进行中性盐雾试验。经过120～168h的连续喷雾，钝化膜表面未出现白锈。

## 配方 24 电镀用无铬钝化液

**原料配比**

| 原料 | | | 配比(质量份) |
|---|---|---|---|
| A浓缩液 | 钛盐 | 钛盐 | 0.001～0.15 |
| | | 去离子水 | 1 |
| | 配位剂 | 配位剂 | 0.005～0.3 |
| | | 去离子水 | 1 |
| | 强酸 | 强酸 | 0.001～0.05(mL) |
| | | 去离子水 | 1 |
| | 氧化剂 | 氧化剂 | 0.005～0.4 |
| | | 去离子水 | 1 |
| B浓缩液 | 硅酸盐 | 硅酸盐 | 0.005～0.25 |
| | | 去离子水 | 1 |
| | 钼酸盐 | 钼酸盐 | 0.005～0.25 |
| | | 去离子水 | 1 |
| | 含磷物质 | 含磷物质 | 0.005～0.1 |
| | | 去离子水 | 1 |
| A浓缩液 | | | 1 |
| B浓缩液 | | | 1 |
| 去离子水 | | | 8 |

**制备方法**

(1) A浓缩液的制备：将钛盐、配位剂、强酸和氧化剂溶于去离子水中，得到A浓缩液。

(2) B浓缩液的制备：将硅酸盐、钼酸盐和含磷物质溶于去离子水中，得到B浓缩液。

(3) 将A浓缩液、B浓缩液和去离子水按照1∶1∶8的比例混合，然后用酸或碱调节pH值为2.0～6.0，再加热或冷却至20～60℃，即得无铬钝化液。

**产品应用** 本品主要用作金属电镀的钝化液。

本品钝化电镀锌或锌合金层的方法如下：

(1) 二次钝化：将电镀锌或锌合金层的工件浸没于无铬钝化液中5～60s，然后在空气中静置5～30s，再浸没于无铬钝化液中5～60s，然后用水冲洗1次，再用去离子水冲洗1次，冷风吹干；

(2) 老化：将经过步骤 (1) 处理的工件置于恒温干燥箱中，在温度为40～70℃的条件下干燥10～30min，即完成钝化电镀锌或锌合金层。

本品中的A浓缩液和B浓缩液单独存放，在钝化电镀有锌或锌合金层的金属板之前再将A浓缩液和B浓缩液混合后配制成无铬钝化液使用。

**产品特性** 本品中配制的A浓缩液和B浓缩液单独存放的稳定时间为45～60d，将A浓缩液和B浓缩液混合后配制的无铬钝化液的稳定时间为8～10d。采用本品钝化电镀锌或锌合金层后，进行中性盐雾试验，经过84～120h的连续喷雾，钝化膜表面未出现白锈。

## 配方 25 环保无铬钝化液

**原料配比**

| 原料 | 配比(质量份) | | | | |
|---|---|---|---|---|---|
| | 1# | 2# | 3# | 4# | 5# |
| 游离元素形成的盐 | 20 | 35 | 20 | 30 | 25 |
| 配位剂柠檬酸 | 38 | — | — | 10 | — |
| 配位剂酒石酸 | — | 18 | — | 8.33 | — |
| 配位剂焦磷酸 | — | — | 38 | 1.67 | 12.5 |
| 配位剂氨三乙酸 | — | — | — | — | 10.42 |
| 配位剂过氧化物 | — | — | — | — | 2.08 |
| 氧化还原剂硫酸 | 0.15 | — | — | 0.07 | — |
| 氧化还原剂盐酸 | — | 0.05 | — | — | 0.05 |
| 氧化还原剂硝酸 | — | — | 0.15 | — | — |
| 水 | 加至1L | 加至1L | 加至1L | 加至1L | 加至1L |

**制备方法** 将各组分溶于水，混合均匀即可。

**产品应用** 本品主要应用于对电镀锌层和热镀锌层进行钝化。

钝化的操作条件：在室温条件下，将被钝化工件浸入钝化工件中4～10s，经水洗后晾干和烘干，逐渐形成浅蓝绿较多的彩色钝化膜。

**产品特性** 本品对电镀锌层和热镀锌层的钝化，克服了传统技术的涂覆工艺产生的表面树脂覆膜易脱落的问题，所钝化的镀锌层的防腐蚀性能优于目前所采用的蓝白钝化工艺，与彩色钝化工艺相当。使用本品可以利用现有的铬酸盐钝化设备，降低了使用该钝化液的成本；钝化处理的温度、时间等工艺与原有的铬酸盐钝化工艺基本相同。

## 配方 26 无铬无银的环保型镀锌黑色钝化液

**原料配比**

| 原料 | 配比(质量份) | | |
|---|---|---|---|
| | 1# | 2# | 3# |
| 硅酸钠 | 10 | 15 | 20 |
| 硫酸铜 | 20 | 25 | 30 |
| 硫酸镍 | 0.5 | 1 | 1.5 |
| 硫酸亚铁 | 0.5 | 1 | 1.5 |
| 乙酸钠 | 1 | 2 | 3 |
| 冰乙酸 | 20mL | 30mL | 40mL |
| 硫酸(98%) | 3mL | 5mL | 7mL |
| 水 | 加至1L | 加至1L | 加至1L |

**制备方法**

(1) 将硅酸钠溶解于少量水中，得到完全溶解的硅酸钠水溶液；

(2) 将硫酸加入步骤 (1) 的硅酸钠水溶液中，混合均匀；

(3) 将硫酸铜加入步骤 (2) 的混合溶液中，混合均匀；

(4) 将硫酸镍加入步骤 (3) 的混合溶液中，混合均匀；

(5) 将硫酸亚铁加入步骤 (4) 的混合溶液中，混合均匀；

(6) 将乙酸酸钠加入步骤 (5) 的混合溶液中，混合均匀；

(7) 将冰乙酸加入步骤 (6) 的混合溶液中，混合均匀；

(8) 在步骤 (7) 的混合溶液中加水定容至所需体积，按常规方法用稀 $H_2SO_4$ 或稀 NaOH 溶液调整 pH 值至 2.0～2.5，即得硅酸盐黑色钝化液。

**产品应用** 本品主要应用于电镀锌钢铁零部件。

使用本品对电镀锌零件进行钝化处理的方法为：将电镀锌的钢铁零部件用水清洗干净，按常规方法进行出光处理后，取出零件水洗，再将零件浸入所述硅酸盐黑色钝化液中，室温下浸泡 1～2min 后，取出并用水清洗后，干燥即可。

所述出光处理为：将镀锌后的零件放入由 $HNO_3$ 和 $H_2O$ 组成的出光液中，于室温下浸泡 3～5s 后，取出即可。其中，出光液具体配比为：质量分数为 65% 的 $HNO_3$ 5～15mL/L，其余为 $H_2O$。

所述经镀锌、出光和钝化后的零件的清洗方法为：水冲洗，或者在装有清洁水的槽中或池中漂洗，直至将镀件表面清洗干净为止。

所述经钝化后的镀锌零件的干燥方法为：自然晾干、用吹风机吹干，或者用烘箱烘干。

各个工艺过程中所使用的水为自来水，或者是去离子水。

**产品特性** 本品用于电镀锌产品的后续钝化处理，可使镀锌产品的外观呈现出又黑又亮的良好视觉效果，同时显著提高了镀锌或材料的耐蚀性，经盐雾试验，出锈时间达到 200h 以上，在外观和性能方面均可达到现有含铬黑色钝化工艺的效果。另外，由于本品中不含六价铬和三价铬，从根本上解决了现有含铬钝化工艺污染环境的问题，是一种真正意义上的无铬钝化液，可在很大程度上提升电镀锌产品钝化工序的清洁生产；同时，相对廉价的铜盐、镍盐、铁盐取代了传统的银盐发黑钝化工艺，使钝化液配制成本大大降低。该钝化液稳定可靠，成膜效率高，完全可取代现有含铬含银的黑色钝化液。

## 配方 27 有机无机复合金属表面钝化处理液

**原料配比**

| 原料 | 配比(质量份) | | 原料 | 配比(质量份) | |
|---|---|---|---|---|---|
| | 1# | 2# | | 1# | 2# |
| 高锰酸钾 | 6 | — | 硫脲 | 5 | 4 |
| 硫酸氧钛 | — | 5 | 磷酸 | 5 | 12 |
| 氟化铵 | — | 20 | 水性聚氨酯 | 150 | 150 |
| 氟硅酸 | — | 30 | 去离子水 | 750 | 760 |
| 磷酸氢二钾 | 20 | — | 固化剂(脂肪族聚异氰酸酯) | 3 | 3 |

**制备方法** 将各组分溶于水，混合均匀即可。

**产品应用** 本品主要用作金属表面钝化处理液。

钝化液的处理工艺：在室温、pH 值为 2～6 的条件下，用辊涂、浸涂等方法将钝化液涂覆于镀锌板表面，80℃以上温度固化 10s 以上。

**产品特性** 本品中有机成膜剂作为骨架材料发挥作用，无机添加剂在成膜过程中不参加反应，或部分未参加反应，而是包裹在有机膜中。当有机膜发生破损时，无机添加剂通过破损处潮湿的液膜产生二次钝化效应，产生类似六价铬的“自愈”功能，从而获得耐蚀性能优良的钝化膜，并实现了环保型钝化膜的制备。

## 配方 28 有机无机复合铝合金无铬钝化处理液

**原料配比**

| 原料 | 配比(质量份) | | 原料 | 配比(质量份) | |
|---|---|---|---|---|---|
| | 1# | 2# | | 1# | 2# |
| 高铁酸钾 | 0.7 | 1 | 硅酸钠 | 10 | 4 |
| 磷酸 | 0.5 | 0.5 | 间苯二甲胺 | — | 3 |
| 水性聚氨酯 | 150 | 150 | 去离子水 | 838.8 | 841.5 |

**制备方法** 将各组分溶于水，混合均匀即可。

**原料介绍**

采用水性丙烯酸树脂或聚氨酯有机树脂作为成膜剂，经过一系列无机盐与有机溶剂的复合钝化处理探索后，在 1000g 钝化液中，水性丙烯酸树脂或聚氨酯有机树脂成膜剂为 100～250g，占总质量的 10%～25%。水性丙烯酸树脂或聚氨酯有机树脂成膜剂浓度低于 10%时不能形成良好的有机骨架，耐蚀性不好；而浓度高时涂料比较黏稠，成本高且钝化膜较厚。

为改善钝化液稳定性，可以加入钝化液稳定剂。稳定剂可以选用硅酸钠、硅酸钾、高碘酸盐、乙酸钠等化合物中的一种或几种。当稳定剂浓度太低时无法保证高铁酸盐的稳定性，而浓度过高则会影响钝化膜的性能。在此钝化液配方中稳定剂选择为硅酸钠，浓度为 0.05%～5%效果最佳。

为改善固化温度可加入相应的固化剂，其种类不作特殊要求，加入量为钝化液总质量的 0～5%。由于芳香族胺类（主要为间苯二胺、间苯二甲胺等）需在加热条件下固化，可与树脂混合，使得固化物的耐热、耐蚀性能较为突出。

本品利用有机物与无机物的协同作用，采用水性有机树脂作为主成膜剂，添加高铁酸盐作为辅助成膜剂和腐蚀抑制剂，获得了一种具有良好的成膜性能和耐蚀性能的钝化处理液。

**产品应用** 本品主要应用于铝合金表面钝化处理。

钝化液的处理工艺为：在 25℃、pH 值为 4～6 的条件下，用辊涂、浸涂等方法将钝化液涂覆于铝合金表面，80℃以上温度固化 30s 以上。

**产品特性** 本品中有机成膜剂作为骨架材料发挥作用，部分无机添加剂在成膜过程中参加反应，与有机成膜剂共同作用形成致密的复合保护膜，剩余的无机钝化剂包裹在有机膜中。当有机膜发生破损时，无机添加剂通过破损处潮湿的液膜产生二次钝化效应，产生类似六价铬的“自愈”功能；同时，由于高铁酸钾是绿色的饮用水净化剂，所以其对人体无毒，对环境无污染。所以本品获得了耐蚀性能优良的钝化膜，并实现了环保型钝化膜的制备。

## 配方 29 有机无机复合镁合金无铬钝化处理液

原料配比

| 原料 | 配比(质量份) | | 原料 | 配比(质量份) | |
|---|---|---|---|---|---|
| | 1# | 2# | | 1# | 2# |
| 高铁酸钾 | 0.7 | 1 | 高碘酸钾 | 10 | 4 |
| 水性有机硅 | 25 | 44 | 间苯二胺 | — | 3 |
| 水性聚氨酯 | 150 | 150 | 去离子水 | 814.3 | 798 |

**制备方法** 将各组分溶于水，混合均匀即可。

**原料介绍**

利用水性的丙烯酸树脂或聚氨酯以及有机硅等有机树脂作为成膜剂，经过一系列无机盐与有机溶剂的复合钝化处理探索后，在1000g钝化液中，水性有机硅的量为25～50g，占总质量的2.5%～5%；水性聚氨酯为100～250g，占总质量的10%～25%。水性聚氨酯浓度低于10%时不能形成良好的有机骨架，耐蚀性不好；而浓度高时涂料比较黏稠，成本高且钝化膜较厚。

采用含有高铁酸钾、高铁酸钠等高铁酸盐作为无机钝化剂，占总质量的0.01%～2%。

为改善钝化液稳定性，可以加入钝化液稳定剂。稳定剂可以选用硅酸钠、硅酸钾、高碘酸盐、乙酸钠等化合物中的一种或几种。当稳定剂浓度太低时无法保证高铁酸盐的稳定性，而浓度过高则会影响钝化膜的性能。此钝化液配方中的稳定剂选择为高碘酸钾，占总质量的0.05%～5%。

为改善固化温度可加入相应的固化剂，其种类不作特殊要求，加入量为钝化液总质量的0%～5%。由于芳香族胺类（主要为间苯二胺、间苯二甲胺等）需在加热条件下固化，可与树脂混合，使得固化物的耐热、耐蚀性能较为突出。

**产品应用** 本品主要应用于镁合金表面处理。

本品钝化液的处理工艺为：在室温、pH值为8～10的条件下，用辊涂、浸涂等方法将钝化液涂覆于镁合金表面，80℃以上温度固化30s以上。

**产品特性** 本品中有机成膜剂作为骨架材料发挥作用，部分无机添加剂在成膜过程中参加反应，与有机成膜剂共同作用形成致密的复合保护膜，剩余的无机钝化剂包裹在有机膜中。当有机膜发生破损时，无机添加剂通过破损处潮湿的液膜产生二次钝化效应，产生类似六价铬的“自愈”功能；同时，高铁酸钾是绿色的饮用水净化剂，人体无毒，对环境无污染。

## 配方 30 锌镀层钝化液

原料配比

| 原料 | 配比(质量份) | | | | | | | | | | | |
|---|---|---|---|---|---|---|---|---|---|---|---|---|
| | 1# | 2# | 3# | 4# | 5# | 6# | 7# | 8# | 9# | 10# | 11# | 12# |
| 三氯化钛 | 0.4 | — | 0.62 | 0.62 | — | — | — | — | — | — | — | — |
| 六氟钛酸 | — | 0.38 | — | — | — | — | — | — | — | — | — | — |
| 四氟化锆 | — | 0.02 | 0.03 | 0.03 | — | — | — | — | — | — | — | — |
| 氟锆酸 | 0.03 | — | — | — | — | — | — | — | — | — | — | — |
| 金属离子 | — | — | — | — | 0.1 | 0.2 | 0.5 | 0.5 | 0.5 | 0.3 | 0.2 | 0.25 |
| 过硫酸铵 | — | 3.5 | — | — | — | 4 | — | 3.2 | 2.8 | 3 | 1 | — |

续表

| 原料 | 配比(质量份) | | | | | | | | | | | |
|---|---|---|---|---|---|---|---|---|---|---|---|---|
| | 1# | 2# | 3# | 4# | 5# | 6# | 7# | 8# | 9# | 10# | 11# | 12# |
| 过氧化氢 | 2.1 | — | 2.3 | 2.3 | 1 | — | 4 | — | — | — | — | 1.9 |
| 氟硅酸 | 9 | — | 1.15 | 1.15 | 10 | — | — | 8 | 3 | — | 1.8 | — |
| 氟硼酸 | — | 7.24 | 6.2 | 6.2 | — | 1 | 5 | — | — | 2.8 | — | 2.5 |
| 硫脲 | 0.15 | — | 0.15 | 0.2 | 0.2 | — | — | 1.6 | — | — | — | — |
| 烷基硫脲 | — | 0.16 | — | — | — | 1 | — | — | 1.1 | — | 0.9 | 1.5 |
| 硫代乙酰胺 | — | — | — | — | — | — | 2 | — | — | 1.7 | — | — |
| 去离子水 | 加至1L | 加至1L | 加至1L | 加至1L | 加至1L | 加至1L | 加至1L | 加至1L | 加至1L | 加至1L | 加至1L | 加至1L |

**制备方法** 将原料在搅拌情况下依次加入去离子水中，添加去离子水，直至达到所需体积，充分搅拌后制得钝化液，用三乙醇胺调整钝化液的pH值至2。

**产品应用** 本品主要用作镀锌层钝化液。

涂覆方法：控制锌镀层钝化温度在50℃，将经过热镀锌处理的钢板浸入该溶液1min后，清洗并干燥，即可在钢板表面形成高耐腐蚀性的钝化层。该钝化层在中性盐雾试验中首次出现白锈时间为72h。

**产品特性**

(1) 本品添加了含锆离子化合物，锆是钝化膜的组成成分。在锌涂层的表面形成含有锆的钝化膜，能提高钝化膜的致密性，进而能够提高锌涂层的耐腐蚀性和耐磨损性能。

(2) 本品添加了硫代羰基化合物，其具有很强的氧化性，当吸附在锌表面，可以起到钝化作用。硫离子和锌会发生部分反应而在锌粉表面生成稳定的ZnS膜，这层膜可以明显延长涂层出白锈时间，进而增强涂层的耐腐蚀性能。

(3) 本品配制后可放置于室温下至少24h保持其性能，大大增加了稳定性。

## 配方31 锌或锌合金表面的钝化处理液

**原料配比**

| 原料 | 配比(质量份) | | | | |
|---|---|---|---|---|---|
| | 1# | 2# | 3# | 4# | 5# |
| 硝酸钇 | 3 | 5 | 7 | 10 | 15 |
| EDTA三钠 | 1 | — | 1.2 | — | — |
| 柠檬酸钠 | — | 1 | — | 1.5 | 1.7 |
| 过氧化氢 | 0.5 | 10 | 15 | 18 | 20 |
| 偏钒酸铵 | 0.5 | 0.5 | 0.7 | 0.9 | 1 |
| 去离子水 | 加至1L | 加至1L | 加至1L | 加至1L | 加至1L |

**制备方法** 将水溶性钇盐、氧化剂、配位剂和可溶性偏钒酸盐加入水中并混合均匀，然后，将该钝化处理液的pH值调节为2.0～5.0，优选为2.5～4，更优选为3.0～3.5。

**原料介绍**

所述水溶性钇盐可以为各种能够溶于水的钇盐，例如硝酸钇和/或乙酸钇。

所述氧化剂可以为常规钝化处理液中所含有的各种氧化剂，优选为过氧化物和硝酸盐（例如硝酸钠、硝酸钾、硝酸钙和硝酸镁）中的一种或多种，更优选为过氧化氢。

所述配位剂为有机酸及其可溶性盐以及氨羧配位剂中的一种或几种。有机酸可以选自柠檬酸、丁二酸和酒石酸中的一种或几种；有机酸的可溶性盐可以选自柠檬酸、丁二酸和酒石酸的钠盐和钾盐中的一种或几种；氨羧配位剂可以为乙二胺四乙酸（EDTA）和/或 EDTA 三钠。

所述可溶性偏钒酸盐可选自偏钒酸铵、偏钒酸钠和偏钒酸钾中的一种或多种，优选为偏钒酸铵。

**产品应用** 本品主要应用于锌或锌合金表面的钝化。

本品提供的对锌或锌合金表面钝化处理的方法包括将锌或锌合金表面与钝化处理液接触，其中，所述钝化处理液为本品所提供的钝化处理液。

将锌或锌合金表面与钝化处理液接触的条件可以与常规的接触条件相同，优选情况下，接触的温度为 25～45℃，接触的时间为 20s～60min。

本品的钝化处理方法还包括预处理，依次为打磨、脱脂、超声波振荡清洁、水洗、活化和水洗，可以省去打磨、超声波振荡清洁和活化这些步骤中的一个或多个步骤。例如，可以依次进行脱脂、水洗、活化和水洗完成预处理，也可以只进行脱脂或水洗的步骤而完成预处理。

进行脱脂时所用的脱脂剂可以使用市售脱脂产品，也可以自制脱脂碱溶液，其可以含有一种或多种碱或碱性盐，例如含有 NaOH、$Na_2CO_3$、$Na_3PO_4$ 和 $Na_2B_4O_7$，优选的配方为：

① NaOH：5～10g/L；

② $Na_2CO_3$：10～15g/L；

③ $Na_3PO_4$：5～15g/L；

④ $Na_2B_4O_7$：1～10g/L。

所用的活化剂可以是市售活化剂产品，也可以自制，例如制备氟硅酸和脂肪醇聚氧乙烯醚的水溶液作为活化剂，其优选配方为：

① 氟硅酸：1～20mL/L；

② 脂肪醇聚氧乙烯醚（AEO 系列）：0.5～2g/L。

所述水洗是指用去离子水进行冲洗，冲洗时间优选为 1.5～10min。

钝化处理使用本品，钝化处理温度为 25～45℃，钝化处理时间为 20s～60min。

将锌或锌合金表面与本钝化处理液接触之后，还要对钝化后的锌或锌合金表面进行水洗和干燥。水洗可以用去离子水冲洗 1.5～10min，干燥可以是自然晾干或烘干，烘干的温度可以为 60～80℃，更优选为 65～75℃；烘干时间可以为 5～30min，优选为 10～20min。

**产品特性** 本品拓宽并优化了稀土元素在金属钝化处理领域的应用，提供了一种新的不含 Cr 元素的钝化处理液及利用其进行钝化处理的方法。利用本品及其钝化处理工艺，对锌或锌合金表面进行钝化处理，钝化作用快、耐腐蚀性好，还一定程度上降低了锌或锌合金钝化膜层的表面电阻，较容易使电子、电磁发散，引流到其他地方，减少了隐患。

## 配方 32 用于处理铝合金的无铬钝化液

**原料配比**

表 1 无铬钝化液

| 原料 | 配比(质量份) | | | | |
|---|---|---|---|---|---|
| | 1# | 2# | 3# | 4# | 5# |
| 40%氟钛酸 | 5.6 | 8.56 | 11.2 | 5.6 | 8.56 |
| 45%氟锆酸 | 1.2 | 2.52 | 2.4 | 1.2 | 2.52 |
| 50%氨基三亚甲基膦酸 | 0.4 | 1 | — | — | — |
| 2-膦酸基丁烷-1,2,4-三羧酸 | — | — | 0.8 | — | — |
| 十二烷基磷酸 | — | — | — | 0.4 | — |
| 2-羟基膦酸基乙酸 | — | — | — | — | 0.4 |
| 去离子水 | 1L | 1L | 1L | 1L | 1L |

表 2 钠盐复配液

| 原料 | 配比(质量份) | 原料 | 配比(质量份) |
|---|---|---|---|
| 碳酸钠 | 7 | 硅酸钠 | 13 |
| 焦磷酸钠 | 40 | 十二烷基酚聚氧乙烯醚 | 2 |
| 硫酸钠 | 23 | 水 | 加至100 |
| 十二烷基磺酸钠 | 15 | | |

表 3 脱氧活化液

| 原料 | 配比(质量份) | 原料 | 配比(质量份) |
|---|---|---|---|
| 硫酸 | 1 | 非离子表面活性剂(由质量比 1：1 的脂肪醇聚氧乙烯醚和壬基酚聚氧乙烯醚组成) | 0.2 |
| 氟化氢 | 0.01 | 水 | 加至100 |

**制备方法** 取氟钛酸、氟锆酸和有机磷酸化合物，溶于1L去离子水中，并用氨水调节 pH 值为 3～3.5，在室温下自然反应 1d 后使用。

**原料介绍**

所述有机磷酸化合物选用氨基三亚甲基膦酸、2-膦酸丁烷-1,2,4-三羧酸、十二烷基二磷酸、2-羟基膦酸基乙酸，优选 1～12 碳原子的长直链无分支的烷基磷酸。

**产品应用** 本品主要用作铝合金钝化液。

本品无铬钝化液用于处理铝合金的使用方法，按如下步骤进行：

(1) 除去铝合金表面的油脂。

(2) 将铝合金表面碱洗（用 2%氢氧化钠溶液或钠盐复配液）、脱氧活化。

(3) 用配制好的无铬钝化液对铝合金进行浸渍或喷淋处理，控制温度为 25～60℃，时间为 2～5min。

(4) 最后在温度为 90～150℃下，干燥 10～30min。

**产品特性**

(1) 本品由于不含铬酸盐，大大减轻了环境污染。

(2) 本品原料价格低廉，处理方法简单易行。

(3) 本品是直接将有机磷酸加入钛锆体系中。有机磷酸先与 $Zr^{4+}$ 反应形成磷酸锆复合结构，利用生成的 P-O-Me 化合键与基体结合，最后在铝合金表面形成 Al-P-Zr-P 结构和 $Al_2O_3$-$TiO_2$ 的复合膜。所形成的磷酸锆复合结构能明显地提高钝化膜的耐蚀性能和与表面聚合物涂层的附着能力。

(4) 本品形成的钝化膜耐蚀性能优良，与表面聚合物涂层附着力好。

## 配方 33 用于电镀锌钢板表面处理的无铬钝化液

**原料配比**

| 原料 | 配比(质量份) | | | | | | | |
|---|---|---|---|---|---|---|---|---|
| | 1# | 2# | 3# | 4# | 5# | 6# | 7# | 8# |
| γ-缩水甘油醚氧丙基三甲氧基硅烷 | 20 | 15 | 10 | 5 | 2.5 | 1 | 0.5 | 0.2 |
| 聚乙烯醇 | 1 | 0.9 | 0.8 | 0.5 | 0.6 | 0.2 | 0.05 | 0.01 |
| 碳酸锆铵 | 3 | 2.5 | 2 | 0.75 | 0.5 | 0.3 | 0.2 | 0.1 |
| 水 | 加至1L | 加至1L | 加至1L | 加至1L | 加至1L | 加至1L | 加至1L | 加至1L |

**制备方法** 将各组分溶于水，混合均匀即可。

**原料介绍**

所述γ-缩水甘油醚氧丙基三甲氧基硅烷（简称GPS），其所形成的钝化膜可以大大提高金属和漆膜之间的结合力，一方面该有机分子中的SiOH基团和金属表面的MeOH基团（Me为金属）形成氢键而快速附着于金属表面，形成钝化膜；另一方面，该有机分子中的SiOH基团之间可以发生缩水反应，构成钝化膜的骨架。

所述聚乙烯醇，可以进一步加强基团之间的交联，促进其表面性能的提高。

所述碳酸锆铵，具有锆羟基，活性很高，能与羟基形成氢键，同时还可以与GPS中的SiOH基团反应，有利于钝化层内膜层内部的交联，对提高膜层的耐蚀性具有良好的作用。

**产品应用** 本品主要应用于镀锌钢板钝化。

本品使用方法为：钢板电镀锌20g/m$^2$后，立即用水冲洗干净，并用冷风吹干；然后采用辊涂的方法将钝化液均匀地涂覆到电镀锌钢板表面；在200℃条件下，烘烤5min；自然冷却，所得钝化膜厚度为0.2～2.0g/m$^2$。

**产品特性**

(1) 本品由γ-缩水甘油醚氧丙基三甲氧基硅烷、聚乙烯醇、碳酸锆铵和水等无毒的物质组成，钝化液中不含铬，钝化膜中也不含铬，在生产过程中和产品使用过程中对人和环境都是无害的。

(2) 本品是无色透明的，电镀锌钢板钝化处理后颜色改变不明显。本品稳定性好，可长期储存。

(3) 在本品中，γ-缩水甘油醚氧丙基三甲氧基硅烷的水解产物易于在电镀锌钢板表面形成高致密度和高结合力的钝化膜；聚乙烯醇可以提高钝化液的黏度，从而提高钝化膜的均匀性；碳酸锆铵的添加使得钝化膜的致密性、结合力及硬度显著提高。采用本品所述的工艺钝化电镀锌钢板得到的钝化膜均匀致密，结合力良好，硬度高，具有良好的保护性能，其性能与有毒的铬酸盐彩色钝化工艺所得膜层相当。采用本品及其工艺钝化的电镀锌钢板中性盐雾试验120h无白锈。

(4) 采用本品及其工艺钝化后的电镀锌钢板在210℃条件下，除氢2h后，耐蚀性变化不大，而铬酸盐钝化的镀锌板耐蚀性显著下降。

(5) 采用本品及其工艺钝化电镀锌钢板得到的钝化膜中含有大量的环氧基团，使得该电镀锌钢板具有良好的涂装性能。

## 配方 34 用于镀锡钢板的不含铬钝化液

**原料配比**

| 原料 | 配比(质量份) | | | | | | | | | | | | | | | |
|---|---|---|---|---|---|---|---|---|---|---|---|---|---|---|---|---|
| | 1# | 2# | 3# | 4# | 5# | 6# | 7# | 8# | 9# | 10# | 11# | 12# | 13# | 14# | 15# | 16# |
| 硝酸铈 | 5 | 10 | 15 | 28 | 8 | 12 | 15 | 15 | — | — | — | — | — | — | — | — |
| 硝酸镧 | — | — | — | — | — | — | — | — | 10 | 10 | 15 | 20 | — | — | — | — |
| 硝酸铵 | 7 | 15 | 10 | 35 | — | — | — | — | — | — | — | — | — | — | — | — |
| 硫酸镧 | — | — | — | — | — | — | — | — | — | — | — | — | 8 | 8 | 12 | 20 |
| 硫酸铵 | — | — | — | — | 8 | 10 | 12 | 15 | 8 | 10 | 15 | 18 | 8 | 10 | 12 | 35 |
| 水 | 1000 | 1000 | 1000 | 1000 | 1000 | 1000 | 1000 | 1000 | 1000 | 1000 | 1000 | 1000 | 1000 | 1000 | 1000 | 1000 |

**制备方法** 将各组分溶于水，混合均匀即可。

**产品应用** 本品主要用作镀锡钢板的钝化液。

使用方法：将镀锡钢板浸在钝化液中进行电化学处理，处理时的阴极电流密度为 0.1～20A/dm²，处理时间为 0.1～10s，温度为 30～65℃。

**产品特性** 本品不含有污染环境的铬，废水处理更为简单，节约费用，具有显著的经济和环境效益；使用本品对镀锡钢板进行处理，可以使镀锡钢板表面具有优良的抗硫化斑性、溶锡均匀性、漆膜附着性和加工性能。本品成本低，处理工艺简单，易于实施。

## 配方 35 用于镀锌板的无铬钝化液

**原料配比**

| 原料 | 配比(质量份) | | | | | |
|---|---|---|---|---|---|---|
| | 1# | 2# | 3# | 4# | 5# | 6# |
| 硝酸铈 | 10～12 | — | — | — | — | — |
| 氯化铈 | — | 12～15 | — | — | — | — |
| 钨酸钠 | — | — | 15～20 | — | — | — |
| 钨酸铵 | — | — | — | 15～18 | — | — |
| 钼酸钠 | — | — | — | — | 15～18 | — |
| 二钼酸铵 | — | — | — | — | — | 18～20 |
| 十二烷基硫酸钠 | 3～3.2 | 3.2～3.5 | 3.5～3.8 | 3.8～4 | 4～4.2 | 4～4.2 |
| OP-10 | 0.4～0.6 | 0.4～0.6 | 0.4～0.6 | 0.4～0.6 | 0.6～0.8 | 0.4～0.6 |
| 正丁醇 | 0.6～0.8 | 0.4～0.6 | 0.6～0.8 | 0.6～0.8 | 0.4～0.6 | 0.6～0.8 |
| 硅溶胶 | 20～22 | 22～25 | 12～15 | 2～5 | — | — |
| 硅酸钠 | — | — | — | 2～5 | 18～20 | — |
| 硅丙乳液 | 150～170mL | 170～200mL | 200～220mL | 220～240mL | 240～260mL | 260～280mL |
| 烷氧基硅烷偶联剂 | — | — | 8～10 | 1～3 | — | 15～18 |
| 植酸 | 5～8 | — | — | 3～5 | 5～8 | — |
| 柠檬酸 | — | 8～10 | — | — | — | — |
| 单宁酸 | — | — | 10～12 | 5～8 | 3～5 | 18～20 |
| 水 | 加至 1L | 加至 1L | 加至 1L | 加至 1L | 加至 1L | 加至 1L |

| 原料 | 配比(质量份) | | | | | |
|---|---|---|---|---|---|---|
| | 7# | 8# | 9# | 10# | 11# | 12# |
| 钨酸钠 | — | — | — | — | 25～28 | — |
| 钨酸铵 | — | — | — | — | — | 30～32 |
| 钼酸钠 | — | 15～18 | — | — | — | — |
| 二钼酸铵 | — | — | 20～23 | — | — | — |
| 四钼酸铵 | 15～17 | — | — | 23～25 | — | — |
| 磷酸钠 | — | — | — | 10～12 | 10～12 | — |
| 磷酸二氢钠 | — | 5～8 | — | — | — | — |

续表

| 原料 | 配比(质量份) | | | | | |
|---|---|---|---|---|---|---|
| | 7＃ | 8＃ | 9＃ | 10＃ | 11＃ | 12＃ |
| 磷酸氢钠 | — | — | 8～10 | — | — | 10～12 |
| 十二烷基硫酸钠 | 4.2～4.5 | 4.2～4.5 | 4.2～4.5 | 4.2～4.5 | 4.5～4.8 | 4.5～4.8 |
| OP-10 | 0.4～0.6 | 0.6～0.8 | 0.4～0.6 | 0.6～0.8 | 0.6～0.8 | 0.6～0.8 |
| 正丁醇 | 0.6～0.8 | 0.4～0.6 | 1～1.2 | 1～1.2 | 0.6～0.8 | 1～1.2 |
| 硅溶胶 | — | — | 4～6 | 4～6 | 6～8 | 1～3 |
| 硅酸钠 | — | — | 1～3 | — | — | 6～8 |
| 硅丙乳液 | 280～300mL | 150～170mL | 170～200mL | 200～220mL | 220～240mL | 240～260mL |
| 烷氧基硅烷偶联剂 | 10～15 | 5～10 | — | 1～3 | 1～3 | — |
| 植酸 | 4～6 | — | 2～3 | 2～3 | — | 3～5 |
| 柠檬酸 | 1～3 | — | — | — | 3～5 | — |
| 单宁酸 | 2～4 | 8～10 | 3～5 | 3～5 | 2～3 | 5～8 |
| 水 | 加至1L | 加至1L | 加至1L | 加至1L | 加至1L | 加至1L |
| 原料 | 配比(质量份) | | | | | |
| | 13＃ | 14＃ | 15＃ | 15＃ | 17＃ | 18＃ |
| 硝酸铈 | — | 10～12 | — | — | — | 8～10 |
| 钨酸钠 | — | — | 30～32 | 15～18 | 25～28 | — |
| 钼酸钠 | — | — | — | 5～8 | — | — |
| 二钼酸铵 | 15～18 | — | — | — | 5～8 | — |
| 四钼酸铵 | — | — | — | — | — | 4～6 |
| 磷酸钠 | 5～8 | 15～18 | 5～8 | — | 15～18 | 15～18 |
| 磷酸二氢钠 | — | — | — | 10～12 | — | — |
| 十二烷基硫酸钠 | 4.5～4.8 | 4.8～5 | — | 5～5.2 | 5.2～5.5 | 5.5～5.8 |
| OP-10 | 0.6～0.8 | 0.5～0.8 | 1～1.2 | 1～1.2 | 1～1.2 | 1.8～2 |
| 正丁醇 | 1.2～1.4 | 1.5～1.8 | 1.5～1.8 | 1.5～1.8 | 1.5～1.8 | 2～2.2 |
| 硅溶胶 | 10～12 | 10～12 | 12～15 | 25～28 | — | 28～30 |
| 硅酸钠 | — | — | 5～8 | — | 15～18 | — |
| 硅丙乳液 | 260～280mL | 280～300mL | 200～220mL | 220～240mL | 260～280mL | 150～180mL |
| 烷氧基硅烷偶联剂 | 1～3 | 5～8 | — | — | 10～12 | — |
| 植酸 | 3～5 | 12～15 | — | 8～10 | 8～10 | 8～10 |
| 柠檬酸 | 5～8 | — | 15～18 | — | 8～10 | 2～4 |
| 单宁酸 | — | — | — | 5～8 | — | — |
| 水 | 加至1L | 加至1L | 加至1L | 加至1L | 加至1L | 加至1L |
| 原料 | 配比(质量份) | | | | | |
| | 19＃ | 20＃ | 21＃ | 22＃ | 23＃ | 24＃ |
| 硝酸铈 | 5～8 | — | — | — | — | 2～4 |
| 氯化铈 | — | — | — | — | 5～7 | — |
| 钨酸钠 | — | 20～23 | 8～10 | 5～8 | 5～8 | — |
| 钨酸铵 | 25～28 | — | — | — | — | 5～8 |
| 二钼酸铵 | — | 5～8 | — | — | 20～22 | — |
| 钼酸钠 | — | — | — | 20～22 | — | — |
| 四钼酸铵 | — | — | 25～27 | — | — | 8～10 |
| 磷酸钠 | 15～18 | — | — | — | 10～12 | 2～5 |
| 磷酸二氢钠 | — | — | 15～18 | — | — | — |
| 磷酸氢钠 | — | 15～18 | — | 10～12 | — | — |
| 十二烷基硫酸钠 | 5.8～6 | 5.5～5.8 | 6～6.2 | 4～4.2 | 4.2～4.5 | 4.5～4.8 |
| OP-10 | 1.5～1.8 | 1.5～1.8 | 1.5～1.8 | 0.4～0.6 | 0.4～.6 | 0.6～0.8 |
| 正丁醇 | 1.5～1.8 | 2～2.4 | 2～2.4 | 0.4～0.6 | 0.4～0.6 | 0.8～1 |
| 硅溶胶 | 5～8 | 8～10 | 10～12 | 12～15 | 4～6 | 8～10 |
| 硅酸钠 | 2～5 | 2～5 | 2～5 | 2～5 | 4～6 | 2～5 |
| 硅丙乳液 | 180～200mL | 200～220mL | 220～240mL | 240～260mL | 260～280mL | 180～200mL |
| 烷氧基硅烷偶联剂 | 1～3 | 2～5 | 2～5 | 2～5 | 12～15 | 12～15 |
| 植酸 | 2～4 | 5～8 | 6～8 | 8～10 | 4～5 | 2～4 |
| 柠檬酸 | 1～3 | — | 1～3 | 1～3 | 2～4 | 1～3 |
| 单宁酸 | 2～4 | — | 2～4 | 2～4 | 8～10 | 6～8 |
| 水 | 加至1L | 加至1L | 加至1L | 加至1L | 加至1L | 加至1L |

**制备方法** 先将有机盐缓蚀剂溶解后加入搅拌釜中，边搅拌边加入分散剂、有机酸、封闭剂、硅丙乳液，最后加入水，再用无机酸或碱调节 pH 值至 2～5，然后在 20～30℃条件下搅拌 1～2h。

**原料介绍**

所述的无机盐缓蚀剂为钼酸盐、铈盐、磷酸盐、钨酸盐中的一种或一种以上的混合物；其中：钼酸盐为钼酸钠、二钼酸铵、四钼酸铵中的一种或一种以上的混合物，铈盐为硝酸铈、氯化铈中的一种或两种混合物，磷酸盐为磷酸钠、磷酸氢钠、磷酸二氢钠中的一种或一种以上的混合物，钨酸盐为钨酸钠、钨酸铵中的一种或两种混合物。

所述的分散剂为阴离子型表面活性剂、水溶性非离子型表面活性剂和低碳醇的三种混合物；其中，阴离子型表面活性剂为分散剂总量的 75%～85%，水溶性非离子型表面活性剂为分散剂总量的 5%～20%，低碳醇为分散剂总量的 5%～20%。

所述的有机酸为柠檬酸、单宁酸、植酸中的一种或一种以上的混合物。

所述的封闭剂为硅酸钠、硅溶胶、烷氧基类硅烷偶联剂中的一种或一种以上的混合物；硅溶胶中的 $SiO_2$ 的含量为 30%。

所述硅丙乳液的固含量为 40%～45%，pH 值为 7～9。

**产品应用** 本品主要用作镀锌极的钝化液。

**产品特性** 本品能在形成无机金属化合物沉淀膜的基础上再形成一层有机树脂阻隔层。由于硅化合物的加入，不仅能增加钝化膜与镀锌层的结合力，而且能提高钝化层的耐蚀性、耐洗刷性和耐磨性，并不会影响钝化后的涂覆处理。

## 配方 36 用于镀锌层防白锈的无铬钝化液

**原料配比**

| 原料 | 配比(质量份) | | | | | | | |
|---|---|---|---|---|---|---|---|---|
| | 1# | 2# | 3# | 4# | 5# | 6# | 7# | 8# |
| 乙醇 | 92mL | — | — | 495mL | — | 720mL | — | 475mL |
| 甲醇 | — | 475mL | — | — | 893mL | — | 817mL | — |
| 丙醇 | — | — | 92mL | — | — | — | — | — |
| 去离子水 | 828mL | 9025mL | 828mL | 9405mL | 47mL | 80mL | 43mL | 25mL |
| 硅烷偶联剂 | 80mL | 500mL | 50mL | 10mL | 60mL | 20mL | 140mL | — |
| 钼酸铵 | 3 | — | — | — | 1 | — | — | — |
| 钼酸钠 | — | 50 | 2 | 300 | 1 | 2 | — | — |
| 钼酸钾 | — | — | 2 | — | 1 | 2 | 25 | 1 |
| 水 | 加至 1L | 加至 1L | 加至 1L | 加至 1L | 加至 1L | 加至 1L | 加至 1L | 加至 1L |

**制备方法** 取甲醇、乙醇或丙醇及去离子水配制成水解溶剂，加入硅烷偶联剂配成硅烷溶液，再加入钼酸盐，调整 pH 值为 5～7，获得澄清处理液。

**产品应用** 本品主要用作镀锌层防白锈的钝化液。

本品涂覆工艺为：工件在完成镀锌工序后水冷或采用其他公知方式冷却至室温条件下，即可进行无铬钝化液的涂覆，可采用浸涂、喷涂、刷涂或擦涂的方式，使钝化液与镀件充分浸润，之后，置于空气中干燥即可。若采用烘干工序，则效果更佳，烘干温度为 90～120℃。

**产品特性** 本品选择无毒钼酸盐作为缓蚀剂与无毒的硅烷溶液配制成无铬钝化液，所获膜层与镀层结合力好、致密、无色透明，且具有“自愈”能力，其耐蚀性与常规铬酸盐钝化相当，具有良好的防白锈性能。该环境友好型保护膜既克服了一般树脂与镀锌层结合力不佳的缺点，又消除了无机盐钝化不易获得无色透明膜层的不足。

## 配方 37 用于镀锌钢板表面的无铬钝化液

**原料配比**

| 原料 | 配比(质量份) | | | | | | |
|---|---|---|---|---|---|---|---|
| | 1# | 2# | 3# | 4# | 5# | 6# | 7# |
| 钼酸钠 | 80 | — | 100 | 110 | 80 | 140 | 100 |
| 钨酸钠 | 25 | — | 30 | 20 | 18 | 20 | 16 |
| 钼酸钾 | — | 93 | — | — | 40 | — | 58 |
| 钨酸钾 | — | 22 | — | — | — | 10 | — |
| 丙烯酸 | 35 | 30 | 35 | 45 | 40 | 50 | 50 |
| 双氧水 | 30 | 25 | 20 | 38 | 20 | 20 | 20 |
| 植酸 | 10 | 5 | 10 | 8 | 6 | 10 | 10 |
| 水 | 加至1L | 加至1L | 加至1L | 加至1L | 加至1L | 加至1L | 加至1L |

**制备方法** 将各组分溶于水，混合均匀即可。

**原料介绍** 本品采用钨酸盐，一方面由于单纯的钼酸盐钝化膜对镀锌板的保护性较差，加入钨酸盐后，钨酸盐与钼酸盐的交互作用可在镀锌板表面生成保护性更好的钝化膜；另一方面可适当降低钝化液的成本。

**产品应用** 本品主要用作镀锌钢板表面的钝化液。

镀锌钢板表面无铬钝化工艺方法：将镀锌钢板表面用脱脂液进行化学除油，再进行水冲洗、去离子水漂洗、热风吹干后，待钝化。钝化温度：50～65℃；钝化时间：0.5～4s；钝化方式：浸蘸、喷淋、涂覆均可；干燥方式：50～60℃烘干。

**产品特性** 本品不含有污染环境的铬，为环保型钝化液，钝化膜的耐盐雾腐蚀性与铬酸盐钝化相当，并不改变现有设备条件，产品质量满足用户的要求。

## 配方 38 制冷管件清洗无铬钝化用多功能液

**原料配比**

| 原料 | 配比(质量份) | | 原料 | 配比(质量份) | |
|---|---|---|---|---|---|
| | 1# | 2# | | 1# | 2# |
| 柠檬酸 | 3 | — | 吡咯烷酮 | 2 | 3 |
| 酒石酸 | — | 4.8 | 苯甲醇 | 80 | 100 |
| 钼酸钠 | 0.5 | 0.8 | 苯基乙二醇醚 | 80 | 100 |
| 尿素 | 1 | — | 苯基卡必醇 | 80 | 100 |
| 水 | 745 | 745 | 氨基三亚甲基膦酸 | 5 | 8 |
| 苯并三氮唑 | 3 | 8 | 亚甲基硅酸钠 | 适量 | 适量 |
| 丙烯酸胺 | 0.5 | 1 | 硅酸钠 | | |

**制备方法** 将有机酸、钼酸钠、尿素混合搅拌使其充分反应得到半成品，按比例加入水，充分搅拌，使其全部溶解；然后分别依次按配方加入三氮杂茂、丙烯酸胺、吡咯烷酮、苯甲醇、苯基乙二醇醚、苯基卡必醇、氨基三亚甲基膦酸，充分溶解，即得透明状无铬钝化用多功能液。

**原料介绍**

采用苯甲醇、苯基乙二醇醚和苯基卡必醇等多元有机溶剂，去污力强并且与组合使用的其他成分具有高亲和性。它的功能是溶解油脂，从而提高脱脂能力。尤其是因其沸点较高，即使在加温清洗情况下也不易消散。此有机溶剂的比例用量较为重要，当有机溶剂的比例用量低于下限时，清洗效果明显减弱；而当超过上限时，观察不到去污效果的进一步改善，而且如果该成分用量增加得过多可能会导致相分离。

加入少量丙烯酸胺，可以明显提高去污能力，当胺的比例用量低于某一定量时，将不能显示其作为脱脂剂的作用；超过特定的用量比例时，也会产生副作用。

加入吡咯烷酮的功能是作为能溶解饱和及不饱和脂肪酸的“溶剂”和改善清洗剂润湿性能的“表面活性剂”。它能使待清洗物品的湿润性能显著的改善，又没有一般表面活性剂的残留。

苯并三氮唑（BTA）是铜、银等金属的特效缓蚀剂。其分子能与铜交替形成一种较为复杂、厚度约为5nm的以配位键形成的配合物被膜结构。该膜层在200℃以上的高温仍能保持良好的缓蚀效果，起到隔绝外界侵蚀性物质的作用。由苯并三氮唑含量的影响，本工艺中苯并三氮唑3g/L即开始明显起作用，超过8g/L作用不再提高。因此，使用浓度下限定为5g/L。

苯并三氮唑在铜合金表面形成的钝化膜是由铜原子和苯并三氮唑分子交错的聚合链式的网状结构构成。由于苯并三氮唑分子体积大，所以这层BTA钝化膜存在缺陷，分子较小的钼酸钠可以弥散于这些缺陷中，使膜的致密度提高，从而增强了防腐蚀效果。但当电位大于0.4V后，这种钝化膜的破坏速度很快，腐蚀电流迅速增加。在s钝化液配方中加入很少量的硅酸钠则可避免这种情况，其原因在于硅酸钠也参与成膜过程，进一步弥补了钝化膜缺陷。

基于BTA成膜机理，引入强度适当的氨基三亚甲基膦酸作为成膜促进剂，能加快成膜反应速度。氨基三亚甲基膦酸加入量应适当；过多不能成膜，过少会使反应速度降低。加入的尿素也能与铜金属形成配合物被膜，可引入作为辅助成膜剂，被膜与苯并三氮唑被膜混合，形成更为致密的膜层，提高了防护效果。促进剂及辅助成膜剂的引入提高了钝化防护效果，克服了单一苯并三氮唑成膜所需的温度高、反应时间长的缺点，使钝化温度降至室温，钝化时间减少。

**产品应用** 本品主要应用于铜质制冷件的钝化。

**产品特性** 本品能在常温情况下快速（1min内）使无CFC制冷件达到高清洁、钝化的目的。和传统铬酸钝化工艺相比，采用本品的工艺流程只有四道工序，即无铬钝化、水洗、吹干或烘干和成品四道工序。不但取消了三氯乙烯或其他有机溶剂蒸汽、铬酸钝化工艺，更无需酸洗处理，彻底避免了硝酸或混合酸酸洗处理工件时产生大量有毒的酸雾和铬酸盐、三氯乙烯或其他有机溶剂蒸汽对操作人员的危害以及对环境的污染。

本品性能不但满足无CFC制冷件达到高清洁的要求，其对无CFC制冷件钝化指达到传统六价铬指标。

# 11 发黑剂

## 配方 1 不锈钢、钛及钛合金电化学发黑液

**原料配比**

| 原料 | 配比(质量份) | 原料 | 配比(质量份) |
| --- | --- | --- | --- |
| 硝酸锰 | 10～30 | 硼酸 | 10～20 |
| 重铬酸钾 | 20～30 | 水 | 加至1L |
| 硫酸铵 | 20～30 | | |

**制备方法** 将硝酸锰、硫酸铵、重铬酸钾必须用去离子水按一定体积分数溶解，硼酸必须先用沸去离子水溶解，再将四种溶液合成一起，充分搅拌均匀，即制成本品的不锈钢、钛及钛合金电化学发黑溶液。

**产品应用** 本品既适用于不锈钢，也适用于钛及钛合金零件的表面发黑，同时既可干粉包装，也可稀释溶液包装，且可现场即用即配。

上述配方中的各种化学原材料都为电镀级以上。在零件表面发黑过程中，发黑溶液的温度须控制在10～40℃，直流电流强度须控制在0.1～0.5A/dm²。

**产品特性**

(1) 由于采用硝酸锰作为发黑剂，消除了传统不锈钢发黑溶液中使用的浓硫酸对人体的危害，降低了高铬化物发黑对环境的严重污染，有利于清洁、环保生产。

(2) 本品发黑膜层结合稳定，膜层耐蚀性高，装饰性好。

(3) 本品成分简单，能长期储存，且原材料成本低，来源广泛。

## 配方 2 不锈钢低温发黑液

**原料配比**

| 原料 | 配比(质量份) | 原料 | 配比(质量份) |
| --- | --- | --- | --- |
| 重铬酸钾 | 10～80 | 硼酸 | 10～20 |
| 硫酸锰 | 10～100 | 添加剂 | 5 |
| 硫酸铵 | 20～50 | 水 | 加至1L |

**制备方法** 将各组分溶于水，混合均匀即可。

**产品应用** 本品主要应用于铁或铁基合金的表面处理。

发黑方法：用800＃～2000＃水砂纸将304型不锈钢片表面打磨光亮，在乙醇溶液中超声清洗，用热的碱除油溶液清洗，再在含有5% HF的硫酸稀溶液中浸泡5min左右进行活化，然后用去离子水反复淋洗，最后在发黑溶液中电解发黑。发黑溶液的温度控制在5～50℃之间，电流密度控制在0.15～3A/dm²之间，不锈钢片作为电极反应的阳极进行低温发黑处理。

**产品特性** 本品工艺简单、使用温度低、环境污染小，所得膜层黑度深、色泽均匀，结合力和耐磨性好。通过显微镜观察，并结合不锈钢钝化膜层的生长机理分析表明，本品不锈钢表面的电化学发黑过程符合不锈钢表面钝化层“溶解—沉积”机制。

## 配方 3 不锈钢发黑剂

**原料配比**

| 原料 | 配比(质量份) | | | | |
|---|---|---|---|---|---|
| | 1# | 2# | 3# | 4# | 5# |
| 氢氧化钠 | 480 | 450 | 450 | 450 | 450 |
| 硝酸钠 | 70 | 75 | 75 | 75 | 75 |
| 钼酸钠 | 10 | 8 | 8 | 8 | 8 |
| 磷酸二氢钠 | — | 28 | 28 | 28 | — |
| 硫化钠 | — | — | 40 | 40 | 40 |
| 辛烷基酚聚氧乙烯醚 | — | — | — | 15 | 15 |
| 去离子水 | 加至1L | 加至1L | 加至1L | 加至1L | 加至1L |

**制备方法** 取原料溶于500mL去离子水中，并搅拌均匀，再加入去离子水至1L，即得本品发黑剂。

**原料介绍** 所述磷酸二氢钠是缓冲剂和辅助成膜剂，可以提高膜层的附着力和耐磨性。

所述硫化钠可提高膜层的耐磨性能。

所述辛烷基酚聚氧乙烯醚（OP-10）为乳化剂，为成膜提供一定的帮助。

**产品应用** 本品主要应用于电子工业、厨房用具、家用电器、仪器仪表、汽车工业、化工设备等领域。

发黑方法：将不锈钢工件分别在JSD-全能除油液和JSD-酸性除油液中浸泡各5min以除去表面的油污；将除油后的不锈钢工件在固体酸活化液中活化，活化液的浓度为250g/L；将活化后的不锈钢工件在本品发黑剂中进行氧化发黑，氧化发黑的温度为125℃，氧化发黑时间为8min。最后将工件进行水洗吹干，即得到发黑后的不锈钢工件。

所述固体酸，本品优选为硫酸氢钠、硫酸氢钾、磷酸氢二钠、磷酸二氢钠中的一种或几种，其浓度为200～300g/L。硫酸氢钾、磷酸氢二钠和磷酸二氢钠的效果与硫酸氢钠类似。

**产品特性** 用本发黑剂和发黑方法对不锈钢进行发黑，得到的膜层乌黑均匀、光泽度好、装饰性强。

## 配方 4 常温钢铁发黑剂

**原料配比**

| 原料 | 配比(质量份) | | 原料 | 配比(质量份) | |
|---|---|---|---|---|---|
| | 1# | 2# | | 1# | 2# |
| 磷酸-磷酸二氢钾 | 21.6 | 26 | 柠檬酸钠 | 16.6 | 10.8 |
| 硫酸铜-二氧化硒 | 7 | 14 | 聚乙烯醇 | 15 | 19 |
| 二氧化硒 | 6.8 | 8 | 水 | 加至1L | 加至1L |
| ETDA | 11 | 7.8 | | | |

**制备方法** 将各组分溶于水，混合均匀即可。

**原料介绍** 本品添加了ETDA配位剂和聚乙烯醇高分子化合物。EDTA从能与溶液中的$Cu^{2+}$发生配合反应，生成络离子，在一定酸度条件下，该络离子具有相对的稳定性，从而控制了溶液中$Cu^{2+}$的浓度，达到控制成膜反应速度的目的。为了使发黑膜细腻、均匀、致密、与基体结合牢固，选用了适宜的成膜助剂，即添加适宜的柠檬酸钠，它能使钢铁表面的晶界充分暴露，增多有效的成核活性点，有利于形成结晶细而均匀、致密的着色膜。此外，柠檬酸钠、EDTA、聚乙烯醇等添加剂的加入，不仅有它们各自的独特作用，而且还能发挥综合效果，它们虽然不直接成膜，但能协助成膜，同时还能增强溶液的稳定性，延长储存期，克服了同类产品在使用过程中产生沉淀的弊端。

**产品应用** 本品主要应用于黑色金属表面保护与精饰处理。

**产品特性** 本品具有节能、高效、连续使用无沉淀、零排放、无污染、操作简单、使用安全、发黑时间适宜、经济效益高、对钢型无选择等特点，发黑膜细腻、致密，与基体结合牢固。

## 配方 5 发黑磷化液

**原料配比**

| 原料 | 配比(质量份) | | |
| --- | --- | --- | --- |
| | 1# | 2# | 3# |
| 水 | 46 | 26.7 | 36.8 |
| 氧化锌 | 6 | 8 | 7 |
| 磷酸 | 30 | 35 | 32 |
| 硝酸锌 | 12 | 20 | 16 |
| 硝酸镍 | 0.2 | 0.5 | 0.3 |
| 柠檬酸 | 0.9 | 1.8 | 1.4 |
| 氟硼酸钠 | 0.7 | 1.1 | 0.9 |
| 间硝基苯磺酸钠 | 1.2 | 1.9 | 1.6 |
| 钨酸钠 | 3 | 5 | 4 |

**制备方法** 先将水加入反应釜中，接着加入氧化锌，加入过程中均匀搅拌，调成浆状后，往浆状溶液中加入磷酸，均匀搅拌；待溶液澄清后，往溶液中加入硝酸锌，搅拌至硝酸锌全部溶解；然后，依次加入硝酸镍、柠檬酸、氟硼酸钠、间硝基苯磺酸钠、钨酸钠，加入过程中均匀搅拌，待上步物料溶解后，再加入下步物料。

**产品应用** 本品主要应用于钢铁表面磷化处理。

使用方法：将待处理零件进行除油、水洗、除锈、水洗后，在室温下，将需磷化的金属件放入预防处理液中处理2min，取出、水洗，然后，将零件放入磷化液中处理10min，取出水洗、封孔、水洗、烘干，浸防锈油漆，得成品。

**产品特性** 本品配制简单，使用方便，磷化膜具有良好的附着力和耐蚀性。

金属件黑色磷化处理后，颜色发黑，无偏色、浮色，膜厚2～3μm。硫酸铜点滴试验，120～180s，3% NaCl浸15min后，40～150d无锈；室内挂片，12个月无锈。

为了提高磷化膜的防护能力，磷化后应对磷化膜进行填充和封闭处理。利用重铬酸钾、碳酸钠溶液填充处理后，可以根据需要在锭子油、防锈油或润滑油中进行封闭。如需涂漆，应在钝化处理干燥后进行，工序间隔不超过24h。

## 配方 6 发黑液

**原料配比**

| 原料 | 配比(质量份) |
|---|---|
| 硝酸铋 | 0.1～20 |
| 添加剂 KJQ-1 | 适量 |
| 水 | 100 |

**制备方法** 取硝酸铋和添加剂 KJQ-1 按配方加入水中，得到发黑液，调 pH 值 =2 即可。

**产品应用** 本品主要应用于零件的发黑处理。

使用方法：将待处理的零件除油、除锈、水洗后在室温下放入发黑中，处理 2min 取出，水洗，然后将零件放入磷化液中，处理 10min，取出，水洗封孔，水洗晾干，浸防锈油，得成品。

**产品特性**

(1) 在常温下操作，免去了加热环节。

(2) 环保、节能、无污染，对环境不会造成污染也不会对身体造成伤害。

(3) 发黑液本身不易燃、易爆、易腐蚀，运输比较方便。

## 配方 7 钢铁表面常温发黑液

**原料配比**

| 原料 | 配比(质量份) | | |
|---|---|---|---|
| | 1# | 2# | 3# |
| 硫酸铜 | 2.5 | 2 | 4 |
| 亚硒酸 | 5.5 | 5 | 8 |
| 磷酸二氢钾 | 3 | 4 | 2 |
| 磷酸 | 4 | 3 | 1.5 |
| 对苯二酚 | 2.5 | 5 | 3 |
| OP-10 | 0.1 | 0.3 | 0.08 |
| 水 | 加至 1L | 加至 1L | 加至 1L |

**制备方法**

(1) 在 1L 烧杯中倒入 200mL 去离子水。

(2) 在 100mL 烧杯中倒入 50mL 去离子水，加温 50℃左右，将硫酸铜搅拌溶解。

(3) 在 100mL 烧杯中倒入 50mL 去离子水，加温 50℃左右，将磷酸二氢钾搅拌溶解。

(4) 在 100mL 烧杯中倒入 50mL 去离子水，加温 50℃左右，将亚硒酸搅拌溶解。

(5) 在 100mL 烧杯中倒入 50mL 去离子水，加温 50℃左右，将对苯二酚搅拌溶解。

(6) 将以上溶解后的各溶液依次倒入 1L 烧杯中，然后将磷酸和 OP-10 乳化剂加入，充分搅拌后用去离子水加到 1L，即制成 1L 发黑溶液。

**产品应用** 本品主要应用于各种合金钢、铸铁表面的常温发黑处理。

本品的钢铁零件发黑工艺流程：脱脂→水洗→除锈→水洗→按本品的方法常温发黑→水洗→用脱水防锈油油封。

**产品特性** 本发黑液是无味、不燃的液体，放置一段时间有灰白色沉淀物生成，但不影响使用。在发黑过程中应轻轻摆动工件，待工件表面均匀成膜后取出，最好在空气中停留片刻，使发黑膜在空气中老化再清洗，以提高发黑膜的结合力，最后进行油封，必须用脱水防锈油封闭处理。

## 配方 8 钢铁表面敏化发黑剂

**原料配比**

表 1 敏化液

| 原料 | 配比(质量份) | 原料 | 配比(质量份) |
|---|---|---|---|
| $CuSO_4 \cdot 5H_2O$ | 4～10 | 酒石酸 | 4～10 |
| $NiSO_4 \cdot 7H_2O$ | 1～5 | 氨基磺酸 | 4～10 |
| 柠檬酸钠 | 4～10 | 水 | 加至1L |

表 2 发黑液

| 原料 | 配比(质量份) | 原料 | 配比(质量份) |
|---|---|---|---|
| 硫化钠 | 40～100 | 水 | 加至1L |
| 乙醇 | 20～50 | | |

**制备方法** 将各组分溶于水，混合均匀即可。

**产品应用** 本品主要应用于钢铁表面。

发黑工艺方法：①预处理：将钢铁件表面除油、酸洗和漂洗；②敏化：将经过预处理后的钢铁件在常温下浸入本品的敏化液中浸泡2～6min进行敏化；③水洗：将敏化后的钢铁件用水清洗干净；④黑化：将清洗干净后的钢铁件在常温下再浸入本品的发黑液中浸泡3～5min；⑤清洗：将黑化后的钢铁件用水清洗；⑥后处理：将清洗后的发黑件封闭后浸脱水防锈油，进一步提高其耐蚀性能。

**产品特性**

(1) 膜层成分稳定、附着力好；敏化液中硫酸铜是主成膜剂，硫酸镍是辅助成膜剂，当钢铁件与主成膜剂反应的同时，自发伴随产生辅成膜反应，从而改变膜的组成和结构，改善发黑膜的耐蚀性和附着力等性能。本品除用柠檬酸钠作为配位剂及稳定剂以外，还加入酒石酸和氨基磺酸作为配位剂及稳定剂，进一步增强了配合作用、稳定了溶液的性能；调整了成膜反应速度，使成膜速度更快、膜的质量更好。

(2) 发黑剂中不含硒酸盐、磷酸及磷酸盐，发黑剂及排出物无毒、无臭、无刺激性气味。

## 配方 9 钢铁常温快速发黑剂

**原料配比**

| 原料 | 配比(质量份) | 原料 | 配比(质量份) |
|---|---|---|---|
| 硫酸铜 | 7g | 柠檬酸钠 | 4g |
| 亚硒酸钠 | 8g | 碳酰胺与六亚甲基四胺混合液 | 10mL |
| 磷酸二氢锌 | 12g | 水 | 加至1L |
| 硝酸钾 | 3g | | |

**制备方法** 将原料分别溶解，混合并搅拌均匀后即可制得本品发黑剂。

**产品应用** 本品主要应用于钢铁表面氧化发黑处理。

钢铁件表面发黑处理过程：将经过除油、酸洗和漂洗前处理的钢铁件在常温(25℃）下浸入本品中，于pH值2～2.5，总酸度12～16点，游离酸度4～6点条件下浸泡3～5min即可。

**产品特性** 本品发黑时间短、成膜性能好、溶液稳定、沉淀少；本品的发黑工艺无有害气体产生，常温操作，快速简单。

## 配方10 钢铁常温快速节能发黑剂

**原料配比**

| 原料 | 配比(质量份) | 原料 | 配比(质量份) |
| --- | --- | --- | --- |
| 铜盐(硫酸铜) | 4～8 | 柠檬酸盐(配位剂) | 2～4 |
| 硒盐(氧化剂) | 4～8 | SB合成酸盐(稳定剂) | 20mL |
| 磷酸盐 | 7～15 | 水 | 加至1L |
| 硝酸盐 | 2～4 | | |

**制备方法**

(1) 先将硒盐用1/3水溶解；

(2) 将磷酸盐用水溶解后倒入步骤(1)的溶液中，继续搅拌溶解混合均匀；

(3) 取铜盐用温热水溶解后，加入所需的柠檬酸盐，搅拌溶解；

(4) 将步骤(3)的溶液倒入步骤(2)的溶液中；

(5) 加入硝酸盐；

(6) 最后加入SB合成酸盐，搅拌均匀即可。

**产品应用** 本品广泛应用于钢铁、铸铁成品和零件的发黑处理。

**产品特性** 本品膜层牢固，附着力强，发黑时间短，工艺简单，成本低，不用电，污染小，溶液稳定，沉淀少，色泽适宜。

## 配方11 钢铁常温无毒发黑液

**原料配比**

| 原料 | 配比(质量份) | 原料 | 配比(质量份) |
| --- | --- | --- | --- |
| $CuSO_4 \cdot 5H_2O$ | 5 | 乙二胺四乙酸二钠 | 0.3 |
| $CrO_3$ | 2.2 | 葡萄糖 | 7.5 |
| $NH_4Cl$ | 6 | 硫酸 | 0.74 |
| 葡萄糖酸钠 | 4.5 | 硼酸 | 0.7 |
| 聚乙二醇400 | 3mL | 水 | 加至1L |

**制备方法** 将原料分别加水溶解后，再混合，搅拌均匀，稀释成1L的溶液，即制得本品钢铁常温无毒发黑液。

**原料介绍**

硫酸、硼酸也可换为含量为使发黑液pH值为1.5～2.5的磷酸、冰醋酸、柠檬酸、硫酸、硼酸等酸中的一种或一种以上的混合物。

本品发黑机理是：活化处理后的钢铁工件浸入发黑液中，工件表面的铁与$CuSO_4 \cdot 5H_2O$发生置换反应，在工件表面形成铜；同时，$CrO_3$在酸性介质中为强氧化剂，与铜发生氧化还原反应，将铜氧化成黑(蓝)色的氧化铜，包裹在工件的外表面，形成发黑膜层。发黑液中的酸（硫酸、硼酸等）为氧化还原反应提供所需的氢离子，并使发黑液pH值稳定在1.5～2.5之间，使氧化还原反应速度稳定，并与置换反应同步性好，发黑膜层的结合力强。发黑液中的聚乙二醇为表面活性剂，使工件表面润湿，充分接触发黑液，从而获得均匀、细密、光亮的发黑层。葡萄糖酸钠及乙二胺四乙酸二钠为$Cu^{2+}$配位剂，葡萄糖则为$Cu^{2+}$的还原剂，其作用是调节铜、铁置换反应的速度。氯化铵则为氧化还原反应的催化剂。各原料共同作用，保证置换反应与铜的氧化反应同步，以获得结合力强的氧化铜膜层。

**产品应用** 本品主要应用于钢铁表面化学氧化发黑。

使用方法：使用时，将经过除油、漂洗、活化前处理的钢铁工件浸入本品发黑液中，在常温下浸泡1～1.5min即可。

**产品特性**

(1) 本品无毒，发黑过程中无有毒物产生，不污染环境，劳动条件大大改善。

(2) 操作简单，工效高，发黑时间短，后处理简捷方便，不占场地。

(3) 成膜性能优良，且成本低廉，原料中无昂贵化学物质。

## 配方 12 化学镀镍层发黑液

**原料配比**

**表1 化学镀镍液**

| 原料 | 配比(质量份) | | |
|---|---|---|---|
| | 1# | 2# | 3# |
| 硫酸镍 | 10 | 2 | — |
| 氯化镍 | — | — | 30 |
| 次磷酸钠 | 30 | 10 | 20 |
| 柠檬酸钠 | 10 | — | — |
| 乳酸 | — | 50 | — |
| 乙酸钠 | | | 5 |
| 水 | 加至1L | 加至1L | 加至1L |

**表2 发黑处理液**

| 原料 | 配比(质量份) | | |
|---|---|---|---|
| | 1# | 2# | 3# |
| 浓硝酸(浓度65%) | 41 | — | — |
| 高锰酸钾 | — | 61 | 81 |
| 化学纯甘油 | 11 | 21 | — |
| 聚乙二醇 | — | — | 11 |
| 水 | 51 | 11 | 101 |

**制备方法** 将各组分溶于水，混合均匀即可。

**产品应用** 本品可应用于光学设备、太阳能集热器、家用电器和有关装饰品等表面镀黑镍处理，尤其是太阳能、热吸收板、光学仪器、装饰品等，非常流行使用黑色镀镍层。

本品的处理工艺为：

(1) 将处理材料在碱液中清洗，水洗后再在稀酸中腐蚀、水洗，在温度90℃的化学镀镍溶液中，镀10min；

(2) 将步骤(2)所得的镀层浸入发黑处理液中，进行发黑处理，溶液温度为50℃，处理60s，镀镍层均匀没有损坏，呈黑色。

**产品特性**

(1) 采用本品及其工艺获得的黑镍镀层具有耐蚀性优异、硬度高、耐磨性好等优点，提供了光亮、色泽均匀、耐磨性及耐蚀性优异的黑色镀层；

(2) 本品操作方便，只需在发黑处理液中增加成膜剂成分，控制温度和时间条件；

(3) 本品发掘了黑色镍层的应用，例如应用于光学设备、太阳能集热器、家用电器和有关装饰品等表面镀黑镍处理。

## 配方 13　环保型钢铁常温发黑剂

**原料配比**

| 原料 | 配比(质量份) | | | |
|---|---|---|---|---|
| | 1# | 2# | 3# | 4# |
| $CuSO_4 \cdot 5H_2O$ | 4 | 6 | 7 | 8 |
| $Na_2S_2O_3 \cdot 6H_2O$ | 6 | 8 | 9 | 9 |
| $(NH_4)_6Mo_7O_{24}$ | 6 | 5 | 7 | 8 |
| $NiSO_4 \cdot 6H_2O$ | 2 | 3 | 3 | 4 |
| $Ce(NO_3)_3 \cdot 6H_2O$ | 2 | 3 | 4 | 4 |
| 冰乙酸 | 3 | 4 | 4 | 5 |
| 乙二胺四乙酸二钠 | 2 | 3 | 3 | 4 |
| 聚乙二醇 800 | 0.03 | 0.02 | 0.03 | 0.04 |
| 水 | 加至1L | 加至1L | 加至1L | 加至1L |

**制备方法**

(1) 将 $CuSO_4 \cdot 5H_2O$、$Na_2S_2O_3 \cdot 6H_2O$ 分别溶于100份水中，充分搅拌使其完全溶解；

(2) 将 $(NH_4)_6Mo_7O_{24}$、$NiSO_4 \cdot 6H_2O$、稀土盐分别溶于100份水中，待溶解后与步骤(1)制得的溶液进行混合，充分搅拌使其完全溶解；

(3) 在步骤(2)中制得的溶液中依次加入催化剂冰乙酸、配位剂乙二胺四乙酸二钠和润湿剂聚乙二醇，加入过程中均匀搅拌，待前一组分溶解后，再继续加入下一组分；

(4) 在步骤(3)制得的溶液中加入适量的水至处理剂的体积为1L，并用pH调节剂调节pH值为1～3。

**产品应用**　本品主要应用于钢铁表面发黑处理。

本品发黑处理工艺：

(1) 钢铁表面预处理：除锈→脱脂→漂洗→酸洗→漂洗。

(2) 发黑处理：将钢铁件置于所述的发黑剂中进行发黑成膜处理，处理时间为5～10min，pH值为1～3，处理温度为室温。

(3) 后处理：发黑后进行水洗→中和($Na_2CO_3$ 3%，常温，1～2s)→水洗→风干→浸油。

**产品特性**　本品发黑膜层附着力好、耐蚀性强，发黑剂中不含硒、磷、铬等对环境有污染的元素，无毒，可直接排放，符合环保要求。

## 配方 14 黄铜零件发黑液

**原料配比**

| 原料 | 配比(质量份) | | | | | |
|---|---|---|---|---|---|---|
| | 1# | 2# | 3# | 4# | 5# | 6# |
| 碱式碳酸铜 | 200.063 | 200.066 | 200.063 | 200.061 | 200.068 | 200.063 |
| 氨水 | 500mL | 500mL | 500mL | 500mL | 500mL | 500mL |
| 复合添加剂 A(乙二酸四乙酸二钠和十二烷基磺酸钠按摩尔比 1∶1 配比) | 1.013 | 1.010 | — | — | 1.015 | — |
| 复合添加剂 A(乙二酸四乙酸二钠和十二烷基磺酸钠按摩尔比 1∶2 配比) | — | — | 1.015 | 1.017 | — | 1.016 |
| 水 | 加至 1L | 加至 1L | 加至 1L | 加至 1L | 加至 1L | 加至 1L |

**制备方法** 将碱式碳酸铜加入水中溶解，至糊状后，先加入氨水，再加入复合添加剂 A，即得黄铜零件发黑液。

**产品应用** 本品主要应用于光学仪器的黄铜零件的表面处理工艺。

本品对光学仪器黄铜零件发黑的方法包括以下步骤：

(1) 配制所述黄铜零件发黑液、浸蚀液和活化液；

(2) 将除油后的黄铜零件置于浸蚀液中浸蚀；

(3) 将步骤 (2) 处理后的黄铜零件浸泡于活化液中活化；

(4) 将经步骤 (3) 处理后的黄铜零件置于所述黄铜零件发黑液中发黑，油封，晾干，即得发黑的黄铜零件。

在步骤 (1) 中，所述浸蚀液的组成可为：在 1L 去离子水中含有 100～120g 铬酐和 20～25mL $H_2SO_4$；所述活化液的组成可为：在 1L 去离子水中含有 50～100mL $H_2SO_4$。

在步骤 (2) 中，所述浸蚀的时间可为 20～30s，浸蚀后可用去离子水冲洗。

在步骤 (3) 中，所述活化的时间可为 30～60s，活化后可用去离子水冲洗。

在步骤 (4) 中，所述发黑的时间可为 1～5min，发黑后可用去离子水清洗，干燥。

**产品特性** 本品通过将黄铜零件除油、酸洗后进行活化，活化后的黄铜零件采用本品进行发黑。由于所述黄铜零件发黑液的性质稳定，氨水不易挥发，常温下可快速发黑，因此发黑效果显著。用本黄铜零件发黑液对光学仪器黄铜零件发黑的方法解决了传统铜氨氧化发黑液存在的发黑液不稳定，氨水易挥发致污染环境，发黑膜疏松，膜层不坚固耐磨、颜色不纯正等问题。与其他用于光学仪器的黄铜件发黑剂相比，本品具有发黑时间短、发黑膜耐磨且黑色纯正、光亮性好、生产成本低等优异性。

## 配方 15 金属表面预发黑处理液

**原料配比**

| 原料 | 配比(质量份) | 原料 | 配比(质量份) |
|---|---|---|---|
| 亚硫酸氢钠 | 20 | 水 | 1000 |
| 工业盐酸 | 50 | | |

**制备方法** 将亚硫酸氢钠、工业盐酸和水的混合液按比例投入到黑化槽里，搅拌均匀，即为预发黑处理液。

**产品应用** 本品主要用作金属表面预发黑处理液。

本品金属表面预发黑处理方法，具体包括以下步骤：

(1) 对需处理的金属工件的表面进行脱脂、除锈处理；

(2) 将步骤 (1) 处理过的工件投入到盛有预发黑处理液的黑化槽里进行浸泡，形成黑化膜，黑化时间为 0.5～3min；

(3) 将黑化后的工件投入脱硫槽里，采用工业盐酸进行脱硫处理，脱硫时间为 10～20s；

(4) 将脱硫后的工件用流动水清洗；

(5) 水洗后的工件自然晾干即可。

所述金属表面预发黑处理方法，其特征在于：工业盐酸浓度为 31%～33%，黑化时间为 30～60s。

**产品特性** 采用本品可大大降低了金属黑化成本，且工艺简单，操作方便。

## 配方 16 金属镀锌层发黑剂

**原料配比**

| 原料 | 配比(质量份) | | | |
|---|---|---|---|---|
| | 1# | 2# | 3# | 4# |
| 水 | 40 | 60 | 50 | 54 |
| 钼酸铵 | 20 | 25 | 22 | 23 |
| 硫酸铜 | 0.7 | 0.5 | 0.6 | 0.6 |
| 硫酸镍 | 2.5 | 3 | 2 | 2.5 |
| 亚硫酸钠 | 1 | 3 | 2 | 2 |
| 硫代硫酸钠 | 2.5 | 3.5 | 3 | 2.5 |
| 氯化铝 | 4 | 3.5 | 4.5 | 4 |
| 氯化锌 | 3.5 | 3 | 4 | 3.5 |
| 氯化钾 | 7.5 | 8 | 7 | 7.5 |
| 配位剂柠檬酸 | — | 0.5 | — | 0.1 |
| 配位剂抗坏血酸 | — | — | — | 0.1 |
| 配位剂对苯二酚 | — | — | 0.4 | 0.2 |

**制备方法**

(1) 将钼酸铵和硫酸铜加入部分水中，并搅拌使其完全溶解；

(2) 将硫酸镍、亚硫酸钠、硫代硫酸钠、氯化铝、氯化锌、氯化钾分别加入步骤 (1) 制得的溶液中，并搅拌使其完全溶解，制得半成品处理液；

(3) 在步骤 (2) 制得的溶液中加入配位剂并搅拌使其完全溶解，再用 pH 调节剂调节 pH 值为 1～1.5，即得发黑剂。

**产品应用** 本品主要用作金属镀锌层发黑剂。

本品发黑工艺如下：

(1) 镀锌层表面预处理：除油→水洗→除锈→水洗。

(2) 发黑处理：将经预处理的镀锌金属件放入本品中，在常温条件下浸泡 5min。

（3）后处理：发黑后取出，水洗，在120℃温度下烘干1h即可。

**产品特性** 本品处理所得的发黑膜层附着力好，耐蚀性强，吸光率高，耐磨，耐弯折，不含亚硝酸钠及硒盐等对环境和人体有损害的物质，发黑工艺简单，无毒环保。

## 配方17 铝合金化学发黑液

**原料配比**

| 原料 | 配比(质量份) | | | |
|---|---|---|---|---|
| | 1# | 2# | 3# | 4# |
| 硝酸镍 | 1.2 | 0.6 | 1.5 | 1.8 |
| 钼酸铵 | 50 | 50 | 30 | 35 |
| 硝酸 | 12 | 6 | 15 | 18 |
| 2-氨基-2-甲基-1-丙醇 | 60 | 70 | 60 | 40 |
| 高锰酸钾 | 6 | 6 | 6 | 6 |
| 水 | 加至1L | 加至1L | 加至1L | 加至1L |

**制备方法** 将各组分溶于水，混合均匀即可。

**产品应用** 本品主要应用于铝合金表面发黑处理。

在铝合金表面生成黑色膜层包括如下步骤：

（1）采用化学氧化处理溶液对铝合金表面进行氧化处理以形成氧化膜层；

（2）用水清洗铝合金表面；

（3）采用本化学发黑液对铝合金表面进行化学发黑处理，处理温度为45～85℃，处理时间为3～16min；

（4）用铝化学氧化封闭剂对铝合金表面进行封闭处理，处理温度为90～95℃，处理时间为4～12min。

优选地，步骤（1）中化学氧化处理溶液由柠檬酸盐、亚铬酸盐、葡萄糖酸盐、酒石酸盐、三价铁盐、无机酸以及水组成，其中含有柠檬酸盐6～20g/L，葡萄糖酸盐1～5g/L、酒石酸盐1～3g/L、三价铁盐1～5g/L、亚铬酸盐3～5g/L以及无机酸10～30g/L。更优选地，化学氧化处理溶液中含有柠檬酸盐8～12g/L，葡萄糖酸盐2～4g/L，酒石酸盐1～3g/L，三价铁盐1～2g/L，亚铬酸盐3～5g/L，无机酸18～30g/L。

其中，所述柠檬酸盐、葡萄糖酸盐、酒石酸盐、亚铬酸盐独立地为锂盐、钠盐、钾盐、铷盐或铯盐。

所述三价铁盐可以为磷酸铁、硝酸铁、硫酸铁及氯化铁中的一种或多种。

所述无机酸可以是盐酸、硫酸、磷酸、硝酸等中的一种或多种，其中优选硝酸和磷酸。

**产品特性** 本品中，2-氨基-2-甲基-1-丙醇对高锰酸钾和硝酸联合作用下的氧化效果有缓释效果，一定程度上可增加发黑液的稳定性，同时其与$Ni^{2+}$形成表面配合物，改善化学发黑伴随的化学沉积过程的沉积速度。因此，利用本品进行发黑处理，能够获得均匀致密且与铝合金基底结合紧密的黑色膜层。此外，本品工艺节能、环保，设备简单，操作简便，不受零件大小和形状的限制，生产成本低。

## 配方 18 碳钢表面发黑液

**原料配比**

| 原料 | 配比(质量份) | | | |
|---|---|---|---|---|
| | 1# | 2# | 3# | 4# |
| 硫酸亚铁 | 0.222 | 2.502 | — | — |
| 氯化亚铁 | — | — | 3.378 | 0.318 |
| 去离子水 | 160 | 180 | 170 | 160 |
| 氢氧化钠 | 0.128 | 9 | — | — |
| 氢氧化钾 | — | — | — | 4.488 |
| 浓度为85%的水合肼溶液 | 0.047 | 2.647 | 10 | 0.941 |

**制备方法**

(1) 将亚铁盐溶于水中，控制其摩尔浓度在0.005～0.1mol/L，搅拌；再加入摩尔数为亚铁盐0～50倍的强碱和1～10倍的水合肼，继续搅拌；将最终配好的溶液转移至高压釜中，保持填充度为80%～90%。

(2) 将碳钢衬底放入上述高压釜中并密封，在100～250℃温度范围内处理4～100h，即可在碳钢表面形成黑色致密的$Fe_3O_4$涂层。

**产品应用** 本品主要应用于各种碳钢的表面发黑处理。

**产品特性** 本品采用常用的化学药品（如亚铁盐、强碱和水合肼），利用水热反应在碳钢表面生成致密的$Fe_3O_4$保护涂层。与传统的高温碱性氧化工艺相比，本方法无需使用亚硝酸钠等致癌的高毒物质，即可实现高质量的发黑处理，涂层厚度可控制在1～10μm范围内。

## 配方 19 锌铬膜发黑剂

**原料配比**

| 原料 | 配比(质量份) | 原料 | 配比(质量份) |
|---|---|---|---|
| 三氟氯乙烯 | 82 | 磷酸二氢锌和硫酸铁 | 4 |
| 炭黑 | 3 | 十二烷基磺酸钠 | 0.2 |
| 乙烯基氯硅烷 | 0.4 | 全甲醚化氨基树脂 | 0.4 |

**制备方法** 将原料混合即为发黑剂。

**产品应用** 本品主要应用于镀锌铬膜的发黑处理。

使用方法：使用时将锌铬膜发黑剂与水按照1∶6的比例配制，发黑液温度为50～70℃，发黑时间17s，零件预热温度320℃，成膜后烘干温度180℃，成膜后烘干时间12min。膜层厚度为1～2μm。

**产品特性** 本品处理的黑化层是一层含有氟化树脂的膜层，膜层外观黑亮、均匀，避免了传统涂漆工艺露白现象；摩擦系数稳定（黑化工艺的摩擦系数分布在0.16～0.20）；耐潮湿性能在锌铬膜的基础上有很大提高；通过添加硅烷基偶联剂和氟碳树脂的配合使用，膜层的耐高温性能得到改善（能耐500℃高温）；耐盐雾试验达到600h以上。

# 12 金属表面处理剂

## 配方 1　Ni-Pd 金属表面处理剂

### 原料配比

| 原料 | | 配比(质量份) | | | | | | |
|---|---|---|---|---|---|---|---|---|
| | | 1# | 2# | 3# | 4# | 5# | 6# | 7# |
| 缓蚀剂有效成分 | 氨基三亚甲基膦酸 | 2.0 | 2.0 | 2.0 | — | — | — | 2.0 |
| | 2-氨基苯并咪唑 | 1.0 | 1.0 | 1.0 | — | 1.0 | 0.2 | 1.0 |
| | 吡啶-4-甲醛缩氨基酸席夫碱 | 0.04 | 0.08 | 0.12 | — | — | — | 0.12 |
| | 羟基亚乙基二膦酸 | — | — | — | 2.0 | 2.0 | 4.0 | — |
| | 苯并三氮唑 | — | — | — | 1.0 | — | — | — |
| | 甲硫氨酸席夫碱 | — | — | — | 0.04 | 0.04 | 0.04 | — |
| 表面活性剂 | 壬基酚聚氧乙烯醚 | 8 | 8 | 8 | 8 | 8 | 8 | 8 |
| 卤化物盐 | 碘化钾 | 0.6 | 0.6 | 0.6 | 0.6 | 0.6 | 0.6 | 0.6 |

**制备方法**　按配方称取相应的表面活性剂溶于去离子水中，搅拌至溶解充分，再加入配方所需量的各类缓蚀剂物质，搅拌至溶解充分，调节 pH 值，静置 30min 后定容。

**原料介绍**

所述缓蚀剂，主要由有机磷酸类化合物、席夫碱类化合物、N、S杂环化合物以及卤素或卤化物盐复配得到。

有机磷酸类化合物为分子内含有膦酸基团的有机物或其盐，包括乙二胺四亚甲基膦酸、羟基亚乙基二膦酸、二乙烯三胺五亚甲基膦酸或氨基三亚甲基膦酸；含有膦酸基团的有机物盐为碱金属盐（优选钠盐、钾盐）；有机磷酸类化合物、席夫碱类化合物与 N、S杂环化合物进行复配的摩尔比例（50～100）：（5～25）：（1～5）。

席夫碱类化合物有缩磺胺类席夫碱、缩氨基酸类席夫碱、缩硫脲类席夫碱、缩酰胺类席夫碱等，其中优选缩氨基酸类席夫碱。

N、S杂环化合物为 2-氨基苯并咪唑、苯并三氮唑、2-巯基苯并噻唑或尿酸。

采用一种或一种以上的有机磷酸类化合物、一种或一种以上席夫碱类化合物与一种或一种以上的 N、S杂环化合物进行复配，三种成分中每种成分用量控制在 0.001～500mmol/L，优选 0.01～100mmol/L。

本品可采用一种或一种以上的非离子表面活性剂，优选烷基酚聚氧乙烯醚型、高碳脂肪醇聚氧乙烯醚型和脂肪酸甲酯乙氧基化物型。上述表面活性剂总用量控制在0.01～100mmol/L，更优选0.1～50mmol/L。

所述的卤素或卤化物盐，通过活性阴离子溶解金属表面钝化膜，从而形成新的保护膜，其盐主要为碱金属盐，优选钠盐、钾盐。

本Ni-Pd金属表面处理剂特征在于表面处理剂的pH值控制在1～10，优选1～7。

**产品应用** 本品是一种Ni-Pd金属表面处理剂。

所述Ni-Pd金属，采用无电镀的形式得到镍层，在镍镀层表面通过化学置换钯的方法得到一层钯岛，通过该工艺得到的Ni-Pd金属表面由部分镍金属裸露于空气中。

在基板上获得Ni-Pd金属表层通过如下方法得到。

碱洗除油（10% NaOH、2min）—水洗（常温、1min）—酸洗（10% $H_2SO_4$、1min）—水洗（常温、1min）—微蚀（过硫酸钾 0.37mol/L、硫酸 20mL、3min）—水洗（常温、1min）—活化（YC-42、3min）—水洗（常温、1min）—化学镀镍（YC-51M 100mL/L、YC-51A 48mL/L、YC-51D 4mL/L、84℃、8min）—水洗（常温、1min）—化学浸钯（$PdCl_2$ 9 mmol/L、氨水80mL/L、柠檬酸26mmol/L、OP-10 0.01mL/L、40℃、30min）—水洗（常温、1min）—烘干。

将得到的金属于配制好的表面处理剂中0～100℃下浸渍0.5～15min，优选25～50℃下浸渍1.5～10min。

**产品特性**

(1) 在使用本品对金属进行表面处理时，使用浸渍或喷涂形成皮膜的方法，优选浸渍法。被处理金属的形状可以是线、板、带、粒状等任何形状，通过使用本品，对Ni-Pd金属表面进行表面处理后，可以使其抗氧化性优异、焊料润湿性好。

(2) 本品所采用的缓蚀剂主要成分有机磷酸类化合物、席夫碱类化合物以及N、S杂环化合物均能与金属材料表面的金属原子通过不同程度的配位作用而被吸附在金属材料表面，同时该类化合物带有的各类功能基团通过互相协同增效作用能在金属材料表面形成有机皮膜而起到缓蚀作用。155℃保温20h后，其焊接性能保持良好。

## 配方 2 常温绿色高效复合型金属表面处理剂

**原料配比**

| 原料 | | 配比(质量份) | | |
|---|---|---|---|---|
| | | 1# | 2# | 3# |
| 表面活性剂 | 脂肪醇聚氧乙烯醚 | 18 | 12 | 10 |
| | 烷基醇聚氧乙烯醚 | 6 | 8 | 6 |
| | 十二烷基苯磺酸钠 | 6 | 6 | 8 |
| 混合酸 | | 15 | 8 | 15 |
| 助剂 | 硅酸钠 | 8 | 10 | 6 |
| | 羧甲基纤维钠 | 3 | 2 | 4 |
| 水 | | 加至1L | 加至1L | 加至1L |

**制备方法** 按质量份数称取脂肪醇聚氧乙烯醚、烷基醇聚氧乙烯醚、十二烷基苯磺酸钠、硅酸钠、羧甲基纤维钠放入搅拌器中搅拌均匀，得A组分，再将硫酸和磷酸混合均匀，得B组分分别进行包装即得成品。

**产品应用** 本品主要用于各种金属材料焊接，电镀、磷化等加工前的表面处理。适用于各种不锈钢、铜、铝及合金等各种材质的表面处理。

使用方法：使用时先取本品中A组分按与水1∶500的比例进行溶解，然后再将B组分缓慢加入，并混合均匀，将需要表面处理的金属放入该溶液中浸泡一定时间后取出，冲洗干净即可。也可使用该溶液进行喷淋处理。

**产品特性**

(1) 高效复合：本品通过将混合酸、表面活性剂、助剂等进行复配得到了复合型的表面处理剂，在快速去除金属表面油污、氧化皮、锈垢的过程中能较好地保证金属表面的平整度和光洁度。

(2) 廉价环保：本品组分廉价易得，能在硬水环境中使用，整个表面处理过程在常温下进行，处理成本低；表面活性剂及助剂都能在环境中自然降解。因此在工业生产加工中有较大的应用前景。

(3) 方便安全：本品的表面处理过程简单方便，对表面处理过程设备没有特殊要求；表面活性剂的加入能有效地防止酸雾的形成，操作过程不会对人体造成伤害。

(4) 性质稳定：本品能耐受低温和中高温环境、硬水环境，在环境温度在0～50℃之间浊度能保持在10NTU左右。

(5) 混合酸组分中的磷酸可以较好地调节酸度，可以与金属表面的氧化皮、锈垢进行化学反应，使之快速溶解；磷酸还具有抛光效果，表面处理后可以使金属表面保持较好的平整度。混合酸在溶解除垢过程中对油污的去除有较好的促进作用。

## 配方3 除锈和金属表面预处理涂料

**原料配比**

| 原料 | 配比(质量份) | | 原料 | 配比(质量份) | |
|---|---|---|---|---|---|
| | 1# | 2# | | 1# | 2# |
| 丙烯酸 | 100 | 150 | 乙酸乙酯 | 5 | 10 |
| 盐酸 | 150 | 180 | 二氧化硅 | 10 | 20 |
| 磷酸 | 100 | 150 | 磷酸二氢铵 | 15 | 20 |
| 壬基酚聚氧乙烯醚 | 12 | 15 | 尿素 | 10 | 15 |
| 烷基酚 | 5 | 12 | 磷酸二氢钙 | 5 | 10 |
| 邻苯二甲酸酯 | 5 | 8 | 硝酸钾 | 10 | 15 |
| 辛基苯酚 | 5 | 10 | 磷酸钙 | 5 | 10 |
| 异丁醇 | 10 | 12 | 磷酸三钠 | 8 | 10 |
| 正丁醇 | 8 | 12 | 磷酸氢钙 | 5 | 8 |

**制备方法** 将各组分原料混合均匀即可。

**产品应用** 本品是一种除锈和金属表面预处理涂料。

**产品特性** 本品使用方便简单，除锈、防锈综合效果好，并能提高油漆附着力，在清除金属表面氧化层的同时，涂料会与金属反应，改变金属表面的物质结构，生成一种不溶解于水的绝缘结晶体保护层，从而在根本上防止锈蚀的产生，并能加强油漆的附着力。

## 配方 4 代替磷化液的金属表面处理剂

**原料配比**

| 原料 | | 配比(质量份) | |
|---|---|---|---|
| | | 1# | 2# |
| 全氟烷基丙烯酸酯(固含量 90%) | | 65 | — |
| 全氟烷基丙烯酸酯(固含量 95%) | | — | 65 |
| 水性氟碳乳液(固含量 48%) | | 55 | 55 |
| 环氧丙烯酸酯树脂(固含量 90%) | | 9 | — |
| 环氧丙烯酸酯树脂(固含量 95%) | | — | 9 |
| 水 | | 13 | 13 |
| 悬浮液 | 聚乙烯吡咯烷酮 | 1.3 | — |
| | 无水乙醇 | 28 | — |
| | 微米级或纳米级锌粉 | 9 | — |
| | 微米级或纳米级玻璃鳞片 | 6 | — |

**制备方法** 在全氟烷基丙烯酸酯（固含量≥90%）中依次加入水性氟碳乳液（固含量 48%）、环氧丙烯酸酯树脂（固含量≥90%）、水，并充分搅拌溶解后，加入悬浮液，搅拌均匀，即可制得所述的代替磷化液的金属表面处理剂。

所述悬浮液的制备方法为：将聚乙烯吡咯烷酮加入无水乙醇中充分搅拌，然后分别加入微米级或纳米级锌粉、微米级或纳米级玻璃鳞片，充分搅拌，再超声分散 40min，以形成悬浮液。

**产品应用** 本品是一种代替磷化液的金属表面处理剂。

使用方法：采用浸渍方法在金属工件表面形成一层防锈膜，浸渍温度为 20～30℃，浸渍时间 30～60s。

**产品特性**

(1) 使用本品采用浸渍方法对金属工件进行防锈处理后，可在金属工件表面形成一层低表面能防锈膜，基于功能性添加剂的引入，使得本品防锈效果进一步提高。

(2) 本品的制备方法，工艺简单，使用设备少；本品用途广泛、适应性强，工业化使用简便易行、没有障碍，安全环保，便于推广和实施。

## 配方 5 多功能金属表面处理剂（1）

**原料配比**

| 原料 | 配比(质量份) | | |
|---|---|---|---|
| | 1# | 2# | 3# |
| 氧化锌 | 1.8 | 1.5 | 6.5 |
| 磷酸亚铁 | 3.5 | 2.5 | 5.5 |
| 25%磷酸 | 7.5 | 5.0 | 15.0 |
| 10%硝酸 | 5.5 | 2.5 | 8.0 |
| 磺酸钠 | 10.5 | 4.5 | 15.0 |
| 硫酸羟胺 | 6 | 3.5 | 7.5 |
| 烷基酚聚氧乙烯醚 | 4 | 2.5 | 6.5 |
| 氯酸钠 | 2.2 | 1.5 | 4.5 |
| 去离子水 | 59.5 | 50.0 | 65.0 |

**制备方法**

(1) 先将大部分的去离子水加入反应釜中，在搅拌下滴加磷酸充分混合；

（2）在搅拌下缓慢滴加硝酸后加入氧化锌，继续搅拌 30min；

（3）加入磷酸亚铁，继续搅拌 60～90min；

（4）在搅拌下再依次加入磺酸钠、硫酸羟胺、烷基酚聚氧乙烯醚、氯酸钠，以及余量的去离子水，继续搅拌 30min 后，静置 4h，经抽样检验合格后，出料、装桶、包装。

**产品应用** 本品主要用于各种锈蚀污染程度的钢铁表面处理。

**产品特性**

（1）可在室温操作，无需加热，稳定性好，使用方便，能耗低；除去钢铁表面油、锈的同时，能在基体表面形成磷化薄膜。处理时间视工件表面状态而定。若对工件进行反复多次处理，可得到最佳处理效果。

（2）涂装质量高，无铬钝化、无亚硝酸盐磷化。

（3）经本品处理后的钢铁表面能用水漂洗，大大提高了工作效率，且环保，可用于金属材料的防腐和缓蚀。

（4）本品在室温下具有良好的除油、除锈、磷化等功能。

（5）经本品处理过的钢铁表面可形成一层均匀、致密的银灰膜；膜重 $3.3g/m^2$，膜厚度 3. 1～3. 3μm。

（6）磷化膜与涂层具有良好的配套性，符合涂装要求。

（7）磷化膜本身具有一定的耐蚀性，同时又能增强涂层的机械物理性能和耐蚀性能。本品操作简便、能耗低，对环境影响小，是一种环境友好型的金属处理剂。

## 配方 6 多功能金属表面处理剂（2）

**原料配比**

| 原料 | | 配比(质量份) | | | | |
|---|---|---|---|---|---|---|
| | | 1# | 2# | 3# | 4# | 5# |
| 碳酸氢钠 | | 4 | 5 | 6 | 7 | 8 |
| 硫酸钠 | | 3 | 4 | 5 | 6 | 6 |
| 十八烷基二甲基叔胺丙酸钠 | | 2 | 4 | 5 | 6 | 7 |
| 十二烷基硫酸钠 | | 0.6 | 0.8 | 1 | 1.3 | 1.5 |
| 硬脂酸钠 | | 0.8 | 1.6 | 1.8 | 2.3 | 3 |
| 丙烯酸 | | 0.5 | 0.6 | 0.7 | 0.8 | 1 |
| 卵磷脂 | | 1 | 2 | 3 | 4 | 5 |
| 二氧化硅 | 粒径为 400nm | 1 | — | — | — | — |
| | 粒径为 450nm | — | 2 | — | — | — |
| | 粒径为 500nm | — | — | 3 | — | — |
| | 粒径为 550nm | — | — | — | 4 | — |
| | 粒径为 600nm | — | — | — | — | 4 |
| 顺丁烯二酸酐 | | 1 | 2 | 3 | 4 | 4 |
| 环烷酸 | | 5 | 7 | 8 | 9 | 10 |
| 聚乙二醇 600 | | 3 | 5 | 6 | 7 | 8 |
| 2-丙烯酰胺基-2-甲基丙磺酸 | | 1 | 3 | 4 | 5 | 5 |
| 溶剂 | 乙醇：水为 7：3 | 30 | 34 | 36 | 38 | 40 |

**制备方法**

（1）按照质量份称取各组分。

（2）将碳酸氢钠、硫酸钠、十八烷基二甲基叔胺丙酸钠、十二烷基硫酸钠、硬脂酸钠和二氧化硅加入溶剂中，搅拌混合均匀，得到混合物一；搅拌混合条件可以为搅拌速度 80～100r/min，搅拌温度 30～40℃，搅拌时间 20～30min。

(3) 将卵磷脂、顺丁烯二酸酐、聚乙二醇和2-丙烯酰胺基-2-甲基丙磺酸加入混合物一中，加热回流溶剂，回流30～50min，得到混合物二；加热回流可以在搅拌的状态下进行，搅拌速度可以为50～60r/min。

(4) 将丙烯酸和环烷酸加入混合物二中，加热至40～50℃，在真空度为0.04～0.08MPa、惰性气体保护的条件下搅拌50～100min，降至室温，得到多功能金属表面处理剂。惰性气体可以为氮气或氩气。搅拌速度可以为70～80r/min。

**产品应用** 本品是一种多功能金属表面处理剂。

**产品特性**

(1) 本品经过特殊的组分间的相互组合及相互作用，加强了产品的去污防污以及除锈防锈的作用，并且能够长时间发挥预防效果。在制备过程中，经过溶剂的回流反应，使得2-丙烯酰胺基-2-甲基丙磺酸和顺丁烯二酸酐发生互侵，能够在除油除锈过程中迅速侵入油污或锈蚀中，加速油污或锈蚀脱离金属；而卵磷脂可以起到润湿成膜作用；丙烯酸和环烷酸相互作用起到除锈作用；十二烷基硫酸钠与硬脂酸钠起到了很好的溶解分散油污和锈蚀物的作用；各组分间相互协同作用，使得能够迅速渗透瓦解油污与锈蚀，同时能够起到抛光剂的作用，达到优异的效果。

(2) 本品可以快速地去除金属表面的油污以及锈迹，不需要通过外加条件，只需要将金属工件浸入配好的处理液中；其中锈迹完全去除时间达到了12min以内，油污完全去除时间达到了5min以内，除油除锈效果持续时间达到了152d以上，可以有效防止金属被二次污染，起到了很好的防锈与防污作用。

(3) 本品可以作为金属抛光剂使用，对金属表面进行抛光后，反射率达到了89%以上，并在抛光面表面镀上了一层光亮的保护膜，可以增强金属表面的光泽度，同时保护金属免受锈蚀以及污染。抛光后表面平滑、无划痕，可以达到非常好的抛光效果。

(4) 本品具有除锈、防锈、除油的作用，能够迅速地去除金属表面的油污、锈迹，并且可以很好地防止锈迹再生，同时本品还可以作为抛光液使用，通过抛光工序提高金属表面的光泽。

## 配方7 多功能金属表面处理剂(3)

**原料配比**

| 原料 | 配比(质量份) | 原料 | 配比(质量份) |
| --- | --- | --- | --- |
| 三辛胺 | 3 | 肉豆蔻酸钠皂 | 4 |
| 丝胶 | 4 | 亚乙基硫脲 | 0.2 |
| 六水硝酸钇 | 0.05 | 叔丁基对二苯酚 | 0.16 |
| 硅烷偶联剂KH-550 | 0.4 | 硼砂 | 0.6 |
| 水 | 200 | 季戊四醇 | 0.7 |
| 十二烷基葡萄糖苷 | 0.5 | 聚乙二醇200 | 2 |
| 聚天冬氨酸 | 1.3 | 斯盘-80 | 0.8 |

**制备方法**

(1) 取丝胶，加入上述水质量的50%～60%，搅拌均匀后加入硅烷偶联剂KH-550、六水硝酸钇，600～1000r/min搅拌分散10～20min，得硅烷液。

(2) 将季戊四醇、聚天冬氨酸混合，在120～130℃下保温反应60～70min，加入三辛胺，搅拌至常温，加入剩余的水中，搅拌均匀，加入斯盘-80、硅烷液，700～800r/min搅拌分散8～10min。加入聚乙二醇200，50～60℃下保温搅拌30～40min，得有机胺丝胶乳液。

(3) 将肉豆蔻酸钠皂、硼砂混合，80～90℃下搅拌 2～3min，加入叔丁基对二苯酚，搅拌至常温。

(4) 将上述处理后的各原料与剩余的其他原料混合，800～1000r/min 搅拌分散 30～40min，即得所述金属表面处理剂。

**产品应用** 本品是一种多功能金属表面处理剂。

**产品特性**

(1) 本品加入的硅烷在水解后可以在金属表面形成吸附型膜层，从而隔绝环境中的水分子和氧分子，起到防护作用；加入的有机胺可以形成一层吸附膜，阻止水、氯离子和氧等腐蚀性物质与金属接触，起到防止金属腐蚀的作用；稀土金属离子会与金属基材表面发生吸氧腐蚀，产生的 $OH^-$ 配合产生不溶性配合物，该配合物会进一步脱水形成氧化物沉淀到基材表面，减缓腐蚀的电极反应，配合水溶性丝胶，可以增强形成膜的稳定性，提高防锈缓蚀效果。

(2) 本品含有不同性能的水溶性酯类，不仅可以起到很好的防锈、抗磨性，还可以有效地延长金属表面处理剂的使用寿命。

(3) 取本品分别处理铝合金、铜铁合金板材做试验，两种板材的规格均为 80mm×100mm×4mm，将该板材横向切开，进行喷洒试验，所用试剂为浓度为 5% 的氯化钠溶液，试验时间 300h，测量在切割线一侧形成的鼓泡宽度，结果鼓泡宽度为 0；

(4) 耐盐性：将上述分别处理的两种板材浸泡在浓度为 5% 的氯化钠溶液中，浸泡 300h，材料表面基本无变化，无锈斑出现。

## 配方 8 多功能金属表面处理剂（4）

**原料配比**

| 原料 | 配比(质量份) | | |
|---|---|---|---|
| | 1# | 2# | 3# |
| 磷酸 | 30 | 5 | 25 |
| 磷酸二氢锌 | 1 | 0.1 | 0.5 |
| 氟化铵 | 0.05 | 0.7 | 0.7 |
| 草酸 | 0.01 | 0.8 | 1 |
| 硝酸镍 | 0.02 | 0.8 | 0.5 |
| 硫脲 | 0.5 | 0.01 | 0.01 |
| AEO-9 | 3 | 1 | 1 |
| 水 | 加至 100 | 加至 100 | 加至 100 |

**制备方法** 首先用水稀释磷酸，然后按照配方将其他原料依次加入磷酸溶液中，搅拌均匀后即可制得成品。本品为淡绿色透明液体。

**产品应用** 本品是一种将脱脂、除锈、磷化、钝化等作用集于一体的多功能金属表面处理剂。

使用方法：产品可直接使用，操作方便，可在常温 15～35℃条件下以浸泡、喷淋、涂刷等多种方式进行；处理后的金属工件无需清水冲洗，干燥后可直接进行喷漆、烤漆、喷塑等操作。

**产品特性** 本品可在常温条件下使用，不需加温，能耗低；处理后的金属工件无需清水冲洗，减少水利用和污染产生；除锈效果明显，沉渣产生少，金属表面形成的磷化膜致密、均匀、无气泡，工件表面干净，漆膜附着力良好。本品在除锈，磷化、漆膜等方面满足使用要求，减少了使用环节，降低能耗，减少污染，降低了劳动强度。

## 配方 9 多功能金属表面处理液

### 原料配比

| 原料 | | 配比(质量份) | | | |
|---|---|---|---|---|---|
| | | 1# | 2# | 3# | 4# |
| 磷酸 | | 60 | 30 | 45 | 55 |
| 促进剂 | 酒石酸 | 5 | 5 | — | 3 |
| | 柠檬酸 | — | 5 | 10 | 2 |
| 去锈转化剂 | 磷酸锌 | 8 | 10 | — | 8 |
| | 硝酸锌 | 12 | 10 | 7 | 7 |
| | 氧化锌 | — | — | 8 | 2.5 |
| 缓蚀剂 | 氢氧化铝 | 4 | 3 | 2.5 | 2.5 |
| | 亚硝酸钠 | 1 | 2 | 2.5 | 0.5 |
| 去油剂 | 烷基苯磺酸钠 | — | 2 | 1 | — |
| | 氟化钠 | 2 | — | 1 | 2 |
| 钝化剂 | 重铬酸盐 | — | 0.5 | 0.5 | 0.2 |
| | 钼酸铵 | 3 | 2.5 | — | 0.3 |
| | 氯化镁 | — | — | 2.5 | 2 |
| 稀释剂 | 水 | 5 | 30 | 20 | 15 |

**制备方法** 将各组分原料混合均匀即可。

**产品应用** 本品是一种具有除锈、防锈、除油功能的多功能金属表面处理液。

**产品特性** 本品配方科学合理，直接喷涂在金属表面上就能实现除锈、防锈、除油等功能，可以代替防锈底漆。

## 配方 10 多硅烷水性金属表面处理剂

### 原料配比

| 原料 | | 配比(质量份) |
|---|---|---|
| 2-(3,4-环氧环己烷基)乙基三甲氧基硅烷 | | 20 |
| 3-(异丁烯酰氧)丙基三甲氧基硅烷 | | 20 |
| 脲基丙基三乙氧基硅烷 | | 25 |
| 磷酸一铵 | | 3 |
| 二亚乙基三胺 | | 2 |
| 过氧化苯甲酰 | | 3 |
| 羧甲基纤维素钠 | | 2 |
| 乙醇 | | 9 |
| 成膜助剂 | | 5 |
| 水 | | 加至1L |
| 成膜助剂 | 1,2-双(三乙氧基硅基)乙烷 | 6 |
| | 二乙二醇单丁醚 | 5 |
| | 丙烯酸 | 6 |
| | 偏硅酸钠 | 2 |
| | 明矾 | 2 |
| | 水 | 20 |

**制备方法**

(1) 将2-(3,4-环氧环己烷基) 乙基三甲氧基硅烷、3-(异丁烯酰氧) 丙基三甲氧基硅烷、脲基丙基三乙氧基硅烷混合溶于水中，加入磷酸一铵，充分搅拌；

(2) 将羧甲基纤维素钠混合加入水中充分搅拌；

(3) 将乙醇与过氧化苯甲酰混合搅拌；

(4) 将上述处理后的原料混合，加入乙酸或者乙酸钠，调节 pH 值为 4～5，最后加入剩余各原料，充分搅拌后即得所述多硅烷水性金属表面处理剂。

**原料介绍** 所述的成膜助剂的制备方法：将 1,2-双（三乙氧基硅基）乙烷加入水中，搅拌后加热至 70～80℃，加入丙烯酸、偏硅酸钠，搅拌反应 30～40min，升高温度至 90～100℃，加入二乙二醇单丁醚、明矾，搅拌反应 10～20min，保温静置 1～2h，得所述成膜助剂。

**产品应用** 本品是一种多硅烷水性金属表面处理剂。

**产品特性** 本品处理过程不产生沉渣，处理时间短，控制简便，无有害重金属离子，安全环保，与金属表面形成的硅烷层具有优异的耐腐蚀性、耐酸性、耐油性、抗剥离性、高黏合性能，延长了金属的使用寿命；通过几种硅烷配合，增强了本品的稳定性和高效黏合性，其均匀地分布在金属表面，使得金属具有高的致密性及抗离子渗透性；加入的成膜助剂增加了硅烷吸附膜的致密度，改善了成膜质量，使得膜层具有附着力强，无空洞、裂陷，致密均匀等优点。

## 配方 11 多酸金属表面处理剂

**原料配比**

| 原料 | 配比(质量份) | 原料 | 配比(质量份) |
|---|---|---|---|
| 氟硅酸钠 | 1 | 去离子水 | 130 |
| 斯盘-80 | 1.8 | 氟钛酸 | 6 |
| 苯胺 | 0.5 | 3-硝基邻苯二甲酸 | 0.5 |
| 过硫酸钾 | 0.38 | 二硫代水杨酸 | 3 |
| 丙烯酸丁酯 | 50 | 甲基丙烯酸十八酯 | 2 |
| 碳酸氢钠 | 0.16 | 烃基丁二酸 | 4 |
| 双(γ-三乙氧基硅基丙基)四硫化物 | 30 | 硫代硫酸钠 | 0.2 |
| 75%乙醇 | 110 | 三羟甲基丙烷 | 0.2 |
| 30%过氧化氢 | 0.3 | | |

**制备方法**

(1) 取过硫酸钾质量的 40%～50%、斯盘-80 质量的 86%～90%，与碳酸氢钠混合，加入去离子水质量的 60%～70%，搅拌均匀，得引发剂乳液。

(2) 取剩余去离子水质量的 50%～60%，加入二硫代水杨酸、烃基丁二酸，搅拌均匀，得酸化抗锈液。

(3) 取 70%～75%乙醇质量的 10%～12%，加入甲基丙烯酸十八酯、硫代硫酸钠，升高温度至 50～67℃，保温搅拌 3～5min，加入上述酸化抗锈液、剩余的斯盘-80，300～400r/min 搅拌 1～2h，得酸化抗锈乳液。

(4) 取上述引发剂乳液质量的 45%～50%，升高温度至 80～86℃，滴加剩余的引发剂乳液与丙烯酸丁酯的混合液，滴加完毕，保温反应 1～2h，加入酸化抗锈乳液，常温搅拌 20～30min，得丙烯酸酯抗锈胶液。

(5) 将剩余的过硫酸钾加入剩余的去离子水中，搅拌均匀，得引发剂溶液。

(6) 取剩余的 70%～75%乙醇质量的 10%～20%，加入氟硅酸钠、三羟甲基丙烷，在 60～65℃下保温搅拌 7～10min，得丙烷醇。

(7) 取剩余的 70%～75%乙醇，加入双（γ-三乙氧基硅基丙基）四硫化物，调节 pH 值为 3～4，加入氟钛酸、30%过氧化氢，搅拌反应 6～7h，得氟化硅烷。

(8) 将苯胺与上述丙烯酸酯抗锈胶液混合，搅拌均匀，滴加引发剂溶液，滴加完毕后在10～15℃下反应8～10h；加入丙烷醇，升高温度为50～60℃，继续保温反应6～10min；送入65～70℃的水浴中，加入氟化硅烷，保温搅拌反应1～2h，得硅烷化丙烯酸-苯胺共聚乳液。

(9) 将上述硅烷化丙烯酸-苯胺共聚乳液与剩余各原料混合，800～1000r/min搅拌40～50min，得所述多酸金属表面处理剂。

**产品应用** 本品是一种多酸金属表面处理剂。

**产品特性**

(1) 本品的丙烯酸酯胶液粒子表面含有大量的羧基，将苯胺加入丙烯酸酯胶液中，苯胺单体首先扩散到胶束内部，然后与羧基发生掺杂，随后在氧化剂的作用下，苯胺在乳胶粒子表面发生聚合反应，增大了聚苯胺涂层对水的接触角，提高了附着力和耐水性。该涂层可以通过电子转移作用和氧化还原作用，使金属表面钝化，产生保护作用；而经硅烷化改性的氟钛酸，引入的无机组分$Ti^{4+}$在加热固化过程中形成$TiO_2$颗粒，均匀地填充在硅烷膜的空隙中，使整个膜层更加均匀致密，能有效抑制膜层表面的微电化学反应，从而耐腐蚀性能得到很大提高。

(2) 本品将氟钛酸改性后硅烷钝化膜与丙烯酸-苯胺共聚膜复合，使得膜层更加致密、稳定，对腐蚀介质的阻抗能力更强，耐腐蚀性能更加优良。

(3) 本品具有良好的抗锈性能，在金属基材表面可以形成稳定的抗水、抗腐蚀涂膜，保护效果好，保护时间长。

## 配方 12 防腐蚀金属表面硅烷处理剂

**原料配比**

| 原料 | | 配比(质量份) |
|---|---|---|
| *N*-(*β*-氨乙基)-*γ*-氨丙基三甲氧基硅烷 | | 7 |
| 成膜树脂 | | 1.2 |
| 苯甲酸单乙醇胺 | | 2 |
| 水性聚氨酯树脂 | | 3 |
| 三乙醇胺 | | 0.8 |
| 丙二醇 | | 14 |
| 三聚磷酸钠 | | 1.6 |
| 羧甲基纤维素 | | 6 |
| 植酸 | | 1.5 |
| 聚二甲基硅氧烷 | | 1.3 |
| 十二烷基苯磺酸钠 | | 0.7 |
| 柠檬酸 | | 3 |
| 异丙醇 | | 92 |
| 去离子水 | | 加至500 |
| 成膜树脂 | 尿素 | 3 |
| | 苯胺甲基三乙氧基硅烷 | 2.5 |
| | 草酸 | 5 |
| | 氧化铁 | 0.2 |
| | 过硫酸钾 | 0.2 |
| | 聚乙二醇400 | 2 |
| | 偏硅酸钠 | 0.9 |
| | 去离子水 | 12 |

**制备方法**

(1) 制备成膜树脂：先将尿素用去离子水溶解，加热至90～100℃，再加入苯胺甲基三乙氧基硅烷、偏硅酸钠、氧化铁、过硫酸钾，搅拌反应40～60min，降温至60～70℃，再加入成膜树脂其他原料组分，搅拌反应30～45min即得；

(2) 取原料组分中2/3左右去离子水，加热至75～85℃，加入成膜树脂、N-(β-氨乙基)-γ-氨丙基三甲氧基硅烷等其他原料组分，搅拌反应1～2h；

(3) 加入剩余的去离子水定容，混合均匀，用草酸调pH值为5～6，即可。

**产品应用** 本品是一种防腐蚀金属表面硅烷处理剂。

**产品特性**

(1) 本产品采用偏硅酸钠、尿素、硅烷等作为成膜树脂反应原料，进行聚合，能在金属表面形成较强的保护膜；增强了金属基体的耐腐蚀性能。

(2) 原料中含有缓蚀剂，增加保护膜的防腐蚀效果。

(3) 形成的保护膜层致密均匀，极化电流密度较小。

## 配方 13 防锈金属表面处理剂（1）

**原料配比**

| 原料 | 配比(质量份) | 原料 | 配比(质量份) |
|---|---|---|---|
| 硅酸钠 | 3 | 过硫酸钾 | 0.38 |
| 8-羟基喹啉 | 0.7～1 | 丙烯酸丁酯 | 50 |
| 硼酸钠 | 2 | 碳酸氢钠 | 0.16 |
| 六甲基磷酰胺 | 0.6 | 双(γ-三乙氧基硅基丙基)四硫化物 | 30 |
| 乌洛托品 | 1.4 | 75%乙醇 | 110 |
| 烯基丁二酸酯 | 5 | 30%过氧化氢 | 0.3 |
| 斯盘-80 | 1.8～2 | 去离子水 | 120 |
| 苯胺 | 0.6 | 氟钛酸 | 6 |

**制备方法**

(1) 取过硫酸钾质量的40%～50%、斯盘-80质量的80%～90%，与碳酸氢钠混合，加入去离子水质量的60%～70%，搅拌均匀，得引发剂乳液；

(2) 取上述引发剂乳液质量的45%～50%，升高温度至80～86℃，滴加剩余的引发剂乳液与丙烯酸丁酯的混合液，滴加完毕后保温反应1～2h，得丙烯酸酯胶液；

(3) 取剩余去离子水质量的30%～40%，加入剩余过硫酸钾，搅拌均匀，得引发剂溶液；

(4) 将8-羟基喹啉、乌洛托品混合，加入烯基丁二酸酯，送入反应釜中，50～60℃下保温搅拌30～40min，出料冷却，得防锈脂；

(5) 取70%～75%乙醇的70%～80%，加入双（γ-三乙氧基硅基丙基）四硫化物，调节pH值为3～4，加入氟钛酸、30%过氧化氢，搅拌反应6～7h，得氟化硅烷；

(6) 将六甲基磷酰胺加入剩余的乙醇中，搅拌均匀后加入硅酸钠、硼酸钠，在80～85℃下保温搅拌20～30min，得无机防锈液；

(7) 在剩余的去离子水中加入剩余的斯盘-80，搅拌均匀后加入无机防锈液、防锈脂，送入乳化机中，800～1000r/min 搅拌分散 7～10min，得乳化防锈剂；

(8) 将苯胺与上述丙烯酸酯胶液混合，搅拌均匀，滴加引发剂溶液，滴加完毕后在 10～15℃下反应 8～10h，送入 65～70℃的水浴中，加入氟化硅烷，保温搅拌反应 1～2h，得硅烷化丙烯酸-苯胺共聚乳液；

(9) 将上述硅烷化丙烯酸-苯胺共聚乳液与乳化防锈剂混合，300～400r/min 搅拌 10～20min，加入剩余各原料，混合，800～1000r/min 搅拌 40～50min，得所述防锈金属表面处理剂。

**产品应用** 本品是一种防锈金属表面处理剂。

使用方法：将金属板材表面清洗干净，将本品均匀地滴在金属板材表面，先在 120℃下烘烤 30～40s，自然干燥成膜，再在 80℃下烘干处理 15～20min。

**产品特性**

(1) 本品的丙烯酸酯胶液粒子表面含有大量的羧基，将苯胺加入丙烯酸酯胶液中，苯胺单体首先扩散到胶束内部，然后与羧基发生掺杂，随后在氧化剂的作用下，苯胺在乳胶粒子表面发生聚合反应，增大了聚苯胺涂层对水的接触角，提高了附着力和耐水性。该涂层可以通过电子转移作用和氧化还原作用，使金属表面钝化，产生保护作用。而经硅烷化改性的氟钛酸，引入的无机组分 $Ti^{4+}$ 在加热固化过程中形成 $TiO_2$ 颗粒，均匀地填充在硅烷膜的空隙中，使整个膜层更加均匀致密，能有效抑制膜层表面的微电化学反应，从而耐腐蚀性能得到很大提高。

(2) 本品将氟钛酸改性后硅烷钝化膜与丙烯酸-苯胺共聚膜复合，使得膜层更加致密、稳定，对腐蚀介质的阻抗能力更强，耐腐蚀性能更加优良。

(3) 本品加入的硅酸钠、烯基丁二酸酯等具有很好的防锈效果。

## 配方 14 防锈金属表面处理剂（2）

**原料配比**

| 原料 | 配比(质量份) | | |
|---|---|---|---|
| | 1# | 2# | 3# |
| 硝酸钙 | 7 | 11 | 9 |
| 次氯酸钠 | 5 | 9 | 7 |
| 酒石酸 | 4 | 10 | 7 |
| 硝酸镍 | 3 | 8 | 5 |
| 甲醛 | 2 | 6 | 4 |
| 碳酸钠 | 3 | 8 | 6 |
| 磷酸三钠 | 1 | 5 | 3 |
| 氢氧化钠 | 5 | 9 | 7 |
| 三乙醇胺 | 8 | 14 | 11 |
| 硅烷偶联剂 | 3 | 8 | 5 |
| 乙醇 | 2 | 5 | 4 |
| 去离子水 | 14 | 14 | 14 |

**制备方法** 将各组分原料混合均匀即可。

**产品应用** 本品是一种防锈金属表面处理剂。

**产品特性** 本品具有很好的防锈清洗效果，同时能够改善金属表面质量，提高金属表面的品质。

## 配方 15 分散酯化金属表面处理剂

**原料配比**

| 原料 | 配比(质量份) | 原料 | 配比(质量份) |
|---|---|---|---|
| 钼酸铵 | 1 | 丙烯酸丁酯 | 50 |
| 全氟辛基磺酸钾 | 2 | 碳酸氢钠 | 0.16 |
| 叔丁基对苯二酚 | 0.4 | 双(γ-三乙氧基硅基丙基)四硫化物 | 30 |
| 苯基缩水甘油醚 | 0.7 | 75%乙醇 | 100 |
| 二硬脂酸乙二酯 | 3 | 30%过氧化氢 | 0.2 |
| 斯盘-80 | 1.8 | 去离子水 | 100 |
| 苯胺 | 0.6 | 氟钛酸 | 4～6 |
| 过硫酸钾 | 0.4 | | |

**制备方法**

(1) 取过硫酸钾质量的40%～50%、斯盘-80质量的86%～90%，与碳酸氢钠混合，加入去离子水质量的80%～90%，搅拌均匀，得引发剂乳液；

(2) 取70%～75%乙醇的质量的10%～15%，加入苯基缩水甘油醚，搅拌溶解，加入叔丁基对苯二酚，搅拌均匀，得抗氧化液；

(3) 取上述引发剂乳液质量的45%～50%，升高温度至80～86℃，滴加剩余的引发剂乳液与丙烯酸丁酯的混合液，滴加完毕后保温反应1～2h，加入上述抗氧化液，送入50～60℃水浴中，保温搅拌20～30min，得抗氧化丙烯酸酯胶液；

(4) 取剩余的去离子水质量的60%～70%，加入全氟辛基磺酸钾、钼酸铵，搅拌均匀，得防锈液；

(5) 将剩余的过硫酸钾加入剩余的去离子水中，搅拌均匀，得引发剂溶液；

(6) 取剩余的70%～75%乙醇，加入双（γ-三乙氧基硅基丙基）四硫化物，调节pH值为3～4，加入氟钛酸、30%过氧化氢，搅拌反应6～7h，得氟化硅烷；

(7) 将氟化硅烷、防锈液混合，搅拌均匀后加入剩余的斯盘-80、二硬脂酸乙二酯，常温搅拌1～2h，得氟化硅烷防锈液；

(8) 将苯胺与上述抗氧化丙烯酸酯胶液混合，搅拌均匀，滴加引发剂溶液，滴加完毕后在10～15℃下反应8～10h，送入65～70℃的水浴中，加入氟化硅烷防锈液，保温搅拌反应1～2h，得硅烷化丙烯酸-苯胺共聚乳液；

(9) 将上述硅烷化丙烯酸-苯胺共聚乳液与剩余各原料混合，800～1000r/min搅拌40～50min，得所述分散酯化金属表面处理剂。

**产品应用** 本品是一种分散酯化金属表面处理剂。

使用方法：将金属板材表面清洗干净，将本品均匀地滴在金属板材表面，先在120℃下烘烤30～40s，自然干燥成膜，再在80℃下烘干处理15～20min。

**产品特性**

(1) 本品的丙烯酸酯胶液粒子表面含有大量的羧基，将苯胺加入丙烯酸酯胶液中，苯胺单体首先扩散到胶束内部，然后与羧基发生掺杂，随后在氧化剂的作用下，苯胺在乳胶粒子表面发生聚合反应，增大了聚苯胺涂层对水的接触角，提高了附着力和耐水性；该涂层可以通过电子转移作用和氧化还原作用，使金属表面钝化，产生保护作用；而经硅烷化改性的氟钛酸，引入的无机组分 $Ti^{4+}$ 在加热固化过程中形成 $TiO_2$ 颗粒，均匀地填充在硅烷膜的空隙中，使整个膜层更加均匀致密，能有效抑制膜层表面的微电化学反应，从而耐腐蚀性能得到很大提高。

(2) 膜层更加致密、稳定，对腐蚀介质的阻抗能力更强，耐腐蚀性能更加优良。

(3) 本品的涂膜能够很好地分散于金属基材表面，能够细化金属表面，对金属表面具有很好的保护作用。

## 配方 16 高弯曲黏性的金属表面硅烷处理剂

**原料配比**

| 原料 | | 配比(质量份) |
|---|---|---|
| 3-氨丙基三甲氧基硅烷 | | 35 |
| 丙基三甲氧基硅烷 | | 20 |
| 三乙胺 | | 2 |
| 乙二醇乙醚 | | 2 |
| 钨酸钠 | | 7 |
| 一缩二丙二醇 | | 4 |
| 氟锆酸铵 | | 3 |
| 乙醇 | | 7 |
| 成膜助剂 | | 4 |
| 水 | | 加至1L |
| 成膜助剂 | 1,2-双(三乙氧基硅基)乙烷 | 6 |
| | 二乙二醇单丁醚 | 5 |
| | 丙烯酸 | 6 |
| | 偏硅酸钠 | 2 |
| | 明矾 | 2 |
| | 水 | 20 |

**制备方法**

(1) 将 3-氨丙基三甲氧基硅烷和丙基三甲氧基硅烷混合溶于水中，加入钨酸钠，充分搅拌；

(2) 将乙二醇乙醚、氟锆酸铵混合加入水中，充分搅拌；

(3) 将乙醇与三乙胺混合搅拌，至三乙胺完全溶解；

(4) 将上述处理后的原料混合，加入乙酸或者乙酸钠，调节 pH 值为 4～5，最后加入剩余各原料，充分搅拌后即得所述高弯曲黏性的金属表面硅烷处理剂。

**原料介绍** 所述的成膜助剂的制备方法：将 1,2-双（三乙氧基硅基）乙烷加入水中，搅拌后加热至 70～80℃，加入丙烯酸、偏硅酸钠，搅拌反应 30～40min，升高温度至 90～100℃，加入二乙二醇单丁醚、明矾，搅拌反应 10～20min，保温静置 1～2h，得所述成膜助剂。

**产品应用** 本品是一种高弯曲黏性的金属表面硅烷处理剂。

**产品特性** 本品处理过程不产生沉渣，处理时间短，控制简便，无有害重金属离子，安全环保，与金属表面形成的硅烷层具有优异的耐腐蚀性、耐酸性、耐油性、抗剥离性、高黏合性能，延长了金属的使用寿命。通过几种硅烷配合，增强了本品的稳定性和高效黏合性，其均匀地分布在金属表面，使得金属具有高的致密性及抗离子渗透性，加入的成膜助剂增加了硅烷吸附膜的致密度，改善了成膜质量，使得膜层具有附着力强，无空洞、裂陷，致密均匀等优点。

## 配方 17 高效脱脂除锈金属表面处理剂

**原料配比**

| 原料 | 配比(质量份) | | | | |
|---|---|---|---|---|---|
| | 1# | 2# | 3# | 4# | 5# |
| 磷酸 | 30 | 20 | 40 | 30 | 25 |
| 葡萄糖 | 1 | 0.1 | 2 | 1.5 | 1 |
| 2,3-二羟基丁二酸 | 1 | 0.1 | 1.5 | 0.5 | 1.5 |
| 硫脲 | 0.5 | 0.1 | 1 | 0.5 | 0.5 |
| 脂肪醇聚氧乙烯醚 | 1.5 | 0.5 | 3 | 2 | 1 |
| 水 | 加至 100 | 加至 100 | 加至 100 | 加至 100 | 加至 100 |

**制备方法** 首先用部分水稀释磷酸，然后按配比将其他原料依次加入磷酸溶液中，最后加入剩余的水搅拌均匀，即可制得本品，本品为无色透明液体。

**产品应用** 本品是一种常温的高效脱脂除锈金属表面处理剂。

使用时将工件浸入金属表面处理剂中，常温条件下浸泡 10min 左右，将工件取出即可。也可使用金属表面处理剂对工件进行喷淋或涂刷等方式进行处理。处理后的工件可直接用清水冲洗，

**产品特性**

(1) 本品将脱脂、除锈合为一体，主要成分磷酸起除锈作用，葡萄糖起渗透作用，2,3-二羟基丁二酸起除锈和配合作用，硫脲起缓蚀作用，脂肪醇聚氧乙烯醚起脱脂作用。以上各组分合用，配伍性好，功效叠加，能产生良好的脱脂除锈作用。本品除锈速度快，操作简单，投资省，成本低，能增加工件的使用寿命。

(2) 本品可在常温条件下使用，不需另外加热，能耗低；成分中不含强碱、有机溶剂和亚硝酸钠等有毒物质，无毒、环保，对基体无过腐蚀作用；能快速有效地清除金属材料和金属制品表面附着的各种油脂、锈蚀；简化了清洗工序，缩短了清洗时间，提高了清洗效率。

## 配方 18 硅烷化金属表面处理剂

**原料配比**

| 原料 | 配比(质量份) | 原料 | 配比(质量份) |
|---|---|---|---|
| 斯盘-80 | 1.8 | 75%乙醇 | 110 |
| 苯胺 | 0.6 | 30%过氧化氢 | 0.3 |
| 过硫酸钾 | 0.4 | 丙二醇苯醚 | 1 |
| 丙烯酸丁酯 | 50 | 棕榈酸钠皂 | 3 |
| 碳酸氢钠 | 0.16 | 去离子水 | 100 |
| 双(γ-三乙氧基硅基丙基)四硫化物 | 30 | 氟钛酸 | 4 |

**制备方法**

(1) 取过硫酸钾质量的 40%～50%，与斯盘-80、碳酸氢钠混合，加入去离子水质量的 80%～90%，搅拌均匀，得引发剂乳液；

(2) 取上述引发剂乳液质量的 45%～50%，升高温度为 80～86℃，滴加剩余的引发剂乳液与丙烯酸丁酯的混合液，滴加完毕后保温反应 1～2h，得丙烯酸酯胶液；

(3) 将剩余的过硫酸钾加入剩余的去离子水中，搅拌均匀，得引发剂溶液；

(4) 取 70%～75%乙醇的 70%～80%，加入双 (γ-三乙氧基硅基丙基) 四硫化

物，调节 pH 值为 3～4. 加入氟钛酸、30%过氧化氢，搅拌反应 6～7h，得氟化硅烷；

(5) 将棕榈酸钠皂加入剩余的乙醇中，搅拌均匀后加入丙二醇苯醚，在 70～75℃下保温搅拌 10～20min，得皂化苯醚；

(6) 将苯胺与上述丙烯酸酯胶液混合，搅拌均匀；滴加引发剂溶液，滴加完毕后在 10～15℃下反应 8～10h，送入 65～70℃的水浴中；加入氟化硅烷，保温搅拌反应 1～2h，得硅烷化丙烯酸-苯胺共聚乳液；

(7) 将上述硅烷化丙烯酸-苯胺共聚乳液与剩余各原料混合，800～1000r/min 搅拌 40～50min，得所述硅烷化金属表面处理剂。

**产品应用** 本品是一种硅烷化金属表面处理剂。

使用方法：将金属板材表面清洗干净，将本品均匀地滴在金属板材表面，先在 120℃下烘烤 30～40s，自然干燥成膜，再在 80℃下烘干处理 15～20min。

**产品特性**

(1) 本品的丙烯酸酯胶液粒子表面含有大量的羧基，将苯胺加入丙烯酸酯胶液中，苯胺单体首先扩散到胶束内部，然后与羧基发生掺杂，随后在氧化剂的作用下，苯胺在乳胶粒子表面发生聚合反应，增大了聚苯胺涂层对水的接触角，提高了附着力和耐水性。该涂层可以通过电子转移作用和氧化还原作用，使金属表面钝化，产生保护作用。加入的丙二醇苯醚可以增强涂层的稳定性和成膜性，有效地抑制了腐蚀介质浸入后腐蚀的过程。

(2) 经硅烷化改性的氟钛酸，引入的无机组分 $Ti^{4+}$ 在加热固化过程中形成 $TiO_2$ 颗粒，均匀地填充在硅烷膜的空隙中，使整个膜层更加均匀致密，能有效抑制膜层表面的微电化学反应，从而耐腐蚀性能得到很大提高。

(3) 本品将氟钛酸改性后硅烷钝化膜与丙烯酸-苯胺共聚膜复合，使得膜层更加致密、稳定，对腐蚀介质的阻抗能力更强，耐腐蚀性能更加优良。

## 配方 19 含二苯乙基联苯酚聚氧乙烯醚的改性硅烷化金属表面前处理剂

**原料配比**

| 原料 | 配比(质量份) | 原料 | 配比(质量份) |
|---|---|---|---|
| 去离子水 | 100 | 树木灰 | 0.4 |
| 改性偶联剂 | 12 | 丙烯酸乳液 | 5 |
| 乙醇 | 14 | 羧甲基纤维素钠 | 2 |
| γ-缩水甘油醚氧丙基三甲氧基硅烷 | 25 | 斯盘-80 | 0.6 |
| γ-氯丙基三乙氧基硅烷 | 35 | 二苯乙基联苯酚聚氧乙烯醚 | 0.4 |
| 过氧化二异丙苯 | 1.5 | 乙酸镧 | 0.007 |
| 全氟辛酸钠 | 0.0024 | 植酸 | 0.25 |

**制备方法**

(1) 改性偶联剂制备：在水溶性纳米级硅溶胶中加入 4%～5%纳米锌粉、3%～5%氧化铁、4%～6%的 2-氨乙基十七烯基咪唑啉，混合加热至 95～115℃，20～30min 后冷却即可。

(2) 在搅拌釜中按配方比例量先加入 γ-缩水甘油醚氧丙基三甲氧基硅烷；然后加入过氧化二异丙苯；以 300～400r/min 的速度搅拌 3～4min 后，再加入 γ-氯丙基三乙氧基硅烷；以 300～400r/min 的速度搅拌 3～5min 后，将全氟辛酸钠和树木灰烬加入其中；在室温和惰性气体保护的条件下，再以350～450r/min的速度搅拌30～40min，得到复配硅烷偶联剂A。

(3) 按配方比例将去离子水注入搅拌釜中，搅拌状态下将步骤（1）制得的改性偶联剂加入釜中；搅拌1～2min后，再加入乙醇；继续搅拌2～3min后，再加入丙烯酸乳液；搅拌5～6min，得到混合溶液B，搅拌速度为2000～2500r/min。

(4) 将A和B混合，再依次加入羧甲基纤维素钠、斯盘-80、二苯乙基联苯酚聚氧乙烯醚、植酸，搅拌状态下，于55～65℃条件下恒温反应，得到混合溶液C。

(5) 最后加入乙酸镧，搅拌10～15min后，过滤得到最终产品。

**产品应用** 本品主要用于各种金属表面的喷粉喷涂漆的前处理。

使用温度：常温，处理时间：3～6min（槽浸）；1～3min（喷淋）。

工作液pH值：4.5～5.5，使用浓度：4%～5%。

**产品特性** 本品通过偶联剂的改性和复配，克服了传统技术中硅烷膜存在抗腐蚀性能不强、成膜不均匀的缺点。本品具有无毒、环保的特点，在金属表面所形成的硅烷膜抗腐蚀性能强、膜致密均匀，附着力强，无挂灰现象产生。

## 配方20 含聚氧乙烯脱水山梨醇单油酸酯的改性硅烷化金属表面前处理剂

**原料配比**

| 原料 | 配比(质量份) | 原料 | 配比(质量份) |
|---|---|---|---|
| 去离子水 | 100 | 树木灰烬 | 0.4 |
| 改性偶联剂 | 12 | 水性环氧树脂乳液 | 5 |
| 丙二醇 | 14 | 羧甲基纤维素钠 | 2 |
| 硅烷偶联剂KH-151 | 25 | 聚氧乙烯脱水山梨醇单油酸酯 | 0.6 |
| 硅烷偶联剂KH-42 | 35 | 苯乙基联苯酚聚氧乙烯醚 | 0.4 |
| 过氧化二异丙苯 | 1.5 | 乙酸镧 | 0.007 |
| 全氟辛酸钠 | 0.0024 | 植酸 | 0.25 |

**制备方法**

(1) 改性偶联剂制备：在水溶性纳米级硅溶胶中加入4%～5%纳米锌粉、3%～5%氧化铁、4%～6%的2-氨乙基十七烯基咪唑啉，混合加热至95～115℃，20～30min后冷却即可。

(2) 在搅拌釜中按配方比例量先加入硅烷偶联剂KH-151；然后加入过氧化二异丙苯；以300～400r/min的速度搅拌3～4min后，再加入硅烷偶联剂KH-42；以300～400r/min的速度搅拌3～5min后，将全氟辛酸钠和树木灰烬加入其中；在室温和惰性气体保护的条件下，再以350～450r/min的速度搅拌30～40min，得到复配硅烷偶联剂A。

(3) 按配方比例将去离子水注入搅拌釜中，搅拌状态下将步骤（1）制得的改性偶联剂加入釜中；搅拌1～2min后，再加入丙二醇；继续搅拌2～3min后，再加入水性环氧树脂乳液；搅拌5～6min，得到混合溶液B，搅拌速度为2000～2500r/min。

(4) 将A和B混合，再依次加入羧甲基纤维素钠、聚氧乙烯脱水山梨醇单油酸酯、苯乙基联苯酚聚氧乙烯醚、植酸，搅拌状态下，于40～50℃条件下恒温反应，得到混合溶液C。

(5) 最后加入乙酸镧，搅拌10～15min后，过滤得到最终产品。

**产品应用** 本品主要用于各种金属表面的喷粉喷涂漆的前处理。

使用温度：常温，处理时间：5～8min（槽浸）；1～3min（喷淋）。

工作液 pH 值：4.5～5.5，使用浓度：3%～5%。

**产品特性** 本品通过偶联剂的改性和复配，克服了传统技术中硅烷膜存在抗腐蚀性能不强、成膜不均匀的缺点。本品具有无毒、环保的特点，在金属表面所形成的硅烷膜抗腐蚀性能强、膜致密均匀，附着力强，无挂灰现象产生。

## 配方 21 含羧甲基纤维素钠的改性硅烷化金属表面前处理剂

**原料配比**

| 原料 | | 配比(质量份) |
|---|---|---|
| 去离子水 | | 100 |
| 改性偶联剂 | | 12 |
| 丙醇 | | 14 |
| 硅烷偶联剂 KH-560 | | 25 |
| 硅烷偶联剂 KH-171 | | 35 |
| 过氧化二异丙苯 | | 1.5 |
| 全氟辛酸钠 | | 0.0015 |
| 树木灰烬 | | 0.4 |
| 聚乙酸乙烯乳液 | | 5 |
| 羧甲基纤维素钠 | | 2 |
| 苯乙基苯丙基酚聚氧乙烯醚 | | 0.6 |
| 失水山梨醇脂肪酸酯 | | 0.5 |
| 乙酸镧 | | 0.007 |
| 植酸 | | 0.25 |
| 改性偶联剂 | 纳米锌粉 | 4～5 |
| | 氧化铁 | 3～5 |
| | 2-氨乙基十七烯基咪唑啉 | 4～6 |

**制备方法**

（1）改性偶联剂制备：在水溶性纳米级硅溶胶中加入 4%～5%纳米锌粉、3%～5%氧化铁、4%～6%的 2-氨乙基十七烯基咪唑啉，混合加热至 95～115℃，20～30min 后冷却即可。

（2）在搅拌釜中按配方比例量先加入硅烷偶联剂 KH-560；然后加入过氧化二异丙苯，以 300～400r/min 的速度搅拌 3～4min 后，再加入硅烷偶联剂 KH～171；以 300～400r/min 的速度搅拌 3～5min 后，将全氟辛酸钠和树木灰烬加入其中；在室温和惰性气体保护的条件下，再以 350～450r/min 的速度搅拌 30～40min，得到复配硅烷偶联剂 A。

（3）按配方比例将去离子水注入搅拌釜中，搅拌状态下将步骤（1）制得的改性偶联剂加入釜中；搅拌 1～2min 后，再加入丙醇；继续搅拌 2～3min 后，再加入聚乙酸乙烯乳液；搅拌 5～6min，得到混合溶液 B，搅拌速度为 2000～2500r/min。

（4）将 A 和 B 混合，再依次加入羧甲基纤维素钠、苯乙基苯丙基酚聚氧乙烯醚、失水山梨醇脂肪酸酯、植酸，搅拌状态下，于 55～65℃条件下恒温反应，得到混合溶液 C。

（5）最后加入乙酸镧，搅拌 10～15min 后，过滤得到最终产品。

**产品应用** 本品主要用于各种金属表面的喷粉喷涂漆的前处理。

使用温度：常温，处理时间：4～6min（槽浸）；1～2min（喷淋）。

工作液 pH 值：4.5～5.5，使用浓度：4%～5%。

**产品特性** 本品通过偶联剂的改性和复配，克服了传统技术中硅烷膜存在抗腐蚀性能不强、成膜不均匀的缺点。本品具有无毒、环保的特点，在金属表面所形成的硅烷膜抗腐蚀性能强、膜致密均匀，附着力强，无挂灰现象产生。

## 配方 22 含辛基酚聚氧乙烯醚的改性硅烷化金属表面前处理剂

**原料配比**

| 原料 | 配比(质量份) | 原料 | 配比(质量份) |
|---|---|---|---|
| 去离子水 | 100 | 树木灰烬 | 0.3 |
| 改性偶联剂 | 13 | 聚乙酸乙烯乳液 | 4 |
| 丙醇 | 14 | 尿素 | 2 |
| 硅烷偶联剂 KH-570 | 25 | 苯乙基酚聚氧乙烯醚 | 0.6 |
| 硅烷偶联剂 791 | 35 | 辛基酚聚氧乙烯醚 | 0.5 |
| 过氧化二异丙苯 | 1.5 | 硝酸镧 | 0.007 |
| 全氟辛酸钠 | 0.0022 | 植酸 | 0.25 |

**制备方法**

(1) 改性偶联剂制备：在水溶性纳米级硅溶胶中加入4%～5%纳米锌粉、3%～5%氧化铁、4%～6%的2-氨乙基十七烯基咪唑啉，混合加热至100～110℃，20～30min后冷却即可。

(2) 在搅拌釜中按配方比例量先加入硅烷偶联剂KH-570；然后加入过氧化二异丙苯；以200～300r/min的速度搅拌3～4min后，再加入硅烷偶联剂791；以300～400r/min的速度搅拌3～5min后，将全氟辛酸钠和树木灰烬加入其中；在室温和惰性气体保护的条件下，再以350～450r/min的速度搅拌30～40min，得到复配硅烷偶联剂A。

(3) 按配方比例将去离子水注入搅拌釜中，搅拌状态下将步骤(1)制得的改性偶联剂加入釜中；搅拌1～2min后，再加入丙醇；继续搅拌2～3min后，再加入聚乙酸乙烯乳液；搅拌5～6min，得到混合溶液B，搅拌速度为2000～2500r/min。

(4) 将A和B混合，再依次加入尿素、苯乙基酚聚氧乙烯醚、辛基酚聚氧乙烯醚、植酸，搅拌状态下，于60～70℃条件下恒温反应，得到混合溶液C。

(5) 最后加入硝酸镧，搅拌10～15min后，过滤得到最终产品。

**产品应用** 本品主要用于各种金属表面的喷粉喷涂漆的前处理。

使用温度：常温，处理时间：3～5min（槽浸）；1～3min（喷淋）。

工作液pH值：4.5～5.5，使用浓度：4%～5%。

**产品特性** 本品通过偶联剂的改性和复配，克服了传统技术中硅烷膜存在抗腐蚀性能不强、成膜不均匀的缺点。本品具有无毒、环保的特点，在金属表面所形成的硅烷膜抗腐蚀性能强、膜致密均匀，附着力强，无挂灰现象产生。

## 配方 23 含油酸聚氧乙烯酯的改性硅烷化金属表面前处理剂

**原料配比**

| 原料 | 配比(质量份) | 原料 | 配比(质量份) |
|---|---|---|---|
| 去离子水 | 100 | 硅烷偶联剂 KH-912 | 35 |
| 改性偶联剂 | 12 | 过氧化二异丙苯 | 1.5 |
| 丙醇 | 14 | 全氟辛酸钠 | 0.0024 |
| 硅烷偶联剂 KH-69 | 25 | 单丁基三氯化锡 | 0.4 |

续表

| 原料 | 配比(质量份) | 原料 | 配比(质量份) |
| --- | --- | --- | --- |
| 丙烯酸乳液 | 5 | 油酸聚氧乙烯酯 | 0.4 |
| 羧甲基纤维素钠 | 2 | 乙酸镧 | 0.007 |
| 斯盘-60 | 0.6 | 植酸 | 0.25 |

**制备方法**

(1) 改性偶联剂制备：在水溶性纳米级硅溶胶中加入4%～5%纳米锌粉、3%～5%氧化铁、4%～6%的2-氨乙基十七烯基咪唑啉，混合加热至100～120℃，20～30min后冷却即可。

(2) 在搅拌釜中按配方比例量先加入硅烷偶联剂KH-69；然后加入过氧化二异丙苯；以300～400r/min的速度搅拌3～4min后，再加入硅烷偶联剂KH-912；以300～400r/min的速度搅拌3～5min后，将全氟辛酸钠和单丁基三氯化锡加入其中；在室温和惰性气体保护的条件下，再以350～450r/min的速度搅拌30～40min，得到复配硅烷偶联剂A。

(3) 按配方比例将去离子水注入搅拌釜中，搅拌状态下将步骤（1）制得的改性偶联剂加入釜中；搅拌1～2min后，再加入丙醇；继续搅拌2～3min后，再加入丙烯酸乳液；搅拌5～6min，得到混合溶液B，搅拌速度为2000～2500r/min。

(4) 将A和B混合，再依次加入羧甲基纤维素钠、斯盘-60、油酸聚氧乙烯酯、植酸，搅拌状态下，于50～60℃条件下恒温反应，得到混合溶液C。

(5) 最后加入乙酸镧，搅拌10～15min后，得到最终产品。

**产品应用** 本品主要用于各种金属表面的喷粉喷涂漆的前处理。

使用温度：常温，处理时间：3～6min（槽浸）；1～3min（喷淋）。

工作液pH值：4～5，使用浓度：4%～5%。

**产品特性** 本品通过偶联剂的改性和复配，克服了传统技术中硅烷膜存在抗腐蚀性能不强、成膜不均匀的缺点。本品具有无毒、环保的特点，在金属表面所形成的硅烷膜抗腐蚀性能强、膜致密均匀，附着力强，无挂灰现象产生。

## 配方24 黑色金属表面处理剂

**原料配比**

| 原料 | 配比(质量份) | 原料 | 配比(质量份) |
| --- | --- | --- | --- |
| 柠檬酸钙 | 0.4 | 硅烷偶联剂KH-550 | 0.4 |
| 聚乙烯醇 | 15 | 三聚磷酸钠 | 4 |
| 丝胶 | 4 | 硼酸氨基三乙酯 | 0.7～2 |
| 硼酸 | 0.08 | 乙撑硫脲 | 0.2 |
| 烷基苯磺酸钠 | 0.5 | 去离子水 | 200 |
| 六水硝酸钇 | 0.05 | | |

**制备方法**

(1) 将烷基苯磺酸钠、丝胶混合，加入去离子水质量的30%～40%，搅拌均匀后加入硅烷偶联剂KH-550、六水硝酸钇，600～1000r/min搅拌分散10～20min，加入聚乙烯醇、硼酸，65～70℃下保温搅拌50～60min，得丝胶乳液；

(2) 将三聚磷酸钠加入剩余的水中，搅拌均匀后加入柠檬酸钙，50～60℃下保温搅拌5～10min，得缓蚀液；

（3）将上述丝胶乳液、缓蚀液混合，300～400r/min 搅拌分散 10～20min，加入剩余各原料，700～800r/min 搅拌分散 20～30min，测溶液 pH 值，加入弱酸或弱碱液，调节溶液 pH 值为 5～7。

**产品应用** 本品是一种黑色金属表面处理剂。

**产品特性** 本品将水溶性高分子聚乙烯醇、丝胶混合，再通过硅烷化处理，硅烷在水解后可以在金属表面形成吸附型膜层，从而隔绝环境中的水分子和氧分子，起到防护作用；然后通过硼酸改性可以提高共混膜的抗张强度和热稳定性，而加入的稀土金属离子会与金属基材表面发生吸氧腐蚀，产生的 $OH^-$ 配合生成不溶性配合物；该配合物会进一步脱水形成氧化物沉淀到基材表面，减缓腐蚀的电极反应。聚磷酸盐与水中的二价金属离子结合，在金属表面形成一层沉积物膜，可以抑制金属腐蚀，在用作黑色金属表面处理剂时，当溶液 pH 值在 5～7 时，还可以避免聚磷酸盐造成的微生物污染。

## 配方 25 黑色金属表面综合处理剂

**原料配比**

| 原料 | | 配比(质量份) |
|---|---|---|
| 磷酸 | | 1～40 |
| 酒石酸 | | 0.1～5 |
| 磷酸二氧锌 | | 0.5～10 |
| 添加剂 | | 0.1～10 |
| 水 | | 加至 100 |
| 添加剂 | 活性剂 | 10～50 |
| | 氧化剂 | 10～50 |
| | 缓蚀剂 | 10～50 |
| | 动物胶 | 10～50 |
| | 速干剂(熟料粉) | 0～40 |
| | 水 | 适量 |

**制备方法** 将各组分原料混合均匀即可。

**产品应用** 本品是一种黑色金属表面综合处理剂。

**产品特性** 本品不仅实现了除油、除锈、磷化多道工艺一步完成，还成功地实现了无“过腐蚀”、无“流挂现象”，而且生产安全、无毒、无环境污染、易贮存。

## 配方 26 环保水基金属表面处理剂

**原料配比**

| 原料 | 配比(质量份) | 原料 | 配比(质量份) |
|---|---|---|---|
| 聚乙烯醇 | 20 | 柠檬酸钾 | 0.3 |
| 甘草酸二钾 | 0.3 | 2-氨乙基十七烯基咪唑啉 | 0.3 |
| 棕榈酸钠皂 | 3 | 丝胶 | 8 |
| 仲钨酸铵 | 0.2 | 硼酸 | 0.08 |
| 氯化石蜡 | 2 | 甲基苯并三氮唑 | 20 |
| 硅酸钾 | 0.2 | 斯盘-80 | 0.9 |
| 6-叔丁基邻甲酚 | 0.6 | 去离子水 | 200 |
| 骨胶 | 0.3 | | |

**制备方法**

(1) 取骨胶，加入去离子水质量的60%～70%，浸泡至胶块变软，加热到75～80℃，加入甘草酸二钾、丝胶，保温搅拌10～18min，加入聚乙烯醇质量的80%～90%、硼酸，在上述温度下继续保温搅拌40～50min，得丝胶乳液；

(2) 将甲基苯并三氮唑加入其质量3～5倍的稀碱液中，加热到60～70℃，加入6-叔丁基邻甲酚、柠檬酸钾，搅拌至常温，得缓蚀碱液；

(3) 取剩余的聚乙烯醇，加热到60～70℃，加入棕榈酸钠皂、氯化石蜡，保温搅拌6～10min，加入剩余的去离子水中，加入斯盘80，搅拌混合20～30min，得皂液；

(4) 将上述缓蚀碱液、丝胶乳液混合，搅拌均匀后加入皂液，500～700r/min搅拌分散10～16min，得缓蚀乳液；

(5) 将上述缓蚀乳液与剩余各原料混合，700～800r/min搅拌分散20～30min，即得所述金属表面处理剂。

**产品应用** 本品是一种环保水基金属表面处理剂。

**产品特性**

(1) 本品将水溶性高分子聚乙烯醇与丝胶混合，通过硼酸改性可以提高共混膜的抗张强度和热稳定性，加入以甲基苯并三氮唑为主料的缓蚀碱液，可以使得吸附在金属表面的膜更加均匀稳定，保护金属材料免受大气及水中有害介质的腐蚀，起到更好的缓蚀效果；

(2) 本品具有很好的抑菌防腐性，黏度高，各原料相容性好，环保无毒副作用。

## 配方 27 环保通用型金属表面前处理液

**原料配比**

| 原料 | 配比(质量份) | | | | |
|---|---|---|---|---|---|
| | 1# | 2# | 3# | 4# | 5# |
| 植酸 | 1 | 1.2 | — | — | — |
| 季戊四醇四磷酸酯 | — | — | 0.5 | 1 | — |
| 1,6-己二醇磷酸酯 | — | — | — | — | 1.5 |
| 氧化锌 | 2 | 2 | 3 | 3 | 2.5 |
| 钼酸钠 | 0.5 | 0.5 | 0.5 | 0.7 | 1 |
| 酒石酸 | 1 | 2 | 3 | 3 | 4 |
| 金属表面氧化剂 | 1 | 1.5 | 2 | 2 | 3 |
| 氧化石墨烯 | 0.2 | 0.3 | 0.3 | 0.4 | 0.5 |
| 柠檬酸 | 1 | 2 | 2 | 1 | 1 |
| 水 | 加至100 | 加至100 | 加至100 | 加至100 | 加至100 |

**制备方法** 将各组分原料混合均匀即可。

**原料介绍** 本品中优选的多官能团烷基磷酸酯为植酸、季戊四醇四磷酸酯、1,6-己二醇磷酸酯、磷酸酯化环糊精或1,8-辛二醇磷酸酯。

本品中优选的金属表面氧化剂为氯酸钠、间硝基苯磺酸钠、双氧水或硫酸羟胺。

**产品应用** 本品是一种耐蚀性能优异、漆膜附着力强的环境友好型金属表面前处理液。

使用步骤：对待处理的金属表面进行除油、水洗、酸洗、二次水洗处理后，在常温下浸泡于所述金属表面前处理液中，将浸泡后的金属水洗后自然晾干或烘干，即完成金属表面前处理。

**产品特性**

(1) 所选用的金属表面氧化剂，氧化石墨烯，柠檬酸均是环境友好型的物质，它们的引入不会造成环境污染；

(2) 高效金属表面氧化剂的加入大大改善了钝化层的质量，因此化学转化膜的耐腐蚀性能大大提高；

(3) 改性氧化石墨烯的加入有效提高了有机吸附层中活性基团的数目和与外涂装层的附着力；

(4) 本品中各组分之间相互促进，共同达到现有的产品质量。多官能团烷基磷酸酯的分子结构中拥有可在金属表面发生强烈吸附的羟基官能团，使其可以在金属表面自发吸附，形成一层吸附型的化学转化膜，在一定程度上起到对金属基体的腐蚀防护作用。另一方面，所述烷基磷酸酯分子中还存在其他官能团（如羟基、羧基等），可以与外涂层发生化学交联反应，增强外涂层与金属基体的结合力。

## 配方 28 环保无氟金属表面处理剂

**原料配比**

| 原料 | 配比(质量份) | | |
|---|---|---|---|
| | 1# | 2# | 3# |
| 植酸(45%) | 2 | 5 | 8 |
| 植酸钠 | 0.5 | — | — |
| 植酸钙 | — | 1 | — |
| 植酸镁 | — | — | 2 |
| 硝酸镧 | 0.05 | — | — |
| 硝酸铈 | — | 0.1 | — |
| 硝酸铪 | — | — | 0.1 |
| 间硝基苯磺酸 | 0.05 | — | 0.1 |
| 对苯二酚 | — | 0.1 | — |
| 水 | 加至 100 | 加至 100 | 加至 100 |

**制备方法** 在反应釜中加入 2/3 的水（可优选为去离子水），再依次加入植酸、植酸盐、稀土促进剂、有机促进剂，充分搅拌直至完全溶解成清澈的溶液即可。

**原料介绍**

植酸为含量为 45%以上的食品级产品。

植酸盐为植酸钠、植酸钙、植酸镁、植酸锌中的一种或一种以上。

稀土促进剂选自镧系化合物，例如硝酸铈、硝酸镧、硝酸铪等镧系化合物中的一种或一种以上。

有机促进剂为对苯二酚或者硝基化合物，硝基化合物可选择为间硝基苯磺酸等。

**产品应用** 本品主要用于家电、汽车、五金行业产品涂装前处理的处理剂。

处理方法：对待处理工件依次进行碱性无磷脱脂处理、水洗处理、环保无氟金属表面处理剂处理、水洗处理、烘干处理和喷涂处理。其中，待处理工件为钢铁、锌、铝材质的冷轧板、热轧板或镀锌板涂装零件。环保无氟金属表面处理剂处理的工艺参数为：pH 值 2～5，通过浸泡、喷淋方式常温处理 0.5～10min。

**产品特性** 本品可在钢、锌、铝金属表面形成一层致密均匀、耐蚀性强、和涂层附着力极好的转化膜，其处理方法简单，在常温下操作；原有的磷化、钝化处理设备不需任何改动就可使用，处理剂不使用强酸强碱，生产安全无排放；使用寿命长，更换时可直接排放。

## 配方 29 环保型低成本金属表面处理剂

**原料配比**

| 原料 | 配比(质量份) | | |
|---|---|---|---|
| | 1# | 2# | 3# |
| 3-氨丙基三乙氧基硅烷 | 15 | 20 | 10 |
| 分散性纳米二氧化硅 | 15 | 20 | 10 |
| 氟钛酸 | 15 | 25 | 10 |
| 氟锆酸 | 25 | 15 | 20 |
| 草酸 | 5 | 10 | 10 |
| 双氧水 | 8 | 15 | 8 |
| 水 | 912 | 890 | 930 |
| 氨水 | 5 | 5 | 5 |

**制备方法**

(1) 取3-氨丙基三乙氧基硅烷加入水中，快速搅拌使其充分溶解后制得半成品A；

(2) 取分散性纳米二氧化硅加入水中，快速搅拌使其充分溶解，加入氟锆酸和氟钛酸，再次搅拌后制得半成品B；

(3) 取草酸加入水中，搅拌使其完全溶解，依次加入双氧水和水，充分搅拌后制得半成品C；

(4) 将半成品B加入半成品A中，充分搅拌后加入半成品C，再次搅拌后加入氨水，使所得处理剂pH值在3～3.5之间即可。

**产品应用** 本品主要用于金属涂装防护的各种工业领域，如家用电器、金属办公家具、汽车制造、电力设备、仓储货架等。

在利用本处理剂对金属表面处理前，首先应对待处理的工件进行彻底的除油清洗，清洗后立即用清水漂洗，漂洗后的工件应表面水膜均匀且无分开现象方能进行硅烷化处理。

**产品特性** 本产品与传统磷化相比，具有环保性（无有毒重金属离子）、低能耗（常温使用）、低使用成本（每公斤处理量为普通磷化的5～8倍）、无渣等优点。

## 配方 30 环保型多功能金属表面处理液（1）

**原料配比**

| 原料 | 配比(质量份) | 原料 | 配比(质量份) |
|---|---|---|---|
| 磷酸 | 28～32 | 硫脲 | 0.5～0.7 |
| 锌皮或锌块、锌粒 | 0.25～0.32 | 聚乙二醇 | 0.11～0.16 |
| 酸式磷酸锰 | 1～1.5 | 十二烷基苯磺酸钠 | 1.5～2.5 |
| 酒石酸 | 0.8～1 | 钼酸胺 | 0.08～0.12 |
| 柠檬酸 | 0.2～0.8 | 水 | 加至100 |

**制备方法** 将各组分原料混合均匀即可。

**产品应用** 本品主要用于金属表面的防腐、防锈。

使用方法及注意事项：

**一、浸渍法**

浸渍法一般在车间内进行，存放本液的容器须为耐酸槽。

（1）为避免降低槽液功能，首先清除金属工件表面的严重油脂、泥灰及碱性杂物。

（2）将金属工件浸入放有本液的槽池内，进行除氧化皮、锈层，磷化，纯化综合处理。槽液在低温状态下处理需要浸渍 20～30min；常温下处理，需要 5～15min，浸渍过程中最好能使液体流动或振动。

（3）处理后的工件须直立放置，通风干燥，干燥时间一般为 4～8h。

注意事项：

（1）使用过程中，浸渍的工件数量多，溶液与酸度相应减少，浸渍时间也逐步增加，这时要添加新液，保持一定的酸度；

（2）槽液温度不宜过高；

（3）使用一段时间后，如槽内沉淀物较多时，可钢丝布过滤后再使用；

（4）每公斤本液可处理 6mm 以下金属工件面积不少于 $20m^2$，即浸渍每平方米金属工件，耗本液 60g。

**二、喷淋（洒）涂刷法**

该方法常用于室外金属工件的维护维修方面。

（1）金属工件上有严重锈斑的油脂以及石灰、水泥等碱性物质，须用铁刷刷掉或铲除，一般的锈蚀无需处理。

（2）用本液原液喷淋、涂刷于工件表面，待其干燥后直接涂装面漆。干燥时间为 2～4h，夏季 1h 即可。

注意事项：

（1）未干燥前不能急于涂装面漆，以免降低漆膜与母材的附着力，影响涂装质量。

（2）经处理后的工件，在未涂装面漆之前不能接触水分，防止破坏膜层。因此在室外操作须尽早地涂装面漆，确保质量。

经本液综合处理后的工件有下列情况出现，均为允许缺陷：

（1）轻微水迹、擦白及挂灰现象；

（2）除去锈蚀处与整体色泽不一致。

本液为原液使用，不需要调和。本液必须和面漆配套使用，才能得到防腐效果。本液不易挥发变质，在常温下置于阴凉处，有效期为两年。

**产品特性** 本品最大特点是集除油、除锈、磷化、钝化为一体，可以在常温下以浸渍、喷淋、涂刷等多种方法进行，对金属表面不需要预先除油、除锈、清洗，也不需要加温，因此操作十分简单，而且配制过程无“三废”排放，是一种环保型的产品，用于金属表面的防腐、防锈，效果极佳。

## 配方 31 环保型多功能金属表面处理液（2）

**原料配比**

| 原料 | 配比(质量份) | | |
|---|---|---|---|
| | 1# | 2# | 3# |
| 锌皮或锌块、锌粒 | 3 | 2.5 | 2.8 |
| 磷酸 | 30 | 28 | 24 |

续表

| 原料 | 配比(质量份) | | |
|---|---|---|---|
| | 1# | 2# | 3# |
| 酸式磷酸锰 | 1.3 | 1.3 | 1.2 |
| 硝酸钙 | 0.12 | 0.14 | 0.15 |
| 酒石酸 | 1 | 1 | 0.84 |
| 柠檬酸 | 0.8 | 0.7 | 0.8 |
| 硫脲 | 0.58 | 0.6 | 0.7 |
| 聚乙二醇 | 0.1 | 0.16 | 0.11 |
| 十二烷基苯磺酸钠 | 2.3 | 1.8 | 1.6 |
| 分析纯钼酸铵 | 0.8 | 0.8 | 0.8 |
| 去离子水 | 加至100 | 加至100 | 加至100 |

**制备方法**

(1) 在容积为50L的塑料桶中加入去离子水，加入锌皮或锌块、锌粒，充分搅拌至完全溶解，制得溶液后待用。

(2) 在容积为100L的塑料桶中加入去离子水，依次加入磷酸、酸式磷酸锰、硝酸钙、酒石酸、柠檬酸，搅拌至完全溶解待用。

(3) 在容积为250L的塑料桶中加入去离子水，并加温至25℃，依次加入硫脲、聚乙二醇、十二烷基苯磺酸钠、分析纯钼酸铵，充分搅拌使之完全溶化。再加入步骤(1)制得的溶液，搅拌20min，再加入步骤(2)制得的溶液，搅拌之充分溶化40min以上，制得100kg成品。

**产品应用** 本品是一种环保型多功能金属表面处理液。

使用方法及注意事项：

**一、浸渍法**

浸渍法一般在车间内进行，存放本液的容器须为耐酸槽。其步骤为：

(1) 为避免降低槽液功能，首先清除金属工件表面的严重油脂、泥灰及碱性杂物。

(2) 将金属工件浸入放有本液的槽池内，进行除氧化皮、除锈层、磷化、纯化综合处理。槽液在低温状态下处理需要浸渍20～30min；常温下处理，需要5至15min，浸渍过程中最好能使液体流动或振动。

(3) 处理后的工件须直立放置，通风干燥，干燥时间一般为4～8h。

注意事项：使用过程中，浸渍的工件数量多，溶液与酸度相应减少，浸渍时间也逐步增加，这时要添加新液，保持一定的酸度；槽液温度不宜过高；使用一段时间后，如槽内沉淀物较多时，可钢丝布过滤后再使用。

**二、喷淋(洒)涂刷法**

该方法常用于室外金属工件的维护维修方面。其步骤为：

(1) 金属工件上有严重锈斑的油脂以及石灰、水泥等碱性物质，须用铁刷刷掉或铲除，一般的锈蚀无需处理。

(2) 用本液原液喷淋、涂刷于工件表面，待其干燥后直接涂装面漆。干燥时间为2～4h，夏季1h即可。

注意事项：

未干燥前不能急于涂装面漆，以免降低漆膜与母材的附着力，影响涂装质量。经处理后的工件，在未涂装面漆之前不能接触水分，防止破坏膜层。因此在室外操作须尽早地涂装面漆，确保质量。经本液综合处理后的工件有下列情况出现，均为允许缺陷：轻微水迹、擦白及挂灰现象；除去锈蚀处与整体色泽不一致。

本液为原液使用，不需要调和。本液必须和面漆配套使用，才能得到防腐效果。本液不易挥发变质，在常温下置于阴凉处，有效期为两年。

**产品特性** 本品集除油、除锈、磷化、钝化为一体，可以在常温下以浸渍、喷淋、涂刷等多种方法进行，对金属表面不需要预先除油、除锈、清洗，也不需要加温，因此操作十分简单，而且配制过程无“三废”排放，是一种环保型的产品，用于金属表面的防腐、防锈，效果极佳。

## 配方 32 环保型有色金属表面处理剂

**原料配比**

| 原料 | | 配比(质量份) | | | |
|---|---|---|---|---|---|
| | | 1# | 2# | 3# | 4# |
| 缓蚀剂 | α-羟基苯并三氮唑 | 0.2 | — | — | 0.3 |
| | 苯并三氮唑 | — | 0.1 | 0.2 | — |
| | 海藻酸钠 | — | — | 0.1 | 0.1 |
| | 六亚甲基四胺 | 0.3 | 0.3 | — | — |
| | 二乙醇胺 | 8.0 | — | — | — |
| | 单乙醇胺 | — | 6.0 | — | 5.5 |
| | 三乙醇胺 | — | — | 5.0 | — |
| 表面活性剂 | 脂肪醇聚氧乙烯醚 | 5.0 | — | — | — |
| | 壬基酚聚氧乙烯醚 | — | 5.0 | — | 6.0 |
| | 烷基酚聚氧乙烯醚 | — | — | 5.0 | — |
| 磷酸酯 | 多元醇磷酸酯 | 5.5 | — | — | — |
| | 磷酸单酯 | — | 5.0 | — | 5.0 |
| | 甘油磷酸酯 | — | — | 5.0 | — |
| 抗氧化剂 | 柠檬酸钾 | 0.5 | — | — | 0.2 |
| | 亚硫酸钾 | — | 0.3 | — | — |
| | 亚硫酸钠 | — | — | 0.3 | — |
| 硅酸盐 | 偏硅酸钠 | 0.1 | — | 0.1 | — |
| | 硅酸钠 | — | — | — | 0.1 |
| | 水玻璃 | — | 0.1 | — | — |
| 去离子水 | | 加至100 | 加至100 | 加至100 | 加至100 |

**制备方法** 将缓蚀剂用表面活性剂搅拌，再加入20%的去离子水充分混合后加热至60～70℃，充分搅拌20min，再加入磷酸酯，在反应釜中以1000r/min的速度搅拌分散得到稳定的溶液，再加入抗氧化剂、硅酸盐或偏硅酸盐及余量的去离子水，并调整pH值为8.5～9.5，搅拌均匀为稳定的溶液，即得到环保型有色金属表面处理剂。

**产品应用** 本品是一种环保型有色金属表面处理剂。

使用时，首先将环保型有色金属表面处理剂用水稀释10倍，并控制pH值在8.0～9.0的工作液，在常温或50～60℃的状态下采用超声波清洗或以喷淋方法清洗有色金属表面3～4min，于10～120℃的温度范围内进行干燥。

所述干燥方法包括自然干燥法、冷风干燥法或烘干法。

**产品特性**

(1) 本品中的缓蚀剂可降低有色金属的腐蚀速率；表面活性剂能够降低表面张力，具有将金属表面油污润湿、乳化的功能；抗氧化剂能防止和缓释本品氧化变质，如变色、结晶析出；磷酸酯为有机类的中性介质缓蚀剂，有助于在有色金属表面形成化学吸附膜，达到表面防护的目的，此膜极薄，只有单个分子或几个分子层厚度。

(2) 普适性：使用本品可以将各种有色金属同时清洗而无需考虑各种材质的不同属性，无需将组合部件拆卸清洗，节省人力、物力、废水排放。

(3) 环保性：本品的表面防护无亚硝酸盐、铬酸盐等国家禁止使用、禁止排放的化学物质，对操作者无身体损害。

(4) 清洗、防护一次性完成：传统的清洗与防护是分开进行的，而本品在多种有色金属均存在的情况下，仍然清洗、防护一次性解决，节省大量的水资源、人力、能源。

(5) 本品使用后，达到清洗要求，同时对四种有色金属均有防护作用，具有操作简便、环保节能的特点，具有工业实用价值。

## 配方 33 缓蚀防腐蚀金属表面硅烷化防护处理剂

**原料配比**

| 原料 | 配比(质量份) | 原料 | 配比(质量份) |
|---|---|---|---|
| 苯甲酸铵 | 2 | 二乙二醇丁醚 | 4 |
| 三乙醇胺 | 1 | 异丙醇 | 5 |
| 甲基纤维素 | 3 | 磷酸二氢铵 | 1 |
| 松香 | 10 | 尿素 | 2 |
| 三羟乙基异氰尿酸酯 | 1.2 | *N*-2-(氨乙基)-3-氨丙基三甲氧基硅烷 | 5 |
| 顺丁烯二酸酐 | 10 | 去离子水 | 加至 500 |

**制备方法**

(1) 将松香加热熔化，至 110～115℃，加入二乙二醇丁醚、*N*-2-(氨乙基)-3-氨丙基三甲氧基硅烷，搅拌反应 35～50min；

(2) 升温至 145～160℃，加入三羟乙基异氰尿酸酯、顺丁烯二酸酐，搅拌反应 40～50min；

(3) 继续升温至 190～205℃，加入三乙醇胺、磷酸二氢铵，搅拌反应 40～50min；

(4) 降温至 80～90℃，加入其他物料，搅拌，保温反应 1～2h，冷却后，调 pH 为中性。

**产品应用** 本品是一种金属表面硅烷化处理剂。

使用时，先将金属基体经脱脂、水洗后可直接进入本处理剂中处理，处理后金属基体表面可得到一层涂层，然后可根据工艺需求进行水洗或不水洗到下一道工艺——烘干，烘干后可进行粉末喷涂等工序。处理工艺参数为：工作温度：室温 25℃，去离子水洗电导率＜20μs/cm，处理时间：90～250s。

**产品特性**

(1) 本品采用松香作为反应原料，与顺丁烯二酸酐、硅烷等原料聚合，能在金属表面形成较强的保护膜；增强了金属基体的耐腐蚀性能。

(2) 原料中含有缓蚀剂，增加保护膜的防腐蚀效果。

(3) 形成的保护膜层致密均匀，极化电流密度较小。

## 配方 34 基于多官能团烷基磷酸酯的环境友好型金属表面处理液

**原料配比**

| 原料 | 配比(质量份) | | |
|---|---|---|---|
| | 1# | 2# | 3# |
| 植酸 | 2 | — | — |
| 季戊四醇四磷酸酯 | — | 1 | — |
| 1,6-己二醇磷酸酯 | — | — | 2.5 |
| 氧化锌 | 2 | 3 | 2.5 |
| 钼酸钠 | 0.7 | 0.5 | 1 |
| 酒石酸 | 2 | 3.5 | 4 |
| 硝酸钠 | 3 | 3.5 | 3 |
| 水 | 加至100 | 加至100 | 加至100 |

**制备方法** 将各组分原料混合均匀即可。

**产品应用** 本品是一种以多官能团烷基磷酸酯为主要成分的环境友好型金属表面处理液。

本品为微黄色透明液体，pH值为1.8～3.5之间。金属制品如冷轧板经过除油、水洗之后即可进行表面处理，时间为3～5min。经本品处理之后冷轧板表面为均匀的蓝色薄膜。已经大量生锈的冷轧板除油、水洗后，经过酸洗除锈水洗之后经本品处理3～5min，即可生成深蓝色至灰黑色的均匀膜层。

本品在使用过程中主要通过控制pH值来调节成膜质量。新配制的处理液的pH值在1.8左右，随着处理工件数量的增多，pH值会逐步上升，当pH值升高到3.5以上时，会出现成膜不均匀的现象。在使用过程中应控制pH值在1.8～3.5之间。

基于多官能团烷基磷酸酯的环境友好型金属表面处理液在处理金属表面中的应用，包括以下步骤：将待处理的金属表面除油，经水洗、酸洗、再次水洗后浸泡或喷淋处理液，将处理后的金属水洗后自然晾干或烘干，即完成金属表面处理。金属表面处理过程中保持处理液pH值在1.8～3.5之间，时间为3～5min。

**产品特性**

(1) 本品中，多官能团烷基磷酸酯的分子结构中拥有可在金属表面发生强烈吸附的羟基官能团，使其可以在金属表面自发吸附，形成一层吸附型的化学转化膜，在一定程度上起到对金属基体的腐蚀防护作用。另一方面，这类分子中还存在其他官能团（如羟基、羧基等），可以与外涂层发生化学交联反应，增强漆膜与金属基体的结合力。氧化锌可以起到桥梁的作用，使多官能团烷基磷酸酯在金属表面形成多分子层。钼酸钠是一种金属表面钝化剂，在氧气的存在下，可以将金属表面钝化，进一步提高金属的耐腐蚀性能。硝酸钠是一种温和的氧化剂，可以将金属基体氧化，有利于成膜物质多官能团烷基磷酸酯在金属表面的吸附。酒石酸是一种配位剂，可以确保成膜的均匀性。

(2) 本品使用流程较磷化液要简单，节约了生产成本，缩短了处理时间，提高了工作效率。

(3) 经过本品处理后，金属表面所形成的转化膜是吸附性有机膜和钝化膜的混合型薄膜，可以大大提高金属的耐腐蚀性能以及与外层漆膜的结合力。

(4) 本品采用了化学吸附的成膜原理，因此不会像磷化液一样产生沉渣，大大降低了对环境的污染。

## 配方 35 金属表面常温发黑处理剂

**原料配比**

| 原料 | 配比(质量份) | | |
|---|---|---|---|
| | 1# | 2# | 3# |
| 硫代硫酸钠 | 70 | 85 | 80 |
| 浓度为 85%的磷酸 | 7 | 9 | 9 |
| 浓度为 65%的稀硝酸 | 8 | 10 | 10 |
| 磷酸二氢铵 | 4 | 8 | 6 |
| 水 | 加至 1L | 加至 1L | 加至 1L |

**制备方法** 按配方计量后，在搅拌条件下，依次把各料加入其中，溶解，混合均匀即可。

**产品应用** 本品是一种金属表面常温发黑处理剂。

**产品特性**

(1) 能耗低：在常温下对金属工件进行发黑处理，无需加热，基本上没有能耗。

(2) 提高了工效：常规发黑处理需要 15～25min，本发黑剂处理工件时只需要 7～9min。

(3) 发黑成本低，设备简单，操作方便；对发黑时间作了严格的控制。

(4) 适应性强，可以对含碳量不同的多种金属工件进行发黑处理。

(5) 可以在常温下处理金属工件，具有适用范围广、发黑处理时间短、能耗低、功效高的特点。

## 配方 36 金属表面处理剂（1）

**原料配比**

| 原料 | 配比(质量份) | | |
|---|---|---|---|
| | 1# | 2# | 3# |
| 水杨酸钠 | 8 | 15 | 11 |
| 草酸钠 | 5 | 9 | 7 |
| 硬脂酸盐 | 2 | 6 | 4 |
| 二氧化硅 | 1 | 4 | 2.5 |
| 三硬脂酸甘油酯 | 4 | 8 | 6 |
| 酒石酸 | 2 | 4 | 3 |
| 烷基苯磺酸钙 | 1 | 5 | 3 |
| 二烷基苯磺酸钙 | 7 | 11 | 9 |
| 三羟甲基丙烷 | 2 | 4 | 3 |
| 硼酸钠 | 6 | 10 | 8 |
| 白油 | 3 | 6 | 4.5 |

**制备方法** 将各组分原料混合均匀即可。

**产品应用** 本品是一种金属表面处理剂。

**产品特性** 本品具有良好的除油除锈效果，能够防止金属表面生锈。

## 配方 37 金属表面处理剂（2）

**原料配比**

| 原料 | 配比(质量份) | | |
|---|---|---|---|
| | 1# | 2# | 3# |
| 乙烯基三甲氧基硅烷 | 5 | 4 | 4.5 |

续表

| 原料 | 配比(质量份) | | |
| --- | --- | --- | --- |
| | 1# | 2# | 3# |
| 月桂醇 | 0.5 | 0.5 | 0.5 |
| 十二醇酯 | 2 | 2 | 2 |
| 对苯二酚 | 0.3 | 0.3 | 0.3 |
| 乙醇 | 13 | 13 | 13 |
| 水 | 95 | 95 | 95 |
| γ-环氧丙基醚基三甲氧基硅烷 | 8 | 8 | 8 |
| 苯并三氮唑 | 0.1 | 0.1 | 0.1 |
| 4,4-亚甲基双(2,6-二叔丁基苯酚) | 0.2 | 0.2 | 0.2 |
| 牛脂胺 | 0.8 | 0.8 | 0.8 |
| 辛烷基胺 | 0.1 | 0.1 | 0.1 |
| 癸烷基胺 | 0.4 | 0.4 | 0.4 |
| 三乙胺 | 0.3 | 0.3 | 0.3 |
| 8-羟基喹啉 | 0.2 | 0.2 | 0.2 |
| 己烷基胺 | 0.3 | 0.3 | 0.3 |
| 二戊胺 | 0.1 | 0.1 | 0.1 |
| 水溶性甲壳素 | 12 | 12 | 12 |
| 苯基萘胺 | 0.2 | 0.2 | 0.2 |
| 双十二烷基胺 | 0.1 | 0.1 | 0.1 |
| 双十八烷基胺 | 0.2 | 0.2 | 0.2 |
| 三乙醇胺 | 0.4 | 0.4 | 0.4 |
| 十二胺 | 0.2 | 0.2 | 0.2 |
| 十六胺 | 0.1 | 0.1 | 0.1 |
| 十八胺 | 0.5 | 0.5 | 0.5 |
| 间苯二酚 | 0.8 | 0.8 | 0.8 |
| 邻苯二酚 | 0.7 | 0.7 | 0.7 |
| 儿茶酚 | 0.5 | 0.5 | 0.5 |
| 2,6-二叔丁基-α-二甲氨基对苯酚 | 0.3 | 0.3 | 0.3 |
| 脂肪醇聚氧乙烯醚 | 0.4 | 0.4 | 0.4 |
| 烷基酚聚氧乙烯醚 | 0.7 | 0.7 | 0.7 |
| 硬脂酸聚氧乙烯酯 | 0.5 | 0.5 | 0.5 |
| 碳酸氢钠 | 0.7 | 0.7 | 0.7 |

**制备方法** 将各组分原料混合均匀即可。

**产品应用** 本品是一种金属表面处理剂。

**产品特性** 本品显著提高了对金属表面的附着力，有利于提高整个金属涂装的防腐性能。

## 配方 38 金属表面处理剂（3）

**原料配比**

| 原料 | 配比(质量份) | | 原料 | 配比(质量份) | |
| --- | --- | --- | --- | --- | --- |
| | 1# | 2# | | 1# | 2# |
| 烷基苯磺酸钠 | 5 | 10 | 聚甘油脂肪酸酯 | 1 | 5 |
| 二氧化钛 | 10 | 20 | 表面活性剂 | 1 | 2 |
| 二氯甲烷 | 10 | 20 | 重铬酸钾 | 7 | 10 |
| 氢氧化钙 | 2 | 3 | 硼酸 | 3 | 6 |

**制备方法** 将各组分原料混合均匀即可。

**产品应用** 本品是一种金属表面处理剂。

**产品特性** 本品洗速性好，能很快地清理金属表面，达到脱漆效果，而且无毒。

## 配方 39 金属表面处理剂（4）

**原料配比**

| 原料 | 配比(质量份) | | |
|---|---|---|---|
| | 1# | 2# | 3# |
| 乙烯基三甲氧基硅烷 | 3 | 5 | 7 |
| 月桂醇 | 1 | 1.5 | 2 |
| 十二醇酯 | 2 | 3 | 4 |
| 对苯二酚 | 0.5 | 0.8 | 1 |
| 乙醇 | 10 | 12 | 15 |
| 水 | 90 | 95 | 100 |
| γ-环氧丙基醚基三甲氧基硅烷 | 5 | 7 | 10 |
| 苯并三氮唑 | 0.2 | 0.3 | 0.5 |
| 4,4′-亚甲基双(2,6-二叔丁基苯酚) | 0.5 | 0.6 | 0.8 |
| 牛脂胺 | 0.5 | 0.8 | 1 |
| 辛烷基胺 | 0.2 | 0.3 | 0.5 |
| 癸烷基胺 | 0.5 | 0.7 | 0.8 |
| 乙胺 | 0.2 | 0.5 | 0.8 |
| 脂肪醇聚氧乙烯醚 | 0.02 | 0.04 | 0.06 |

**制备方法** 将各组分原料混合均匀即可。

**产品应用** 本品是一种金属表面处理剂。

**产品特性** 本品成分简单，成本低廉。缓蚀剂可降低金属的腐蚀速率；表面活性剂能够降低表面张力，具有润湿、乳化功能。

## 配方 40 金属表面处理剂（5）

**原料配比**

| 原料 | 配比(质量份) | 原料 | 配比(质量份) |
|---|---|---|---|
| 缓蚀剂 | 0.5～8 | 二氧化钛 | 1.5～9 |
| 表面活性剂 | 2～9 | 二氧化硅 | 1.5～9 |
| 壳聚糖 | 2～8.5 | 水 | 加至 100 |
| 抗氧化剂 | 0.1～1 | | |

**制备方法** 将 0.5%～8.0%的缓蚀剂用 2.0%～9.0%的表面活性剂搅拌，再加入 20%的去离子水，充分混合后加热至 60～70℃，充分搅拌 30～40min；再加入 2.0%～8.5%的壳聚糖，在反应釜中以 1500r/min 的速度搅拌分散得到稳定的溶液；再加入 0.1%～1.0%的抗氧化剂；加入 1.5%～9.0%的二氧化钛、1.5%～9.0%的二氧化硅和余量的去离子水，充分搅拌，并加入酸碱调节剂将 pH 值调节为 8.0～9.0，搅拌均匀得到稳定的溶液，即制得金属表面处理剂。

**原料介绍**

所述缓蚀剂包括：乙胺、二乙胺、三乙胺、二戊胺、β-萘胺、苯基萘胺、乙醇胺、二乙醇胺、三乙醇胺、苯并三氮唑、一羟基苯并三氮唑、六亚甲基四胺和海藻酸钠。

所述表面活性剂为非离子表面活性剂，包括脂肪醇聚氧乙烯醚、壬基酚聚氧乙烯醚和吐温-80。

所述壳聚糖为 N-脱乙酰度在 55%～100%的壳聚糖。

所述抗氧化剂为柠檬酸钠、亚硫酸钾、亚硫酸钠。

所述二氧化钛和二氧化硅的质量比为1∶1；二氧化钛为纳米级的掺杂下的二氧化钛，二氧化硅为纳米级的二氧化硅。

所述水为去离子水。

**产品应用** 本品是一种环保型有色金属表面处理剂。

**产品特性** 在使用时，纳米级的二氧化钛和纳米级的二氧化硅在金属表面形成一层保护膜，纳米级的掺杂F的二氧化钛和纳米级的二氧化硅在阳光的照射下能够分解金属表面的细菌，并且具有很好的亲水性，更充分地保护金属表面不被细菌和雨水侵蚀；不但可以很好地清理金属表面，还能在金属表面形成保护膜，保护金属表面的光泽度。

## 配方 41 金属表面防护处理剂

**原料配比**

| 原料 | 配比(质量份) | | |
|---|---|---|---|
| | 1# | 2# | 3# |
| 硅烷偶联剂 KBM403 | 15 | 20 | 13～50 |
| 植酸 | 1 | 2 | 1～3 |
| 三乙醇胺 | 2 | 5 | 1.5～9 |
| 钼酸钠 | 0.2 | 0.3 | 0.2～0.4 |
| 硅酸钠 | 3 | 5 | 3～8 |
| 无水乙醇 | 95 | 100 | 95～105 |
| 水 | 加至1L | 加至1L | 加至1L |

**制备方法**

(1) 无水乙醇与去离子水混合搅拌均匀，配制成浓度为10%乙醇溶液，然后将硅烷偶联剂加入其中，用冰醋酸、碳酸氢钠调节溶液的pH值为8～10，搅拌水解至溶液澄清、透明，得到溶液A；

(2) 将植酸与三乙醇胺按配方比例混合，于40～50℃条件下恒温反应一定时间，得到溶液B；

(3) 硅酸钠与钼酸钠按配方比例混合，在酸性条件下恒温80～90℃反应，得到溶液C；

(4) 将溶液A、B、C三种溶液混合，用碳酸氢钠调节溶液的pH值为8～10，恒温50～60℃反应，即得到本处理剂。

**产品应用** 本品是一种金属表面防护处理剂。

**产品特性**

(1) 膜层的附着力强：在配制时，首先植酸与三乙醇胺缩合反应生成醇胺植酸酯，钼酸盐与硅酸盐反应生成的硅钼杂多酸，然后醇胺植酸酯与硅钼杂多酸形成醇胺植酸酯-硅钼杂多酸膜层，该膜层与金属基体的附着力强；

(2) 醇胺植酸酯-硅钼杂多酸膜层致密均匀，克服了传统硅烷化处理膜层存在的孔洞、裂隙等缺陷，增强了金属表面的耐腐蚀性；

(3) 该膜层极化电流密度较小，具有很强的绝缘性；

(4) 该膜层增强了后期涂装漆膜与金属基体的附着力；

(5) 本品生产和处理过程环保，无污染。

(6) 本品处理金属工件时具有节能、环保、功效高的特点。

## 配方 42 金属表面改性硅烷处理剂

**原料配比**

| 原料 | 配比(质量份) | 原料 | 配比(质量份) |
|---|---|---|---|
| 磷酸二氢钠 | 2 | 二乙二醇丁醚 | 6 |
| 钼酸铵 | 2 | 异丁醇 | 5 |
| 十二烷基苯磺酸钠 | 2 | 草酸 | 3 |
| 松香 | 5 | 尿素 | 2 |
| 三羟乙基异氰尿酸酯 | 2 | 乙烯基三($\beta$-甲氧基乙氧基)硅烷 | 10 |
| 顺丁烯二酸酐 | 8 | 去离子水 | 加至 500 |

**制备方法**

(1) 将松香加热熔化，至 110～115℃，加入二乙二醇丁醚、乙烯基三（$\beta$-甲氧基乙氧基）硅烷，搅拌反应 35～50min；

(2) 升温至 145～160℃，加入三羟乙基异氰尿酸酯、顺丁烯二酸酐，搅拌反应 40～50min；

(3) 继续升温至 190～205℃，加入磷酸二氢钠、钼酸铵、十二烷基苯磺酸钠，搅拌反应 40～50min；

(4) 降温至 80～90℃，加入其他物料，搅拌，保温反应 1～2h，冷却后，调 pH 为中性。

**产品应用** 本品是一种金属表面硅烷化处理剂。

先将金属基体经脱脂、水洗后可直接进入本处理剂中处理，处理后金属基体表面可得到一层涂层，然后可根据工艺需求进行水洗或不水洗到下一道工艺——烘干，烘干后可进行粉末喷涂等工序。处理过程工艺参数为：工作温度：室温 25℃，去离子水洗电导率＜20μs/cm，处理时间：90～250s。

**产品特性**

(1) 本品采用松香作为反应原料，与顺丁烯二酸酐、硅烷等原料聚合，能在金属表面形成较强的保护膜；增强了金属基体的耐腐蚀性能。

(2) 原料中含有缓蚀剂，增加保护膜的防腐蚀效果。

(3) 形成的保护膜层致密均匀，极化电流密度较小。

## 配方 43 金属表面硅烷处理剂（1）

**原料配比**

| 原料 | 配比(质量份) |
|---|---|
| $\gamma$-(2,3-环氧丙氧基)丙基三甲氧基硅烷 | 35 |
| $\gamma$-氨丙基三乙氧基硅烷 | 35 |
| 二戊胺 | 2 |
| 硫酸氧钛 | 2 |
| 二甲基乙醇胺 | 2 |
| 四硼酸钾 | 2 |
| 乙二胺四亚甲基膦酸钠 | 4 |
| 乙醇 | 7 |
| 成膜助剂 | 5 |
| 水 | 加至 1L |

续表

| | 原料 | 配比(质量份) |
| --- | --- | --- |
| 成膜助剂 | 1,2-双(三乙氧基硅基)乙烷 | 6 |
| | 二乙二醇单丁醚 | 5 |
| | 丙烯酸 | 6 |
| | 偏硅酸钠 | 2 |
| | 明矾 | 2 |
| | 水 | 20 |

**制备方法**

(1) 将 γ-(2,3-环氧丙氧基) 丙基三甲氧基硅烷和 γ-氨丙基三乙氧基硅烷混合溶于水中，加入四硼酸钾、乙二胺四亚甲基膦酸钠，充分搅拌；

(2) 将硫酸氧钛、二甲基乙醇胺混合加入水中，充分搅拌；

(3) 将乙醇与二戊胺混合搅拌，至二戊胺完全溶解；

(4) 将上述处理后的原料混合，加入乙酸或者乙酸钠，调节 pH 值为 4～5，最后加入剩余各原料，充分搅拌后即得所述金属表面硅烷处理剂。

**原料介绍** 所述成膜助剂的制备方法：将 1,2-双（三乙氧基硅基）乙烷加入水中，搅拌后加热至 70～80℃，加入丙烯酸、偏硅酸钠，搅拌反应 30～40min，升高温度至 90～100℃，加入二乙二醇单丁醚、明矾，搅拌反应 10～20min，保温静置 1～2h，得所述成膜助剂。

**产品应用** 本品是一种金属表面硅烷处理剂。

**产品特性** 本品处理过程中不产生沉渣，处理时间短，控制简便，无有害重金属离子，安全环保，与金属表面形成的硅烷层具有优异的耐腐蚀性、耐酸性、耐油性、抗剥离性、高黏合性能，延长了金属的使用寿命。通过几种硅烷配合，增强了该处理剂的稳定性和高效黏合性，其均匀地分布在金属表面，使得金属具有高的致密性及抗离子渗透性；加入的成膜助剂增加了硅烷吸附膜的致密度，改善了成膜质量，使得膜层具有附着力强，无空洞、裂陷，致密均匀等优点。

## 配方 44 金属表面硅烷处理剂（2）

**原料配比**

| 原料 | 配比(质量份) | 原料 | 配比(质量份) |
| --- | --- | --- | --- |
| 3-缩水甘油醚氧基丙基三甲氧基硅烷 | 45 | 二甲基亚砜 | 3 |
| 乙烯基三(β-甲氧基乙氧基)硅烷 | 45 | 尿素 | 1～2 |
| 水性纳米氧化锌料 | 180 | 苯丙三唑 | 0.6 |
| 2-甲基-1,3-丙二醇 | 5 | 磷酸一铵 | 0.5 |
| 聚乙二醇 | 2 | 水 | 加至 1L |
| 氟化锆 | 2 | | |

**制备方法**

(1) 将 3-缩水甘油醚氧基丙基三甲氧基硅烷加入 60%～70%的水中，充分溶解后再加入乙烯基三（β-甲氧基乙氧基）硅烷，充分搅拌，得混合料 A；

(2) 取剩余水的 60%～70%，加入水性纳米氧化锌料，充分搅拌后，加入二甲基亚砜、尿素、磷酸一铵，充分搅拌，得混合料 B；

(3) 将 2-甲基-1,3-丙二醇与剩余的水混合，加热到 40～50℃，然后加入苯丙三唑，搅拌至苯丙三唑完全溶解，得混合料 C；

(4) 将上述得到的混合料 A、B 和 C 混合，然后用乙酸或者乙酸钠调节 pH 值为 3～5，最后加入聚乙二醇、氟化锆，充分搅拌后即得所述金属表面硅烷处理剂。

**原料介绍**

所述的水性纳米氧化锌料的制备方法为：

(1) 将纳米氧化锌超声分散于其质量 5～10 倍的无水乙醇中，得到分散液；然后将其质量 3%～4%的过氧化二异丙苯、1%～2%的乙烯基三（β-甲氧基乙氧基）硅烷加入上述分散液中；在 80～90℃温度下回流反应 1～2h，反应后得到带有反应基团的偶联剂改性的纳米氧化锌-乙醇悬浮液，然后进行过滤，离心分离滤液，得到改性纳米氧化锌。

(2) 将三乙醇胺溶于水，然后加入上述改性纳米氧化锌，在球磨机中球磨处理 1～2h，得到改性纳米氧化锌浆料。

(3) 将丙基三甲氧基硅烷溶解在乙醇中，制备成质量分数为 2%～4%的溶液，加入上述改性纳米氧化锌浆料中，用乙酸或乙酸钠调节 pH 值为 4～5，再球磨处理 2～3h，得到所述的水性纳米氧化锌料。

所述的水性纳米氧化锌料的制备方法中，纳米氧化锌、三乙醇胺、丙基三甲氧基硅烷和步骤 (2) 中的水、步骤 (3) 中的乙醇的质量比为(10～15)∶1∶(2～3)∶(90～110)∶(95～105)。

所述纳米氧化锌的粒度为 40～50nm。

**产品应用** 本品是一种金属表面硅烷处理剂。

**产品特性** 使用本品处理金属后，在金属表面形成的硅烷层具有优异的耐腐蚀性能，延长了金属的使用寿命。通过丙基三甲氧基硅烷和乙烯基三（β-甲氧基乙氧基）硅烷结合在一起使用，可以在金属表面形成致密而牢固的涂层。而用本品中水性纳米氧化锌料具有高分散稳定性和高效黏合性，其均匀地分布在金属表面，使得金属具有高的致密性及抗离子渗透性；加入的氟化锆等助剂，增加了硅烷吸附膜的致密度，改善了成膜质量，使得膜层具有附着力强，无空洞、裂陷，致密均匀，极化电流密度小的特点，且生产过程环保，无污染。

## 配方 45 金属表面硅烷化防护处理液

**原料配比**

| 原料 | 配比(质量份) | | |
|---|---|---|---|
| | 1# | 2# | 3# |
| 硅烷偶联剂 KH590 | 15 | 20 | 45 |
| 植酸 | 1 | 2 | 3 |
| 三乙醇胺 | 1.5 | 5 | 9 |
| 钼酸铵 | 0.1 | 0.2 | 0.15 |
| 偏硅酸钠 | 3 | 5 | 5 |
| 无水乙醇 | 95 | 100 | 100 |
| 水 | 加至 1L | 加至 1L | 加至 1L |

**制备方法**

(1) 无水乙醇与去离子水混合搅拌均匀，配制成浓度为 10%乙醇溶液，然后将硅烷偶联剂 KH590 加入其中，用冰醋酸、碳酸氢钠调节溶液的 pH 值为 8～10，搅拌水解至溶液澄清、透明，得到溶液A；

(2) 将植酸与三乙醇胺按配方比例混合，于40～50℃条件下恒温反应30～40min，得到溶液B；

(3) 偏硅酸钠与钼酸铵按配方比例混合，在酸性条件下恒温80～90℃反应，得到溶液C；

(4) 将溶液A、B、C三种溶液混合，并用碳酸氢钠调节溶液的pH值为8～10，恒温50～60℃反应，即得到本处理液。

**产品应用** 本品是一种金属表面硅烷化防护处理液。

**产品特性**

(1) 膜层的附着力强：在配制时，首先植酸与三乙醇胺缩合反应生成醇胺植酸酯，钼酸盐与偏硅酸盐反应生成硅钼杂多酸，然后醇胺植酸酯与硅钼杂多酸形成醇胺植酸酯-硅钼杂多酸膜层，该膜层与金属基体的附着力强；

(2) 该膜层致密均匀，克服了传统硅烷化处理膜层存在的孔洞、裂隙等缺陷，增强了金属表面的耐腐蚀性，处理时间短；

(3) 该膜层极化电流密度较小，具有很强的绝缘性；

(4) 该膜层增强了后期涂装漆膜与金属基体的附着力；

(5) 本品生产和处理过程环保，无污染。

## 配方46 抗氧化金属表面处理剂

**原料配比**

| 原料 | 配比(质量份) | 原料 | 配比(质量份) |
| --- | --- | --- | --- |
| 聚乙烯醇 | 20 | 木质素磺酸钙 | 0.4 |
| 茶皂素 | 0.4 | 氨基三亚甲基膦酸 | 2 |
| 枸橼酸钠 | 0.8 | 丝胶 | 6 |
| 十二烷基硫醇 | 0.3 | 硼酸 | 0.08 |
| 2-硫醇基苯并咪唑 | 0.3 | 甲基苯并三氮唑 | 20 |
| 抗氧剂BHT | 0.2 | 去离子水 | 200 |

**制备方法**

(1) 将丝胶、枸橼酸钠混合，加入去离子水质量的50%～60%，搅拌均匀后加入聚乙烯醇、硼酸，65～70℃下保温搅拌50～60min，加入2-硫醇基苯并咪唑，搅拌至常温，得丝胶乳液；

(2) 将甲基苯并三氮唑加入其质量3～5倍的稀碱液中，加热到60～70℃，加入抗氧剂BHT、茶皂素，搅拌均匀，得缓蚀碱液；

(3) 将上述缓蚀碱液、丝胶乳液混合，100～200r/min搅拌分散10～13min，得缓蚀乳液；

(4) 将氨基三亚甲基膦酸、木质素磺酸钙混合，加热到60～70℃，保温搅拌4～6min，加入十二烷基硫醇和剩余的去离子水，搅拌至常温，加入上述缓蚀乳液，700～800r/min搅拌分散20～30min，即得所述金属表面处理剂。

**产品应用** 本品是一种抗氧化金属表面处理剂。

**产品特性** 本品将水溶性高分子聚乙烯醇与丝胶混合，通过硼酸改性，可以提高共混膜的抗张强度和热稳定性，加入以甲基苯并三氮唑为主料的缓蚀碱液，可以使得吸附在金属表面的膜更加均匀稳定，保护金属材料免受大气及水中有害介质的腐蚀，起到更好的缓蚀效果，加入的2-硫醇基苯并咪唑、抗氧剂BHT可以提高金属表面处理剂的抗氧化性。

## 配方 47 锂基抑菌金属表面处理剂

**原料配比**

| 原料 | 配比(质量份) | 原料 | 配比(质量份) |
|---|---|---|---|
| 聚乙烯醇 | 20 | 六甲基磷酰胺 | 0.2 |
| 茶皂素 | 0.5 | 亚硫酸氢钠 | 2 |
| 锂基润滑脂 | 4 | 丝胶 | 6～8 |
| 二茂铁甲酸 | 0.4 | 硼酸 | 0.08 |
| 六氢化邻苯二甲酸酐 | 0.2 | 甲基苯并三氮唑 | 20 |
| 山梨酸钾 | 0.5 | 去离子水 | 200 |
| DBNPA | 0.12 | | |

**制备方法**

(1) 取山梨酸钾、DBNPA，加入去离子水质量的60%～70%，搅拌均匀，加入丝胶，50～60℃下保温搅拌10～20min，加入聚乙烯醇、硼酸，65～70℃下保温搅拌50～60min，得丝胶乳液；

(2) 将甲基苯并三氮唑加入其质量3～5倍的稀碱液中，加热到60～70℃，加入六甲基磷酰胺，搅拌至常温，得缓蚀碱液；

(3) 将茶皂素加入剩余的去离子水中，搅拌均匀后加入锂基润滑脂、亚硫酸氢钠，55～60℃下搅拌混合10～20min，得锂基乳液；

(4) 将上述缓蚀碱液、丝胶乳液混合，搅拌均匀后加入锂基乳液、二茂铁甲酸，300～400r/min搅拌分散10～16min，得锂基缓蚀液；

(5) 将上述锂基缓蚀液与剩余各原料混合，700～800r/min搅拌分散20～30min，即得所述金属表面处理剂。

**产品应用** 本品是一种锂基抑菌金属表面处理剂。

**产品特性** 本品将水溶性高分子聚乙烯醇与丝胶混合，通过硼酸改性，可以提高共混膜的抗张强度和热稳定性；加入以甲基苯并三氮唑为主料的缓蚀碱液，可以使得吸附在金属表面的膜更加均匀稳定，保护金属材料免受大气及水中有害介质的腐蚀，起到更好的缓蚀效果；加入的DBNPA、山梨酸钾与其他添加剂具有兼容性，可以有效地抵御细菌和真菌污染。

## 配方 48 耐剥离的金属表面硅烷处理剂

**原料配比**

| 原料 | 配比(质量份) |
|---|---|
| γ-(2,3-环氧丙氧基)丙基三甲氧基硅烷 | 40 |
| 2-(3,4-环氧环己基)乙基三甲氧基硅烷 | 26 |
| 水性纳米氧化锌料 | 200 |
| 乙二胺四亚甲基膦酸钠 | 5 |
| 1,4-环己烷二甲醇 | 4 |
| 丙二醇 | 3 |
| 硫酸氧钛 | 3 |
| 一水合氨 | 3 |
| 二亚乙基三胺 | 2 |

续表

| 原料 | | 配比(质量份) |
| --- | --- | --- |
| 二乙醇胺 | | 2 |
| 草木灰 | | 0.8 |
| 偏钒酸铵 | | 0.8 |
| 水 | | 加至1L |
| 水性纳米氧化锌料 | 纳米氧化锌 | 15 |
| | 丙三醇 | 2 |
| | 2-(3,4-环氧环己基)乙基三甲氧基硅烷 | 4 |
| | 水 | 105 |
| | 乙醇 | 105 |

**制备方法**

(1) 将γ-(2,3-环氧丙氧基) 丙基三甲氧基硅烷加入60%～70%的水中，充分溶解后再加入2-(3,4-环氧环己基) 乙基三甲氧基硅烷，充分搅拌，得混合料A；

(2) 取剩余水的50%～60%，加入水性纳米氧化锌料，充分搅拌后，加入乙二胺四亚甲基膦酸钠、1,4-环己烷二甲醇、硫酸氧钛、二亚乙基三胺、二乙醇胺，充分搅拌，得混合料B；

(3) 将剩余的水加热到20～25℃，然后加入一水合氨与偏钒酸铵，搅拌至偏钒酸铵完全溶解，得混合料C；原料中所述的一水合氨的浓度为3%～5%。

(4) 将草木灰用12%～15%盐酸浸泡3～4h，去离子水洗涤，再用10%～12%氢氧化钠溶液浸泡3～4h，再用去离子水洗涤至中性，烘干，粉碎成超细粉末，得混合料D；

(5) 将上述得到的混合料A、B、C和D混合，然后加入乙酸或者乙酸钠，调节pH值为3～5，最后加入剩余各原料，充分搅拌后即得所述耐剥离的金属表面硅烷处理剂。

**原料介绍** 所述的水性纳米氧化锌料的制备方法为：

(1) 将纳米氧化锌超声分散于其质量5～10倍的无水乙醇中，得到分散液，然后将其质量3%～4%的过氧化二异丙苯、1%～2%的苯胺甲基三乙氧基硅烷加入上述分散液中，在80～90℃温度下回流反应1～2h，反应后得到带有反应基团的偶联剂改性的纳米氧化锌-乙醇悬浮液，然后进行过滤，离心分离滤液，得到改性纳米氧化锌；

(2) 将丙三醇溶于水，然后加入上述改性纳米氧化锌，在球磨机中球磨处理1～2h，得到改性纳米氧化锌浆料；

(3) 将2-(3,4-环氧环己基) 乙基三甲氧基硅烷溶解在乙醇中，制备成质量分数为2%～4%的溶液，加入上述改性纳米氧化锌浆料中，用乙酸或乙酸钠调节pH值为4～5，再球磨处理2～3h，得到所述的水性纳米氧化锌料。

所述的水性纳米氧化锌料的制备方法中，纳米氧化锌、丙三醇、2-(3,4-环氧环己基) 乙基三甲氧基硅烷和步骤 (2) 中的水、步骤 (3) 中的乙醇的质量比为 (10～15)：(1～2)：(2～4)：(95～105)：(95～105)。

纳米氧化锌的粒度为40～50nm。

**产品应用** 本品是一种耐剥离的金属表面硅烷处理剂。

**产品特性** 使用本品处理金属后，在金属表面形成的硅烷层具有优异的耐腐蚀性能，延长了金属的使用寿命。通过 γ-(2,3-环氧丙氧基) 丙基三甲氧基硅烷和 2-(3,4-环氧环己基) 乙基三甲氧基硅烷结合在一起使用，可以在金属表面形成致密而牢固的涂层。本品中的水性纳米氧化锌料具有高分散稳定性和高效黏合性，其均匀地分布在金属表面，使得金属具有高的致密性及抗离子渗透性；加入的乙二胺四亚甲基膦酸钠等助剂，增加了硅烷吸附膜的致密度，改善了成膜质量，使得膜层具有附着力强，无空洞、裂陷，致密均匀，极化电流密度小的特点，且生产过程环保，无污染。

## 配方 49 耐腐蚀的金属表面硅烷处理剂 (1)

**原料配比**

| 原料 | | 配比(质量份) |
|---|---|---|
| N-(β-氨乙基)-γ-氨丙基三甲氧基硅烷 | | 65 |
| 甲基苯并三氮唑 | | 1 |
| 乙二醇 | | 8 |
| 丁二酸二异辛酯磺酸钠 | | 4 |
| 氯化铵 | | 3 |
| 氟锆酸铵 | | 1 |
| 成膜助剂 | | 4 |
| 水 | | 加至 1L |
| 成膜助剂 | 1,2-双(三乙氧基硅基)乙烷 | 6 |
| | 二乙二醇单丁醚 | 5 |
| | 丙烯酸 | 6 |
| | 偏硅酸钠 | 2 |
| | 明矾 | 2 |
| | 水 | 20 |

**制备方法**

(1) 将 N-(β-氨乙基)-γ-氨丙基三甲氧基硅烷溶于水中，加入丁二酸二异辛酯磺酸钠，充分搅拌；

(2) 将氯化铵、氟锆酸铵混合加入水中，充分搅拌；

(3) 将甲基苯并三氮唑与乙二醇混合搅拌，至完全溶解；

(4) 将上述处理后的原料混合，加入乙酸或者乙酸钠，调节 pH 值为 4～5，最后加入剩余各原料，充分搅拌后即得所述耐腐蚀的金属表面硅烷处理剂。

**原料介绍**

所述成膜助剂的制备方法：将 1,2-双 (三乙氧基硅基) 乙烷加入水中，搅拌后加热至 70～80℃，加入丙烯酸、偏硅酸钠，搅拌反应 30～40min，升高温度至 90～100℃，加入二乙二醇单丁醚、明矾，搅拌反应 10～20min，保温静置 1～2h，得所述成膜助剂。

**产品应用** 本品是一种耐腐蚀的金属表面硅烷处理剂。

**产品特性** 本品处理过程不产生沉渣，处理时间短，控制简便，无有害重金属离子，安全环保，与金属表面形成的硅烷层具有优异的耐腐蚀性、耐酸性、耐油性、抗剥离性、高黏合性能，延长了金属的使用寿命。通过几种硅烷配合，增强了该处理剂的稳定性和高效黏合性，其均匀地分布在金属表面，使得金属具有高的致密性及抗离子渗透性；加入的成膜助剂增加了硅烷吸附膜的致密度，改善了成膜质量，使得膜层具有附着力强，无空洞、裂陷，致密均匀等优点。

## 配方 50 耐腐蚀的金属表面硅烷处理剂(2)

**原料配比**

| 原料 | | 配比(质量份) |
|---|---|---|
| *N*-苯基-3-氨基丙基三甲氧基硅烷 | | 30 |
| 脲基丙基三乙氧基硅烷 | | 26 |
| 水性纳米氧化锌料 | | 210 |
| 乙二胺四亚甲基膦酸钠 | | 3 |
| 2-甲基-1,3-丙二醇 | | 4 |
| 乙二醇单丁醚 | | 3 |
| 草酸 | | 3 |
| 单氟磷酸钠 | | 3 |
| 四氢呋喃 | | 1-2 |
| 三氯氧钒 | | 2 |
| 草木灰 | | 0.8 |
| 过氧化氢叔丁基 | | 0.8 |
| 水 | | 加至1L |
| 水性纳米氧化锌料 | 纳米氧化锌 | 10 |
| | 丙三醇 | 1 |
| | 脲基丙基三乙氧基硅烷 | 2 |
| | 水 | 105 |
| | 乙醇 | 105 |

**制备方法**

(1) 将*N*-苯基-3-氨基丙基三甲氧基硅烷加入60%~70%的水中，充分溶解后再加入脲基丙基三乙氧基硅烷，充分搅拌，得混合料A；

(2) 取剩余水的50%~60%，加入水性纳米氧化锌料，充分搅拌后，加入乙二胺四亚甲基膦酸钠、2-甲基-1,3-丙二醇、草酸、单氟磷酸钠、四氢呋喃、三氯氧钒，充分搅拌，得混合料B；

(3) 将草木灰用12%~15%盐酸浸泡3~4h，去离子水洗涤，再用10%~12%氢氧化钠溶液浸泡3~4h，再用去离子水洗涤至中性，烘干，粉碎成超细粉末，得混合料C；

(4) 将上述得到的混合料A、B和C混合，然后加入乙酸或者乙酸钠，调节pH值为3~5，最后加入剩余各原料，充分搅拌后即得所述耐腐蚀的金属表面硅烷处理剂。

**原料介绍** 所述的水性纳米氧化锌料的制备方法为：

(1) 将纳米氧化锌超声分散于其质量5~10倍的无水乙醇中，得到分散液，然后将其质量3%~4%的过氧化二异丙苯、1%~2%的苯胺甲基三乙氧基硅烷加入上述分散液中，在80~90℃温度下回流反应1~2h，反应后得到带有反应基团的偶联剂改性的纳米氧化锌-乙醇悬浮液，然后进行过滤，离心分离滤液，得到改性纳米氧化锌；

(2) 将丙三醇溶于水，然后加入上述改性纳米氧化锌，在球磨机中球磨处理1~2h，得到改性纳米氧化锌浆料；

(3) 将脲基丙基三乙氧基硅烷溶解在乙醇中，制备成质量分数为2%~4%的溶液，加入上述改性纳米氧化锌浆料中，用乙酸或乙酸钠调节pH值为4~5，再球磨处理2~3h，得到所述的水性纳米氧化锌料。

所述的水性纳米氧化锌料的制备方法中，纳米氧化锌、丙三醇、脲基丙基三乙氧基硅烷和步骤（2）中的水、步骤（3）中的乙醇的质量比为（10～15）：（1～2）：（2～4）：（95～105）：（95～105）。

所述纳米氧化锌的粒度为 40～50nm。

**产品应用** 本品是一种耐腐蚀的金属表面硅烷处理剂。

**产品特性** 使用本品处理金属后，在金属表面形成的硅烷层具有优异的耐腐蚀性能，延长了金属的使用寿命。通过 *N*-苯基-3-氨基丙基三甲氧基硅烷和脲基丙基三乙氧基硅烷结合在一起使用，可以在金属表面形成致密而牢固的涂层；本品中的水性纳米氧化锌料具有高分散稳定性和高效黏合性，其均匀地分布在金属表面，使得金属具有高的致密性及抗离子渗透性；加入的乙二胺四亚甲基膦酸钠等助剂，增加了硅烷吸附膜的致密度，改善了成膜质量，使得膜层具有附着力强，无空洞、裂陷，致密均匀，极化电流密度小的特点，且生产过程环保，无污染。

## 配方 51 耐碱的金属表面硅烷处理剂

**原料配比**

| 原料 | | 配比(质量份) |
|---|---|---|
| 乙烯基三乙氧基硅烷 | | 60 |
| 氨水 | | 8 |
| 硼酸 | | 3 |
| 钼酸铵 | | 5 |
| 乙二醇叔丁基醚 | | 2 |
| 2-甲基-1,3-丙二醇 | | 6 |
| 偏钒酸铵 | | 0.6 |
| 成膜助剂 | | 4 |
| 水 | | 加至 1L |
| 成膜助剂 | 1,2-双(三乙氧基硅基)乙烷 | 6 |
| | 二乙二醇单丁醚 | 5 |
| | 丙烯酸 | 6 |
| | 偏硅酸钠 | 2 |
| | 明矾 | 1 |
| | 水 | 20 |

**制备方法**

（1）将乙烯基三乙氧基硅烷溶于水中，加入钼酸铵，充分搅拌；

（2）将硼酸混合加入水中，加热到 50～60℃，搅拌溶解后冷却至常温，充分搅拌；

（3）将氨水与偏钒酸铵混合，充分搅拌；所述的氨水为含氨 25%～28%的水溶液；

（4）将上述处理后的原料混合，加入乙酸或者乙酸钠，调节 pH 值为 4～5，最后加入剩余各原料，充分搅拌后即得所述耐碱的金属表面硅烷处理剂。

**原料介绍**

所述成膜助剂的制备方法：将 1,2-双（三乙氧基硅基）乙烷加入水中，搅拌后加热至 70～80℃，加入丙烯酸、偏硅酸钠，搅拌反应 30～40min，升高温度至 90～100℃，加入二乙二醇单丁醚、明矾，搅拌反应 10～20min，保温静置 1～2h，得所述成膜助剂。

**产品应用** 本品是一种耐碱的金属表面硅烷处理剂。

**产品特性** 本品处理过程不产生沉渣，处理时间短，控制简便，无有害重金属离子，安全环保，与金属表面形成的硅烷层具有优异的耐腐蚀性、耐酸性、耐碱性、耐油性、抗剥离性、高黏合性能，延长了金属的使用寿命。通过几种硅烷配合，增强了该处理剂的稳定性和高效黏合性，其均匀地分布在金属表面，使得金属具有高的致密性及抗离子渗透性；加入的成膜助剂增加了硅烷吸附膜的致密度，改善了成膜质量，使得膜层具有附着力强，无空洞、裂陷，致密均匀等优点。

## 配方 52 耐酸的金属表面硅烷处理剂

**原料配比**

| 原料 | | 配比(质量份) |
|---|---|---|
| 3-缩水甘油醚氧基丙基三甲氧基硅烷 | | 30 |
| 氨丙基三乙氧基硅烷 | | 30 |
| 二乙醇胺 | | 3 |
| 三聚磷酸钠 | | 5 |
| *N*-甲基吡咯烷酮 | | 2 |
| 丙三醇 | | 10 |
| 四氟化锆 | | 0.4 |
| 成膜助剂 | | 4 |
| 水 | | 加至1L |
| 成膜助剂 | 1,2-双(三乙氧基硅基)乙烷 | 6 |
| | 二乙二醇单丁醚 | 5 |
| | 丙烯酸 | 6 |
| | 偏硅酸钠 | 2 |
| | 明矾 | 2 |
| | 水 | 20 |

**制备方法**

(1) 将3-缩水甘油醚氧基丙基三甲氧基硅烷、氨丙基三乙氧基硅烷混合溶于水中，加入*N*-甲基吡咯烷酮，充分搅拌；

(2) 将三聚磷酸钠、二乙醇胺、四氟化锆，混合加入水中，加热到50～60℃，搅拌溶解后冷却至常温，充分搅拌；

(3) 将上述处理后的原料混合，加入乙酸或者乙酸钠，调节pH值为4～5，最后加入剩余各原料，充分搅拌后即得所述耐酸的金属表面硅烷处理剂。

**原料介绍**

所述成膜助剂的制备方法：将1,2-双（三乙氧基硅基）乙烷加入水中，搅拌后加热至70～80℃，加入丙烯酸、偏硅酸钠，搅拌反应30～40min，升高温度至90～100℃，加入二乙二醇单丁醚、明矾，搅拌反应10～20min，保温静置1～2h，得所述成膜助剂。

**产品应用** 本品是一种耐酸的金属表面硅烷处理剂。

**产品特性** 本品处理过程不产生沉渣，处理时间短，控制简便，无有害重金属离子，安全环保，与金属表面形成的硅烷层具有优异的耐腐蚀性、耐酸性、耐碱性、耐油性、抗剥离性、高黏合性能，延长了金属的使用寿命。通过几种硅烷配合，增强了该处理剂的稳定性和高效黏合性，其均匀地分布在金属表面，使得金属具有高的致密性及抗离子渗透性；加入的成膜助剂增加了硅烷吸附膜的致密度，改善了成膜质量，使得膜层具有附着力强，无空洞、裂陷，致密均匀等优点。

## 配方 53 耐盐雾的金属表面硅烷处理剂

**原料配比**

| 原料 | | 配比(质量份) |
|---|---|---|
| 丙基三甲氧基硅烷 | | 25～30 |
| 乙烯基三甲氧基硅烷 | | 15～25 |
| 六偏磷酸钠 | | 4～5 |
| 四氢呋喃 | | 1～2 |
| 六甲基磷酰三胺 | | 5～7 |
| 柠檬酸 | | 3～4 |
| 山梨醇 | | 6～7 |
| 成膜助剂 | | 2～4 |
| 水 | | 加至 1L |
| 成膜助剂 | 1,2-双(三乙氧基硅基)乙烷 | 6 |
| | 二乙二醇单丁醚 | 5 |
| | 丙烯酸 | 6 |
| | 偏硅酸钠 | 2 |
| | 明矾 | 2 |
| | 水 | 20 |

**制备方法**

(1) 将丙基三甲氧基硅烷和乙烯基三甲氧基硅烷混合溶于水中，加入六偏磷酸钠，充分搅拌；

(2) 将四氢呋喃、六甲基磷酰三胺、柠檬酸、山梨醇混合加入水中，充分搅拌；

(3) 将上述处理后的原料混合，加入乙酸或者乙酸钠，调节 pH 值为 4～5，最后加入剩余各原料，充分搅拌后即得所述耐盐雾的金属表面硅烷处理剂。

**原料介绍**

所述成膜助剂的制备方法：将 1,2-双（三乙氧基硅基）乙烷加入水中，搅拌后加热至 70～80℃，加入丙烯酸、偏硅酸钠，搅拌反应 30～40min，升高温度至 90～100℃，加入二乙二醇单丁醚、明矾，搅拌反应 10～20min，保温静置 1～2h，得所述成膜助剂。

**产品应用** 本品是一种耐盐雾的金属表面硅烷处理剂。

**产品特性** 本品处理过程不产生沉渣，处理时间短，控制简便，无有害重金属离子，安全环保，与金属表面形成的硅烷层具有优异的耐腐蚀性、耐酸性、耐油性、耐油性、抗剥离性、高黏合性能，延长了金属的使用寿命。通过几种硅烷配合，增强了该处理剂的稳定性和高效黏合性，其均匀地分布在金属表面，使得金属具有高的致密性及抗离子渗透性；加入的成膜助剂增加了硅烷吸附膜的致密度，改善了成膜质量，使得膜层具有附着力强，无空洞、裂陷，致密均匀等优点。

## 配方 54 耐油的金属表面硅烷处理剂

**原料配比**

| 原料 | 配比(质量份) |
|---|---|
| 3-(异丁烯酰氧)丙基三甲氧基硅烷 | 50～55 |
| 乙二胺四亚甲基膦酸钠 | 2～4 |
| 聚丙烯酸钠 | 1～3 |

续表

| 原料 | | 配比(质量份) |
|---|---|---|
| 三氯氧钒 | | 2～3 |
| 二甲基亚砜 | | 2～5 |
| 丙烯醇 | | 5～7 |
| 成膜助剂 | | 2～4 |
| 水 | | 加至1L |
| 成膜助剂 | 1,2-双(三乙氧基硅基)乙烷 | 6 |
| | 二乙二醇单丁醚 | 5 |
| | 丙烯酸 | 6 |
| | 偏硅酸钠 | 2 |
| | 明矾 | 2 |
| | 水 | 20 |

**制备方法**

(1) 将3-(异丁烯酰氧)丙基三甲氧基硅烷溶于水中，加入聚丙烯酸钠、乙二胺四亚甲基膦酸钠，充分搅拌；

(2) 将三氯氧钒、二甲基亚砜混合加入水中，充分搅拌；

(3) 将上述处理后的原料混合，加入乙酸或者乙酸钠，调节pH值为4～5，最后加入剩余各原料，充分搅拌后即得所述耐油的金属表面硅烷处理剂。

**原料介绍**

所述成膜助剂的制备方法：将1,2-双(三乙氧基硅基)乙烷加入水中，搅拌后加热至70～80℃，加入丙烯酸、偏硅酸钠，搅拌反应30～40min，升高温度至90～100℃，加入二乙二醇单丁醚、明矾，搅拌反应10～20min，保温静置1～2h，得所述成膜助剂。

**产品应用** 本品是一种耐油的金属表面硅烷处理剂。

**产品特性** 本品处理过程不产生沉渣，处理时间短，控制简便，无有害重金属离子，安全环保，与金属表面形成的硅烷层具有优异的耐腐蚀性、耐酸性、耐油性、耐油性、抗剥离性、高黏合性能，延长了金属的使用寿命。通过几种硅烷配合，增强了该处理剂的稳定性和高效黏合性，其均匀地分布在金属表面，使得金属具有高的致密性及抗离子渗透性；加入的成膜助剂增加了硅烷吸附膜的致密度，改善了成膜质量，使得膜层具有附着力强，无空洞、裂陷，致密均匀等优点。

## 配方55 凝胶状薄膜金属表面处理剂

**原料配比**

| 原料 | 配比(质量份) | 原料 | 配比(质量份) |
|---|---|---|---|
| 苯甲酸锌 | 0.1 | 75%乙醇 | 110 |
| 乙酰化羊毛脂 | 2.1 | 30%过氧化氢 | 0.3 |
| 植物甾醇 | 0.6 | 去离子水 | 120 |
| 斯盘-80 | 1.8 | 氟钛酸 | 4 |
| 苯胺 | 0.6 | 过硫酸钾 | 0.38 |
| 丙烯酸丁酯 | 50 | 硬脂酸单甘油酯 | 3 |
| 碳酸氢钠 | 0.16 | 亚硫酸氢钠 | 1 |
| 双(γ-三乙氧基硅基丙基)四硫化物 | 30 | | |

**制备方法**

(1) 取过硫酸钾质量的40%～50%、斯盘-80质量的80%～86%，与碳酸氢钠混合，加入去离子水质量50%～60%，搅拌均匀，得引发剂乳液；

(2) 取剩余去离子水质量的50%～60%，加热到80～90℃，放入磁力搅拌器中，搅拌条件下加入硬脂酸单甘油酯，搅拌混合20～30min，加入苯甲酸锌，搅拌均匀，得酯化乳液；

(3) 取剩余去离子水质量的50%～60%，加入剩余的斯盘-80，搅拌均匀后加入乙酰化羊毛脂、植物甾醇，在60～70℃下保温搅拌30～40min，得乳化羊毛脂醇；

(4) 取上述引发剂乳液质量的45%～50%，升高温度为80～86℃，滴加剩余的引发剂乳液与丙烯酸丁酯的混合液，滴加完毕后加入酯化乳液，送入50～60℃的水浴中，保温搅拌1～2h，得丙烯酸酯胶液；

(5) 将剩余的过硫酸钾加入剩余的去离子水中，搅拌均匀，得引发剂溶液；

(6) 取70%～75%乙醇，加入双（$\gamma$-三乙氧基硅基丙基）四硫化物，调节pH值为3～4，加入氟钛酸、30%过氧化氢，搅拌反应6～7h，得氟化硅烷；

(7) 将苯胺与上述丙烯酸酯胶液混合，搅拌均匀，滴加引发剂溶液，滴加完毕后在10～15℃下反应8～10h，加入亚硫酸氢钠，搅拌均匀，送入65～70℃的水浴中，加入氟化硅烷，保温搅拌反应1～2h，出料冷却，得硅烷化丙烯酸-苯胺共聚乳液；

(8) 将上述硅烷化丙烯酸-苯胺共聚乳液与乳化羊毛脂醇混合，500～600r/min搅拌20～30min，800～1000r/min搅拌40～50min，得所述凝胶状薄膜金属表面处理剂。

**产品应用** 本品是一种凝胶状薄膜金属表面处理剂。

使用方法：将金属板材表面清洗干净，将本品均匀地滴在金属板材表面，先在120℃下烘烤30～40s，自然干燥成膜，再在80℃下烘干处理15～20min。

**产品特性**

(1) 本品的丙烯酸酯胶液粒子表面含有大量的羧基，将苯胺加入丙烯酸酯胶液中，苯胺单体首先扩散到胶束内部，然后与羧基发生掺杂，随后在氧化剂的作用下，苯胺在乳胶粒子表面发生聚合反应，增大了聚苯胺涂层对水的接触角，提高了附着力和耐水性；该涂层可以通过电子转移作用和氧化还原作用，使金属表面钝化，产生保护作用；而经硅烷化改性的氟钛酸，引入的无机组分$Ti^{4+}$在加热固化过程中形成$TiO_2$颗粒，均匀地填充在硅烷膜的空隙中，使整个膜层更加均匀致密，能有效抑制膜层表面的微电化学反应，从而耐腐蚀性能得到很大提高；

(2) 本品将氟钛酸改性后硅烷钝化膜与丙烯酸-苯胺共聚膜复合，使得膜层更加致密、稳定，对腐蚀介质的阻抗能力更强，耐腐蚀性能更加优良；

(3) 本品加入的表面处理剂可以在金属基材表面形成凝胶状薄膜，可以有效地抑制生锈。

## 配方56 平整耐擦拭金属表面处理剂

**原料配比**

| 原料 | 配比(质量份) | 原料 | 配比(质量份) |
|---|---|---|---|
| 氯化钠 | 0.8 | 硼酸氨基三乙酯 | 3 |
| 双癸基二甲基氯化铵 | 0.8 | 乙酰丙酮钙 | 0.7 |
| 山嵛酸甘油酯 | 1.6 | 硬脂酸镉 | 0.13 |

续表

| 原料 | 配比(质量份) | 原料 | 配比(质量份) |
|---|---|---|---|
| 斯盘-80 | 1.8 | 双(γ-三乙氧基硅基丙基)四硫化物 | 30 |
| 苯胺 | 0.6 | 75%乙醇 | 110 |
| 过硫酸钾 | 0.38 | 30%过氧化氢 | 0.3 |
| 丙烯酸丁酯 | 50 | 去离子水 | 120 |
| 碳酸氢钠 | 0.16 | 氟钛酸 | 6 |

**制备方法**

(1) 取过硫酸钾质量的40%～50%、斯盘-80质量的80%～90%，与碳酸氢钠混合，加入去离子水质量的70%～75%，搅拌均匀，得引发剂乳液；

(2) 取剩余去离子水质量的30%～40%，加入双癸基二甲基氯化铵，搅拌均匀后加入硼酸氨基三乙酯，在76～80℃下保温搅拌3～5min，加入硬脂酸镉、氯化钠，搅拌至常温，得酯化乳液；

(3) 取剩余去离子水质量的50%～60%，加入剩余的斯盘-80，搅拌均匀后加入乙酰丙酮钙、山嵛酸甘油酯，升高温度到60～70℃，加入丙烯酸丁酯质量的10%～15%，保温搅拌30～40min，得改性丙烯酸丁酯；

(4) 取上述引发剂乳液质量的50%～55%，与剩余的丙烯酸丁酯混合，搅拌均匀，为滴加液；

(5) 将剩余的引发剂乳液加热到80～86℃，加入改性丙烯酸丁酯，搅拌均匀，滴加上述滴加液，滴加完毕后加入酯化乳液，200～300r/min搅拌10～20min，保温反应1～2h，得丙烯酸酯胶液；

(6) 将剩余的过硫酸钾加入剩余的去离子水中，搅拌均匀，得引发剂溶液；

(7) 取70%～75%乙醇，加入双（γ-三乙氧基硅基丙基）四硫化物，调节pH值为3～4，加入氟钛酸、30%过氧化氢，搅拌反应6～7h，得氟化硅烷；

(8) 将苯胺、丙烯酸酯胶液混合，搅拌均匀，滴加引发剂溶液，滴加完毕后在10～15℃下反应8～10h，送入65～70℃的水浴中，加入氟化硅烷，保温搅拌反应1～2h，得硅烷化丙烯酸-苯胺共聚乳液；

(9) 将上述硅烷化丙烯酸-苯胺共聚乳液混合，800～1000r/min搅拌40～50min，得所述平整耐擦拭金属表面处理剂。

**产品应用** 本品是一种平整耐擦拭金属表面处理剂。

**产品特性**

(1) 本品的丙烯酸酯胶液粒子表面含有大量的羧基，将苯胺加入丙烯酸酯胶液中，苯胺单体首先扩散到胶束内部，然后与羧基发生掺杂，随后在氧化剂的作用下，苯胺在乳胶粒子表面发生聚合反应，增大了聚苯胺涂层对水的接触角，提高了附着力和耐水性；该涂层可以通过电子转移作用和氧化还原作用，使金属表面钝化，产生保护作用；而经硅烷化改性的氟钛酸，引入的无机组分$Ti^{4+}$在加热固化过程中形成$TiO_2$颗粒，均匀地填充在硅烷膜的空隙中，使整个膜层更加均匀致密，能有效抑制膜层表面的微电化学反应，从而耐腐蚀性能得到很大提高；

(2) 本品形成的涂膜均匀、平整，稳定性强，抗性高，耐擦拭性强，抗剥离、抗脱落性强。

## 配方 57 清洁型金属表面处理剂

**原料配比**

| 原料 | 配比(质量份) | 原料 | 配比(质量份) |
|---|---|---|---|
| 丙酰胺 | 0.2 | 2,6-二叔丁基对甲酚 | 0.2 |
| 甘油 | 2～3 | 氢氧化钾 | 0.02 |
| 丝胶 | 4～6 | 三异丙醇胺 | 6 |
| 六水硝酸钇 | 0.05 | 双癸基二甲基溴化铵 | 0.7 |
| 硅烷偶联剂 KH-550 | 0.4 | 对甲苯磺酰肼 | 0.13 |
| 水 | 200 | 磷酸氢二钠 | 2 |

**制备方法**

(1) 取丝胶，加入水质量的50%～60%，搅拌均匀后加入硅烷偶联剂 KH-550、六水硝酸钇，600～1000r/min 搅拌分散10～20min，得硅烷液；

(2) 取氢氧化钾，加入剩余水质量的60%～70%，加入对甲苯磺酰肼，搅拌均匀，加入三异丙醇胺，70～80℃下保温搅拌10～15min，冷却至常温，加入硅烷液，300～400r/min 搅拌分散6～10min，得有机胺液；

(3) 将上述有机胺液加入甘油和剩余的水，50～60℃下保温搅拌30～40min，得丝胶乳液；

(4) 将上述丝胶乳液与剩余各原料混合，800～1000r/min 搅拌分散30～40min，即得所述金属表面处理剂。

**产品应用** 本品是一种清洁型金属表面处理剂。

**产品特性**

(1) 本品加入的硅烷水解后可以在金属表面形成吸附型膜层，从而隔绝环境中的水分子和氧分子，起到防护作用；加入的有机胺可以形成一层吸附膜，阻止水、氯离子和氧等腐蚀性物质和金属接触，起到防止金属腐蚀的作用；稀土金属离子会与金属基材表面发生吸氧腐蚀，产生的$OH^-$配合生成不溶性配合物；该配合物会进一步脱水形成氧化物沉淀到基材表面，减缓腐蚀的电极反应；配合水溶性丝胶，可以增强形成膜的稳定性，提高防锈缓蚀效果；

(2) 本品中有机胺在渗透穿过腐蚀产物和污垢，并在金属表面附着的过程中，能使这些污垢和腐蚀产物相互的结合松弛，与金属表面的黏聚力下降，起到很好的清洗效果；配合双癸基二甲基溴化铵、对甲苯磺酰肼等，可以有效地提高清洗效果。

## 配方 58 乳化柔韧金属表面处理剂

**原料配比**

| 原料 | 配比(质量份) | 原料 | 配比(质量份) |
|---|---|---|---|
| 柠檬酸三丁酯 | 0.7 | 30%过氧化氢 | 0.3 |
| 斯盘-80 | 1.8 | 去离子水 | 120 |
| 苯胺 | 0.6 | 氟钛酸 | 4～6 |
| 过硫酸钾 | 0.38 | 二羟基聚二甲基硅氧烷 | 0.5 |
| 丙烯酸丁酯 | 40 | α-松油醇 | 2 |
| 碳酸氢钠 | 0.16 | 防锈剂 T705 | 2 |
| 双(γ-三乙氧基硅基丙基)四硫化物 | 30 | 二水合磷酸氢钙 | 1 |
| 75%乙醇 | 110 | 辛苯昔醇 | 2 |

**制备方法**

(1) 取过硫酸钾质量的40%～50%、斯盘-80质量的80%～90%，与碳酸氢钠混合，加入去离子水质量的70%～75%，搅拌均匀，得引发剂乳液；

(2) 取剩余去离子水质量的30%～36%，加入辛苯昔醇，搅拌均匀后加入柠檬酸三丁酯、防锈剂T705，在50～60℃下保温搅拌8～10min，得防锈脂；

(3) 取上述引发剂乳液质量的45%～50%，升高温度到80～86℃，滴加剩余的引发剂乳液与丙烯酸丁酯的混合液，滴加完毕后加入上述防锈脂，60～100r/min搅拌10～20min，保温反应1～2h，得丙烯酸酯胶液；

(4) 取剩余去离子水质量的50%～60%，加入二水合磷酸氢钙，搅拌均匀后加入α-松油醇、剩余的斯盘-80，搅拌均匀，得乳化钙；

(5) 将剩余的过硫酸钾加入剩余的去离子水中，搅拌均匀，得引发剂溶液；

(6) 取70%～75%乙醇，加入双（γ-三乙氧基硅基丙基）四硫化物、二羟基聚二甲基硅氧烷，调节pH值为3～4，加入氟钛酸、30%过氧化氢，搅拌反应6～7h，得氟化硅烷；

(7) 将苯胺、乳化钙、丙烯酸酯胶液混合，搅拌均匀，滴加引发剂溶液，滴加完毕后在10～15℃下反应8～10h，送入65～70℃的水浴中，加入氟化硅烷，保温搅拌反应1～2h，得硅烷化丙烯酸-苯胺共聚乳液；

(8) 将上述硅烷化丙烯酸-苯胺共聚乳液混合，800～1000r/min搅拌40～50min，得所述乳化柔韧金属表面处理剂。

**产品应用** 本品是一种乳化柔韧金属表面处理剂。

**产品特性**

(1) 本品的丙烯酸酯胶液粒子表面含有大量的羧基，将苯胺加入丙烯酸酯胶液中，苯胺单体首先扩散到胶束内部，然后与羧基发生掺杂，随后在氧化剂的作用下，苯胺在乳胶粒子表面发生聚合反应，增大了聚苯胺涂层对水的接触角，提高了附着力和耐水性；该涂层可以通过电子转移作用和氧化还原作用，使金属表面钝化，产生保护作用；而经硅烷化改性的氟钛酸，引入的无机组分$Ti^{4+}$在加热固化过程中形成$TiO_2$颗粒，均匀地填充在硅烷膜的空隙中，使整个膜层更加均匀致密，能有效抑制膜层表面的微电化学反应，从而耐腐蚀性能得到很大提高；

(2) 本品经过涂覆后，可以形成柔韧的涂膜，稳定性强，抗擦拭性好。

## 配方59 润滑型金属表面处理剂

**原料配比**

| 原料 | 配比(质量份) | 原料 | 配比(质量份) |
| --- | --- | --- | --- |
| 亚麻油 | 0.3 | 六水硝酸钇 | 0.05 |
| 棕榈酸 | 2 | 硅烷偶联剂KH-550 | 0.4 |
| 聚环氧乙烷 | 0.02 | 钼酸钠 | 0.4 |
| 聚乙烯醇 | 15 | 水 | 200 |
| 丝胶 | 6 | 茶皂素 | 0.9 |
| 硼酸 | 0.07 | 硫代硫酸钠 | 0.14 |

**制备方法**

(1) 将茶皂素、丝胶混合，搅拌均匀，加入水质量的30%～40%，搅拌均匀后加入硅烷偶联剂KH-550、六水硝酸钇，600～1000r/min搅拌分散10～20min，加入聚乙烯醇质量的80%～90%、硼酸，65～70℃下保温搅拌50～60min，得丝胶乳液；

(2) 取钼酸钠，加入24～30倍的水，搅拌均匀后加入亚麻油，70～80℃下保温搅拌20～30min，得润滑油；

(3) 将棕榈酸与剩余的聚乙烯醇混合，加热到60～70℃，保温搅拌3～5min，加入硫代硫酸钠、剩余的水，搅拌至常温，加入聚环氧乙烷，60～70r/min搅拌分散5～8min，加入上述润滑油，200～300r/min搅拌分散10～20min，得改性脂肪酸润滑液；

(4) 将上述处理后的各原料混合，800～1000r/min搅拌分散30～40min，即得所述金属表面处理剂。

**产品应用** 本品是一种润滑型金属表面处理剂。

**产品特性**

(1) 本品将水溶性高分子聚乙烯醇、丝胶混合，再通过硅烷化处理，硅烷水解后可以在金属表面形成吸附型膜层，从而隔绝环境中的水分子和氧分子，起到防护作用；然后通过硼酸改性，可以提高共混膜的抗张强度和热稳定性；而加入的稀土金属离子会与金属基材表面发生吸氧腐蚀，产生的$OH^-$配合生成不溶性配合物；该配合物会进一步脱水形成氧化物，沉淀到基材表面，减缓腐蚀的电极反应；

(2) 本品加入的改性脂肪酸润滑液具有良好的防锈润滑性，与各原料相容性好，不会出现沉淀、分层现象。

## 配方60 适用于金属表面的常温高效处理剂

**原料配比**

| 原料 | 配比(质量份) | | | |
|---|---|---|---|---|
| | 1# | 2# | 3# | 4# |
| 氨基磺酸 | 15 | 12 | 7 | 10 |
| 环氧丙烷 | 5 | 5 | 3 | 4 |
| 乙酸丁酯 | 8 | 6 | 3 | 4 |
| 烷基酚聚氧乙烯醚 | 8 | 5 | 3 | 4 |
| 三乙胺 | 9 | 8 | 4 | 8 |
| 水 | 55 | 64 | 80 | 70 |

**制备方法** 依次向反应釜内加入水、氨基磺酸、环氧丙烷、乙酸丁酯、烷基酚聚氧乙烯醚、三乙胺，常温常压，反应时间为20～50min，搅拌混合均匀，无结块现象出现，出料，得成品。

**产品应用** 本品主要用于金属表面的常温高效处理剂。在航空航天、电子、汽车、建筑、桥梁、核工业和兵器工业等行业有着广泛的应用。

在使用本品对工件进行清洗时，只需将待处理件浸入到处理液中，30min后取出。

**产品特性** 由于处理液对皮肤的腐蚀性极小，可徒手进行操作，方便快捷。将工件从处理液中取出，擦净表面的处理液残留，工件表面依旧有原来的光泽。另外，本品去污力强，能迅速清除金属表面的污垢、不腐蚀工件，且有一定的防锈功能，无毒、无刺激性气味，环保。

## 配方 61 丝胶成膜金属表面处理剂

**原料配比**

| 原料 | 配比(质量份) | 原料 | 配比(质量份) |
|---|---|---|---|
| 1,3-苯二甲酸 | 3～4 | 巯基苯并噻唑 | 2 |
| 溴代十六烷基吡啶 | 0.3 | 甲基苯并三氮唑 | 20 |
| 聚乙烯醇 | 20 | 三萜皂苷 | 0.5 |
| 丝胶 | 6 | 去离子水 | 200 |
| 硼酸 | 0.08 | 丙二醇苯醚 | 0.8 |

**制备方法**

(1) 将三萜皂苷、丝胶混合，加入去离子水质量的40%～50%，搅拌均匀后加入聚乙烯醇、硼酸，65～70℃下保温搅拌50～60min，得丝胶乳液；

(2) 将甲基苯并三氮唑加入其质量3～5倍的稀碱液中，加热到60～70℃，加入巯基苯并噻唑，搅拌均匀，得缓蚀碱液；

(3) 将上述丝胶乳液、缓蚀碱液混合，搅拌均匀，加入丙二醇苯醚，300～400r/min搅拌分散20～30min，得缓释成膜液；

(4) 将上述缓释成膜液与剩余各原料混合，700～800r/min搅拌分散20～30min，即得所述金属表面处理剂。

**产品应用** 本品是一种丝胶成膜金属表面处理剂。

**产品特性** 本品将水溶性高分子聚乙烯醇与丝胶混合，通过硼酸改性，可以提高共混膜的抗张强度和热稳定性；将缓蚀碱液、丝胶乳液共混，加入甲基苯并三氮唑，可以使得吸附在金属表面的膜更加均匀稳定，保护金属材料免受大气及水中有害介质的腐蚀，起到更好的缓蚀效果。

## 配方 62 丝胶防腐金属表面处理剂

**原料配比**

| 原料 | 配比(质量份) | 原料 | 配比(质量份) |
|---|---|---|---|
| 脱氢乙酸 | 0.8 | 聚乙烯醇 | 20 |
| 4-氧丁酸甲基酯 | 0.2 | 丝胶 | 8 |
| 对苯二甲酸 | 4 | 硼酸 | 0.08 |
| *N*-甲基吡咯烷酮 | 0.4 | 甲基苯并三氮唑 | 20 |
| 单氟磷酸钠 | 2 | 三萜皂苷 | 0.5 |
| 二甲基乙醇胺 | 0.5 | 去离子水 | 200 |
| 偏钒酸铵 | 0.2 | 丙二醇苯醚 | 0.3 |

**制备方法**

(1) 将三萜皂苷、丝胶混合，加入去离子水质量的40%～50%，搅拌均匀后加入聚乙烯醇、硼酸，65～70℃下保温搅拌50～60min，得丝胶乳液；

(2) 取单氟磷酸钠，加入剩余去离子水质量的30%～40%，搅拌均匀后加入甲基苯并三氮唑，升高温度到70～80℃，加入二甲基乙醇胺，搅拌至常温，得缓蚀碱液；

(3) 将*N*-甲基吡咯烷酮、脱氢乙酸混合加入剩余的去离子水中，搅拌均匀后加入丙二醇苯醚，加热到65～70℃，加入丝胶乳液、缓蚀碱液，300～400r/min搅拌分散10～13min，得防腐缓蚀液；

(4) 将上述防腐缓蚀液与对苯二甲酸混合，200～300r/min搅拌分散7～10min，加入剩余各原料混合，600～800r/min 搅拌分散 20～30min，即得所述金属表面处理剂。

**产品应用** 本品是一种丝胶防腐金属表面处理剂。

**产品特性** 本品将水溶性高分子聚乙烯醇与丝胶混合，通过硼酸改性，可以提高共混膜的抗张强度和热稳定性；*N*-甲基吡咯烷酮、脱氢乙酸具有很好的防腐性；甲基苯并三氮唑可以使得吸附在金属表面的膜更加均匀稳定，保护金属材料免受大气及水中有害介质的腐蚀，起到更好的缓蚀效果。

## 配方 63 丝胶钾皂金属表面处理剂

**原料配比**

| 原料 | 配比(质量份) | 原料 | 配比(质量份) |
| --- | --- | --- | --- |
| 磷酸氢二钾 | 2 | 丝胶 | 8 |
| 苯醚甲环唑 | 0.8 | 硼酸 | 0.08 |
| 六氟乙酰丙酮 | 0.2 | 丙二醇苯醚 | 0.6 |
| 没食子酸丙酯 | 0.3 | 甲基苯并三氮唑 | 20 |
| 油酸钾皂 | 5 | 三萜皂苷 | 0.5 |
| 聚乙烯醇 | 20 | 去离子水 | 200 |

**制备方法**

(1) 将三萜皂苷、丝胶混合，加入去离子水质量的 40%～50%，搅拌均匀后加入聚乙烯醇、硼酸，65～70℃下保温搅拌 50～60min，得丝胶乳液；

(2) 将甲基苯并三氮唑加入其质量 3～5 倍的稀碱液中，加热到 60～70℃，得缓蚀碱液；

(3) 将磷酸氢二钾加入剩余的去离子水中，搅拌均匀后加入油酸钾皂，80～90℃下保温搅拌 3～5min，得防锈皂液；

(4) 取上述防锈皂液质量的 10%～20% 与缓蚀碱液混合，搅拌均匀，加入丝胶乳液、丙二醇苯醚，500～600r/min 搅拌分散 20～30min，得缓蚀成膜液；

(5) 将上述缓蚀成膜液与剩余各原料混合，700～800r/min 搅拌分散 20～30min，即得所述金属表面处理剂。

**原料介绍** 所述的稀碱液为 0.1mol/L 的氢氧化钠或 0.1mol/L 的碳酸钠水溶液。

**产品应用** 本品是一种丝胶钾皂金属表面处理剂。

**产品特性** 本品将水溶性高分子聚乙烯醇与丝胶混合，通过硼酸改性，可以提高共混膜的抗张强度和热稳定性；将缓蚀碱液、丝胶乳液共混，加入甲基苯并三氮唑，可以使得吸附在金属表面的膜更加均匀稳定，保护金属材料免受大气及水中有害介质的腐蚀，起到更好的缓蚀效果；而加入的防锈皂液不仅提高了混合液的黏度，还进一步增强了防锈缓蚀的效果。

## 配方 64 丝胶抗磨金属表面处理剂

**原料配比**

| 原料 | 配比(质量份) | 原料 | 配比(质量份) |
| --- | --- | --- | --- |
| 聚乙烯醇 | 20 | 羊毛脂 | 2 |
| 茶皂素 | 0.2 | 山嵛酸甘油酯 | 0.3 |
| 甘草酸二钾 | 0.5 | 气相白炭黑 | 2 |
| 亚硫酸钠 | 1 | 肉豆蔻酸 | 0.3 |

续表

| 原料 | 配比(质量份) | 原料 | 配比(质量份) |
|---|---|---|---|
| 丝胶 | 6 | 甲基苯并三氮唑 | 20 |
| 硼酸 | 0.08 | 去离子水 | 200 |

**制备方法**

(1) 将甘草酸二钾、丝胶混合，加入去离子水质量的60%～70%，搅拌均匀后加入聚乙烯醇、硼酸，65～70℃下保温搅拌50～60min，得丝胶乳液；

(2) 将甲基苯并三氮唑加入其质量3～5倍的稀碱液中，加热到60～70℃，得缓蚀碱液；

(3) 将气相白炭黑、羊毛脂混合，搅拌均匀后加入剩余的去离子水中，加入茶皂素，50～60℃下保温搅拌7～10min，得抗磨剂；

(4) 将上述缓蚀碱液、丝胶乳液混合，搅拌均匀后加入抗磨剂，700～1000r/min搅拌分散7～10min，得缓蚀抗磨液；

(5) 将上述缓蚀抗磨液与剩余各原料混合，700～800r/min搅拌分散20～30min，即得所述金属表面处理剂。

**原料介绍** 所述的稀碱液为0.1mol/L的氢氧化钠或0.1mol/L的碳酸钠水溶液。

**产品应用** 本品是一种丝胶抗磨金属表面处理剂。

**产品特性** 本品将水溶性高分子聚乙烯醇与丝胶混合，通过硼酸改性，可以提高共混膜的抗张强度和热稳定性；加入以甲基苯并三氮唑为主料的缓蚀碱液，可以使得吸附在金属表面的膜更加均匀稳定，保护金属材料免受大气及水中有害介质的腐蚀，起到更好的缓蚀效果；气相白炭黑、羊毛脂混合，具有良好的极压抗磨性。

## 配方65 丝胶乳化金属表面处理剂

**原料配比**

| 原料 | 配比(质量份) | 原料 | 配比(质量份) |
|---|---|---|---|
| 平平加O-20 | 0.5 | 聚乙烯醇 | 20 |
| 硫酸氢钾 | 0.4 | 丝胶 | 8 |
| 木杂酚油 | 0.7 | 硼酸 | 0.08 |
| 双癸基二甲基氯化铵 | 2 | 甲基苯并三氮唑 | 20 |
| 对甲苯磺酸 | 2 | 三萜皂苷 | 0.5 |
| 一水合氨 | 0.2 | 去离子水 | 200 |
| 丙酸钙 | 0.7 | 十二碳醇酯 | 0.2 |

**制备方法**

(1) 将三萜皂苷、丝胶、丙酸钙混合，加入去离子水质量的60%～70%，搅拌均匀后加入聚乙烯醇、硼酸，65～70℃下保温搅拌50～60min，得丝胶乳液；

(2) 将甲基苯并三氮唑加入其质量3～5倍的稀碱液中，加热到60～70℃，得缓蚀碱液；

(3) 将十二碳醇酯、平平加O-20混合加入剩余的去离子水中，搅拌均匀后加入双癸基二甲基氯化铵，在50～60℃下保温搅拌4～10min，得乳化液；

(4) 将上述缓蚀碱液、丝胶乳液混合，搅拌均匀后加入乳化液，600～1000r/min搅拌分散7～10min，得缓蚀乳化液；

（5）将上述缓蚀乳化液与剩余各原料混合，700～800r/min 搅拌分散 20～30min，即得所述金属表面处理剂。

**原料介绍** 所述的稀碱液为 0.1mol/L 的氢氧化钠或 0.1mol/L 的碳酸钠水溶液。

**产品应用** 本品是一种丝胶乳化金属表面处理剂。

**产品特性** 本品将水溶性高分子聚乙烯醇与丝胶混合，通过硼酸改性，可以提高共混膜的抗张强度和热稳定性；将缓蚀碱液、丝胶乳液共混，加入以甲基苯并三氮唑为主料的缓蚀液，可以促进各物料间的相容性，并使得吸附在金属表面的膜更加均匀稳定，保护金属材料免受大气及水中有害介质的腐蚀，起到更好的缓蚀效果。

## 配方 66 丝胶稀土金属表面处理剂

**原料配比**

| 原料 | 配比(质量份) | 原料 | 配比(质量份) |
|---|---|---|---|
| 聚谷氨酸 | 0.2 | 水 | 200 |
| 聚乙烯醇 | 15 | 双咪唑烷基脲 | 0.3 |
| 丝胶 | 4 | 焦磷酸钠 | 2 |
| 硼酸 | 0.07 | 硼酸氨基三乙酯 | 2 |
| 六水硝酸钇 | 0.05 | 六甲基磷酰胺 | 0.3 |
| 硅烷偶联剂 KH-550 | 0.4 | 辛苯昔醇 | 1 |

**制备方法**

（1）取丝胶，加入水质量的 30%～40%，搅拌均匀后加入硅烷偶联剂 KH-550、六水硝酸钇，600～1000r/min 搅拌分散 10～20min，得硅烷液；

（2）将聚谷氨酸、双咪唑烷基脲混合，加入剩余水质量的 40%～50%，搅拌混合 6～10min，得防腐液；

（3）取聚乙烯醇质量的 10%～20%，加入焦磷酸钠和剩余的水，加热到 60～70℃，加入硼酸氨基三乙酯，保温搅拌 20～30min，得防锈液；

（4）取上述硅烷液，加入剩余的聚乙烯醇、硼酸，65～70℃下保温搅拌 60～70min，加入防腐液、防锈液，600～1000r/min 搅拌分散 10～20min，得丝胶乳液；

（5）将上述丝胶乳液与剩余各原料混合，800～1000r/min 搅拌分散 30～40min，即得所述金属表面处理剂。

**产品应用** 本品是一种丝胶稀土金属表面处理剂。

**产品特性** 本品的硅烷水解后可以在金属表面形成吸附型膜层，从而隔绝环境中的水分子和氧分子，起到防护作用；通过硼酸改性，可以提高共混膜的抗张强度和热稳定性；而加入的稀土金属离子会与金属基材表面发生吸氧腐蚀，产生的 $OH^-$ 配合生成不溶性配合物，该配合物会进一步脱水形成氧化物沉淀到基材表面，减缓腐蚀的电极反应。

## 配方 67 丝胶增稠金属表面处理剂

**原料配比**

| 原料 | 配比(质量份) | 原料 | 配比(质量份) |
|---|---|---|---|
| 茶皂素 | 0.2 | 氯化铵 | 0.2 |
| 十二烷基葡萄糖苷 | 0.7 | 2-溴-4-甲基苯酚 | 0.4 |
| 四甲基戊二酸 | 2 | 白油膏 | 0.2 |
| 三聚磷酸钠 | 0.5 | 乳酸钠 | 0.5 |

续表

| 原料 | 配比(质量份) | 原料 | 配比(质量份) |
|---|---|---|---|
| 聚乙烯醇 | 20 | 甲基苯并三氮唑 | 20 |
| 丝胶 | 6 | 去离子水 | 200 |
| 硼酸 | 0.08 | | |

**制备方法**

(1) 将茶皂素、丝胶混合，加入去离子水质量的60%～70%，搅拌均匀后加入聚乙烯醇、硼酸，65～70℃下保温搅拌50～60min，得丝胶乳液；

(2) 将甲基苯并三氮唑加入其质量3～5倍的稀碱液中，加热到60～70℃，得缓蚀碱液；

(3) 取十二烷基葡萄糖苷，加入剩余去离子水的60%～70%，搅拌均匀后加入四甲基戊二酸，得乳化液；

(4) 将三聚磷酸钠加入剩余的去离子水中，搅拌均匀后加入白油膏，70～80℃下保温搅拌20～30min，得增稠剂；

(5) 将上述缓蚀碱液、丝胶乳液混合，搅拌均匀后加入增稠剂、乳化液，600～1000r/min搅拌分散7～10min，得缓蚀乳化液；

(6) 将上述缓蚀乳化液与剩余各原料混合，700～800r/min搅拌分散20～30min，即得所述金属表面处理剂。

**原料介绍** 所述的稀碱液为0.1mol/L的氢氧化钠或0.1mol/L的碳酸钠水溶液。

**产品应用** 本品是一种丝胶增稠金属表面处理剂。

**产品特性** 本品将水溶性高分子聚乙烯醇与丝胶混合，通过硼酸改性，可以提高共混膜的抗张强度和热稳定性；加入以甲基苯并三氮唑为主料的缓蚀碱液，可以使得吸附在金属表面的膜更加均匀稳定，保护金属材料免受大气及水中有害介质的腐蚀，起到更好的缓蚀效果；用白油膏作为增稠剂可以增大溶液黏度，降低流动性，提高膜的稳定性。

## 配方68 松香改性成膜金属表面硅烷化防护处理剂

**原料配比**

| 原料 | 配比(质量份) | 原料 | 配比(质量份) |
|---|---|---|---|
| 钼酸钠 | 1 | 二乙二醇丁醚 | 6 |
| 二乙胺 | 2 | 丙二醇 | 8 |
| 羟乙基纤维素 | 8 | 丁二酸 | 3 |
| 松香 | 15 | 苯基三乙氧基硅烷 | 15 |
| 三羟乙基异氰尿酸酯 | 2 | 去离子水 | 加至500 |
| 顺丁烯二酸酐 | 10 | | |

**制备方法**

(1) 将松香加热熔化，至110～115℃，加入二乙二醇丁醚、苯基三乙氧基硅烷，搅拌反应35～50min；

(2) 升温至145～160℃，加入三羟乙基异氰尿酸酯、顺丁烯二酸酐，搅拌反应40～50min；

(3) 继续升温至190～205℃，加入二乙胺、丁二酸，搅拌反应40～50min；

（4）降温至80～90℃，加入其他物料，搅拌，保温反应1～2h，冷却后，调pH为中性。

**产品应用** 本品是一种金属表面硅烷化处理剂。

使用时，将金属基体经脱脂、水洗后可直接进入本品中处理，处理后金属基体表面可得到一层涂层，然后可根据工艺需求进行水洗或不水洗到下一道工艺——烘干，烘干后可进行粉末喷涂等工序。处理过程工艺参数为：工作温度：室温25℃，去离子水洗电导率＜20μs/cm，处理时间：90～250s。

**产品特性**

（1）本品采用松香作为反应原料，与顺丁烯二酸酐、硅烷等原料聚合，能在金属表面形成较强的保护膜；增强了金属基体的耐腐蚀性能。

（2）原料中含有缓蚀剂，增加保护膜的防腐蚀效果。

（3）形成的保护膜层致密均匀，极化电流密度较小。

## 配方 69 松香金属表面处理剂

**原料配比**

| 原料 | 配比(质量份) | 原料 | 配比(质量份) |
|---|---|---|---|
| 硫酸锌 | 0.8 | 75%乙醇 | 110 |
| 斯盘-80 | 1.8 | 30%过氧化氢 | 0.3 |
| 苯胺 | 0.5～0.6 | 异抗坏血酸钠 | 3 |
| 过硫酸钾 | 0.38 | 去离子水 | 120 |
| 丙烯酸丁酯 | 50 | 氟钛酸 | 6 |
| 碳酸氢钠 | 0.16 | 三乙胺 | 1.7 |
| 双(γ-三乙氧基硅基丙基)四硫化物 | 30 | 松香 | 0.1 |

**制备方法**

（1）取过硫酸钾质量的40%～50%，斯盘-80质量的90%～95%，与碳酸氢钠混合，加入去离子水质量的80%～85%，搅拌均匀，得引发剂乳液；

（2）取上述引发剂乳液质量的45%～50%，升高温度到80～86℃，滴加剩余的引发剂乳液与丙烯酸丁酯的混合液，滴加完毕后保温反应1～2h，得丙烯酸酯胶液；

（3）将剩余的过硫酸钾加入剩余的去离子水中，搅拌均匀，加入异抗坏血酸钠、硫酸锌，搅拌均匀，得缓蚀引发剂溶液；

（4）取70%～75%乙醇的70%～80%，加入双（γ-三乙氧基硅基丙基）四硫化物，调节pH值为3～4，加入氟钛酸、30%过氧化氢，搅拌反应6～7h，得氟化硅烷；

（5）将松香加热软化，加入剩余的乙醇中，搅拌均匀，加入三乙胺，保温搅拌10～20min，得松香胺醇；

（6）将松香胺醇、氟化硅烷与剩余的斯盘-80混合，送入乳化机中，600～800r/min搅拌1～2min，得乳化硅烷胺醇；

（7）将苯胺与上述丙烯酸酯胶液混合，搅拌均匀，滴加缓蚀引发剂溶液，滴加完毕后在10～15℃下反应8～10h，送入65～70℃的水浴中，加入乳化硅烷胺醇，保温搅拌反应2～3h，出料冷却，800～1000r/min搅拌40～50min，得所述松香金属表面处理剂。

**产品应用** 本品是一种松香金属表面处理剂。

使用方法：将金属板材表面清洗干净，将本品均匀地滴在金属板材表面，先在120℃下烘烤30～40s，自然干燥成膜，再在80℃下烘干处理15～20min。

**产品特性**

(1) 本品的丙烯酸酯胶液粒子表面含有大量的羧基，将苯胺加入丙烯酸酯胶液中，苯胺单体首先扩散到胶束内部，然后与羧基发生掺杂，随后在氧化剂的作用下，苯胺在乳胶粒子表面发生聚合反应，增大了聚苯胺涂层对水的接触角，提高了附着力和耐水性；该涂层可以通过电子转移作用和氧化还原作用，使金属表面钝化产生保护作用。

(2) 经硅烷化改性的氟钛酸，引入的无机组分 $Ti^{4+}$ 在加热固化过程中形成 $TiO_2$ 颗粒，均匀地填充在硅烷膜的空隙中，使整个膜层更加均匀致密，能有效抑制膜层表面的微电化学反应，从而使耐腐蚀性能得到很大提高。

(3) 本品将氟钛酸改性后硅烷钝化膜与丙烯酸-苯胺共聚膜复合，使得膜层更加致密、稳定，对腐蚀介质的阻抗能力更强，耐腐蚀性能更加优良。

(4) 本品中加入了松香，可以提高涂膜与金属基材的附着力；异抗坏血酸钠的分子中含有烯醇结构，与氧发生反应，使得水中溶解氧的含量降低，减缓了氧腐蚀的速度。

## 配方 70 通用型金属表面处理剂

**原料配比**

| 原料 | | 配比(质量份) | | | | |
|---|---|---|---|---|---|---|
| | | 1# | 2# | 3# | 4# | 5# |
| 环己六醇磷酸酯 | | 8 | 3 | 17 | 17 | 8 |
| 促进剂 | 硝基苯磺酸和对苯二酚按质量比 2.5：3.2 | 3.5 | 2 | 5.5 | — | — |
| | 硝基苯磺酸和对苯二酚按质量比 2.8：3 | — | — | — | 5.5 | 3.5 |
| 表面活性剂 | 十二烷基苯磺酸钠、十二烷基硫酸钠和 $\alpha$-烯烃磺酸盐按照质量比 3.3：3：2.5 | 5.5 | 3 | 9 | — | — |
| | 十二烷基苯磺酸钠、十二烷基硫酸钠和 $\alpha$-烯烃磺酸盐按照质量比 3.5：2.8：2.2 | — | — | — | 9 | 5.5 |
| 助剂 | 消泡剂为硅酮类水性消泡剂和流平剂为聚二甲基硅氧烷按照质量比 3.5：3 | 4.5 | 2.5 | 7 | — | — |
| | 消泡剂为硅酮类水性消泡剂和流平剂为聚二甲基硅氧烷按照质量比 2.5：3.5 | — | — | — | 7 | — |
| | 消泡剂为硅酮类水性消泡剂和流平剂为聚二甲基硅氧烷按照质量比 2.5：3.3 | — | — | — | — | 4.5 |
| 去离子水 | | 40 | 30 | 55 | 55 | 40 |

**制备方法** 将各组分原料混合均匀即可。

**产品应用** 本品是一种通用型金属表面处理剂。

**产品特性** 本品原材料来源广泛，成本较低，其在使用过程中，槽液稳定、不易出现沉渣，组分安全环保，不影响钢板制品、镀锌钢板制品、铝合金制品后期的各种再加工性能，适用于对通用型金属制品表面的处理，方便实用。

## 配方 71 铜及铜合金专用金属表面处理剂

**原料配比**

| 原料 | 配比(质量份) | 原料 | 配比(质量份) |
|---|---|---|---|
| 巯基苯并噻唑 | 3 | 聚乙烯醇 | 15 |
| 硫酸亚铁 | 1.2 | 对羟基苯甲酸 | 0.01 |
| 二甲基乙酰胺 | 0.2 | 丝胶 | 6 |

续表

| 原料 | 配比(质量份) | 原料 | 配比(质量份) |
|---|---|---|---|
| 硼酸 | 0.07 | 植物甾醇 | 0.4 |
| 六水硝酸钇 | 0.05 | 水 | 200 |
| 硅烷偶联剂 KH-550 | 0.4～1 | 全氟丁基磺酸钾 | 0.5 |
| 石油磺酸钡 | 2 | 碳酸氢钠 | 0.6 |

**制备方法**

(1) 将全氟丁基磺酸钾、丝胶、对羟基苯甲酸混合，搅拌均匀，加入水质量的30%～40%，搅拌均匀后加入硅烷偶联剂 KH-550、六水硝酸钇，600～1000r/min 搅拌分散 10～20min，加入聚乙烯醇、硼酸，65～70℃下保温搅拌 50～60min，得丝胶乳液；

(2) 取剩余水质量的 50%～60%，加入碳酸氢钠，搅拌均匀后加入石油磺酸钡、植物甾醇，60～80℃下保温搅拌 6～10min；

(3) 将巯基苯并噻唑、硫酸亚铁混合加入剩余的水中，60～100r/min 搅拌分散 5～10min；

(4) 将上述处理后的各原料与剩余原料混合，800～1000r/min 搅拌分散 30～40min，即得所述金属表面处理剂。

**产品应用** 本品是一种铜及铜合金专用金属表面处理剂。

**产品特性** 本品将水溶性高分子聚乙烯醇、丝胶混合，再通过硅烷化处理，硅烷水解后可以在金属表面形成吸附型膜层，从而隔绝环境中的水分子和氧分子，起到防护作用；然后通过硼酸改性可以提高共混膜的抗张强度和热稳定性；而加入的稀土金属离子会与金属基材表面发生吸氧腐蚀，产生的 $OH^-$ 配合生成不溶性配合物；该配合物会进一步脱水形成氧化物沉淀到基材表面，减缓腐蚀的电极反应；巯基苯并噻唑、硫酸亚铁混合使用，可以提高对铜和铜合金的保护，起到更好的缓蚀效果。

## 配方 72 稳定金属表面处理剂

**原料配比**

| 原料 | 配比(质量份) | 原料 | 配比(质量份) |
|---|---|---|---|
| 聚乙烯醇 | 20 | 亚油酸钠皂 | 4 |
| 茶皂素 | 0.2 | 苯甲酸锌 | 0.3 |
| 硅酸钠 | 0.6 | 丝胶 | 8 |
| 硬脂酸 | 1 | 硼酸 | 0.08 |
| 磷酸三乙酯 | 0.2 | 甲基苯并三氮唑 | 20 |
| 二乙醇胺 | 0.5 | 去离子水 | 200 |
| 乳酸钙 | 0.5 | | |

**制备方法**

(1) 将茶皂素、丝胶混合，加入上述去离子水质量的 40%～50%，搅拌均匀后加入聚乙烯醇、硼酸，65～70℃下保温搅拌 50～60min，得丝胶乳液；

(2) 取上述硅酸钠质量的 20%～30%，加入剩余去离子水质量的 50%～60%，搅拌均匀后加入甲基苯并三氮唑，加热到 60～70℃，得缓蚀碱液；

(3) 将剩余的硅酸钠与剩余的去离子水混合，搅拌均匀，加入硬脂酸、二乙醇胺，70～80℃下保温搅拌 10～20min，加入亚油酸钠皂、苯甲酸锌，继续保温搅拌 3～5min，得极压抗磨剂；

(4) 将上述缓蚀碱液、丝胶乳液混合，搅拌均匀后加入极压抗磨剂，400～

500r/min 搅拌分散 10～14min，得缓蚀抗磨液；

（5）将上述缓蚀抗磨液与剩余原料混合，700～800r/min 搅拌分散 20～30min，即得所述金属表面处理剂。

**产品应用** 本品是一种稳定金属表面处理剂。

**产品特性** 本品将水溶性高分子聚乙烯醇与丝胶混合，通过硼酸改性，可以提高共混膜的抗张强度和热稳定性；加入以甲基苯并三氮唑为主料的缓蚀碱液，可以使得吸附在金属表面的膜更加均匀稳定，保护金属材料免受大气及水中有害介质的腐蚀，起到更好的缓蚀效果；将硬脂酸、二乙醇胺与硅酸钠的水溶液反应，然后与亚油酸钠皂、苯甲酸锌混合，具有良好的极压抗磨性和稳定性。

## 配方 73 无磷含氧化石墨烯金属表面前处理液

**原料配比**

| 原料 | 配比(质量份) | | | | |
|---|---|---|---|---|---|
| | 1# | 2# | 3# | 4# | 5# |
| 氟硅酸 | 1 | 1.5 | 2 | 2 | 1.5 |
| 钼酸钠 | 0.5 | 0.2 | 0.8 | 1 | 0.5 |
| 硝酸钠 | 1 | 1.2 | 1.6 | 2 | 1.6 |
| 氯酸钠 | 1.0 | 1.2 | 0.6 | 1.2 | 1 |
| 乙二胺四乙酸二钠 | 1 | 1.3 | 1.7 | 2 | 2 |
| 酒石酸 | 0.8 | 1.0 | 1.5 | 1.5 | 1.5 |
| 氧化石墨烯 | 0.1 | 0.2 | 0.2 | 0.3 | 0.2 |
| 水 | 加至 100 | 加至 100 | 加至 100 | 加至 100 | 加至 100 |

**制备方法** 将各组分原料混合均匀即可。

**产品应用** 本品是一种添加了氧化石墨烯的无磷环境友好型金属表面前处理液。

使用步骤：对待处理的金属表面进行除油、水洗、酸洗、二次水洗处理后，在常温下浸泡于所述金属表面前处理液中，将浸泡后的金属水洗后自然晾干或烘干，即完成金属表面前处理。

**产品特性**

（1）本品中不含磷，可以很好地解决目前广泛使用的磷化液造成的富磷污染的问题；

（2）本品中无镍、铬等造成严重环境污染的重金属，可以有效地缓解金属前处理行业中的重金属污染；

（3）本品中不含亚硝酸盐，可以有效地减少磷化液在使用过程中对现场操作人员的健康危害；

（4）本品在使用过程中无沉渣产生，大大降低了客户在使用过程中的环保成本。

## 配方 74 无磷金属表面处理剂

**原料配比**

| 原料 | 配比(质量份) | 原料 | 配比(质量份) |
|---|---|---|---|
| 浓度为 28%的纳米二氧化锆分散液 | 5 | 乙酸 | 3 |
| 氢氟酸 | 12 | 稀土铈盐 | 0.03 |
| 丙二醇 | 12 | 氢氧化钠 | 2 |
| 八乙烯基笼型倍半硅氧烷 | 8 | 去离子水 | 66 |

**制备方法** 准确按质量份称取各组分物质，放入容器中，充分搅拌，硅烷水解，静置陈化10h后，包装入桶即可。现场使用时在清洗槽中注入3/4的冷水，加入适量的本品并搅拌，加足量水使溶液至工作液位。加入氢氧化钠调节槽液的pH值，使其pH值达到4.5～5.5后即可使用。

**产品应用** 本品是一种无磷金属表面处理剂。

使用方法：

(1) 预脱脂；

(2) 主脱脂；

(3) 两道水洗；

(4) 无磷金属表面处理转化，pH值控制在4.5～5.5，工作温度为室温，处理方式为浸泡或喷淋，处理时间为3～5min；

(5) 去离子水洗；

(6) 烘干。

**产品特性**

(1) 本品组分中的八乙烯基笼型倍半硅氧烷通过水解能够与金属形成稳定的共价键，吸附在金属表面，经脱水后形成一层致密的纳米硅烷无磷转化复合膜，增加金属表面与粉末涂料的结合力和防腐性能。

(2) 本品可替代传统磷化液，无磷、无重金属，可以在室温下工作，可用于多种金属表面预处理，其在冷轧钢板等金属表面形成纳米硅烷无磷转化复合膜后，经过吹干后48h内不会发生锈蚀现象，满足生产工序中对耐腐蚀性能的要求。

## 配方75 抑菌防腐金属表面处理剂

**原料配比**

| 原料 | 配比(质量份) | 原料 | 配比(质量份) |
|---|---|---|---|
| 水解聚马来酸酐 | 0.6 | 水 | 200 |
| 甘油三酯 | 0.04 | 抗坏血酸钙 | 0.2 |
| 聚乙烯醇 | 10～15 | 椰油酸二乙醇酰胺 | 1 |
| 丝胶 | 6 | 吡啶硫酮锌 | 0.2 |
| 硼酸 | 0.07 | 卡松 | 0.3 |
| 六水硝酸钇 | 0.05 | 二甲基硅油 | 0.08 |
| 硅烷偶联剂KH-550 | 0.4 | | |

**制备方法**

(1) 取丝胶，加入水质量的30%～40%，搅拌均匀后加入硅烷偶联剂KH-550、六水硝酸钇，600～1000r/min搅拌分散10～20min，得硅烷液；

(2) 将吡啶硫酮锌、卡松混合，搅拌均匀后加入甘油三酯，加热到40～50℃，加入剩余水质量的40%～50%，保温搅拌10～20min，得抑菌液；

(3) 将上述抑菌液与硅烷液混合，搅拌均匀后加入聚乙烯醇、硼酸，65～70℃下保温搅拌60～70min，得丝胶乳液；

(4) 将椰油酸二乙醇酰胺、抗坏血酸钙混合，60～70℃下保温搅拌2～3min；

(5) 将上述处理后的各原料混合，400～500r/min搅拌3～6min，加入剩余各原料，800～1000r/min 搅拌分散 30～40min，即得所述金属表面处理剂。

**产品应用** 本品是一种抑菌防腐金属表面处理剂。

**产品特性**

(1) 本品将水溶性高分子聚乙烯醇、丝胶混合，再通过硅烷化处理，硅烷在水解后可以在金属表面形成吸附型膜层，从而隔绝环境中的水分子和氧分子，起到防护作用，然后通过硼酸改性，可以提高共混膜的抗张强度和热稳定性；而加入的稀土金属离子会与金属基材表面发生吸氧腐蚀，产生的 $OH^-$ 配合生成不溶性配合物，该配合物会进一步脱水形成氧化物沉淀到基材表面，减缓腐蚀的电极反应。

(2) 本品加入的抑菌液对于厌氧菌、硫酸盐还原菌等的滋生、繁殖有很好的抑制和杀灭的作用，可以有效地提高产品的储存稳定性以及使用中的稳定性。

## 配方 76 用于金属表面预处理的复合处理剂

**原料配比**

| 原料 | | 配比(质量份) | | | | | | | |
|---|---|---|---|---|---|---|---|---|---|
| | | 1# | 2# | 3# | 4# | 5# | 6# | 7# | 8# |
| 成膜剂 A | 氟锆酸 | 5 | — | — | — | — | — | — | — |
| | 氟锆酸钾 | — | 6 | — | — | — | — | — | — |
| | 氟硅酸 | — | — | 6 | — | — | — | 1 | — |
| | 氟锆酸钠 | — | — | — | 4 | — | — | — | — |
| | 氟钛酸 | — | — | — | — | 8 | — | — | 8 |
| | 氟硼酸 | — | — | — | — | — | 8 | — | — |
| 成膜剂 B | γ-氨丙基三乙氧基硅烷(γ-APS) | 5 | 5 | 7.5 | 10 | — | — | — | 20 |
| | γ-(2,3-环氧丙氧)丙基三甲氧基硅烷(γ-GPS) | 10 | 10 | 10 | — | 20 | 20 | 4 | 10 |
| 成膜助剂 | 氟化钠 | 5 | 1 | 5 | 1 | 3 | 3 | 1 | 10 |
| 防锈剂 | 硼酸 | 1 | — | — | 1 | 2 | 2 | 1 | 4 |
| | 硼酸钠 | — | 2 | 2 | — | — | — | — | — |
| 金属离子螯合剂 | 酒石酸 | 2 | 2 | 2 | — | — | — | — | — |
| | 草酸 | — | — | — | 1 | 4 | 4 | 1 | 4 |
| 胺缓冲剂 | 三乙醇胺 | 1 | — | — | 1 | 3 | 3 | 1 | 4 |
| | 二乙醇胺 | — | 2 | 2 | — | — | — | — | — |
| 表面活性剂 | OP-10 | 0.1 | — | — | — | — | — | — | — |
| | 十二烷基硫酸钠 | — | 0.1 | 0.1 | 0.5 | 1 | 1 | 0.05 | 2 |
| 溶剂 | 去离子水 | 加至 1L | 加至 1L | — | — | — | — | — | — |
| | 去离子水：乙醇＝3：2(体积比) | — | — | 加至 1L | — | — | — | — | — |
| | 去离子水：异丙醇＝4：1(体积比) | — | — | — | 加至 1L | — | — | — | — |
| | 去离子水：乙醇：正丁醇＝4：0.5：0.5(体积比) | — | — | — | — | 加至 1L | 加至 1L | — | — |
| | 去离子水：乙醇：异丙醇＝4：0.5：0.5(体积比) | — | — | — | — | — | — | 加至 1L | 加至 1L |

**制备方法**

(1) 将成膜剂A溶于适量溶剂中，用乙酸调整pH值为4～5，再加入成膜剂B，得溶液A；

(2) 分别将成膜助剂、防锈剂、金属离子螯合剂、胺缓冲剂和表面活性剂溶于适量的溶剂中，得溶液B；

(3) 将步骤(2)所制得的溶液B加入步骤(1)所制得的溶液A中，用溶剂定容至1L，用乙酸调整pH值为3～5，即可。

**原料介绍**

所述成膜剂A为氟硼酸、氟锆酸、氟钛酸、氟硅酸、氟锆酸钾或氟锆酸钠中的至少一种。

所述成膜剂B为γ-氨丙基三乙氧基硅烷(γ-APS)或γ-(2,3-环氧丙氧)丙基三甲氧基硅烷(γ-GPS)中的至少一种。

所述成膜助剂为氟化钠。

所述防锈剂为硼酸或硼酸钠。

所述金属离子螯合剂为酒石酸或草酸。

所述胺缓冲剂为三乙醇胺或二乙醇胺。

所述表面活性剂为十二烷基硫酸钠或辛烷基苯酚聚氧乙烯醚-10(OP-10)。

所述溶剂为去离子水、乙醇、异丙醇或正丁醇中的至少一种。

**产品应用** 本品主要用于金属表面预处理的复合处理剂。

使用方法：将待处理的金属浸泡于复合处理剂中30～360s后，水冲洗，压缩空气吹干，并于110～130℃烘干50～70min，即可；或将复合处理剂喷淋于待处理金属表面，喷淋30～360s后，水冲洗，压缩空气吹干，并于110～130℃烘干50～70min，即可。

**产品特性**

(1) 本品金属结合性良好，耐腐蚀性强，无空洞、裂陷，涂层致密均匀。

(2) 本品制备方法简单易操作，环保，制备过程中不产生磷酸盐、镍、锰、铬等污染离子，无沉淀废渣。

(3) 本品在金属表面预处理的应用中，所述预处理方法适合于镀锌钢板、铝及铝合金等材料的预处理，成膜过程可在同一槽液中进行，省去了金属表面复杂的前处理过程，简化了生产工艺，且成本低廉。

## 配方 77 以硅烷偶联剂为主要成分的金属表面处理剂

**原料配比**

| 原料 | 配比(质量份) | | | |
|---|---|---|---|---|
| | 1# | 2# | 3# | 4# |
| 1,2-二乙氧硅酯基乙烷(BTSE) | 20 | 25 | 20 | 20 |
| γ-氨丙基硅烷(γ-APS) | 50 | 45 | 50 | 50 |
| 水分散性二氧化硅 | 298 | 290 | 298 | 298 |
| 氟化锆 | 1 | 5 | 3 | — |
| 氟化钛 | 1 | 1 | — | 4 |
| 乙酸 | 0.5 | 0.5 | 0.5 | 0.5 |
| 水 | 928 | 928 | 928 | 928 |

**制备方法**

(1) 取1,2-二乙氧硅酯基乙烷（BTSE）加入2/3的水中，充分搅拌待其完全溶解后再在其中加入γ-氨丙基硅烷（γ-APS），充分搅拌后制得半成品A；

(2) 取水分散性二氧化硅加入剩余水中，充分搅拌待其完全溶解后再在其中加入氟化合物再充分搅拌后制得半成品B待用；

(3) 将半成品B加入半成品A中，充分搅拌后测量其pH值，用乙酸将pH值调整至4～6之间，制得用于金属表面预处理的以硅烷偶联剂为主要成分的金属表面处理剂。

**原料介绍**

所述氟化合物为氟化锆和/或氟化钛。

本品中，1,2-二乙氧硅酯基乙烷（BTSE）和γ-氨丙基硅烷（γ-APS）是主要成膜物质，它们相互交联作用可以在金属表面形成一层致密的硅烷吸附膜；水分散性二氧化硅为辅助成膜剂；氟化物主要用来增加硅烷吸附膜的致密度，改善成膜质量；乙酸主要用来调整处理剂的pH值，促进硅烷的水解，进而加速其成膜过程。

**产品应用** 本品是一种主要用于防止金属腐蚀和提高金属和涂料之间附着力的以硅烷偶联剂为主要成分的金属表面处理剂，适用于使用金属产品的各种工业领域，如家用电器、汽车制造、电力设备等。

在利用本处理剂对金属表面进行处理前，首先用碱性清洗剂对待处理的工件进行彻底的清洗；并在碱洗后立即用清水漂洗并被水完全浸湿以形成无缝水膜后即可进行硅烷化处理。

**产品特性**

(1) 本品在硅烷偶联剂成膜机理的基础上，通过硅烷偶联剂（SA）、表面调整剂、辅助成膜剂等主要成分筛选和复配，研究出以硅烷偶联剂为主要成膜剂的金属表面磷化替代剂。本品具有无毒、无害、无污染、低温快速处理、操作简单、原料来源广泛、价格低、清洁生产等特点。

(2) 硅烷偶联剂（SA）作为一种具有独特结构的硅化合物，架起了无机物与有机物之间的桥梁。采用硅烷偶联技术对金属进行表面处理，可在金属表面获得具有良好涂装和防蚀效果的转化膜，显著提高金属材料与涂层的附着力及抗腐蚀能力。BTSE和γ-APS复配使用可以获得效果良好的硅烷膜。但硅烷偶联剂单独用于金属表面无法形成可以利用的转化膜，必须与其他助剂配合使用才能获得良好效果。

## 配方 78 有机胺缓蚀金属表面处理剂

**原料配比**

| 原料 | 配比(质量份) | 原料 | 配比(质量份) |
| --- | --- | --- | --- |
| 甘油 | 2 | 亚氨基二乙酸 | 0.6 |
| 丝胶 | 6 | 蜂胶 | 0.4 |
| 聚丙烯酰胺 | 0.8 | 椰油酰胺丙基甜菜碱 | 0.7 |
| 六水硝酸钇 | 0.05 | 聚酰亚胺 | 0.3 |
| 硅烷偶联剂 KH-550 | 0.4 | 偏硼酸钠 | 1 |
| 水 | 200 | | |

**制备方法**

(1) 取丝胶，加入水质量的50%～60%，搅拌均匀后加入硅烷偶联剂KH-550、六水硝酸钇，600～1000r/min搅拌分散10～20min，得硅烷液；

(2) 将聚丙烯酰胺、聚酰亚胺混合，搅拌均匀后加入甘油，加热到60～70℃，加入上述硅烷液，在上述温度下保温搅拌20～30min，加入椰油酰胺丙基甜菜碱，700～1000r/min搅拌5～7min，得丝胶乳液；

(3) 将上述丝胶乳液与剩余各原料混合，800～1000r/min搅拌分散30～40min，即得所述金属表面处理剂。

**产品应用** 本品是一种有机胺缓蚀金属表面处理剂。

**产品特性** 本品加入的硅烷在水解后可以在金属表面形成吸附型膜层，从而隔绝环境中的水分子和氧分子，起到防护作用；加入的有机胺可以形成一层吸附膜，阻止水、氯离子和氧等腐蚀性物质和金属接触，起到防止金属腐蚀的作用；稀土金属离子会与金属基材表面发生吸氧腐蚀，产生的$OH^-$配合生成不溶性配合物，该配合物会进一步脱水形成氧化物沉淀到基材表面，减缓腐蚀的电极反应，配合水溶性丝胶，可以增强形成膜的稳定性，提高防锈缓蚀效果。

## 配方 79 有色金属表面处理剂

**原料配比**

| 原料 | 配比(质量份) | | |
|---|---|---|---|
| | 1# | 2# | 3# |
| 聚丙烯酸钠 | 5 | 8 | 6.5 |
| 焦磷酸钠 | 3 | 1 | 5 |
| 羧甲基纤维素 | 2 | 1 | 0.5 |
| 十二烷基磺酸钠 | 3 | 1 | 2 |
| 乙酸 | 4 | 5 | 3 |
| 壳聚糖 | 3 | 6 | 8 |
| 氧化铝 | 7 | 12 | 9 |
| 三乙醇胺 | 1 | 2 | 3 |
| 去离子水 | 75 | 80 | 70 |

**制备方法**

(1) 按质量份数取5～8份聚丙烯酸钠、1～5份焦磷酸钠、0.5～2份羧甲基纤维素和1～3份十二烷基磺酸钠混合，加入70～80份去离子水，搅拌均匀，在搅拌下加热至45℃，保温30min；

(2) 将步骤(1)得到的溶液冷却至25℃，加入3～8份壳聚糖和7～12份氧化铝，搅拌20min；

(3) 向步骤(2)得到的溶液中加入3～5份乙酸和1～3份三乙醇胺，搅拌均匀，即得有色金属表面处理剂。

所述氧化铝的颗粒大小为纳米级。

**产品应用** 本品是一种有色金属表面处理剂。

**产品特性**

(1) 本品对金属表面进行处理，能有效防止金属的氧化、腐蚀，保持金属表面光亮；

（2）本品使用纳米级的氧化铝，能够在金属表面形成一层致密的保护膜，有效地防止外界环境对金属的损害；

（3）本品使用的焦磷酸钠除了具有除锈作用外，还能使表面活性剂聚丙烯酸钠进一步降低表面张力和界面张力。聚丙烯酸钠是一种具有多种特性的表面活性剂，能够固定金属离子，对温度变化不敏感，稳定性很好；

（4）本品成本低、可降解，使用安全，对环境无污染。

# 参考文献


中国专利公告

CN-200810123225.0
CN-200810123226.5
CN-201110034153.4
CN-200910264933.0
CN-200910222210.4
CN-200910013032.4
CN-200910033742.3
CN-200810061041.6
CN-200910156321.X
CN-200810235548.9
CN-201010515088.2
CN-201110071503.4
CN-201010208792.3
CN-200810079490.3
CN-200910215354.7
CN-201010237834.6
CN-201010576463.4
CN-200910264932.6
CN-201010562102.4
CN-200910187635.6
CN-200810123991.7
CN-201310580069.1
CN-201410333070.9
CN-201010299401.3
CN-201510214978.2
CN-201310442540.0
CN-201410256340.0
CN-201410639421.9
CN-201410622207.2
CN-201510194683.3
CN-201510194455.6
CN-201310739652.2
CN-201410101084.8
CN-201210251667.X
CN-201110360223.5
CN-201310439824.4
CN-200810079490.3
CN-201110406638.1
CN-201310580073.8
CN-201410481117.6
CN-201410519832.4
CN-201410057954.6
CN-201010551804.2
CN-201410554886.4
CN-201510131466.X
CN-200910215354.7
CN-201310237556.8
CN-201510248377.3
CN-201410433955.6
CN-201410328168.5
CN-201110313589.7
CN-201310439822.5
CN-201410253220.5
CN-200910042144.2
CN-201310695208.5
CN-201310099516.1
CN-201010268349.5
CN-201110240789.4
CN-201310284505.0
CN-201010562102.4
CN-200810119149.6
CN-200810119150.9
CN-200810119175.9
CN-200910215353.2
CN-200810231024.2
CN-200910066576.7
CN-200810235547.4
CN-201010250821.2
CN-201110131872.8
CN-201010131810.2
CN-200910218342.X
CN-201010235190.7
CN-200810070664.X
CN-200910112555.4
CN-200910060261.1
CN-201010300505.1
CN-201110047040.8
CN-201010138114.4
CN-200910044980.4
CN-201010179943.7
CN-200810070479.0
CN-201010185248.1
CN-200810249771.9
CN-200810064237.0
CN-200810014373.9
CN-201010255682.2
CN-200810234368.9
CN-200910037065.2
CN-200810033676.5
CN-200810010979.5
CN-201110030318.0
CN-201010123856.X
CN-200910251701.1
CN-200910109954.5
CN-201010122275.4
CN-200910218917.8
CN-201010185979.6
CN-200910167676.9
CN-200910218349.1
CN-201010113531.3
CN-200910216280.9
CN-200810054484.2
CN-200810234730.2
CN-200910193997.6
CN-200910218348.7
CN-201010196479.2
CN-200810064719.6
CN-200810088392.6
CN-200910104521.0
CN-200910190902.5
CN-201110141623.7
CN-200810019301.3
CN-200810020026.7
CN-201010203784.X
CN-200810025873.2
CN-201110118605.7
CN-200810107064.6
CN-201010500630.7
CN-200910186058.9
CN-201010220575.6
CN-200910038924.X
CN-200810042207.X
CN-201010204132.8
CN-201110105587.9
CN-201110271354.6
CN-201010101288.3
CN-200910194475.3
CN-201110313143.4
CN-200910043513.X
CN-201010295519.9
CN-200810101181.1
CN-201010103641.1
CN-200910052065.X
CN-201010172488.8
CN-201110224479.3

CN-200910068210.3
CN-201110119091.7
CN-200910233076.8
CN-201010190673.X
CN-200810024009.0
CN-201010585564.8
CN-201010296416.4
CN-200810231945.9
CN-201010586926.5
CN-200810101179.4
CN-201110120857.3
CN-200810024011.8
CN-200810011139.0
CN-200910235690.8
CN-200810024008.6
CN-200810101778.6
CN-201110008303.4
CN-201010204174.1
CN-201110308398.1
CN-201110109641.7
CN-201110281247.1
CN-200910194035.2
CN-201110160691.8
CN-201110047301.6
CN-201010566254.1
CN-201010611701.0
CN-200910023881.8
CN-200910193808.5
CN-201110210804.0
CN-201010204171.8
CN-201110281375.6
CN-200810116147.1
CN-201010527900.3
CN-201010214946.X
CN-201010131925.1
CN-200910011705.2
CN-200810204578.3
CN-200810230962.0
CN-200910183635.9
CN-201010100937.8
CN-200910008115.4
CN-201010150479.9
CN-200810032985.0
CN-200910243126.0
CN-200810050472.2
CN-200810119149.6
CN-200810119150.9
CN-200810119175.9
CN-200910067259.7
CN-200810119030.9
CN-201010166591.1
CN-200510017845.2
CN-200910193524.6
CN-200910074350.1
CN-200910151212.9
CN-200810123990.2
CN-201010231454.1
CN-200910001034.1
CN-201110080101.0
CN-200910103729.0
CN-200810041771.X
CN-200910200316.4
CN-200910198366.3
CN-201010593331.2
CN-200810117658.5
CN-200910187633.7
CN-200810194425.5
CN-200910082751.1
CN-200810151986.7
CN-200910108451.6
CN-200910188207.5
CN-200910188289.3
CN-200910073676.2
CN-201010207222.2
CN-201010232558.4
CN-200810040033.3
CN-200910001031.8
CN-201010557229.7
CN-200910189619.0
CN-200810229566.6
CN-200810004325.1
CN-200910019586.5
CN-200810194423.6
CN-200810158284.1
CN-201010252976.X
CN-200810155891.2
CN-200910310713.7
CN-200810040494.0
CN-200810201854.0
CN-200810048834.4
CN-201010515980.0
CN-201010576148.1
CN-200910021461.6
CN-200810220789.6
CN-200910193525.0
CN-200810244470.7
CN-200810244312.1
CN-201010285851.7
CN-201010206660.7
CN-201010542884.5
CN-201010533461.7
CN-201110088811.8
CN-200910260249.5
CN-200810026418.4
CN-200910094367.3
CN-200910094371.X
CN-201110054765.X
CN-200910013249.5
CN-201010294038.6
CN-200910312379.9
CN-201010294038.6
CN-200910218239.5
CN-200810115662.8
CN-200910085265.5
CN-200910085269.3
CN-200910090569.0
CN-200810041172.8
CN-200810047151.7
CN-200810046957.4
CN-200910444709.0
CN-200910108450.1
CN-200910082755.X
CN-201010594188.9
CN-201010570982.X
CN-201110069200.9
CN-201110059462.7
CN-201010615813.3
CN-201010221509.0
CN-201110030425.3
CN-201510375623.1
CN-201310442473.2
CN-201410329977.8
CN-201210200187.0
CN-201310222721.2
CN-201410522592.3
CN-201510168870.4
CN-201110214610.8
CN-201210495919.3
CN-201310118385.7
CN-201510408738.6
CN-201210550932.4
CN-201510411533.3
CN-201410597359.1
CN-201510408760.0

CN-201310118411.6
CN-201110247240.8
CN-201510408700.9
CN-201310381937.3
CN-201310382001.2
CN-201310381936.9
CN-201210510672.8
CN-201210510487.9
CN-201510168695.9
CN-201510162924.6
CN-201510425050.9
CN-201410052098.5
CN-201410460324.3
CN-201310159185.6
CN-201310240511.6
CN-201210302230.4
CN-201210550905.7
CN-201510026374.5
CN-201110447491.0
CN-201410288477.4
CN-201310726192.X
CN-201410378312.6
CN-201510030953.7
CN-201310663282.9
CN-201110447492.5
CN-201210550944.7
CN-201310118235.6
CN-201210550863.7
CN-201210032163.9
CN-201510163094.9
CN-201510162923.1
CN-201210550952.1
CN-201310118572.5
CN-201210550876.4
CN-201310118420.5
CN-201310118419.2
CN-201310118258.7
CN-201310118588.6
CN-201510411504.7
CN-201510411503.2
CN-201510168677.0
CN-201510411505.1
CN-201510168676.6
CN-201310554108.0
CN-201510163207.5
CN-201510163710.0
CN-201510163221.5
CN-201510163084.5
CN-201510163206.0
CN-201510168694.4
CN-201510163708.3
CN-201210550851.4
CN-201510408699.X
CN-201410258416.3
CN-201510168645.0
CN-201510163208.X
CN-201510422597.3
CN-201210021650.5
CN-201510168692.5
CN-201410054012.2
CN-200810020748.2
CN-201510168690.6
CN-201410647803.6